Jahrbuch

der

Schiffbautechnischen Gesellschaft

Neunter Band

1908

Springer-Verlag Berlin Heidelberg GmbH
1908

ISBN 978-3-642-90186-7 ISBN 978-3-642-92043-1 (eBook)
DOI 10.1007/978-3-642-92043-1

Softcover reprint of the hardcover 1st edition 1908

Additional material to this book can be downloaded from http://extras.springer.com.

Inhalts-Verzeichnis.

Geschäftliches.

I. Mitgliederliste.

Protektor:

SEINE MAJESTÄT DER DEUTSCHE KAISER UND KÖNIG VON PREUSSEN

WILHELM II.

Ehrenvorsitzender:

SEINE KÖNIGLICHE HOHEIT DER GROSSHERZOG

FRIEDRICH AUGUST VON OLDENBURG.

Vorsitzender:

C. Busley, Geheimer Regierungsrat und Professor, Berlin.

Stellvertretender Vorsitzender:

Johs. Rudloff, Wirklicher Geheimer Ober-Baurat a. D. und Professor, Berlin.

Fachmännische Beisitzer:

Rud. Assmann, Geheimer Ober-Baurat und vortragender Rat im Reichs-Marine-Amt, Berlin.

C. Pagel, Professor, Technischer Direktor des Germanischen Lloyd, Berlin.

Gotth. Sachsenberg, Kommerzienrat, Werftbesitzer, Roßlau a. E.

Otto Schlick, Dr. Ing., Konsul, Direktor des Germanischen Lloyd, Hamburg.

R. Zimmermann, Baurat, Schiffbau-Direktor der Stettiner Maschb.-Akt.-Ges. Vulcan Stettin.

Beisitzer:

Fr. Achelis, Konsul, Vizepräsident des Norddeutschen Lloyd, Bremen.

G. Gillhausen, Dr. Ing., Mitglied des Direktoriums der Firma Fried. Krupp A.-G., Essen a. Ruhr.

Aug. Schultze, Geheimer Kommerzienrat, Direktor der Oldenburg-Portug. Dampfschiffs-Reederei, Oldenburg i. Gr.

Ed. Woermann, Konsul und Reeder, i. Fa. C. Woermann, Hamburg.

Geschäftsstelle: Berlin NW6., Schumann-Str. 2 pt.

1. Ehrenmitglieder:

SEINE KÖNIGLICHE HOHEIT, Dr. Ing.
HEINRICH, PRINZ VON PREUSSEN
(seit 1901)

SEINE KAISERLICHE UND KONIGLICHE HOHEIT,
WILHELM, KRONPRINZ DES DEUTSCHEN REICHES U. VON PREUSSEN
(seit 1902)

SEINE KÖNIGLICHE HOHEIT
FRIEDRICH FRANZ IV., GROSSHERZOG V. MECKLENBURG-SCHWERIN
(seit 1904)

SEINE KÖNIGLICHE HOHEIT
FRIEDRICH, GROSSHERZOG VON BADEN
(seit 1907) † 1907.

2. Inhaber der Goldenen Medaille der Schiffbautechnischen Gesellschaft:

WILHELM II., DEUTSCHER KAISER UND KÖNIG VON PREUSSEN.

3. Inhaber der Silbernen Medaille der Schiffbautechnischen Gesellschaft:

Föttinger, Herm., Dr. Ing.,
Schiffsmaschinenbau-Ingenieur, Stettin.

4. Fachmitglieder.

a) Lebenslängliche Fachmitglieder:

Bergius, Walter, C., Ingenieur, Queen Street 77, Glasgow.

Berninghaus, C., Ingenieur und Werftbesitzer, Duisburg.

Biles, John Harvard, Professor für Schiffbau an der Universität Glasgow.

Blohm, Herm., i. Fa. Blohm & Voß, Hamburg, Harvestehuder Weg 10.

10 **Busley**, C., Geheimer Regierungsrat und Professor, Berlin NW., Kronprinzen-Ufer 2.

de Champs, Ch., Kapitänleutnant der Königl. Schwed. Marine, Schiffbau- und Elektro-Ingenieur von der Königl. Techn. Hochschule in Stockholm, Stockholm, Johannesgatan 20.

Claussen, Georg W., Techn. Direktor der Schiffswerft von Joh. C. Tecklenborg Akt.-Ges., Geestemünde, Dock-Str. 4.

Claussen jun., Georg, Schiffbau-Betriebsleiter der Schiffswerft von Joh. C. Tecklenborg Akt.-Ges., Geestemünde, Dock-Str. 4.

Delaunay-Belleville, L., Ingénieur-Constructeur, Rue de l'Ermitage, St. Denis (Seine).

Elgar, Dr. Francis, Naval Architect, London NW., 15
18 Cornwall Terrace, Regents Park.

Flohr, Justus, Baurat, Maschinenbau-Direktor der Stettiner Maschb.-Akt.-Ges. Vulcan, Stettin, Kant-Str. 9.

Howaldt, Bernhard, Ingenieur, Rastorfer Mühle, Poststation Raisdorf i. Holstein.

Klose, A., Ober-Baurat a. D., Berlin W., Kurfürstendamm 33.

Kraft de la Saulx, Ritter Friedrich, Chef-Ingenieur der Ges. John Cockerill, Seraing.

20 Kummer, O. L., Kommerzienrat, Radebeul bei Dresden.

Masing, Berthold, Ingenieur und Vertreter der Werft Uebigau bei Dresden, Stettin, Klosterhof 32 pt.

Meyer, Georg C. L., Ingenieur und Direktor, Hamburg, Rothenbaum-Chaussee 11.

Niclausse, Jules, Ingénieur-Constructeur, Paris, Rue des Ardennes 24.

Pommée, P. J., Direktor des Ottensener Eisenwerk, Gr.-Flottbeck, Voß-Str. 8.

25 Rickmers, A., Vorsitzender des Aufsichtsrates der Rickmers-Schiffswerft, Bremen.

Sachsenberg, Georg, Kommerzienrat, Werftbesitzer, Roßlau a. E.

Sachsenberg, Gotthard, Kommerzienrat, Werftbesitzer, Roßlau a. E.

Spetzler, Carl, Ferd., Dipl. Ingenieur für Schiffsmaschinenbau, Stettin Prutz-Straße 8 pt.

Steinike, Karl, Schiffbaudirektor der Fried. Krupp Germania-Werft, Gaarden bei Kiel.

Topp, C., Baurat, Direktor der Schiffswerft 30 von F. Schichau zu Danzig, Neufahrwasserweg 6.

Wilton, B., Werftbesitzer, Rotterdam.

Wilton, J. Henry, Werftdirektor, Rotterdam.

Ziese, Carl H., Dr.-Ing., Geheimer Kommerzienrat und Besitzer der Schichauschen Werke zu Elbing und Danzig, Elbing.

Ziese, Rud. A., Ingenieur, St. Petersburg, Wassili Ostrow, 12. Linie 27.

Zimmermann, R., Baurat, Schiffbau- 35 Direktor der Stettiner Maschb.-Akt.-Ges. Vulcan, Stettin, Karkutsch-Str. 1.

Zoelly-Veillon, H., Ingenieur, Vorstandsmitglied und technischer Direktor bei Escher, Wyß & Cie., Zürich.

b) Ordnungsmäßige Fachmitglieder:

Abel, Herm., Schiffsmaschinenbau-Ingenieur, Lübeck, Israelsdorfer Allee 23a.

Abel, P., Ingenieur, Besichtiger von Lloyds-Register, Düsseldorf, Herder-Str. 70.

Abel, Wilh., Schiffbau-Ingenieur, Oberlehrer am Technikum zu Hamburg, Hamburg-Borgfelde, Burg-Str. 56 I.

40 Abraham, J., Schiffbau-Ingenieur, Inhaber der Firma O. Kirchhoff Nachfolger, Stralsund.

Achenbach, Albert, Ingenieur, Provatdozent an der Technischen Hochschule Charlottenburg, Berlin N., Schönhauser Allee 164.

Ahlrot, Georg, Schiffbau-Ingenieur, Malmö, Kockums Mek. Verkstads A. B.

Alverdes, Max, Oberingenieur und Vertreter des Osnabrücker Georgs-Marien-Bergwerks- und Hüttenvereins, Hamburg-Uhlenhorst, Bassin-Str. 8.

Amnell, Bengt., Schiffbau-Ingenieur, Abo, Finland.

45 de Angulo, Enrique Garcia, Excellenz, Général du Génie maritime Espagnol, Madrid, Salesas 10.

Arendt, Ch., Marine-Oberbaurat und Schiffbau-Betriebsdirektor, Wilhelmshaven, Kaiserl. Werft.

Arnold, Alb., C., Schiffbau-Ingenieur, Berlin NW., Luisen-Str. 64.

Arppe, Johs., Oberingenieur u. Prokurist d. Fa. F. Schichau, Danzig, Linden-Str. 10.

Assmann, Rud., Geheimer Ober-Baurat und vortragender Rat im Reichs-Marine-Amt, Berlin W., Kalckreuth-Str. 9.

Baars, Georg, Schiffbau-Ingenieur, Hamburg, 50 St. P., Oster-Str. 9.

Bachmeyer, Robert, Direktor der Berliner Maschinenbau-Akt.-Ges. vorm. L. Schwartzkopff, Berlin N. 4, Chaussee-Str. 17/18.

Barg, G., Schiffbau-Direktor der Neptunwerft, Rostock i. M.

Bauer, V. J., Direktor der Flensburger Schiffsbau-Gesellschaft, Flensburg, Neustadt 49.

Bauer, Dr. G., Stellvertretender Direktor der Stett. Maschinenb.-Akt.-Ges. Vulcan, Bredow a. O.

55 Bauer, M.H., Schiffbau-Ingenieur, Berlin W 26, Nollendorf-Str. 30.

Bauer, O., Betriebs-Ingenieur d. Flensburger Schiffsbau-Gesellschaft, Flensburg.

Beck, Marine-Oberbaurat a. D., Direktor, Sömmerda i. Th.

Becker, Richard, Maschinen - Ingenieur, Stettin, Pölitzer Str. 17 III.

van Beek, J. F., Oberingenieur der Königl. Niederländischen Marine, Amsterdam, Marinewerft 5.

60 Behn, Theodor, Diplom-Ingenieur, Stettin, Kronenhof-Str. 16.

Benetsch, Armin, Schiffsmaschinenbau-Ingenieur, Oberlehrer a. d. Städt. Maschinist.- und Gewerbeschule, Bremerhaven.

Benjamin, Ludwig, Zivil-Ingenieur, Hamburg 13, Grindel-Allee 153.

Berendt, M., Ingenieur, Hamburg, Admiralität-Str. 52.

Bergemann, W., Marine-Baurat, Danzig, Kaiserl. Werft.

65 Berghoff, O., Marine-Baumeister a. D., Berlin C., Dragoner-Str. 23 I.

Berling, G., Marine-Baurat, Kiel, Feld-Strasse 130.

Berndt, Fritz, Elektro-Ingenieur, Hamburg, Werft von Blohm & Voß.

Berner, Otto, Ingenieur, Hamburg, Admiralität-Str. 58.

Bertram, Ed., Geh. Marine-Baurat u. Maschinenbau-Ressortdirektor, Gaarden b. Kiel.

70 Beul, Th., Oberinspektor des Norddeutschen Lloyd, Bremerhaven, Lloyd-Dock.

Billig, H., Maschinenbau - Oberingenieur, Roßlau a. E., Süd-Str. 10.

Blackstady, E., Direktor der Oderwerke, Stettin, Schiller-Str. 11.

Block, Hch., Ingenieur, Hamburg, Große Bleichen 31/43.

Blohm, Eduard, Ingenieur, Hamburg, Koop-Str. 26.

75 Blohm, M. C. H., Ingenieur, Hamburg-Eimsbüttel, Bismarck-Str. 60.

Blümcke, Richard, Direktor der Schiffs- und Maschinenbau - Akt. - Ges. Mannheim in Mannheim.

Blumenthal, G. E., Direktor der Hamburg-Amerika-Linie, Hamburg, Schröderstift-Straße 16.

Bocchi, Guido, Chef des Schiffbau-Bureaux der Cantieri navali rimiti. Ancona, via ad Alto 7.

Bock, W., Marine-Oberbaurat und Schiffbau-Betriebsdirektor, Berlin W. 50, Kulmbacher Str. 6.

Bockhacker, Eug., Marine-Oberbaurat und 80 Schiffbau-Betriebsdirektor, Berlin W. 50, Spichern-Str. 11/12.

Boekholt, H., Marine-Baurat, Berlin W. 9, Reichs-Marine-Amt.

Bonhage, K., Marine-Baurat, Kiel, Falk-Str. 2.

Böning, O., Schiffbau - Ingenieur, Stettin, Grabower Str. 6 b.

Borgstede, Ed., Bat und Schiffbau-Direktor a. D., Elbing.

Bormann, Ed., Direktor des Technikum 85 Riesa i. S.

v. Borries, Friedrich, Marine-Baumeister, Kiel, Kirchen-Str. 1.

Böttcher, Max, Schiffbau-Ingenieur, Langfuhr b. Danzig, Robert Reinick-Weg 8 I.

Bramigk, Schiffbau-Ingenieur, Roßlau a. E., Dessauer Str. 90 I.

Bredsdorff, Th., Schiffbau-Direktor, Flensburg, Apenrader Str. 25.

Breer, Wilh., Schiffbau-Ing. und erster Schiffs- 90 Vermesser, Hamburg, Frucht-Allee 38.

Breitländer, Friedrich, Ingenieur, Berlin N., Reinickendorfer Str. 23 d III.

Brinkmann, G., Geheimer Marine-Baurat und Schiffbau - Ressortdirektor, Wilhelmshaven, Adalbert-Str. 11.

Brinkmann, Oberingenieur der Germania-Werft, Kiel, Berg-Str. 25.

Brodin, O. A., Werftbesitzer, Gefle.

Brommundt, G., Marine-Oberbaurat und 95 Maschinenbau - Betriebsdirektor, Kiel, Feld-Str. 42.

Brotzki, Julius, Regierungsrat, Berlin W. 15, Xantener Str. 7.

Bruns, Heinr., Konsul, Zivilingenieur i. Fa. H. Diederichsen, Kiel, Niemannsweg 90.

Bub, H., Schiffbau-Ingenieur, Vegesack, Bremer Vulkan.

Bufe, C., Schiffbau-Ingenieur, Elbing, Johannis-Str. 19.

Bull, Harald, Ingenieur, Hamburg, Eims- 100 büttler Str. 48.

v. Bülow, Schiffbau-Ingenieur, Prokurist der Germ.-Lloyd, Gr.-Lichterfelde-O., Anna-Straße 2.

Bürkner, H., Geh. Marine-Baurat und vortragender Rat im Reichs-Marine-Amt, Gr.-Lichterfelde O.. Jungfernstieg 12.

Buschberg, E., Marine-Baurat, Stettin, Kronprinzen Str. 15.

Caldwell, James, Marine-Engineer, Glasgow, Elliot-Street 130.

105 Carlson, C. F., Schiffbau-Ingenieur, Danzig, Werft von F. Schichau.

Chace, Mason, S., Schiffbau-Ingenieur, Dorchester, 31 Wales Str.

Chapman, H. R., Techn. Direktor der Viktoria Works, Gateshead on Tyne.

Clark, Charles, Professor am Polytechnikum, Riga, Mühlen-Str. 58 II.

Clausen, Ernst, Schiffbau-Ingenieur und Chef des Konstruktionsbureaus der Fried. Krupp Akt.-Ges. Germaniawerft, Gaarden, Wilhelm-Str. 21.

110 Cleppien, Max, Marine-Baumeister, Kiel, Kaiserl. Werft.

Conradi, Carl, Marine-Ingenieur, Christiania, Prinsens Gade 2 b.

Collin, Max, Marine-Oberbaurat und Maschinenbau-Betriebsdirektor, Kiel, Kaiserl. Werft.

Cornehls, Otto, Direktor der Reiherstieg-Schiffswerfte und Maschinenfabrik, Hamburg, Kl. Grasbrook.

Cramp, Chas. H., President of Wm. Cramp & Sons Ship and Engine Building Co., Philadelphia Pa.

115 Crets, M. C. Edmond, Direktor der Chantier naval Cockerill, Hoboken—Anvers.

Creutz, Carl Alfr., Schiffbau-Oberingenieur der Chantiers navals, Ateliers et Fonderies de Nicolaieff.

Daevel, C., Kommerzienrat, Direktor der Kieler Maschinenbau-Aktiengesellschaft vorm. C. Daevel, Kiel.

Degn, Paul Frederik, Diplom-Ingenieur, Bremen, Nord-Str. 37.

Delaunay-Belleville, Robert, Ingenieur, Saint-Denis sur Seine.

Dentler, Heinr., Stettin, Friedrich-Carl- 120
Straße 6.

Dieckhoff, Hans, Prof., Techn. Direktor der Woermann-Linie und der Ost-Afrika-Linie, Hamburg, Gr. Reichen-Str. 27 (Afrikahaus).

Dietrich, A., Marine-Baumeister, Berlin W. 9, Reichs-Marine-Amt.

Dietze, E., Schiffbau-Oberingenieur, Roßlau a. E., Pötsch-Str. 14.

Dietze, F. M., Inspektor für Maschinen- und Schiffbau, Hamburg, Lappenberg-Allee 11 pt.

Dix, Joh., Marine-Baurat, Berlin W., Sieg- 125
mundshof 22.

v. Dorsten, Wilhelm, Ingenieur der Rheinschiffahrt A.-G. vorm. Fendel, Mannheim.

Drakenberg, Jean, Maschinen-Ingenieur, Direktor der Bergungs-Gesellschaft „Neptun“, Stockholm, Kungsträdgårdsgatan 12.

Dreyer, E., Max, Ingenieur für Schiff- und Maschinenbau, Inspektor des Germanischen Lloyd, Hamburg, Graumannsweg 43.

Dreyer, Fr., Schiffbau-Oberingenieur, Hamburg, Eidelstedterweg 29.

Drossel, Aug., Schiffbaumeister, Stettin, 130
Birkenallee 40 II.

Egan, Edward, Oberingenieur in der Schiffahrtssektion des k. ungar. Handelsministeriums, Budapest II.

Eggers, Julius, Oberingenieur der Hamburg-Amerika-Linie, Hamburg, Hartung-Str. 16 pt.

Eichhorn, Osc., Geh. Marinebaurat und Schiffbaudirektor, Wilhelmshaven, Viktoria-Str. 5.

Ekström, Gunnar, Extra-Marine-Ingenieur, Flottansvarf, Karlskrona.

Elste, R., Schiffbau-Ingenieur, Hamburg 4, 135
Sophien-Str. 47 II.

Elze, Theodor, Schiffbau-Ingenieur, Roßlau a. E., Burgwall.

Engel, Otto, Marine-Baurat, Berlin W. 9, Reichs-Marine-Amt.

von Essen, W. W., Ingenieur, Hamburg, Rathaus-Markt 8 II.

Euterneck, P., Marine-Oberbaurat und Schiffbau-Betriebsdirektor, Wilhelmshaven, Victoria-Str.

140 Evans, Charles, Oberingenieur bei Vickers, Sons and Maxim Ltd. 2, Cavendish Park, Barrow-in-Furness, England.

Evers, C., Ingenieur, Hamburg, Hoheluft-Chaussee 117.

Evers, Charles, Civil-Ingenieur, Dortmund, Hagen-Str. 36.

Evers, F., Ober-Ingenieur der A.-G. Weser, Bremen, Werft-Str. 22.

Evers, G., Schiffbau-Ingenieur, Bevollmächtigter des Germanischen Lloyd, Bremen, Schlachte 21.

145 Falk, W., Schiffbau-Ingenieur und Yacht-Agentur, Schiffbaulehrer a. d. Navigationsschule, Hamburg 4, Hafen-Str. 23.

Fechter, Gust., Schiffbaumeister, Königsberg i. Pr.

Festerling, S., Ingenieur, Hamburg 24, Wandsbeckerstieg 43.

Fischer, Fr., Betriebs-Ingenieur, Elbing Altst., Wall-Str. 13.

Flach, H., Marine-Oberbaurat a. D., Stettin, Friedrich-Carl-Str. 36.

150 Flamm, Osw., Geheimer Regierungsrat und Prorektor der Königl. Techn. Hochschule, Charlottenburg, Leibniz-Str. 44.

Fliege, Gust., Stellvertretender Direktor der Stettiner Maschinenbau Akt.-Ges. Vulcan, Bredow a. O.

Flood, H. C., Ingenieur und Direktor der Bergens Mechaniske Varksted, Bergen, (Norwegen).

Flügel, Paul, Ingenieur und Maschinen-Inspektor, Lübeck, Fischergrube 55 I.

Foerster, Dr. Ing. Ernst, Diplom.-Schiffbauingenieur bei Blohm & Voß, Hamburg, Bismarck-Str. 3 II.

155 Folkerts, H., Direktor, Wolfenbüttel, Goslar-Str.

Föttinger, Herm., Dr. Ing., Schiffsmaschinenbau-Ingenieur, Stettin, Prutz-Str. 4 I.

Frahm, Herm., Direktor der Werft Blohm & Voß, Hamburg, Kloster-Allee 18.

Frankenberg, Ad., Marine-Baurat, Wilhelmshaven, Ostfriesen-Str. 73.

Fränzel, Curt, Direktor der Königl. Seemaschinistenschule in Stettin.

Frick, Ph., Ingenieur, Stettin-Grabow, Gustav Adolph-Str. 4a. 160

Fritz, G., Marine-Oberbaurat und Maschinenbau-Betriebsdirektor, Berlin W. 30, Winterfeldt-Str. 33 pt.

Früchtenicht, O., Schiffbau-Ingenieur, Werft vorm. Janssen & Schmilinsky A.-G., Hamburg, Steinwärder.

Galetschky, W., Ingenieur, Groß-Flottbeck b. Altona, Fritz-Reuter-Str. 9.

Gamst, A., Fabrikbesitzer, Kiel, Eckernförder Chaussee 61.

Gannott, Otto, Rechnungsrat im Reichs- 165
Marine-Amte, Groß-Lichterfelde West, Ring-Str. 24.

Gätjens, Heinr., Schiffbau-Ingenieur der Hamburg-Amerika-Linie, Hamburg, Ferdinand-Str.

Gebauer, Alex, Schiffsmaschinenbau-Ingenieur, Werft von F. Schichau, Elbing.

Gebers, Fr. Schiffbau-Ingenieur, Dresden-Uebigau, Schwind-Str. 16 I.

Gehlhaar, Franz, Dipl. Schiffbau-Ingenieur, Mitglied des Kaiserl. Schiffs-Vermessungs-Amtes, Berlin-Westend, Eschenallee 13.

Gerner, Fr., Betriebs-Ingenieur, der Fried. 170
Krupp A.-G., Germaniawerft, Kiel, Kirchhofs-Allee 19.

Gierth, R., Oberingenieur der Vereinigten Elbschiffahrts-Gesellschaften A.-G., Dresden-Plauen, Würzburger Str. 38.

Giese, Ernst, Geheimer Regierungsrat, Berlin NW., Schleswiger Ufer 13.

Gleim, W., Direktor, Kassel, Hohenzollern-Str. 137½.

Gnutzmann, J., Schiffbau-Oberingenieur, Langfuhr b. Danzig, Heiligenbrunnerweg 4.

Goecke, E., Marine-Baurat, Danzig, Kaiserl. 175
Werft.

Gorgel, Diplom-Ingenieur, Berlin SW., Blücher-Str. 21.

Grabow, C., Marine-Oberbaurat und Maschb.-Betriebsdirektor, Berlin W. 50, Kulmbacher Str. 6 II.

Grabowski, E., Schiffbau-Ingenieur, Bremen, Friedrich Wilhelm-Str. 35.

Grauert, M., Marine-Baurat, Langfuhr bei Danzig, Heiligebrunnerweg 6.

180 Green, Rudolf, Zivilingenieur für Flußschiffbau, Berlin W. 30, Viktoria-Luise-Platz 4.

Grond, Josef, k. und k. Schiffbau-Oberingenieur I. Kl., Bauleiter in S. Marco bei Triest.

Gronwald, Otto, Schiffbau-Ingenieur, Stettin, Töpferpark-Str. 9.

Groth, W., Ingenieur der Hanseat. Elektr.-Ges., Hamburg, Gr. Reichen-Str. 27, Afrikahaus.

Grotrian, H., Schiffbau-Ingenieur, Oberlehrer am Technikum zu Hamburg, Hamburg-Ohlsdorf, Fuhlsbütteler Str. 589.

185 Gümbel, L., Oberingenieur und stellvertr. Direktor der Norddeutschen Maschinen- u. Armaturenfabrik, Bremen, Nord-Str. 46.

Haack, Otto, Schiffbau-Ingenieur, Inspektor des Germanischen Lloyd, Stettin, Sellhausbollwerk 3.

Haack, R., Königl. Baurat, Eberswalde, Schickler-Str. 1.

Hadenfeldt, Ernst, Direktor, Hamburg, 2. Vorsetzen 4.

Haedicke, Fachschuldirektor, Siegen.

190 Haensgen, Osc., Maschinenbau-Ingenieur, Flensburger Schiffsbau-Ges., Flensburg.

Hahn, Carl, Ingenieur der Bremer Assekuradeure, Bremen, Am Wall 164.

Halberstaedter, Paul, Schiffsmaschinenbau-Ingenieur, Werft von F. Schichau, Elbing.

Hammar, Hugo G., Schiffbau-Oberingenieur Göteborgs Nya Verkstad A. B., Göteborg.

Hartmann, C., Bauinspektor u. Vorstand des Dampfkesselrevisionsbureaus der Baupolizeibehörde, Hamburg, Juratenweg 4.

195 Hartmann, Hans, Marine-Baurat, Berlin W. 50, Prager Str. 25.

Hartung, Carl Herm., Schiffsmaschinenbau-Ingenieur, Joh. C. Tecklenborg Akt.-Ges., Geestemünde.

Hass, Hans, Diplom-Ingenieur, Oberingenieur der A.-G. „Weser“, Bremen, Nord-Str. 149.

Heberrer, F., Ing., Stettin, Birkenallee 30 III.

Hein, Th., Rechnungsrat im Reichs-Marine-Amt, Charlottenburg, Kant-Str. 68 I.

200 Heitmann, Johs., Schiffbau-Ingenieur, Hamburg, St. G., Langereihe 112 pt.

van Helden, H., Inspektor bei der Holland-Amerika-Linie, Rotterdam, Boompjes 117.

Helling, Wilhelm, Oberingenieur, Gr.-Flottbeck b. Altona, Grotten-Str. 9.

Hempe, Gust., Oberingenieur, Steglitz bei Berlin, Grunewald-Str. 5.

Henke, Gust., Schiffsmaschinenbau-Ingenieur, Elbing, Aeußerer Mühlendamm 24 b.

Herner, H., Diplom-Schiffbau-Ingenieur, 205
Oberlehrer an der Königl. höheren Schiff- und Maschinenbauschule, Kiel Holtenauer Str. 157.

Herzberg, Emil, Maschinen-Inspektor, Expert für Lloyds Register, Stettin, Bollwerk 12—14.

Heyn, Bruno, Schiffbau-Ingenieur, Elbing, Hospital-Str. 1.

Hildebrandt, Hermann, Schiffbau-Oberingenieur der Joh. C. Tecklenborg Akt.-Ges., Geestemünde, Hafen-Str. 30.

Hinrichsen, Henning, Schiffsmaschinenbau-Ingenieur, Werft von F. Schichau, Elbing.

Hitzler, Th., Schiffbau-Ingenieur, Schiffs- 210
werft Hamburg-Veddel.

Holtz, R., Werftbesitzer, Harburg a. E.

't Hooft, J., Chefingenieur der Königl. Niederländischen Marine, Hellevoetsluis.

Hölzermann, Fr., Marine-Oberbaurat und Schiffbau-Betriebsdirektor, Danzig, Kaiserl. Werft.

Hossfeld, P., Geheimer Oberbaurat und vortragender Rat im Reichs-Marine-Amt, Berlin W., Ansbacher Str. 42/43.

Howaldt, G., Kommerzienrat, Kiel, Düstern- 215
brook 75.

Howaldt jr., Georg, Konsul u. Ingenieur, Kiel.

Hüllmann, H., Geh. Oberbaurat u. Vorstand der Abteilung für Schiffbau-Angelegenheiten des Konstr.-Departements des Reichs-Marine-Amts, Berlin W. 15, Mommsen-Str. 63.

Ilgenstein, Ernst, Schiffbau-Ingenieur, Berlin-Wilmersdorf, Kaiserplatz 16.

Isakson, Albert, Schiffbau-Ingenieur, Inspektor des Brit. Lloyd, 34 Skeppsbron, Stockholm.

220 **Jacobsen**, J., Schiffbau-Ingenieur i. Fa. Jacobsen & Friedrich G. m. b. H., Schiffs- u. Jachtwerft, Neumühlen b. Kiel.

Jacobsen, Waldemar, Oberingenieur, Bergsunds Mek. Verkstads A. B., Stockholm.

Jaeger, Johs., Geheimer Ober-Baurat a. D., Halle a. S., Richard-Wagner-Str. 40.

Jahn, Paul, Schiffbau-Oberingenieur, Berlin NW., Alsen-Str. 12, German. Lloyd.

Jahnel, A., Schiffbau-Oberingenieur, Vereinigte Elbschiffahrts-Gesellschaft, Radebeul b. Dresden, Bismarck-Str. 5.

225 **Jänecke**, Carl, Schiffbau-Ingenieur, Danzig, Pfefferstadt 72.

Janke, Paul, Marine-Baurat und Schiffbau-Betriebsdirektor a. D., Generaldirektor, Danzig.

Jappe, Fr., Konstruktions-Ingenieur, Königl. Techn. Hochschule, Charlottenburg.

Jensen, Alb., Schiffbau-Ingenieur, Oliva (Westpr.), Georg-Str. 10.

Jensen, Ernesto, Ingenieur, Roßlau (Anhalt).

230 **Johannsen**, W., Schiffbaumeister, Direktor der Danziger Schiffswerft und Maschinenbauanstalt Johannsen & Co., Danzig.

Johansen, P. C. W., Schiffbau-Ingenieur, Flensburg, Bauer Land-Str. 11 I.

Johns, H. E., Ingenieur, Hamburg, Admiralitäts-Str. 37 pt.

Johnson, Alex A., Schiffbau-Ingenieur, Newcastle on Tyne, Sandhill 14.

Jülicher, Ad., Schiffbau-Ingenieur, Bremen, Am Wall 62.

235 **Jungclaus**, E. W., Besichtiger des Germ. Lloyd, Bremerhaven.

Kagerbauer, Ernst, k. und k. Schiffbau-Oberingenieur i. P., Techn. Vertreter der Schiffbau- u. Maschinenfabriks-Akt.-Ges. „Danubius", Wien IX, Frankgasse 10.

Karstens, Paul, Ingenieur, Harburg-Elbe, Buxtehuder Str. 102.

Kasten, Max, Schiffbau-Ingenieur, Grabow a. O., Gustav-Adolf-Str. 11a.

Keil, Friedrich, k. und k. Maschinenbau-Oberingenieur I. Kl., Maschinenbau-Direktor des k. und k. Seearsenals, Pola.

240 **Keiller**, James, Oberingenieur, Göteborg.

Kell, W., Schiffsmaschinenbau-Ingenieur, Stettin, Birkenallee 3.

Kenter, Max, Marine-Baumeister, Berlin W. 30, Landshuter Str. 6.

Kernke, Fritz, Marine-Baumeister, Wilhelmshaven, Wall-Str. 27.

Keuffel, Aug., Maschinenb.-Oberingenieur d. Akt.-Ges. Weser, Bremen, Ellhorn-Str. 18a.

Kielhorn, Carl, Schiffbau-Ingenieur bei Joh. 245
C. Tecklenborg Akt.-Ges., Geestemünde.

Kiepke, Ernst, Maschinen-Ingenieur, Stettin, Poelitzer Str. 86.

Kindermann, B., Baurat, Mitglied des Kaiserl. Schiffsvermessungsamtes, Friedenau bei Berlin, Frege-Str. 72.

Klamroth, Gerhard, Marine-Oberbaurat und Maschinenbau-Betriebsdirektor, Kiel, Holtenauer Str. 144.

Klatte, Johs., Schiffbau-Ingenieur, i. Fa. J. H. N. Wichhorst, Hamburg, Kl. Grasbrook, Arning-Str. 11.

Klawitter, Fritz, Ingenieur u. Werftbesitzer, 250
Danzig, i. F. J. W. Klawitter, Danzig.

Kleen, J., Ingenieur, Hamburg-Hamm, Landwehr-Str. 81.

Kluge, Otto, Marine-Baurat, Kiel, Jägersberg 19a.

Klust, Herm., Ober-Ingenieur, Elbing, Berliner Chaussee 9.

Knaffl, A., Ingenieur, Dresden-A., Bendemann-Str. 13.

Knappe, H., Maschinenbau-Direktor, Neptun- 255
werft, Rostock.

Knorr, Paul, Ingenieur u. Oberlehrer an der Königl. höheren Schiff- u. Maschinenbau-Schule, Kiel, Schiller-Str. 15.

Koch, Karly, Oberingenieur der Ottensener Maschinenfabrik, Altona (Elbe).

Koch, Joh., Ingenieur, Wellingdorf bei Kiel.

Koch, W., Ing., Lübeck, K. Friedrich-Platz 4.

Köhn von Jaski, Th., Marine-Oberbaurat 260
u. Maschinenbau-Betriebsdirektor, Langfuhr, Johannistal 22.

Kolbe, Chr., Werftbesitzer, Wellingdorf b. Kiel.

Kolkmann, J., Schiffsmaschinenb.-Ingenieur, Elbing, Brandenburger Str. 15.

Konow, K., Marine-Oberbaurat und Schiffbau-Betriebsdirektor, Charlottenburg, Fasanen-Str. 11.

Kopp, Herm., Schiffbau-Betriebsdirektor, Kiel, Kirchhofallee 15.

265 Körner, Paul, Ingenieur, Langfuhr, Brunshöfer Weg 40.

Kraft de la Saulx, Ritter Johann, Chef-Ingenieur d. Gesellschaft John Cockerill, Seraing.

Krainer, Paul, Ordentl. Professor a. d. Königl. Techn. Hochschule Berlin, Charlottenburg, Leibniz-Str. 55.

Krell, H., Marine-Baurat, Kiel, Kaiserliche Werft.

Kretschmer, Otto, Geheimer Marine-Baurat a. D. u. Professor, Charlottenburg, Stuttgarter Platz 21.

270 Kretzschmar, F., Schiffbau-Ingenieur bei Escher, Wyss & Cie., Zürich, Sonneggasse 72.

Krieger, Ed., Geheimer Marinebaurat, Langfuhr-Danzig, Kastanienweg 10.

Krüger, C., Direktor, Hamburg 24, Reiherstieg-Schiffswerfte und Maschinenfabrik.

Kruft, J. L., Oberingenieur und Expert des Bureau Veritas, Material-Abnahme-Bevollmächtigter der Kaiserl. Deutschen Marine, Essen a. Ruhr.

Kruth, Paul, Maschinen-Ingenieur, Hamburg-Eimsbüttel, Wiesen-Str. 3.

275 Kuck, Franz, Marine-Baurat, Danzig, Kaiserl. Werft.

Kühn, Richard, Diplom-Schiffbau-Ingenieur, Papenburg a. Ems.

Kühne, Ernst, Ingenieur, Bremen, Lloyd-Straße 110.

Kuschel, W., Schiffbau-Ingenieur, Stettin, Grabower Str. 6 II.

Laas, Walter, Professor für Schiffbau an der Königl. Techn. Hochschule, Berlin W. 15, Clausewitz-Str. 6.

280 Lake, Simon, Naval Architect, Carlton House, Waterloo Place, London.

Lampe, Marine-Baumeister, Berlin W. 9, Reichs-Marine-Amt.

Lange, Johs., Diplom-Ingenieur, Charlottenburg, Guericke-Str. 38 III.

Lange, J. W., Ingenieur, Direktor der Schiffswerft und Maschinenfabrik Akt.-Ges. vorm. Lange & Sohn, Riga.

Lange, Leo, Betriebs-Ingenieur der Schiffswerft und Maschinenfabrik Akt.-Ges. vorm. Lange & Sohn, Riga, Schiffer-Str. 44.

Lechner, E., Marine-Baumeister a. D., Generaldirektor, Köln-Bayenthal, Alteburger Str. 357. 285

Lehmann, Martin, Geheimer Marine-Baurat a. D., Düsseldorf, Worringer-Str. 63 II.

Lehr, Julius, Regierungs-Baumeister a. D., Berlin W. 35, Potsdamer Str. 17.

Leux, Carl, Schiffbau-Oberingenieur, Prokurist bei F. Schichau, Elbing.

Libbertz, Otto, Generaldirektor, Rendsburg.

Liddell, Arthur R., Schiffbau-Ingenieur, Charlottenburg, Herder-Str. 14. 290

Lilliehöök, H. H., Chef-Konstrukteur der Kgl. Schwed. Marine, Stockholm, Linnégatan 22.

Lindfors, A. H., Ingenieur, Göteborg, Skeppsbron 4.

Lipkow, Herm., Ingenieur, Roßlau a. E., Dessauer Str. 47.

Lippold, Fr., Schiffbau-Ingenieur, Stettin, Derfflinger-Str. 20.

Loder, C. L., Schiffbau-Direktor der Königl. Niederländischen Marine, s'Gravenhage, Laan van Meerdervoort 137. 295

Löfstrand, Gust. L., Schiffbau-Ingenieur, Stettin, Gustav-Adolf-Str. 5.

Lösche, Joh., Marine-Baurat, Wilhelmshaven, Kaiserl. Werft.

Losehand, Fritz, Maschinen-Ingenieur, Kiel, Germania-Werft.

Ludewig, Otto, jr., Schiffbaumeister, Rostock, Schiffswerft beim Wendentor.

Lundholm, O. E., Professor d. Königl. Techn. Hochschule, Stockholm, Thulegatan 27. 300

Lühring, F. W., Schiffbau-Oberingenieur, Bremerhaven, Lange Str. 32 II.

Mainzer, Bruno, Schiffbau-Ingenieur, Elbing, Hohezinn-Str. 2.

Malisius, Paul, Marine-Baurat, Danzig, Kaiserl. Werft.

Markwart, Th., Ingenieur, Stettin, Bollwerk 12/14.

Martens, Rud., Marine-Baurat, Kiel, Reventlow-Allee 16. 305

Matthiessen, Paul, Schiffbau-Ingenieur, Hamburg, Alardus-Str. 8.

Mechlenburg, K., Marine-Oberbaurat a. D., Elbing.

van Meerten, Henrik, Oberingenieur der Königl. Niederl. Marine a. D., Buitenzorg, Java.

Mehlis, H., Dr. Ing., Regierungsrat, Mitglied des Kaiserl. Patent-Amtes, Charlottenburg, Knesebeck-Str. 48/49.

310 Meifort, Joh., Direktor der Dresdener Masch.-Fabr. u. Schiffswerft-Akt.-Ges., Uebigau.

Meinke, Aug., Ingenieur, Kiel, Königsweg 29.

Meldahl, K. G., Schiffbau-Direktor der Aktieselskabet Burmeister & Wain, Kopenhagen, Malmögade 9.

Menier, Gaston, Zivilingenieur, Paris, Rue de Châteaudun 15.

Mentz, Walter, Professor an der Königl. Techn. Hochschule Danzig, Langfuhr, Friedenssteg 1.

315 Merten, Paul, Ingenieur, Hamburg, Klostertor 3.

Meyer, Bernhard, Diplom-Ingenieur, Hamburg, Feld-Str. 50.

Meyer, F., Schiffbau-Ingenieur, Kgl. Techn. Hochschule, Charlottenburg.

Meyer, F., Schiffbau-Ingenieur, Stett. Maschb.-Akt.-Ges. Vulcan, Betriebsbureau, Bredow-Stettin.

Meyer, Franz, Jos., Schiffbau-Ingenieur, i. Fa. Jos. L. Meyer, Papenburg.

320 Meyer, Johs., Marine-Baumeister, Berlin W. 9, Reichs-Marine-Amt.

Meyer, Jos. L., Schiffbaumeister, Papenburg.

Michael, Alfred, Oberingenieur, Bremen, Nordd. Maschinen- und Armaturen-Fabrik.

Michelbach, Jos., Schiffsmaschinenbau-Ingenieur, Hamburg, Kirchenallee 26.

Milde, Fritz, Schiffbau-Ingenieur, Stettin, Deutsche Str. 57 I.

325 Misch, Ernst, Zivil-Ingenieur, Gr.-Lichterfelde West, Karl-Str. 32.

Misdorf, J., Direktor der Stettiner Oderwerke, Grabow a. O., Burg-Str. 11.

Möller, J., Schiffbaumeister Rostock, Friedrich-Franz-Str. 36.

Möller, W., Oberingenieur, Hamburg, Frucht-Allee 69.

Mötting, Emil, Ingenieur, Dampfschiffahrts-Gesellschaft Argo, Bremen.

Müller, A. C. Th., Oberingenieur und Prokurist der Firma F. Schichau, Elbing. 330

Müller, Carl, Schiffbau-Ingenieur, Berlin NW., Reichstagsufer 16, Germ. Lloyd.

Müller, Ernst, Diplom-Schiffbau-Ingenieur, Oberlehrer am Technikum Bremen, Rhein-Str. 6 pt.

Müller, Gust., Schiffbau-Ingenieur, Kiel, Unter-Str. 30.

Müller, Paul, Schiffsmaschinenbau-Ingenieur, Wilhelmshaven, Roon-Str. 63 I.

Müller, Rich., Marine-Baurat, Wilhelms- 335 haven, Adalbert-Str. 12.

Müller, Wenzel, k. und k. Oberster Maschinenbau-Ingenieur i. R., Pola.

Mugler, Julius, Marine-Baurat, Elbing, Äußerer Mühlendamm 23.

Nagel, Joh. Theod., Schiffsmaschinenbau-Ingenieur, Hamburg, Glashütten-Str. 5 pt.

Nawatzki, V., Direktor des Bremer Vulkan, Vegesack.

Neudeck, Georg, Marine-Baumeister a. D. 340 u. Direktor der marinetechnischen Abt. der Gebr. Körting A.-G., Kiel, Holtenauer Str. 146.

Neukirch, Fr., Zivilingenieur, Maschineninspektor des Germanischen Lloyd, Bremen, Dobben 17.

Neumann, W., Marine-Baurat, Wilhelmshaven, Markt-Str. 45.

Neumeyer, W., Ingenieur des Nordd. Lloyd, Bremerhaven, Mittel-Str. 2.

Nixdorf, Osw., Betriebsingenieur des Nordd. Lloyd, Bremerhaven, Bremer Str. 8.

Nordhausen, Fr., Schiffbau-Oberingenieur, 345 Hamburg-Hamm, Jordan-Str. 25.

Nott, W., Geheimer Marine-Baurat und Maschinenbau-Ressortdirektor, Wilhelmshaven, Kaiserl. Werft.

Oertz, Max, Jacht-Konstrukteur, Neuhof am Reiherstieg, Hamburg.

Oesten, Karl, Schiffbau-Ingenieur, Danzig-Langfuhr, Hermannshöfer Weg 2 II.

Oestmann, C. H., Schiffsmaschinenbau-Ingenieur, Elbing, Trauben-Str. 2 I.

350 Orbanowski, Kurt, Diplom-Ingenieur, Hamburg, Schlump 53.

Ortlepp, Max W., Schiffbau-Ingenieur, Elbing, Sonnen-Str. 76 pt.

Otto, H., Schiffbau-Ingenieur, Hamburg St. P., Annen-Str. 18.

Overbeck, Paul, Schiffbau-Ingenieur, Oslebshausen b. Bremen.

Pagel, Carl, Professor, Techn. Direktor des Germanischen Lloyd, Berlin W. 50, Nürnberger Str. 33.

355 Paradies, Reinh., Ingenieur, Altona, Am Brunnenhof 11 II.

Paulus, K., Regierungsrat, Berlin W. 30, Münchener Str. 12.

Peters, Karl, Ingenieur, Kiel, Lerchen-Str. 15.

Petersen, Otto, Marine-Baurat, Wilhelmshaven, Kaiserl. Werft.

Peterson, Pehr Wilh., Kgl. Marine-Ingenieur, Karlskrona, Kgl. Flottans-Varf, Ingenieur-Departement.

360 Peuss, Franz, Schiffbau-Direktor der Stabilimento tecnico Triestino, Triest.

Peuss, Otto, Werftbesitzer, i. Fa. Nüscke & Co., Stettin, Grabower Str. 12.

Piaud, Léon, Ingénieur de la Marine en retraite, Neuilly sur Seine, Rue de Chartre 17.

Pietzker, Felix, Marine-Baumeister, Friedenau, Menzel-Str. 25.

Pihlgren, Johan, vorm. Schiffbaudirektor der Kgl. Schwed. Marine, Ministerialdirektor, Stockholm, Carlavägen 28.

365 Pilatus, Rich., Marine-Oberbaurat u. Schiffbau-Betriebsdirektor, Wilhelmshaven, Kaiserl. Werft.

Pitzinger, Franz, k. u. k. Schiffbau-Oberingenieur, k. u. k. Seebezirks-Kommando, Triest.

Poeschmann, C. R., Ingenieur, Bremerhaven, Deich-Str. 180.

Pohl, Robert, Ober-Ingenieur, Hamburg, Ritter-Str. 112.

Pophanken, Dietrich, Marine-Baurat, Bremen, Am Wall 190.

370 Popper, Siegfried, k. und k. General-Ingenieur i. P., Pola, Via del Fondaco 1.

Potyka, Ernst, Schiffbau-Betriebsingenieur der Germania-Werft, Kiel-Gaarden, Jahn-Str. 9 II.

Praetorius, Paul, Marine-Baumeister, Stettin, Bismarck-Str. 1 I.

Presse, Paul, Marine-Baurat, Kiel, Feld-Str. 90.

Prusse, G., Schiffbau-Ingenieur, Kiel, Lerchen-Str. 20.

Putscher, Heinr., Schiffbau-Oberingenieur, 375
Besichtiger des Germanischen Lloyd, Emden, Parallel-Str. 8.

Raben, Friedr., Schiffbaumeister a. D., Hamburg, Innocentia-Str. 21.

Radermacher, Carl, Schiffbau-Ingenieur, Godesberg b. Bonn, Augusta-Str. 20.

v. Radinger, Carl Edler, Ingenieur, Stettin, Kaiser Wilhelm-Str. 90.

Radmann, J., Schiffbau-Ingenieur, Gr.-Flottbeck, Grotten-Str. 2.

Rahn, F. W., Schiffbau-Ingenieur, Kiel, 380
Knooperweg 125.

Rammetsteiner, Moriz, k. u. k. Maschinenbau-Oberingenieur I. Kl., Pola, Marinetechnisches Komitee.

Rea, Harry E., Manager of Messrs. Iwan, Hunter & Wigham Richardson, Wallsend on Tyne, Northumberland, Windsor Crescent.

Rechea, Miguel, Ingénieur de la Marine, Constructeur naval, Cadiz, Isabel la Catolica, 2 Prål.

Reimers, H., Marine-Oberbaurat und Schiffbau-Betriebsdirektor, Wilhelmshaven, Kaiserliche Werft.

Reitz, Th., Marine-Oberbaurat u. Maschinen- 385
bau-Betriebsdirektor, Berlin-Halensee, Joachim-Friedrich-Str. 16.

Renner, Wilh., Oberingenieur, Budapest-Rakospalota, Villa Sor 8.

Richmond, F. R., Direktor, i. Fa. G. & J. Weir Ltd. Holm-Foundry, Cathcart bei Glasgow.

Riechers, Carl, Schiffsmaschinenbau-Ingenieur, Elbing, Am Lustgarten 14.

Rieck, Ch., Ingenieur des Brit. Lloyd, Hamburg-Eimsbüttel, Marktplatz 26.

Rieck, John, Ingenieur, Mitinhaber der 390
Werft von Heinr. Brandenburg, Hamburg, Eimsbüttel, Tornquist-Str. 32.

Rieck, Rud., Ingenieur, Hamburg, Hayn-Str. 26.

Riehn, W., Geh. Regierungsrat u. Professor, Hannover, Taubenfeld 19.

Riess, O., Dr. phil., Geheimer Regierungsrat, Berlin W., Kaiserin-Augusta-Str. 23.

Rodiek, Otto, Maschinenbau-Ingenieur der Fried. Krupp A.-G. Germaniawerft, Kiel, Am Wall 22b.

395 Roedel, Georg, Schiffsmaschinenbau-Ingenieur, Germaniawerft, Kiel-Gaarden.

Roellig, Martin, Marine-Baumeister Wilhelmshaven, Viktoria-Str. 5 I.

Romberg, Friedrich, Professor a. d. Königl. Techn. Hochschule zu Berlin, Nikolassee b. Berlin, Teutonia-Str. 20.

Rosenberg, Conr., Maschinenbau-Oberingenieur, Geestemünde, Joh. C. Tecklenborg, Akt.-Ges.

Rosenstiel, Rud., Schiffbau-Ingenieur, Hamburg, Rothenbaum-Chaussee 77.

400 Roters, F., Ingenieur, Direktor d. Worthington & Blake Pumpen Comp. G.m.b.H., Berlin C., Kaiser-Wilhelm-Str. 48.

Roth, C., Zivilingenieur, Zehlendorf b. Berlin, Anna-Str. 9.

Rothardt, Otto, Schiffbau-Oberingenieur d. Hamburg-Amerika-Linie, Hamburg, Ferdinand-Str. 58.

Rothe, Rud., Maschinenbau-Ingenieur, Stett. Maschinenb.-Akt.-Ges. Vulcan, Bredow b. Stettin.

Rottmann, Alf., Schiffbau-Ing., Berlin NW. 6, Kaiserl. Schiffs-Vermessungsamt.

405 Rudloff, Johs., Wirkl. Geheimer Ober-Baurat a. D. und Professor, Berlin W. 15, Konstanzer Straße 2.

Rusch, Fr., Ober-Ingenieur, Papenburg, Bahnhof-Str.

Rusitska, Fr., Ingenieur, Elbing, Wall-Str. 8 II. Speicher-Insel.

Sachse, Theodor, Ingenieur, Germaniawerft, Kiel-Gaarden.

von Saenger, Wladimir, Ingenieur, Leiter der Schiffbau-Abteilung der Putilow-Werke, St. Petersburg, Fontanka 17.

410 Schaefer, Karl, Ingenieur, Oliva bei Danzig, Heimstätte.

Schenk, Otto, Schiffsmaschinenbau-Ingenieur, Wilhelmshaven, Kaiser-Str. 124.

Scheurich, Th., Marine-Baurat, Kiel, Gneisenau-Str. 3.

Schirmer, C., Marine-Ober-Baurat u. Schiffb.-Betriebsdirektor, Kiel, Niemannsweg 39.

Schlick, Otto, Dr. ing., Konsul, Direktor des Germanischen Lloyd, Hamburg, Rathausmarkt 8.

Schlüter, Chr., Ingenieur, Stettiner Maschb.- 415
Akt.-Ges. Vulcan, Bredow.

Schlueter, Fr., Marine-Bauinspektor a. D., Techn. Direktor der Röhrenkesselfabrik Dürr, Düsseldorf, Goethe-Str. 22.

Schmidt, Eugen, Marine-Oberbaurat und Schiffbau-Betriebsdirektor, Kiel, Waitz-Straße 33.

Schmidt, Harry, Marine-Baumeister, Friedenau bei Berlin, Wieland-Str. 213.

Schnack, S., Ingenieur, Flensburg, Große-Str. 48.

Schnapauff, Wilh., Professor der Königl. 420
Techn. Hochschule Danzig, Langfuhr b. Danzig, Heiligenbrunnerweg 6.

Schneider, F., Schiffbau-Ingenieur, Hamburg 21, Osterburg. III.

Schnell, J., Oberingenieur und Prokurist der Firma Franz Haniel & Co., Ruhrort.

Schömer, W., Werftbesitzer, Tönning.

Schönherr, Paul, Ingenieur, Germaniawerft, Kiel-Gaarden.

Schroeder, O., Ingenieur, Stettin, Gustav- 425
Adolf-Str. 9 II.

Schubart, O., Ingenieur, Germaniawerft, Kiel-Gaarden.

Schubert, Ernst, Maschinenbau-Techniker, Elbing, Innerer Georgendamm 9.

Schubert, E., Schiffbau-Ingenieur, Werft von Heinr. Brandenburg, Hamburg, Steinwärder.

Schultenkämper, Fr., Betriebs-Ingenieur, Hamburg, Bundes-Str. 10 I.

Schulthes, K., Direktor der Siemens- 430
Schuckert-Werke, Marine-Baumeister a. D., Berlin W. 15., Kurfürstendamm 34.

Schultz, Alwin, Schiffsmaschinenbau-Ingenieur, Werft von Joh. C. Tecklenborg, Akt.-Ges., Geestemünde.

Schultz, Hans L., Ingenieur, Vegesack, Weser-Str. 30.

Schultze, Ernst, Ingenieur, Kiel, Sophienblatt 61a.

Schulz, R., Direktor, Berlin NW., Flensburger Str. 2.

435 Schulz, Rich., Ingenieur, Werft von F. Schichau, Danzig.

Schulze, Bernhard, Ingenieur und Masch.-Inspektor des Germanischen Lloyd, Düsseldorf, Wagner-Str. 29.

Schulze, Fr. Franz, Schiffbau-Ingenieur, Mülheim a. Rh., Franz-Str. 5 II.

Schumacher, C., Schiffbau - Ingenieur, Hamburg, Bernhard-Str. 10.

Schunke, Geheimer Regierungsrat, Vorstand des Kaiserl. Schiffs-Vermessungsamtes Charlottenburg, Fasanen-Str. 21.

440 Schütte, Joh., Professor für Schiffbau an der Königl. Techn. Hochschule, Danzig.

Schwartz, L., Stellvertretender Direktor der Stett. Maschinenb.-Akt.-Ges. Vulcan, Stettin, Kronenhof-Str. 10 I.

Schwarz, Tjard, Geheimer Marine-Baurat und Schiffbaudirektor, Kiel, Kaiserl. Werft.

Schwerdtfeger, Schiffbau - Oberingenieur bei J. W. Klawitter, Danzig.

Schwiedeps, Hans, Zivilingenieur und Maschinen-Inspektor, Stettin, Unterwieck 16.

445 Seidler, Hugo, Ingenieur, Berlin W. 15, Kurfürstendamm 43.

Sieg, Georg, Marine-Baumeister, Wilhelmshaven, Schloß-Str. 5 I.

Sievers, C., Ingenieur, Hamburg, Eppendorfer Weg 99.

Smitt, Erik, Schiffbau-Ingenieur, Bredow-Stettin, Vulcan.

Södergren, Ernst, Schiffsmaschinenbau-Ingenieur, Stettin, Birken-Allee 30.

450 Soliani, Nabor, Direktor der Werft Gio Ansoldo, Armstrong & Co., Sestri Ponente.

Sombeek, C., Oberingenieur und Prokurist der Nordseewerke, Emder Werft- und Dock-A.-G., Walthusen b. Emden.

Spieckermann, L., Ingenieur, Hamburg, Hafen-Str. 118 II.

Staeding, Hugo, Marine-Bauführer a. D. Direktor, Hamburg, Mühlenkamp 7.

Stammel, J., Ingenieur, Hamburg, Hansa-Str. 19 I.

455 Stegmann, Erich, Schiffbau-Ingenieur bei F. Schichau, Elbing, Tal-Str. 13.

Steen, Chr., Maschinen-Fabrikant, Elmshorn, Gärtner-Str. 91.

Steinbeck, Friedr., Ingenieur, Rostock, Patriotischer Weg 100.

Stellter, Fr., Schiffbau - Ingenieur, Kiel, Harm-Str. 1.

Stielau, Richard Schiffsmaschinenbau-Ingenieur, Oberlehrer an der Städt. Seemaschinistenschule, Rostock, John-Brinkmann-Str. 10.

Stockhusen, Schiffbau-Ingenieur, Dietrichs- 460
dorf b. Kiel.

Stolz, E., Schiffbau - Ingenieur, Lübeck, Israelsdorfer Allee 22.

Strache, A., Marine-Baurat, Kiel, Kaiserl. Werft.

Strebel, Carlos, Schiffsmaschinenbau - Ingenieur, Stettin, Kaiser-Wilhelm-Str. 67.

Strüver, Arnold, Schiffsmaschinenbau-Ingenieur d. Nordd. Lloyd, Bremerhaven, Mittel-Str. 3a II.

Stülcken, J. C., Schiffbaumeister, i. Fa. 465
H. C. Stülcken Sohn, Hamburg, Steinwärder.

Süssenguth, H., Marine-Baurat, Kiel, Kaiserl. Werft.

Süssenguth, W., Schiffsmaschinenbau-Ingenieur, Werft von F. Schichau, Elbing.

Sütterlin, Georg, Oberingenieur der Werft von Blohm & Voß, Hamburg, Eppendorfer Weg 59.

Täge, Ad., Schiffbau - Ingenieur, Stettin, Birken-Allee 12 III.

Techel, H., Schiffbau-Ingenieur, Kiel, 470
Wilhelminen-Str. 18.

Teucher, J. S., Oberingenieur der Germaniawerft, Kiel, Holstenbrücke 28 II.

Thämer, Carl, Geh. Marine-Baurat und Maschinenbau-Ressortdirektor, Berlin W. 50, Fürther Str. 11.

Thiel, Josef, k. und k. Schiffbau-Obering. a. D., Direktor der Stabilimento tecnico triestino, Triest.

Witte, Gust. Ad., Schiffbau-Ingenieur, Werft von Heinr. Brandenburg, Hamburg, Steinwärder.

Worsoe, W., Ingenieur, Germaniawerft, 475
Kiel-Gaarden.

Totz, Richard, k. u. k. Maschinenbau-Oberingenieur II. Kl., Wien, k. u. k. Reichs-Kriegsministerium, Marine-Sektion.

Toussaint, Heinr., Maschinenbau-Direktor der Germaniawerft, Kiel-Gaarden.

Treplin, Wilhelm, Diplom-Schiffbau-Ingenieur, Berlin NW. 52, Paul-Str. 28.

Troost, Joh. N., Schiffbaudirektor der Eiderwerft A.-G., Tönning.

480 Truhlsen, H., Geheimer Baurat, Friedenau, Mosel-Str. 7.

Tuxen, J. C., Schiff- und Maschinenbau-Direktor, Orlogsvarftet, Kopenhagen.

Ullrich, J., Civil-Ingenieur, Hamburg, Steinhöft 3 II.

Unger, R., Direktor, Akt.-Ges. Weser, Bremen.

Uthemann, Fr., Geh. Marine-Baurat und Maschinenbau-Ressortdirektor, Kiel, Feld-Str. 35.

485 van Veen, J. S., Oberingenieur der Königl. Niederländischen Marine, la Haye.

Veith, R., Geheimer Ober-Baurat, Vorstand der Abteilung für Maschinenbauangelegenheiten des Konstruktionsdepartements im Reichs-Marine-Amt, Berlin W. 50., Spichern-Str. 23, I.

Viereck, W., Ingenieur, Kiel, Wall 30a.

Vogeler, H., Marine-Baurat, Kiel, Wall 1 II.

Vollert, Ph. O., Schiffbau-Ingenieur, Kiel, Samm-Str. 21.

490 Voß, Ernst, i. Fa. Blohm & Voß, Hochkamp bei Kl.-Flottbeek, Holstein.

Voß, Karl, Schiffsmaschinenbau-Ingenieur der A. E. G.-Turbinenfabrik, Berlin NW., Hutten-Str. 12—16.

Vossnack, Ernst, Professor für Schiffbau an der Techn. Hochschule zu Delft (Holland).

Wagner, Heinrich, k. u. k. Schiffbau-Oberingenieur, Referent für Schiffbau im Reichs-Kriegs-Ministerium (Marine-Sektion), Dozent an der Techn. Hochschule in Wien.

Wagner, Rud., Dr. phil., Schiffsmaschinen-Ingenieur, Stettin, Kronenhof-Str. 5 pt.

Wahl, Herm., Marine-Baurat, Wilhelmshaven, Kaiserl. Werft. 495

Walter, M., Schiffbau-Oberingenieur, Bremen, Nordd. Lloyd, Zentralbureau.

Walter, J. M., Ingenieur und Direktor Berlin NW., Lüneburger Str. 23.

Walter, W., Schiffbau-Ingenieur, Grabow a. O., Post-Str. 27.

Weidemann, H. S., Werftdirektor der Königl. Norwegischen Marine, Horten.

Weir, William, Direktor, i. Fa. G. & J. Weir 500 Ltd. Holm-Foundry, Cathcart b. Glasgow.

Weiss, Georg, Regierungsrat, Berlin SW., Patentamt.

Weiss, Otto, Ingenieur, Charlottenburg, Friedberg-Str. 31.

Wellenkamp, Herm., Marine-Oberbaurat u. Schiffbaubetriebsdirektor, Kiel, Hohenberg-Str. 22.

Wendenburg, H., Marine-Baumeister, Berlin W., Gleditsch-Str. 27.

Werner, A., Schiffbau-Oberingenieur, 505 Hamburg, Karolinen-Str. 2.

Wiebe, Ed., Schiffsmaschinenbau-Ingenieur, Werft von F. Schichau, Elbing.

Wiesinger, W., Geheimer Marine-Baurat und Schiffbau-Ressortdirektor a. D., Hamburg, Agnes-Str. 28a.

Wiking, And. Fr., Schiffbau-Ingenieur, Stockholm, Slußplan 63b.

Wilda, Herm., Ingenieur und Oberlehrer für Maschinenbau, Bremen, Rhein-Str. 3.

Willemsen, Friedrich, Schiffbau-Ingenieur 510 und Besichtiger des Germanischen Lloyd, Düsseldorf, Kaiser-Wilhelm-Str. 38.

William, Curt, Marine-Oberbaurat und Maschinenbau-Betriebsdirektor, Berlin W. 30, Heilbronner Str. 25.

Wilson, Arthur, Schiffbau-Oberingenieur, Grabow a. O., Burg-Str. 11.

Winter, M., Schiffsmaschinenbau-Ingenieur, Hamburg, St. P., Paulinen-Str. 16 III.

Wippern, C., Ingenieur des Norddeutschen Lloyd, Bremerhaven.

Wulff, D., Ober-Inspektor der D. D. Ges. 515 Hansa, Bremen, Altmann-Str. 34.

Wys, Fr. S. C. M., Oberingenieur der Königl. Niederländischen Marine, Helder.

Zahn, Dr. G. H. B., Oberingenieur, Berlin N., Chaussee-Str. 17/18.

Zarnack, M., Geh. Regierungsrat und Professor a. D., Berlin W. 57, Göben-Str. 9.

Zeise, Alf., Senator, Ingenieur und Fabrikbesitzer i. Fa. Theodor Zeise, Altona-Othmarschen, Reventlow-Str. 10.

520 Zeiter, F., Ingenieur und Oberlehrer am Technikum Bremen, Bülow-Str. 22.

Zeitz, Oberingenieur, Kiel, Karl-Str. 38.

Zeltz, A., Schiffbau-Direktor, Akt.-Ges. „Weser", Bremen, Olbers-Str. 12.

Zetzmann, Ernst, Schiffbau-Oberingenieur und Prokurist der Akt.-Ges. Weser, Bremen, Lobbendorfer Str. 9.

Zimnic, Josef Oscar, k. und k. Maschinenbau-Oberingenieur III. Klasse, Budapest, Szobi-utcza 4.

Zirn, Karl A., Direktor der Schiffswerft und 525
Maschinenfabrik vorm. Janßen & Schmilinsky A.-G., Hamburg, Hochallee 119 II.

Zöpf, Th., Schiffsmaschinenbau-Ingenieur der Schiffswerft und Maschinenfabrik Akt.-Ges. vorm. Lange & Sohn, Riga.

Zweig, Heinrich, k. und k. Oberster Schiffbau-Ingenieur, k. und k. Seearsenal, Pola.

5. Mitglieder.

a) Lebenslängliche Mitglieder:

Achelis, Fr., Konsul, Vicepräsident des Norddeutschen Lloyd, Bremen, Am Dobben 25.

Arnhold, Eduard, Geheimer Kommerzienrat, Berlin W., Französische Str. 60/61.

530 Borsig, Ernst, Kommerzienrat und Fabrikbesitzer, Berlin N., Chaussee-Str. 6.

Boveri, W., i. Fa. Brown, Boveri & Cie., Baden (Schweiz).

Brügmann, Wilh., Kommerzienrat, Hüttenbesitzer und Stadtrat, Dortmund, Born-Str. 23.

Buchloh, Hermann, Reeder, Mühlheim-Ruhr, Friedrich-Str. 26.

Cassirer, Hugo, Dr. phil., Chemiker und Fabrikbesitzer, Charlottenburg, Kepler-Str. 1/7.

535 Edye, Alf., i. Fa. Rob. M. Sloman jr., Hamburg, Baumwall 3.

Fehlert, Carl, Zivilingenieur und Patentanwalt, Berlin SW. 61, Belle-Alliance-Platz 17.

Flohr, Carl, Kommerzienrat und Fabrikbesitzer, Berlin N. 4, Chaussee-Str. 28b.

v. Guilleaume, Max, Kommerzienrat, Köln, Apostelnkloster 23.

Heckmann, G., Königl. Baurat u. Fabrikbesitzer, Berlin W. 62, Maaßen-Str. 29.

Heckmann, Paul, Geheimer Kommerzienrat, 540
Berlin W. 35, Ulmen-Str. 2.

v. Hewald, Max, Freiherr, Rittergutsbesitzer auf Podewils in Pommern.

von der Heydt, August, Freiherr, Generalkonsul und Kommerzienrat, Elberfeld.

Huldschinsky, Oscar, Fabrikbesitzer, Berlin W. 10, Matthäikirch-Str. 3a.

Jacobi, C. Adolph, Konsul, Bremen, Osterdeich 58.

Kannengießer, Louis, Kommerzienrat 545
und Württembergischer Konsul, Mülheim a. d. Ruhr.

Karcher, Carl, Reeder, i. Fa. Raab, Karcher & Co., G. m. b. H., Mannheim P. 7. 15.

Kessler, E., Direktor der Mannheimer Dampfschiffahrts-Gesellschaft, Mannheim, Parkring 27/29.

Kiep, Johannes N., Kaiserl. Deutscher Konsul, Glasgow, 128 St. Vincent Street.

Knaudt, O., Hüttendirektor, Essen a. Ruhr, Julius-Str. 10.

Küchen, Gerhard, Kommerzienrat, Mülheim 550
a. d. Ruhr.

Lachmann, Edmund, Dr. jur., Justizrat, i. Fa. Neue Berliner Messingwerke Wilh. Borchert jr., Berlin W. 10, Bendler-Str. 9.

v. Linde, Dr. Carl, Professor, Thalkirchen b. München.

Loesener, Rob. E., Schiffsreeder, i. Fa. Rob. M. Sloman & Co., Hamburg, Alter Wall 20.

Märklin, Ad., Kommerzienrat, Borsigwerk, Oberschlesien.

555 Meister, C., Direktor der Mannheimer Dampfschiffahrts-Gesellschaft, Mannheim.

Meuthen, Wilhelm, Direktor der Rheinschiffahrts-Aktien-Gesellschaft vorm. Fendel, Mannheim.

Moleschott, Carlo H., Ingenieur, Konsul der Niederlande, Rom, Via Volturno 58.

v. Oechelhaeuser, Wilh., Dr.-Ing., Generaldirektor, Dessau.

Oppenheim, Franz, Dr. phil., Fabrikdirektor, Wannsee, Friedrich-Carl-Str. 24.

560 Palmié, Heinr., Kommerzienrat, Dresden-Altstadt, Hohe Str. 12.

Pintsch, Albert, Fabrikbesitzer, Berlin O., Andreas-Str. 72/73.

Pintsch, Julius, Geheimer Kommerzienrat, Berlin W., Tiergarten-Str. 4a.

Plate, Geo, Präsident des Norddeutschen Lloyd, Bremen.

Ravené, Geheimer Kommerzienrat, Berlin C., Wall-Str. 5/8.

565 Riedler, A., Dr.-Ing., Geh. Regierungsrat und Professor, Charlottenburg, Königl. Techn. Hochschule.

Ribbert, Julius, Kommerzienrat, Schöneberg b. Berlin, Eisenacher Str. 10.

Rinne, H., Hüttendirektor, Essen a. Ruhr, Kronprinzen-Str. 17.

Rodenacker, Theodor, Reeder, Langfuhr bei Danzig, Haupt-Str. 90.

Roer, Paul G., Vorsitzender im Aufsichtsrate der Nordseewerke, Emder Werft und Dock Aktien-Gesellschaft zu Emden, Bad Bentheim.

Schappach, Albert, Bankier, Berlin, Mark- 570
grafen-Str. 48 I.

Scheld, Theodor Ch., Technischer Leiter der Firma Th. Scheld, Hamburg 11, Elb-Hof.

Schlutow, Alb., Geheimer Kommerzienrat, Stettin, Roßmarkt 1.

Selve, Gust., Geheimer Kommerzienrat, Altena (Westf.).

v. Siemens, Wilh., Geheimer Kommerzienrat, Dr.-Ing., Berlin SW., Askanischer Platz 3.

Simon, Felix, Rentier, Berlin W., Matthai- 575
kirch-Str. 31.

Siveking, Alfred, Dr. jur., Rechtsanwalt, Hamburg, Gr. Theater-Str. 35.

Sinell, Emil, Ingenieur, Berlin W. 15, Kürfürstendamm 26.

v. Skoda, Karl, Ingenieur, Pilsen, Ferdinand-Str. 10.

Sloman, Fr. L., i. Fa. F. L. Sloman & Co., Hamburg, Dovenfleet 20.

Smidt, J., Konsul, Kaufmann, in Fa. Schröder, 580
Smidt u. Co., Bremen, Söge-Str. 15 A.

Stahl, H. J., Dr.-Ing., Kommerzienrat, Düsseldorf, Ost-Str. 10.

Stinnes, Gustav, Reeder, Mülheim a. Ruhr.

Traun, H. Otto, Fabrikant, Hamburg, Meyer-Str. 60.

Ulrich, R., Verwaltungs-Direktor des Germanischen Lloyd, Berlin NW., Alsen-Str. 12.

Wiegand, H., Dr. jur., Generaldirektor d. 585
Nordd. Lloyd, Bremen, Papen-Str. 5/6.

Woermann, Ed., Konsul und Reeder, i. Fa. C. Woermann, Hamburg, Gr. Reichen-Str. 27.

b) Ordnungsmäßige Mitglieder:

Abé, Rich., Ingenieur, Annen (Westf.).

Abel, Rud., Geheimer Kommerzienrat, Stettin, Heumarkt 5.

Ach, Narziß, Universitäts-Professor, Berlin.

590 Achgelis, H., Ingenieur u. Fabrikbesitzer, Geestemünde, Dock-Str. 9.

Ahlborn, Friedrich, Professor, Dr. phil., Oberlehrer, Hamburg 24, Mundsburgerdamm 61 III.

v. Ahlefeld, Vize-Admiral z. D., Exzellenz, Berlin W., Neue Bayreuther Str. 6.

Ahlers, O. J. D., Direktor, Bremen, Park-Str. 40.

Alexander-Katz, Bruno, Dr. jur., Patentanwalt, Berlin NW. 6., Mariannen-Str. 17.

595 v. Ammon, Fregatten-Kapitän, Berlin W. 9, Reichs-Marine-Amt.

Amsinck, Arnold, Reeder, i. Fa. C. Woermann, Hamburg, Gr. Reichen-Str. 27.

Amsinck, Th., Direktor der Hamburg-Südamerikan. Dampfschiffahrts-Gesellschaft, Hamburg, Holzbrücke 8 I.

Anger, Paul, Ingenieur, Frankfurt a. M., Nidda-Str. 47 III.

Arenhold, L., Marinemaler und Korvetten-Kapitän a. D., Kiel, Düsternbrook 104.

600 Arldt, C., Dr.-Ing., Elektro-Ingenieur, Berlin W. 15, Pfalzburger Str. 80.

v. Arnim, V., Admiral, à la Suite des Seeoffizierkorps, Exzellenz, Kiel.

Baare, B., Geh. Kommerzienrat, Berlin NW. 40, Alsen-Str. 8.

Baare, Fritz, Kommerzienrat, Generaldirektor des Bochumer Vereins, Bochum.

Bachmann, Kapitän zur See, Berlin W. 9, Reichs-Marine-Amt.

605 Ballin, General-Direktor der Hamburg-Amerika-Linie, Hamburg, Alsterdamm.

Banning, Heinrich, Fabrikdirektor, Hamm i. Westf., Moltke-Str. 7.

Bartels, Georg, Direktor der Land- und Seekabelwerke, Aktiengesellschaft, Köln-Nippes, Wilhelm-Str. 53.

Baumann, M., Walzwerks-Chef, Burbach a. S., Hoch-Str. 17.

Becker, J., Fabrikdirektor, Kalk b. Köln a. Rh.

610 Becker, Julius Ferdinand, Schiffbau-Ingenieur, Glücksburg (Ostsee).

Becker, Theodor, Ingenieur, Berlin NO., Elbinger Str. 15.

Beckh, Georg Albert, Kommerzienrat und Fabrikbes., Nürnberg, Salzbacher Str. 39.

Beeken, Hartwig, Kaufmann, i. Fa. D. Stehr, Hamburg 9, Vorsetzen 42.

Benkert, Hermann, Oberingenieur, Chemnitz, Reichs-Str. 38.

615 Berg, Hart, O., Ingenieur, Berlin NW., Universitäts-Straße 3b.

Bergner, Fritz, Kaufmann, Düsseldorf, Graf-Adolf-Str. 71.

Berndt, Franz, Kaufmann und Stadtrat, Swinemünde, Lootsen-Str. 51 I.

Bier, A., Amtlicher Abnahme-Ingenieur, St. Johann a. d. Saar, Kaiser-Str. 30.

Bierans, S., Ingenieur, Bremerhaven, Siel-Str. 39 I.

Bluhm, E., Fabrikdirektor, Berlin S., 620
Ritter-Str. 12.

Blumenfeld, Bd., Kaufmann und Reeder, Hamburg, Dovenhof 77/79.

Bojunga, Justus, Fabrikbesitzer, i. Fa. W. Griese & Co., Delmenhorst.

Boner, Franz A., Dr. jur., Dispacheur, Bremen, Börsen-Nebengebäude 24.

Borja de Mozota, A., Direktor des Bureaus Veritas, Paris, 8 Place de la Bourse.

Bormann, Geheimer Ober-Regierungsrat, 625
Charlottenburg, Bleibtreu-Str. 12.

v. Born, Theodor, Korvetten-Kapitän a. D., Düsseldorf, Uhland-Str. 11.

Borowitsch, Wladimir, Ingenieur, Moskau, Mjassnitzkaja, Haus Mischin.

Borsig, Conrad, Kommerzienrat und Fabrikbesitzer, Berlin W., Bellevue-Str. 6a.

Böcking, Rudolph, Kommerzienrat, Halbergerhütte b. Brebach a. d. Saar.

Böger, M., Direktor der Vereinigten Bugsier- 630
und Frachtschiffahrt-Gesellschaft, Hamburg, Steinhöft 3.

Boy-Ed, Kapitänleutnant, Berlin W. 9, Leipziger Platz 13.

Bramslöw, F. C., Reeder, Hamburg, Admiralitäts-Str. 33/34.

Brand, Robert, Fabrikant, Remscheid-Hasten.

Brandt, Leopold, Direktor, Kassel-Wilhelmshöhe, Wigand-Str. 6.

Breitenbach, Exzellenz, Staatsminister und 635
Minister der öffentl. Arbeiten, Berlin W., Wilhelm-Str. 79.

Bremermann, Joh. F., Lloyd-Direktor, Bremen.

Breest, Wilhelm, Fabrikbesitzer, Berlin W., Cornelius-Str. 10.

Bresina, Richard, Fabrikdirektor, Wolfenbüttel, Campe-Str.

Breuer, L. W., Ingenieur, i. Fa. Breuer, Schumacher & Co., Kalk b. Köln a. Rh., Haupt-Str. 315.

Briede, Otto, Ingenieur, Direktor der Ben- 640
rather Maschinenfabrik-Akt.-Ges., Benrath b. Düsseldorf.

Brinkmann, Gustav, Ingenieur u. Fabrikbesitzer, Witten-Ruhr, Garten-Str. 7.

Broström, Dan, Schiffsreeder, Göteborg.

Bröckelmann, Ernst, Generaldirektor a. D., Beedenbostel, Prov. Hannover.

Brunner, Karl, Ingenieur, Mannheim, Lamey-Str. 22.

645 Bueck, Henri Axel, Generalsekretär, Berlin W. 35, Karlsbad 4a.

Büttner, Dr. Max, Ingenieur, Berlin W., Achenbach-Str. 7/8.

Burmester, Ad., Assekuradeur, Hamburg, Rathaus-Str. 6.

Buschow, Paul, Ingenieur, General-Vertreter von A. Borsig-Tegel, Hannover, Bödeker-Str. 71.

Caspary, Gustav, Ingenieur, Marienfelde bei Berlin.

650 Caspary, Emil, Diplom-Ingnieur, Marienfelde bei Berlin.

Cellier, A., Schiffsmakler, Hamburg, Neuer Wandrahm 1.

Claus, Hubert, Kommerzienrat und Generaldirektor des Eisenhüttenwerks Thale, Berlin W., Margarethen-Str. 7.

Clouth, Franz, Fabrikbesitzer, Köln-Nippes.

Clouth, Max, Fabrikant und französ. Konsularagent, Köln-Nippes.

655 Conti, Alfred, Leiter des Schütte-Kessel-Konsortiums, Charlottenburg 4, Niebuhr-Str. 72.

Courtois, Louis, Ingenieur, Berlin W., Potsdamer Str. 122c.

Curti, A., Direktor der Daimler Motoren Gesellschaft (Marine-Abteilung), Berlin W 9, Königgrätzer Str. 7.

Dahlström, Axel, Direktor der Reederei Akt.-Ges. von 1896, Hamburg, Steinhöft 8/11, Elbhof.

Dahlström, H., Direktor d. Nordd. Bergungs-Vereins, Hamburg, Ness 9 II.

660 Dahlström, W., jr., Direktor der Reederei Aktien-Gesellschaft von 1896, Hamburg, Vorsetzen 15 I.

Danneel, Fr., Dr. jur., Wirkl. Geheimer Admiralitätsrat, Grunewald b. Berlin, Trabener Str. 2.

Debes, Ed., Fabrikdirektor, Hamburg, Meyer-Str. 59.

Deichsel, A., Fabrikbesitzer, Myslowitz O.-S.

Deissler, Rob., Ingenieur, Berlin SW., Gitschiner Str. 108.

Delbrück, Preuß. Staatsminister u. Minister 665
für Handel und Gewerbe, Berlin W. 9, Leipziger Platz 11a.

Dieckhaus, Jos., Fabrikbesitzer und Reeder, Papenburg a. Ems.

Diederichs, Direktor der Norddeutschen Seekabelwerke A.-G., Nordenham.

Diederichsen, H., Schiffsreeder, Kiel.

Dietrich, Georg, Direktor der Sächsischen Maschinen-Fabrik vorm. Rich. Hartmann Akt.-Ges., Chemnitz, West-Str. 36.

Dietrich, Otto, Fabrikbesitzer, Charlotten- 670
burg, Potsdamer Str. 35.

Ditges, Rud., Generalsekretär des Vereins Deutscher Schiffswerften, Berlin W., Lützow-Ufer 13.

Doehring, Heinr., Direktor der Hanseat. Dampfschifff.-Ges., Lübeck.

Dörken, Georg, Heinrich, Fabrikbesitzer, i. Fa. Gebr. Dörken, G. m. b. H., Gevelsberg i. W.

Dörken, Rudolf, Dipl.-Ingenieur, Mitinhaber und Leiter der Gevelsberger Nietenfabrik G. m. b. H., Gevelsberg i. W.

Dolgorouky, Fürst, Kaiserl. Russisch. Freg.- 675
Kapt. u. Marine-Attaché, Berlin NW., In den Zelten 12.

Dreger, P., Hüttendirektor, Peine bei Hannover.

Duncker, Arthur, Assekuradeur, Hamburg, Trostbrücke 1, Laeiszhof.

Duschka, H., Fabrikant, i. Fa. F. A. Sening, Hamburg, Vorsetzen 24/27.

Dümling, W., Kommerzienrat, Schönebeck a. E.

Dürr, Gust., Direktor, Düsseldorf, Grafen- 680
berger Chaussee 81.

Dürr, Ludwig, Zivil-Ingenieur, München, Mozart-Str. 18.

Ecker, Dr. jur., Direktor der Hamburg-Amerika-Linie, Hamburg, Alsterdamm.

Eckmann, C. John, Maschinen-Inspektor der Deutsch-Amerikan. Petrol.-Ges., Hamburg, Paul-Str. 38.

Eckstein, Chas. G., Ingenieur, Berlin C., Spandauer Str. 16.

685 Ehlers, Paul, Dr. jur., Rechtsanwalt, Hamburg, Adolphsbrücke 4.

Ehrensberger, E., Mitglied des Direktoriums der Firma Fried. Krupp, Essen-Ruhr.

Eich, Nicolaus, Direktor, Düsseldorf, Stern-Str. 38.

Eichhoff, Professor a. d. Königl. Bergakademie Berlin, Charlottenburg, Mommsen-Str. 57.

v. Eickstedt, A., Admiral z. D., Exzellenz, Charlottenburg, Schiller-Str. 127.

690 Eilert, Paul, Direktor, Hamburg, St. Annen 1.

Einbeck, Joh., Ingenieur, Kiel, Roon-Str. 5.

Ellingen, W., Ingenieur, Direktor der J. Pohlig A.-G., Köln-Zollstock.

Elvers, Ad., Schiffsmakler und Reeder i. Fa. Knöhr & Burchardt Nfl., Hamburg 11, Neptunhaus.

Engel, K., Mitinhaber der Werft von Heinr. Brandenburg, Hamburg, Feldbrunnen-Str. 46.

695 Engels, Hubert, Geheimer Hofrat und Professor, Dresden A., Schweizer Str. 12.

Essberger, J. A., Oberingenieur, Prokurist der A. E. G. und U. E. G., Schöneberg b. Berlin, Motz-Str. 69.

Faber, Theodor, Schiffahrtsdirektor, Zittau i. S., Lessing-Str. 26.

Fendel, Fritz, Prokurist der Rheinschiffahrt-Aktiengesellschaft vorm. Fendel, Mannheim, Hafen-Str. 6.

Fischer, Curt, Salomon, Direktor der Sächsisch-Böhmischen Dampfschiffahrts-Gesellschaft, Dresden A., Gerichts-Str. 26 II.

700 Fischer, Heinrich, Fabrikbesitzer, Stettin, Birken-Allee 3 a.

Fitzner, R., Fabrikbesitzer, Laurahütte O.-S.

Fleck, Richard, Fabrikbesitzer, Berlin N., Chaussee-Str. 29 II.

Flender, H. Aug., Direktor der Brückenbau-Flender-Act.-Ges., Benrath.

Förster, Georg, i. Fa. Emil G. v. Höveling, Hamburg, Sechslingspforte 3.

705 François, H. Ed., Konstrukteur Elektrischer Apparate für Kriegs- und Handelsschiffe, Hamburg, Holstenwall 9 II.

de Freitas, Carlos, Reeder, i. Fa. A. C. de Freitas & Co., Hamburg, Ferdinand-Str. 15 I.

Frese, Herm., Senator, Mitglied des Aufsichtsrates des Nordd. Lloyd, Kaufmann i. F. Frese, Ritter & Hillmann, Bremen.

Frick, Richard, Berlin SW. 11, Königgrätzer Str. 61.

Friedhoff, L., Bureauvorsteher der Burbacherhütte, Burbach a. Saar.

Friedlaender, Konrad, Korvettenkapitän z.D. im Reichs-Marine-Amt, Berlin W. 5, Pariser Str. 7. 710

de Fries, Wilhelm, Generaldirektor der Benrather Maschinenfabrik, A.-G., Düsseldorf, Harald-Str. 8.

Frikart, J. R., Zivilingenieur, München, Akademie-Str. 17.

Fritz, Heinrich, Ingenieur, Elbing, Große Lastadien-Str. 11.

Fritz, P., Konsul und Ingenieur, Berlin W. 9, Link-Str. 33.

Froriep, Paul, Maschinenfabrikant, Rheydt. 715

Frölich, Fr., Ingenieur in der Redaktion der Zeitschrift des Vereins Deutscher Ingenieure, Berlin NW., Charlotten-Str. 43.

Frühling, O., Regierungs-Baumeister, Braunschweig, Monumentsplatz 5.

Füchsel, Dr. phil., Bibliothekar, Langfuhr b. Danzig, Techn. Hochschule.

Fürbringer, Oberbürgermeister, Emden, Bahnhof-Str. 10.

Funck, Carl, Direktor der Elbinger Metallwerke G. m. b. H., Elbing, Äußerer Georgendamm 25 a. 720

Galland, Leo, Ingenieur, Berlin W. 57 Bülow-Str. 10.

Galli, Johs., Hüttendirektor a. D., Professor für Eisenhüttenkunde a. d. Kgl. Bergakademie Freiberg i. Sa.

Ganssauge, Paul, Prokurist der Firma F. Laeisz, Hamburg, Trostbrücke 1.

van Gendt, Hans, Betriebsdirektor, Magdeburg-Buckau, Schönebecker Str. 88.

Genest, W., Generaldirektor der Aktien-Gesellschaft Mix & Genest, Berlin W., Bülow-Str. 67. 725

Gerdau, B., Direktor, Düsseldorf-Grafenberg, p. a. Haniel & Lueg.

Gerhard, Hermann, Dr. phil., Nationalökonom, Schöneberg-Berlin, Neue Steinmetz-Str. 3.

Gerling, F., Reeder i. Fa. Marschall & Gerling, Antwerpen.

Geyer, Wilh., Regierungsbaumeister a. D., Berlin W., Luitpold-Str. 44.

730 Gillhausen, Dr.-Ing. G., Mitglied des Direktoriums d. Fa. Fried. Krupp A.-G., Essen a. Ruhr, Hohenzollern-Str. 12.

Glitz, Erich, Geschäftsführer des Schiffbaustahl-Kontors G. m. b. H., Essen-Ruhr, Selma-Str. 15.

Goedhart, P. C., Direktor der Gebrüder Goedhart A.-G., Düsseldorf, Kaiser-Wilhelm-Str. 40.

Goldtschmidt, Dr. Hans, Fabrikbesitzer, Essen a. Ruhr, Bismarck-Str. 98.

Gradenwitz, Richard, Ingenieur und Fabrikbesitzer, Berlin S., Dresdener Str. 38.

735 de Grahl, Gustav, Oberingenieur und Prokurist, Friedenau b. Berlin, Sponholz-Str. 47.

Griebel, Franz, Reeder, Stettin, Große Lastadie 56.

Grosse, Carl, Generalvertreter von Otto Gruson & Co., Buckau, Hamburg, Alsterdamm 16/17.

v. Grumme, F., Kapitän zur See a. D., Direktor der Hamburg-Amerika-Linie, Hamburg, Alsterdamm.

Grunow, Roderich, Kaufmann, Stettin, Gr. Oder-Str. 10.

740 de Gruyter, Dr. Paul, Fabrikbesitzer, Berlin W., Kurfürstendamm 36.

Guilleaume, Emil, Kommerzienrat, Generaldirektor der Carlswerke, Mülheim a. Rh.

Gutermuth, M. F. Geheimer Baurat und Professor a. d. Techn. Hochschule zu Darmstadt.

Guthmann, Robert, Baumeister und Fabrikbesitzer, Berlin W., Voß-Str. 18.

Gutjahr, Louis, Generaldirektor der Badischen Akt.-Gesellsch. für Rheinschifffahrt u. Seetransport, Antwerpen.

745 Haack, Hans, Kaufmann, i. Fa. Haack & Nebelthau, Bremen.

Habich, Paul, Regierungs-Baumeister a. D., Direktor der Aktien-Gesellschaft für überseeische Bauunternehmungen, Berlin W. 31, Landshuter Str. 25.

Hackelberg, Eugen, Kaufmann, Charlottenburg, Bismarck-Str. 106.

Hahn, Dr. phil. Georg, Fabrikbesitzer, Düsseldorf-Oberbilk.

Hahn, Willy, Dr. jur., Rechtsanwalt, Berlin W. 9, Köthener Str. 1.

Haller, M., Ingenieur, Direktor der Gebr. 750
Körting Aktien-Gesellschaft, Berlin NW., Alt-Moabit 110.

Hammar, Birger, Kaufmann, Hamburg, König-Str. 7/9.

Harbeck, Martin, Hamburg, Glashütten-Str. 37/40.

Hardcastle, F. E., Besichtiger des Germ. Lloyd, Bureau Veritas usw., Bombay, Apollo-Str. 89.

Harder, Hans, Ingenieur Nikolassee, Tristan-Straße 22.

Harms, Otto, Vorstand der Deutsch-Austral. 755
D. G., Hamburg, Trostbrücke 1.

Hartmann, Aug., Kaufmann, Netherfield House, Weybridge, Surrey.

Hartmann, Geo, Reeder, Newlands, Thames Ditton, Surrey.

Hartmann, Wm., Reeder, Milburn, Esher, Surrey.

Hartmann, W., Professor, Grunewald-Berlin, Trabener Str. 2.

Hartwig, Rudolf, Dipl.-Ingenieur u. Prokurist 760
der Firma Fried. Krupp, Akt.-Ges., Essen-Ruhr, Hohenzollern-Str. 34.

Hedberg, Sigurd, Reeder, Malmö, Kalendergatan 6/8.

Heegewaldt, A. Fabrikbesitzer, Berlin W. 15, Uhland-Str. 175.

Heemsoth, Heinrich, General-Vertreter des Stahlwerk Mannheim u. der Sieg-Rheinische Hütten-Aktien-Gesellschaft Friedrich-Wilhelms-Hütte, Hamburg, Admiralität-Straße 52/53.

Heese, Albrecht, Hauptmann a. D., Berlin W. 10, Hitzig-Str. 5.

Heidmann, J. H., Kaufmann, Altona a. E., 765
Markt-Str. 43.

Heidmann, R. W., Kaufmann, Hamburg, Hafen-Str. 97.

Heidmann, Henry W., Ingenieur, Hamburg, Gr. Reichen-Str. 25.

Heinrich, W., Diplom-Ingenieur, Kiel, Knooperweg 185.

Heller, E., Direktor, Wien I, Schwarzenberg-Platz 7.

770 Hempelmann, August, Dr.-Ing., Ingenieur, Kassel-Wilhelmshöhe, Siebertweg 6, Villa Sust.

Henkel, Gustav, Ingenieur und Fabrikbesitzer, Direktor der Herkulesbahn, Kassel-Wilhelmshöhe, Villa Henkel.

Hennicke, Geheimer Ober-Postrat, Berlin W. 66, Reichs-Postamt (Bibliothek).

Hertz, Ad., Direktor der Deutschen Ost-Afrika-Linie, Hamburg, Gr. Reichen-Str. 25.

Herzberg, A., Baurat u. Ingenieur, Wilmersdorf b. Berlin, Landhaus-Str. 23.

775 Hess, Henry, i. Fa. The Hess Machine Co., 1002 Pensylvania Building, 15th and Chestnut Street, Philadelphia, U. S. A.

Hessenbruch, Fritz, Direktor, Duisburg, Mülheim-Str. 59.

Heubach, Ernst, Ingenieur, Berlin SO., Elisabethufer 19.

Heumann, W., Generaldirektor, Berlin W., Winterfeld-Str. 1.

Heyne, Walter, Reeder, i. Fa. Heyne & Hessenmüller, Hamburg, b.d. Mühren 66/67.

780 Hilbenz, Dr. phil., Techn. Direktor der Friedrich-Alfred-Hütte der Fried. Krupp A.-G., Rheinhausen-Friemersheim.

Hirsch, Emil, Kaufmann, Mannheim, E. 7. 21.

Hirschfeld, Ad., Dampfkessel-Revisor der Baupolizei-Behörde Hamburg, Uhlenhorst, Overbeck-Str. 15.

Hirte, Johs., Regierungs-Baumeister, Berlin SW., Markgrafen-Str. 94.

Hjarup, Paul, Ingenieur und Fabrikbesitzer, Berlin N., Prinzen-Allee 24.

785 Hoernes, Hermann, K. u. K. Major, Salzburg, Aigner Str. 8.

Hoffmann, M. W., Dr. phil., i. Fa. Motorenwerk Hoffmann & Co., Potsdam, Neue König-Str. 49.

Holzapfel, A. C., Fabrikant, London E. C., Fenchurch Street 57.

d'Hone, Heinrich, Fabrikbesitzer, Duisburg.

Hopf, Wilhelm, Ingenieur, Malstatt-Burbach, Wilhelm-Str.

Hölck, Heinr., Konsul von Brasilien, Düsseldorf, Humboldt-Str. 63. 790

Höltzcke, Paul, Dr. phil., Chemiker, Kiel, Eisenbahndamm 12.

Holzapfel, Fritz, Regierungs-Baumeister a. D., Berlin W., Martin-Luther-Str. 25.

v. Höveling, Emil G., Fabrikant, Hamburg, Steinhöft 13.

Horn, Fritz, Hüttendirektor, Berlin W. 30, Motz-Str. 31.

Hornbeck, A., Ingenieur, Hamburg 19, Tornquist-Str. 26. 795

Houkowsky, A., Ingenieur, Sanatorium Pische, Davos-Dorf, Schweiz.

Howaldt, Adolf, Ingenieur, Dietrichsdorf b. Kiel.

Huber, Carl, Zivil-Ingenieur, Berlin SW. 48, Friedrich-Str. 16.

Hübner, K., Direktor, Kiel, Schwanenweg 23.

Ihlder, Carl, Ingenieur, Bremerhaven, Deich 24. 800

Illig, Hans, Direktor der Felten & Guilleaume-Lahmeyer-Werke A.-G., Frankfurt a. M. Schumann-Str. 40.

Imle, Emil, Diplom-Ingenieur, I. Assistent a. d. Königl. Techn. Hochschule zu Dresden Dresden A., Bismarckplatz.

Inden, Hub., Fabrikant, Düsseldorf, Neander-Str. 15.

Ivers, C., Schiffsreeder, Kiel.

Jahn, W., Fabrikdirektor, Düsseldorf, Graf-Adolf-Str. 26. 805

Jarke, Alfred, Präsident des Syndicat Continental des Compagnies de Navigation à vapeur au La Plata, Antwerpen, Place de Meir 21.

Jebsen, J., Reeder, Apenrade.

Jebsen, M., Reeder, Hamburg, Große Reichen-Str. 49/57, Reichenhof.

Johnson, Axel Axelson, Zivil-Ingenieur und Konsul, Stockholm, Wasagatan 4.

Johnson, Axel, Generalkonsul und Reeder, Stockholm, Wasagatan 4. 810

Joly, A., Ingenieur u. Fabrikbesitzer, Wittenberg, Bez. Halle, Linden-Str. 37.

Joost, J., Direktor der Norddeutschen Farbenfabrik Holzapfel, G. m. b. H., Hamburg, Steinhöft 1.

Jordan, Dr. Hans, Direktor der Bergisch-Märkischen Bank, Mitglied des Aufsichtsrates des Nordd. Lloyd, Schloß Malinckroot b. Witten (Ruhr).

Jordan, Paul, Direktor der Allg. Elektr.-Ges., Grunewald b. Berlin, Bismarck-Allee 26.

815 Josse, Emil, Professor a. d. Königl. Techn. Hochschule Berlin, Charlottenburg, Uhland-Str. 158.

Junkers, Hugo, Professor, Aachen, Brabant-Straße 64.

Jurenka, Rob., Direktor der Deutschen Babcock & Wilcox-Dampfkesselwerke A.-G., Oberhausen, Rheinland.

Jürgens, R., Ingenieur, Hamburg, Kl. Schäferkamp 58 II.

Kaemmerer, W., Ingenieur, Berlin NW., Charlotten-Str. 43.

820 Kampffmeyer, Theodor, Baumeister, Berlin SW., Friedrich-Str. 20.

Karcher, E., Hüttendirektor, Dillingen a. d. Saar.

v. Katzler, Rud., Dr. jur., Rechtsanwalt, Bitburg a. Eifel.

Kauermann, August, Direktor d. Duisburger Maschb.-A.-G. vorm. Bechem & Keetman, Abt. Hochfeld, Duisburg, Realschul-Str. 42.

Kaufhold, Max, Fabrikdirektor, Essen-Ruhr, Elisabeth-Str. 7.

825 Kayser, M., Direktor des Westfäl. Stahlwerkes, Bochum.

Keetman, Wilhelm, Direktor, Duisburg, Hedwig-Str. 29.

Kelch, Hans, Leutnant a. D., i. Fa. Motorenwerk Hoffmann & Co., Potsdam, Neue König-Str. 95.

Kellner, L., Direktor des Stahlwerks Augustfehn, Oldenburg i. Gr. Caecilien-Str. 1.

Kelly, Alexander, Direktor v. H. Napier Brothers Ltd., Glasgow, Hyde-Park Street 100.

830 Kerlen, K., Direktor der Siderurgila Ligure occidentale Oneglio, Riviera di Ponente, Italien.

Kiefer, Georg, Ingenieur, Wien IV, Heugasse 4.

Kins, Johs., Direktor der Dampfschifff.-Ges. Stern, Berlin SO., Brücken-Str. 13 I.

Kintzel, E., Torpeder-Kapitänleutn. a. D., Dresden, Ludwig-Richter-Str. 2.

Kintzlé, Fritz, Generaldirektor der Gelsenkirchner Bergwerks-Akt.-Ges., Aachen, Rothe Erde.

Kinzelbach, Rudolf, Elektroingenieur und 835 Fabrikdirektor, Berlin NW., Thomasius-Str. 6, III.

Kippenhan, Ph., Direktor der Karlsruher Schiffahrts-Gesellschaft m. b. H., Karlsruhe, Kaiser-Allee 107.

Klauke, E., Fabrikbesitzer, Berlin W. 8, Charlotten-Str. 56.

Klawitter, Willi, Kaufmann u. Werftbesitzer, i. F. J. W. Klawitter, Danzig.

Klée, W., Kaufmann, i. Fa. Klée & Koecher, Hamburg, Hohe Bleichen 49.

Klein, Ernst, Kommerzienrat, Dahlbruch 840 i. Westf.

Klemperer, F., Direktor der Berliner Maschinenbau-A.-G. vorm. L. Schwartzkopff, Berlin N. 4, Chaussee-Str. 17/18.

Klippe, Hans, Ingenieur, Hamburg, König-Straße 8.

Klock, Chr., Ingenieur, Hamburg, Bismarck-Str. 5 pt.

Klüpfel, Ludwig, Finanzrat, Mitglied des Direktoriums der Firma Fried. Krupp Akt.-Ges., Essen a. Ruhr.

Knackstedt, Ernst, Fabrikdirektor, Düssel- 845 dorf, Ahnfeld-Str. 107.

Knecht, Friedr. Heinrich, Erster Direktor der Mannheimer Lagerhaus-Gesellschaft, Mannheim.

Knobloch, Emil, Kommissionsrat, Berlin W. 9, Link-Str. 15.

Knust, H., Kapitän a. D., Stadtrat, Stettin, Königsplatz 5.

Koehlmann, C. A., Fabrikbesitzer, Rittmeister a. D., Charlottenburg, Kant-Str. 134.

König, Rudolf, Diplom-Ingenieur u. Hütten- 850 direktor, Emden, Hohenzollern-Hütte.

Korten, R., Direktor, Malstatt-Burbach, Hoch-Str. 19.

Kosegarten, Max, Generaldirektor der Deutschen Waffen- und Munitionsfabriken, Berlin NW. 7, Dorotheen-Str. 43/44.

Köhler, Ober-Postdirektor, Hamburg, Stephansplatz 5.

Köhncke, Heinr., Zivilingenieur, Bremen, Markt 14.

855 Körting, Ernst, Ingenieur, Techn. Direktor der Gebr. Körting A.-G., Körtingsdorf b. Hannover.

Köser, Fr., Kaufmann, i. Fa. Th. Höeg, Hamburg, Steinhöft 8, Elbhof.

Kösel, Albert, Direktor und Vorstand der Ernst Schieß Werkzeugmaschinenfabrik Akt.-Ges., Düsseldorf, Kurfürsten-Str. 20.

Krauschitz, Georg, Ingenieur und Fabrikant, Charlottenburg, Savigny-Platz 9.

Krause, Max, Baurat, Direktor von A. Borsig's Berg- und Hüttenverwaltung, Berlin N., Chaussee-Str. 6.

860 Krause, Max, Arthur, Fabrikant, Berlin-Charlottenburg, Knesebeck-Str. 28.

Krell, Otto, Direktor der Kriegs- u. Schiffbau-technischen Abteilung bei den Siemens-Schuckert-Werken, Berlin W. 15, Kurfürstendamm 22.

Krell, Rudolf, Professor, München, Techn. Hochschule.

Krieg, Kapitän zur See z. D., Bibliothekar der Marine-Akademie und Schule, Kiel.

Krieger, R., Hüttendirektor, Düsseldorf, Garten-Str. 79.

865 Kroebel, R., Ingenieur, Hamburg, Glockengießerwall 1.

Krogmann, Richard, Vorsitzender der See-Berufsgenossenschaft, Hamburg, Trostbrücke 1.

Kuhnke, Fabrikant, Kiel, Holtenauer Str. 182 I.

Kunstmann, W., Konsul und Reeder, Stettin, Bollwerk 1.

Kunstmann, Arthur, Konsul und Reeder, Stettin, Kaiser-Wilhelm-Str. 9.

870 Kübler, Wilhelm, Ingenieur für Elektromaschinenbau, Professor a. d. Techn. Hochschule zu Dresden, Dresden A., Münchener Str. 25.

Küpper, W., Ingenieur, Duisburg, Hochfelder Walzwerks-Akt.-Ver.

Küwnick, Franz A., Ladungs-Inspektor des Norddeutschen Lloyd, Bremen Piers, Hoboken N. 7. U. S. A.

Lange, Chr., Ingenieur, i. Fa. Waggonleihanstalt Ludewig & Lange, Berlin W., Ranke-Str. 34.

Lange, Felix, Regierungs-Baumeister a. D., Essen (Ruhr), Huyssen-Str. 6.

Lange, Dr. phil. Otto, Ingenieur, Stahlwerks- 875 chef des Hoerder Vereins, Hoerde i. W., Tull-Str. 4.

Langheinrich, Ernst, Fabrikdirektor, Kalk b. Köln a. Rh.

Langreuter, H., Kapitän des Nordd. Lloyd, Bremerhaven.

Lans, W., Kapitän zur See, Chef des Stabes der Hochseeflotte, Kiel, Niemannsweg 94.

Lanz, Karl, Fabrikant, Mannheim. Hilda-Str. 7/8.

Lasche, O., Direktor der Turbinenfabrik der 880 Allgem. Elektr.-Gesellsch., Berlin NW., Hutten-Str. 12.

Lass, F., Ingenieur, Hamburg, Sophien-Allee 18.

Laubmeyer, Hermann, Zivil-Ingenieur, Danzig, Winterplatz 15.

Laue, Wm., Generaldirektor, Düsseldorf, Kaiser-Str. 47.

Lehmann, Marine-Chefingenieur a. D., Kiel, Feld-Str. 54.

Leist, Chr., Direktor des Nordd. Lloyd, 885 Bremen, Papen-Str. 5/6.

Leitholf, Otto, Zivilingenieur, Berlin SW., Großbeeren-Str. 55 u. 56d.

Lentz, Hugo, Ingenieur, Berlin W., Potsdamer Str. 10/11.

Leopold, Direktor, Hoerde i. W.

Leue, Georg, Ingenieur, Grunewald bei Berlin, Königsallee 54.

Liebe-Harkort, Ch., Direktor der Düssel- 890 dorfer Kranbaugesellschaft Liebe-Harkort m. b. H., Düsseldorf.

Liebe-Harkort, W., Ingenieur, i. Fa. Casp. Harkort G. m. b. H., Harkorten b. Haspe i. Westf.

Liechtensteiner, Ludwig, Ingenieur, Kiel.

Liefeld, Curt, Direktor, Friedrichswalde b. Pirna, Bez. Dresden.

Lipin, Alexander, Wirklicher Staatsrat und Ingenieur, St. Petersburg, Italienische Str. 17.

Lipp, M., Direktor der Bergisch Märkischen 895 Bank, Elberfeld.

Loeck, Otto, Kaufmann, Hamburg, Agnes-Str. 22.

Loewe, J., Geheimer Kommerzienrat, Generaldirektor von Ludw. Loewe & Co. Akt.-Ges., Berlin NW. 6, Dorotheen-Str. 43/44.

v. Loewenstein zu Loewenstein, Hans, Bergassessor und Geschäftsführer des Vereins für die bergbaulichen Interessen im Oberbergamtsbezirk Dortmund, Essen (Ruhr), Friedrich-Str. 2.

Lorenz, Dr. Hans, Dipl. Ingenieur, Professor an der techn. Hochschule in Danzig, Langfuhr, Johannisberg 7.

900 The Losen, Paul, Direktor der Bergisch Märkischen Bank, Düsseldorf, Uhland-Str. 4.

Loubier, G., Patentanwalt, Berlin SW. 61, Belle-Alliance-Platz 17.

Lueg, E., Ingenieur, i. Fa. Haniel & Lueg, Düsseldorf-Grafenberg.

Lueg, H., Geheimer Kommerzienrat, Düsseldorf-Grafenberg.

Lux, Friedrich, Fabrikant, Ludwigshafen a. Rh., Schiller-Str. 17.

905 Lüders, W. M. Ch., Fabrikant, Hamburg, Annen-Str. 1 II.

Lütgens, Henry, Vorsitzender des Aufsichtsrates der Vereinigt. Bugsier- und Frachtschiffahrt-Ges., Hamburg, Steinhöft 3.

Magnus, Emil, Vorsitzender im Aufsichtsrate der Neptunwerft-Rostock, Hamburg, Heimhuder-Str. 64.

Manler von Elisenau, Ritter Josef, k. u. k. Kontre-Admiral, Seearsenals-Kommandant, Pola.

Martens, A., Professor, Geh. Regierungsrat, Direktor des Königl. Materialprüfungsamtes der Techn. Hochschule zu Berlin, Gr.-Lichterfelde West, Fontane-Str.

910 Mathies, Carl, Senator und Reeder, i. Fa. L. F. Mathies & Co., Hamburg, Grimm 27.

Mathies, Osk., Reeder i. Fa. L. F. Mathies & Co., Hamburg, Grimm 27.

Mathies, Regierungs- und Baurat a. D., Generaldirektor, Dortmund.

May, Hermann, Hüttendirektor Laurahütte O.-S.

Meier, M., Hüttendirektor, Differdingen, Luxemburg.

Meißner, Conrad, Ingenieur, i. Fa. Carl Meißner, Maschinenfabrik für Schiffsschrauben u. Motorbootbau, Hamburg 27, Billwärder, Neuerdeich 192. 915

Melms, Gustav J., Ingenieur i. Fa. Melms & Pfenninger, G. m. b. H., München, Georgen-Str. 15.

Mendelssohn, A., Erster Staatsanwalt, Potsdam, Neue König-Str. 65.

Merck, Johs., Direktor der Hamburg-Amerika-Linie, Hamburg, Dovenfleth 18/21.

Merk, Karl, H., Ingenieur, Halensee b. Berlin, Ringbahn-Str. 124.

Merkel, Carl, Ingenieur, i. Fa. Willbrandt & Co., Hamburg, Kajen 24. 920

Mertens, Kurt, Ingenieur, Direktor der Hanseatischen Siemens-Schuckert-Werke, Hamburg-Uhlenhorst, Karl-Str. 7.

Mette, C., Direktor der Lübecker Maschinenbau-Gesellschaft, Lübeck, Lachswehrallee 15a.

Meuss, Fr., Kapitän z. See z. D., Berlin W., Voß-Str. 20.

Meyer, Eugen, Schloß Itter, Hopfgarten, Tirol.

Meyer, Josef, Dipl. Ingenieur, Halensee b. Berlin, Georg-Wilhelm-Str. 24a. 925

Miehe, Otto, G., Kaufmann i. Fa. J. A. Lerch Nachflg. Seippel, Hamburg, Rödingsmarkt 16.

Mintz, Maxim., Ingenieur und Patentanwalt, Berlin SW., Königgrätzer Str. 93.

Moeller, Gustav, Vertreter der Hamburg-Südamerik. Dampfsch.-Ges. in Montevideo, Hamburg, Lübecker Str. 29.

Möbus, Wilh., Ingenieur, Düsseldorf, Stein-Str. 67.

Mohr, Otto, Fabrikant i. Fa. Mannheimer Masch.-Fabr. Mohr & Federhaff, Mannheim. 930

Moldenhauer, Louis, Direktor der Akt.-Ges. Gebr. Böhler & Co., Berlin NW., Quitzow-Str. 24.

Mollier, Walther, Ingenieur und Direktor der Hanseat. Siemens-Schuckert-Werke, Hamburg, Alte Raben-Str. 34.

Mönkemöller, Fr. P., Ingenieur und Maschinenfabrikant, i. Fa. Bonner Maschinenfabrik und Eisengießerei Fr. Mönkemöller & Co., Bonn a. Rh.

Morrison, C. Y., Inhaber der Firma C. Morrison, Hamburg, Elbhof, Steinhöft 8-11.

935 Mrazek, Franz, Ing., Direktor der Skodawerke Akt.-Ges. in Pilsen, Wien, Wiesinger Str. 1.

Mühlberg, Albert, Ingenieur, Basel (Schweiz), Rötheler Str. 2.

Müller, Adolph, Direktor der Akkumulatorenfabrik Act.-Ges., Berlin NW., Luisen-Str. 31a.

Müller, Gustav, Direktor der Rheinischen Metallwaaren- und Maschinenfabrik, Düsseldorf, Arnold-Str. 8.

Münzesheimer, Martin, Direktor der Gelsenkirchener Gußstahl- und Eisenwerke vorm. Mundscheid & Co., Düsseldorf, Jägerhof-Str. 12.

940 Nebe, Friedr., Direktor der Aktien-Gesellschaft Balcke, Tellering & Co., Röhrenwalzwerk, Benrath b. Düsseldorf.

Nebelthau, August, Kaufmann, i. Fa. Haack & Nebelthau, Bremen, Holler Allee 25.

Netter, Ludwig, Regierungs-Baumeister a. D. und Fabrikbesitzer, Berlin W. 25, Potsdamer Str. 111.

Neubaur, Fr., Dr. phil., Schriftsteller, Charlottenburg, Knesebeck-Str. 72/73.

Neufeldt, Ingenieur, Kiel, Horvien-Str. 58.

945 Neuhaus, Fritz, Ingenieur und Direktor bei A. Borsig-Tegel, Charlottenburg, Wieland-Str. 11.

Neumann, Albert, Reeder i. Fa. Johannes Ick, Danzig, Schäferei 12/14.

Niedt, Otto, Generaldirektor der Huldschinskyschen Hüttenwerke Akt.-Ges., Gleiwitz O.-Schlesien.

Niemeyer, Georg, Fabrikbesitzer, Hamburg, Steinwärder, Neuhofer-Str.

Nissen, Andreas, Ober-Ingenieur, Hamburg, Bei den Mühren 66/67.

950 Noske, Fedor, Ingenieur und Fabrikant, Altona, Arnold-Str. 28.

Notholt, A., Maschinen-Inspektor, Oldenburg i. Gr., Amalien-Str. 14.

Oberauer, L., Ingenieur und Direktor der Internat. Preßluft- und Elektrizitäts-Ges., Berlin C., Kaiser-Wilhelm-Str. 48.

Oeking, Fabrikbesitzer, i. Fa. Oeking & Co., Düsseldorf-Lierenfeld.

Oppenheim, Paul, Ingenieur und Fabrikbesitzer, Berlin NW., Quitzow-Str. 25—26.

O'Swald, Alfr., Reeder, Hamburg, Große Bleichen 22. 955

Overweg, O., Kaufmann, Hamburg, Admiralitäts-Str. 33/34.

Ott, Max, Diplom-Ingenieur, Hannover-Linden, Minister-Stüve-Str. 12.

Pagenstecher, Gust., Kaufmann, Vorsitzender im Aufsichtsrate der Akt.-Ges. „Weser“, Bremen, Park-Str. 9.

Pake, Wilhelm, Fabrikdirektor, Wolgast, Burg-Str. 6.

Parje, Wilhelm, Direktor des Blechwalzwerkes Schulz Knaudt Akt.-Ges., Essen a. d. Ruhr. 960

Patrick, J., Ingenieur u. Fabrikant, Frankfurt a. M., Höchster Str. 51.

Paucksch, Felix, Fabrikdirektor, i. Fa. Akt.-Ges. H. Paucksch, Landsberg a. W., Berlin W. 15, Joachimsthaler Str. 24.

Paucksch, Otto, Fabrikdirektor, Akt.-Ges. H. Paucksch, Landsberg a. W.

Pekrun, Otto, Fabrikbesitzer, Coswig in Sachsen.

Penck, Albrecht, Professor Dr., Direktor des Museums f. Meereskunde, Berlin NW. 7, Georgen-Str. 34/36. 965

Pepper, Gust., Kaufmann, Hamburg, Rödingsmarkt 24.

Peters, Th., Dr.-Ing., Geheimer Baurat, Berlin NW., Charlotten-Str. 43.

Petersen, Bernhard, Zivil-Ingenieur und Patentanwalt, Berlin SW., Hedemann-Str. 5.

Pfenninger, Carl, Ingenieur, i. Fa. Melms & Pfenninger, München, Martius-Str. 7.

Philipp, Otto, Ingenieur, Berlin W., Unter den Linden 15. 970

Pielock, E., Ingenieur, Berlin W. 15, Uhland-Str. 31.

Piners, Dr. phil., Apothekenbesitzer, Brühl b. Köln a. Rh.

Piper, C., Direktor der Neuen Dampfer-Compagnie, Stettin.

Piper, Edmund, Prokurist der Fa. Franz Haniel & Co., Ruhrort a. Rh., Damm-Str. 10.

Podeus, H., jr., Konsul, Wismar i. M. 975

Podeus, Paul, Ingenieur, Wismar i. M., Ravelin Horn.

Poensgen, Bruno, Ingenieur, Düsseldorf, Jakobi-Str. 7.

Poensgen, C. Rud., Vorstandsmitglied der Düsseldorfer Röhren- u. Eisenwalzwerke, Düsseldorf, Jägerhof-Str. 7.

Poetsch, E., Geh. Justizrat, Roßlau a. E., Haupt-Str. 25.

980 Pohlig, J., Fabrikant, Köln-Zollstock.

Polis, Albert, Kapitän und Prokurist der Hamburg-Amerika-Linie, Hamburg-Uhlenhorst, Adolf-Str. 74.

Polte, Eugen, Kommerzienrat und Fabrikbesitzer, Magdeburg-Sudenburg, Halberstädter Str. 35.

Poock, Jos., Fregatten-Kapitän z. D., Hamburg 3a, Klosterstern 1 II.

Predöhl, Dr. jur., Max, Senator, Hamburg, Alsterterrasse 8.

985 Prégardien, J. E., Ingenieur für Dampfkesselbau, Kalk bei Köln a. Rhein.

Preiner, Johann, Ingenieur, Eichberg, Post Gloggnitz, Nieder-Österreich.

Prieger, H., Direktor der Deutschen Niles Werkzeugmaschinenfabrik, Berlin W. 15, Kurfürstendamm 199.

Probst, Paul, Düsseldorf, Stein-Str. 48.

Prohmann, Ferd., Professor, Oberlehrer am Hamburger Staatl. Technikum, Hamburg St. G., Steintorplatz.

990 Radke, Max, Fabrikdirektor, Karlshorst b. Berlin, Wildensteiner-Str. 7.

Rágóczy, Egon, Syndikus a. D. und Generalsekretär, Berlin W. 30, Motz-Str. 72 III.

Rahtjen, Heinr., Kaufmann und Fabrikant, Bremerhaven, Lloyd-Str. 18.

Rahtjen, John, Kaufmann, Hamburg, Mittelweg 19.

Rahtjen, J., Frank, Kaufmann, Hamburg, Mittelweg 19.

995 Ranft, P., Zivilingenieur, Leipzig, Kurze Str. 1.

Raps, Dr. Prof. Aug., Direktor von Siemens & Halske, Westend, Nonnendamm.

Raschen, Herm., Ingenieur der Chem. Fabriken Griesheim-Elektron, Griesheim a. M.

Rascher, Georg, Fabrikdirektor, Reinickendorf b. Berlin, Hein, Lehmann & Co., Aktien-Gesellschaft, Nieder-Schönhausen, Kaiserweg 69.

Rathenau, Emil, Geheimer Baurat, Generaldirektor der Allgem. Elektr.-Ges., Berlin NW., Schiffbauerdamm 22.

Rathenau, Dr. W., Direktor der Berliner Handelsgesellschaft, Berlin W., Behren-Str. 32. 1000

Rehmann, Fritz, Direktor der Reederei Stachelhaus & Buchloh, G. m. b. H., Mülheim a. d. Ruhr, Friedrich-Str. 28.

Redenz, Hans, Ingenieur, Düsseldorf-Grafenberg.

v. Reichenbach, Major a. D., Berlin W. 50, Eislebener Str. 12 III.

Reincke, H. R. Leopold, Ingenieur, 2 Laurence Pountney Hill, London E. C.

Reinecke, F., Ingenieur, Expert des Germanischen Lloyd und des Bureaus Veritas, Gleiwitz O.-S., Wilhelm-Str. 34. 1005

Reinhardt, Karl, Ingenieur, Direktor bei Schüchtermann & Kremer, Dortmund, Arndt-Str. 36.

Reinhold, Hermann, Fabrikbesitzer i. Fa. Westphal & Reinhold, Berlin NW., Händel-Straße 3.

Reiser, August, Bankdirektor (Filiale der Dresdner Bank in Mannheim), Mannheim, Friedrichsring 36.

Reusch, Paul, Vorstandsmitglied der Gutehoffnungshütte, Sterkrade-Rheinland.

Reuter, Wolfgang, Inhaber der Fa. Ludwig Stuckenholz, Wetter a. Ruhr. 1010

Richter, Hans, Kaufmann, Berlin S., Alexandrinen-Str. 95/96.

Rickert, Dr. F., Verleger der „Danziger Zeitung“, Danzig.

Riemer, Julius, Oberingenieur und Prokurist der Firma Haniel & Lueg, Düsseldorf-Grafenberg.

Riensberg, Karl, Direktor der Brückenbau Flender Akt.-Ges. Benrath.

Rieppel, A., Dr. Ing., Königl. Baurat und Fabrikdirektor, Nürnberg 24. 1015

v. Ripper, Julius, K. und K. Vize-Admiral, Pola.

Rischowski, Alb., Vertreter der Firma Caesar Wollheim, Breslau, Wall-Str. 23.

Ritzhaupt, Fr., Direktor, Niederschöneweide b. Berlin, Brücken-Str. 31.

Röchling, L., Fabrikbesitzer, Völklingen a. d. Saar.

1020 Röper, A., Direktor d. Akt.-Ges. de Fries & Co., Düsseldorf, Grafenberger Chaussee 84.

Rogge, A., Marine-Oberstabs-Ingenieur a. D., Berlin-Westend, Nonnendamm, Siemens-Schuckert-Werke.

Rogge, Fregatten-Kapitän, Berlin W. 9, Reichs-Marine-Amt.

v. Rolf, W., Freiherr, Direktor der Dampfschifff.-Ges. f. d. Nieder- u. Mittel-Rhein, Düsseldorf, Tell-Str. 8.

Rolle, M., Architekt, Berlin W. 35, Steglitzer Str. 12.

1025 Rollmann, Kontre-Admiral, Berlin W. 9, Reichs-Marine-Amt.

Rump, Wilh., Kaufm., Hamburg, Raboisen 96.

Ruperti, Oscar, Kaufmann, in Firma H. J. Merck & Co., Hamburg, Dovenhof 6.

Sachse, Walter, Kapitän und Oberinspektor der Hamburg-Amerika-Linie, Hamburg, Ferdinand-Str. 62.

Sachsenberg, P., Kaufmann und Fabrikbesitzer, Roßlau a. E.

1030 Sack, Hugo, Ingenieur und Fabrikbesitzer, Rath bei Düsseldorf.

Saefkow, Otto, Kaufmann, St. Petersburg, Obwodnykanal 105.

Salomon, B. Professor, Frankfurt a. M., Westend-Str. 25.

Salzmann, Heinrich, Architekt, Düsseldorf, Graf-Adolf-Str. 19.

Sanders, Ludwig, Kaufmann, Hamburg, Rathausmarkt 2 I.

1035 Sartori, A., Konsul und Reeder, in Fa. Sartori & Berger, Kiel.

Sartori, P., Konsul und Reeder, in Fa. Sartori & Berger, Kiel.

Sattler, Bruno, Maschinen-Inspektor und Hauptmann der Reserve, Kattowitz O.-S., Friedrich-Str. 35.

Schachtel, Leo, Dr. jur., Rechtsanwalt, Berlin W. 66, Leipziger Str. 117/118.

Schaffran, Karl, Diplom-Schiffbau-Ingenieur, Vegesack, Post-Str. 14.

1040 Schäfer, W., Direktor der Ziegeltransport-Gesellschaft m. b. H., Berlin NW. 6, Luisen-Str. 45.

Schaps, Georg, Dr. jur., Landrichter, Hamburg, Mittelweg 55.

Scharbau, Fr., Werftdirektor, Emden, Hafen-Straße 8.

Scharrer, G., Kaufm., Duisburg, Unter-Str. 84.

Schärffe, Franz, Ingenieur, Lübeck, Engelswisch, 42/48.

Schauenburg, M., Ingenieur, Berlin W. 15, 1045
Lietzenburger Str. 3.

Schauseil, M., Direktor der Seeberufs-Genossenschaft, Hamburg 11, Beim alten Waisenhaus 1.

Scheder, Georg, Kontre-Admiral z. D., Kiel.

Schellhaß, Ernst, Kaufmann, Berlin W., Schöneberger Ufer 21.

v. Schichau, Rittergutsbesitzer, Pohren b. Ludwigsort, Ostpr.

Schiess, Ernst, Geheimer Kommerzienrat 1050
und Fabrikbesitzer, Düsseldorf.

Schilling, Professor Dr., Direktor der Seefahrtsschule, Bremen.

Schimmelbusch, Julius, Ingenieur, Kaiserslautern.

Schinckel, Max, Vorsitzender d. Aufsichtsrats der Reiherstieg-Schiffswerfte u. Maschinenfabrik, Hamburg, Adolphsbrücke 10.

Schleifenbaum, Fr., Direktor der Felten & Guilleaume Carlswerke, Akt.-Ges., Mülheim (Rhein), Regenten-Str. 69.

v. Schlichting, Ober-Postdirektor, Bremen, 1055
Domsheide 15.

Schmidt, Vize-Admiral, Exzellenz, Berlin W., Voss-Str. 25.

Schmidt, Ehrhardt, Kapitän zur See, Kiel, Waitz-Str. 46 I.

Schmidt, Emil, Ingenieur, Hamburg-Uhlenhorst, Herder-Str. 64.

Schmidt, Henry, Beeidigter Dispacheur und Syndikus des Vereins Hamburger Assekuradeure, Hamburg, Börsenbrücke 4.

Schmidt, Karl, Oberingenieur der A. E. G., 1060
Charlottenburg, Uhland-Str. 194.

Schmidt, Max, Ingenieur, Direktor der Maschb.-Akt.-Ges. vorm. Starke & Hoffmann, Hirschberg i. Schles.

Schmidt, Wilh., Zivilingenieur, Wilhelmshöhe b. Kassel.

Schmidtlein, C., Ingenieur und Patentanwalt, Berlin SW., Königgrätzer Str. 87.

Schmitt, A., Fabrikdirektor, Laurahütte O.-S.

1065 Schnitzing, Gustav, Direktor der Vereinigt. Elbschiffahrts-Gesellschaften, Akt.-Ges., Dresden, Permoser-Str. 13.

Schnoeckel, Gustav, Zivilingenieur, Berlin W 50, Spichern-Str. 17.

Schröder, Emil, Ingenieur, Bremerhaven Keil-Str. 1.

Schrödter, Dr.-Ing. E., Ingenieur, Düsseldorf, Jacobi-Str. 5.

Schuchardt, B., Kommerzienrat u. Königl. Norweg. Generalkonsul, Inhaber der Fa. Schuchardt & Schütte, Berlin C., Spandauer Str. 59/61.

1070 Schult, Hans, Ingenieur, i. Fa. W. A. F. Wiechhorst & Sohn, Hamburg, Pinnasberg 46.

Schumann, G., Generaldirektor des Gußstahlwerkes Witten, Witten.

Schultz, Max, Käpitänleutnant, Kiel, Düppel-Str. 68.

Schultze, Aug., Geh. Kommerzienrat, Direktor der Oldenburg-Portug. Dampfschiffs-Reederei, Oldenburg i. Gr.

Schulz, Gustav Leo, Vertreter des Hoerder Bergwerks- u. Hüttenvereins, Berlin W. 50, Ranke-Str. 35.

1075 Schulze, F. F. A., Fbrikbesitzer, Berlin N., Fehrbelliner Str. 47/48.

Schulze-Vellinghausen, Ew., Fabrikbesitzer, Düsseldorf, Stern-Str. 18.

Schümann, Egon, Regierungsrat, Südende, Brandenburgische Str. 15a.

Schütte, H., Kaufmann, i. Fa. Alfr. H. Schütte, Köln, Zeughaus 16.

v. Schütz, Julius, Ingenieur, Vertreter der Fried. Krupp A.-G., Berlin W. 50, Marburger Str. 17.

1080 Schwanhäusser, Wm., Dir. der Hydraulic Works Henry R. Worthington, Brooklyn New-York.

Schwartz, Gustav, Direktor des Stahl- und Walzwerkes Rendsburg, Rendsburg (Schlesw.)

Seiffert, Franz, Ingenieur, Direktor der Akt.-Ges. Franz Seiffert & Co., Berlin-Eberswalde, Berlin, Köpnicker Str. 154a.

Selck, Fr. W., Kommerzienrat, Flensburg.

Selve, Walter, Ingenieur, Altena i. W.

1085 Senff, E., Fabrikbesitzer, Düsseldorf-Grafenberg, Bruch-Str. 55.

Senfft, Carl, Direktor, Düsseldorf, Graf Adolf-Str. 95.

Sening, Aug., Fabrikant, i. Fa F. A. Sening, Hamburg, Vorsetzen 25/27.

Seydel, Leopold, Ingenieur und Prokurist der Maschinenfabrik Brodnitz & Seydel Berlin NW., Wilsnacker Str. 3 I.

Sibbers, A., Schiffs-Inspektor der Hamburg-Südamerikan. Dampfsch.-Ges., Hamburg, Alardus-Str. 8 I.

Siebel, Walter, Ingenieur, i. Fa. Bauartikel- 1090
Fabrik A. Siebel, Düsseldorf-Rath.

Siebel, Werner, Fabrikbesitzer, i. Fa. Bauartikel-Fabrik A. Siebel, Düsseldorf-Rath.

Siebert, F., Kommerzienrat, Direktor der Firma F. Schichau, Elbing.

Siebert, G., Prokurist der Firma F. Schichau, Elbing, Altstädt. Wall-Str. 10.

Siedentopf, Otto, Ingenieur und Patentanwalt, Berlin SW., Friedrich-Str. 208.

Sieg, Waldemar, Kaufmann u. Reeder, Danzig, 1095
Brodbänkengasse 14.

Siegmund, Walter, Direktor der „Turbinia", Deutsche Parsons Marine-Aktien-Gesellschaft, Berlin W. 62, Luther-Str. 52.

v. Siemens, Carl F., Ingenieur, York Mausion, York Street, Westminster London SW.

Simmersbach, Oskar, Direktor, Düsseldorf, Grimm-Str. 39.

Slaby, Ad., Professor Dr., Geheimer Reg.-Rat, Charlottenburg, Sophien-Str. 33.

Sorge, Kurt, Mitglied des Direktoriums 1100
der Firma Fried. Krupp, Vorsitzender Direktor des Fried. Krupp Grusonwerk, Magdeburg, Moltke-Str. 12c.

Sorge, Otto, Maschinen-Ingenieur, Spezialist f. moderne Groß-Kondensationsanlagen, Grunewald b. Berlin, Margarethen-Str. 5.

Springer, Fritz, Verlagsbuchhändler, Berlin N. 24, Monbijouplatz 3.

Springmann, Rudolf, Teilhaber der Firma Funcke & Elbers, Hagen i. W.

Springorum, Fr., Kommerzienrat und Generaldirektor der Eisen- und Stahlwerke Hoesch, A.-G., Dortmund, Eberhardt-Str. 20.

Stachelhaus, Herm., Reeder u. Fabrikant, 1105
i. Fa. Stachelhaus & Buchloh, Mannheim.

Staerker, Felix Walther, Kaufmann, i. Fa. Steerker & Fischer Leipzig, Bose-Str. 3.

Stahl, Paul, Direktor der Stettiner Maschinenbau-Act.-Ges. Vulcan, Bredow-Stettin.

Stange, Heinr., Teilhaber der Firma W. A. F. Wieghorst Sohn, Hamburg, Tornquist-Str. 46.

Stein, C., Ingenieur, Direktor der Gasmotorenfabrik „Deutz", Deutz.

1110 Steinbiss, Karl, Eisenbahn-Direktor, Ottensen-Altona, Eggers-Allee 12 I.

Sternberg, Oscar, Königl. Schwed. Vice-Konsul, Direktor der Oberrhein. Versicherungs-Gesellschaft, Mannheim L 7. 6 a.

Stinnes, Leo, Reeder, Mannheim D 7. 12.

Stöckmann, E., Technischer Direktor, Annen i. Westf.

Strasser, Geh. Regierungsrat, Berlin NW., Flemming-Str. 14.

1115 Strube, Dr. A., Bankdirektor, Deutsche Nationalbank, Bremen.

Struck, H., Prokurist der Firma F. Laeisz, Hamburg, Trostbrücke 1.

Sugg, Direktor der Vereinigten Königs- und Laurahütte A.-G., Königshütte O.-Schl., Girndt-Str. 13.

Suppán, C. V., Schiffsoberinspektor, Wien III, Donau-Dampfschiffs-Direktion.

Sylvester, Emilio, Ingenieur, Niederscheldel a. Sieg.

1120 Taggenbrock, J., Direktor, Avenue Cagels 55, Antwerpen.

Tecklenborg, Ed., Kaufmann, Direktor der Schiffswerft von Joh. C. Tecklenborg Akt.-Ges., Bremen, Park-Str. 41.

Tetens, F., Dr. jur., Direktor der Aktien-Gesellschaft „Weser", Bremen.

Thiele, Ad., Kontre-Admiral z. D., Reichs-Kommissar bei dem Seeamte Bremerhaven, Bremen, Lothringer Str. 21.

Thomas, Eugen, Kaufmann, Hamburg, Spitaler Str. 10.

1125 Thomas, Paul, Direktor der Preß- u. Walzwerk-A.-G. Düsseldorf-Reisholz, Düsseldorf, Beethoven-Str. 17.

Thulin, C. G., Italienischer Generalkonsul und Reeder, Stockholm (Schweden), Skeppsbron 34.

Thulin, P. G., Vize-Konsul Stockholm, Skeppsbron 34.

Thumann, G., Kapitän des Nordd. Lloyd, Vegesack, Grüne Str. 36.

Thyen, Heinr. O., Konsul, i. Fa. G. H. Thyen, Brake.

Tietgens, G. W., Kaufmann, Vorsitzender 1130
im Aufsichtsrate der Hamburg-Amerika-Linie, Hamburg, Gr. Reichen-Str. 51.

v. Tirpitz, Alfr., Admiral, Exzellenz, Staatsminister und Staatssekretär des Reichs-Marine-Amtes, Berlin W. 9, Leipziger Platz 13.

Tonne, Carl Gust., Kommerzienrat, Magdeburg, Villa auf dem Werder.

Trappen, Walter, Generaldirektor, Pilsen.

Troost, Edmund, Reeder. Berlin W. 15 Kurfürstendamm 160.

v. Usedom, Kontre-Admiral, Admiral à la Suite 1135
S. Majestät des Kaisers und Königs, Ober-Werftdirektor der Kaiserl. Werft, Kiel.

Usener, Hans, Dr. phil., Fabrikant, Kiel, Holtenauer Str. 62.

Vervier, Jos., Kaufmann, Berlin W., Ansbacher Str. 19 I.

Vielhaben, Dr. jur., Rechtsanwalt, Hamburg, Rathaus-Str., Bülowhaus.

van Vloten, Hütten-Direktor, Hörde i. W.

Volckens, Wm., Kommerzienrat, Hamburg, 1140
Admiralitäts-Str. 52/53.

Vollbrandt, Adolf, Kaufmann, Hamburg 17, Heimhuder Str. 64.

Vorwerk, Ad., Vorsitzender der D. D. Ges. Kosmos, Hamburg, Paul-Str. 29.

Wagener, A., Professor f. Maschinenbau a. d. Techn. Hochschule zu Danzig, Langfuhr-Danzig, Jäschkentaler Weg 37.

Wagenführ, H., Ober-Ingenieur der Allgem. Elektrizitäts-Gesellsch., Bremen, Wall 108.

Waldschmidt, Walther, Dr. phil., Direktor 1145
der Ludw. Loewe & Co., Aktien-Gesellschaft, Berlin NW. 87, Hutten-Str. 17.

Wallenberg, G. O., Kapitän zur See und Reichstagsabgeordneter, Stockholm.

Wallmann, Kontre-Admiral, Kiel, Niemannsweg 61.

Wätjen, Georg W., Konsul und Reeder, Bremen, Papen-Str. 24.

Weinlig, O. Fr., Generaldirektor, Bonn a. Rhein.

1150 Weber, Ed., Kaufmann, Hamburg, Große Reichen-Str. 27, Afrikahaus.

Weber, Richard, Fabrikant, Berlin O. 34, Königsberger Str. 16.

Weber, W. A., Ingenieur, i. Fa. Weber & Westphal, Hamburg 21, Arndt-Str. 16.

Weber, Paul, Geschäftsführer des Verbandes Deutscher Grobblech-Walzwerke und der Schiffbaustahl-Vereinigung, Essen, Selma-Str. 15.

Wegener, Hauptmann a. D., Direktor des Preß- und Walzwerkes Düsseldorf—Reisholz, Düsseldorf, Rochus-Str. 23.

1155 Weickmann, Albert, Patentanwalt und Ingenieur, München, Ismaninger-Str. 122.

Weisdorff, E., Generaldirektor der Burbacherhütte, Burbach a. Saar.

Weitzmann, J., Direktor der deutschen Vacuum Oil Comp., Hamburg, Overbeck-Str. 14.

Welin, Axel, Ingenieur, Hopetoun House, Lloyds Avenue, London E. C.

Wendemuth, Baurat u. Mitglied der Wasserbau-Direktion, Hamburg 14, Dalmann-Str.

1160 Wenke, Gottfried, Direktor, Osterholz-Scharmbeck, Bahnhof-Str. 345.

Wessels, Joh., Fr., Senator, Bremen, Langen-Str. 86 I.

Westphal, M., Zivilingenieur, Berlin N., Oranienburger Str. 23.

Wichmann, Alfred O., Kaufmann, Hamburg, Gr. Bleichen 32.

Wichmann, Otto, Besitzer der Alster-Dampfboote. Hamburg, Neuer Wall 2. I.

1165 Wiecke, A., Direktor des Oberbilker Stahlwerkes, Düsseldorf-Oberbilk, Stern-Str. 67.

Wiengreen, Heinr., Maschinen-Inspektor, Hamburg, Eimsbütteler Marktplatz 20.

Wiethaus, O., Kommerzienrat und Generaldirektor, Hamm i. W.

Wilhelmi, J., Ingenieur, Hamburg, Schwanenwiek 28.

Windscheid, G., Kaufmann und k. und k. Österr.-Ung. Vize-Konsul, Nicolaieff.

Winkel, Ferdinand, Architekt, Direktor der 1170 Fabrik von J. C. Pfaff, Berlin SO., Zeughof-Str. 3.

Wirtz, Adolf, Dipl. Hütten-Ingenieur und Direktor des Stahlwerk Mannheim, Rheinau bei Mannheim.

Wischow, Emil Wilhelm, Ingenieur und Direktor der Lübecker Maschinenbau-Gesellschaft, Lübeck, Hansa-Str. 13.

Wiß, Ernst, Ingenieur, Griesheim a. M.

Witthöfft, L., Oberingenieur a. D., Wiesbaden, Adelheid-Str. 76 a.

Wittmer, Kapitän zur See a. D., Berlin NW., 1175 Georgen-Str. 34/36.

Woermann, Ad., Kaufmann, i. Fa. C. Woermann, Hamburg, Große Reichen-Str. 27.

Wolff, Ferdinand, Fabrikdirektor, Mannheim Bismarckplatz 5.

Wolff, G., Direktor der Hamburg-Amerika-Linie, Hamburg, Dovenfleth 18/21.

Wolff, J., Fabrikdirektor, Karlsruhe, Weinbronner Str. 4.

Zanders, Hans, Fabrikbesitzer, Bergisch- 1180 Gladbach, Rheinprovinz.

Zapf, Georg, Vorstand der Felten & Guilleaume-Lahmeyerwerke A.-G. Carlswerk, Mülheim am Rhein, Bahn-Str. 48.

Zapp, Adolf, Ingenieur, i. Fa. Robert Zapp, Düsseldorf, Harold-Str. 10 a.

Zapp, Gustav, i. Fa. Robert Zapp, Düsseldorf.

Zimmer, A., Schiffsmakler und Reeder, i. Fa. Knöhr & Burchard Nfl., Hamburg, Neptunhaus.

Zimmermann, Oberingenieur, Gr.-Lichter- 1185 felde West, Karl-Str. 36.

Zopke, Hans, Professor, Regierungs-Baumeister a. D., Direktor des Hamburger Staatl. Technikums, Hamburg, Papenhuder Str. 42.

Zörner, Bergrat und Generaldirektor, Kalk bei Köln a. Rhein.

Abgeschlossen am 31. Dezember 1907.

Die Gesellschaftsmitglieder werden im eigenen Interesse ersucht, jede Aenderung sofort auf besonderer Karte der Geschäftsstelle anzuzeigen.

II. Satzung.

I. Sitz der Gesellschaft.

§ 1.

Die am 23. Mai 1899 gegründete Schiffbautechnische Gesellschaft hat ihren Sitz in Berlin und ist dort beim Königlichen Amtsgericht I als Verein eingetragen. Sitz.

II. Zweck der Gesellschaft.

§ 2.

Zweck der Gesellschaft ist der Zusammenschluß von Schiffbauern, Schiffsmaschinenbauern, Reedern, Offizieren der Kriegs- und Handelsmarine und anderen mit dem Seewesen in Beziehung stehenden Kreisen behufs Erörterung wissenschaftlicher und praktischer Fragen zur Förderung der Schiffbautechnik. Zweck.

§ 3.

Mittel zur Erreichung dieses Zweckes sind: Mittel zur Erreichung dieses Zweckes.

1. Versammlungen, in denen Vorträge gehalten und besprochen werden.
2. Drucklegung und Übersendung dieser Vorträge an die Gesellschaftsmitglieder.
3. Stellung von Preisaufgaben und Anregung von Versuchen zur Entscheidung wichtiger schiffbautechnischer Fragen.

III. Zusammensetzung der Gesellschaft.

§ 4.

Die Gesellschaftsmitglieder sind entweder: Gesellschaftsmitglieder.

1. Fachmitglieder,
2. Mitglieder, oder
3. Ehrenmitglieder.

§ 5.

Fachmitglieder können nur Herren in selbständigen Lebensstellungen werden, welche das 28. Lebensjahr überschritten haben, einschließlich ihrer Ausbildung, bezw. ihres Studiums, 8 Jahre im Schiffbau oder Schiffsmaschinenbau tätig gewesen sind, und von denen eine Förderung der Gesellschaftszwecke zu erwarten ist. Fachmitglieder.

§ 6.

Mitglieder.

Mitglieder können alle Herren in selbständigen Lebensstellungen werden, welche ver möge ihres Berufes, ihrer Beschäftigung, oder ihrer wissenschaftlichen oder praktischen Be fähigung imstande sind, sich mit Fachleuten an Besprechungen über den Bau, die Einrich tung und Ausrüstung, sowie die Eigenschaften von Schiffen zu beteiligen.

§ 7.

Ehrenmitglieder.

Zu Ehrenmitgliedern können vom Vorstande nur solche Herren erwählt werden, welche sich um die Zwecke der Gesellschaft hervorragend verdient gemacht haben.

IV. Vorstand.

§ 8.

Vorstand.

Der Verwaltungs-Vorstand der Gesellschaft setzt sich zusammen aus:

1. dem Ehrenvorsitzenden,
2. dem Vorsitzenden,
3. dem stellvertretenden Vorsitzenden,
4. mindestens vier Beisitzern.

Den geschäftsführenden Vorstand im Sinne des § 26 des Bürgerlichen Gesetzbuches bilden:

1. der Vorsitzende,
2. der stellvertretende Vorsitzende,
3. mindestens vier Beisitzer.

§ 9.

Ehren-Vorsitzender.

An der Spitze der Gesellschaft steht der Ehrenvorsitzende, welcher in den Hauptversammlungen den Vorsitz führt und bei besonderen Anlässen die Gesellschaft vertritt. Demselben wird das auf Lebenszeit zu führende Ehrenamt von den in § 8, Absatz 1 unter 2—4 genannten Vorstandsmitgliedern angetragen.

§ 10.

Vorstandsmitglieder.

Die beiden geschäftsführenden Vorsitzenden und die fachmännischen Beisitzer werden von den Fachmitgliedern aus ihrer Mitte gewählt, während die anderen Beisitzer von sämtlichen Gesellschaftsmitgliedern aus den Mitgliedern gewählt werden.

Werden mehr als vier Beisitzer gewählt, so muß der fünfte Beisitzer ein Fachmitglied, der sechste ein Mitglied sein, u. s. f.

§ 11.

Ergänzungswahlen des Vorstandes.

Die Mitglieder des geschäftsführenden Vorstandes werden auf die Dauer von drei Jahren gewählt. Im ersten Jahre eines Trienniums scheiden der Vorsitzende und die Hälfte der nicht fachmännischen Beisitzer aus; im zweiten Jahre der stellvertretende Vorsitzende und die Hälfte der fachmännischen Beisitzer; im dritten Jahre die übrigen Beisitzer. Eine Wiederwahl ist zulässig.

§ 12.

Ersatzwahl des Vorstandes.

Scheidet ein Mitglied des geschäftsführenden Vorstandes während seiner Amtsdauer aus, so muß der geschäftsführende Vorstand einen Ersatzmann wählen, welcher verpflichtet ist, das Amt anzunehmen und bis zur nächsten Hauptversammlung zu führen. Für den Rest der Amtsdauer des ausgeschiedenen Vorstandsmitgliedes wählt die Hauptversammlung ein neues Vorstandsmitglied.

§ 13.

Der geschäftsführende Vorstand leitet die Geschäfte und verwaltet das Vermögen der Gesellschaft. Er stellt einen Geschäftsführer an, dessen Besoldung er festsetzt. Geschäftsleitung.

Der geschäftsführende Vorstand ist nicht beschlußfähig, wenn nicht mindestens vier seiner Mitglieder zugegen sind. Die Beschlüsse werden mit einfacher Majorität gefaßt, bei Stimmengleichheit gibt die Stimme des Vorsitzenden den Ausschlag.

Der Geschäftsführer der Gesellschaft muß zu allen Vorstandssitzungen zugezogen werden, in denen er aber nur beratende Stimme hat.

Das Geschäftsjahr ist das Kalenderjahr.

V. Aufnahmebedingungen und Beiträge.

§ 14.

Das Gesuch um Aufnahme als Fachmitglied ist an den geschäftsführenden Vorstand zu richten und hat den Nachweis zu enthalten, daß die Voraussetzungen des § 5 erfüllt sind. Dieser Nachweis ist von einem fachmännischen Vorstandsmitgliede und drei Fachmitgliedern durch Namensunterschrift zu bestätigen, worauf die Aufnahme erfolgt. Aufnahme der Fachmitglieder.

§ 15.

Das Gesuch um Aufnahme als Mitglied ist an den geschäftsführenden Vorstand zu richten, dem das Recht zusteht, den Nachweis zu verlangen, daß die Voraussetzungen des § 6 erfüllt sind. Falls ein solcher Nachweis gefordert wird, ist er von einem Mitgliede des geschäftsführenden Vorstandes und drei Gesellschaftsmitgliedern durch Namensunterschrift zu bestätigen, worauf die Aufnahme erfolgt. Aufnahme der Mitglieder.

§ 16.

Jedes eintretende Gesellschaftsmitglied zahlt ein Eintrittsgeld von 30 M. Eintrittsgeld.

§ 17.

Jedes Gesellschaftsmitglied zahlt einen jährlichen Beitrag von 25 M., welcher im Januar eines jeden Jahres fällig ist. Sollten Gesellschaftsmitglieder den Jahresbeitrag bis zum 1. Februar nicht entrichtet haben, so wird derselbe durch Postauftrag eingezogen. Jahresbeitrag.

§ 18.

Gesellschaftsmitglieder können durch einmalige Zahlung von 400 M. lebenslängliche Mitglieder werden und sind dann von der Zahlung der Jahresbeiträge befreit. Lebenslänglicher Beitrag.

§ 19.

Ehrenmitglieder sind von der Zahlung der Jahresbeiträge befreit. Befreiung von Beiträgen.

§ 20.

Gesellschaftsmitglieder, welche auszutreten wünschen, haben dies vor Ende des Geschäftsjahres bis zum 1. Dezember dem Vorstande schriftlich anzuzeigen. Mit ihrem Austritte erlischt ihr Anspruch an das Vermögen der Gesellschaft. Austritt.

§ 21.

Erforderlichen Falles können Gesellschaftsmitglieder auf einstimmig gefaßten Beschluß des Vorstandes ausgeschlossen werden. Gegen einen derartigen Beschluß gibt es keine Berufung. Mit dem Ausschlusse erlischt jeder Anspruch an das Vermögen der Gesellschaft. Ausschluß.

VI. Versammlungen.

§ 22.

Versammlungen.

Die Versammlungen der Gesellschaft zerfallen in:

1. die Hauptversammlung,
2. außerordentliche Versammlungen.

§ 23.

Haupt-versammlung.

Jährlich soll, möglichst im November, in Berlin die Hauptversammlung abgehalten werden, in welcher zunächst geschäftliche Angelegenheiten erledigt werden, worauf die Vorträge und ihre Besprechung folgen.

Der geschäftliche Teil umfaßt:

1. Vorlage des Jahresberichtes von seiten des Vorstandes.
2. Bericht der Rechnungsprüfer und Entlastung des geschäftsführenden Vorstandes von der Geschäftsführung des vergangenen Jahres.
3. Bekanntgabe der Namen der neuen Gesellschaftsmitglieder.
4. Ergänzungswahlen des Vorstandes und Wahl von zwei Rechnungsprüfern für das nächste Jahr.
5. Beschlußfassung über vorgeschlagene Abänderungen der Satzung.
6. Sonstige Anträge des Vorstandes oder der Gesellschaftsmitglieder.

§ 24.

Außerordentliche Versammlungen.

Der geschäftsführende Vorstand kann außerordentliche Versammlungen anberaumen, welche auch außerhalb Berlins abgehalten werden dürfen. Er muß eine solche innerhalb vier Wochen stattfinden lassen, wenn ihm ein dahin gehender, von mindestens dreißig Gesellschaftsmitgliedern unterschriebener Antrag mit Angabe des Beratungsgegenstandes eingereicht wird.

§ 25.

Berufung der Versammlungen.

Alle Versammlungen müssen durch den Geschäftsführer mindestens 14 Tage vorher den Gesellschaftsmitgliedern durch Zusendung der Tagesordnung bekannt gegeben werden.

§ 26.

Anträge für Versammlungen.

Jedes Gesellschaftsmitglied hat das Recht, Anträge zur Beratung in den Versammlungen zu stellen. Die Anträge müssen dem Geschäftsführer 8 Tage vor der Versammlung mit Begründung schriftlich eingereicht werden.

§ 27.

Beschlüsse der Versammlungen.

In den Versammlungen werden die Beschlüsse, soweit sie nicht Aenderungen der Satzung betreffen, mit einfacher Stimmenmehrheit der anwesenden Gesellschaftsmitglieder gefaßt.

§ 28.

Änderungen der Satzung.

Vorschläge zur Abänderung der Satzung dürfen nur zur jährlichen Hauptversammlung eingebracht werden. Sie müssen vor dem 15. Oktober dem Geschäftsführer schriftlich mitgeteilt werden und benötigen zu ihrer Annahme drei Viertel Mehrheit der anwesenden Fachmitglieder.

§ 29.

Wenn nicht von mindestens zwanzig anwesenden Gesellschaftsmitgliedern namentliche Abstimmung verlangt wird, erfolgt die Abstimmung in allen Versammlungen durch Erheben der Hand. Art der Abstimmung.

Wahlen erfolgen durch Stimmzettel oder durch Zuruf. Sie müssen durch Stimmzettel erfolgen, sobald der Wahl durch Zuruf auch nur von einer Seite widersprochen wird.

§ 30.

In allen Versammlungen führt der Geschäftsführer das Protokoll, welches nach seiner Genehmigung von dem jeweiligen Vorsitzenden der Versammlung unterzeichnet wird. Protokolle.

§ 31.

Die Geschäftsordnung für die Versammlungen wird vom Vorstande festgestellt und kann auch von diesem durch einfache Beschlußfassung geändert werden. Geschäftsordnung.

VII. Auflösung der Gesellschaft.

§ 32.

Eine Auflösung der Gesellschaft darf nur dann zur Beratung gestellt werden, wenn sie von sämtlichen Vorstandsmitgliedern oder von einem Drittel aller Fachmitglieder beantragt wird. Es gelten dabei dieselben Bestimmungen wie bei der Abänderung der Satzung. Auflösung.

§ 33.

Bei Beschlußfassung über die Auflösung der Gesellschaft ist über die Verwendung des Gesellschafts-Vermögens zu befinden. Dasselbe darf nur zum Zwecke der Ausbildung von Fachgenossen verwendet werden. Verwendung des Gesellschafts-Vermögens.

III. Satzung

für den

Stipendienfonds der Schiffbautechnischen Gesellschaft.

§ 1.

Fonds.

Der Stipendienfonds ist aus den Organisationsbeiträgen und den Einzahlungen der lebenslänglichen Mitglieder gebildet worden. Er beträgt 200 000 Mark, we che im Preuß. Staats-Schuldbuche, mit $3\frac{1}{2}\%$ verzinsbar, eingetragen sind.

§ 2.

Verwendung.

Die jährlichen Zinsen des Fonds in Höhe von 7000 Mark sollen verwendet werden:

a) Zur Sicherstellung des Geschäftsführers der Gesellschaft,

b) zur Gewährung von Reise-Stipendien an jüngere Fachmitglieder,

c) als Beihilfe zu wissenschaftlichen Untersuchungen von Gesellschaftsmitgliedern,

d) als Anerkennung für hervorragende Vorträge an jüngere Fachmitglieder.

§ 3.

Sicherstellung des Geschäftsführers.

In unruhigen oder sonst ungünstigen Zeiten, in denen die Mitglieder-Beiträge spärlich und unbestimmt eingehen, können die Bezüge des Geschäftsführers alljährlich bis zur Höhe von 7000 Mark aus den Zinsen des Stipendienfonds bestritten werden, wenn dies vom Vorstande beschlossen wird.

§ 4.

Reisestipendien.

Hervorragend tüchtige Fachmitglieder, welche nach vollendetem Studium mindestens 3 Jahre erfolgreich als Konstruktions- oder Betriebs-Ingenieure auf einer Werft oder in einer Schiffsmaschinenfabrik tätig waren und hierüber entsprechende Zeugnisse beibringen, können ein einmaliges Reisestipendium erhalten. Sie haben im März des laufenden Jahres ein dahingehendes Gesuch an den Vorstand zu richten, welcher ihnen bis zum 1. Mai mitteilt, ob das Gesuch genehmigt oder abgelehnt ist. Gründe für die Annahme oder Ablehnung braucht der Vorstand nicht anzugeben. Derselbe entscheidet auch von Fall zu Fall über die Höhe des zu bewilligenden Reise-Stipendiums. Gegen die Entscheidung des Vorstandes gibt es keine Berufung. Nach der Rückkehr von der Reise muß der Unterstützte in knappen Worten dem Vorstande eine schriftliche Mitteilung davon machen, welche Orte und Werke er besucht hat. Weitere Berichte dürfen nicht von ihm verlangt werden.

§ 5.

Gesellschaftsmitgliedern, welche sich mit wissenschaftlichen Untersuchungen bezw. Forschungsarbeiten auf den Gebieten des Schiffbaues oder des Schiffsmaschinenbaues beschäftigen, kann der Vorstand aus den Zinsen des Stipendienfonds eine einmalige oder eine mehrjährige Beihilfe bis zur Beendigung der betreffenden Arbeiten gewähren. Über die Höhe und die Dauer dieser Beihilfen beschließt der Vorstand endgültig. **Beihilfen.**

§ 6.

Für bedeutungsvolle Vorträge jüngerer Gesellschaftsmitglieder kann der Vorstand aus den Zinsen des Stipendienfonds, wenn es angebracht erscheint, geeignete Anerkennungen aussetzen. **Anerkennungen.**

§ 7.

Die in einem Jahre für vorstehende Zwecke nicht verbrauchten Zinsen werden den Einnahmen des laufenden Geschäftsjahres zugeführt. **Überschüsse.**

§ 8.

In der jährlichen Hauptversammlung muß der Vorstand einen Bericht über die Verwendung der Zinsen des Stipendienfonds im laufenden Geschäftsjahre erstatten. Die Rechnungsprüfer haben die Pflicht, die diesem Berichte beizufügende Abrechnung durchzusehen und daraufhin die Entlastung des Vorstandes auch von diesem Teile seiner Geschäftsführung bei der Hauptversammlung zu beantragen. **Jahresbericht.**

§ 9.

Vorschläge zur Abänderung der vorstehenden Satzung dürfen nur zur jährlichen Hauptversammlung eingebracht werden. Sie müssen vor dem 15. Oktober dem Geschäftsführer schriftlich mitgeteilt werden und benötigen zu ihrer Annahme drei Viertel der anwesenden Fachmitglieder. **Änderungen der Satzung.**

IV. Satzung für die silberne und goldene Medaille der Schiffbautechnischen Gesellschaft.

§ 1.

Die Schiffbautechnische Gesellschaft hat in ihrer Hauptversammlung am 24. November 1905 beschlossen, silberne und goldene Medaillen prägen zu lassen und nach Maßgabe der folgenden Bestimmungen an verdiente Mitglieder zu verleihen.

§ 2.

Die Medaillen werden aus reinem Silber und reinem Golde geprägt, haben einen Durchmesser von 65 mm und in Silber ein Gewicht von 125 g, in Gold ein Gewicht von 178 g.

§ 3.

Die silberne Medaille wird Mitgliedern der Schiffbautechnischen Gesellschaft zuerkannt, welche sich durch wichtige Forscherarbeiten auf dem Gebiete des Schiffbaues oder des Schiffmaschinenbaues verdient gemacht und die Ergebnisse dieser Arbeiten in den Hauptversammlungen der Schiffbautechnischen Gesellschaft durch hervorragende Vorträge zur allgemeinen Kenntnis gebracht haben.

§ 4.

Die goldene Medaille können nur solche Mitglieder der Schiffbautechnischen Gesellschaft erhalten, welche sich entweder durch hingebende und selbstlose Arbeit um die Schiffbautechnische Gesellschaft besonders verdient gemacht, oder sich durch wissenschaftliche oder praktische Leistungen auf dem Gebiete des Schiffbaues oder Schiffmaschinenbaues ausgezeichnet haben.

§ 5.

Die Medaillen werden durch den Vorstand der Gesellschaft verliehen, nachdem zuvor die Genehmigung des Allerhöchsten Protektors zu den Verleihungsvorschlägen eingeholt ist.

§ 6.

An Vorstandsmitglieder der Gesellschaft darf eine Medaille in der Regel nicht verliehen werden, indessen kann die Hauptversammlung mit Zweidrittel-Mehrheit eine Ausnahme hiervon beschließen.

§ 7.

Über die Verleihung der Medaillen wird eine Urkunde ausgestellt, welche vom Ehrenvorsitzenden oder in dessen Behinderung vom Vorsitzenden der Gesellschaft zu unterzeichnen ist. In der Urkunde wird die Genehmigung durch den Allerhöchsten Protektor sowie der Grund der Verleihung (§§ 3 und 4) zum Ausdruck gebracht.

§ 8.

Die Namen derer, welchen eine Medaille verliehen wird, müssen an hervorragender Stelle in der Mitgliederliste der Schiffbautechnischen Gesellschaft in jedem Jahrbuche aufgeführt werden.

V. Bericht über das neunte Geschäftsjahr 1907.

Allgemeine Lage.

Die Schiffbautechnische Gesellschaft hat auch im Geschäftsjahre 1907 von der ihr bisher innewohnenden Werbekraft nichts eingebüßt. Ein Beweis dafür ist der erfreuliche Umstand, daß im laufenden Jahre 73 Herren neu aufgenommen werden konnten. Die Mitgliederzahl stieg dadurch nach Abzug der unvermeidlichen Abgänge auf 1187, wovon im ganzen 95 Herren lebenslängliche Mitglieder sind.

Während des nunmehr achtjährigen Bestehens der Gesellschaft hat sich somit die Zahl der Mitglieder etwa verdreifacht.

Das erfreulichste Ereignis des Jahres war die gnädige Annahme der Ehrenmitgliedschaft durch Seine Königliche Hoheit den Großherzog Friedrich von Baden, welche aus Anlaß der Sommerversammlung zu Mannheim stattfand. Leider sollte sich der Verein dieser hohen Auszeichnung nur kurze Zeit erfreuen, da bereits drei Monate später die Ehrenmitgliedschaft durch das allgemein beklagte Hinscheiden des Höchsten Herrn ihr Ende erreichte.

Veränderungen in der Mitgliederliste.

Durch den Tod erlosch ferner noch die Mitgliedschaft nachbenannter Herren:

2. W. v. Buchholtz, Marine-Baumeister, Wilhelmshaven.
3. Emil Capitaine, Ingenieur, Düsseldorf.
4. Hubert Claus, Kommerzienrat, Berlin.
5. v. Finckh, Ingenieur, Oldenburg.
6. Aug. Heimann, Fabrikbesitzer, Berlin.
7. Fr. Kasch, Marine-Oberbaurat, Kiel.

8. Th. Keetmann, Geh. Kommerzienrat, Duisburg.
9. J. H. Kremer, Schiffbau-Ingenieur, Elmshorn.
10. A. Moszeick, Schiffbau-Ingenieur, Berlin.
11. J. A. Normand, Werftbesitzer, Le Havre.
12. Emil Poensgen, Kommerzienrat, Düsseldorf.
13. Aug. Preuß, Generalkonsul, Königsberg.
14. M. Schaubach, Werftbesitzer, Koblenz.
15. Th. Sehmer, Fabrikbesitzer, Saarbrücken.

Mit Ablauf des Geschäftsjahres wünschen auszutreten:

1. F. Braun, Dr. phil. Universitätsprofessor, Straßburg.
2. E. Eberhardt, Maschinen-Inspektor, Stettin.
3. Osc. Friedrich, Hüttendirektor, Duisburg.
4. A. Gathmann, Direktor, Bonn a. Rh.
5. Osc. Graemer, Werftbesitzer, Koblenz.
6. G. Hechelmann, Fabrikant, Hamburg.
7. E. Hoffmann, Direktor, Düsseldorf.
8. O. Kafemann, Verleger der Danz. Ztg., Danzig.
9. G. Kapal, Direktor, Berlin.
10. J. W. Klawitter, Werftbesitzer, Danzig.
11. H. F. Kirsten, Reeder, Hamburg.
12. L. Kreymann, Ingenieur, Lübeck.
13. A. Schmitt, Baurat, Pillau.
14. v. Senden-Bibran, Freiherr, Exzellenz, Admiral z. D., Berlin.
15. Paul Thrändorf, Ingenieur, Stettin.
16. M. Tull, Geh. Kommerzienrat, Duisburg.
17. Joh. Ulm, k. u. k. Oberster Maschinen-Ingenieur, Pola.
18. Ad. Vollmer, Direktor, Altena.
19. Alb. Wiener, Kaufmann, Hamburg.
20. E. Tschirch, Rentier, Berlin.

Diesem Abgange steht ein Zugang von 73 Herren gegenüber.

Wirtschaftliche Lage.

Die von den Herren Rechnungsprüfern revidierte und für richtig befundene Abrechnung des letzten Geschäftsjahres stellt sich wie folgt:

Einnahmen.	M.	1906. Ausgaben.	M.
1. Kassenbestand ult. Dezember 1905	406,34	1. Jahrbuch und Versendung	13 085,24
2. Banksaldo ult. Dezember 1905	4 322,—	2. Gehälter	6 556,20
3. Mitgliederbeiträge 1906	23 298,56	3. Bureaubetrieb	1 317,22
4. Eintrittsgelder 1906	1 470,—	4. Postausgaben	380,74
5. Eintrittsgelder und Beiträge 1905	85,—	5. Bibliothek	102,30
6. Lebenslängliche Mitgliederbeiträge	800,—	6. 8. Hauptversammlung (Zuschuß)	2 449,85
7. Zuschuß des Reichs-Marine-Amts	2 000,—	7. Sommerversammlung	—
8. Jahrbuchertrag 1906	1 933,57	8. Verschiedenes	7 757,78
9. Einmalige Einnahmen	60,—	Sa. Ausgaben der Geschäftsführung	31 649,33
10. Bankzinsen	9 902,83	9. Ankauf von Staatspapieren	9 804,—
		10. Ankauf von Inventar	340,—
		11. Aus dem Stipendienfonds	1 001,—
		12. Bankspesen	82,96
		Kassenbestand ult. Dezember 1906	767,01
		Unerhoben auf der Bank	635,—
Sa.	44 278,30	Sa.	44 278,30

Geprüft und in Ordnung befunden.

Berlin, den 10. November 1907.

gez. Vielhaben. gez. B. Masing.

Die Ausgaben des laufenden Geschäftsjahres lassen sich glücklicherweise aus den Eingängen decken, da der Verein dem Wohlwollen Seiner Exzellenz des Herrn Staatssekretärs des Reichsmarineamts wiederum eine Beihilfe von 2000 M. zu danken hat.

Außerdem konnten die Ausgaben für die Sommerversammlung in Mannheim aus der Jahrbucheinnahme zum größten Teile bestritten werden.

Der Stipendienfonds wurde nicht in Anspruch genommen, so daß die hieraus verfügbar gewordenen Mittel zum Ankaufe von Staatspapieren im Nominalbetrage von 10 000 M. benutzt werden konnten. Das fest angelegte Vermögen der Gesellschaft hat hiernach die Summe von 290 000 M. erreicht, wovon, wie bekannt, 200 000 M. im Preußischen Staatsschuldbuche eingetragen sind.

Sommerversammlung in Mannheim.

Entsprechend dem Beschlusse in der geschäftlichen Sitzung der 8. Hauptversammlung fand vom 15. bis 18. Mai d. J. eine Sommerversammlung zu Mannheim statt. Dank der überaus liebenswürdigen Aufnahme, welche die staatlichen und städtischen Behörden unserem Vereine bereiteten, nahm die Versammlung einen allseitig befriedigenden und glänzenden Verlauf. Ein ausführlicher Bericht über die Tagung findet sich im vorliegenden Jahrbuche auf Seite 50.

Die schwedischen Teilnehmer an der Versammlung dankten dem Vorstande durch die umstehend abgebildete künstlerisch ausgeführte Adresse.

Internationaler Schiffbaukongreß zu Bordeaux.

Anläßlich des 100jährigen Jubiläums der Dampfschiffahrt fand in den Tagen vom 25. bis 28. Juni d. J. ein Kongreß in Bordeaux statt, wozu die Association technique maritime die deutschen, die englischen und die amerikanischen Schwestervereinigungen eingeladen hatte.

Die Schiffbautechnische Gesellschaft leistete zu diesem Kongreß, ebenso wie die vorgenannten Vereinigungen, einen Beitrag von 2000 Fr., wofür das Recht erworben wurde, die in Bordeaux zur Verhandlung gelangten Vorträge in unseren Jahrbüchern zum Abdruck bringen zu dürfen. Eine Anzahl unserer Mitglieder besuchte die Versammlung in Bordeaux, von deren Verlauf jeder die befriedigendsten Eindrücke mitnahm.

Tätigkeit der Gesellschaft.

Vom deutschen Nautischen Verein war die Schiffbautechnische Gesellschaft aufgefordert worden, Delegierte in eine zur Beratung technischer Maßnahmen eingesetzte Kommission zu entsenden, die eine „Hebung der Lage der Segelschiffahrt“ herbeiführen könnten. Der Vorstand hat diesem Ansuchen entsprochen und für diese Kommission die Herren

Professor Laas, Charlottenburg,
Oberingenieur v. Bülow, Gr.-Lichterfelde,
Korv.-Kapitän a. D. Arenhold, Kiel

in Vorschlag gebracht. Die genannten Herren haben sich mit der Wahl einverstanden erklärt, so daß, nachdem auch der deutsche Nautische Verein einen Delegierten ernannt hat, mit den Beratungen begonnen werden kann.

Die Kommission zur Feststellung der neuen polizeilichen Bestimmungen

AN

DEN VORSTAND
DER SCHIFFBAUTECHNISCHEN
GESELLSCHAFT,
BERLIN.

Die Schwedischen Theilnehmer der Mannheimer Sommerversammlung der Schiffbautechnischen Gesellschaft sowie alle die schwedischen Herren und Damen, die an diese Versammlung als Gäste eingeladen wurden, bitten hierbei durch den geehrten Vorstand ihren ehrbietigen und herzlichen Dank an die Mitglieder der Gesellschaft zu überbringen.

Der grossartige und liebenswürdige Empfang, der uns während die schönen Tage in Mannheim, am Rhein und in der Pfalz zu Theil geworden ist, wird uns stets eine der schönsten unserer Erinnerungen bleiben.

Mit unseren besten Grüssen und lebhaften Wünschen für das Gedeihen der Schiffbautechnischen Gesellschaft und die damit innig verknüpfte Blüthe der deutschen Schiffbaukunst verbleiben wir

ergebenst

Oscar Montelius

H. G. Hammar

A. Isakson F. H. Kockum

C. A. Lindvall

1907.

für den Bau von Dampfkesseln, an welcher der Vorsitzende, Herr Geheimrat Busley, als Mitglied beteiligt ist, hat ihre Arbeiten weiter gefördert.

Herr Geheimrat Busley berichtet hierüber wie folgt:

In einer vom 10. bis 12. Dezember 1906 im Reichsamt des Innern stattfindenden Verhandlung ist seitens der bis dahin tätig gewesenen allgemeinen Kommission unter Zustimmung der Regierungsvertreter beschlossen, eine deutsche Dampfkessel-Normenkommission ins Leben zu rufen. Gleichzeitig stellte man für Land- und Schiffsdampfkessel getrennte Material- und Bauvorschriften auf, welche am 17. und 18. Januar 1907 in Düsseldorf von einem Redaktionsausschuß, dem auch ich angehörte, endgültig festgelegt wurden. Am 16. März 1907 fand in Berlin eine Sitzung statt, in der die Zusammensetzung und die Satzung der Dampfkessel-Normenkommission geregelt wurden, und am 30. November d. J. wird dieselbe zum ersten Male im Reichsamt des Innern tagen, um ihren Vorstand und die Unterausschüsse zu wählen. Von letzteren werden zwei gebildet, einer für Land- und der andere für Schiffsdampfkessel. In den Ausschuß für Schiffsdampfkessel stellt auch unsere Gesellschaft einen Vertreter, wozu vom Vorstande Herr Oberingenieur K. Rosenberg von der Tecklenborgwerft in Geestemünde erwählt worden ist. Im übrigen stellt sich der Schiffskesselausschuß aus den Vertretern folgender Vereine, bezw. Körperschaften zusammen:

1. Seeschiffwerften: Herr Geh. Reg.-Rat Prof. Busley, Berlin,
2. Flußschiffwerften: Herr Kommerzienrat Sachsenberg, Roßlau (Elbe),
3. Seeschiffreedereien: Herr Prof. Dieckhoff, Hamburg,
4. Flußschiffreedereien: Herr Oberingenieur Gierth, Dresden,
5. Germanischer Lloyd: Herr Direktor Prof. Pagel, Berlin und
6. unser Gesellschaft.

Es ist zu hoffen, daß durch die Schaffung der Normenkommission und die mit Zustimmung der Vertreter von Wissenschaft und Praxis aufgestellten Material- und Bauvorschriften für Dampfkessel den Wünschen unserer hieran interessierten Mitglieder in weitgehender Weise Rechnung getragen ist.

Das vom Verein Deutscher Ingenieure in Bearbeitung genommene Technolexikon wird leider nicht erscheinen. Herr Geheimrat Dr. Peters als Direktor des genannten Vereins teilt in der Angelegenheit folgendes mit:

Berlin (N. W.), Charlottenstr. 43.

Mitte Oktober 1907.

Der „Verein Deutscher Ingenieure“ hat beschlossen, seine Arbeit am Technolexikon einzustellen, weil das Werk sich als über alles Erwarten umfangreich herausgestellt hat, und weil die Kosten, die erforderlich sein würden, um es in der vorgesehenen Zeit zu vollenden, die dem Verein für diesen Zweck zur Verfügung stehenden Geldmittel überschreiten.

Alle Briefe und Zusendungen, die das Technolexikon betreffen, sind nunmehr an den unterzeichneten Verein Deutscher Ingenieure zu richten; Adresse: Berlin (N. W. 7), Charlottenstraße 43.

Für die Förderung, die Sie dem Technolexikonunternehmen in so freundlicher Weise haben angedeihen lassen, sagen wir Ihnen wiederholt unseren verbindlichsten Dank.

Hochachtungsvoll
Verein Deutscher Ingenieure:
i. A.:
Der Direktor
Th. Peters.

Kundgebung des Allerhöchsten Protektors:

Seiner Majestät dem Kaiser und Könige wurde wie alljährlich das Jahrbuch der Schiffbautechnischen Gesellschaft zum Geburtstage nebst einem Glückwunschschreiben durch gnädige Vermittlung Seiner Königlichen Hoheit des Ehrenvorsitzenden überreicht. Seine Majestät geruhte Allerhöchst seinen Dank in nachstehendem Schreiben kund zu tun:

An
Seine Königliche Hoheit
den Großherzog Friedrich August von Oldenburg.
Oldenburg.

Die freundlichen Glückwünsche der Schiffbautechnischen Gesellschaft zu Meinem Geburtstage, sowie das neuste Jahrbuch der Gesellschaft habe Ich mit Freuden entgegengenommen. Euerer Königlichen Hoheit spreche Ich Meinen wärmsten Dank für diese Aufmerksamkeit aus und bitte, denselben auch der Gesellschaft gütigst zu übermitteln.

gez. Wilhelm
I. R.

Ehrenmitgliedschaft Seiner Königlichen Hoheit des Großherzogs von Baden.

Wie bereits am Anfang dieses Berichtes erwähnt, hatte Seine Königliche Hoheit der Großherzog Friedrich von Baden die Gnade, die Höchstihm vom Vorstande angetragene Ehrenmitgliedschaft der Schiffbautechnischen Gesellschaft mit folgendem Schreiben anzunehmen:

Wertgeschätzter Herr Geheimer Regierungsrat Professor Busley! Die Schiffbautechnische Gesellschaft hat mir auf ihrer diesjährigen Sommertagung in Mannheim die große Ehre erwiesen, mich zum Ehrenmitglied der Gesellschaft zu ernennen, worüber mir eine kunstvoll gefertigte Widmungsurkunde zugefertigt worden ist. Ich danke der Gesellschaft von Herzen für diese Gabe und für die werte Gesinnung, die mir damit entgegengebracht wurde. Es war mir besonders schmerzlich, der Tagung in Mannheim nicht anwohnen zu können, und es würde mir sehr erwünscht gewesen sein, meinen Dank den Herren persönlich aussprechen zu können. Indem ich Sie ersuche, der Schiffbautechnischen Gesellschaft dies mitzuteilen, bitte ich Sie zugleich, der Vermittler meiner treuesten Wünsche für die Gesellschaft zu sein, der ich mich freue, nunmehr anzugehören, und von der ich überzeugt bin, daß sie ihren hohen und für das Wohl des Vaterlandes so bedeutsamen Aufgaben stets in vollem Maße gerecht werden wird.

Karlsruhe, den 21. Mai 1907.

Ihr
ergebener
gez. Friedrich Großherzog v. Baden.

An
den Vorsitzenden der Schiffbautechnischen Gesellschaft
Herrn Geheimen Regierungsrat und Professor Busley
in Berlin N.W.
Schumannstr. 2.

Gedenktage:

Im laufenden Geschäftsjahre feierten das Jubiläum ihres 60jährigen bezw. 50jährigen Bestehens:

1. Die Hamburg-Amerika Linie zu Hamburg,
2. die Stettiner Maschinenbau-Akt.-Ges. Vulcan zu Bredow a/O.,
3. der Norddeutsche Lloyd zu Bremen.

Außerdem beging Herr M. Walter, Direktor des Norddeutschen Lloyd, seine 25jährige Jubelfeier als technischer Beamter dieser Gesellschaft.

Aus Anlaß dieser Gedenktage wurden den Jubilaren durch den Vorstand die Glückwünsche der Schiffbautechnischen Gesellschaft telegraphisch übermittelt.

Zuwendung:

Der Norddeutsche Lloyd schenkte unserer Bibliothek die Festschrift, welche er aus Anlaß seines 50jährigen Bestehens herausgegeben hat. Dem freundlichen Spender sei für die wertvolle Gabe an dieser Stelle nochmals unser wärmster Dank ausgesprochen.

Personalien.

Mit Ablauf des Geschäftsjahres 1907 legte der bisherige Geschäftsführer, Herr Schiffbauingenieur H. Seidler sein Amt nieder, welches er vier Monate nach Begründung der Gesellschaft angetreten hatte.

VI. Bericht über die Sommerversammlung der Schiffbautechnischen Gesellschaft

zu Mannheim, 15. bis 18. Mai 1907.

In der geschäftlichen Sitzung der 8. Hauptversammlung am 23. November 1906 überbrachte der Oberbürgermeister von Mannheim, Herr Beck, der Schiffbautechnischen Gesellschaft eine Einladung der Stadt zur Abhaltung einer Sommerversammlung im Jahre 1907.

Der Vorsitzende gab der Versammlung einen Überblick über das in Frage kommende Programm, welches eine erfolgreiche Tagung versprach, und so wurde das liebenswürdige Anerbieten der Stadt Mannheim gern angenommen.

Der Sommerausflug der Gesellschaft an den Rhein bot gleichzeitig erwünschte Gelegenheit, den glänzenden Empfang unserer Gesellschaft in Stockholm aus dem Jahre 1904 wett zu machen, und deshalb beschloß die Versammlung die Einladung unserer schwedischen Gastgeber, wozu dem Vorstande ein Kredit von 5000 M. bewilligt wurde. Als Zeitpunkt für die Sommerversammlung wurde die Pfingstwoche bestimmt und dem Vorstande anheimgegeben, alles weitere in die Wege zu leiten.

Leider gingen die Meldungen für die vom 15. bis 18. Mai anberaumte Tagung nicht in dem erhofften Umfange ein, wozu das sehr ungünstige und unzuverlässige Frühjahrswetter nicht wenig beigetragen haben mag. Immerhin aber kamen doch über 300 Damen und Herren einschließlich der Gäste in Mannheim zusammen, um am Abend des 14. Mai sich zu einem glänzenden Begrüßungsabende zu vereinen, der von der Stadtverwaltung von Mannheim in den prächtigen Räumen des Rosengartens dargeboten wurde. Zündende Begrüßungsreden und vollendete Gesangsvorträge der Mannheimer Liedertafel erzeugten eine angeregte Stimmung und freudige Erwartung für die kommenden Tage.

Der erste Versammlungstag war Mittwoch, der 15. Mai. Die Tagung wurde im Musensaale des Rosengartens in Gegenwart Seiner Großherzoglichen Hoheit des Prinzen Max von Baden eröffnet, welcher in Vertretung des Großherzogs von Baden erschien, Höchstdessen zugesagte persönliche Anwesenheit in Rücksicht auf seinen Gesundheitszustand leider nicht möglich war.

Der Vorsitzende, Herr Geh. Reg.-Rat und Professor Busley, eröffnete die Sitzung mit folgender Rede:

Euere Großherzogliche Hoheit! Meine Damen und Herren! Im Auftrage unseres gnädigen Ehrenvorsitzenden, Seiner Königlichen Hoheit des Großherzogs von Oldenburg, der es lebhaft bedauert, heute hier nicht anwesend sein zu können, eröffne ich hiermit die Sommerversammlung der Schiffbautechnischen Gesellschaft.

Euerer Großherzoglichen Hoheit danke ich zunächst für Höchstihr Erscheinen als Vertreter Seiner Königlichen Hoheit des Großherzogs von Baden. Der Schiffbautechnischen Gesellschaft ist damit eine hohe Ehre zuteil geworden, die wir in hohem Maße zu würdigen wissen. Seine Königliche Hoheit der Großherzog genießt nicht nur in seinem Lande Baden eine unbegrenzte Liebe als ein milder und gerechter Herrscher und als ein wahrer Vater seiner Landeskinder, sondern auch in allen übrigen deutschen Gauen preist man ihn als den weisen und klugen Ratgeber im Kreise unserer Fürsten und überall, wo deutsche Männer in hellodernder Vaterlandsliebe ihrer Führer gedenken und wo deutsche Herzen in unauslöschlicher Dankbarkeit ihren Wohltätern entgegenschlagen, da wird der Name Großherzog Friedrich von Baden immer in erster Linie genannt.

Auch die deutschen Schiffbauer und Reeder haben den Wunsch gehabt, Seiner Königlichen Hoheit ein Zeichen der Dankbarkeit zu Füßen legen zu dürfen für die lebhafte Unterstützung und stete Förderung, die er ihren Interessen hat zuteil werden lassen, wovon die verkehrsreichen Häfen Mannheims den deutlichsten Beweis abgeben.

Der Jubel unter unseren Mitgliedern war groß, als wir die Nachricht erhielten, daß Seine Königliche Hoheit die Gnade gehabt habe, die Ehrenmitgliedschaft der Schiffbautechnischen Gesellschaft anzunehmen. Im Auftrage unseres gnädigen Ehrenvorsitzenden und im Namen des Vorstandes sowie der Mitglieder der Schiffbautechnischen Gesellschaft habe ich die hohe Ehre, Euere Großherzogliche Hoheit untertänigst zu bitten, das hier aufgestellte Ehrendiplom Seiner Königlichen Hoheit gnädigst übermitteln zu wollen.

Euere Großherzogliche Hoheit! Meine Damen und Herren! Ich begrüße im Namen der Schiffbautechnischen Gesellschaft die hier erschienenen Vertreter der Großherzoglichen Staatsregierung, die Herren Vertreter der Armee und Marine und die Herren Professoren der altberühmten technischen Hochschule in Karlsruhe. Ganz besonders drängt es mich, unseren schwedischen Fachgenossen und Freunden, die uns vor drei Jahren einen so außerordentlich großartigen Empfang in Stockholm bereiteten, ein herzliches Willkommen zuzurufen. Der Stadtverwaltung, den Stadträten, Stadtverordneten und Bürgern Mannheims spreche ich unseren verbindlichsten Dank aus für den liebenswürdigen Empfang, den wir gestern abend hier gehabt haben und für die große Gastlichkeit, die uns in den nächsten Tagen noch geboten werden soll.

Euere Großherzogliche Hoheit! Meine Damen und Herren! Es ist leider zu wenig bekannt geblieben, daß zu einer Zeit, wo der deutsche Handel auf einem kritischen Wendepunkt angelangt war, süddeutsche Handelshäuser befruchtend auf ihn einwirkten. Während des ganzen Mittelalters bewegte sich der Handel von Indien und überhaupt vom ganzen Orient fast ausschließlich über die Levante und Venedig nach Süddeutschland und erst von Süddeutschland aus zu den norddeutschen Hanseaten, die ihn dann besonders nach Osten und nach Norden weiter verpflanzten. Durch die gewaltigen Länderentdeckungen der Portugiesen im 15. Jahrhundert und die noch umfangreicheren der Spanier an der Wende des 15. und 16. Jahrhunderts verödeten die bisherigen Handelsstraßen, weil man nun den billigeren und bequemeren Seeweg wählte. Zu jener Zeit lag die alte deutsche Hansa schon in den letzten Zügen und konnte sich nicht mehr den neuen Verhältnissen tatkräftig anpassen. Da waren es zwei süddeutsche Handelshäuser, die Fugger und die Welser, die den deutschen Seehandel und die deutsche Seeschiffahrt in neue Bahnen lenkten. Während die Fugger in Holland Schiffe erwarben, womit sie den Handel mit Ostindien pflegten, rüsteten die Welser in Spanien Schiffe aus und gingen damit nach Westindien, wo sie ihre Kolonie Venezuela gründeten. In den kommenden Jahrhunderten der Stürme, der Zerstörung und der Verwüstung, denen die westlichen Striche Süddeutschlands und besonders die schöne Pfalz unterworfen waren, hat sich der alte süddeutsche Handelsgeist mit einer Zähigkeit erhalten, die nur durch seine kühne Unternehmungslust übertroffen wird. Es klingt schier märchenhaft, daß im Jahre 1906 in den Mannheimer Häfen 35 205 Flußfahrzeuge angekommen und abgegangen sind, während in dem größten Seehafen des europäischen Kontinents, in Hamburg, 31 568 Seeschiffe ein- und ausliefen. Die Zahl der Fahrzeuge, die Mannheim berührten, war daher um 3637 größer, als die Zahl der Seeschiffe Hamburgs. Natürlich kann man die Tonnenzahl der Ladung der Seeschiffe nicht mit derjenigen der Flußfahrzeuge vergleichen, denn hinter den Seeschiffen Hamburgs liegt der weite Ozean, während die Flußfahrzeuge Mannheims an die engen und begrenzten Verhältnisse des Rheines und Neckars gebunden sind. Aber trotz dieser engen Verhältnisse hat sich in und um Mannheim eine hochbedeutende Industrie entwickelt, eine Industrie, deren Träger z. T. Weltruf besitzen, von der wir uns freuen, heute noch einzelne ihrer Betriebe bewundern zu können.

Ein hochentwickeltes Hinterland ist bis jetzt stets die Nährmutter für den Seehandel und die Seeschiffahrt gewesen, auf diesen beruht wieder der Schiffbau. Die hochverehrten Anwesenden werden mir daher glauben, daß der Wunsch der Schiffbautechnischen Gesellschaft aufrichtig gemeint ist: der Handel und die Industrie Mannheims mögen sich in der Folgezeit noch immer glänzender entfalten unter der segensreichen Regierung ihres allverehrten und ehrfurchtgebietenden Großherzogs.

Seine Großherzogliche Hoheit Prinz Max von Baden beantwortete hierauf die Rede des Vorsitzenden durch nachstehende mit dem lebhaftesten Beifall aufgenommene gnädige Ansprache:

Verehrter Herr Geheimer Regierungsrat! Meine Damen und Herren! Im Namen Seiner Königlichen Hoheit des Großherzogs danke ich Ihnen herzlichst für die freundlichen und liebenswürdigen Begrüßungsworte, welche Sie an mich als den Vertreter Seiner Königlichen Hoheit des Großherzogs gerichtet haben. In erster Linie habe ich den Auftrag, dem Bedauern Seiner Königlichen Hoheit des Großherzogs Ausdruck zu geben dafür, daß Seine Königliche Hoheit verhindert ist, der heutigen Sitzung beizuwohnen, wie es so sehr sein Wunsch gewesen wäre. Seine Königliche Hoheit, der Großherzog entbietet Ihrer Versammlung Seinen landesherrlichen Gruß und spricht Seinen Dank dafür aus, daß er hierzu eingeladen worden ist. Gern wäre Seine Königliche Hoheit selbst hierher gekommen, da er den Bestrebungen der Schiffbautechnischen Gesellschaft lebhaftes und warmes Interesse entgegenbringt. Aus diesem Grunde freute sich auch Seine Königliche Hoheit sehr über das Anerbieten der Schiffbautechnischen Gesellschaft, ihn zum Ehrenmitgliede zu ernennen, und er freut sich durch die Annahme dieses Anerbietens öffentlich bekunden zu können, wie hoch er die Arbeit der Gesellschaft einschätzt und deren Bedeutung erkennt. Daß auch bei dieser Tagung, die in diesem Jahre auf badischem Boden in der Hauptstadt Mannheim stattfindet, die Arbeit der Gesellschaft in hohem Maße von Erfolg gekrönt sein möge, das ist der herzliche Wunsch Seiner Königlichen Hoheit des Großherzogs, welchen er durch mich hier ausgesprochen haben möchte.

Nunmehr ergriff der Vertreter der Großherzoglich Badischen Staatsregierung Seine Exzellenz der Herr Minister von Bodmann das Wort:

Großherzogliche Hoheit! Meine Damen und Herren! Namens der Großherzoglichen Regierung beehre ich mich der Schiffbautechnischen Gesellschaft verbindlichst zu danken für die Einladung, welche mir Gelegenheit gibt, Sie hier zu begrüßen. Ich rufe Ihnen ein herzliches Willkommen zu im Badener Lande; das Ihnen entgegenklingt im Maienglanz und im Blütenschmuck; festlich angetan, wie es sich geziemt, beim Empfange so liebwerter Gäste. Ich hoffe, daß Sie hier frohe Tage verleben und freundliche Eindrücke gewinnen werden. Aber als Männer der Arbeit wollen Sie in erster Reihe doch auch hier lehren und lernen, Kenntnisse und Gedanken austauschen und sehen, was auf dem Gebiete der von Ihnen vertretenen Interessen hier in der größten Handelsstadt unseres Landes geleistet worden ist und geleistet wird. Diese von Ihnen vertretenen Interessen werden nicht erschöpfend umschlossen in dem Worte „Schiffbautechnik". Wie das Schiff als Träger der Güter und Menschen die Meere durchfurcht und auf den Flüssen ins Herz des Binnenlandes eindringt, Länder und Völker verbindet und so die Volkswirtschaft und Weltwirtschaft ermöglicht und fördert, so dient auch Ihre Gesellschaft, indem sie Ihre Geistesarbeit der fortschreitenden Vervollkommnung der stets sich steigernden Leistungsfähigkeit der Schiffe widmet, den Gesamtinteressen des Vaterlandes. Wenn Sie von der hohen Warte dieser Gesamtinteressen hier Umschau halten, so werden Sie — das hoffen wir — auch hier manches finden, was auch vor Ihrem Kennerauge bestehen kann: Hafenanlagen, in denen Staat, Gemeinde und Privattätigkeit wetteifert, den Schiffen einen zweckentsprechenden und würdigen Aufenthalt zu gewähren, — ein umsichtiger und unermüdlicher Handel, der stromab und über die Meere, stromaufwärts und auf dem Landwege bis in die entferntesten Winkel der Länder den Austausch der Güter vermittelt, — eine schaffensfreudige und tatkräftige Industrie, welche täglich neue Werte zur Befrachtung der Schiffe erzeugt — und ein Volk von Frische und Spannkraft, ernst bei der Arbeit und froh im Lebensgenusse. Möge so der Gesamteindruck, den Sie von hier mit fortnehmen, ein freundlicher und befriedigender sein. Mögen Sie gerne in unserem schönen Lande weilen und mögen Sie gerne wiederkommen. Das ist der aufrichtige Wunsch, mit dem ich Ihnen nochmals ein herzliches Willkommen in Baden zurufe.

Namens der Stadt Mannheim kam hierauf der Herr Oberbürgermeister Beck zu Worte:

Euere Großherzogliche Hoheit! Meine Damen und Herren! — Die ehrerbietigen Begrüßungsworte des Herrn Vorsitzenden — sie waren, wie ich als Vertreter der Bürgerschaft betonen darf, uns, den hier anwesenden Mannheimern, aus der Seele gesprochen.

Wenn wir auch schmerzlich beklagen, daß die Schonungsbedürfigkeit Seine Königliche Hoheit, unseren geliebtem Landesfürsten vom Besuche des Kongresses und unserer Stadt noch abhält, freuen wir uns doch herzlich, Euere Großherzogliche Hoheit als Hohen Stellvertreter in unserer Mitte begrüßen zu dürfen. Wir sprechen unseren ehrerbietigsten Dank aus und geben der Hoffnung Ausdruck, Euere Großherzogliche Hoheit mit Hoher Gemahlin im Laufe des Sommers noch recht oft an unseren städtischen Festtagen — namentlich in der Festwoche — bewillkommnen zu dürfen.

Meine hochverehrten Damen und Herren! Ihre letzte Sommerversammlung hielten Sie ab in der altehrwürdigen See- und Handelsstadt Danzig — dem Sitze einer uralten, in hoher Blüte befindlichen Schiffsbauindustrie und einer neuen, mit dem Schiffbau in engem Zusammenhange stehenden Technischen Hochschule —, einer Stadt, in der sonach den Mitgliedern Ihrer hochgeschätzten Gesellschaft eine Fülle interessanter Sehenswürdigkeiten und Anregungen sich aufdrängte.

Hier müssen Sie sich bescheiden mit dem wenigen, was eine schlichte Provinzialstadt im Binnenlande zu bieten vermag, hier in Mannheim kann Ihr Interesse gefesselt werden nur durch eines, und zwar eine Errungenschaft erst des letzten halben Jahrhunderts, nämlich durch ein gewaltiges Zentrum des südwestdeutschen Handels und einen der größten Binnenhäfen des europäischen Festlandes. Jedenfalls aber an unserem mächtigen vaterländischen Strome. Mochte man früher die Bedeutung der Binnenschiffahrt vielfach unterschätzt haben, heute hat sich selbst in den mächtigsten Emporien der Seeschiffahrt die Überzeugung durchgerungen, welch' gewaltige Bedeutung auch für den größten Seeplatz die Mündung eines großen schiffbaren Stromes, eine leistungsfähige Binnenwasserstraße besitzt, als Zubringer und Abfahrtsweg für die Befruchtung des Seeverkehrs, für die Erschließung eines ausgedehnten Hinterlandes mit aufnahmefähiger Bevölkerung.

Und so dürfen wir hoffen, daß in der von Ihren ernsten Beratungen nicht beanspruchten Zeit in unserem Binnenhafenplatze sich auch Ihnen manches Sehenswerte bieten wird.

Zahlreichen Kongressen werden wir in diesem Jahre gerne eine gastliche Stätte in unseren Mauern bereiten. Ihre Sommerversammlung ist nicht nur eine der ersten, sondern sie ist auch eine uns besonders sympathische, weil sie nach der beruflichen Qualität ihrer Teilnehmer — der Vertreter des Schiffbaues — so eng und naturwüchsig zusammenhängt mit dem Leben und Treiben, mit dem Arbeiten und Streben und mit der geschäftlichen Bedeutung und den Erfolgen unserer Stadt.

Die Binnenschiffahrt, die sich auf dem Rücken unseres Altvaters Rhein vollzieht und in innigster Berührung und Wechselwirkung mit der Seeschiffahrt steht, sie ist eine der Hauptwurzeln unserer Kraft und Leistungsfähigkeit; die Entwicklung unseres Platzes, das Aufblühen desselben stand stets in unzertrennlicher Wechselbeziehung mit der Schiffahrt. Schritt für Schritt in innigstem Zusammenhange entwickelte sich das eine aus dem anderen. Doch wozu bedarf es der Worte! Eine Fahrt durch die hiesigen Hafenanlagen soll Ihnen besser, als es Worte zu tun vermögen, beweisen, welch bedeutsamer Faktor die Schiffahrt für die kommerzielle und industrielle Stellung Mannheims geworden ist.

In Ihnen begrüßen wir aber auch die Träger und Pioniere des epochemachenden Entwicklungsganges unserer vaterländischen Schiffbauindustrie, die sich aus den bescheidensten Anfängen binnen wenigen Dezennien zu einer staunenswerten Höhe der Leistungsfähigkeit und Produktivität vollzog; in Ihnen begrüßen wir die verdienstvollen Mitarbeiter an der verkehrschaffenden, kulturbefruchtenden und völkerverbindenden Aufgabe der Schiffahrt, begrüßen in Ihnen neue Mitkämpfer für die Stärkung des maritimen Schutzes unserer vielseitigen Handelsinteressen, für die Hebung des Ansehens des deutschen Namens in fernen Landen, um uns bei der immer mehr zur Weltwirtschaft fortschreitenden ökonomischen

Entwicklung der Menschheit den Deutschland gebührenden Anteil auf dem Weltmarkte zu sichern.

Wenn man deshalb irgendwo Ihren Beratungen die gebührende Bedeutung beimißt und Ihren Besuch als ehrenvolle Auszeichnung ansieht, so ist dies in unserer Stadt der Fall.

Ich verbinde mit meiner Begrüßung nur noch den Wunsch, es möge Ihnen in unseren bescheidenen Verhältnissen wohlgefallen und Sie mögen nach der Rückkehr in Ihre Heimat ohne Mißbehagen der in unserer Stadt zugebrachten Tage gedenken.

Nochmals herzlich willkommen!

Für die Großherzoglich Technische Hochschule zu Karlsruhe, deren Lehrkörper vom Vorstande zu den Sitzungen eingeladen war, begrüßte der derzeitige Rektor, Seine Magnifizenz, der Geheime Regierungsrat Professor Dr. Arnold die Schiffbautechnische Gesellschaft mit der nachstehenden Rede:

Hochgeehrte Versammlung! Im Namen der Technischen Hochschule „Fredericiana" zu Karlsruhe habe ich die Ehre der Schiffbautechnischen Gesellschaft einen herzlichen Willkommengruß zu überbringen. Wir freuen uns, daß Sie in dem blühenden Mannheim tagen und damit Gelegenheit haben, sich zu überzeugen, welche aufrichtige Sympathien Ihnen und Ihrem Schaffen hier in der südwestlichen Ecke des Deutschen Reiches entgegengebracht werden. Was an Ihrer Gesellschaft als besonders bedeutsam auffällt, das ist die Jugend und die Kraft. Die Jugend, das erst 8 jährige Bestehen Ihrer Gesellschaft erinnert uns daran, daß vor der Gründung des Reiches bei uns im Schiffbau nur weniges geleistet wurde, und daß trotz großer Fortschritte der folgenden Jahrzehnte noch um das Jahr 1900 herum England auf einer Werft mehr Schiffe baute als ganz Deutschland. Die Kraft und das große Ansehen Ihrer Gesellschaft bezeugt uns nun die erfreuliche Tatsache, daß sich der deutsche Schiffbau von dem überlegenen englischen unabhängig gemacht hat, nnd daß seine großen, in kurzer Zeit erreichten Leistungen, als in allen Teilen auf der Höhe der Zeit stehend, volle Bewunderung verdienen.

Das heiß umstrittene blaue Band des Atlantischen Ozeans ist seit vielen Jahren an die deutsche Flagge geheftet, und der deutsche Schiffbau hat sich die Anerkennung der ganzen Welt erobert. Das wiegt um so schwerer, als man sagen darf, daß das ganze große umfassende Wissen und Können der Technik sich im Schiffbau vereinigen muß, um Brauchbares zu gestalten. Nur die besten und schwierigsten Leistungen der Eisenindustrie, des Maschinenbaues, der Elektrotechnik, der Kriegstechnik und zahlreicher anderer technischen Zweige sind imstande, den hohen Anforderungen zu genügen, die an das Material, die Ausnützung des Raumes, die Sicherheit und Zweckmäßigkeit einer jeden Maschine und eines jeden Apparates, sowie an den Beobachtungs- und Nachrichtendienst gestellt werden, damit das ganze gewaltige Bauwerk dem Willen eines einzelnen gehorcht, um als friedliches Werkzeug unseres Handels und unserer Industrie die Meere zu kreuzen oder, wenn es nottut, mit seinem Stahlkörper und seinen Stahlrohren dem Schutze unserer nationalen Güter zu dienen. Unsere technischen Hochschulen haben durch die Pflege und Förderung der technischen Wissenschaften und die Heranbildung der Ingenieure gewiß einen redlichen Anteil an der Entwicklung des deutschen Schiffbaues sich erworben, aber wir müssen es dankbar anerkennen, daß die technischen Hochschulen mehr zurückempfangen haben, als sie gaben, und hierin sind die technischen Hochschulen der Schiffbautechnischen Gesellschaft, die sich die Förderung der Schiffbautechnik sowohl in wissenschaftlicher als praktischer Richtung zur Aufgabe gemacht hat, zu besonderem Danke verpflichtet. Die Bestrebungen und die großen Ziele Ihrer Gesellschaft ruhen auf zwei uns alle mit Stolz erfüllenden Tatsachen: der deutschen Macht und der deutschen Leistungsfähigkeit der deutschen Technik.

Unser Wunsch geht dahin, daß es Ihnen vergönnt sei, für die Mehrung der deutschen Macht und für die Erhöhung der deutschen Wissenschaftlichkeit und Leistungsfähigkeit der Technik dauernd erfolgreich tätig zu sein.

Unter freudiger Zustimmung der versammelten Damen und Herren wurde nach Schluß dieser offiziellen Begrüßungen vom Vorsitzenden die Versendung folgender Huldigungstelegramme in Vorschlag gebracht:

An
des Kaisers und Königs Majestät
Wiesbaden.

Die zur Sommerversammlung in Mannheim mit ihren schwedischen Fachgenossen vereinten Mitglieder der Schiffbautechnischen Gesellschaft huldigen Eurer Majestät als dem kraftvollen Förderer ihrer Bestrebungen und dem bewährten Hüter des allgemeinen Friedens.

gez. Busley. gez. Prof. Montelius.

Seiner Majestät König Oskar von Schweden
Stockholm.

Die zu einer Sommerversammlung der Schiffbautechnischen Gesellschaft in Mannheim zusammengetretenen schwedischen und deutschen Schiffbauer und Reeder huldigen Eurer Majestät als dem allverehrten Herrscher des schönen Landes, in welchem ihnen vor drei Jahren eine so großartige Tagung bereitet wurde.

gez. Herslöw, Montelius, Busley.

Seiner Königlichen Hoheit Großherzog von Baden
Karlsruhe.

Die in Mannheim auf der Sommerversammlung der Schiffbautechnischen Gesellschaft vereinten schwedischen und deutschen Schiffbauer und Reeder entbieten Eurer Königlichen Hoheit ehrerbietigste Huldigung. Sie bedauern lebhaft, daß es ihrem erlauchten Ehrenmitgliede nicht möglich war, der Tagung beizuwohnen.

gez. Busley.

Seiner Königlichen Hoheit Großherzog von Oldenburg
Oldenburg.

Die mit ihren schwedischen Freunden in Mannheim versammelten Mitglieder der Schiffbautechnischen Gesellschaft gedenken lebhaft der schönen Tage, als sie unter Eurer Königlichen Hoheit Führung vor drei Jahren die heimatlichen Gestade verließen, und hoffen lebhaft Höchstdieselben in gewohnter Frische zur Hauptversammlung wieder an ihrer Spitze zu sehen.

gez. Busley.

In die Erledigung der Tagesordnung eintretend, erteilte der Vorsitzende dem Stadtbaurat von Mannheim, Herrn Eisenlohr, das Wort zu seinem Vortrage:

„Entstehung, Bau und Bedeutung der Mannheimer Hafenanlagen.“

Der fesselnde und hochinteressante Vortrag bereitete die Zuhörer in eingehender Weise für die für den folgenden Tag angesetzte Besichtigung der Hafenanlagen vor. Reicher Beifall lohnte dem Redner für seine klaren und übersichtlichen Ausführungen, an welche sich eine Diskussion nicht anschloß. Auch Seine Großherzogliche Hoheit Prinz Max von Baden ehrte den Redner durch anerkennende Worte und verabschiedete sich hierauf von dem Vorstande und der Gesellschaft, nicht ohne noch das ausgestellte Diplom der Ehrenmitgliedschaft Seiner Königlichen Hoheit des Großherzogs von Baden näher in Augenschein zu nehmen.

Als zweiter Redner des Tages trat der Generalsekretär, Herr Syndikus a. D. Egon Ragoczy auf. Er behandelte das Thema:

„Seeschiffahrt, Binnenschiffahrt und Schiffbau in Rußland“ (in besonderer Rücksicht auf die Beziehungen zu Deutschland).

Mit außerordentlichem Fleiße war von dem Redner ein überaus reichhaltiges Material gesammelt und bearbeitet worden, was die Versammlung durch gespannte Aufmerksamkeit und am Schlusse des Vortrages durch rauschenden Beifall anerkannte.

In der Besprechung des Themas teilt Herr Direktor Blümcke (Mannheim) noch mehrere wissenswerte Tatsachen aus seiner Praxis mit, welche mit den Ausführungen des Redners in Verbindung standen.

Der Nachmittag des ersten Tages war der Besichtigung technischer Werke in Mannheim und Umgebung gewidmet. Gruppenweise wurden besucht:

1. Der Silospeicher, die Rheinmühlen und die Brikettfabrik,
2. die Eisengießerei, Lokomobil- und Landwirtschaftliche Maschinenfabrik von Heinrich Lanz,
3. die Fabrik elektrischer Maschinen, Apparate und Dampfturbinen von Brown, Boveri & Co., A.-G.,
4. die Fabrik für Hebezeuge, Krane, Materialprüfungsmaschinen, Wagen usw. von Mohr & Federhaff.

Überall fanden die Besucher die liebenswürdigste Aufnahme und das bereitwilligste Entgegenkommen.

Die Damen der Gesellschaft hatten vormittags, nachdem sie der Eröffnung der Versammlung beigewohnt hatten, die Sehenswürdigkeiten der Stadt besichtigt. Während des Nachmittags unternahmen sie einen Ausflug nach dem berühmten und eben in voller Frühlingspracht befindlichen Schloßgarten von Schwetzingen.

Den Schluß des ersten Tages bildete das offizielle Festessen der Schiffbautechnischen Gesellschaft, zu welchem die Spitzen der Militär- und Zivilbehörden, sowie der Stadt eingeladen waren, und welche in den prächtigen Räumen des städtischen Rosengartens einen glänzenden und allgemein befriedigenden Verlauf nahm.

Den zweiten Sitzungstag eröffnete der Vorsitzende, Herr Geheimrat Busley, indem er den zahlreich erschienenen Mitgliedern und Gästen die auf die Huldigungstelegramme eingegangenen Antworten bekannt gab. Die vier Telegramme hatten folgenden Wortlaut:

Herrn Geheimen Regierungsrat Busley
Mannheim.
Wiesbaden-Schloß.

Seine Majestät der Kaiser und König lassen der dortigen Versammlung der Schiffbautechnischen Gesellschaft für den freundlichen Gruß vielmals danken.

Auf Allerhöchsten Befehl
der Geheime Kabinettsrat
von Lucanus.

Herslow. Sommerversammlung der Schiffbautechnischen Gesellschaft, Mannheim.
Stockholm.

Sende der Gesellschaft meinen herzlichen Dank und meine besten Wünsche für den Erfolg der heutigen Zusammenkunft.
Oskar.

An
den Herrn Landeskommissär
in Mannheim

Ich erhielt ein Telegramm von einem Herrn der Schiffbautechnischen Gesellschaft mit freundlichen Grüßen. Der Name war aber undeutlich abgedruckt, und so konnte ich keine Adresse schreiben. Ich ersuche Sie, der Versammlung meinen herzlichen Dank zu sagen und meine treuen Wünsche für das fernere Wohlergehen der Gesellschaft.

Friedrich, Großherzog.

Geheimrat Busley
Mannheim.

Mit vielem Dank für die mir gesandten Grüße erwidere ich dieselben herzlichst, lebhaft bedauernd, meiner Pflicht nicht nachkommen zu können.

Friedrich August.

Die Verhandlungen begannen hierauf mit dem Vortrage des Herrn Schiffbau-Ingenieurs H. G. Hammar aus Göteborg, welcher:

„Die einheitliche Behandlung von Schiffsberechnungen zur Vereinfachung der Konstruktion“

zum Gegenstande hatte. Der Redner behandelte in eingehender Weise die Resultate seiner langjährigen Erfahrungen als Konstrukteur und fesselte durch seine sehr dankenswerten Vorschläge die volle Aufmerkamkeit aller Fachgenossen. In der angeregten Erörterung, die sich an seine Ausführungen anschloß, sprachen die Herren: Mason S. Chace-Philadelphia (in englischer Sprache), Geheimer Oberbaurat Rudloff-Berlin und Schiffbau-Ingenieur Isakson-Stockholm. Herr Hammar antwortete hierauf in einem kurzen Schlußwort.

Als zweiten Redner des Tages nannte die Tagesordnung Herrn Ingenieur E. Wiß-Griesheim.

Herr Wiß lenkte die Aufmerksamkeit seiner Zuhörer auf ein für Schiff- und Schiffsmaschinenbauer sehr wichtiges und interessantes Gebiet, er erläuterte:

„Das autogene Schweißen und das autogene Schneiden mit Wasserstoff und Sauerstoff.“

An seinen mit lebhaftem Beifall aufgenommenen Vortrag schlossen sich experimentelle Vorführungen. Diese hochinteressanten Versuche, welche auf das beste gelangen, bewiesen der Versammlung die weitgehende praktische Verwendbarkeit der in dem Vortrage behandelten Verfahren und trugen Herrn Wiß lebhaften Beifall und aufrichtigen Dank der Gesellschaft ein. Eine Diskussion des Themas konnte unterbleiben, weil Herr Wiß bereits während seiner Versuche Aufklärungen und Erläuterungen, welche von einigen Seiten gewünscht wurden, persönlich gegeben hatte.

Mit dem Vortrage des Herrn Wiß war der offizielle Teil der Sommer-Versammlung erledigt. Der Vorsitzende schloß dementsprechend die Sitzung, indem er allen, an dem Zustandekommen der so glänzend verlaufenden Tagung Beteiligten wiederholt herzlich dankte und den Anwesenden die besten Wünsche für die noch folgenden inoffiziellen beiden Tage aussprach.

Für den Nachmittag des zweiten Versammlungstages war eine Rundfahrt durch die Mannheimer Hafenanlagen angesetzt. Die Gesellschaft war hierzu von der Kölnischen und Düsseldorfer Dampfschiffahrts-Gesellschaft, den in Mannheim ansässigen Reedereien, dem Mannheimer Kohlenkontor und der Mannheimer Schiffs- und Maschinenbau-Gesellschaft eingeladen worden. Der festlich geflaggte Salondampfer „Rheingold" führte die Teilnehmer durch die imposanten Hafenanlagen, welche allerseits lebhafte Bewunderung erregten, und bei bester Verpflegung entwickelte sich unter den Passagieren bald eine fröhliche und angeregte Stimmung. Den Tag beschloß eine Zusammenkunft in der Ausstellung, woselbst von der Ausstellungsleitung ein Feuerwerk veranstaltet war. Der Abend endete mit einem Balle, der von der Schiffbautechnischen Gesellschaft im Nibelungensaale des Rosengartens gegeben wurde. Den zahlreich ergangenen Einladungen an das Offizierkorps und die Spitzen der Mannheimer Bürgerschaft entsprach eine lebhafte Beteiligung. Mitternacht war schon lange vorüber, als sich die letzten Tanzlustigen auf den Heimweg begaben.

Der Vormittag des dritten Tages der Sommerversammlung war der Ruhe gewidmet. Erst gegen Mittag fanden sich die Mitglieder in der Ausstellung zum Besuche der Kunsthalle zusammen.

Für den Nachmittag war ein Besuch der bayerischen Pfalz angesetzt. Ein Extrazug führte die Gesellschaft nach Bad Dürkheim, von wo zu Fuß nach der benachbarten Ruine Limburg gewandert wurde. Nachdem hier der Kaffee eingenommen war, ging der Marsch nach Dürkheim zurück, wo die Gesellschaft der liebenswürdigen Einladung des Winzervereins vom Bezirke Dürkheim zu einer Weinprobe im Kurgarten folgte. Dank der vorzüglich getroffenen Vorbereitungen und den dargebotenen ausgezeichneten Weinen gestaltete sich der Abend, trotz der nicht besonders maimäßigen Temperatur, zu einer sehr gelungenen Veranstaltung. Erst in vorgerückter Abendstunde führte der Extrazug die in beste Stimmung geratenen Fahrtteilnehmer nach Mannheim zurück.

Der letzte Tag der Mannheimer Sommerversammlung wies ein noch besonders reichhaltiges Programm auf. Am Vormittage wurde auf dem Dampfer „Rheingold“ ein Ausflug nach der alten Kaiserstadt Worms unternommen. Hier erfolgte die Besichtigung des Paulusmuseums und der sonstigen zahlreichen Sehenswürdigkeiten der Stadt. Bei dem Rundgange durch die Stadt ließ sich noch ein Imbiß einschalten, der in sehr liebenswürdiger Weise von dem Inhaber der Sektkellerei „Lug ins Land“, Herrn Herda, dargeboten wurde.

Gegen Mittag trat die von dem Ausfluge höchlichst befriedigte Reisegesellschaft zu Schiffe die Heimfahrt nach Mannheim wieder an.

Den Beschluß der Versammlungstage bildete der für den letzten Nachmittag angesetzte Besuch von Heidelberg. Ein Extrazug führte die Gesellschaft und ihre Gäste nach der alten Neckarstadt. Vom Bahnhofe aus wurde zu Fuß der Weg nach dem Schloß angetreten und dasselbe eingehend besichtigt. Nachdem im Schloßrestaurant kurze Rast gehalten, ging es bei angenehmstem Wetter auf wundervollem Wege neckaraufwärts nach Schlierbach-Ziegelhausen, woselbst das Abendbrot eingenommen wurde. Als es zu dunkeln begann, wurde ein bereit liegendes Neckarboot bestiegen, welches flußabwärts nach Heidelberg trieb, bis angesichts der Schloßruine und der Neckarbrücke geankert wurde. Von diesem günstigen Beobachtungsplatze konnten die Ausflügler die von der Stadt Mannheim dargebotene, einen wunderbaren Anblick gewährende Schloßbeleuchtung, sowie ein prachtvolles Feuerwerk genießen, welches zu Ehren der Gesellschaft als Abschiedsgruß abgebrannt wurde.

Als der Extrazug hierauf die Gesellschaft nach Mannheim zurückführte, waren sich alle Reisenden darüber einig, daß die Sommerversammlung des Jahres 1907 eine ebenso schöne wie glanzvolle Episode und unvergeßliche Reiseerinnerung bleiben würde.

VII. Bericht über die neunte ordentliche Hauptversammlung

in der Aula der Königl. Technischen Hochschule zu Charlottenburg am 25., 26. und 27. November 1907.

Der Termin für die 9. ordentliche Hauptversammlung war auf Wunsch des Allerhöchsten Protektors um einige Tage verschoben und auf den 25. und 26. November gelegt worden. Leider war es Seiner Majestät dem Kaiser und Könige auch an diesen Tagen nicht möglich, der Versammlung beizuwohnen. Die Versammlung hatte aber die Freude, daß der Hohe Ehrenvorsitzende der Gesellschaft, Seine Königliche Hoheit der Großherzog von Oldenburg die Versammlungen Höchstselbst leitete.

Erster Tag.

Zu der Sitzung des ersten Tages hatten sich zur anberaumten Stunde etwa 600 Gesellschaftsmitglieder und zahlreiche geladene Gäste eingefunden, so daß die Aula das befriedigende Bild einer glänzend besuchten Versammlung bot.

Seine Königliche Hoheit der Großherzog von Oldenburg eröffnete die Sitzung um 9 Uhr mit folgender Rede:

Meine Herren! Indem ich die 9. Hauptversammlung der Schiffbautechnischen Gesellschaft hiermit eröffne, begrüße ich die Herren Vertreter der Reichsregierung, der Armee und der Marine, ebenso die fremden Gäste und die übrigen Teilnehmer unserer Versammlung auf das herzlichste.

Zunächst, meine Herren, habe ich die große Freude, Ihnen mitteilen zu können, daß, nachdem der Vorstand beschlossen hatte, Seine Majestät den Kaiser und König um die Gnade zu bitten, unsere goldene Medaille anzunehmen, Seine Majestät als erster, dem sie verliehen wurde, geruht hat, sie allergnädigst anzunehmen.

Meine Herren, hierin liegt eine ganz besondere Anerkennung unseres bisherigen Schaffens von seiten Seiner Majestät und ein neuer Ansporn für uns, auf dem betretenen Wege weiterzuschreiten.

Meine Herren, es ist vom Vorstande beschlossen worden, da wir heute unseren Dank leider nicht mündlich Seiner Majestät zu Füßen legen können, an Seine Majestät folgendes Telegramm zu senden:

An
Seine Majestät den Deutschen Kaiser
Highcliffe-Castle Hants.

Euerer Kaiserlichen und Königlichen Majestät, ihrem Allerhöchsten Protektor, beehrt sich die zu ihrer neunten Hauptversammlung in Berlin vereinigte Schiffbautechnische Gesellschaft ihren alleruntertänigsten Dank zum Ausdruck zu bringen, für die huldvolle Annahme ihrer ersten goldenen Medaille für Verdienste um den deutschen Schiffbau. Möchten Euere Majestät aus dem Heimatlande des modernen Schiffbaues in gewohnter Frische zurückkehren, um auch fernerhin die Entwicklung der vaterländischen Gewerbe mit nie ermüdender Tatkraft und gleichem Erfolge zu fördern.

Friedrich August
Großherzog von Oldenburg.

Meine Herren, unserem Danke wollen wir hier aber doch Ausdruck geben, indem wir einstimmen in den Ruf: Seine Majestät der Kaiser und König, unser Allergnädigster Protektor Hurra! Hurra! Hurra!

Begeistert stimmte die Versammlung in den dreimaligen Ruf ein und nachdem der rauschende Beifall, den die Worte des hohen Ehrenvorsitzenden entfesselt hatten, verklungen war, erhielt das Wort Herr Ingenieur M. H. Bauer-Berlin zu seinem Vortrage:

„Schnellaufende Motorboote“.

Unmittelbar nach den Ausführungen dieses Redners sprach der Direktor der Siemens-Schuckert-Werke, Herr Marinebaumeister a. D. K. Schulthes, über:

„Elektrisch angetriebene Propeller“.

Herr Direktor Schulthes unterstützte seine Rede durch mehrere sehr gelungene Experimente und ebenso, wie der Vorredner, durch zahlreiche Lichtbilder. Da sich beide Vorträge ergänzten, so fand eine gemeinsame Besprechung derselben statt. Die Diskussion war eine sehr angeregte und bewies, welches Interesse die beiden Vorträge erwirkt hatten. Es ergriffen das Wort die Herren: Kommerzienrat Gotth. Sachsenberg, Oberingenieur Techel, Syndikus a. D. Rágóczy, Professor Laas, Ingenieur Meißner, Vize-Admiral v. Ahlefeld, Direktor Lasche und Direktor Blümcke. Auf die Reden dieser Herren antworteten sowohl Herr Bauer, als auch Herr Schulthes in sachlich gehaltenen Schlußworten.

Die Versammlung dankte den Rednern nach ihren Schlußworten wiederholt durch reichen Beifall.

Nach der Frühstückspause trat Herr Marinebaurat Wellenkamp-Kiel auf, um die Versammlung mit einer neuen und vereinfachten Methode der Messung von Modellwiderständen bekannt zu machen. Das Thema lautete:

„Eine neue Modellschleppmethode“.

Die Vorschläge des Redners zur Vereinfachung des bekannten Froudeschen Verfahrens, welches zur Zeit allgemein Anwendung findet, begegnete vielem Beifall. In der sich an den Vortrag schließenden Erörterung sprachen die Herren Marinebaurat Dix, Geheimrat Schwarz und Ingenieur Gebers. Herr Wellenkamp brachte in einem wirkungsvollen Schlußworte seine Ansichten nochmals zur Geltung und fand allseitige Zustimmung.

Den Schluß der Sitzung des ersten Tages bildete die Vorführung des „Navigator“, eines neuen Registrierapparates für Maschinen und Rudermanöver auf Dampfschiffen, welchen der Erfinder Herr Fr. Gloystein aus Bremen selbst besorgte. Die praktischen Apparate erregten allgemeines Interesse und erfreuten sich des Beifalls der anwesenden Seeoffiziere. Gelegentlich des am Abend des ersten Tages stattfindenden Festessens gab Seine Königliche Hoheit, der Ehrenvorsitzende, das inzwischen eingetroffene Anworttelegramm des Allerhöchsten Protektors bekannt, welches wie folgt lautete:

An
Seine Königliche Hoheit den Großherzog von Oldenburg,
Berlin—Charlotttenburg,
Technische Hochschule.

Highcliffe Castle.

Eure Königliche Hoheit bitte ich meinen aufrichtigsten Dank für das soeben erhaltene Telegramm entgegenzunehmen. Gleichzeitig bitte ich Eure Königliche Hoheit, der Schiffbautechnischen Gesellschaft zum Ausdruck zu bringen, wie sehr ich mich über die Zuerkennung der goldenen Medaille gefreut habe, in der ich eine ehrende Würdigung meines Interesses und meines Wollens auf dem Gebiete der Schiffbautechnik erkenne. Es ist mir ein Bedürfnis, bei dieser Gelegenheit auszusprechen, daß ich in der unter Euerer Königlichen Hoheit Leitung stehenden Gesellschaft einen mächtigen Hebel zur Förderung des Schiff- und Maschinenbaues erblicke, und daß ich immer dankbar die mir in den Sitzungen der Gesellschaft zuteil gewordene Anregung empfunden habe. Um so mehr tut es mir leid, diesmal nicht dabei sein zu können. Mit meinem Kaiserlichen Gruß an die Schiffbautechnische Gesellschaft bin ich Eurer Königlichen Hoheit

Wilhelm I. R.

Zweiter Tag.

Laut Tagesordnung wurde, wie üblich, die Sitzung am 2. Tage unter Leitung des Vorsitzenden mit der Erledigung der geschäftlichen Angelegenheiten begonnen, worüber das Protokoll auf Seite 67 Aufschluß gibt.

Nach Beendigung der kurzen geschäftlichen Sitzung und nachdem sich die Gäste und Mitglieder wiederum zahlreich eingefunden hatten, übernahm Seine Königliche Hoheit der Ehrenvorsitzende um 10 Uhr das Präsidium und erteilte Herrn O. Krell, Direktor der Siemens-Schuckert-Werke das Wort. Herr Krell behandelte das für den Kriegsschiffbau sehr wichtige Thema:

„Hydraulische Rücklaufbremsen."

Die Versammlung nahm die sehr klaren und in vollendeter Form vorgetragenen Ausführungen des Redners, welche durch zahlreich eingestreute Lichtbilder auf das beste unterstützt waren, mit gespanntem Interesse auf und ließ es zum Schlusse an lebhaftem Beifall nicht fehlen. In der Diskussion ergriff auch Herr Geheimer Oberbaurat a. D. Rudloff das Wort, worauf Herr Krell in einem Schlußworte erwiderte.

Den zweiten Vortrag des Tages hielt der Direktor der Telefunken-Gesellschaft, Herr Graf von Arco über:

„Fortschritte in der drahtlosen Telephonie."

Die lichtvollen, durch zahlreiche, vorzüglich gelungene Experimente unterstützten Ausführungen des Redners leiteten die Aufmerksamkeit der Versammlung auf ein ebenso neues wie wichtiges Gebiet, und wenn auch die Eigenart des behandelten Themas es mit sich brachte, daß sich keiner der Anwesenden zur Diskussion meldete, so bewies doch der rauschende Beifall am Schlusse des Vortrages, daß die Zuhörer dem Redner mit dem größten Interesse gefolgt waren.

Den dritten Vortrag hielt nun Herr Geheimer Regierungsrat Professor Osw. Flamm. Er führte vor:

„Kinematische Aufnahmen von Versuchen mit Schiffsschrauben-Modellen."

Der auf vielen mühevollen, persönlich angestellten Versuchen aufgebaute Vortrag erntete reichen Beifall. Namentlich die Vorführung der kinematographischen Versuchsaufnahmen fanden allseitiges Interesse, da sie geeignet sind, Licht in die noch recht wenig bekannten inneren Vorgänge der Propellerwirkung zu bringen. An der Erörterung beteiligten sich Herr Professor Schütte und Herr Dr. Rud. Wagner.

Nach der nun folgenden Frühstückspause sprach Herr Zivilingenieur L. Benjamin-Hamburg über:

„Das Kentern der Schiffe beim Zuwasserlassen."

Infolge des Unglücks des beim Stapellaufe des Dampfers „Principessa Jolanda" in Genua erregte der Vortrag weitgehendes Interesse, welches durch die klaren Ausführungen des Redners voll befriedigt wurde. Es beteiligten sich fünf Herren an der sehr lebhaften Diskussion: Oberingenieur Techel, Geheimrat Schwarz, Geheimer Oberbaurat Rudloff, Admiral Thiele und Oberingenieur Claussen. Herr Benjamin antwortete in einem längeren Schlußwort.

Den Schluß der Sitzung bildete die Vorführung eines elektrisch angetriebenen Handbohr- und Nietstemmapparates durch den Erfinder Herrn E. Burckhardt-Mannheim. Die Inbetriebsetzung fand im Maschinenlaboratorium der Hochschule statt und machte die zahlreichen Interessenten mit einer neuen, recht brauchbaren Werkzeugmaschine bekannt.

Dritter Tag.

Das Ziel des technischen Ausfluges war in diesem Jahre Nauen. Im Anschlusse an den Vortrag des Herrn Grafen v. Arco am vorhergehenden Tage folgten am Mittwoch, den 27. November zahlreiche Gesellschaftsmitglieder mit ihren Damen der liebenswürdigen Einladung der Gesellschaft für drahtlose Telegraphie zur Besichtigung der Telefunkenstation in der Nähe der vorgenannten Stadt. Ein Extrazug führte die Gesellschaft von Berlin nach Nauen, von wo mit Wagen zu dem etwa 4 km entfernten Turme gefahren wurde, welcher das Drahtnetzwerk trägt.

Hier bildeten Ingenieure der Telefunkengesellschaft in liebenswürdigster Weise die Führer und Erklärer der verschiedenen Einrichtungen, deren Wirksamkeit durch drahtlose Telegramme zur Station Norddeich gezeigt wurden. Auf dem Platze vor dem Turme hatte noch eine für Kavalleriepatrouillen dienende Anlage drahtloser Telegraphie für eine Verkehrsweite von 100 km Aufstellung gefunden, die sehr bewundert wurde.

Die Teilnehmer an der Fahrt fuhren auf das höchste befriedigt am Nachmittage wieder nach Berlin zurück.

VIII. Protokoll

über die geschäftliche Sitzung der neunten Hauptversammlung
am Dienstag, den 26. November 1907.

Entsprechend der Satzung enthält die Tagesordnung folgende 5 Punkte:

1. Vorlage des Jahresberichtes.
2. Bericht der Rechnungsprüfer und Entlastung des geschäftsführenden Vorstandes von der Geschäftsführung des Jahres 1906.
3. Bekanntgabe der Namen der neuen Gesellschaftsmitglieder.
4. Ergänzungswahlen des Vorstandes und der Rechnungsprüfer für das Jahr 1907. Es sind zu wählen: Drei fachmännische, sowie zwei nicht fachmännische Beisitzer.
3. Mitteilung des Vorstandes betreffend eine Sommerversammlung 1908.

Verhandelt wird unter Leitung des Vorsitzenden Geheimrat Professor Busley und in Gegenwart von etwa 100 Gesellschaftsmitgliedern wie folgt:

1. Der Geschäftsführer erstattet den auf Seite 42 abgedruckten Jahresbericht. Das Andenken der im Laufe des Jahres verstorbenen Gesellschaftsmitglieder wird in der üblichen Weise geehrt. Zum Berichte erhielt Herr Professor Laas-Charlottenburg das Wort. Er stellt fest, daß der Stipendienfonds der Gesellschaft nicht genügend in Anspruch genommen würde. Demgegenüber bemerkt der Vorsitzende, daß der Vorstand über die Zinsen des Fonds nur dann verfügen könne, wenn diesbezügliche Anträge gestellt würden. Es sei noch bei keiner Gelegenheit ein Gesuch ohne Bewilligung geblieben. Herr Professor Laas erwidert, daß seine Worte nur den Zweck haben sollten, zu Gesuchen anzuregen. Der Geschäftsbericht wird hierauf einstimmig genehmigt.

2. Den Bericht der Rechnungsprüfer für 1906 erstattet Herr Rechtsanwalt Dr. Vielhaben-Hamburg. Der Herr Revisor führt aus, daß zu Bean-

standungen der Abrechnung keine Veranlassung vorlag, und empfiehlt die Entlastung des geschäftsführenden Vorstandes. Die Versammlung erteilt die Entlastung.

3. Auf die Verlesung der Namen der im Jahre 1907 eingetretenen Mitglieder verzichtet die Versammlung.

Die Namen werden in der folgenden Liste bekannt gegeben:

I. FACHMITGLIEDER.

a) Lebenslängliche Fachmitglieder.

1. Claussen jun., Georg, Schiffbau-Betriebsleiter, Geestemünde.

b) Ordnungsmäßige Fachmitglieder.

1. Benjamin, Ludwig, Zivilingenieur, Hamburg.
2. Kühn, Richard, Schiffbau-Ingenieur, Papenburg a. E.
3. Lake, Simon, Naval-Architekt, London.
4. Lehmann, Martin, Geheimer Marinebaurat a. D., Düsseldorf.
5. Pitzinger, Franz, Schiffbau-Oberingenieur, Triest.
6. Praetorius, Paul, Marinebaumeister, Stettin.
7. Pietzker, F., Marinebaumeister, Friedenau.
8. Rodiek, Otto, Maschinenbau-Ingenieur, Kiel.
9. Roth, C., Zivilingenieur, Zehlendorf.
10. Schwiedeps, Hans, Maschinen-Inspektor, Stettin.
11. Walter, J. M., Ingenieur und Direktor, Berlin.

II. MITGLIEDER.

a) Lebenslängliche Mitglieder.

1. Cassirer, Hugo, Chemiker und Fabrikbesitzer, Charlottenburg.

b) Ordnungsmäßige Mitglieder.

1. Ach, Narziß, Professor, Königsberg.
2. Alexander-Katz, Dr. Bruno, Patentanwalt, Berlin.
3. Bartels, Georg, Direktor, Köln-Nippes.
4. Berg, Hart. O., Ingenieur, Berlin.

5. von Born, Theodor, Korvettenkapitän a. D., Düsseldorf.
6. Borowitsch, Wladimir, Ingenieur, Moskau.
7. Brinkmann, Gustav, Ingenieur, Witten a. d. R.
8. Deichsel, A., Fabrikbesitzer, Myslowitz O.-S.
9. Dietrich, Georg, Direktor, Chemnitz.
10. Dörken, Rudolf, Diplom-Ingenieur, Gevelsberg.
11. Fendel, Fritz, Prokurist, Mannheim.
12. Funck, Carl, Direktor, Elbing.
13. Gerhard, Dr. Hermann, Nationalökonom, Schöneberg.
14. Glitz, Erich, Geschäftsführer, Essen-Ruhr.
15. Goedhart, P. C., Direktor, Düsseldorf.
16. Hardcastle, F. E., Bombay.
17. Heemsoth, Heinrich, Generalvertreter, Hamburg.
18. Heese, Albrecht, Hauptmann a. D., Berlin.
19. Hempelmann, Aug., Dr.-Ing., Ingenieur, Kassel-Wilhelmshöhe.
20. Horn, Fritz, Hüttendirektor, Berlin.
21. Huber, Carl, Zivilingenieur, Berlin.
22. Illig, Hans, Direktor, Frankfurt a. M.
23. Joly, A., Ingenieur und Fabrikbesitzer, Wittenberg.
24. Junkers, Hugo, Professor, Aachen.
25. Jurenka, Rob., Direktor, Oberhausen, Rheinland.
26. Kintzlé, Fritz, Generaldirektor, Aachen.
27. Klauke, E., Fabrikbesitzer, Thorn.
28. Klippe, Hans, Ingenieur, Hamburg.
29. Knecht, Friedr. Hein., Direktor, Mannheim.
30. Kösel, Albert, Direktor, Düsseldorf.
31. Kuhnke, Fabrikant, Kiel.
32. Lanz, Karl, Fabrikant, Mannheim.
33. Liefeld, Direktor, Friedrichswalde b. Pirna.
34. Lux, Friedrich, Fabrikant, Ludwigshaven.
35. Melms, Gustav J., Ingenieur, München.
36. Mohr, Otto, Fabrikant, Mannheim.
37. Mollier, Walter, Ingenieur und Direktor, Hamburg.
38. Mühlberg, Albert, Ingenieur, Basel (Schweiz).
39. Neumann, Albert, Kaufmann, Danzig.
40. Penck, Dr. Albrecht, Professor und Direktor, Berlin.
41. Pfenninger, Carl, Ingenieur, München.

42. Poensgen, Bruno, Ingenieur, Düsseldorf.
43. Prohmann, Ferdinand, Professor, Hamburg.
44. Reinhold, Hermann, Fabrikbesitzer, Berlin.
45. Reiser, August, Bankdirektor, Mannheim.
46. Ritzhaupt, Fr., Direktor, Nieder-Schöneweide.
47. Schmidt, Carl, Oberingenieur, Charlottenburg.
48. Sternberg, Oskar, Königl. Schwedischer Vizekonsul, Mannheim.
49. Stinnes, Leo, Reeder, Mannheim.
50. Tetens, F., Dr. jur., Direktor, Bremen.
51. Thomas, Eugen, Kaufmann, Hamburg.
52. Usener, Dr. phil., Fabrikant, Kiel.
53. Weickmann, Albert, Patentanwalt, München.
54. Wenke, Gottfried, Direktor, Osterholz-Scharmbeck.
55. Wischow, Emil Wilh., Ingenieur und Direktor, Lübeck.
56. Wiß, Ernst, Ingenieur, Griesheim.
57. Wittmer, Kapitän z. S. a. D., Berlin.
58. Wolff, Ferdinand, Fabrikdirektor, Mannheim.
59. Wolff, J., Fabrikdirektor, Karlsruhe.
60. Zimmermann, Heinrich, Oberingenieur, Gr. Lichterfelde.

4. Zur Wahl stehen laut Tagesordnung 3 fachmännische und 2 nicht fachmännische Beisitzer. Herr Admiral Thiele bringt die Wiederwahl der bisherigen Vorstandsmitglieder in Vorschlag. Der Vorsitzende bemerkt dazu, daß die Wiederwahl der Herren durch Zuruf angängig sei, falls von keiner Seite ein Widerspruch erfolge. Da sich ein solcher nicht erhebt, erklärt der Vorsitzende die folgenden Herren für eine dreijährige Amtsdauer gewählt und zwar:

Herrn Rud. Aßmann, Geheimer Oberbaurat,
Herrn Gotth. Sachsenberg, Kommerzienrat,
Herrn Rob. Zimmerman, Königlicher Baurat,

als fachmännische und

Herrn Aug. Schultze, Geheimer Kommerzienrat,
Herrn Ed. Woermann, i. Fa. C. Woermann-Hamburg

als nicht fachmännische Beisitzer.

Sämtliche Herren nehmen die Wahl an. Darauf werden die bisherigen Rechnungsprüfer Rechtsanwalt Dr. Vielhaben und Direktor Masing wiedergewählt, welche die Wahl ebenfalls annehmen.

5. Zum letzten Punkt der Tagesordnung bemerkt der Vorsitzende, daß die Absicht bestände, bei Gelegenheit der nächstjährigen Schiffbauausstellung die englischen, französischen und amerikanischen Schwestergesellschaften zu einer Sommerversammlung nach Berlin einzuladen. Er ersucht die Versammlung dem Vorstande die Befugnis zu geben, diese Einladungen ergehen zu lassen, wenn die Ausstellung einen guten Erfolg der Tagung versprechen würde. Ein Kredit von 5000 M sei hierzu erforderlich.

Die Versammlung genehmigt einstimmig die Bewilligung der geforderten Summe und ist damit einverstanden, daß dem Vorstande die Maßnahmen für die Sommertagung 1908 überlassen werden.

Hiermit ist die Tagesordnung erledigt, worauf der Vorsitzende die geschäftliche Sitzung schließt.

Charlottenburg, den 26. November 1907.

gez. Busley, gez. H. Seidler,

Vorsitzender. Schriftführer.

IX. Unsere Toten.

Wie im Geschäftsberichte auf Seite 42 bereits angegeben, betrauerte die Schiffbautechnische Gesellschaft seit der letzten Hauptversammlung den Heimgang folgender Mitglieder.

1. Seine Königliche Hoheit Großherzog Friedrich von Baden, am 28. September.
2. Herr Werftbesitzer J. A. Normand — le Hâvre, am 11. Dezember v. J.
3. Herr Generalkonsul Aug. Preuß — Königsberg i. P., am 13. Januar.
4. Herr Kommerzienrat Emil Poensgen — Düsseldorf, am 16. Februar.
5. Herr Marine-Baumeister W. v. Buchholtz — Wilhelmshaven, am 18. Februar.
6. Herr Fabrikbesitzer Th. Sehmer — Saarbrücken, am 29. Mai.
7. Herr Fabrikant M. Schaubach — Koblenz, am 11. Juni.
8. Herr Geheimer Kommerzienrat Th. Keetman — Duisburg, am 3. Juli.
9. Herr Schiffbau-Ingenieur J. H. Kremer — Elmshorn, am 1. August.
10. Herr Kommerzienrat Hubert Claus — Berlin, am 21. August.
11. Herr Marine-Oberbaurat Fr. Kasch — Kiel, am 24. August.
12. Herr Ingenieur Max von Finckh — Oldenburg, am 5. September.
13. Herr Fabrikbesitzer Augustus Heimann — Berlin, am 4. November.
14. Herr Schiffbau-Ingenieur Anton Moszeick - Berlin, am 29. November.
15. Herr Ingenieur Emil Capitäne — Düsseldorf, am 14. Dezember.

GROSSHERZOG FRIEDRICH VON BADEN.

Großherzog Friedrich von Baden wurde am 9. September 1826 als der zweite Sohn des Großherzogs Leopold und der Großherzogin Sophie, Tochter des Königs Gustav Adolf IV. von Schweden, geboren. Neben seiner militärischen Ausbildung betrieb er als Prinz zusammen mit seinem älteren Bruder, dem Erbgroßherzog Ludwig, Studien, namentlich auf staatsrechtlichem und geschichtlichem Gebiete, auf der Universität Heidelberg, die er später auf der Bonner Hochschule fortsetzte, wo unter anderen Dahlmann und Perthes seine Lehrer waren. Der jugendliche Prinz brachte ein tiefes Interesse für wissenschaftliche Forschung und für künstlerische Bestrebungen von der Hochschule heim; ein Interesse, das er später, wider Erwarten zum Thron gelangt, durch hochherzige Förderung von Kunst und Wissenschaft betätigte. Am Feldzug in Schleswig-Holstein nahm Prinz Friedrich im Hauptquartier des Generals Wrangel teil. Die schwere Erkrankung des Großherzogs und ein unheilbares Leiden, das den Erbgroßherzog heimsuchte, legten dem 25jährigen Prinzen die Stellvertretung des Erlauchten Vaters auf, nach dessen Tode er am 24. April 1852 die Regentschaft des Großherzogtums Baden antrat. Am 5. September 1856 nahm er den Titel Großherzog an und am 20. September desselben Jahres vermählte er sich mit der Prinzessin Luise von Preußen, der einzigen Tochter des damaligen Prinzen Wilhelm von Preußen, des späteren Königs und Kaisers Wilhelm des Großen. Damals sprach der junge Großherzog zu seinen Ständen: „Diese Verbindung, die mir persönlich so viel Glück verheißt, wird auch, des bin ich überzeugt, meinem Volke zum Segen gereichen.“ Selten ist eine an ein fürstliches Ehebündnis geknüpfte Hoffnung reicher erfüllt worden.

Die Regierung des Großherzogs Friedrich hielt ihren Kurs auf das hohe Ziel der deutschen Einheit. Auf dem Frankfurter Fürstentag im August 1863 hatte sich der Großherzog zu Preußen bekannt, wie er sich auch dem zwischen Preußen und Frankreich abgeschlossenen Handelsvertrag und der Neubildung des Zollvereins sofort anschloß. Mit um so tieferer Bekümmernis und Entsagung ergriff er, durch den Zwang der Umstände genötigt, im Jahre 1866 die Waffen gegen Preußen. Als die Hoffnung auf eine Einigung Deutschlands ihrer Erfüllung näher rückte, fand sie in ihm einen treuen Vorkämpfer, der, als die Entscheidungsstunde schlug, ihr ohne Zagen entgegen ging, obwohl sein Land in erster Linie dem Anprall der feindlichen Heeresmassen ausgesetzt war. Dem Großherzog, der einen so hervorragenden Anteil an dem Zustandekommen von Kaiser und Reich gehabt hatte, war es dann vergönnt, bei der Kaiserproklamation in Versailles das erste Hoch auf den Kaiser Wilhelm auszubringen.

In dem schicksalsschweren Jahr 1888, das dem Deutschen Reich zwei Kaiser nahm, starb dem Großherzoglichen Paar sein geliebter Sohn, der Prinz Ludwig. Am 20. September 1906 aber konnte das Erlauchte Paar, getragen von der dankbaren Liebe und Verehrung der gesamten deutschen

Nation, das Fest der goldenen Hochzeit begehen und an dem Tage zugleich die silberne der einzigen Tochter, der Prinzessin Viktoria, feiern, die sich im Jahre 1881 mit dem Kronprinzen Gustav Adolf von Schweden vermählte. Am 15. Mai d. J. nahm der Großherzog die Ehrenmitgliedschaft der Schiffbautechnischen Gesellschaft gelegentlich der Sommerversammlung in Mannheim an. Was Großherzog Friedrich seinem badischen Lande und dem Deutschen Reiche gewesen ist, haben ihm Kundgebungen dankbarer Liebe und Verehrung bezeugt, als er am 24. April 1902 das fünfzigjährige Jubiläum einer mit Erfolgen reich gesegneten Regierung, am 9. September 1906 die Feier seines achtzigsten Geburtstages und noch in demselben Monat das Fest der goldenen Hochzeit beging. Diese Kundgebungen, die sich jetzt an der Bahre des edlen Entschlafenen erneuern, galten nicht bloß Badens Großherzog, der sein Land aus trüben Zeiten zu blühender Wohlfahrt geleitet, nicht bloß dem ritterlichen Feldherrn, den das deutsche Heer als Generalobersten der Kavallerie und als Armeeinspektor mit Stolz den Seinigen nannte, dem sinnigen Förderer der Werke des Friedens, der Künste und der Wissenschaften, sie huldigten vor allem dem hochverdienten Bundesfürsten, der als einer der Letzten aus der Heldenzeit des jungen Reichs, als Eidam des ersten, großen Kaisers, als Schwager Kaiser Friedrichs, als Mitstreiter und Mitarbeiter für Deutschlands politische Einigung allen Patrioten ans Herz gewachsen war. Den getreuen Eckart unseres Volkes hat man ihn genannt, weil er nicht müde wurde, dem jüngeren Geschlecht Mahnungen einer großen Vergangenheit lebendig zu erhalten durch sein Walten, durch seine ehrwürdige Herrschergestalt.

So lebt er in dem Herzen seiner Badener, die ihren Großherzog Friedrich nicht vergessen werden, und im Gedächtnis der gesamten Nation. Möge es in ernsten Stunden dem deutschen Volke nie an Fürsten von der Hingebung an der nationalen Sache, von der Treue, Tatkraft und Weisheit fehlen, als deren Verkörperung Friedrich von Baden in unserer Geschichte leuchtet.

AUGUSTIN NORMAND.

Jaques Augustin Normand war am 4. Oktober 1839 in le Hâvre geboren. Er entstammt der rühmlichst bekannten Familie Normand, deren Mitglieder sich bereits seit dem Ende des 17. Jahrhunderts im Schiffbau hervorragend betätigt hatten. Und wenn der Name seines Vaters mit der Anfangsgeschichte der französischen Dampfschiffahrt auf das Rühmlichste verknüpft ist, so war es Augustin Normand vorbehalten, durch seine hohen wissenschaftlichen Leistungen sowohl wie durch seine Bauten der Werft in le Hâvre Weltruf und Ansehen zu verschaffen.

Schon in jungen Jahren hatte er sich mit Eifer dem Selbststudium der Mathematik ergeben, mit dem Erfolge, daß er schon im Alter von 24 Jahren mit seiner ersten Abhandlung: „Sur l'application de l'Algèbre aux bâtiments de mer" vor die Öffentlichkeit treten konnte. Einige Jahre später folgte dann die neue Arbeit: „Formules de constructions navales."

Gleichen Schritt mit seinen hohen theoretischen Kenntnissen hielt seine praktische Ausbildung auf der väterlichen Werft, und als er im Jahre 1871 das Erbe seines Vaters, die alleinige Leitung der Fabrik in le Hâvre übernahm, war er zu seinem Berufe mit der besten technischen Bildung, die es überhaupt gab, ausgerüstet. In diese Zeit fällt der Beginn der Ära der Torpedoboote. Sein praktischer Blick ließ Normand die Wichtigkeit der neuen Marinewaffe sofort erkennen und von dem ersten Boote, welches er im Jahre 1875 der französischen Marine lieferte, ist sein Name dauernd mit dieser Schiffsgattung verbunden gewesen. Er war der erste, welcher den Lokomotivkesseltyp an Bord kleinerer Fahrzeuge einführte, und ebenso war Normand der erste französische Konstrukteur für Wasserrohrkessel.

Unter seiner Leitung entstanden auf seiner Werft etwa 100 Torpedoboote und Torpedojäger für die französische Marine, sowie eine große Anzahl ähnlicher Fahrzeuge für fremde Rechnung.

Neben seiner ausgedehnten praktischen Tätigkeit verabsäumte Normand keinen Augenblick die wissenschaftliche Forschung. Das beweisen seine überaus zahlreichen Vorträge und Veröffentlichungen, welche er als Mitglied der Association technique maritime und Institution of Naval Architects hielt oder der Académie des Sciences und der Société des Ingénieurs civils zur Verfügung stellte. Es würde zu weit führen, an dieser Stelle alle diese Arbeiten anzuführen. Hervorgehoben mögen nur seine höchst wertvollen Arbeiten über das Geschwindigkeits- und Widerstandsproblem werden, welches ihm als Torpedobootbauer besonders am Herzen lag.

Aber nicht allein auf den Schiffbau war der sinnende Blick dieses seltenen Ingenieurs gerichtet. Es gab kaum ein Problem mathematisch-naturwissenschaftlichen Gebietes, auf welchem Normand nicht gearbeitet hätte. Dies beweisen seine Abhandlungen: „Sur la détermination de la parallaxe solaire", „Sur l'occultations d'étoiles par les planètes", „Sur la navigation stellaire" u. a. m.

Auch in technologischer Beziehung erwarb sich Normand hohe Verdienste, wenn schon eine literarische Betätigung auf diesem Gebiete nicht zu verzeichnen ist. Seine Werft war in gewissem Sinne ein Versuchslaboratorium, wo alle technischen Neuheiten, seien es Materialien oder Werkzeuge, Maschinen oder Arbeitsmethoden auf ihre Brauchbarkeit geprüft wurden, und hierin nicht zum wenigsten beruht die große wissenschaftliche Bedeutung Normands für die gesamte Technik seines Vaterlandes.

Als Normand am 12. Dezember 1906 in dem ehrwürdigen Alter von 67 Jahren aus dem Leben schied, hatte er das seltene Glück gehabt, auf ein glanzvolles und erfolgreiches Lebenswerk zurückblicken und die Anerkennung und Bewunderung aller Fachgenossen der Welt mit ins Grab nehmen zu können.

Seine französischen Fachgenossen haben beschlossen, ihm in le Hâvre ein Denkmal zu setzen, zu dem auch die Schiffbautechnische Gesellschaft 500 Francs beigetragen hat.

KARL AUGUST PREUSS.

Preuß war am 23. Februar 1834 zu Königsberg i. Pr. geboren. Er besuchte das Realgymnasium seiner Vaterstadt, welches er als Primaner verließ, um sich dem Kaufmannsstande zu widmen. Schon im Jahre 1861 trat er als Mitinhaber in die bekannte Reedereifirma Rob. Kleyenstüber & Co. in Königsberg ein, zu deren Aufblühen seine Tätigkeit und geschäftliche Umsicht nicht wenig beigetragen hat. Am 21. August 1861 wurde er als Mitglied in die Korporation der Kaufmannschaft aufgenommen und seit 1863 gehörte er deren Vorstande an. Auch die Stadtverordnetenversammlung hat ihn lange Jahre zu ihren Mitgliedern gezählt, und ebenso hat er eine Reihe von Jahren das Amt eines Handelsrichters versehen. Im Juni 1873 wurde er zum Königlich Italienischen Konsul bestellt und am 25. November 1900 zum Generalkonsul ernannt. Seit Jahren war er auch Mitglied des Vorstandes des Deutschen Nautischen Vereins und der Seeberufsgenossenschaft, dem Reichsversicherungsamt gehörte er als nicht ständiges Mitglied an.

Seine erfolgreiche Tätigkeit als Seniorchef der Firma Rob. Kleyenstüber & Co. wurde leider in den letzten Jahren durch ein Lungenleiden erschwert. Am 13. Januar erlöste ihn ein Schlaganfall.

EMIL POENSGEN.

Am 16. Februar starb in Nizza, wo er zu seiner Erholung weilte, unerwartet der Kommerzienrat Emil Poensgen aus Düsseldorf. Am 11. September 1848 zu Gemünd in der Eifel geboren, kam er im Jahre 1860 nach Düsseldorf, als sein Vater, Kommerzienrat Albert Poensgen, das erste Röhrenwerk in Deutschland von Mauel nach dort verlegte. In Düsseldorf und Mülheim a. d. Ruhr, sowie auf der Technischen Hochschule in Aachen erfuhr er seine wissenschaftliche Ausbildung, dann diente er als Einjährig-Freiwilliger beim 11. Husarenregiment und machte den Feldzug von 1870/71 mit. Nach dem Kriege arbeitete Poensgen als Konstrukteur in der Maschinenfabrik von Kuhn in Stuttgart und trat im Jahre 1872 in das Geschäft seines Vaters ein, welches im Jahre 1873 in die Aktiengesellschaft Düsseldorfer Röhren- und Eisenwalzwerke umgewandelt wurde. Diese Gesellschaft übertrug ihm im Jahre 1880 die Prokura und 1891 das Amt als Vorstandsmitglied. Seine reichen Erfahrungen und seine große Arbeitskraft hat er stets den Interessen dieses Unternehmens gewidmet. Den Beamten und Arbeitern desselben ist er immer ein gerechter und wohlwollender Vorgesetzter gewesen.

Außerdem gehörte er dem Aufsichtsrate der Aktiengesellschaft Oberbilker Stahlwerk, der Rheinischen Aktiengesellschaft für Papierfabrikation, des Kohlenbergwerks Friedrich-Heinrich, der Kesselfabrik von Walter & Co. u. a. an. Auch für das Verbandswesen interessierte er sich und bekundete dies durch die Übernahme des Vorsitzes im Gas- und Siederohr-Syndikat, wie er auch seit 1896 Mitglied des Vorstandes der Sektion 3 der Rheinisch-Westfälischen Hütten- und Walzwerks-Berufsgenossenschaft war.

Neben seiner Familie trauerten um den Dahingeschiedenen zahlreiche Freunde, welche ihm seine Freundlichkeit und Güte erworben hatten.

WALTER V. BUCHHOLTZ.

Walter v. Buchholtz wurde am 21. Oktober 1868 zu Grünberg in Schlesien geboren. Seine Vorbildung erhielt er zuerst auf der Realschule zu Rawitsch, später auf dem Königlichen Gymnasium in Bromberg und dem Königlichen Pädagogium zu Züllichau, welches er im Jahre 1889 mit dem Zeugnis der Reife verließ.

Darauf begann er das Studium des Schiffsmaschinenbaufaches an der Technischen Hochschule zu Berlin, welcher er bis zum Jahre 1894 angehörte. Seine praktische Ausbildung erhielt v. Buchholtz während der Studienzeit als Maschinenbaueleve auf den Kaiserlichen Werften Danzig, Kiel und Wilhelmshaven. Nach bestandener Bauführerprüfung im Jahre 1894 war er vom Juli bis September desselben Jahres im Schiffsmaschinenbau- und Konstruktionsbureau der Firma F. Schichau in Elbing tätig. Darauf genügte er seiner Militärpflicht als Einjährig-Freiwilliger im Pommerschen Füsilierregiment No. 34, dem er später auch als Reserveoffizier angehörte. Am 7. Oktober 1895 trat er als Bauführer des Maschinenbaufaches in den Dienst der Kaiserlichen Werft Kiel und wurde am 29. September 1898 zum Marine-Maschinenbaumeister ernannt. Ende 1906 wurde er zum Torpedoressort der Kaiserlichen Werft Wilhelmshaven versetzt. Er starb nach kurzem Krankenlager am 18. Februar an Diphtherie.

Sein offenes, herzliches Wesen, seine ernste, erfolgreiche Arbeit auf dem Fachgebiete haben ihm die Zuneigung und Anerkennung seiner Vorgesetzten und Mitarbeiter in hohem Maße erworben. Sein Andenken wird stets in Ehren gehalten werden.

THEODOR SEHMER.

Am 29. Mai d. J. starb zu Partenkirchen nach kurzem Leiden im 60. Jahre der Fabrikbesitzer Theodor Sehmer, Mitbegründer und langjähriger Geschäftsführer der Maschinenfabrik Schleifmühle - Saarbrücken Ehrhardt & Sehmer.

Am 6. Juli 1847 in St. Johann geboren, besuchte er zuerst eine Privatschule in Saarbrücken, dann ein französisches Pensionat bei Homburg v. d. H. Nachdem er die Berechtigung zum einjährig-freiwilligen Militärdienst erworben hatte, trat er als Lehrling in ein Bankgeschäft zu Saarbrücken ein. Im Jahre 1867/68 diente er bei dem 7. Ulanenregiment in Saarbrücken und war dann bis zum Ausbruche des Krieges in Hâvre in Stellung. An dem Kriege nahm er nur bis zur Belagerung von Metz teil, worauf er infolge einer schweren Erkrankung entlassen wurde. Nach Wiederherstellung seiner Gesundheit trat er als Teilhaber in die Maschinenfabrik Kautz & Westmeyer zu St. Johann ein. Dieses Verhältnis löste er nach einigen Jahren, um mit L. Ehrhardt die Maschinenfabrik Schleifmühle zu gründen. Trotzdem Theodor Sehmer seinem Berufe nach Kaufmann war, hat ihn doch die

Eigenart des von ihm begründeten Unternehmens nach und nach in einen Ingenieur umgewandelt, der durch die Schule der Erfahrung volles Verständnis für technische Fragen hatte. Dies zeigte sich besonders in der Betriebsorganisation der Maschinenfabrik Schleifmühle, welche darauf abzielte, exakte Arbeit unter möglichster Ausnutzung der Arbeitsmaschinen zu gewinnen. Neben der Fabrik suchte er auch andere industrielle Unternehmungen wie die Mannesmann-Werke, die Fa. Franz Méguin & Cie. in Dillingen und die Saarbrücker Gußstahlwerke zu fördern. Er war außerdem ein Mitbegründer des Vereins deutscher Maschinenbauanstalten, dessen Vorstande er bis zu seinem Tode angehörte. Für die Hebung der Ausfuhrtätigkeit der deutschen Maschinenfabriken durch Entsendung von Ingenieuren in das Ausland hat er viel, doch ohne Erfolg gearbeitet, weil er nicht genügend und andauernd unterstützt wurde. In letzter Zeit beschäftigte ihn die Absicht, die Maschinenfabriken zu einer möglichst einheitlichen Selbstkostenberechnung zu veranlassen, um die im Verbindungswesen bei Vergebung von Maschinen vorkommenden Auswüchse zu bekämpfen. Der deutsche Maschinenbau ehrt das Andenken dieses verdienten Mannes am besten, wenn er die von ihm begonnenen Aufgaben weiter verfolgt und zu einem glücklichen Ende führt.

MAX SCHAUBACH.

Max Schaubach wurde am 18. Dezember 1841 in Meiningen als Sohn des Professors Adolf Schaubach geboren. Er besuchte zunächst das dortige Gymnasium und dann die Realschule, da er sich früh entschloß, den Beruf eines Ingenieurs zu ergreifen. Nach beendetem Schulbesuch, 1860, trat er in die Maschinenfabrik J. F. Earnshaw & Co. in Nürnberg ein, wo er drei Jahre in den verschiedenen Werkstätten und zwei Jahre auf dem Konstruktionsbureau beschäftigt war. Im Mai 1865 ging er nach Schottland und blieb dort $1^1/_2$ Jahre bei der Firma John Normann & Co. in Glasgow. Eine Studienreise durch England und Frankreich führte ihn im Sommer 1867 nach Deutschland zurück, wo er mit seinem Jugend- und Schulfreunde Graemer am 17. September 1867 in Coblenz-Lützel die Schiffswerft und Maschinenfabrik von Schaubach & Graemer begründete, die aus kleinsten Anfängen entwickelt, heute am Rhein und seinen Nebenflüssen einen guten Namen hat.

Am öffentlichen Leben nahm Schaubach durch Verwaltung einer Reihe von Ehrenämtern regen Anteil. Seit 1891 war er Stadtverordneter; auch zählte er zu den Gründern des mittelrheinischen Dampfkessel-Überwachungsvereins sowie des mittelrheinischen Bezirksvereins deutscher Ingenieure. Am 11. Juni 1907 starb er nach kurzem Krankenlager an einem inneren Leiden, von dem ihn eine Operation nicht mehr befreien konnte.

THEODOR KEETMAN.

Am 3. Juli verschied in Duisburg der als Mitbegründer und langjähriger Vorstand der Duisburger Maschinenbau-Aktien-Gesellschaft vormals Bechem und Keetman in der Eisenindustrie Deutschlands wohlbekannte Geheime Kommerzienrat Theodor Keetman.

Geboren am 12. Januar 1836 zu Dierdorf im Kreise Neuwied erhielt er seinen Jugendunterricht im Elternhause durch Privatlehrer und seinen Vater, den nachherigen Superintendenten dieses Kreises, Wilhelm Keetman. Etwa um das Jahr 1848 kam er zum Besuche des Gymnasiums nach Duisburg und kehrte von hier in seine Heimat zurück, um auf dem Rasselstein bei Neuwied eine kaufmännische Lehre durchzumachen. Seine erste Stelle bekleidete der junge Kaufmann bei seinem Onkel, im Bankhaus J. Wichelhaus & Sohn in Elberfeld, nachher war er noch auf der Prinz-Leopold-Hütte in Empel und bei Funke & Elbers in Hagen tätig. Hier lernte er seinen späteren Schwager, den Ingenieur August Bechem kennen, an den er sich in enger Freundschaft anschloß.

Im Jahre 1862 gründeten die beiden Freunde zu Duisburg die Firma Bechem & Keetman, indem sie eine kleine bereits bestehende Maschinenfabrik erwarben, die sich in den ersten Jahren mit der Anfertigung von Flaschenzügen, Ketten, Winden und Hilfsmaschinen für Walzwerke beschäftigte. Nach dem 1872 wegen Krankheit erfolgten Austritt seines Mitarbeiters (derselbe starb schon im Jahre 1873) wurde das Unternehmen in eine Aktien-Gesellschaft umgewandelt, als deren Vorstand der Verstorbene bis zu seinem Lebensende in rastlosem Eifer tätig gewesen ist.

Die vor 25 Jahren mit einem Stamm von 16 Arbeitern ins Leben gerufene Werkstätte hat sich unter seiner zielbewußten und stets auf durchaus gesunden Grundsätzen fußende Leitung zu einem leistungsfähigen industriellen Unternehmen entwickelt, das sich über die Grenzen Deutschlands hinaus einen festgegründeten Ruf erworben und allgemeine Anerkennung gefunden hat. Das Werk beschäftigt heute 1346 Angestellte, von denen annähernd die Hälfte in der Abteilung Duisburg mit dem Bau von Walzwerksanlagen und der Kettenfabrikation beschäftigt ist, während die nach der Umwandlung in eine Aktiengesellschaft angegliederte Abteilung Hochfeld den Bau von Hebezeugen für Hüttenwerke, Hafenanlagen und Schiffsbauanstalten, sowie die Herstellung der Gesteinsbohrmaschinen betreibt.

Außer seinen eigenen Werken hat aber der Verstorbene in nimmer müder Arbeitsfreude zahlreichen sonstigen industriellen Unternehmungen des Maschinen- und Hüttenwesens, sowie der Binnenschiffahrt sein Interesse zugewendet, sei es, daß er selbst zur Gründung den Anstoß gab, oder aber deren Verwaltung seine reiche geschäftliche Erfahrung und seinen kaufmännischen Scharfblick zur Verfügung stellte. So war er, um nur einige der Werke zu nennen, beteiligt bei der Kasseler Waggonfabrik Wegmann & Co.; der Dampfkesselfabrik Büttner & Co., Uerdingen; der Duisburger Lagerhausgesellschaft; der Siegener Maschinenfabrik vormals Oechelhäuser, und gehörte zum Aufsichtsrat der Niederrheinischen Hütte in Duisburg; der Moseldampfschiffahrt und der Central Akt.-Ges. für Tauerei und Schleppschiffahrt in Ruhrort.

Es ist verständlich, daß auch seine Mitbürger auf die Mitarbeit eines so hervorragenden arbeitstüchtigen Mannes in der Verwaltung des Gemeinwesens nicht verzichteten und ihm eine Reihe von Ehrenämtern übertrugen, die er mit großer Hingabe ausfüllte, und von denen er sich erst in den letzten Jahren, den Forderungen des zunehmenden Alters gehorchend, zurückgezogen hat. Über ein Menschenalter war Theodor Keetman Mitglied des Stadtverordnetenkollegiums und seit 16 Jahren gehörte er als unbesoldeter Beigeordneter der Verwaltung der Stadt Duisburg an. Von 1868 bis 1905 wirkte er in der Handelskammer für die wirtschaftlichen Interessen seines Bezirkes, sechs Jahre lang führte er in dieser Körperschaft in Stellvertretung den Vorsitz. Ferner gehörte er zum Kuratorium der Königlichen Maschinenbau- und Hüttenschule in Duisburg, der städtischen Handelsschule und war im Verwaltungsrat des Königlichen Gymnasiums.

Auch die gemeinnützigen Vereine und Anstalten im Bannkreise Duisburgs konnten keinen wärmeren Freund und opferwilligeren Förderer ihrer Bestrebungen finden, und er genoß als ein Mann von weitem Herzen und allzeit offener Hand in allen Kreisen der Bevölkerung aufrichtige Verehrung und höchste Wertschätzung.

Wie er es verstand, für die Erzeugnisse seines Werkes zur rechten Zeit neue Absatzgebiete im Auslande zu erschließen, so trat Theodor Keetman auch für seine Überzeugung von dem Werte und der Notwendigkeit deutscher überseeischer und kolonialer Betätigung als Mitglied in die Siedelungsgesellschaft für Südwestafrika und die Rheinische-Bornesische Handelsgesellschaft ein, auch machte er eine Stiftung für die Kolonialschule in Witzenhausen.

Seiner besonderen Fürsorge erfreuten sich die in seinem Betriebe beschäftigten Angestellten, für deren Wohlergehen zu sorgen eine ihm am Herzen liegende Aufgabe war. Die Gewährung einer namhaften Beihilfe zu Lebensversicherungen, ein von der Firma durch Beiträge unterstützter freier Unterstützungsverein in Krankheits- und Sterbefällen, ferner eine im Jahre 1896 gegründete und fortlaufend von ihm reich beschenkte Pensionskasse sind vorbildliche Einrichtungen des Werkes, die seiner Anregung zu verdanken waren. Ein nicht zu unterschätzendes Verdienst erwarb sich Theodor Keetman auch durch tatkräftige Unterstützung von Angestellten, denen er durch Vorstrecken von niedrig verzinslichen Darlehnen zum Bau von Wohnhäusern die Seßhaftmachung ermöglichte.

Der Erfolg seiner selbstlosen Bemühungen erwies sich in dem unbegrenzten Zutrauen seiner Angestellten, die bei Meinungsverschiedenheiten sich seiner von unwandelbarem Gerechtigkeitssinn eingegebenen Entscheidungen willig unterordneten. Das gute Verhältnis zwischen Arbeitgeber und Arbeitnehmer wird am besten durch die Mitteilung veranschaulicht, daß bis heute 113 Arbeiter und Beamte fünfundzwanzig und mehr Jahre in seinen Diensten gestanden haben.

Einem so arbeits- und erfolgreichen Leben konnten auch äußere Ehrung und Anerkennung nicht fehlen. Im Jahre 1894 erhielt Theodor Keetman den Titel eines Königlichen Kommerzienrates und vor etwa einem Jahre des einen Geheimen Kommerzienrates; außerdem war er Inhaber des roten Adlerordens und des preußischen Kronenordens.

Alle Erfolge konnten ihn nicht veranlassen, sich der vornehmen Einfachheit und persönlichen Bedürfnislosigkeit zu entäußern, die einen wesentlichen Zug seines Charakters ausmachte. Sein Ableben war ein schwerer Verlust für seine Familie, seine Mitbürger und sein Lebenswerk.

HUBERT CLAUS.

Am 21. August d. J. starb zu St. Martino di Castrozza, wo er sich zur Kur aufhielt, unerwartet infolge eines Herzschlages der Generaldirektor des Eisenhüttenwerkes Thale, Kommerzienrat Hubert Claus. In ihm verschied ein Mann, der in den Kreisen der Großindustrie eine achtunggebietende Stellung einnahm.

Geboren am 2. Februar 1854 zu Ruhrort, erwarb er seine Fachkenntnisse auf der Technischen Hochschule zu Aachen und begann seine hüttenmännische Laufbahn in der Dortmunder Union, bei dem Puddel- und Walzwerk Horst, wo er zunächst als Volontär, dann als Ingenieur im Hüttenbetriebe tätig war. Im Jahre 1875 kam er als Betriebsingenieur zu dem Eisenhüttenwerk Thale, welches damals in seinen verschiedenen Abteilungen kaum 300 Arbeiter beschäftigte. Dank seiner Fähigkeiten und seines Eifers wurde Claus nach fünf Jahren in die Direktion berufen und übernahm nach Verlauf weiterer fünf Jahre die gesamte Leitung des Werkes, welches heute fast 5000 Arbeiter umfaßt. Mit weitem Blicke führte Claus nach kurzer Frist auf dem Werke durchgreifende Verbesserungen aus, indem er auf die Veredelung und Verfeinerung seiner Hüttenerzeugnisse Wert legte. Bei der Umgestaltung der Anlagen wurden veraltete Einrichtungen ausgeschaltet und als Sondererzeugnisse in erster Linie emaillierte Gußwaren, gestanzte und emaillierte Blechwaren in den Vordergrund gestellt. Das Hauptmaterial für die Fertigfabrikate war basisches Flußeisen, welches anfänglich von westfälischen Hüttenwerken in Form von Platinen bezogen wurde. Im Jahre 1899 errichtete Claus ein Martin- und Blechwalzwerk und baute die vorhandenen Blechwalzwerke aus. Nun war es möglich, eine in sich abgeschlossene Eisendarstellung durchzuführen und das Werk von den großen Flußeisenbetrieben des Westens unabhängig zu machen. Hand in Hand damit ging die Umgestaltung des Emaillierwerkes, dessen Erfolge dem Verstorbenen einen Ruf auf diesem Gebiete verschafften. Um die Verfeinerung aller im eigenen Betriebe hergestellten Rohprodukte zu möglichst hoher Vollendung zu bringen, errichtete Claus im Jahre 1903 ein Schweißwerk, in dem Blecharbeiten aller Art unter Anwendung der neuesten Schweißverfahren hergestellt werden können.

Als das Unternehmen in der ersten Hälfte des 18. Jahrhunderts begründet wurde, waren alle natürlichen Voraussetzungen für einen erfolgreichen Betrieb gegeben; das Erz lieferten die nahen Berge, die Kohlen der umliegende Wald, die Betriebskraft die vorbeirauschende Bode. Die Umwälzungen auf dem

Gebiete der Eisendarstellung verschoben jedoch die Existenzbedingungen des Werkes, und es mußten neue Grundlagen geschaffen werden, um es in seiner jetzt verhältnismäßig günstigen Lage und Abgeschlossenheit lebensfähig zu erhalten. Diese Aufgabe hat Claus geleistet. Sein idealer Sinn betätigte sich aber auch auf dem Gebiete der Wohlfahrtseinrichtungen, und als er daher im Jahre 1900 das 25jährige Jubiläum seiner Tätigkeit beim Hüttenwerk Thale feiern durfte, war dies für seine Mitarbeiter eine Gelegenheit, ihm ihre Liebe und Anerkennung zu beweisen. Die Königliche Staatsregierung ehrte den Jubilar durch die Verleihung des Titels eines Königlichen Kommerzienrats.

Trotz seines vielseitigen, ausgedehnten Arbeitsgebietes widmete er sich den Aufgaben in den Vorständen des Vereins deutscher Eisen- und Stahlindustrieller und des Zentralverbandes deutscher Industrieller, ferner war er Mitglied des Bezirkseisenbahnrates zu Berlin, der Handelskammer zu Halberstadt und des Aufsichtsrates verschiedener größerer industrieller Unternehmungen. Als solcher hat er sich insbesondere bei der Ascherslebener Maschinenfabrik um die Einführung der Heißdampfmaschinen verdient gemacht.

Überall kam sein entschlossener Charakter, wie seine wohlwollende Gesinnung zum Ausdruck. Daß das Eisenhüttenwerk Thale heute einen Weltruf besitzt und eine ebenso geachtete wie einflußreiche Stellung einnimmt, dankt es Hubert Claus, der das Unternehmen aus kleinen Anfängen groß gemacht hat. Das Andenken des Verewigten wird daher auch, solange das Werk besteht, mit diesem untrennbar verknüpft sein.

FRIEDRICH KASCH.

Am 9. Oktober 1847 zu Wolgast geboren, besuchte Kasch bis zum 16. Lebensjahre die dortige höhere Bürgerschule. Um Seemann zu werden, machte er auf dem von seinem Vater geführten Schiffe vom Jahre 1862 bis zum Herbst 1865 verschiedene Reisen. Zunehmender Kurzsichtigkeit wegen mußte er seinem Berufe entsagen und entschloß sich, Schiffbauer zu werden. Er kam zu dem Schiffbaumeister Lübke in Wolgast, auf dessen Werft er zwei Jahre im Holzschiffbau tätig war. Anfang Oktober 1867 bezog er die Königl. Schiffbauschule zu Grabow a. O., welche er 1869 nach bestandenem Examen verließ.

Um sich eine umfangreiche Fachbildung zu erwerben, besuchte er noch die Königl. Provinzial-Gewerbeschule zu Stettin, deren Abgangsprüfung zum Studium auf der Königl. Gewerbeakademie in Berlin berechtigte. An der letztgenannten Anstalt absolvierte er den dreijährigen Kursus für Schiffbau von 1870—73 und trat dann als Ingenieur-Aspirant in die Kaiserl. Marine ein.

Anfang 1875 wurde er zum Unteringenieur befördert und der Werft Kiel zugeteilt. 1885 wurde er Ingenieur und 1890 Bauinspektor. Während seiner Dienstjahre wurde er mehrfach zu Kommandos in Berlin und den Werften Kiel und Danzig verwandt. Am 1. April 1899 erfolgte seine Ernennung zum Marine-Oberbaurat und Schiffbau-Betriebsdirektor der Kaiserl. Werft Kiel. Im Laufe seiner Dienstzeit wurde er durch die Verleihung des Roten Adlerordens IV. Klasse und des Kronenordens II. Klasse ausgezeichnet.

Er starb am 24. August 1907 an den Folgen eines Herzleidens, betrauert von seinen Freunden, die ihn wegen seines schlichten und biederen Wesens verehrten.

MAX VON FINCKH.

Max v. Finckh wurde am 4. September 1853 in Oldenburg geboren und besuchte hier auch das Gymnasium. Nach bestandenem Abiturientenexamen ging er nach Hannover auf die Hochschule, um sich dem Eisenbahnfach zu widmen. Die Prüfungen als Regierungs-Bauführer und -Baumeister bestand er in Preußen. Nachdem er verschiedene Stellungen innegehabt hatte, lebte er in den letzten Jahren im Ruhestande in Oldenburg. Er starb am 5. September 1907 infolge von Herzlähmung.

ANTON MOSZEICK.

Anton Moszeick wurde am 15. September 1861 zu Gerdauen in Ostpreußen geboren, absolvierte das Realgymnasium auf der Burg zu Königsberg i. Pr. und studierte daselbst an der Albertina von 1882 bis 1885 Naturwissenschaft. Veranlaßt durch sein Interesse für die Schiffahrt, wandte er sich dann dem Studium des Schiffbaues zu und trat nach Beendigung seiner Studien in das Zentralbureau des Germanischen Lloyd zu Berlin ein, wo er bis zu seinem Übertritt zum Kaiserlichen Schiffsvermessungsamt im September 1895 tätig war. Im Jahre 1900 wurde er Technischer Hilfsarbeiter, im Jahre 1904 Mitglied dieses Amtes, dem er bis zu seinem Tode angehörte.

Seit dem Frühjahr d. J. machten sich die Anzeichen eines Krebsleidens bemerkbar, dem er nach mehreren operativen Eingriffen am 29. November 1907 im kräftigsten Mannesalter erlag.

Moszeick war dem Seewesen mit Begeisterung zugetan und nahm das größte Interesse an der Entwicklung unserer Handelsmarine, für die er stets eingetreten ist. Er war gründendes Mitglied des Akademischen Seglervereins und dem Segelsport mit Leib und Seele ergeben. Des öfteren hat er mit jüngeren Vereinsgenossen lange Kreuzerfahrten auf der Ostsee unternommen, wobei er sich als sportlicher Lehrmeister durch seine Frische die Herzen aller gewann, die ihn kannten.

Vorträge

der

Sommerversammlung.

X. Entstehung, Bau und Bedeutung der Mannheimer Hafenanlagen.

Vorgetragen von Stadtbaurat ***Eisenlohr***-*Mannheim.*

(Hierzu 2 Pläne.)

Als Pfalzgraf Friedrich IV. vor nunmehr 300 Jahren die Festung und Stadt Mannheim gründete, wollte er sich in erster Linie ein den neueren Anforderungen der Kriegskunst entsprechendes Bollwerk schaffen, das seinem Lande ein Stützpunkt in den drohenden Zeiten der Unruhe werden sollte. Die Residenz Heidelberg samt dem stark befestigten Schlosse war durch die umliegenden Höhen zu sehr bedroht, dagegen bot die im Winkel zwischen Rhein und Neckar gelegene mäßige Anhöhe, auf der heute das Schloß und die sogenannte Oberstadt Mannheim stehen, alle Vorbedingungen für eine schwer einnehmbare Feste, umsomehr als auch auf der Ostseite eine vom Rhein zum Neckar ziehende Senke vorhanden war, welche die Annäherung erschweren mußte.

Es ist nicht zu verwundern, daß ein so günstig gelegener Platz am Zusammenflusse zweier Ströme schon frühzeitig von den Menschen zur Niederlassung ausgewählt worden war. Zwar ist es nur Vermutung, daß die Römer hier ein Bollwerk errichtet gehabt hätten, von dem aus sie das rechte Rheinufer wieder zu erobern suchten. Ihre Hauptstraße führte entlang des linken Rheinufers und wenige Kilometer oberhalb finden wir auch jenseits in Altrip die Spuren einer römischen Niederlassung.

Dagegen zeugen seit 765 n. Chr. mehrfache Urkunden von einem blühenden Dorfe Mannheim, dessen Bewohner neben Feld- und Weinbau besonders Fischerei betrieben, wovon die im Stadtwappen enthaltene Angel herrühren soll. Daß das rührige Völkchen sich die beiden Flüsse auch für den Verkehr schon dienstbar gemacht hatte, geht aus Urkunden des 14. Jahrhunderts hervor, wonach Mannheim einen wichtigen Platz zur Einziehung der Rhein- und Neckarzölle bildete. Und in dem ältesten Stadtplane aus dem Jahre 1618 finden wir an einer Stelle des Neckarufers eingeschrieben: „Alhier hat vor alters der Cranen gestanden.", es waren somit schon fortgeschrittenere Ladevorrichtungen vorhanden gewesen.

Das Dorf Mannheim mußte der Stadt und Festung Platz machen und ist spurlos verschwunden, selbst bei der Durchwühlung des Untergrundes gelegentlich der Kanalisation sind keine Überreste aufgefunden worden.

Daß aber der Gründer der Stadt die Vorteile der Lage auch für die Zeiten des Friedens richtig erkannt hatte, geht aus Artikel III der am 24. Januar 1607 verliehenen Privilegien hervor. Dieser lautet:

> „Weiln diese Stadt Mannheim wegen der daselbst zusammenfliessenden vornehmen schiffreichen Wasserströme als dess Rheins und dess Neckars zum Kaufhandel sehr wohl gelegen, als wollen Ihre Churf. Gn. sich mit den Kaufleuten, so sich dahin begeben werden, der Marktschiff halben, so nacher Wormbs, Oppenheim, Meintz, Speyer, Heydelberg und anderen Ort den Rhein und Neckar uff und ab gehen werden, wie es die Notturft und gemeiner Nutzen fordern wirdt, also vergleichen, auch Hilff und Beförderung dazu erweisen, dass ihre Kauffmannschaft soll umb ein Ansehnliches befördert werden."

Die Vorteile der Wasserstraßen werden in den weiteren Ausführungen noch besonders hervorgehoben:

> „Und hat man von dannen biss zur Churfürst. Hauptstadt Heydelberg
> den Neckar hinauf zwo kleine Meil
> den Rhein hinab biss gen Frankenthal ein Meil
> biss gen Wormbs drey Meil
> biss gen Oppenheim sieben Meil
> biss gen Meintz zehn Meil
> biss gen Frankfurt ein gut Tagreis zu Land
> den Rhein hinauff aber / biss gen Speyer drei Meil / biss gen Strassburg vierzehn Meil.
> Also dass man mit Wein / Getreyt / Wollen und dergleichen Handthierungen zu treiben / sehr gut Gelegenheit hat. So ist an Bawholz und Steinen / wie abgemeldt / auch anderen Materialien / so zum Bawen vonnöten / kein Mangel / Und kann solches alles ganz füglich / und leichtlich herbeygeschafft / und einem jeden zu Wasser gleichsam für die Thür geführt werden."

Die Aufzählung der Städte stromab schließt mit Mainz, während stromauf des weiter entfernten Straßburg Erwähnung getan wird.

Das hat seinen guten Grund. In der sogenannten Gebirgsstrecke zwischen Bingen und St. Goar war eine Schiffahrt der starken Strömung und vielen Riffe wegen noch kaum möglich. Frh. von Rolf hat in seinem Vortrage, den er gelegentlich der Sommerversammlung der Schiffbautechnischen Gesellschaft im Jahre 1902 zu Düsseldorf über den Rheinstrom und die Entwickelung seiner Schiffahrt hielt, ausgeführt, daß die Talfahrt meist auf Fahrzeugen erfolgte, welche am Unterrhein veräußert oder zerschlagen wurden, von einer Bergfahrt aber kaum die Rede sein konnte. Der Oberrhein bildete somit damals ein Verkehrsgebiet für sich, das mit der Wasserstraße des Unterrheins nur sehr mangelhaft in Verbindung stand.

Die bei der Gründung der Stadt verliehenen „Freiheiten und Begnadigungen“ wie Aufhebung der Leibeigenschaft, Frohndfreiheit, Erleichterung in Steuern und Abgaben, Duldung in Ausübung der Religion usw. ließen die neue Schöpfung rasch emporblühen. Aber nur ein kurzer Frühling war ihr beschieden. Kaum 10 Jahre waren verflossen, da brachen die Stürme des 30 jährigen Krieges los, welche das Land des unglücklichen Winterkönigs besonders schwer heimsuchten. Schon 1622 mußte sich die Feste dem bayerischen General Tilly nach tapferer Gegenwehr ergeben, nachdem beinahe die ganze Stadt ein Raub der Flammen geworden war. Wiederholt ging in der Folge die Stadt noch in andere Hände über, bis der westfälische Frieden sie dem pfälzischen Herrscherhause wieder zurückgab.

Der Wiederaufbau der Stadt erfolgte nach dem alten Grundplane und wieder lockten die neu bestätigten und noch erweiterten Privilegien Leute aus allen Gegenden herbei. Die alten Verlade- und Lagerplätze am Neckar und Rhein, sowie an dem ersten nach dem Neckar führenden Rheinarme wurden neu angelegt, Kranen aufgestellt und Lagerschuppen zur Aufnahme der ankommenden und abgehenden Güterstücke errichtet. Eine seitliche Bucht oberhalb der Stadt diente wohl als Zufluchtshafen bei Hochwasser, woran der heute noch vorhandene Name „Schnikenloch“, herrührend von der üblichsten Schiffsgattung, der Rheinschnike, erinnert.

Die eingewanderten Bürger hatten allerlei Gewerbe aus ihrer Heimat mitgebracht, die nun hier festen Fuß faßten. Neben dem Handel mit Tabak, Getreide und Wein nahm besonders der in Holz einen bedeutenden Aufschwung durch die Flösserei auf Rhein und Neckar. Vom Jahre 1680 wird die Aufstellung eines weiteren Krans berichtet, ein Zeichen, daß der Verkehr in steter Entwickelung begriffen war.

Allein schon nach kurzer Zeit sollte dem friedlichen Gedeihen ein jähes

Ende bereitet werden. 1688 brach der Orleanische Krieg über die Pfalz herein und verwüstete dieselbe vollständig. Auch Mannheim wurde im darauffolgenden Jahre von Grund aus zerstört und 10 Jahre lang mußte es in Schutt und Asche liegen bleiben, bis es den noch übrigen früheren Bewohnern gestattet wurde, nach ihrer alten Heimat zurückzukehren.

Kurfürst Johann Wilhelm ließ die Stadt durch den holländischen Ingenieur Coehorn neu anlegen, der diesen Auftrag in Anlehnung an den früheren Plan nach erweiterten Gesichtspunkten zur Ausführung brachte. Über Rhein und Neckar wurden Schiffbrücken geschlagen, Güterverladeplätze, Lager- und Zollschuppen hergestellt. Insbesondere wurde der erste, den Rhein mit dem Neckar verbindende Rheinarm in die Anlage einbezogen. Die durch ein eingebautes Wehr gewonnene Wasserkraft diente zum Betrieb einer Mühle, welche der jenseits gelegenen Insel den Namen Mühlau verschaffte. Eine feste Brücke verband diese mit der Stadt und machte sie ebenfalls zur Aufnahme von Lagerplätzen geeignet.

Allein die Hoffnungen, wozu etwa der schöne Anfang berechtigt hatte, gingen nicht in Erfüllung. Der Geist der Zeit war ein anderer geworden. An Stelle der Freiheit und der Duldung trat Beschränkung der Freizügigkeit, Zunftwesen, religiöse Unduldsamkeit, Beschränkung des Handels durch Zölle und Abgaben. Das wirtschaftliche Leben wurde immer mehr unterbunden, der Unternehmungsgeist immer mehr gefesselt.

1720 verlegte Kurfürst Karl Philipp seine Residenz von Heidelberg nach Mannheim. Eine neue Zeit brach für die Stadt an, Kunst und Wissenschaft fanden unter diesem Fürsten sowie seinem Nachfolger Pflege und Förderung. Allein für die natürlichen, der Lage der Stadt entsprechenden Aufgaben fehlte es an dem nötigen Verständnis und im ganzen 18. Jahrhundert sind deshalb bemerkenswerte Fortschritte nicht zu verzeichnen. Die Verkehrsanlagen am Rhein und Neckar wiesen am Ende desselben annähernd den gleichen Stand auf, den sie bei dessen Beginn eingenommen hatten. Als nun noch Karl Theodor durch Erbfolge den bayerischen Thron bestieg und seine Residenz nach München verlegte, da wurde es still in Mannheim, wenn der Fürst auch noch aus der Ferne der Stadt seine Fürsorge angedeihen ließ.

Neue Kämpfe und schwere Heimsuchungen brachten die französische Revolution und die Kriege Napoleons. 1795 wurde die Stadt erst von den Franzosen, dann von den Österreichern belagert und eingenommen und bei der letzten Übergabe waren nur noch 14 Häuser unbeschädigt. Ein Trost für die geprüften Einwohner konnte es nur sein, daß im Beginn des neuen Jahrhunderts die Festungswerke geschleift wurden, die bisher die Feinde mehr angezogen, als vor denselben geschützt hatten. Mannheim war eine freie Stadt geworden, ihrer Entfaltung in friedlichem Wettkampf waren keine Schranken mehr angelegt.

Die weltgeschichtlichen Vorgänge brachten 1802 die rechtsrheinische Pfalz mit Mannheim an Baden. Die sofort eingeleiteten Bemühungen, die Schiffahrt auf dem Neckar durch Anlage eines Hafens, Aufstellen von Kranen und Lagerhäusern, Erlassen von Verordnungen usw. zu heben, konnten bei den noch immerwährenden Kriegen und der von Napoleon verhängten Kontinentalsperre vorerst keine Erfolge zeitigen.

Das Morgenrot einer neuen hoffnungsreichen Zukunft für Mannheim brach an, als der Wiener Kongreß den Grundsatz völliger Handels- und Zollfreiheit für den ganzen Rheinstrom aussprach. Die Durchführung desselben stieß aber auf heftigen und langwierigen Widerstand. Erst die Rheinschiffahrtsordnung von 1831 brachte einen sichtbaren Erfolg und es dauerte noch weitere 37 Jahre, bis die „Revidierte Rheinschiffahrts-Akte von 1868“ die Binnenzölle vollständig verschwinden ließ, und dadurch der Grundsatz des Wiener Kongresses volle Gültigkeit erlangte. Die Erfolge waren zum großen Teil den Fortschritten der Technik zuzuschreiben. Wie der Kampf zwischen Dampfschiff und Eisenbahn die Beseitigung des Rhein-Oktrois erwirkte, dann aber wieder durch Einführung des eisernen Schiffskörpers und verbesserter Dampfmaschinen neben der Vertiefung des Fahrwassers in der Gebirgsstrecke die Wasserstraße sich neben dem Schienenweg zu behaupten verstand, ist in dem schon erwähnten Vortrage des Frh. von Rolf in ausführlicher Weise geschildert worden. Für Mannheim von besonderer Bedeutung war es aber, daß von hier aufwärts der Kampf mit einem Siege der Eisenbahn endigte. Durch die zwischen Baden und Frankreich vereinbarte Rheinkorrektion war zwar dem Strome oberhalb Germersheim ein geregelter Lauf vorgeschrieben worden; allein der Zweck dieser Arbeiten war eine Sicherung der Ufer, eine Verbesserung der Vorflut; die Schaffung einer Schiffahrtsrinne war vorerst nicht beabsichtigt gewesen und hatte es unter den damaligen Verhältnissen auch noch nicht sein können. Der in regelmäßigem Wechsel von einem zum anderen Ufer in schlangenartigen Windungen sich bewegende Strom wies zwar da, wo er am Ufer anlag, große Tiefen auf, allein an den Übergangsstellen fehlte es über den Furten an genügendem Fahrwasser. Die Schiffe konnten nur wenig abgeladen werden und verlangten hohe Transportkosten.

Wenn nun auch die Dampfschiffahrt seit 1825 bis Straßburg und zeitweise bis Basel sich erstreckte, so mußte sie doch ihren Betrieb aufgeben, sobald die Eisenbahn von Mannheim bis zur Schweizer Grenze ausgebaut war. 1855 hörte sie auf und auch ein nach der Wiedergewinnung des Elsaß Anfang der 70 er Jahre unternommener Versuch zur Wiederbelebung hatte keinen dauernden Erfolg.

So hatte also die Einführung der Eisenbahn zur Folge, abwärts Mannheim eine Verbesserung der Fahrstraße in der Gebirgsstrecke und damit eine Vergrößerung der Schiffsgefäße, aufwärts ein Verschwinden des durchgehenden Schiffsverkehrs. Dadurch ist Mannheim das geworden, was ihm seine heutige Stellung verschafft hat, der Endpunkt der Großschiffahrt auf dem Rhein und damit einer der bedeutendsten Umschlagsplätze Deutschlands.

Es ist ein großes Verdienst der Großh. Badischen Regierung, die Verhältnisse richtig beurteilt und rechtzeitig jeweils die nötigen Maßnahmen getroffen zu haben, um Mannheim die ihm zukommende Stellung zu sichern. Als die Rheinschiffahrts-Akte von 1831 zustande kam, war der Entwurf zu einem modernen Rheinhafen schon in Arbeit. Am 10. September 1834 wurde der Grundstein gelegt und am 17. Oktober 1840 erfolgte die feierliche Einweihung der neuen Anlage.

Als Hafengebiet war die oberste Strecke des den Rhein mit dem Neckar verbindenden Flußarmes gewählt worden. Es kamen zwei Becken zur Ausführung. Das erste, der sogenannte Inlandhafen erhielt bei 96 m Breite eine Länge von 140 m und trat bis an die Hafenzufahrtsstraße, den heutigen Parkring heran. Der anstoßende Auslandshafen hatte nur 54 m Breite, aber eine Länge von 220 m. Auf dem 42 m breiten Vorsprunge wurde das Hauptzollamtsgebäude mit seinen Lagerhäusern errichtet, die heute noch stehen und somit den ältesten Teil der jetzigen Hafenanlagen bilden.

Den Abschluß des Auslandshafens bildete eine nach der Mühlau führende Brücke, die einen Schiffsdurchlaß für die nach dem Neckar gehenden und von dort kommenden Schiffe enthielt. Das am Mühlenwehr vereinigte Gefälle wurde durch eine Kammerschleuse von 39 m Länge und 9 m l. Weite überwunden.

Es mag auffallen, daß der Hafen in dem immerhin engen Rheinarm und nicht am offenen Strome selbst angelegt wurde. Es war auch zuerst der Plan erwogen worden, die Anlage oberhalb Mannheim zu erstellen, wo der in der Konkaven der Stromkrümme anliegende Talweg stets genügende Fahrwassertiefe gesichert hätte und unbebautes Gelände in unbeschränktem Maße zur Verfügung gestanden hätte. Allein man hielt eine unmittelbare Verbindung mit dem Neckar für so wichtig, daß man dem zur Ausführung gekommenen Entwurfe den Vorzug gab, obgleich die Gestaltung des Rheinlaufes damals einen Ausbau seines rechten Ufers nicht gestattete und selbst zur Offenhaltung der oberen Einfahrt durch Anlage des sogenannten Mühlaugiessens besondere Veranstaltungen getroffen werden mußten.

Oberhalb der Hafeneinfahrt bis zur Schiffbrücke befanden sich noch Ausladeplätze, die aber bei Hochwasser überschwemmt wurden und ebenso war unterhalb der Schiffbrücke über den Neckar auf dem linken Ufer Gelegenheit zum Umschlag geboten.

Der Gesamtaufwand wird auf 1 128 000 Mark angegeben

Mannheimer Hafenanlagen: Zollhafen 1840—1870.

Fig. 1.

Es war ein bedeutendes Unternehmen für die damalige Zeit, das da geschaffen war und dafür, wie dasselbe aufgefaßt wurde, haben wir keinen geringeren Zeugen als S. K. H. Großherzog Friedrich, der als jugendlicher Prinz sowohl der Grundsteinlegung wie der Einweihung der neuen Hafenanlage beigewohnt hatte. „Sehr schön, aber viel zu groß" sei das weit verbreitete Urteil gewesen, rief S. K. H. den in den Räumen dieses Hauses ihm huldigenden Mannheimern erst vor wenigen Monaten aus dem reichen Schatze seiner Erinnerung zu. Und doch sah man sich schon im Jahre 1845 genötigt, durch den Ausbau des Rheinarmes zwischen Auslandhafen und Kammerschleuse eine Erweiterung vorzunehmen.

Wie ein Märchen muß es uns heute anmuten, wenn wir hören, daß man es nicht für notwendig gehalten hatte, die im Jahre der Hafeneinweihung zwischen Heidelberg und Mannheim eröffnete Eisenbahn mit der Wasserstraße in Verbindung zu bringen. Als sich dann das Bedürfnis als unabweisbar erwies, erforderten die Verhandlungen, auf welche Weise der Anschluß erfolgen sollte, lange Zeit. Erst 1854 konnte die Hafenbahn dem Betriebe übergeben werden, die im darauffolgenden Jahre auch nach dem tiefer gelegenen Neckarvorlande geführt wurde.

Von jetzt ab nahm die Bedeutung Mannheims als Umschlagplatz zu, je mehr durch den Ausbau des Eisenbahnnetzes im Osten und Süden das Hinterland erschlossen wurde.

Ähnlich wie auf dem Rhein machte sich jetzt am Neckar der Kampf zwischen Schienenweg und Wasserstraße geltend und führte zu wesentlichen Verbesserungen auf dieser. Wenn auch die Schiffahrt hier nicht dieselben Erfolge aufweisen kann, wie auf dem Rheine, so hat sie sich doch besonders seit Einführung des Kettenschleppzuges wenigstens zu behaupten verstanden. 1858 erfolgte ein weiterer Ausbau des Neckarufers bis zur Einfahrt zum Rheinhafen, sowie die Vertiefung des sogenannten Hummelgrabens, des Unterwasserkanals der Mühle.

Damit war das zunächst zur Verfügung stehende Gelände ausgenützt und es war klar, daß man bei weiterem Bedürfnisse mit solch kleinen Erweiterungen nicht mehr helfen könne und nur eine umfassende Neuanlage dauernde Abhilfe bringen könne.

Es wurde deshalb zur Bearbeitung eines neuen Planes geschritten, bei dem gleichzeitig den durch die Rheinkorrektion bei Mannheim veränderten Verhältnissen gebührend Rechnung getragen werden konnte.

Große Veränderungen hatte der natürliche Lauf der beiden bei Mannheim sich vereinigenden Flüsse im Laufe der letzten Jahrzehnte erfahren. Zwar in geschlossenem Bette durchzog bei Mittelwasser der seit 1802 die Grenze zwischen der Rheinpfalz und Baden bildende Rhein von Germersheim abwärts die Rheinebene, aber bei starken Anschwellungen überflutet er beiderseits weite Geländeflächen. Im Jahre 1825 schlossen deshalb die beiden Staaten eine Übereinkunft, wonach die starken Krümmungen durch eine Reihe von Durchstichen beseitigt, dem Flußlaufe eine gestreckte Linienführung gegeben werden sollte. Durch die Abkürzung des Flußlaufes sollte eine tiefere Einbettung und damit eine Senkung des Wasserspiegels erzielt werden, um die beiderseitigen Uferstrecken von Versumpfung und dadurch von den herrschenden Fiebern zu befreien. Auf Einsprache Preußens mußten zwar einige der beabsichtigten Durchstiche unterbleiben, so der oberhalb Mannheim geplant gewesene Neckarauer Durchstich, dagegen war die Ausführung des Friesenheimer Durchstichs unterhalb Mannheim durch Aushub eines Grabens schon 1825 in die Wege geleitet worden. Die weitere Verbreiterung und Vertiefung wurde der Tätigkeit des Stromes selbst überlassen. Der aus zähem Letten bestehende Untergrund leistete heftigen Widerstand, so kam es, daß erst 1862 der neue Rhein für die Berg- und Talschiffahrt als eröffnet erklärt werden konnte. Um das Wasser möglichst zusammenzuhalten, wurde der alte Lauf oberhalb der Neckarmündung abgebaut.

Nunmehr mußte dem Neckar eine neue Mündungsstrecke gegeben werden, sollte sich nicht infolge des verlängerten Laufes seine Sohle in einer für die Stadt gefahrdrohenden Weise aufhöhen.

In den Jahren 1866—1871 wurden diese für die Mannheimer Anlagen so bedeutungsvollen Arbeiten ausgeführt. Auch der alte Neckarlauf wurde abgeschlossen und erhielt nur eine Einfahrt für die vom Neckar kommenden Flöße, welche in dem nunmehr zu einem Floßhafen umgewandelten Altrhein zu den mächtigen Rheinflößen gebunden werden.

Der Erfolg der Neckarkorrektion war ein vollständiger. Ohne künstliche Nachhilfe mittels Baggerung erhält sich von der Friedrichsbrücke abwärts, also auf eine Länge von über 3 km, selbst bei niedrigstem Wasserstande eine Fahrwassertiefe, daß die größten Rheinkähne voll beladen hier einlaufen können. Das linke Ufer ist nach und nach vollständig zu Umschlags und Lagerplätzen umgewandelt worden, während das rechte Ufer zur Wahrung eines genügenden Flutprofils so tief liegen bleiben muß, daß es häufiger unter Wasser gesetzt wird. Hier findet deshalb nur Umschlag von Sand, Kies und Baumaterialien statt, die sofort zur Abfuhr gelangen.

Den veränderten Verhältnissen Rechnung tragend nahm der Großh. Oberbaurat K e l l e r in seinem Entwurfe für eine neue Hafenanlage eine völlige Umgestaltung in Aussicht. In Richtung der Sehne des vom Rhein beschriebenen Bogens wurde ein 2100 m langes und 120 m breites Hafenbecken, der M ü h l a u h a f e n angelegt. Die Einfahrt erfolgt jetzt zweckentsprechender von unten her, doch ist auch am oberen Ende eine Verbindung mit dem Rhein hergestellt, wobei der Wasserspiegelunterschied von etwa 36 cm mittels Kammerschleuse überwunden wird. Der alte Rheinarm wurde zugeworfen, nur der Auslandhafen blieb bestehen; dafür wurde ein neuer, gradliniger Kanal nach dem Neckar ausgehoben, der sogenannte V e r b i n d u n g s k a n a l.

Mannheimer Hafenanlagen: Neckarhafen.

Fig. 2.

Mannheimer Hafenanlagen: Mühlauhafen mit Speicher der Mannheimer Lagerhaus-Gesellschaft.

Fig. 3.

Die Einführung der Eisenbahn erfolgt nunmehr von oben her vom neuen Rangier- und Personenbahnhof aus, der wegen der Verbindung mit Ludwigshafen eine neue Lage bekommen hatte.

Die Anlagen wurden in den Jahren 1870—1879 ausgeführt und auch sofort besiedelt. Am Mühlauhafen errichtete die Mannheimer Lagerhaus-Gesellschaft den ersten Privatspeicher, an den sich auf dem rechten Ufer eine Reihe von

Mannheimer Hafenanlagen: Verbindungskanal.

Fig. 4.

Hallen und Schuppen anschlossen. Auf dem jenseitigen Ufer siedelten sich besonders Kohlenlager an, während den Verbindungskanal der Getreidehandel bevorzugte.

Schon 1885 mußte eine weitere Vergrößerung in Angriff genommen werden. Es erfolgte der Bau des B i n n e n h a f e n s, bestehend aus zwei gleichlaufenden Becken, die sich in Hufeisenform gegen den Neckar vereinigen und eine gemeinsame Ausfahrt nach diesem haben. Das Ostufer und die Landzunge sind von Kohlenlagern in Anspruch genommen, auf der Westseite befinden sich Hallen für Getreide, Ölsaaten usw. sowie Holzlager.

Trotzdem durch den Binnenhafen 2700 m Ufer geschaffen worden waren, konnte nur kurze Zeit der Nachfrage entsprochen werden. Für den weiteren Ausbau stand jetzt aber nur noch das Rheinufer selbst zur Verfügung. Es mag auffallen, daß gerade diese Anlage zuletzt zur Ausführung kam, wo doch die Vorliebe der Schiffer für eine Reede im fließenden Wasser eine bekannte Erscheinung ist. Allein bei Festsetzung des Hochwasserprofils war bestimmt worden, daß das Rheinvorland 2,10 m unter Hochwasser liegen bleiben solle,

Mannheimer Hafenanlagen: Binnenhafen.

Fig. 5.

und dann lag der Talweg des Rheins so hart an dem jenseitigen Ufer, daß es in der Convexen am nötigen Fahrwasser fehlte. Dem einen Mangel wurde durch Vereinbarung mit Bayern, dem anderen durch einen Leitbau in der seitlichen Ausbuchtung oberhalb der Rheinbrücke abgeholfen und es wurde dann in den Jahren 1892—1895 in der Uferlinie eine 2025 m lange Kaimauer auf Pfahlrost zur Ausführung gebracht, die den höchsten bekannten Wasserstand noch überragt 8 Lagerhallen und 3 große, mit allen neuzeitlichen Einrichtungen versehene Getreidespeicher wuchsen in kurzer Zeit empor und wurden in Benutzung genommen. Kräne und Elevatoren sind elektrisch

Mannheimer Hafenanlagen: Rheinkai.

Fig. 6.

betrieben, durch Anlage von Schiebebühnen ist jedes Verschieben von Eisenbahnwagen längs des Ufers vermieden und dadurch ein ungestörter und rascher Umschlag von Schiff auf Bahn oder Lager ermöglicht.

Die Pläne dieser den Glanzpunkt der Mannheimer Hafenanlagen bildenden Ausführungen wurden von Herrn Baudirektor Wasmer und Oberingenieur Tegeler entworfen, letzterer leitete auch die Ausführung.

Die Spitze zwischen Rhein und Neckar, somit das unterste Ende des Hafens, ist dem Petroleumverkehr vorbehalten und ganz von der deutsch-amerikanischen Petroleum-Gesellschaft in Anspruch genommen. 17 Tanks mit einem Gesamtinhalt von 41 Millionen Liter nebst den nötigen Abfüllschuppen usw. sind hier untergebracht.

Für die in vorstehendem beschriebenen Hafenanlagen sind seit 1870 allein aus Staatsmitteln etwa 21 Millionen aufgewendet worden.

Neben dem Handel hatte sich von Anfang an auch die Industrie in den Hafenanlagen niedergelassen. Für Mühlen, Sägewerke, Brikettfabriken, Schiffbau usw. mußte dieses Gebiet infolge seines Anschlusses an die Wasserstraße und die Nähe der Vorräte an Rohprodukten besonders geeignet erscheinen. Die wachsenden Bedürfnisse des Handels verboten aber eine weitere Ausdehnung der Gewerbebetriebe, ja manche derselben wurden Anfang der 90er Jahre verdrängt. Bei der Umschau nach anderen geeigneten Plätzen zeigte sich ein völliger Mangel an solchen, welche mit der Wasserstraße in unmittelbarer oder wenigstens in bequemer Verbindung stehen. Die Handelskammer regte deshalb im Jahre 1891 bei Großh. Finanzministerium an, den durch die Rhein- und Neckarkorrektion entstandenen Altrhein, den Floßhafen, zu einem Industriehafen auszubauen. Die Staatsbehörde lehnte es aber ab hier einzugreifen, bezeichnete dies vielmehr als eine Aufgabe, die der Stadtgemeinde zustehe. Nur zögernd trat diese an ein so großes, in seinem Erfolge doch immerhin unberechenbares Unternehmen heran, das aber in der Person des Oberbürgermeisters einen energischen Förderer erhielt. Nach langen Verhandlungen wurde Anfang 1895 ein Vertrag abgeschlossen, wonach die Stadtgemeinde es übernahm, den Altrhein vom Neckar bis Waldhof, d. i. auf eine Erstreckung von etwa 2 km, zu einem Industriehafen auszubauen, während die Staatsverwaltung die Verbindung des Hafens und des Neckars mittelst Kammerschleuse, sowie den Anschluß an das Eisenbahnnetz und einen Teil der Gleisanlagen im Hafengebiet zusicherte.

Der Bau erfolgte in den Jahren 1897—1902 und es hat die Stadt bisher etwa 7 Millionen, der Staat 2 Millionen aufgewendet.

Industrieplätze verlangen verhältnismäßig weniger Uferlänge wie Umschlagsplätze; für viele ist eine unmittelbare Lage an der Wasserstraße nicht einmal unbedingte Notwendigkeit, es genügt eine bequeme und billige Verbindung mit derselben. Das Gebiet ist deshalb weniger gegliedert als im Handelshafen. Im allgemeinen sind die Wasserflächen Überreste der alten

Mannheimer Hafenanlagen: Industriehafen.

Fig. 7.

Wasserläufe vom Neckar und Rhein, nur teilweise durch Auffüllung eingeschränkt. Neu ausgehoben sind der Kaiser Wilhelmhafen, an welchem in beschränkter Ausdehnung auch Lagerplätze und Speditionen zugelassen werden sollten, und das Hemshofbecken als Umschlagsstelle für die hinterliegenden Fabrikplätze auf dem linken Ufer.

Am unteren Ende der bisher ausgebauten Strecke ist zur Verbindung der beiden Ufer ein Damm geschüttet, auf dem Straße und Eisenbahn den hier 300 m breiten Altrhein überschreiten. Eine Drehbrücke gibt zum Durchlassen von Schiffen 2 Öffnungen von je 21,5 m frei, während ein weiterer mit fester Brücke überspannter Durchlaß für das Floßholz bestimmt ist, welches, vom Neckar kommend durch die Floßschleuse auf dem Floßmarkt gelangt und dann auf dem Floßbindeplatz zu den mächtigen Flößen gebunden wird, die rheinabwärts ihre Reise fortsetzen.

Unterhalb des Dammes bietet auf der einen Seite ein besonderes Becken Umschlaggelegenheit für das städtische Gaswerk und andere, im Hinterlande gelegene Industrien; auf der anderen Seite mußte ein abgeschlossenes Becken geschaffen werden, um dem russischen und österreichischen Petroleum eine Ansiedelungsstätte zu bereiten, da im staatlichen Mühlauhafen hierzu keine geeignete Fläche mehr zur Verfügung stand.

Weiter abwärts, wo das Gelände schon von Natur aus über Hochwasserhöhe gelegen war, hatten sich schon früher einige große Fabriken niedergelassen und 2,2 km Ufer in Anspruch genommen. Dazu sind jetzt weitere 8,1 km hinzugekommen und im Hafengebiet 213 ha nutzbares Gelände gewonnen worden.

Der Erfolg des Unternehmens war über Erwarten günstig. 50 Fabriken und gewerbliche Betriebe haben sich schon niedergelassen und gerade in neuester Zeit ist wieder eine so rege Nachfrage zu bemerken, daß voraussichtlich das jetzt noch freie Gelände in wenig Jahren besiedelt sein wird.

Die Vorarbeiten für eine Erweiterung, die wiederum etwa 200 ha umfassen wird, sind deshalb bereits im Gange, die ersten Schritte zum Grunderwerb schon eingeleitet.

Während im Handelshafen grundsätzlich Plätze nur pachtweise abgegeben werden und die von Privaten erbauten Gebäude nach einer bestimmten Reihe von Jahren in das Eigentum des Staates übergehen, können hier im Industriehafen solche Flächen, auf welchen Fabriken entstehen, käuflich erworben werden.

Den Eisenbahnbetrieb führt die Großherzoglich Badische Staatsbahn; die Stadtgemeinde hat aus demselben keinerlei Einnahmen. Hafengelder werden wie im Handelshafen keine erhoben, auch nicht für das Öffnen der Brücken oder die Benutzung der Schleusen.

Die rasche Besiedelung des Industriehafens war umsomehr zu bewundern, als zur gleichen Zeit an der südlichen Grenze der Gemarkung Mannheim eine ähnliche Anlage größten Umfangs durch die Unternehmungslust Privater ins Leben gerufen wurde.

Dort hatte sich vor etwa 35 Jahren am Uferrande eines ehemaligen Rheinlaufes eine chemische Fabrik angesiedelt, für die ein unmittelbarer Anschluß an die Wasserstraße schon längst ein fühlbares Bedürfnis geworden war. Für sie allein war aber die Aufgabe zu groß. Angeregt durch das Unternehmen der Stadt Mannheim kam aber 1895 eine Gesellschaft „Rheinau" zustande, welche die Kosten für das Hafenbecken dadurch auf breitere Schultern zu verteilen suchte, daß sie beiderseits das anstoßende Gelände

Mannheimer Hafenanlagen: Industriehafen.
Blick in die Industriestraße.

Fig. 8.

aufkaufte und zu Industrieplätzen umgestaltete. Schon im Frühjahr 1896 konnte mit den Arbeiten begonnen werden und nach 2 Jahren war die Anlage fertiggestellt.

Die geschaffenen Plätze fanden raschen Absatz, sodaß der Plan gefaßt wurde, das Unternehmen weiter auszudehnen und noch zwei Hafenbecken mit gemeinsamer Einfahrt zu bauen. Der Umfang der gesamten Anlage entspricht etwa dem des städtischen Industriehafens; bei 12,1 km Uferlänge sind 210 ha Gelände nutzbar gemacht worden.

Die Wasserfracht nach Rheinau ist etwa dieselbe wie nach Mannheim, dagegen hat dieser Hafen für Sendungen nach Süden einen Tarifvorsprung von 10 km und eignet sich deshalb besonders für den Massenumschlag minderwertiger Güter, während der Mannheimer Industriehafen in seiner näheren Lage zur Stadt seinen Vorzug findet.

Von Anfang an ist deshalb der Rheinauer Hafen vom Kohlenhandel bevorzugt worden und in neuester Zeit hat das Kohlenkontor das ganze noch verfügbare Gelände aufgekauft, sodaß der Hafen völlig den Charakter als Kohlenhafen erhalten wird. Den Eisenbahnbetrieb führt auch hier die Großherzogliche Badische Eisenbahnverwaltung.

In wirtschaftlicher Beziehung bilden die drei Anlagen: der Handelshafen, der städtische Industriehafen und der Rheinauhafen ein Ganzes. Es ist deshalb schon gerechtfertigt, wenn bei einer Betrachtung des räumlichen Umfanges und der Größe des Verkehrs der Kürze halber die Ergebnisse der Einzelhäfen zusammengefaßt werden. Es ergibt sich dann folgendes Bild:

Die gesamten nutzbaren Ufer besitzen zusammen eine Länge von 39,770 km, an welchen 149 Kranen, 20 Elevatoren und 8 Kohlenverladebrücken tätig sind; sie umsäumen 579 ha Gelände, welches mit 107 Werfthallen und Lagerhäusern besetzt ist und auf dem gegen 100 Fabriken angesiedelt wurden. Für den Verkehr sind 173 km Eisenbahngleise und 41 km Straßen gebaut worden; für Wasser, Gas, elektrische Energie usw. ist in weitgehendstem Maße Vorsorge getroffen.

Wie sehr die Erweiterung der Hafenanlagen durch die Steigerung des Verkehrs bedingt wurde, zeigt nachstehende Zusammenstellung über die Größe des Umschlags seit 1855 von 10 zu 10 Jahren:

Jahr:	Schiffsverkehr in 1000 Tonnen	Zunahme seit 1855 %
1855	190	1
1865	370	1,95
1875	770	4,05
1885	1710	9,00
1895	3280	17,30
1905	6950	36,50

Von 10 zu 10 Jahren hat sich somit der Schiffsverkehr jeweils etwa verdoppelt.

Mit dem Verkehr in Mannheim ist aber die Zu- und Abfuhr auf dem Rhein an der Neckarmündung noch nicht erschöpft. Auch auf dem linken Ufer in Ludwigshafen ist eine sehr leistungsfähige und in ähnlicher Weise zunehmende Hafenanlage entstanden. Nur die politischen Grenzen sind es, welche eine Trennung veranlassen, wirtschaftlich bilden Mannheim und Ludwigshafen eine Einheit. Es muß der beiderseitige Verkehr zusammengeworfen werden, wenn ein richtiges Bild von der Bedeutung des Rheins als Wasserstraße für Süddeutschland gewonnen werden soll.

Der Schiffsverkehr in Ludwigshafen betrug nun im Jahre 1905 1,82 Millionen Tonnen, sodaß sich für Mannheim-Ludwigshafen eine Gesamtleistung von $6,95 + 1,82 = 8,77$ Millionen Tonnen ergibt.

Allein dastehende Zahlen geben aber noch keine richtige Vorstellung; den richtigen Maßstab erhält man erst durch Vergleich mit den Leistungen anderer Anlagen gleicher oder ähnlicher Art und gerade für diese Versammlung, deren Mitglieder doch in der Mehrzahl in Hafenstädten ansässig sind, dürfte ein solcher Vergleich von besonderem Interesse sein. Zieht man nur den Binnenschiffahrtsverkehr in Betracht und faßt man die wirtschaftlich zusammengehörigen Häfen jeweils in eine Gruppe zusammen, so ergibt sich folgendes Bild für das Jahr 1905:

1.	Duisburg-Ruhrort	14,40	Mill. Tonnen
2.	Mannheim-Ludwigshafen . . .	8,77	„ „
3.	Berlin	8,01	„ „
4.	Hamburg-Harburg-Altona . .	7,62	„ „
5.	Magdeburg	2,01	„ „
6.	Mainz-Gustavsburg	1,95	„ „
7.	Breslau	1,11	„ „
8.	Köln-Deutz	1,10	„ „
9.	Düsseldorf	1,02	„ „

Mannheim-Ludwigshafen steht somit an zweiter Stelle und wird nur von Duisburg-Ruhrort, den Ausfuhrhäfen des rheinisch-westfälischen Kohlengebietes übertroffen. Aber selbst einen Vergleich mit Seestädten können die oberrheinischen Häfen ruhig aushalten, denn es weisen auf:

1.	Hamburg-Harburg-Altona einen Gesamtschiffsverkehr von	25,01	Mill. Tonnen
2.	Duisburg-Ruhrort	14,40	„ „
3.	Mannheim-Ludwigshafen . . .	8,77	„ „
4.	Berlin	8,01	„ „
5.	Bremen und Bremerhaven . .	5,33	„ „
6.	Stettin-Swinemünde	2,79	„ „
7.	Magdeburg	2,01	„ „

usw.

Selbst wenn Mannheim für sich allein aufgeführt würde, käme es mit seinen 6,95 Millionen Tonnen nur hinter Berlin zu stehen.

Noch glänzender (vielleicht an erster Stelle im Binnenschiffahrtsverkehr) würde Mannheim dastehen, wenn statt der Tonnenzahl die Werte der umgeschlagenen Güter in Vergleich gestellt würden. Wenn auch hier Steinkohlen und Koks den Hauptartikel bilden, so erreichen sie doch nur 45,81 % des Gesamtverkehrs, während auf Getreide 17,94 %, Salz 4,45 %, Holz 3,65 %, Eisen 2,07 %, Petroleum 1,96 % entfallen. Fast $1/_5$ der gesamten Einfuhr von Weizen nach Deutschland erfolgt über Mannheim, an Petroleum nahezu $1/_{10}$. Im Jahre 1903 kam der Zollbetrag der wichtigsten Einfuhrartikel Mannheims allein über $26^1/_2$ Millionen Mark.

Mannheim ist aber nicht nur dabei tätig, die auf den Rhein beigeführten Güter aufzunehmen und weiter zu senden, es beteiligt sich auch in ganz hervorragendem Maße an den Transporten selbst. Allein die 4 bedeutendsten Reedereien Mannheims zeigen die badische Flagge auf 54 Schleppdampfern und 227 Schleppkähnen, die Tragfähigkeiten bis zu 2000 t aufweisen. Auch der Schiffbau hat hier eine Stätte gefunden. Wenn es auch der Schiffs- und Maschinenbau-Aktien-Gesellschaft durch den Wettbewerb Hollands nicht möglich ist, ihrem Betriebe einen großen Umfang zu verleihen, so darf sie sich doch rühmen, unter ihrem rührigen Direktor eine Reihe erster Auszeichnungen für hervorragende Leistungen davongetragen zu haben.

Kann auch Mannheim mit Stolz auf seine Hafenanlagen und deren Entwicklung sehen, so darf es sich doch nicht verhehlen, daß seine Stellung als Endpunkt der Großschiffahrt ernstlich bedroht ist. Die von Straßburg seit seiner Wiedervereinigung mit dem deutschen Reiche unablässig verfolgten Bestrebungen haben zum Ziele geführt, und es sind schon die Bauarbeiten im Gange, welche auf dem Oberrhein eine Mindestfahrwassertiefe von 2 m schaffen sollen. Die 3 neu erbauten Häfen Karlsruhe, Straßburg und Kehl sind gerüstet, das Erbe Mannheims anzutreten. In neuester Zeit hat sich noch ein weiterer Bewerber um die Stelle als Endpunkt der Großschiffahrt eingestellt, die Stadt Basel, ja, phantasievolle Köpfe sehen im Bodensee einen künftigen großen Binnenhafen.

Aber nicht nur im Süden, auch im Osten ist das Hinterland Mannheims ernstlich gefährdet. Schon ist der Staatsvertrag unterzeichnet, der die Kanalisierung des Mains sicher stellt und auch unser nächster Nachbar, Württemberg, ist mit den Vorarbeiten dafür beschäftigt, wie die Großschiffahrt auf dem Neckar über Mannheim hinaus bis in das Herz des Landes ausgedehnt werden könnte.

Mag auch noch bis zur Verwirklichung dieses Planes manches Jahr vorüberrollen, daran ist wohl kaum zu zweifeln, daß er einmal zur Ausführung kommen wird.

Vergegenwärtigt man sich noch, wie das drohende Gespenst der Schiffahrtsabgaben immer näher rückt, so wird man es begreiflich finden, daß eine vorsichtige Stadtverwaltung Umschau hält und auf Mittel sinnt, wie etwa diesen Gefahren begegnet werden könne. Ein solches glaubt man darin gefunden zu haben, daß man als Ersatz für den leichter beweglichen Handel die seßhaftere Industrie anzuziehen und zu kräftigen sucht. Diese Rücksichten waren es auch, welche dazu führten, den Industriehafen ins Leben zu rufen, in welchem alle die Vorteile vereinigt sein sollen, welche zu einer gedeihlichen Entwicklung notwendig sind.

Mannheim verliert den Mut nicht leicht. Wenn auch nicht zu erwarten ist, daß die künftige Entwicklung mit derjenigen der letzten Jahre gleichen Schritt hält, so ist doch zu hoffen, daß ein Stillstand oder gar Rückgang vermieden wird!

Der Vorsitzende, Herr Geheimer Regierungsrat Professor Busley:

Ich eröffne die Diskussion über den Vortrag des Herrn Stadtbaurat Eisenlohr.

Da das Wort nicht gewünscht wird, danke ich dem Herrn Stadtbaurat namens unsrer Gesellschaft auf das Verbindlichste für seine Bemühungen sowie für die fesselnden und erschöpfenden Mitteilungen, welche uns den Werdegang der bewunderswerten Hafenanlagen in so anschaulicher Weise vorführten.

XI. Seeschiffahrt, Binnenschiffahrt und Schiffbau in Rußland mit besonderer Rücksicht auf die Beziehungen zu Deutschland.

Vorgetragen von ***Egon Rágóczy*** *- Berlin.*

Nation und Schiffahrt.

„Eine Nation ohne Schiffahrt ist ein Vogel ohne Flügel, ein Fisch ohne Flossen, ein zahnloser Löwe, ein Hirsch an der Krücke, ein Ritter mit hölzernem Schwert, ein Helote und ein Knecht der Menschheit. Wer an der See keinen Teil hat, der ist ausgeschlossen von den guten Dingen und Ehren der Welt, der ist unseres lieben Herrgotts Stiefkind."

Friedrich List.

Einleitung.

Vor etwa siebenhundert Jahren begann die politische und religiöse Vorherrschaft von Westen nach Osten von den Staatengebilden, die aus den verschiedenen Teilen des römischen Reiches hervorgegangen waren, nach den von Slaven und anderen Völkerschaften bewohnten Teilen Mittel- und West-Europas vorzudringen.

Der Deutsche Orden, welcher sich besonders die Kultivierung der preußischen sowie der späterhin schwedischen und heute russischen Ostsee-Provinzen zum Ziele setzte, faßte diese seine hohe Kulturaufgabe vorwiegend in den Rahmen religiöser Formen.

Der Niedergang des Ordens und die Ausbreitung des polnischen Reiches setzte dieser Tätigkeit gegen Ende des 15. Jahrhunderts ein Ziel.

Später sehen wir allmählich Rußland nach der Ostsee vordringen, um Anteil zu nehmen an dem Meere. Schritt für Schritt drängt es den polnischen Nebenbuhler zurück. Ende des 17. Jahrhunderts war es Peter der Große, der dieses Bestreben verkörperte. Wir finden ihn zunächst im Jahre 1696 als Schiffszimmermann in Holland, um holländische Schiffbaukunst und holländische Schiffahrt kennen zu lernen. 1698 ging er nach England und 1703 legte er den Grund zu der neuen Hauptstadt an der Ostsee, St. Petersburg, das heute der Ausgangspunkt vieler Schiffahrtsstraßen ist.

Durch das im Jahre 1696 eroberte Asow gewann Rußland aber auch den Schlüssel zum Schwarzen Meere und durch die Eroberung von Ingermannland 1703 und von Livland und Estland 1709 schuf sich Rußland eine langgestreckte Küste an der Ostsee. Mit einem Schlage war Rußland ein beachtenswerter Faktor in der europäischen Weltpolitik und im nordeuropäischen Handel geworden.

Hundert Jahre später wird das Interesse an seinem Werdegang abgelöst durch die Teilnahme an der Entstehung des eigenartigen Reiches, welches auf der nordamerikanischen Hälfte des neuen Kontinents entstand. Mit immer zunehmender Gewalt vollzieht sich dort jenseits des Ozeans eine Entwickelung, welche den Volkswirt und den Politiker in gleich hohem Maße fesselt. Handel und Industrie Europas werden heute in ganz besonderem Maße durch den jeweiligen Stand der nordamerikanischen Industrie, durch die Gestaltung des Warenmarktes beeinflußt, sie sind, wie der Auf- und Niedergang des Pulses an den europäischen Börsen zeigt, heute mehr wie je abhängig von Stimmungen und Meinungen, Ansichten und Aussichten auf dem nordamerikanischen Kontinente.

Und doch sollten wir heute wieder den Blick mehr nach Osten wenden. Nicht allein veranlassen dazu die bedeutsamen Vorgänge auf politischem Gebiete — der so ereignisreiche und folgenschwere Krieg Japans gegen China, der darauffolgende Krieg zwischen Japan und Rußland, welcher das ostasische Inselreich mit einem Schlage in die Reihe der maßgebenden Kulturstaaten einreihte —, nicht allein die fortgesetzten politischen Unruhen an unserer Ostgrenze üben eine wahrnehmbare Rückwirkung auf unsere inneren politischen Zustände aus, viel mehr noch sind es mannigfache materielle Interessen, die uns zwingen, auf Rußlands Entwickelung zu schauen.

Mit unserem östlichen Nachbar Rußland verbinden uns sehr gewichtige gemeinsame Interessen, die hier nur kurz angedeutet werden können.

In Rußland steckt eine größere Menge deutscher Kapitalinteressen als in irgend einem anderen Lande. Sie verkörpern sich zum großen Teile im deutschen Besitze russischer Werte, aber auch in der großen Zahl der von Deutschen betriebenen Unternehmungen verschiedenster Art, in deutscher

Beteiligung an russischen Unternehmungen durch Kapital und Kredite, namentlich in Kiew, Odessa, Noworossisk, Rostow, Tiflis, Riga, Warschau und Helsingfors[1]) (aus den größten Zentren, vor allen Petersburg und Moskau, liegen schlüssige Berichte nicht vor).

In zahlreichen russischen Städten gibt es eine große Anzahl von deutschen Handelshäusern mit sehr bedeutenden Kapitalien und Krediten. Desgleichen findet sich sehr umfangreicher deutscher Grundbesitz in ganz Rußland.

Von der Größe der in industriellen Unternehmungen steckenden Kapitalien gibt die Tatsache ein Bild, daß z. B. allein in fünf Betrieben Odessas über 50 Millionen M. Kapital sich befinden.

In Warschau, dem Hauptsitze der Textil-, Eisen-, Montan-Industrie sind weit über 150 Millionen M. in den genannten Industriezweigen investiert. In den der Grenze benachbarten Industriebezirken, vor allem in Lodz, finden sich ferner Dutzende von Millionen ausmachende deutsche Interessen. — Der große Umfang dieser Beziehungen zwischen deutschem Kapital und russischer Produktion beruht zumeist auf der historischen Entwickelung der Beziehungen zwischen den beiden Ländern überhaupt. Die Gemeinsamkeit zahlreicher schiffbarer Ströme, und die Lage langgestreckter Küsten an dem gleichen Meere haben nun aber dem so bedeutenden Güteraustausch unter den beiden Ländern seit Jahrhunderten den Weg gewiesen auf die Benutzung der von Natur gegebenen Verkehrswege, der Seeschiffahrt und der Binnenschiffahrt.

Vergegenwärtigen wir uns zunächst die Bedeutung des russischen Außenhandels im Allgemeinen.

Der Außenhandel Rußlands entwickelte sich in den Jahren 1894—1904 in der nachstehenden Weise:

Jahr	Absolute Zahlen			Index-Zahlen		
	Einfuhr	Ausfuhr	Zusammen	Einfuhr	Ausfuhr	Zusammen
	Millionen Mark					
1894	1231	1471	2702	100	100	100
1896	1280	1494	2774	104	102	103
1898	1340	1590	2930	109	108	108
1900	1353	1548	2901	110	105	107
1901	1282	1645	2927	104	112	109
1902	1294	1858	3152	105	126	117
1903	1302	2051	3351	106	139	124
1904	1260	2063	3323	102	140	123

[1]) Vergl. „Die Entwickelung der deutschen Seeinteressen im letzten Jahrzehnt“, Berlin 1905.

Der gesamte Außenhandel Rußlands wurde also für 1904 auf $3^{1}/_{4}$ Milliarden Mark (für Deutschland auf 11 Milliarden M.) berechnet.

Es zeigt sich also für den Zeitraum 1899—1904 eine Zunahme in der Ausfuhr um 40 v. H., während die Einfuhr ziemlich unverändert blieb, dank der stark protektionistischen russischen Zollpolitik und der vielfachen den Einfuhrhandel erschwerenden Verwaltungsmaßnahmen.

Geht man aber eine größere Reihe von Jahren zurück, so ergibt sich, daß der Einfuhrhandel in der Zeit von 1882—1904 sich um 14 v. H., dagegen der Ausfuhrhandel um 59 v. H. erhöhte.

Die Entwickelung des Seeverkehrs hielt jedoch mit diesem Aufblühen des auswärtigen Handels nicht gleichen Schritt; er stieg in der genannten Periode 1882—1904 um nur 39 v. H.

Wie sehr nun aber gerade Deutschland an dem Außenhandel mit Rußland beteiligt ist, ergibt sich aus den folgenden Aufstellungen:

I. Einfuhr aus Rußland.

Die deutsche Einfuhr betrug dem Werte nach:

a) aus Finnland		b) aus Rußland	
1894 . . .	siehe Rußland	1894 [1]) . .	543,9 Mill. M.
1896 . . .	siehe Rußland	1896 [1]) . .	634,7 „
1898 . . .	9,5 Mill. M.	1898 . . .	727,1 „
1900 . . .	13,0 „	1900 . . .	716,5 „
1901 . . .	13,4 „	1901 . . .	716,2 „
1902 . . .	13,2 „	1902 . . .	760,4 „
1903 . . .	15,4 „	1903 . . .	826,3 „
1904 . . .	18,2 „	1904 . . .	881,7 „

II. Ausfuhr nach Rußland.

Die deutsche Ausfuhr betrug dem Werte nach:

a) nach Finnland		b) nach Rußland	
1894 . . .	siehe Rußland	1894 [1]) . .	194,8 Mill. M.
1896 . . .	siehe Rußland	1896 [1]) . .	364,1 „
1898 . . .	30,9 Mill. M.	1898 . . .	409,6 „
1900 . . .	34,2 „	1900 . . .	324,9 „
1901 . . .	27,5 „	1901 . . .	318,4 „
1902 . . .	28,4 „	1902 . . .	343,7 „
1903 . . .	34,4 „	1903 . . .	378,6 „
1904 . . .	37,1 „	1904 . . .	315,3 „

[1]) einschließlich Finnland.

Deutschlands Handelsumsätze mit Rußland in Europa und Asien betrugen in den Jahren 1894—1904:

Einfuhr aus Rußland			Ausfuhr nach Rußland		
1894	1899	1904	1894	1899	1904
in Millionen Mark			in Millionen Mark		
543,9	701,6	818,17	194,8	396,6	315,3

Für diesen Handelsverkehr kommen, außer den Landstraßen, die noch immer in Rußland eine besonders hohe Bedeutung haben, drei bezw. zwei Verkehrswege in Betracht, die See, die Flüsse und Kanäle und die Eisenbahnen.

Die deutsch-russische Zollgrenze passierten z. B. im Jahre 1903:

I. mittels der Binnenschiffahrt:

	Einfuhr	Ausfuhr
	Güter in Tausenden von Reg.-Tons	
a) bei Schmaleningken . .	187,5	10,4
b) „ Thorn	911,1	72,0
c) „ Pogorzelicze . . .	19,1	—

II. mittels der Eisenbahn:

	Einfuhr	Ausfuhr
	Güter in Tausenden von Reg.-Tons	
a) aus Rußland	714,4	113,1
b) „ Polen	677,2	991,1

III. mittels der Seeschiffahrt:

Über die Wareneinfuhr zur See aus Rußland und Finnland liegen keine neueren ziffernmäßigen Nachweisungen vor, da in unseren Seehäfen die Verkehrsziffern nur nach dem Tonnengehalt der Fahrzeuge — nicht nach dem Gewicht der ein- bezw. ausgeladenen Güter — notiert werden, bei der Zollverwaltung aber eine Trennung nach den Beförderungswegen (Seeschiffahrt, Binnenschiffahrt, Eisenbahnen) nicht überall vorgenommen wird.

Einen Anhalt zur Beurteilung des Seehandels gibt uns eine Betrachtung des Seeschiffahrtsverkehrs. Nach den amtlichen Statistiken betrug nun der Verkehr von deutschen Seeschiffen nach dem nördlichen Rußland (und zwar: Eingang und Ausgang zusammengenommen, sowohl beladene wie balastgehende und leere Fahrzeuge) in dem Jahrzehnt 1893—1903:

1893	1079	Tausend	Reg.-Tons
1894	1556	„	„
1896	1770	„	„
1898	1740	„	„
1900	1773	„	„
1902	1713	„	„
1903	1904	„	„

Wir sehen also hier eine Zunahme von etwa 90 v. H., vorwiegend ein Erfolg der Bemühungen der deutschen Reedereien, auch in der russischen Ostsee den „Platz an der Sonne“ zu behaupten.

Entsprechend diesen innigen Verkehrsbeziehungen ist auch das Transport-Versicherungswesen an dem Verkehr mit Rußland stark beteiligt. In Rußland sind die deutschen Transport-Versicherungsanstalten fast nur hinsichtlich der Rückversicherung, hier aber stark beteiligt. In Finnland allein arbeiten 10 Transport-Versicherungsgesellschaften, die ihren Sitz in Deutschland haben. Andererseits haben aber auch die russischen Gesellschaften, wie z. B. die Rossija, in Berlin eigene Rückversicherungsbureaus.

Bei der politisch-geographischen Lage der industriell und kommerziell besonders hoch entwickelten Wirtschaftsgebiete des russischen Reiches sind an diesen Handelsbeziehungen in besonderem Maße unsere östlichen Landesteile beteiligt; sie werden zumeist von allen Vorgängen in Rußland beeinflußt, mögen sie auf dem Gebiete der allgemeinen, dem der Zoll- oder der Verkehrspolitik unseres russischen Nachbars liegen. Und wenn es eine unserer vornehmsten Sorgen ist, die Sorge um die Zukunft unseres deutschen Ostens, so haben wir heute alle Veranlassung, den Blick nach Osten zu richten, nachdem wir jahrzehntelang gewohnt gewesen waren, fast nur nach Westen zu schauen.

Und so wollen wir denn nachstehend die Verhältnisse der See- und Binnenschiffahrt Rußlands einer Betrachtung unterziehen.

I. Die russische Seeschiffahrt.

Über die Bedeutung der russischen Seeschiffahrt im allgemeinen unterrichtet zunächst die nachstehende Übersicht[1]) über den Bestand der Seeschiffe,[2]) die einen Vergleich mit den übrigen Seestaaten gestattet.

Land	Zeit der Aufnahme	A. Segelschiffe		B. Dampfschiffe		C. zusammen	
		a. Zahl	b. Reg.-Tons	a. Zahl	b. Reg.-Tons	a. Zahl	b. Reg.-Tons
1. Deutsches Reich . .	1. 1. 04	2 534	582 355	1 622	1 739 690	4 156	2 322 045
1a. Hamburg	1. 1. 05	378	262 266	601	980 377	979	1 242 643
2. Rußland [3])	1. 1. 02	2 378	272 511	810	391 697	3 188	664 208
3. Britisches Reich . .	31. 12. 03	22 144	2 802 053	14 262	9 029 386	36 406	11 831 439
4. Verein. Staaten von Amerika	30. 6. 03	16 371	2 679 257	8 054	3 418 088	24 425	10 973 451
5. Norwegen	31. 12. 02	5 569	883 955	1 290	567 161	6 859	145 116
6. Frankreich	31. 12. 03	14 910	650 209	1 383	585 132	16 293	1 235 341
7. Italien	31. 12. 02	5 205	570 403	485	448 404	5 690	1 018 807
8. Japan	31. 12. 02	3 977	334 507	1 441	669 951	5 418	944 458
9. Spanien	31. 12. 00	549	95 187	502	679 392	1 051	774 579
10. Schweden	31. 12. 02	2 035	279 223	952	356 510	2 987	635 733
11. Dänemark	31. 12. 03	3 427	154 918	544	294 199	3 971	449 117
12. Niederlande	31. 12. 03	439	57 826	268	337 470	707	395 296
13. Finnland	31. 12. 02	2 344	287 742	301	45 872	2 645	333 614
14. Österreich	31. 12. 03	1 458	31 880	229	253 341	1 687	285 221
15. Belgien	31. 12. 02	5	877	68	105 305	73	106 182
16. Ungarn	31. 12. 03	101	5 438	90	86 073	191	91 511

[1]) Ausschließlich der Boote bis zu 15 Reg.-Tons brutto. — [2]) Ohne die Boote unter 5 Reg.-Tons netto. — [3]) Schiffe über 17,65 Reg.-Tons brutto. — [4]) Schiffe von 4 Reg.-Tons netto ab. — [5]) Ausschließlich der Flußschiffe (6603 mit 592 850 t Tragfähigkeit) und ausschließlich der in der Seefischerei beschäftigten Fahrzeuge (133 Segelschiffe mit 3941 Reg.-Tons und 12 Dampfschiffe mit 396 Reg.-Tons). — [6]) Ohne die kleinen Fischerboote. — [7]) Nationalisierte Schiffe. — [8]) Schiffe nach europäischer Art. — [9]) Schiffe von 50 Reg.-Tons aufwärts. — [10]) Schiffe von 20 Reg.-Tons brutto ab. — [11]) Schiffe von 20 Reg.-Tons netto ab. — [12]) Schiffe über 4 Reg.-Tons netto. — [13]) Schiffe von 19 Reg.-Tons ab. — [14]) Schiffe von 50 Reg.-Tons ab.

---

[1]) Siehe „Archiv für Eisenbahnwesen", Jahrgang 1906.

[2]) Die Grundlagen der Zählung sind in allen Staaten verschieden; es sind daher bei den einzelnen Ländern die nachstehenden Erläuterungen zu beachten.

[3]) Ohne das asiatische Rußland und ohne Finnland.

Es zeigt sich, daß Rußland ohne Finnland weniger Seeschiffe besitzt wie Deutschland, und zwar an Dampfschiffen knapp die Hälfte der Zahl nach und den vierten Teil der Ladungsfähigkeit nach. Selbst einschließlich Finnlands ist Rußlands Handelsmarine an Ladungsfähigkeit weit unbedeutender als die deutsche. In der großen Zahl inländischer Segelschiffe (2344) mit einem Gesamttonnengehalt von nur 287 742 Reg.-Tons tritt uns die geringe Neigung der dortigen Seeschiffahrt hervor, mit dem Bau größerer Fahrzeuge vorzugehen. Das Bedürfnis hierzu ist allerdings nicht so groß wie bei uns, da dort die Segelschiffahrt vorwiegend in Küstenfahrt betrieben wird.

Betrachtet man die Zusammensetzung der verschiedenen Handelsmarinen nach der Art ihrer Fahrzeuge, so ergibt sich für den Vergleich die folgende Übersicht:[1])

Land	Anteil an der Gesamt-Schiffszahl		Durchschnitts-Raumgehalt in Reg.-Tons		
	a Segel-schiffe	b Dampf-schiffe	a Segel-schiffe	b Dampf-schiffe	c Schiffe überhaupt
1. Deutsches Reich (ohne Hamburg)	61	39	229	1072	558
1a. Hamburg	34	66	693	1631	1269
2. Rußland (europäisches)	74	26	114	483	208
3. Britisches Reich	61	39	126	651	324
4. Vereinigte Staaten von Amerika	67	33	163	424	249
5. Norwegen	82	18	158	439	211
6. Frankreich	92	8	44	423	76
7. Italien	92	8	109	924	179
8. Japan	74	26	84	323	174
9. Spanien	50	50	173	1353	736
10. Schweden	68	32	137	374	212
11. Dänemark	87	13	45	540	113
12. Niederlande	62	38	131	1259	559
13. Finnland	89	11	137	152	208
14. Österreich	86	14	22	1106	169
15. Belgien	7	93	175	1549	1474
16. Ungarn	53	47	54	956	479

Wir sehen also, daß in Rußland (ohne Finnland) wie in Finnland die Zahl der Segelschiffe mehr wie $^2/_3$ der gesamten Handelsmarine ausmachen. Hinsichtlich des durchschnittlichen Raumgehalts der Segelschiffe zeigt Rußland

[1]) Siehe „Archiv für Eisenbahnwesen“. (Jahrgang 1906. Heft 6.)

etwa die gleichen Verhältnisse wie Holland, Schweden, Norwegen, Italien. Auch die Dampfer sind durchschnittlich bei weitem kleiner als die der übrigen großen seefahrenden Nationen: hinter dem deutschen, österreichischen, spanischen, ungarischen, ja selbst dem dänischen Durchschnittstonnengehalt bleibt der der russischen Dampfschiffe weit zurück. Dampfschiffe und Segelschiffe zusammengerechnet, zeigen für Rußland und Finnland einen durchschnittlichen Tonnengehalt von nur 208 Reg.-Tonnen.

Pozner[1]) bemerkt, daß in dem Zeitraum von 1887 bis 1897 (im Jahre 1897 z. B. waren 1105 Fahrzeuge mit einem Tonnengehalt von zusammen 9 062 000 t auf „großer" Fahrt in den russischen Häfen eingelaufen) die Zahl der Fahrzeuge sich zwar nicht vermehrt, der Tonnengehalt dieser Fahrzeuge aber um 50 v. H. zugenommen habe.

Die Entwickelung der russischen Handelsmarine im Laufe der Periode 1893—1903 ergibt sich aus der nachstehenden Übersicht.[2])

Es betrug in Rußland (ohne Finnland) der Bestand an Seeschiffen:[3])

Zeit der Aufnahme	Segelschiffe Reg.-Tons Netto	Dampfschiffe Reg.-Tons Netto	Leistungsfähigkeit Reg.-Tons Netto
am 1. Oktober			
1893	Angaben fehlen		
1894	Angaben fehlen		
1895	Angaben fehlen		
1896	323 339	205 648	940 283
1897	336 250	210 957	1 059 121
1898	343 846	261 958	1 129 720
1899	254 416	299 725	1 153 591
1900	267 766	334 215	1 270 411
1901	269 460	364 361	1 362 543
1902	272 511	391 697	1 447 601
1903	Angaben fehlen		

[1]) Ausführungen von M. M. Pozner in „La Russie à la fin du 19. siècle", Paris 1900.

[2]) Vergl. „Die Entwickelung der deutschen Seeinteressen im letzten Jahrzehnt." Amtliche Denkschrift. Berlin 1905.

[3]) Die Bestandzahlen für Rußland sind für die Jahre 1896 bis 1901 aus der amtlichen britischen Quelle „Progress of merchant shipping", für das Jahr 1902 aus „The Statesman's Yearbook 1905" entnommen. Nach dem „Progress of merchant shipping" beziehen sich die Zahlen auf Schiffe von 25 Reg.-Tons aufwärts und enthalten auch den Bestand auf dem Kaspischen Meere. — Der Nachweis des Schiffsbestandes wird nach der Vorrede in den neueren russischen Veröffentlichungen zwar seit 1895 aufgestellt und seit dem 1. Januar 1896 veröffentlicht. — Die russische Schiffsliste enthält nur Fahrzeuge mit einem Bruttoraumgehalt von mindestens 20 Reg.-Tons.

Die verhältnismäßig geringe Entwickelung des russischen Seeverkehrs geht schon daraus hervor, daß (1900) nach dem Tonnengehalte der in russischen Häfen eingehenden Schiffe nur 8—10 v. H. auf die russische Flagge entfielen, während auf die englische Flagge 33 v. H., auf die deutsche 18,8 v. H., auf die dänische 12 v. H. und auf die schwedische und norwegische zusammen 10 v. H. kamen.

Wenn wir oben bemerkten, daß die deutschen zollstatistischen Aufzeichnungen nicht erkennen lassen, welcher Anteil des deutsch-russischen Handelsverkehrs dem Werte nach oder dem Umfange der Güter nach auf den Seeweg entfalle, so sind wir in der Lage, doch wenigstens auf Grund älterer russischer Angaben uns ein Bild zu machen von der Bedeutung des Seeverkehres.

Im Jahre 1897 war der Anteil dieses Seeverkehres an der gesamten russischen Ausfuhr im Werte von 726,6 Millionen Rubel 516,2 Millionen Rubel und von der gesamten Einfuhr im Werte von 560 Millionen Rubel benutzten Güter im Werte von 290 Millionen Rubel den Seeweg.

Wenn Pozner die geringe Entwickelung der russischen Handelsmarine darauf zurückführt, daß der Außenhandel Rußlands einen passiven Charakter habe und sich dazu noch in den Händen der Ausländer befindet, so ist letzterer Umstand im großen und ganzen heute nicht mehr zutreffend; die fremdländischen Unternehmungen sind vielmehr in den letzten Jahren immer mehr zurückgedrängt und die Gründe liegen auf anderem Gebiete.[1])

Trotz aller Maßnahmen, welche die russische Regierung zur Hebung des Seeverkehres ergriff, wie z. B. die Herabsetzung der Eingangszölle bei der Einfuhr über russische Seehäfen — von 1802 bis 1816 waren die Schiffe, welche unter russischer Flagge segelten, von allen Schiffahrtsabgaben befreit, und späterhin wurde, wie dies heute noch in Österreich bei einer Reihe von Waren, welche über die Häfen von Triest und Fiume eingehen, der Fall ist, der Eingangszoll für Waren, welche über die Seehäfen eingingen, wesentlich herabgesetzt — hat die Entwickelung des Seeverkehres weder diesen Anstrengungen noch der Bedeutung des russischen Außenhandels im allgemeinen entsprochen.

---

[1]) Die geringe Entwickelung der überseeischen russischen Dampfschiffahrt beruht wohl mehr auf der mangelnden Konzentration der Kräfte und vielleicht auch zum Teil auf dem Umstande, daß gerade in den sog. Ostseeprovinzen und in Finnland die politischen und nationalen Verhältnisse auch eine Rückwirkung auf die Entfaltung des Unternehmungsgeistes ausüben.

Um die Mitte des vorigen Jahrhunderts (1845) trat das 1830 erlassene Gesetz in Kraft, nach welchem der Gütertransport zwischen den russischen Seehäfen ausschließlich der russischen Flagge vorbehalten wurde.

Die sogenannte „kleine Küstenfahrt" (petit cabotage) hat sich in der Tat infolgedessen zu einer ganz ausschließlich russischen entwickelt und so wurden auf ihr, einschließlich des Verkehrs auf dem Kaspischen Meere, z. B. im Jahre 1897 36 Millionen Doppelzentner Güter befördert.

Durch das Gesetz vom 27. Mai 1897 wurde das Privileg der russischen Flagge noch erweitert und zwar auf alle Transporte der „großen Fahrt", d. h. für den Verkehr zwischen allen russischen Häfen, selbst wenn sie nicht demselben Meere angehörten, also z. B. zwischen Odessa und St. Petersburg und Wladiwostock und St. Petersburg. Eine einzige Ausnahme wurde zugelassen bezüglich der Salztransporte vom Schwarzen Meere nach den Ostseehäfen.

Im Laufe der zweiten Hälfte des vorigen Jahrhunderts wurden von der russischen Regierung hauptsächlich große Dampfschiffahrtsunternehmungen unterstützt, welche sich die Einrichtung regelmäßiger Linien in den europäischen Häfen sowie in den nord- und südländischen Meeren zum Ziele setzten. Auch die Verbindungen mit dem äußersten Osten wurden Gegenstand besonderer Fürsorge.[1])

Nach dem Berichte des in England niedergesetzten Sonderausschusses von Fachleuten, der für Prüfung der Gewährung von staatlichen Prämien an die Schiffahrt in anderen Ländern niedergesetzt wurde, sollen einzelne Schiffahrtsunternehmungen Subventionen erhalten für den Transport von Truppen, von Munition und von Reisenden sowie für den postalischen Dienst. Nur eine einzige Gesellschaft, nämlich die Schiffahrts-Gesellschaft am Amur, erhält postalische und nicht postalische Subventionen, während das Schiff „Kormiloff" eine besondere Subvention erhält, um den Handelsverkehr mit dem Gebiete am persischen Golfe zu erleichtern.

Wie Pozner mitteilt, war das älteste und bedeutendste Schiffahrtsunternehmen die Russische Schiffahrts- und Handelsgesellschaft, die im Jahre 1856 gegründet wurde, für welche die Regierung einen Teil des

[1]) In Deutschland erhalten mehrere Gesellschaften, darunter namentlich der „Norddeutsche Lloyd", und zwar dieser für die Besorgung der Post nach Ostasien Subventionen, abgesehen davon, ist eine der wichtigsten Unterstützungen in der Einräumung von besonders ermäßigten Eisenbahntarifen für Schiffbaumaterialien einerseits und von ermäßigten kombinierten Tarifen für die Ausfuhr über die deutschen Seehäfen andererseits (vergl. namentlich den sog. „Levantetarif") zu erblicken.

Aktienkapitals übernahm, ihr Terrains überwies und ihr bestimmte Zuschüsse garantierte. In den ersten Jahren betrug dieser Zuschuß nicht weniger als rund 2 Millionen Rubel, während der auf 15 Jahre abgeschlossene Vertrag von 1891 diese jährliche Subvention auf 616 000 Rubel festsetzte, unter der Bedingung der Einführung eines regelmäßigen Verkehres zwischen dem Schwarzen Meere und dem Mittelländischen Meere bis Alexandrien. Außerdem betreibt die Gesellschaft einen nicht subventionierten Verkehr zwischen Odessa und St. Petersburg und den anderen Häfen der Ostsee, zwischen den Häfen des Schwarzen Meeres und Marseille und zwischen dem Schwarzen Meere und den russischen Häfen des Stillen Oceans. Die Gesellschaft, welche 1906 eine Flotte von 77 Dampfern mit einem Tonnengehalt von 145 160 t besaß, hat in den letzten Jahren in der Regel eine gute Dividende verteilen können. Das Aktienkapital beträgt 10 Millionen Rubel.

Das zweitgrößte Schiffahrtsunternehmen Rußlands ist die sogenannte „Freiwillige Flotte“, welche gleichfalls mit Hilfe der Regierung geschaffen wurde. Die „Freiwillige Flotte“ wurde im Jahre 1870 gegründet zu dem Zwecke, um Schiffe der Handelsmarine in dringenden Fällen der Gefahr zu Kriegszwecken zu benutzen. Die Schiffe der „Freiwilligen Flotte“ versehen insbesondere den Dienst zwischen dem europäischen Rußland und den ostasiatischen Besitzungen. Die Leitung des Unternehmens liegt in den Händen des Marineministeriums. Das Unternehmen hat sich im Laufe der Zeit außerordentlich günstig entwickelt und unterhält heute einen regelmäßigen halbmonatlichen Verkehr mit den Häfen des Indischen Ozeans. Es beschäftigt 14 Ozeandampfer erster Klasse, die eine Ladefähigkeit von zusammen 47 000 t besitzen. Auch diesem Unternehmen wird von der Regierung eine Unterstützung von jährlich 600 000 Rubel zuteil.

Endlich erfreuen sich auch noch eine Reihe sonstiger Schiffahrts-Unternehmungen der Unterstützung der Regierung.

Es kommen hier in Betracht die Gesellschaften, welche den regelmäßigen Dienst unterhalten im Norden zwischen den Häfen des Weißen Meeres und denjenigen des Eismeeres, im Süden für das Kaspische Meer und von Odessa nach den europäischen Häfen und im äußersten Osten zwischen den ostsibirischen Häfen und den Häfen von China und Japan.

Im Jahre 1900 betrugen die von der Regierung an diese Gesellschaften gezahlten Subventionen $2^1/_2$ Millionen Rubel.

Außer diesen von der Regierung unterstützten Gesellschaften gibt es noch eine Reihe von unabhängigen Unternehmungen, wie z. B. die

Russisch-Baltische Dampfschiffahrts-Gesellschaft, die Ost-Asiatische Dampfschiffahrts-Gesellschaft, welche zusammen mehr als 8 Mill. Rubel Kapital umfassen.

Die russische Regierung geht damit um, die Handelsmarine möglichst der Bedeutung des Ausfuhrhandels anzupassen und begünstigt zu diesem Zwecke die Schaffung von neuen Dampfschiffahrts-Unternehmungen. Insbesondere hat sie zu diesem Zwecke erlaubt, daß eiserne Fahrzeuge, die vom Auslande eingeführt, von Zöllen befreit werden, ebenso von der sogenannten industriellen Patentabgabe. Außerdem genießen diejenigen russischen Schiffe, welche den Verkehr mit dem Orient unterhalten und den Kanal von Suez benutzen, besondere Vergünstigungen: die Kanalabgabe für die Passagiere wird ihnen von der Staatskasse vergütet, welche in den letzten Jahren hierfür ungefähr 600 000 Rubel aufgewendet hat.

Zur Förderung der russischen Dampfschiffahrt wurde im Finanzministerium im Jahre 1898 ein besonderer Beirat gebildet, bestehend aus Vertretern des Ministeriums, des Seehandels und der bedeutendsten Schiffahrtsgesellschaften. Außerdem wurde in dem Handels- und Manufakturdepartement eine besondere Abteilung gegründet, welcher die Pflege der Handelsmarine untersteht.

Gerade wie in Deutschland hat sich auch in Rußland die Bedeutung der Segelschiffahrt für den Seehandel im Laufe der letzten Jahrzehnte mehr und mehr vermindert. Im Jahre 1887 betrug z. B. der Tonnengehalt der Segelfahrzeuge, welche in russische Seehäfen einliefen, noch 886 000 t, im Jahre 1897 nur noch 389 000 t, während sich gleichzeitig der Anteil der Dampfschiffahrt von 5 782 000 auf 8 672 000 t vermehrte.

Den größten Anteil an der Seeschiffahrt haben das Asowsche Meer und das Schwarze Meer, da für diese beiden Meere (1897) allein ein Eingang von $5^1/_4$ Millionen t-Schiffen verzeichnet wird, unter 9 062 000 t Gesamtverkehr. Dann folgt die Ostsee mit 3 473 000 t und das Weiße Meer mit 315 000 t.

Hinsichtlich des Schiffahrtsverkehres rangierten die hauptsächlichsten russischen Häfen (1897) in folgender Ordnung:

1.	Odessa	1 719 000 t,
2.	St. Petersburg . .	1 374 000 „
3.	Riga	1 018 000 „
4.	Batum	869 000 „
5.	Nicolajew	682 000 „
6.	Taganrog	598 000 „

Die übrigen Häfen, wie Archangel, Reval, Libau und Novorossiisk hatten im ganzen einen Schiffahrtsverkehr auf „großer Fahrt" von weniger als $1/_2$ Million t.

Von der gesamten Handelsmarine (ohne Finnland) waren (1897) 657 Dampfschiffe mit einem Gesamttonnengehalt von rund 300 000 Registertonnen netto und 297 Dampfschiffe mit 117 500 t nur auf dem Kaspischen Meere tätig; von den Segelschiffen — im ganzen 2143 Fahrzeuge mit einem Gesamttonnengehalt von 254 416 Registertonnen netto — entfielen 469 Fahrzeuge mit 108 000 t auf das Kaspische Meer.

Eine hohe Bedeutung hat, wie bereits aus dem oben Gesagten hervorgeht, die Seeschiffahrt Finnlands.

Die Zahl der finnländischen Schiffe, welche unter russischer Flagge segelten, betrug nach Pozner[1]) am 1. Januar 1899: 271 Dampfschiffe mit zusammen 42 714 t und 2027 Segelschiffe mit 281 630 Registertonnen netto Ladefähigkeit.

Die Hauptstärke auch der finnländischen Seeschiffahrt liegt in der Segelschiffahrt und namentlich in der Küstenschiffahrt. Aber immerhin bemerkenswert ist der Dampferverkehr, der für die Pflege der regelmäßigen Verbindungen für die Ausfuhr russischer landwirtschaftlicher Erzeugnisse eingerichtet ist.

Eine Erschwerung der russischen und finnländischen Seeschiffahrt im nördlichen Europa ist die lange Dauer der Winter und die lange Sperre der meisten Häfen durch Eis.

Um nun namentlich der Butterausfuhr bessere Absatzverbindungen mit Westeuropa zu schaffen, eröffnete eine dänische Gesellschaft 1887 eine Winterlinie Hangö—Kopenhagen; 1888 begann auch die Finnländische Dampfschiffs-Aktiengesellschaft (die Finska Angfartygasaktiebolaget) den Winterverkehr auf der Linie Hangö—Hull, zu der man sich sogar unter Fachleuten skeptisch verhielt.

Die Winter 1888 und 1889 waren aber dermaßen streng, daß die finnische Gesellschaft ihre Pläne nicht verwirklichen konnte und eine drohende Stockung der Butterausfuhr entstand.

Diese schlimmen Erfahrungen veranlaßten schließlich die Regierung, einen Eisbrecher zu bauen, dem die Aufgabe zufiel, den Hafen von Hangö

[1]) A. a. O. Seite 851.

für Schiffe stets zugänglich zu halten (1889). Einige Jahre später ließ die „Finnländische Dampfschiffs-Aktiengesellschaft“ 2 für den Winterverkehr ausgerüstete Dampfer auf der Linie Hangö—Kopenhagen—Hull laufen.

Aber auch diese kostspieligen Bemühungen waren nicht von großem Erfolge. Die Packeisgürtel in der Ostsee schlossen die Häfen Finnlands ab und blockierten sie wie der ärgste Feind. Die dadurch verursachten Unterbrechungen im Verkehre waren aber nur eine Mahnung, bessere Waffen gegen den Feind zu schmieden.

Der Staat ließ Ende der 90er Jahre einen neuen kräftigen Eisbrecher amerikanischen Typus bauen, der sich auch vortrefflich bewährt hat („Sampo“). Gegenwärtig beschließt man über die Anschaffung weiterer Eisbrecher.

Hand in Hand mit dem Staate sind in diesem Kriege gegen die Naturelemente für die Aufrechterhaltung der Verbindung mit Europa die privaten Dampfschiffgesellschaften vorgegangen. Wir haben schon das Vorgehen der Finnländischen Dampfschiffgesellschaft erwähnt. Es verdient noch erwähnt zu werden, daß dieselbe Ende der 90er Jahre auch neue, starke, besonders als Eisbrecher konstruierte Dampfer für den Winterverkehr auf den Linien Hangö—Stockholm und Hangö—Hull hat bauen lassen. —

Man war in weiten Kreisen von der Tragweite eines das ganze Jahr hindurch ununterbrochenen Schiffverkehrs mit Mittel- und Westeuropa überzeugt. Durch diesen ist es endlich dem finnischen Ausfuhrhandel möglich geworden, den Anforderungen des ausländischen Marktes bezüglich rechtzeitiger und schneller Lieferung das ganze Jahr hindurch gerecht zu werden.

Früher mußte während der Wintermonate auch der ganze Personenverkehr zwischen Finnland und Westeuropa über Rußland gehen. Jetzt ist dies nicht mehr erforderlich. Durch den Winterseeverkehr ist ein reger, von Jahr zu Jahr steigender Personenverkehr zwischen Finnland und Rußland einerseits und Skandinavien und Westeuropa anderseits entwickelt. Besonders sind diese Reiserouten in letzter Zeit wegen der stetigen Unruhen in Rußland sehr stark benutzt worden, wozu die komfortable, allen modernen Anforderungen genügende Einrichtung der neuen finnländischen Winterdampfer beigetragen hat.

So sind auch in Finnland die kräftige Subventionspolitik des Staates, die weitzielenden Kapitalanlagen einzelner Gesellschaften und die Bemühungen ihrer leitenden Persönlichkeiten nicht umsonst gewesen.

Einer besonderen Betrachtung wollen wir die für den internationalen Verkehr so wichtigen Postdampfschiffahrtsverbindungen[1]) unterziehen:

Auf der russischen Ostsee ist namentlich die „Finnländische Dampfschiffahrts-Gesellschaft“, mit dem Sitze in Helsingfors, zu nennen, die mit vier Dampfern einen regelmäßigen Verkehr zwischen St. Petersburg und Stockholm unterhält, während die „Dampfschiffahrts-Gesellschaft Bore“ einen solchen zwischen Åbo und Stockholm mit einem Dampfer betreibt.

Auch in der Ostsee sehen wir im übrigen, daß die meisten Postlinien nicht etwa von russischen Dampfschiffahrts-Gesellschaften unterhalten werden, sondern daß auch hier die ausländischen Gesellschaften den Hauptanteil ausmachen.

Auf dem Kaspischen Meere sind zwei Dampfschiffahrts-Gesellschaften tätig, die Dampfschiffahrts-Gesellschaft Kawka Merkurii, mit ihrem Dienst zwischen Astrachan—Baku— (der bedeutendsten Stadt am westlichen Ufer des Kaspischen Meeres) Endeli einerseits und zwischen Astrachan—Krasnowodsk andererseits und endlich zwischen Astrachan über Meschedesser—Krasnowodsk. Die Dampfschiffahrts-Gesellschaft Nadeshda unterhält den Verkehr zwischen Astrachan—Krasnowodsk—Baku.

Eine größere Bedeutung besitzt nur der russische Postdienst auf dem Schwarzen Meere und teilweise auch auf dem Griechischen Meere. Das größte südrussische Dampfschiffahrts-Unternehmen, die „Russische Dampfschiffs- und Handelsgesellschaft“ mit dem Sitze in Odessa unterhält dort die direkten Linien zwischen Odessa über Sewastopol und Kertsch nach Batum, ferner die Linien Odessa—Constantinopel, Odessa—Varna—Burgas—Constantinopel, die Linien Sewastopol—Constantinopel, und eine Verbindung von Constantinopel mit den wichtigsten Hafenplätzen der Nordküste Asiens über Beirut (= 653 Seemeilen). Besonders vielseitig ist weiterhin der Betrieb der genannten Schiffahrtsgesellschaft in dem sogen. „Griechischen Meere“, und zwar unterhält sie hier die Postlinien Constantinopel — Piräus — Alexandrien, Smyrna — Tripolis — Port Said — Alexandrien, Constantinopel—Smyrna—Beirut—Jaffa—Alexandrien und die Linien Constantinopel—Athos—Saloniki—Smyrna und die Linie zwischen Canea und Piräus.

Auf dem Dnjepr, der bei Odessa in das Schwarze Meer mündet, fährt die Gesellschaft mit einem Dampfer von Odessa aufwärts bis nach Cherson

---

[1]) Nach der von dem deutschen Reichspostamte veröffentlichten „Amtlichen Karte über die großen Postdampfschiffslinien im Weltpostverkehr“ (Berlin 1907).

(= 160 km) und von Odessa nach Nikolajew (= 137 km), welches gewissermaßen an der südlichen Mündung des Dnjepr-Deltas liegt.

Auf dem Schwarzen Meere bestehen aber noch eine Reihe von wichtigen Postlinienverbindungen, welche die russischen Häfen mit den rumänischen, türkischen und bulgarischen Hafenplätzen verbinden, so die Linien Odessa—Constantinopel, Odessa—Varna—Burgas—Constantinopel, Constantinopel—Sewastopol—Kertsch und die kleinasiatische Linie Constantinopel—Samsun—Batum, wovon die letztere von den Messageries Maritimes betrieben wird.

Im Verkehr mit Asien unterhält Rußland trotz seiner bedeutsamen wirtschaftlichen Beziehungen zu dem asiatischen Festlande und der ostasiatischen Küste keine direkte Postverbindung, überläßt solche vielmehr dem Norddeutschen Lloyd und anderen ausländischen Gesellschaften.

Nur für den ostasiatischen Dienst selbst unterhält die „Russisch-Ostasiatische Dampfschiffahrts-Gesellschaft" mit dem Sitze in St. Petersburg 3 Postlinien und zwar 1) von Wladiwostok nach Shanghai, 2) von Wladiwostok nach Nagasaki—Chemulpo—Shanghai und 3) die Linie von Wladiwostok nach Tsuruga, einem Hafenplatze an der nordwestlichen Küste der japanischen Hauptinsel Nippon.

Für den Verkehr mit den afrikanischen Küstenplätzen scheidet Rußland vollständig aus, obwohl es sich namentlich in den letzten Jahren lebhaft an der politischen Erschließung dieses Erdteils, namentlich Abessiniens beteiligt.

Selbst im Verkehre mit Amerika, demjenigen Lande, welches für den internationalen Verkehr zurzeit die größte Bedeutung besitzt und für die Folge in vielleicht noch höherem Maße erhalten wird, unterhält Rußland keinerlei postalische Seeschiffahrts-Linien.

Dasselbe gilt für den Verkehr mit Australien, wo Deutschland, England, Frankreich, Amerika, ja sogar Japan beteiligt sind.

Was den Verkehr von Personendampfschiffen mit Deutschland im besonderen anlangt, so bestehen unter anderen Verbindungen[1]) von Stettin nach Libau (Reederei E. Haubuß-Stettin) einmal wöchentlich, Stettin nach Riga (Reederei R. Chr. Gribel-Stettin und Lohff & Siedler-Stettin) einmal wöchentlich und Stettin—Reval—St. Petersburg (Neue Dampfer-Compagnie Stettin) einmal wöchentlich. Zwischen Stettin und Helsingfors bestehen Dampferverbindungen nur im Sommer. Alle vierzehn Tage ist eine Verbindung von

[1]) Nach dem Reichskursbuch, Berlin.

Reval nach Kiel, wöchentlich einmal von Riga nach Kiel, sowie von Helsingfors — Reval — Lübeck (640 Seemeilen) und alle 10 Tage von St. Petersburg—Reval—Lübeck, von Åbo—Hangö—Lübeck wöchentlich einmal (Reederei von Piehl & Fehling-Lübeck), von Riga nach Lübeck wöchentlich einmal mit 2 Dampfern, von Norköpping über Karlskrona nach Lübeck nur im Sommer, von Wiborg über Kotka nach Lübeck wöchentlich einmal mit 3 Dampfern. Die wichtigsten Häfen an der deutschen Ostseeküste in den Provinzen Ost- und Westpreußen, Danzig und Königsberg, unterhalten heute überhaupt keinerlei regelmäßige Dampferlinien mit den russischen Ostseehäfen, weder für den Personen-, noch für den Güterverkehr.

* * *

Die Beziehungen zwischen Seeschiffahrt und Binnenschiffahrt sind, wie ich im Jahre 1905 an dieser Stelle, namentlich für unsere deutschen Wirtschaftsgebiete darzulegen versuchte, auch im Verkehr mit Rußland außerordentlich innig und vielseitig. In Betracht kommen bei der Einfuhr aus Rußland Holz, Bretter, Getreide, Häute, Hanf, Butter, welche von Stettin, Lübeck, Kiel usw. weiter ins Binnenland gehen und umgekehrt zahlreiche Exportgüter, welche über die deutschen Ostseehäfen nach den russischen Seehäfen gehen, vielfach auch zur Weiterverfrachtung nach dem russischen Binnenlande bestimmt, wie z. B. die Stettiner Reedereien direkte Versendungen über St. Petersburg nach Moskau übernehmen.

Namentlich aber machen sich jene Beziehungen geltend für den Verkehr auf den russischen Flüssen, der Wolga und dem Dnjepr für den Transport nach den Häfen des Kaspischen und bezw. Schwarzen Meeres und den Häfen der Sulina-Mündung, ferner auf den in Deutschland mündenden aus Rußland kommenden Flüssen, Weichsel, Pregel, Memel.

II. Die russische Binnenschiffahrt.

Bei einer niedrigen Kulturstufe des Volkes haben die Verkehrswege nicht die hohe Bedeutung wie heute, wo die leistungsfähigste Industrie und die ertragreichste Landwirtschaft nicht auf sich selbst angewiesen bleibt, sondern von den Vorgängen in der Umgebung mehr oder weniger abhängig ist.

Die Verkehrswege, welche Handel, Industrie und Landwirtschaft zur Verfügung stehen, bedingen heute mehr wie je deren Blüte.

Die Verkehrswege Rußlands sind noch heute im Verhältnis zu seiner Größenausdehnung außerordentlich unentwickelt. Landstraßen und Chausseen durchziehen das Land bei weitem nicht in der Dichtigkeit, wie wir sie in anderen Ländern, namentlich bei uns in Deutschland, vorfinden. Der Staat, die Gouvernements und die Kreise haben sich nicht mit der gleichen Nachhaltigkeit der Pflege des Verkehrs gewidmet.

Und was die Eisenbahnen anlangt, so genügen auch sie nicht, weder hinsichtlich ihrer Ausdehnung, noch ihrer Betriebsmittel, den Bedürfnissen des Verkehrs.

Die Länge der Eisenbahnen Rußlands betrug nach den amtlichen Angaben des Ministeriums der Verkehrswege am 14./27. April 1906 61 668 Werst (= 65 749 km). Von dieser Länge entfielen:

30 007	Werst	(= 32 017 km)	auf	die	Staatsbahnen	des europäischen	Rußlands
9 363	„	(= 9 990 „)	„	„	„	„ asiatischen	„
17 022	„	(= 18 163 „)	„	„	Privatbahnen		
2 162	„	(= 2 307 „)	„	„	Bahnen von örtlicher Bedeutung		
3 114	„	(= 3 272 „)	„	„	Eisenbahnen Finnlands.		

Mit den im Bau befindlichen Strecken betrug die gesamte Eisenbahnlänge 63 997 Werst (= 68 244 km).

Bedenkt man dagegen, daß Deutschland mit dem zehnten Teil von Flächeninhalt mehr Eisenbahnen besitzt (Rußland ohne Asien 61 668 — 9 363 = 52 305 km und Deutschland 53 822 km, dieses ohne die schmalspurigen und Kleinbahnen mit zusammen 3000 km), so erhellt die unzureichende Entwickelung des russischen Verkehrswesens auf dem Gebiete des Eisenbahnbetriebes.

Das russische Reich mit seiner ungeheuren Ausdehnung von 5 576 000 qkm (gegenüber Deutschland mit 540 742 qkm) sieht sich daher, wenn man die Eisenbahnlinien nach der Bewohnerzahl und nach dem Gebietsumfange rechnet, noch wichtigen Aufgaben der Zukunft gegenüber.

Angesichts dieser Umstände ist es denn erklärlich, daß gerade hier der natürliche und billige Verkehrsweg der schiffbaren Wasserstraßen von der größten Bedeutung ist. In dieser Beziehung darf nun aber Rußland zu den von Natur ganz besonders gesegneten Ländern gerechnet werden.

Eine große Zahl langgestreckter Flußläufe durchziehen das Land nach fast allen Richtungen. Wenn auch die größten der schiffbaren Flüsse von Süden nach Norden und von Norden nach Süden strömen, so haben doch viele, wie namentlich der Dnjepr, der Dnjestr, die Wolga und der Ural, auf beträchtliche Strecken eine westöstliche Richtung, so daß in vielen Bezirken des Landes die schiffbaren Ströme in Rußland die mangelnden oder unzureichend entwickelten Eisenbahnen ersetzen müssen.

Die schiff- und flößbaren Strecken der europäischen, russischen Flüsse haben eine Länge von 73600 km,[1]) von denen 37740 km unbeschränkt schiffbar und ungefähr 36860 km nur flößbar sind. In Deutschland besitzen wir dagegen nach den Angaben von Sympher[2]) nur rund 10000 km schiffbare Wasserstraßen, so daß Rußland, wenn man nur die schiffbaren Wasserstraßen (ungerechnet die flößbaren) in Betracht zieht, ungefähr die dreifache Länge besitzt als Deutschland.

Von den schiffbaren Wasserstraßen in Rußland sind ungefähr 6000 km künstliche, davon sind nur 1850 km Kanäle und kanalisierte Flüsse, während 3150 km auf regulierte Flüsse zu rechnen sind.

Das Wasserstraßennetz Rußlands läßt sich in eine östliche und eine westliche Gruppe teilen.

Zu der östlichen Gruppe rechnet man diejenigen Ströme, welche zum Kaspischen Meere, dem Finnischen Meerbusen und der Ostsee fließen.

Die wichtigsten der östlichen Flußsysteme sind:

1. das Flußsystem Marie mit 845 km mit einander verbundener Flußstrecken und 305 km Seitenkanälen und 675 km künstlichen Wasserstraßen;
2. das Flußsystem Tichwin von der Wolga bis zum Ladogasee mit 750 km, von denen 241 km künstliche Wasserstraßen mit 62 Schleusen sind;
3. das Flußsystem Wischnij-Wolotschoc zwischen Wolga und der Neva mit 868 km Gesamtlänge, von denen nur 49,5 km künstliche Wasserstraßen sind.

Der westliche Teil des europäischen russischen Wasserstraßennetzes besteht aus vier Systemen:

1. das Flußsystem der Beresina mit einer Gesamtlänge von 654 km, von denen 168 km kanalisiert sind. Dieses System verbindet den Dnjepr mit der westlichen Dwina;
2. das Flußsystem Ogninsky mit 343 km Länge;

[1]) Vergl. Eger, Die Binnenschiffahrt in Europa und Nordamerika. Berlin 1899.

[2]) Vergl. Zeitschrift für Binnenschiffahrt, Jahrgang 1907, Heft 22.

3. das System Dnjepr-Bug, welches die Weichsel mit dem Schwarzen Meere und der Ostsee verbindet;
4. das Augustowsche System mit 102 km Länge (davon bildet 11,28 km der Augustowsche Kanal).

In Finnland ist noch unter den künstlichen Wasserstraßen der Saimakanal zu nennen, der den Saimasee mit dem Finnischen Meerbusen verbindet; er besitzt eine Länge von 58 km.

Die künstlichen Wasserstraßen Rußlands sind sämtlich von dem Staate und auf dessen eigene Kosten erbaut worden und werden auch von ihm unterhalten.

Die persönlichen und sachlichen Kosten für Unterhaltung, Instandsetzung und Neuherstellung der Wasserstraßen, welche der russische Staat aufwendet, wurden im Jahre 1890 auf 20000000 M. berechnet; im Durchschnitt kamen auf die schiffbaren Wasserstraßen rund 560 M. für 1 km. Für Neubauten wurden im Jahre 1890 z. B. rund 9000000 M. bewilligt.

Diese geringen Aufwendungen stechen ab von den umfangreichen Kosten, welche z. B. der preußische Staat für die Regulierung und den Ausbau seiner Wasserstraßen aufwendet.

Für die Benutzung der öffentlichen Wasserstraßen erhebt der russische Staat überall Abgaben und zwar nach zweierlei Art, einmal eine Warensteuer, die ungefähr 1/4 v. H. der Ware ausmacht und im Jahre durchschnittlich 1500000 M. aufbringt, und zweitens eine örtliche Schiffahrtsabgabe, welche für die Verbesserung derjenigen Wasserstraßen bestimmt ist, von der sie erhoben werden; insbesondere sind dieselben für die Durchfahrt durch Brücken, für den staatsseitig eingerichteten Lotsendienst auf den schwierigeren Flußstrecken u. dergl. zu zahlen. Diese Abgabe wird für die bei der „Überwachung und Vertretung der Schiffahrt beschäftigten Beamten“ erhoben. Im ganzen ergibt sich nach Eger aus dieser Abgabe jährlich eine Summe von rund 700000 M.

Was die Entwickelung des Schiffahrtsbetriebes anlangt, so sind die folgenden Ziffern amtlichem Material entnommen.

Die schiffbare Länge der hauptsächlichsten Ströme des europäischen Rußlands übersteigt bei weitem die entsprechenden Längen der deutschen Ströme und die der schiffbaren Ströme der übrigen europäischen Länder. Während z. B. der Rhein auf der deutschen Strecke von Basel bis Emmerich eine Länge von 685 km hat, hat die Wolga von der Quelle bis zur Mündung eine Länge von 3735 km. Eine große Zahl außerordentlich wasserreicher Nebenflüsse bilden vorzügliche Verkehrsadern für das Binnenland. Während die jüngere Hauptstadt Rußlands, St. Petersburg, an einer Verbindung zwischen Binnenseen und dem Meere liegt, ist die ältere, wirtschaftspolitisch bedeutendere Hauptstadt Moskau an einem schiffbaren Nebenflusse der Wolga gelegen.

Aber auch zahlreiche andere wichtige industrielle und kommerzielle Plätze des russischen Wirtschaftsgebietes verdanken ihre Bedeutung ihrer Lage an See- bezw. Binnenplätzen, wir nennen nur Riga, Kiew, Saratow, Odessa, Rostow, Kasan, Jekaterinoslaw. Es zeigt sich im einzelnen für die Mehrzahl dieser Städte, daß für ihre Blüte die Lage an schiffbaren Strömen bezw. an der Mündung solcher in das Meer die Vorbedingung war, ähnlich wie in Deutschland bei unseren großen Hansestädten.[1]

Die hohe volkswirtschaftliche Bedeutung der russischen Binnenwasserstraßen geht auch aus einer Vergleichung der Verkehrsziffern für die Wasserstraßen und die Eisenbahnen hervor. Hoerschelmann[2] berechnete z. B. für das Jahr 1898 den Verkehr auf den Wasserstraßen Rußlands (ohne Finnland und ohne die Weichsel auf 32 762 000 t mit 34 996 Millionen Tonnenkilometern, dagegen den Verkehr auf den Eisenbahnen:

1880	auf	38 980 000	t	Güter
1884	„	50 347 000	t	„
1890	„	90 360 000	t	„
1894	„	93 130 000	t	„

Von jenem Güterverkehr von rd. 33 Millionen Tonnen entfielen:

45—55	v. H.	auf	das	Stromgebiet	der Wolga
15—20	„	„	„	„	„	der Newa
15	„	„	„	„	„	des Dnjeprs.

Im Jahre 1897 aber war bereits der Güterverkehr auf allen Wasserstraßen Rußlands, auf denen eine Zählung stattfand, mit 23 Milliarden Tonnenkilometern den Leistungen der Eisenbahnen nahezu gleich.

Eine genauere Statistik[3], welche das Jahrzehnt 1894—1904 umfaßt,

---

[1] Vergl. Hettner, „Das Europäische Rußland".

[2] „Geschichtliche Skizze der Entwickelung der Schiffahrtsstraßen des Russischen Reiches", Kiew, 1894.

[3] Siehe Zeitschrift für Binnenschiffahrt 1905, Heft 13.

berechnet, daß der Verkehrsumfang sich auf den „wichtigeren“ Wasserstraßen folgendermaßen entwickelte:

Name des Flusses	1904	1903	1894	im Durchschnitt des Jahrzehnts 1894—1903
	Gütermenge in Millionen Pud			
1. Wolga	1317	1192	743	956
2. Newa[1])	296	291	217	261
3. Nördliche Dwina	92	96	51	70
4. Dnjepr	301	280	201	233
5. Düna (westl. Dwina)	153[2])	128[2])	75	103
6. Niemen	100	91	41	67
7. Don	62	54	49	50
8. Südlicher Bug	24	36	29	26
9. Dnjestr	10	16	14	13
10. Narowa[3])	39	34	19	23

Und zwar wurden in den Jahren 1904 und 1903 befördert:

auf dem Flusse	a) mit Schiffen		b) auf und in Flößen	
	1904	1903	1904	1903
	Gütermenge in Millionen Pud			
1. Wolga	1008	899	309	293
2. Newa	214	226	82	65
3. Nördliche Dwina	29	23	63	73
4. Dnjepr	143	149	158	131
5. Düna	43	45	110	83
6. Niemen	9	9	91	82
7. Don	52	45	10	9
8. Südlicher Bug	24	36	—	—
9. Dnjestr	6	11	4	5
10. Narowa	16	13	23	21

1) Einschließlich des Ladoga-Sees, des Onega und des Ilmen.

2) Einschließlich des Nebenflusses Bolderaa.

3) Einschließlich des Peipus- und des Pskower-Sees.

Die gesamten Verfrachtungen auf den russischen Wasserstraßen betrugen:

im Jahre	a) mit Schiffen	b) auf und in Flößen	Zusammen
	Menge in Millionen Pud		
1904	1545	857	2402
1903	1458	772	2230
1894	867	578	1445
Mithin durchschnittl. im Jahrzehnt 1894/1903	1118	694	1812

Der Güterverkehr auf den inneren Wasserstraßen Rußlands befindet sich demnach wie in Deutschland und Frankreich in ständigem Aufschwunge.

Auffallender Weise sind die Frachten auf den russischen Wasserstraßen noch bedeutend mäßiger als bei uns, was auf die größere Ladefähigkeit der Fahrzeuge und die längere Transportstrecke zurückzuführen ist.

Während z. B. bei dem nordwestlichen Schiffahrtsnetz, welches die Flußgebiete der Wolga, Dwina und der Newa mit dem Ladoga-, Onega- und Jhnen-See umfaßt, der längste ununterbrochene Schiffahrtsweg von Astrachan nach St. Petersburg 3 900 km und von Astrachan nach Archangel sogar 4 500 km beträgt, bei dem südwestlichen Netz, welches die Flußgebiete des Dnjepr, der Düna, des Niemen und der Weichsel umfaßt, die größte Schiffahrtsentfernung von Cherson bis nach Riga 2 400 km beträgt, ist zurzeit in Deutschland die längste ununterbrochene Schiffahrtsverbindung von Memel bis Schandau nur 1 400 km lang, und erst nach Ausführung des Rhein-Elbe-Kanals würde die Strecke zwischen Memel und Mülhausen i. Els. auf rund 2 100 km ununterbrochen befahren werden können.[1])

Hinsichtlich der Zahl der Fahrzeuge ist man fast ganz auf älteres Material angewiesen.

Nach einer 1890 aufgestellten Liste der nicht mittels Dampfkraft bewegten Flußschiffe wurden 15 915 Fahrzeuge gezählt. 1892 zählte man 1943 Dampfer, wovon 458 dem Personenverkehre dienten. Der größte Teil der Dampfer, nämlich 1096 Dampfer, entfällt allein auf das Stromgebiet der Wolga.

Die Entwickelung der russischen Dampfschiffahrt im besondern hat auffallenderweise mit derjenigen Deutschlands gleichen Schritt gehalten, indem bei der ersteren in den 28 Jahren von 1870 bis 1898 die Zahl der Dampfer sich von 687 auf 3040, also auf das $4\frac{1}{2}$fache gehoben hat, in Deutschland in den

---

[1]) Sympher im Centralblatt der Bauverwaltung 1900.

25 Jahren von 1872 bis 1897 von 463 auf 1953, also annähernd fast in demselben Verhältnis gestiegen ist. — Einen großen Vorzug genießt Rußland, das bereits 1895 etwa 800 Schiffe von mehr als 1 600 t Tragfähigkeit besaß, während Deutschland 1897 noch nicht 10 hatte, durch die große Tragfähigkeit seiner Schiffe, welche im Durchschnitt etwa $2^1/_2$ mal so groß als in Deutschland ist und die in Verbindung mit den großen Transportlängen außerordentlich niedrige Frachtsätze gestattet.

Während die Wasserstraßen der Wolga, der Newa, des Dnjeprs, der Düna und selbst des Niemens (Memel) an Bedeutung und Umfang des Schiffahrtsverkehrs an erster Stelle stehen, so wollen wir uns heute in besonderem Maße mit der Weichsel beschäftigen, da diese sowohl für unsere wirtschaftlichen Beziehungen mit Rußland, als auch für die industrielle Entwickelung Polens von so großem Einflusse ist.

Es sei aber späterer Gelegenheit vorbehalten, die übrigen Stromgebiete gleicherweise eingehend zu schildern.

Neben der Schiffahrt ist die Flößerei zu nennen, da der Floßverkehr eine der hauptsächlichsten Verkehrsarten in den deutsch-russischen Handelsbeziehungen darstellt.

Der Floßverkehr in Finnland. Die außerordentlich zahlreichen Wasserkräfte in Finnland werden, soweit sie nicht schiffbar sind, noch in ursprünglichster Weise dem Verkehre dienstbar gemacht. Die reichen Waldbestände können bei der Unzulänglichkeit von Eisenbahnen und Landstraßen, und bei der geringen Bereitwilligkeit des Kapitals, sich in den Dienst der Schiffahrt zu stellen, nur in unbedeutendem Maße ausgenützt werden. So kommt es denn, daß, wie mir von sachverständiger Seite in Finnland berichtet worden ist, Waldbestände, die nicht am Wasser liegen, nahezu wertlos sind. Der Hauptverkehrsartikel auf den nichtschiffbaren Wasserstraßen ist das Holz. Der Verkehr vollzieht sich, wie angedeutet, auf die einfachste Weise und zwar derart, daß die gefällten Holzstämme in den Fluß geworfen und nach entsprechender Verständigung mit dem Empfänger am unteren Laufe, an der Gebrauchsstelle aufgefischt werden. Die zahlreichen Felsblöcke und sonstigen Schiffahrtshindernisse, welche die finnländischen Flüsse charakterisieren, unterstützen diesen Verkehr in der gewünschten Weise.

Die gleiche Art des Floßverkehres finden wir übrigens auch in Schweden wieder, wo auch die hydrographischen Verhältnisse vieler Flüsse ähnlich liegen.

Wie die oben erwähnten Sachverständigen mir mitgeteilt haben, sind bei dem geschilderten Verfahren in Finnland Holzdiebstähle bei dem geringen

Werte des Materials außerordentlich selten und die Empfänger gelangen meistens in den Besitz ihrer bestellten Ware.

Floßverkehr und Holzhandel im westlichen Rußland. Anders dagegen vollzieht sich der Holzverkehr in den westlichen Bezirken Rußlands. Der Holzhandel, namentlich die Ausfuhr von Holz nach Deutschland spielt hier eine ganz besondere Rolle. So wurden z. B. im Jahre 1903 allein aus dem Gouvernement Kowno für 1 419 000 Rubel und aus dem Gouvernement Grodno für 2 426 147 Rubel Hölzer nach Deutschland ausgeführt. Diese Ausfuhr vollzieht sich zum großen Teile auf den von Rußland nach Deutschland fließenden Strömen. Einen Anhaltspunkt für den Umfang dieses Holzverkehrs, soweit allein Flöße in Betracht kommen, d. h. also umgerechnet den Holzversand auf Schiffen, findet man in der Registrierung derjenigen Flöße, welche bei Schmalleningken auf dem Niemen über die Grenze geführt werden. Im Jahre 1906 passierten nach russischen Quellen dort 5154 Flöße, und zwar 3634 große und 1520 kleine mit einer Ladung von 2 638 877 Stück rundem Bauholz und langem Papierholz. Über die gehobelten Bretter fehlen die Angaben. Außerdem sind in Schmalleningken im Jahr 1906: 1374 Barken mit 434 394 cbm Inhalt durchgefahren, teils Material für Zelluloidfabriken, teils Heizmaterial enthaltend, darunter 1194 Barken mit Papierholz = 376 950 cbm und 185 Barken mit Heizmaterial = 57 444 cbm.

Nach deutschen Aufzeichnungen[1]) gingen in Schmalleningken nach Deutschland ein:

1900:	721 370	Tonnen	Holz
1901:	606 442	„	„
1902:	511 168	„	„
1903:	787 296	„	„
1904:	879 486	„	„

Und doch könnten die Wasserstraßen noch weit mehr leisten. Die Gründe für die geringe Rentabilität der westrussischen Holzausfuhr insbesondere auf den Strömen schildert ein amtlicher Bericht des Kaiserlichen Gouvernements zu Kowno[2]), dem wir die nachstehenden Angaben entnehmen.

Die Hauptwasserstraßen für den Floßverkehr in Westrußland sind hier der Niemen mit den Nebenflüssen Wilja, Niewiaza und Dubigga, sowie der

---

[1]) Statistisches Jahrbuch für das Deutsche Reich, 1906, Seite 79.

[2]) Nachrichten für Handel und Industrie, 1907.

Nnjepr—Bug-Kanal mit dem Muchawiec und dem westlichen Bug, welcher in die Weichsel mündet.

Als Hauptmängel des gegenwärtigen Holzhandels werden die mangelhafte Waldwirtschaft, die anhaltende Steigerung der Löhne, die ungenügende Fachkenntnis der russischen Holzhändler und der schlechte Zustand der Flußläufe bezeichnet.

Außer einer Reihe von ungünstigen Umständen beim Arbeiterstreik in der Holzindustrie, der Unzuverlässigkeit vieler Makler, der mangelnden Anpassung der Holzhändler an den deutschen Verbrauch und an deutsche Geschäftsgewohnheiten wurde insbesondere betont, daß die Technik bei der Anfertigung der Flöße durchaus nicht auf der Höhe stehe. Die Zusammenfügung nur durch runde Bauhölzer wird als ungenügend bemängelt. Das infolge mangelhafter Befestigung erfolgende Sichloslösen von Holz während der Fahrt erleichtert den Holzdiebstahl, welcher unter den Flußanwohnern angeblich sehr verbreitet ist und durch die Floßknechte teils begünstigt, teils selbst in derartigem Umfange ausgeübt wird, daß die Bewohner der Flußortschaften angeblich einen ausgedehnten Handel mit gestohlenem Holze betreiben. Die wenigsten Holzhändler versichern ihre Transporte und erhalten daher keinen Ersatz für das gestohlene Holz. Auf den kleineren Flüssen kommen noch Flöße vor, bei denen nur wenige Stämme verbunden sind, welche sich leicht voneinander loslösen und den Flußlauf derart versperren, daß häufig Flöße auf der Fahrt nach Kowno etwa 6 Monate liegen bleiben und manchmal den Bestimmungsort überhaupt nicht erreichen.

Bezeichnend ist aber, was über den schlechten Zustand der Wasserstraßen berichtet wird. Nur im Frühjahr, während des Hochwassers, und im Herbst kann die Beförderung ungehindert erfolgen.

Die Fortbewegung der Flöße wird durch Sandbänke und Steine gestört. Auf dem Niemen, welcher am wasserreichsten ist, hat das Fahrwasser an den flachen Stellen im Sommer meist nur $2^1/_2$ Fuß Tiefe.

Zu allen diesen Nachteilen kommt noch hinzu, daß die Unkosten des Holztransports zu Wasser fortgesetzt steigen. Im allgemeinen gilt zwar überall der Transport zu Wasser für billiger als mit der Eisenbahn. Es wird jedoch, wenigstens für gewisse Holzarten, in Zukunft der Transport mit der Eisenbahn nicht teurer sein als mittels Floß, wenn die Kosten des Wassertransports weiter in die Höhe gehen. Man hat berechnet, daß z. B. Papierholz, wenn sowohl eine Eisenbahnstation als auch ein Flußlauf in der Nähe des Abgangsortes sind, schneller, bequemer und beinahe ebenso billig mit der Eisenbahn nach Memel und Königsberg befördert wird als auf dem Wasser.

Bei den jetzigen äußerst ungünstigen Bedingungen kostet der Transport eines Kubikmeters Holz auf dem Wasser 60 Kopeken; dabei riskiert man unter Umständen Überwinterung unterwegs und dadurch Verletzung der Lieferungsfrist. Beim Transport mit der Bahn erfolgt die Lieferung viel schneller und dadurch wird bei der kürzeren Verzinsung des Anlagekapitals ein Vorteil gewonnen. Die Holzhändler vermeiden überdies dabei alle unangenehmen Zufälle des Wassertransports, so daß schließlich, bei Berechnung aller Vor- und Nachteile, im Gegensatze zu Deutschland, Oesterreich, Frankreich und Amerika, der Eisenbahntransport nicht teurer ist als die Flößerei.

Wir sehen an diesen beiden Beispielen wieder einen Beweis für die uns in Rußland so oft begegnende Tatsache: Reiche Naturschätze, gute Absatzmöglichkeit, aber mangelnde kommerzielle Entwickelung der Bevölkerung und unzureichende Pflege der Verkehrswege.

Die Weichsel, welche bekanntlich auf österreichischem Gebiete entspringt und kurze Strecken von Galizien durchläuft, legt den größten Teil

Die Weichsel bei Warschau.

Fig. 1.

ihres Laufes auf russisch-polnischem Gebiete zurück. Bei Schillno überschreitet sie die deutsche Reichsgrenze und mündet, nachdem sie die Brahe aufgenommen hat, nach verhältnismäßig sehr kurzem Laufe unterhalb Neufahrwasser in die Ostsee.

Die Weichsel bei Warschau.

Fig. 2.

Rettungsposten bei Warschau.

Fig. 3.

In früheren Jahrhunderten als das ganze Weichselgebiet, die Provinz Westpreußen und Danzig unter polnischer Herrschaft standen, war die Weichsel ein außerordentlich stark belebter Strom und die Städte, die an ihm lagen, waren abhängig von der Entwickelung der Schiffahrt. Noch bis vor wenigen Jahrzehnten war Danzigs Seeverkehr eng verknüpft mit der wirtschaftlichen Lage in Polen, bis der Übergang von der Freihandelspolitik zum Schutzzoll in Deutschland einerseits und die fortschreitende Erhöhung der

Weichselverkehr bei Warschau.

Fig. 4.

russischen Einfuhrzölle und die Erschwernisse, die dem Handel durch die russische Zollverwaltung bereitet werden andererseits, den Verkehr wesentlich beeinflußten.

Auf deutscher Seite war nichtsdestoweniger im Zusammenhange mit den übrigen Maßnahmen zur wirtschaftlichen Hebung unseres Ostens der Industriealisierung des Ostens, der Errichtung von höheren Lehranstalten, der Ansiedelungspolitik usw., namentlich im Interesse der Landwirtschaft und der Hebung der allgemeinen Landeskultur unter Aufwendung von großen Opfern eine Regulierung der Weichselstrecke ins Werk gesetzt.

Die Weichsel bei Warschau.

Fig. 5.

Holzflößung bei Warschau.

Fig. 6.

Wenn von diesen Maßnahmen auch die Binnenschiffahrt einige Vorteile gezogen hat, so entsprach hier doch der Erfolg nicht dem Umfange der großen Geldopfer und zwar meistens infolge der Schädigungen, welche die deutsche Weichselstrecke durch die russiche Weichsel erfährt. Durch die Hochwasser bei der Eisschmelze gelangen nicht allein große Steinmassen, sondern auch Sandmengen über die russische Grenze zu uns hinüber, und was unsere Bauverwaltung

Die Weichsel bei Warschau. (Personenschiffahrtsbetrieb.)

Fig. 7.

in mühevoller Arbeit geschaffen hat, wird oft in wenigen Tagen zerstört; dann erleidet der Schiffahrtsbetrieb meist längere Störungen, Schiff und Ladung laufen Gefahr, Ableichterungen sind oft notwendig und hohe Nebenkosten verteuern den Transport. Der Wasserstand ist nur zu gewissen Zeiten auskömmlich und verändert sich auf vielen Strecken fast stündlich.

Die kurze Strecke, welche die Weichsel auf deutscher Seite durchläuft, ermöglicht aber allein nicht eine rentable Entwickelung der deutschen Binnenschiffahrt, die in dem harten Kampfe mit den Eisenbahnen, wie ich an anderer Stelle nachgewiesen habe, gerade nur bei weiten Entfernungen wettbewerbs-

Die Weichsel bei Warschau. (Im Winter.)

Fig. 8.

Die Weichsel bei Warschau.

Fig. 9.

fähig wird; die fortdauernden Versandungen des Strombettes der Weichsel und die Unsicherheit der wirtschaftlichen Rentabilität erlauben insbesondere aber nicht die Verwendung größerer Fahrzeuge, so daß die Schiffahrt auch auf der deutschen Weichsel meist mit verhältnismäßig alten und geringwertigen Fahrzeugen betrieben wird. Dazu kommt, daß der Weichselschiffer auf einer niedrigeren Kulturstufe als seine Berufsgenossen auf den weiter westlich

Winterhafen bei Warschau.

Fig. 10.

gelegenen Strömen steht, was wohl wieder, wenigstens teilweise eine Folge der unzureichenden Verkehrsentwickelung ist. Aus den gleichen Gründen haben sich denn auch größere Reedereien nur in sehr spärlicher Anzahl bilden können: größere Kapitalanlagen müssen vor den unberechenbaren Einwirkungen der geschilderten Verhältnisse zurückschrecken. Zwar wird in Rußland gearbeitet und reguliert; aber was geschieht, entspricht bei weitem nicht den Bedürfnissen des Verkehrs. Dazu kommt, daß es fast überall auf der russischen Weichsel an einer tatkräftigen, kommunalen Wasserstraßenpolitik fehlt. Dies rührt zumeist daher, daß in Rußland die Städte an den

Winterhafen bei Warschau.

Fig. 11.

Winterhafen bei Warschau.

Fig. 12.

Ufern infolge der vielen Überschwemmungen nicht entwickelungsfähig sind und die industriellen Anlagen es vorziehen, sich an den Eisenbahnlinien niederzulassen, um unabhängig von Strom und Wetter zu sein. So ist denn der Schiffer gezwungen, häufig auf Ladung zu warten. Im Herbste fährt er die Weichsel hinauf, bleibt im Winterquartier ohne Beschäftigung liegen und im Frühjahre, wenn die ersten Hochwasser nach der Eisschmelze vorüber sind,

Winterhafen bei Warschau.

Fig. 13.

fährt er mit seiner Ladung stromab; häufig hat er dann aber noch mit plötzlich eintretendem Niedrigwasser zu kämpfen und bleibt unterwegs wochenlang liegen. Die Zahl der jährlichen Reisen, die der Schiffer auf der Weichsel zurücklegt, ist daher eine außerordentlich geringe. Da, wie bemerkt, die Schiffer meist deutsche Staatsangehörige sind, haben wir das allergrößte Interesse daran, daß Rußland seinen Verpflichtungen nachkommt, ein doppeltes Interesse, nicht allein in landeskultureller Hinsicht, sondern auch mit Bezug auf die Entwickelung unseres Verkehrs. Da unsere Ostseestädte für unseren Außenhandel heute nicht mehr die Bedeutung haben, wie vor Jahrhunderten

Die Weichsel bei Warschau (Güterverkehr).

Fig. 14.

Die Weichsel bei Warschau (Güterverkehr).

Fig. 15.

zur Hansezeit, so müssen sie neue Nahrungsquellen aufsuchen und sind heute mehr denn je auf die Verbindung mit dem Hinterlande durch leistungsfähige Wasserstraßen angewiesen.

Orientierungsfeuer für Nachtschiffahrt auf der Weichsel.

Fig. 16.

Verhandlungen zwischen den deutschen und den russischen Wasserbauverwaltungen haben schon wiederholt stattgefunden. Die vor vier Jahren von dem damaligen russischen Verkehrsminister, Fürsten Chilkow, mit den deutschen Behörden in Danzig und Thorn abgehaltenen Konferenzen ergaben zwar die Geneigtheit der russischen Regierung, Abhilfe der beklagten Übel-

Die Weichsel bei Sandomir.

Fig. 17.

Die Weichsel bei Sandomir.

Fig. 18.

Baggerarbeiten im Hafen von Sandomir.

Fig. 19.

Flußhafen bei Sandomir (Baggerarbeiten).

Fig. 20.

Der Flußhafen bei Sandomir.

Fig. 21.

Baggerarbeiten auf der Weichsel bei Warschau.

Fig. 22.

stände auf der russischen Weichsel zu schaffen, es ist aber aus diesen Verhandlungen weiter nichts herausgekommen, als sehr umfangreiche Protokolle. Es ist daher von deutscher Seite beantragt worden, um einen Ausweg aus diesem Dilemma von Wollen und Können in Rußland zu finden, daß die großen Mengen Felsblöcke aus dem Strombette der russischen Weichsel von den deutschen Wasserbau- und Chaussee-Verwaltungen erworben werden möchten und zu Bauzwecken verwendet würden.

Die Weichsel bei der San-Mündung.

Fig. 23.

Die Binnenschiffahrt auf der russischen Weichsel befindet sich in allen Beziehungen im Rückstande, sowohl materiell in bezug auf den Zustand der Fahrzeuge, als auch personell in bezug auf die Leistungsfähigkeit und Tüchtigkeit der Schiffer. Die Ungewißheit über den zeitweiligen Zustand des Fahrwassers, die Dauer des Winters, die Möglichkeit der Erlangung von Frachtmengen sind Momente von ausschlaggebender Bedeutung. Alle diese Umstände wirken aber auch auf Deutschland zurück, da die deutschen Weichselschiffer fast alle auf den Verkehr nach Rußland angewiesen sind.

Die Weichsel bei Nowo-Alexandria.

Fig. 24.

Die Weichsel bei Nowo-Alexandria.

Fig. 25.

Die Weichsel bei Zawichest.

Fig. 26.

Wehr in Augustow.

Fig. 27.

Der Verkehr auf der russischen Weichsel hat sich wie der gesamte deutsch-polnische Handel in den letzten Jahrzehnten wesentlich verändert. In Thorn zeigt der Durchgangsverkehr in der Ausfuhr nach Rußland in den letzten 32 Jahren, d. h. von 1873 bis 1905 mit wesentlichen Schwankungen keine günstige Entwickelung der binnenschiffahrtlichen Beziehungen zwischen den beiden Ländern. In dem letzten Jahrzehnt von 1896 bis 1906 blieb die

Schleuse in Dembowo am Augustowski-Kanal.

Fig. 28.

Zahl der nach Rußland jährlich durchgegangenen Schiffe ziemlich gleich: 430 bezw. 413; von diesen pflegt ungefähr ein Drittel unbeladen zu sein. Auch der Güterverkehr ist, abgesehen von einigen Schwankungen, ziemlich gleich geblieben, in der Zeit von 1873 bis 1905 bewegten sich die Mengen zwischen 80 000 t im Jahre 1873 und 112 000 t im Jahre 1905. Nur nach einer Richtung hin ist eine günstige Entwickelung wahrzunehmen, nämlich mit Bezug auf die bessere Ausnutzung der Fahrzeuge. Die durchschnittliche Beladung der mit Ladung durchgegangenen Fahrzeuge ist in den letzten 32 Jahren von 49,2 auf 196,4 Tonnen gestiegen, so daß ein rationellerer Schiffahrtsbetrieb in dem Verkehre nach Rußland zu verzeichnen ist. Was den Durchgangsverkehr von Rußland nach Deutschland anlangt, so zeigt sich in den letzten 32 Jahren eine wesentliche Abnahme des Güterverkehrs, da er von 124 000 t auf 60 000 t gesunken ist. Bemerkenswert ist dabei die Tatsache, daß hier die durchschnittliche Beladung der Fahrzeuge in den letzten 32 Jahren ziemlich gleich geblieben ist. Auch der Floßverkehr auf der Weichsel, der in früheren Jahrzehnten eine so hohe Bedeutung besaß, ist in

Schleuse in Nemnowo.

Fig. 29.

diesem Zeitraume trotz des gesteigerten Verbrauches von Holz in Deutschland im allgemeinen und trotz des zunehmenden Bedürfnisses des deutschen Bergbaues an Grubenholz im besonderen allmählich immer mehr zurückgegangen und zwar von 1 101 000 t im Jahre 1873 auf 891 000 t im Jahre 1905. Daß an diesem Rückgange vorwiegend die schlechten Wasserverhältnisse die Schuld tragen, ergibt sich daraus, daß gleichzeitig mit der Abnahme des Flußverkehres eine wesentliche Zunahme des Eisenbahnverkehres von russischem Holz in der Ausfuhr nach Deutschland zu verzeichnen ist.

Auf der Weichsel werden nach Rußland aus Deutschland hauptsächlich

Schleuse in Aryustow.

Fig. 30.

Umbau eines Wehrs in Rigol.

Fig. 31.

ausgeführt: Steinkohlen, Pech, Teer, Häute, Fette, Leder, Steine, Salz und Farbholz; die Einfuhr von Rußland nach Deutschland umfaßt dagegen hauptsächlich: Holz, Steine, Steinwaren, Getreide, Mehl, Mühlenfabrikate und Zucker. Allerdings haben die oben erwähnten zollpolitischen Veränderungen insbesondere den früher so lebhaften Getreideverkehr auf der russischen Weichsel stromabwärts in hohem Maße beeinträchtigt.

Wehr in Augustow.

Fig. 32.

Immerhin der bedeutendste Einfuhrartikel ist Holz,[1]) welches aus den unermeßlichen Waldbeständen des innern Rußlands kommt.

Nach den Aufzeichnungen der Reichsstatistik[2]) wurden bei Thorn über die deutsch russische Grenze auf der Weichsel an Holz im Jahre eingeführt:

1900	723 183	Tonnen	= 91,7	v. H. des gesamten Weichselverkehrs
1901	790 132	„	= 92,3	„ „ „ „ „
1902	443 586	„	= 87,6	„ „ „ „ „
1903	830 802	„	= 91,2	„ „ „ „ „
1904	551 932	„	= 92,4	„ „ „ „ „

[1]) Aus diesem Grunde hat sich auch die preußische Staatsregierung entschlossen, in Thorn einen neuen großen Holzhafen zu errichten, der 1908 fertiggestellt sein wird, und denjenigen in Brahemünde wesentlich zu erweitern.

[2]) Statistisches Jahrbuch für das Deutsche Reich 1906.

Wehr in Tschortek am Augustowski-Kanal.

Fig. 33.

Handbagger am Augustowski-Kanal.

Fig. 34.

so daß der übrige Einfuhrverkehr aus Rußland sich auf geringe Mengen beschränkt.

Auch die Ausfuhr aus Deutschland ist eine höchst bescheidene, sie beträgt nur den 20. bis 40. Teil der Einfuhr aus Rußland.

Dieses ungünstige Verhältnis ist, abgesehen von den erwähnten Gründen, auch auf die willkürlichen Maßnahmen zurückzuführen, welche die russischen Behörden gegenüber den deutschen Schiffern und den deutschen Gütern getroffen haben. Daß z. B. der deutsche Schiffer auf russischem Staatsgebiete seinen Schiffsbrief und die sonstigen Papiere den Zoll- und Wasserbaubehörden überliefern muß und erst bei der Rückkehr wieder ausgehändigt erhält, bringt eine Unsicherheit des ganzen Verkehres mit sich. Ob die Wiedererlangung des Schiffsbriefes für den deutschen Kleinschiffer immer ohne weitere finanzielle Opfer abgeht, will ich nicht untersuchen; jedenfalls liegen in dieser Beziehung ganz bedenkliche Klagen vor. Wenn ferner einfach verfügt wird, daß die deutschen Schiffe, selbst wenn sie ihre Ladung in Nieszawa, der russischen Zollgrenzstation, ordnungsmäßig verzollt haben, doch bis zur Entladung unter Zollverschluß verbleiben müssen, so erschwert das den Verkehr in unangemessener Weise, da bei den ungünstigen Wasserstandsverhältnissen unterwegs häufig Ableichterungen erforderlich werden und Zollbeamte nicht überall stationiert sind.

Ähnliche Mißstände herrschen auf dem Pregel und der Memel, so daß seit 1878 bis heute, die deutsche Regierung als Gegenmaßregel gegen schikanöse Belästigungen der deutschen Schiffer das Verbot der durchgehenden Personendampfschiffahrt von Rußland nach Deutschland hat aufrecht erhalten müssen.

Wir sehen also vielfache unnötige Erschwerungen des Verkehrs die unsere Handelsbeziehungen zu Rußland schädigen; es ist daher notwendig, daß immer wieder darauf hingewiesen wird, daß solche Zustände nicht nur den internationalen Güteraustausch hindern, sondern in erster Linie die nationale Wirtschaft Rußlands beeinträchtigen.

Betrachten wir nun den Zustand des Weichselstromes und die Arbeiten zu seiner Verbesserung, so finden wir die russische Weichsel in einem Zustande, der dringend der Abhilfe bedarf. Lediglich Warschau besitzt Verkehrsanlagen, die mäßigen Ansprüchen genügen, während an den meisten Orten der russischen Weichsel der Verkehr sich in den ursprünglichsten Formen vollzieht und Lagerhäuser, Krane usw. entweder garnicht vorhanden sind, oder nur in unzureichender Weise.

Noch schlimmer steht es in bezug auf die Seitenkanäle, welche die Tatkraft der Herrscher in früheren Zeiten schuf. Einer der ältesten Kanäle dieser Art ist z. B. der Augustowski-Kanal, welcher die Weichsel mit dem Niemen verbindet.

Wir sehen dort Anlagen, wie sie in Deutschland heute nur noch ganz vereinzelt bestehen. Eine schmale Wasserstraße mit kleinen Schleusen, Klappbrücken, die je nach Bedarf emporgezogen werden müssen, da die Fahrzeuge zum Teil nicht mit Einrichtungen zum Umlegen der Masten versehen sind, eine Bevölkerung, die sich die Gunst der Lage keineswegs zu nutze zu machen sucht, kurz einen Kanal, der heute nur noch einen sehr geringen Verkehr aufweist.

Schlußbetrachtung.

Die russischen Finanzen, die in dem bekannten Werke von Regierungsrat Martin eine so abfällige Kritik erfahren haben, sind für viele Volkswirte ein ziemliches Rätsel. So lange nicht eine parlamentarische Kontrolle und Mitwirkung bei der Feststellung des Staatshaushalts-Etats stattfindet und der letztere der Öffentlichkeit durch den Druck zugänglich gemacht wird, ist man auf die Mitteilungen aus dem russischen Finanzministerium angewiesen. Die diesbezüglichen Auszüge in der Tagespresse sind aber auf ihre Richtigkeit hin nicht immer kontrollierbar. Auf diesem Wege wird auch mitgeteilt, daß in dem russischen Staatsbudget für 1907 die Ausgaben des Marineressorts für Schiffs- und Hafenbauten um 23 Millionen Rubel herabgesetzt worden seien; denn nur auf diesem Wege könnte in dem neuen Staatsbudget ein Überschuß von 1,6 Millionen Rubel herausgerechnet werden. Die Mißernte von 1906 in vielen Gouvernements hat wohl zu jener Sparsamkeit Veranlassung gegeben; auch macht die Aufbringung der Schuldzinsen erhebliche Aufwendungen notwendig. Die außerordentlichen Ausgaben zur Deckung der Unkosten des letzten Krieges betragen dazu noch immer 124 Millionen Rubel (gegen 266 Millionen Rubel im Vorjahre). Wenn auch das neue Staatsbudget mit einem Überschuß von 1,6 Millionen Rubel nominell abschließt, so ist doch der Abschluß einer neuen Anleihe erforderlich, da die Deckung der Kriegskosten, die Unterstützung der notleidenden Gouvernements besondere Aufwendungen erforderlich macht. Nach meinem Dafürhalten würde es erforderlich sein, daß die russische Staatsregierung sich dazu aufrafft, mehr produktive Anlagen zu schaffen, um so die Kauf- und Steuerkraft der Bevölkerung zu heben

Die russische Finanzwirtschaft sollte nach dem Vorbilde früherer Regierungen und nach dem Vorbilde des preußischen Staates dem Ausbaue ihrer Eisenbahnen und gleichzeitig ihrer zahlreichen schiffbaren Wasserstraßen mehr Sorge zuwenden. Die Arbeiten zur Instandhaltung des Fahrwassers für die schiffbaren Wasserstraßen und die Herstellung von Kanalverbindungen dürfen nicht lediglich Gegenstand des Projektes bleiben, sondern müssen auch tatsächlich zur Ausführung gelangen. Auf diesem Wege wird die Leistungsfähigkeit und Steuerkraft der Bevölkerung viel mehr gehoben werden als durch alle unmittelbaren Unterstützungen an die notleidenden Gouvernements.

Wenn in zahlreichen Gouvernements infolge von Mißernten Hungersnöte entstehen, so kann doch nach den vorliegenden Berichten von der Tatsache gesprochen werden, daß auch bei günstigen Ernten ein Teil der Bevölkerung immer Not leidet, weil es an den geeigneten Verkehrsmitteln fehlt, um die Getreidevorräte zu befördern. Kenner versichern, daß jährlich ungeheure Mengen Getreide in Rußland dem Verderben ausgesetzt sind, weil es an den erforderlichen Eisenbahnwaggons[1]) fehlt und an schnell und prompt arbeitenden (unteren) Organen der Eisenbahnverwaltung, schließlich aber auch an Schiffahrtsgefäßen, um diese Mengen zu verfrachten.

In den letzten Jahren wurde in deutschen Kreisen, die den Vorgängen in Rußland ein besonderes Interesse entgegenbringen, das Wort oft gebraucht „Rußland, ein armes Land“ — ich möchte sagen, „Rußland, ein reiches Land“. Die große Fülle von Naturschätzen, die Fruchtbarkeit der Flußtäler, die verhältnismäßig geringe Dichtigkeit der Bevölkerung, die Bedürfnislosigkeit der arbeitenden Klassen, die zahlreichen schiffbaren Wasserläufe, alles das sind günstige Vorbedingungen für den Wettbewerb des Landes mit den kultivierten Ländern Mittel- und Westeuropas. Vor allen Dingen aber tut neben einer gesunden Finanzwirtschaft, die wieder nur durch eine Einschränkung der politischen Expansionsbestrebungen saniert werden kann, eine rationelle Verkehrspolitik Not.

Wenn wir hier uns mit den Verhältnissen unseres Nachbarlandes in objektiver und wohlwollender Weise beschäftigt haben, so hoffen wir, daß die Erkenntnis von der Notwendigkeit der Belebung der wirtschaftlichen Kräfte des Landes für die russischen Machthaber den Blick schärfen wird.

---

[1]) Im Sommer 1907 lief durch die Tagespresse die Mitteilung, daß in der staatlichen Waggonfabrik von St. Petersburg 2000 Arbeiter infolge von Arbeitsmangel entlassen worden seien.

um die Beziehungen zu uns, den deutschen Nachbarn freundschaftlicher zu gestalten, als sie in den letzten Jahrzehnten leider waren. Auch die Klagen über die vielfachen Grenzverletzungen hatten nicht dazu beigetragen, das Gefühl der Sympathie für Rußland zu erhöhen. Wenn jüngst in dieser Beziehung eine Änderung Platz gegriffen hat, wenn dem deutschen Nachbarn in russischen Kreisen wieder eine freundlichere Seite zugewandt wird, so können wir das von unserem Standpunkte aus nur freudig begrüßen. Wir wollen zwar nicht um die Gunst des russischen Nachbarn buhlen, wir wollen ihm aber freundlich die Hand reichen und ihn bitten, im beiderseitigen Interesse, namentlich auch in seinem eigenen, alle Hindernisse aus dem Wege zu räumen, welche einem ungehinderten friedlichen Güteraustausche im Wege stehen. Dann wird auch Rußlands Seeschiffahrt und Binnenschiffahrt einer weiteren Blüte entgegengehen und auch unsere ostpreußischen Wirtschaftsgebiete werden wieder aufblühen können. — Wie im Privatverkehr, so wird auch im Zusammenleben der Völker und Nationen Gedeihen und Fortschritt nur durch Geben und Nehmen, durch Darbieten und Empfangen, durch Liebe und Gegenliebe erzielt werden.

Wenn bei dem Eintritt ruhigerer Zeiten Rußland dazu übergeht, namentlich in seinem industrie- und volksreichen Westen Eisenbahn- und Schiffahrtsstraßen den neuzeitlichen Anforderungen entsprechend auszugestalten, so werden wir zu allererst bereit sein, dem russischen Staate und dem russischen Volke ehrende Anerkennung zu zollen. Daß dieser Moment bald eintreten möge, daß ist unser aller Wunsch! Das russische Volk und der russische Staat haben auf diesem Gebiete noch große Kulturaufgaben zu erfüllen und wir werden, soweit es sich um gemeinsame Verkehrsfragen handelt, freudig auf unserem Gebiet und an unserem Teile mitwirken, um sie der Lösung entgegen zu führen.

Wie aber unser Verhältnis zu Rußland sich auch immer gestalten möge, so gilt wie für Deutschland, so auch für Rußland der Satz des alten Sokrates:

„Man muß weder ein Schiff an einem Anker, noch das Leben an einer einzigen Hoffnung befestigen.“

Die Bedürfnisse im Handel, die Industrie und Landwirtschaft verlangen gleichmäßige Pflege aller Verkehrsmittel, von Seeschiffahrt, Binnenschiffahrt und Eisenbahnen, die dort, wo sie verständnisvoll zusammenwirken, eine Verbilligung der Transportkosten, eine Vermehrung der Produktion und eine Hebung der allgemeinen Volkswohlfahrt herbeiführen.

Diskussion.

Herr Direktor Blümcke-Mannheim:

Meine Herren! Es ist vielleicht nicht uninteressant darauf hinzuweisen, daß gerade aus dieser Stadt nach Rußland eine Anzahl von Baggern geliefert worden sind. Ich habe bei dieser Gelegenheit ganz interessante Einblicke in russische Zustände gewonnen. Von 3 Baggern, die genau nach einem Plane zu bauen waren, erlitt jeder Bagger eine andere Zollbehandlung bis zu dem Maße, daß es sich um tausende Mark Differenz handelte. Eine Anfrage beim Verfasser des russischen Zollberichts, einem russischen Staatsrat in Berlin, ergab nur von ihm die Antwort: „Ja, wenn Sie mich fragen, ich weiß es selbst nicht, wie die Waren verzollt werden!"

Als unsere Bagger rechtzeitig fertig waren und daher auch zur rechten Zeit an ihrem Bestellungsort anlangten, wurde, gerade nachdem sie angelangt waren, der Zoll auf Bagger und Schiffe aufgehoben. Meine französische Konkurrenz in Lyon hatte mit meiner Firma zusammen einen Auftrag auf ähnliche Bagger erhalten. Die Lyoner Firma war jedoch nicht zur rechten Zeit mit ihren Baggern fertig, infolgedessen kamen sie zum Winter nicht mehr nach Rußland und an ihren Bestimmnngsort, sondern nahezu 1 Jahr später. Dann aber war durch kaiserlichen Ukas der Zoll aufgehoben.

Meine Herren! Ich habe damals, wie gesagt, einen kleinen Einblick in die russischen Schiffahrtsverhältnisse bekommen, und ich kann mich auf das Wort eines der leitenden Herren beziehen: „An eine planmäßige Regulierung der Wasserstraßen können wir niemals denken, alles was wir tun können, ist lediglich, daß wir in der Folge etwa auftretende Hindernisse aus dem Wege räumen." Und wenn Sie schon sehen, wie das zutrifft, sobald Sie die deutsche Grenze verlassen, dann machen Sie sich eine Vorstellung von den russischen Schiffahrtsstraßen überhaupt. Daß in Rußland eine Regulierung dieser Wasserstraßen, wie beispielsweise der Rhein sie darstellt, nicht zu denken ist, liegt nicht daran, daß die deutsche Industrie nicht auf der Höhe der Leistungsfähigkeit wäre. Die Zölle würden wir gern bezahlen, aber es ist wiederum durch kaiserlichen Ukas verfügt worden, daß alle Bagger nur in Rußland gebaut werden sollen. Da das Ministerium nun wußte, daß in Rußland nur schlechte und höchst minderwertige Bagger gebaut werden, so hat es vorgezogen, die Nutzanwendung dahin zu ziehen, daß überhaupt keine Bagger mehr gebaut werden, bis zu dem Maße, daß die Schiffahrt eine Zeitlang tatsächlich gestockt hat. Dann kam wieder ein kaiserlicher Ukas, und ich hatte in Mailand Gelegenheit zu hören: „Jetzt haben wir es soweit gebracht, daß wir einen unsinnigen Preis bezahlen und dennoch keine Bagger haben, denn sie baggern nicht."

Das waren meine Erlebnisse, die ich glaubte, Ihnen im Anschluß an den Vortrag nicht vorenthalten zu sollen.

Ich kann wohl sagen, die Zölle mögen sie erhöhen, so hoch sie wollen, nur nicht gerade bestimmen, daß die Bagger im Lande gebaut werden müssen, denn das hat, wie gesagt, dazu geführt, daß sie entweder gar keine Bagger bauen, oder, wenn sie welche bauen, diese schwer bezahlen müssen und mordsschlechte Bagger bekommen. (Beifall!)

Der Vorsitzende, Herr Geheimer Regierungsrat Professor Busley:

Wünscht noch jemand das Wort zu dem Vortrag?

Da das Wort nicht gewünscht wird, so möchte ich dem Herrn Generalsekretär Rágóczy für seine interessanten Ausführungen unseren wärmsten Dank aussprechen. Herr Rágóczy hat uns auf ein Gebiet geführt, das, wie ich wohl annehmen darf, vielen von uns bisher nicht bekannt war. Herr Rágóczy hat sich noch in letzter Stunde bereit erklärt, den Vortrag zu übernehmen. Ich danke Herrn Rágóczy auch aus diesem Grunde nochmals ganz besonders für seine Freundlichkeit.

XII. Die einheitliche Behandlung der Schiffsberechnungen zur Vereinfachung der Konstruktion.

Vorgetragen von ***H. G. Hammar****-Göteborg.*

Wie allgemein auch heutzutage die Bestrebungen für eine Vereinheitlichung der konstruktiven Arbeiten in allen Zweigen der Technik geworden sind, so hat sich dennoch der Schiffskonstrukteur beim Entwurfe seiner Schiffe noch nicht an irgend eine Richtschnur binden mögen. Ein jeder Liebhaber unseres Berufes fühlt in diesem Falle wie der Künstler. Er will von allen Banden befreit sein, um diejenigen weichen und schönen Formen hervorzubringen, die am besten zu seiner Schöpfung passen, und die ganz und gar mit seinem individuellen Geschmack übereinstimmen müssen, wenn er sich mit seiner Arbeit zufrieden fühlen soll. Nur durch die Möglichkeit künstlerisch freien Arbeitens kann der Entwurf des Schiffbauers diejenige Vollkommenheit erhalten, welche allein zur Erbauung schöner und guter Schiffe führen kann. Ich würde auch nie eine Standardisierung des Entwerfens vorschlagen, die in irgend einer Art dem Konstrukteur Zwang auferlegen würde. Es ist vielmehr eine einheitliche Behandlung der Berechnungen, die ich die Ehre habe der heutigen Versammlung vorzulegen, eine Vereinheitlichung, deren größter Vorzug darin besteht, daß sie dem Schiffbauer sämtliche Vorteile einer leichten, bequemen Anwendung seiner schon vorhandenen Daten, oder auch der Daten anderer bietet, welche bei der Ausarbeitung eines neuen Projekts zu seiner Verfügung stehen mögen, beispielsweise die der in dieser Abhandlung angeführten Schiffe.

Bei dem Weltkongreß für Schiffbau zu Paris im Jahre 1900, sowie später bei den Versammlungen der großen schiffbautechnischen Gesellschaften ist die Frage der Vereinheitlichung der Konstruktionen von den Führern des Berufes mit lebhaftem Interesse besprochen worden; ja, wenn ich mich recht entsinne, sind verschiedene Kommissionen einberufen worden, um diese Frage zu erläutern. Zu welchem Ziele dieselben gelangt sind, ist mir unbekannt. Der beste und am meisten durchgreifende Vorschlag zu einer Vereinheitlichung der Schiffsberechnungen, den ich in der Fachliteratur bemerkt habe, ist der Vorschlag des Herrn Professor Biles-Glasgow beim Kongreß in Paris 1900 und später vor der „Institution of Naval-Architects".

Das von Professor Biles vorgeschlagene System leidet jedoch unter dem Fehler der Abhängigkeit von den beiden Maßsystemen Meter und Fuß; d. h. die Berechnungen müssen im selben Maßstabe vorgenommen sein, falls sie sich vergleichen lassen sollen. Der englische Konstrukteur kann keinen direkten Nutzen aus der Arbeit seines Fachgenossen auf dem Kontinente ziehen, und ebenso umgekehrt. Der größte Nachteil des Systems von Professor Biles ist jedoch, daß die Ergebnisse sich nicht unmittelbar beim Zeichnen der Konstruktionslinien neuer Schiffe verwenden lassen.

Das System, das heute veranschaulicht werden soll, hat außer den bekannten Vorteilen einer jeden Vereinheitlichung noch die folgenden:

1. Es ist unabhängig vom Maßsystem.
2. Die Ergebnisse lassen sich beim Entwerfen eines neuen Schiffes direkt verwerten.

Somit wird diese Arbeit auf ein Minimum reduziert, wobei jedoch die statischen Eigenschaften des neuen Entwurfes mit größerer Zuverlässigkeit und bedeutend weniger Arbeit gegeben sind, als wenn man die gebräuchlichen Näherungsformeln und Konstruktionsverfahren anwenden würde. So sind mir Fälle an einem Werke, wo vorliegendes System eingeführt worden ist, bekannt, bei denen es möglich war, die Konstruktionslinien mitsamt vollständigen Kurven von Deplacement, Schwerpunkten und Metazentren eines Schiffes von gänzlich neuen Größen und Verhältnissen während der Zeit von einem Tage, vom Eingang der Frühpost bis zur Abfahrt des Nachtzuges gerechnet, fix und fertig zu haben.

Ferner hat

3. das System den Vorzug, daß die Berechnungen in bequemer Weise durch einen Vergleich mit anderen, ähnlich ausgeführten Schiffsberechnungen kontrollierbar sind.

Der erfahrene Konstrukteur bemerkt sofort, ob diejenigen Ergebnisse, die von früheren Rechnungen abweichen, durch die Formverschiedenheit begründet sind oder nicht. Man kann z. B. die Integration des Deplacements einmal durch die Wasserlinienflächen und dann durch die Spantenflächen ruhig vernachlässigen, um lediglich die eine Integration beizubehalten. Bei dem vorliegenden System stellt sich eine Anwendung der Wasserlinienflächen am günstigsten.

Das System besteht nun darin, daß man ein jegliches Schiff einem Einheitsmuster anpaßt, dessen Proportionen so gewählt sind, daß sie bei allen vorkommenden Schiffsberechnungen die praktisch besten Resultate ergeben.

Hierbei braucht das Schiff jedoch durchaus nicht weder in irgend einem bestimmten Maßstabe gezeichnet, noch der Entwurf innerhalb irgend welcher beschränkenden Grenzen gehalten zu werden; vielmehr wird derselbe ganz wie üblich vorgenommen.

Die Anwendungsweise dürfte am besten durch Beispiele aus der Praxis beleuchtet werden.

Vorerst soll gezeigt werden, wie die statischen Kurven aus der fertigen Konstruktion berechnet und in Tabellen gebracht werden; nachher wie die erhaltenen Rechnungsergebnisse bei der Aufzeichnung von neuen Schiffen Verwendung finden.

Die Berechnungen werden mittelst der Trapezregel ausgeführt, weil diese Regel diejenige ist, welche sich am besten in einfachen Tabellen zum Ausdruck bringen läßt, und weil sie bei geringster Arbeit für die Praxis genügend genaue Resultate liefert.

Die der Berechnung zugrunde gelegte Schiffslänge, die ich auf Außenkante Steven, zu messen pflege, wird in 20 gleiche Teile eingeteilt. Die Form der Spanten an diesen Stellen wird so aufgezeichnet, daß der gewöhnliche wohlbekannte Spantenriß zur Deplacementsberechnung entsteht.

Die höchste Wasserlinie wird in die Nähe des obersten Decks verlegt, ja, bei Schiffen mit Aufbau und Reeling sogar noch höher, sodaß der ganze Schiffskörper soweit möglich in die Berechnung miteingeführt wird. Der Aufbau und der Sprung, welche ja bei verschiedenen Schiffen meist recht abweichend sind, können mit Leichtigkeit ausgerechnet werden für den Fall, daß man die Reserve-Tragfähigkeit oder das Deplacement bei gänzlicher Tauchung des Schiffes zu bestimmen wünscht, eine Bestimmung, die man vor allem bei Schiffen, welche nicht mit gesetzlich vorgeschriebenem Freibord versehen sind, nie unterlassen sollte.

Der Abstand zwischen der obersten Wasserlinie WL_{14} und der Grundlinie WL_0, (siehe Fig. 3 Tafel I) ist die Seitenhöhe H des Modells, welche in 14 gleiche Teile eingeteilt wird. Nimmt man einer dieser Teile zur Einheit des Höhenmaßstabes, so wird die Seitenhöhe des Modells $H = 14$. Die Aufmessungen der Wasserlinien-Ordinaten im Spantenrisse geschehen wie gewöhnlich; jedoch, anstatt den Maßstab zu verwenden, in welchem der Entwurf vorgenommen worden ist, benutzt man einen Maßstab, dessen Einheit $= \frac{B}{21}$. Die Breite des Modells wird somit 21 und die halbe Breite 10,5.

Daß ein solcher Maßstab bei jedem Entwurf angefertigt werden muß, kann als ein Nachteil, welcher dieser Methode anhaftet, angesehen werden. Wenn man jedoch bedenkt, daß diese Arbeit für einen Durchschnittszeichner eine Zeit von 10 Minuten erfordert und dagegen die erheblichen Vorteile des Systems im übrigen vergleicht, so dürfte dieser Umstand sicherlich kein Übel von irgend welch' wesentlicher Bedeutung sein.

Wenn man nun den Abstand zwischen den Berechnungsspanten gleich 10 annimmt, so ergeben sich die Größenverhältnisse des Modells wie folgt:

Die Konstruktionslänge . . . . . . $L = 200$

Die Breite . . . . $B = 21$

Die Seitenhöhe . . . . $H = 14$

Und weiter . . . . $\frac{L}{B} = \frac{200}{21} = 9{,}52$

$$\frac{L}{H} = \frac{200}{14} = 14{,}28$$

$$\frac{B}{H} = \frac{21}{14} = 1{,}5$$

Diese Proportionen sind völlig normal, ja, bei größeren, schnellergehenden Fahrzeugen beinahe als ideal anzusehen; sie sind jedoch nicht mit besonderer Rücksicht auf letztere gewählt. Hauptsächlich ist darauf Rücksicht genommen worden, daß die Rechnungsergebnisse genügende Genauigkeit aufweisen, ohne daß mehr Zahlengrößen in der Berechnung mitgenommen werden als unbedingt notwendig, um, praktisch gesehen, ein richtiges Resultat zu erhalten.

Damit man nicht allzu große Zahlen in der Rechnung erhält, wird die Länge gleich 20 genommen, d. h. der Abstand zwischen jedem Spant wird gleich der Einheit.

Folglich wird der Rauminhalt des das Modell umschließenden, rechtwinkeligen Körpers $= 20 \times 21 \times 14 = 5880$ Raumeinheiten.

Die Einteilung der Konstruktionslänge in 20 gleiche Teile bei der Rechnung, oder falls die Simpsonschen Regeln angewendet werden, in 10 gleiche Teile mit Halbordinaten an den Enden, ist so gut wie ein universeller Gebrauch geworden.

Fig. 1.

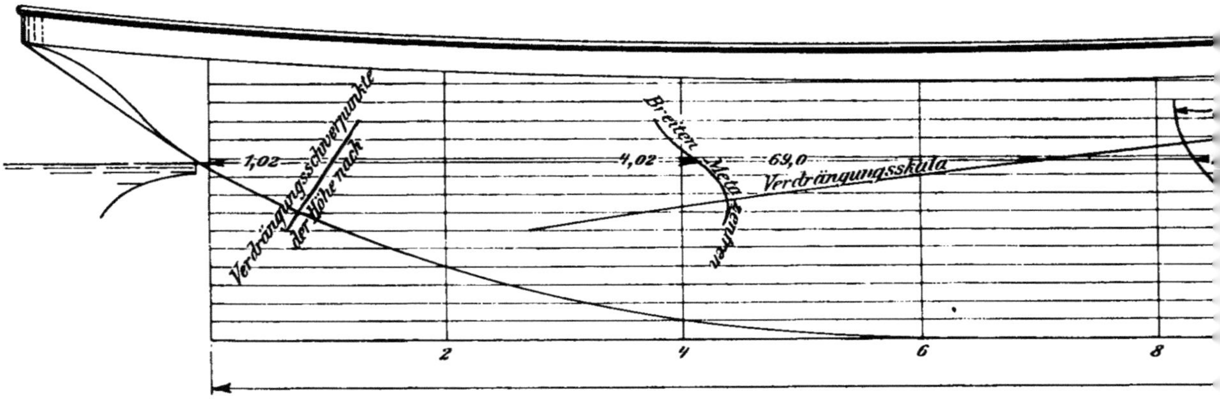

1,02
Verdrängungsschwerpunkte der Höhe nach
4,02
Breiten Metacentren
69,0
Verdrängungsskala
2
4
6
8

Fig. 2.

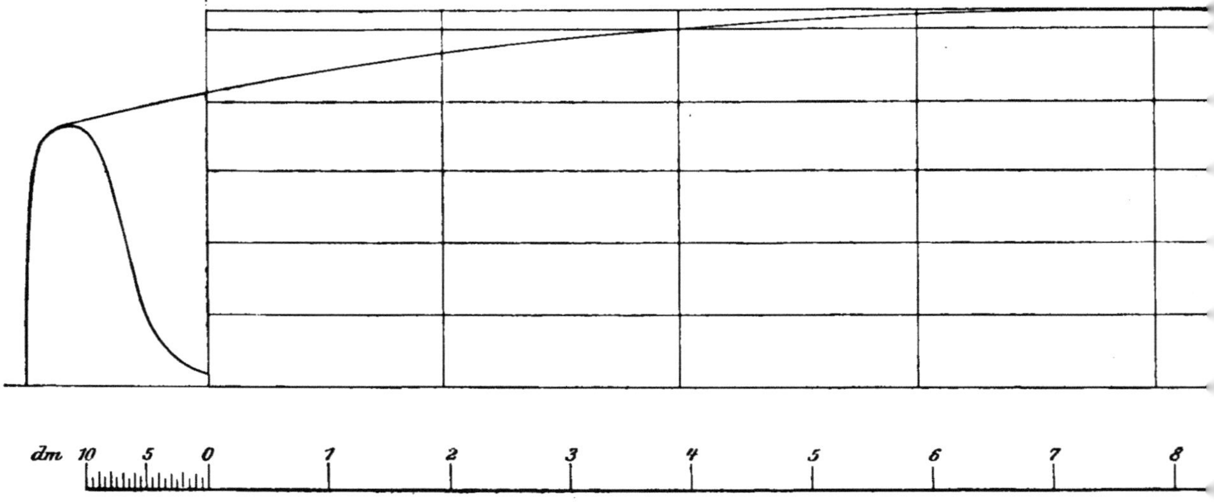

dm 10 5 0 1 2 3 4 5 6 7 8

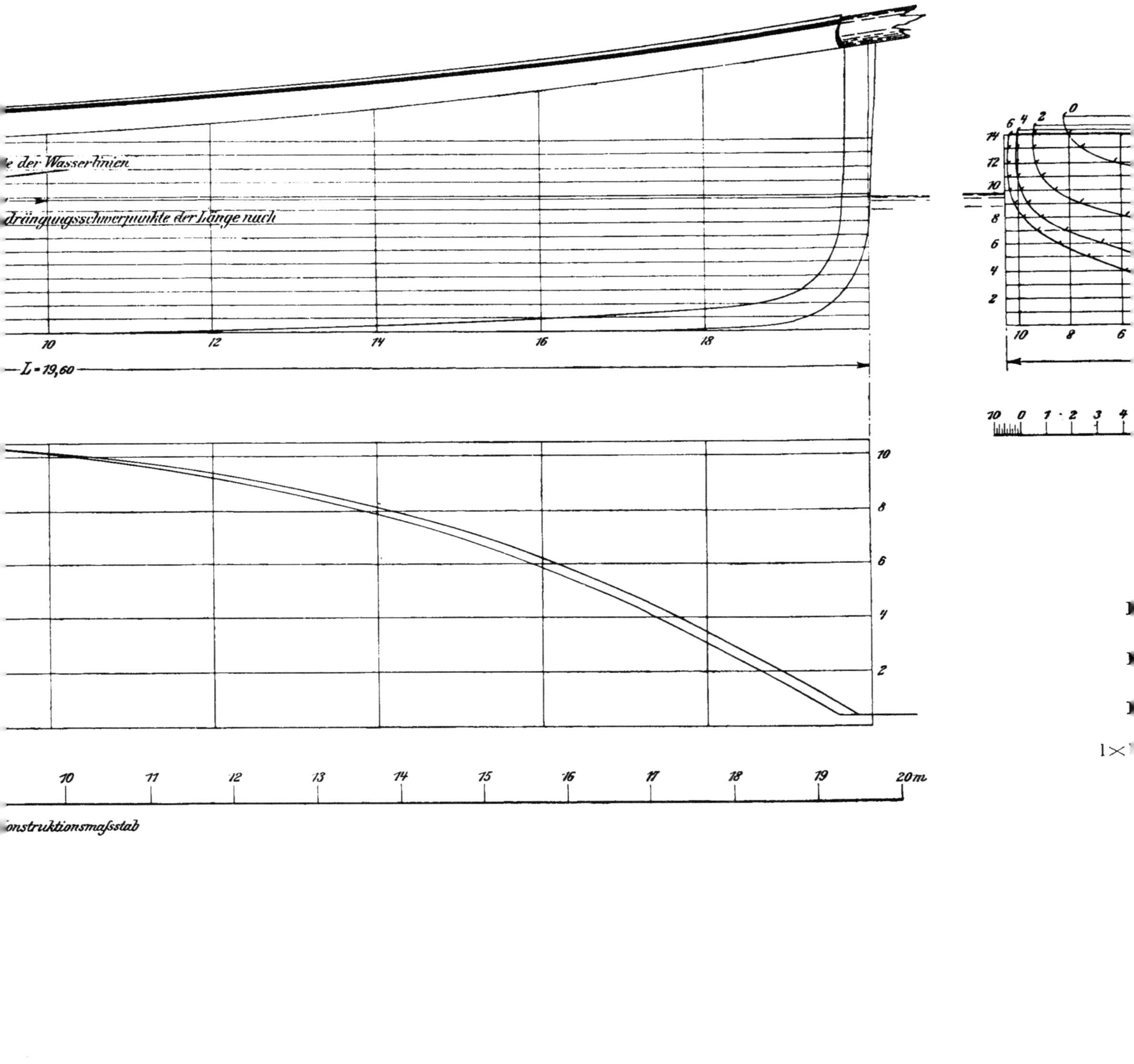

e der Wasserlinien
drängungsschwerpunkte der Länge nach
L = 19,60
onstruktionsmaßstab

Tafel I.

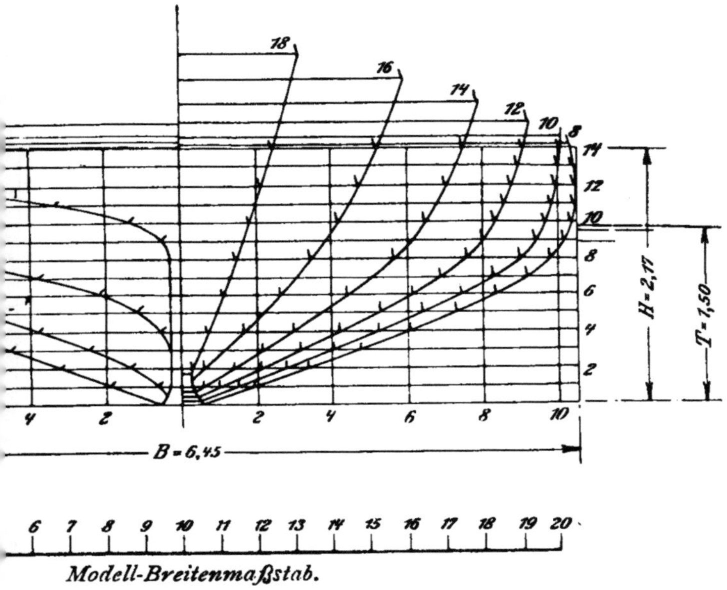

Fig. 3.

: 19,60 m $\quad l = \frac{19,6}{20} = 0,980$ m

: 6,45 m $\quad b = \frac{6,45}{21} = 0,307$ m

: 2,17 m $\quad h = \frac{2,17}{14} = 0,155$ m

: $h = 0,980 \times 0,307 \times 0,155 = 0,0466$ m

Die Konstruktionstiefe T wird gewöhnlich in 10 gleiche Teile eingeteilt, wenigstens ist dies bei exakten Rechnern üblich, welche auch öfters die Rechnung mit einer Wasserlinie ein paar Nummern oberhalb der Konstruktionswasserlinie gelegen, abschließen. An einigen englischen Werften, wo ausschließlich größere Fahrzeuge konstruiert werden, benutzt man bei dem rechnungsmäßigen Entwerfen Wasserlinien von 2-Fuß-Teilung, d. h. es werden bis zu 14 Wasserlinien bis zu der Konstruktionswasserlinie gerechnet, über welche hinaus man, wie schon erwähnt, gewöhnlich die Rechnung 2 bis 3 Wasserlinien fortsetzt. In dieser Art wird die Zahl der Wasserlinien größer als hier vorgeschlagen.

Die amerikanische Marine nimmt in ihren Deplacementstabellen 14 Wasserlinien auf, wobei die Konstruktionswasserlinie die zehnte wird. In der Praxis findet man bei gewöhnlich vorkommenden Schiffstypen die Lage der Konstruktionswasserlinie des besprochenen Modellschiffes um dessen zehnte Wasserlinie herum; bei kleineren Schiffen ist sie tiefer gelegen. Somit dürfte eine Einteilung in 14 Teile bis zum oberen Deck mit Recht als einem Mittel der heutzutage gebräuchlichen, besten Praxis entsprechend angesehen werden.

Die Breite von 21 Einheiten oder die Halbbreite $= 10{,}5$ erscheint willkürlich; das Verhältnis zwischen H und B, $\frac{21}{14} = 1{,}5$, jedoch ist bei modernen Schiffen ein sehr gebräuchliches und vorteihaftes. Ebenso bietet es mehrere praktische Vorteile bei Anwendung der Methode zu einer Vereinheitlichung der Stabilitätsberechnungen, ein Umstand, auf den in diesem Vortrag weiter einzugehen jedoch zu weit führen würde.

Die Dimensionen so zu wählen, daß der Rauminhalt des Umschließungskörpers in Einheiten ausgedrückt eine Potenz von 10 ausmachen würde, brächte keine praktischen Vorteile mit sich. Die hier vorgeschlagenen Zahlen $20 \times 21 \times 14$ dürften dagegen völlig zufriedenstellend sein, da sie, wie die Praxis ausweist, gerade so gewählt sind, daß sie bei einem Minimum von Ordinaten diejenige Genauigkeit liefern, welche für den gewöhnlichen praktischen Bedarf wünschenswert und ausreichend ist.

Nachdem der Spantenriß aufgezeichnet worden ist, werden die Ordinaten der Wasserlinien mittels des Maßstabes, wo $B = 21$, mit einer Genauigkeit von zwei Dezimalen abgelesen unter Wahrnehmung der bei Deplacementsberechnungen gebräuchlichen sorgfältigen Abschätzung.

Eine Korrektion beim Nehmen dieser Maße, wie z. B. T a y l o r in seinem Vortrag über die Art, in welcher diese Rechnungen vorzunehmen sind (siehe:

„Transactions of Society of Naval-Architects and Marine-Engineers“ 1895) vorschlägt, soll hier nicht Anwendung finden, da ja die Ordinaten zu der Integration der Wasserlinienflächen und deren Moment auf das Hauptspant bezogen gebraucht werden sollen, nicht dagegen zur Integration der Spantenflächen, eine Rechnung, die äußerst selten und gewöhnlich nur bei Stapellauf- und Festigkeitsberechnungen erforderlich ist. Wenn diese Berechnungen schon einmal vorkommen, sind sie am schnellsten durch Gebrauch des Planimeters zu besorgen. Jedoch steht nichts im Wege, daß das System auch auf diese Rechnungen Anwendung fände.

Die abgelesenen Werte werden in der Tabelle I, in die mit „Ord.“ bezeichnete Kolumne eingetragen. Neben dieser ist eine Kolumne, „Mom.“ bezeichnet vorhanden, worin das Produkt von Ordinate und Hebelarm, d. i. das Moment in Bezug auf das Hauptspant (⊗), eingetragen wird.

Für die Wasserlinien 4, 6, 8, 10, 12, 14 finden sich zwei Kolumnen zwecks Ausrechnung des Längen- bezw. Breitenmetazentrums, die erstere „Ord $\times$ Hebelarm^2“, die letztere „Ord^3“ rubriziert. Diese Werte werden in üblicher Weise ausgerechnet und summiert.

Die Summe der Momente im Achterschiffe wird auf die für Spant 10, dessen Hebelarm $= 0$, vorgesehene Zeile geschrieben, die somit dieser Summe einen freien Platz bietet. Die Werte des Vorschiffes werden addiert, und die Resultate auf die Zeile Σ niedergeschrieben. Auf die folgende Zeile, Σ Mom., wird der Unterschied zwischen den Momenten des Hinter- und Vorschiffes eingetragen.

Die nächste Operation besteht darin, daß man die halbe Summe der Endordinaten von der erhaltenen Summe abzieht, sowie solche kleine Korrekturen vornimmt, die für nötig befunden werden.

Bevor die Funktionen der Wasserlinienflächen zwecks Erhalten des Volumendeplacements integriert werden, sind sie als Abscissen an den Wasserlinien aufzutragen (siehe Tafel IV.); die hierdurch entstehende Kurve ist aufzuzeichnen. Hierdurch wird die Rechnung kontrolliert; vor allem aber gebraucht man diese Kurve, um eine Korrektion der unteren Wasserlinien vornehmen zu können (siehe punktierte Linie Tafel IV.), bevor die eben erwähnte Integration des Volumendeplacements ausgeführt wird. Die Kurve der Wasserlinienflächen ist nämlich bei den modernen Lastschiffen gewöhnlich gegen die Grundlinie so stark gekrümmt, daß die Trapezregel ohne Berichtigung keine genauen Resultate liefert. Oft ist es daher erforderlich, daß man die erste Halb-Wasserlinie ausrechnet, um einen Punkt zwischen WL_0 und WL_1

Type No. 1. **Tabelle I.**

Bauart des Schiffsmodelles: Schoner.

Spant Nr.	Mult. für Mom.	Kiel ORD.	Kiel MOM.	WL ½ ORD.	WL ½ MOM.	WL 1 ORD.	WL 1 MOM.	WL 2 ORD.	WL 2 MOM.	WL 3 ORD.	WL 3 MOM.	WL 4 ORD.	WL 4 MOM.	WL 4 ORD.·Hebelarm²	WL 4 ORD.³	WL 5 ORD.	WL 5 MOM.	WL 6 ORD.	WL 6 MOM.	WL 6 ORD.·Hebelarm²	WL 6 ORD.³	WL 7 ORD.	WL 7 MOM.	Mult. für Σ	Spant Nr.
0	10																							10	0
1	9																					0.96	8.64	9	1
2	8											0.55	4.40	35.20	0.17	1.07	8.56	2.28	18.24	145.92	11.86	4.02	32.16	8	2
3	7									1.00	7.00	2.04	14.28	99.96	8.49	3.42	23.94	4.95	34.65	242.55	121.29	6.56	45.92	7	3
4	6					0.63	3.78	1.36	8.16	2.50	15.00	3.88	23.28	139.68	58.41	5.30	31.80	6.75	40.50	243.00	307.55	8.15	48.90	6	4
5	5					1.15	5.75	2.37	11.85	3.75	18.75	5.17	25.85	129.25	138.19	6.56	32.80	7.92	39.60	198.00	496.79	9.00	45.00	5	5
6	4					1.88	7.52	3.25	14.00	4.60	18.40	5.95	23.80	95.20	210.64	7.22	28.88	8.36	33.44	133.76	584.28	9.26	37.04	4	6
7	3					2.03	6.09	3.45	10.35	4.87	14.61	6.21	18.63	55.89	239.48	7.48	22.44	8.60	25.80	77.40	636.06	9.45	28.35	3	7
8	2					1.95	3.90	3.35	6.70	4.72	9.44	6.04	12.08	24.16	220.35	7.25	14.50	8.32	16.64	33.28	575.93	9.19	18.38	2	8
9	1					1.76	1.76	3.12	3.12	4.45	4.45	5.72	5.72	5.72	187.15	6.92	6.92	7.96	7.96	7.96	504.36	8.86	8.86	1	9
10	Σ MOM					1.48	28.80	2.77	54.18	4.04	87.65	5.27	128.04	0.00	146.36	6.40	168.64	7.48	216.83	0.00	413.49	8.04	273.25		10
11	1					1.24	1.24	2.44	2.44	3.63	3.63	4.80	4.80	4.80	110.59	5.87	5.87	6.85	6.85	6.85	321.42	7.72	7.72	1	11
12	2					1.00	2.00	2.07	4.14	3.16	6.32	4.22	8.44	16.88	75.15	5.22	10.44	6.14	12.28	24.56	231.48	6.98	13.96	2	12
13	3					0.77	2.31	1.75	5.25	2.73	8.19	3.65	10.95	32.85	48.63	4.51	13.53	5.33	15.99	47.97	151.42	6.05	18.15	3	13
14	4					0.50	2.00	1.57	6.28	2.18	8.72	2.96	11.84	47.36	25.93	3.70	14.80	4.40	17.60	70.40	85.18	5.05	20.20	4	14
15	5							0.96	4.80	1.60	8.00	2.44	12.20	61.00	11.24	2.84	14.20	3.43	17.15	85.75	40.35	4.00	20.00	5	15
16	6							0.66	3.96	1.20	7.20	1.70	10.20	61.20	4.91	2.18	13.08	2.65	15.90	95.40	18.61	3.10	18.60	6	16
17	7							0.43	3.01	0.80	5.60	1.17	8.19	57.33	1.60	1.50	10.50	1.85	12.95	90.65	6.33	2.18	15.26	7	17
18	8							0.25	2.00	0.47	3.76	0.67	5.36	42.88	0.30	0.90	7.20	1.10	8.80	70.40	1.33	1.31	10.48	8	18
19	9									0.25	2.25	0.33	2.97	26.73	0.04	0.40	3.60	0.47	4.23	38.07	0.10	0.55	4.95	9	19
20	10																							10	20
Σ						14.39	7.55	29.80	31.88	45.95	53.67	62.57	74.95	936.09	1487.63	78.74	93.22	94.81	111.75	1611.92	4507.82	110.73	129.32		
Σ MOM.							-21.25		-22.30		-33.98		-53.09				-76.62		-105.08				-143.93		
-½ Σ (0+20)																									
Corr Σ						14.39	-21.25	29.80	-22.30	45.95	-33.98	62.57	-53.09	936.09	1487.63	78.74	-76.62	94.81	-105.08	1611.92	4507.82	110.73	-143.93		
Corr Σ × Hebelarm der Höhe						14.39		59.60		137.85		250.28				393.70		568.86				775.11			
⅓ · Corr Σ						4.80		9.93		15.32		20.86				26.25		31.60				36.91			

Spant Nr.	Mult. für Mom.	WL 8 ORD.	WL 8 MOM.	WL 8 ORD.·Hebelarm²	WL 8 ORD.³	WL 9 ORD.	WL 9 MOM.	WL 10 ORD.	WL 10 MOM.	WL 10 ORD.·Hebelarm²	WL 10 ORD.³	WL 11 ORD.	WL 11 MOM.	WL 12 ORD.	WL 12 MOM.	WL 12 ORD.·Hebelarm²	WL 12 ORD.³	WL 13 ORD.	WL 13 MOM.	WL 14 ORD.	WL 14 MOM.	WL 14 ORD.·Hebelarm²	WL 14 ORD.³	Mult. für Σ	Spant Nr.
0	10					0.50	5.00	1.34	13.40	134.00	2.41	3.58	35.8	6.35	63.50	635.00	256.05	7.58	75.80	8.08	80.80	808.00	527.51	10	0
1	9	2.27	20.43	183.87	11.70	4.22	37.98	6.50	58.50	526.50	274.62	7.97	71.73	8.53	76.77	690.93	620.65	8.78	79.02	8.90	80.10	720.90	704.97	9	1
2	8	5.92	47.36	378.88	207.47	7.60	60.80	8.66	69.28	554.24	649.46	9.15	73.20	9.40	75.20	601.60	830.58	9.50	76.00	9.53	76.24	609.92	865.52	8	2
3	7	8.05	56.35	394.45	521.66	9.00	63.00	9.48	66.36	464.52	851.97	9.72	68.04	9.86	69.02	483.14	958.59	9.92	69.44	9.93	69.51	486.57	979.15	7	3
4	6	9.15	54.90	329.40	766.06	9.66	57.96	9.94	59.64	357.84	982.11	10.10	60.60	10.17	61.02	366.12	1051.87	10.18	61.08	10.15	60.90	365.40	1045.68	6	4
5	5	9.63	48.15	240.75	893.06	9.97	49.85	10.18	50.90	254.50	1054.98	10.29	51.45	10.33	51.65	258.25	1102.30	10.31	51.55	10.27	51.35	256.75	1083.21	5	5
6	4	9.86	39.44	157.76	958.59	10.17	40.68	10.35	41.40	165.60	1108.72	10.43	41.72	10.43	41.72	166.88	1134.63	10.40	41.60	10.31	41.24	164.96	1095.91	4	6
7	3	9.98	29.97	89.91	997.00	10.28	30.84	10.45	31.35	94.05	1141.17	10.50	31.50	10.48	31.44	94.32	1151.02	10.44	31.32	10.37	31.11	93.33	1115.16	3	7
8	2	9.77	19.54	39.08	932.57	10.14	20.28	10.30	20.60	41.20	1092.73	10.38	20.76	10.38	20.76	41.52	1118.39	10.35	20.70	10.30	20.60	41.20	1092.73	2	8
9	1	9.48	9.48	9.48	851.97	9.92	9.92	10.11	10.11	10.11	1033.36	10.21	10.21	10.22	10.22	10.22	1067.46	10.21	10.21	10.15	10.15	10.15	1045.68	1	9
10	Σ MOM.	9.00	325.62	0.00	729.00	9.40	376.31	9.64	421.64	0.00	895.84	9.80	465.01	9.87	501.30	0.00	961.50	9.93	516.72	9.95	522.00	0.00	985.07		10
11	1	8.36	8.36	8.36	584.28	8.80	8.80	9.07	9.07	9.07	746.14	9.28	9.28	9.41	9.41	9.41	833.24	9.52	9.52	9.58	9.58	9.58	879.22	1	11
12	2	7.62	15.24	30.48	442.45	8.05	16.10	8.34	16.68	33.36	580.09	8.56	17.12	8.73	17.46	34.92	665.34	8.87	17.74	8.97	17.94	35.88	721.73	2	12
13	3	6.62	19.86	59.58	290.12	7.09	21.27	7.43	22.29	66.87	410.17	7.73	23.19	7.96	23.88	71.64	504.36	8.15	24.45	8.32	24.96	74.88	575.93	3	13
14	4	5.62	22.48	89.92	177.50	6.10	24.40	6.48	25.92	103.68	272.10	6.80	27.20	7.05	28.20	112.80	350.40	7.28	29.12	7.46	29.84	119.36	415.16	4	14
15	5	4.48	22.40	112.00	89.92	4.97	24.85	5.36	26.80	134.00	153.99	5.70	28.50	5.98	29.90	149.50	213.85	6.20	31.00	6.41	32.05	160.25	263.37	5	15
16	6	3.52	21.12	126.72	43.61	3.90	23.40	4.20	25.20	151.20	74.09	4.46	26.76	4.70	28.20	169.20	103.82	4.93	29.58	5.15	30.90	185.40	136.59	6	16
17	7	2.48	17.36	121.52	15.25	2.77	19.39	3.03	21.21	148.47	27.82	3.25	22.75	3.43	24.01	168.07	40.35	3.62	25.34	3.80	26.60	186.20	54.87	7	17
18	8	1.48	11.84	94.72	3.24	1.66	13.28	1.83	14.64	117.12	6.13	2.00	16.00	2.13	17.04	136.32	9.66	2.30	18.40	2.42	19.36	154.88	14.17	8	18
19	9	0.61	5.49	49.41	0.31	0.68	6.12	0.75	6.75	60.75	0.42	0.80	7.20	0.87	7.83	70.47	0.65	0.95	8.55	1.00	9.00	81.00	1.00	9	19
20	10																							10	20
Σ		123.91	144.15	2516.29	8515.76	134.84	157.61	143.44	168.56	3427.08	11358.32	150.71	178.00	156.28	185.93	4270.31	12974.71	159.42	193.70	161.05	200.23	4564.61	13602.63		
Σ MOM.			-181.47				-218.70		-252.98				-297.01		315.37				-323.02		-321.77				
-½ Σ (0+20)								-0.67	-6.70	-67.00	-1.21	-1.79	-17.90	-3.18	-31.75	-317.50	-128.02	-3.79	-37.90	-4.04	-40.40	-404.00	263.75		
Corr Σ		123.81	-181.47	2516.28	8515.76	134.84	-218.70	142.77	-246.28	3360.08	11357.11	148.92	-279.11	153.10	-283.62	3952.81	12846.69	155.63	-285.12	157.01	-281.37	4160.61	13338.88		
Corr Σ × Hebelarm der Höhe		351.28				1213.56		1427.7				1638.12		1837.10				2023.19		2198.14					
⅓ · Corr Σ		41.30				44.95		47.61				49.64		51.03				51.88		52.34					

	Kiel	WL ½	WL 1	WL 2	WL 3	WL 4	WL 5	WL 6	WL 7	WL 8	WL 9	WL 10	WL 11	WL 12	WL 13	WL 14
$\int V$			14.4	58.6	134.3	242.9	384.2	557.7	763.2	997.8	1256.6	1534.2	1826.0	2128.0	2436.70	2749.3
$\int MOM_L$				-64.8	-121.1	-208.1	-337.8	-519.5	-768.5	-1093.9	-1495.1	-1961.1	-2486.4	-3049.2	-3617.9	-4184.4
$\int MOM_h$				78.5	270.5	653.1	1281.7	2248.9	3587.6	5349.5	7550.7	10188.8	13254.1	16728.0	20587.4	24808.2
$\int W.L.O = \frac{\Sigma\ MOM.}{\Sigma\ ORD.}$				-0.748	-0.739	-0.848	-0.973	-1.108	-1.300	-1.465	-1.622	-1.728	-1.874	-1.863	-1.832	-1.794
$\int DO_L = \frac{\int MOM_L}{\int V}$				-1.106	-0.902	-0.858	-0.878	-0.832	-1.007	-1.096	-1.190	-1.278	-1.362	-1.434	-1.485	-1.522
$\int DO_h = \frac{\int MOM_h}{\int V}$				1.340	2.014	2.689	3.362	4.032	4.701	5.361	6.009	6.641	7.258	7.861	8.448	9.023
$\int I_L = 2 \times \Sigma\ ORD. \times HEBELARM^2$						1872.18		3223.84		5032.58		6720.16		7905.62		8321.22
$\int I_b = \frac{2}{3} \times \Sigma\ ORD.^3$						991.75		3005.21		5677.17		7571.41		856446		8892.58
$\int M_L O = \frac{\int I_L}{\int V}$						7.708		5.781		5.044		4.380		3.715		3.027
$\int M_b O = \frac{\int I_b}{\int V}$						4.083		5.389		5.690		4.836		4.025		3.234

Type No. 2. **Tabelle I.**

Bauart des Schiffsmodelles: Motorboot.

Wasser Linien →		Kiel		W.L. ½		W.L. 1.		W.L. 2		W.L. 3.		W.L. 4.				W.L. 5.		W.L. 6.				W.L. 7. →		Wasser Linien	
Spant Nr.	Mult. für Mom.	Ord.	Mom.	Ord.	Mom.	Ord.	Mom.	Ord.	Mom.	Ord.	Mom.	Ord.	Mom.	Ord. × Hebelarm²	Ord.³	Ord.	Mom.	Ord.	Mom.	Ord. × Hebelarm²	Ord.³	Ord.	Mom.	Mult. für Mom.	Spant Nr.
0	10																							10	0
1	9															0.65	5.85	2.68	24.12	217.08	19.25	4.35	39.15	9	1
2	8									0.68	5.44	2.02	16.16	129.28	8.24	4.12	32.96	5.60	44.80	358.40	175.62	6.58	52.64	8	2
3	7					0.72	5.04	1.18	8.26	2.50	17.50	4.42	30.94	216.58	86.35	5.95	41.65	7.18	50.26	351.82	370.15	7.95	55.65	7	3
4	6					1.10	6.60	2.50	15.00	4.30	25.80	5.90	35.40	212.40	205.38	7.20	43.20	8.10	48.60	291.60	531.44	8.70	52.20	6	4
5	5					1.64	8.20	3.55	17.75	5.48	27.40	6.92	34.60	173.00	331.37	8.00	40.00	8.70	43.50	217.50	658.50	9.25	46.25	5	5
6	4					2.55	10.20	4.60	18.40	6.32	25.28	7.55	30.20	120.80	430.37	8.50	34.00	9.10	36.40	145.60	753.57	9.58	38.32	4	6
7	3					3.19	9.57	5.32	15.96	7.00	21.00	8.02	24.06	72.18	515.85	8.78	26.34	9.38	28.14	84.42	825.29	9.75	29.25	3	7
8	2					3.85	7.70	5.85	11.70	7.20	14.40	8.15	16.30	32.60	541.34	8.90	17.80	9.42	18.84	37.68	835.89	9.80	19.60	2	8
9	1					4.35	4.35	6.10	6.10	7.30	7.30	8.20	8.20	8.20	551.37	8.90	8.90	9.40	9.40	9.40	830.58	9.75	9.75	1	9
10	Σ Mom.					4.35	51.66	6.10	93.17	7.24	144.12	8.10	195.86	0.00	531.44	8.72	250.70	9.20	304.06	0.00	778.69	9.62	342.81		10
11	1					4.20	4.20	5.90	5.90	7.02	7.02	7.80	7.80	7.80	474.55	8.48	8.48	8.90	8.90	8.90	704.97	9.35	9.35	1	11
12	2					3.90	7.80	5.52	11.04	6.60	13.20	7.40	14.80	29.60	405.22	8.08	16.16	8.55	17.10	34.20	625.03	8.98	17.96	2	12
13	3					3.59	10.77	5.18	15.54	6.18	18.54	6.90	20.70	62.10	328.51	7.52	22.56	8.05	24.15	72.45	521.66	8.45	25.35	3	13
14	4					3.18	12.72	4.62	18.48	5.53	22.12	6.30	25.20	100.80	250.04	6.92	27.68	7.40	29.60	118.40	405.22	7.80	31.20	4	14
15	5					2.45	12.25	3.90	19.50	4.80	24.00	5.52	27.60	138.00	168.20	6.12	30.60	6.55	32.75	163.75	281.01	6.95	34.75	5	15
16	6					1.67	10.02	3.12	18.72	4.02	24.12	4.62	27.72	166.32	98.61	5.18	31.08	5.55	33.30	199.80	170.95	5.95	35.70	6	16
17	7					0.65	4.55	2.20	15.40	3.00	21.00	3.60	25.20	176.40	46.66	4.08	28.56	4.45	31.15	218.05	88.12	4.75	33.25	7	17
18	8							1.22	9.76	2.00	16.00	2.47	19.76	158.08	15.07	2.80	22.40	3.10	24.80	198.40	29.79	3.35	26.80	8	18
19	9							0.20	1.80	0.90	8.10	1.25	11.25	101.25	1.95	1.48	13.32	1.65	14.85	133.65	4.49	1.80	16.20	9	19
20	10																							10	20
Σ						41.39	62.31	67.06	116.14	88.07	154.10	105.14	180.03	1905.39	5050.52	120.38	200.84	132.96	216.60	2861.10	8610.13	142.71	230.56		
Σ Mom.							10.65		22.97		9.98		-15.83				-49.86		-87.46				-112.25		
$-\frac{1}{2}\Sigma(0+20)$																									
Corr Σ						41.39	10.65	67.06	22.97	88.07	9.98	105.14	-15.83	1905.39	5050.52	120.38	-49.86	132.96	-87.46	2861.10	8610.13	142.71	-112.25		
Corr Σ × Hebelarm der Höhe						41.39		134.12		264.21		420.56				601.90		797.76				998.97			
⅓ × Corr Σ						13.80		22.35		29.36		35.05				40.13		44.32				47.57			

Wasser Linien →		W.L. 8.				W.L. 9.		W.L. 10.				W.L. 11.		W.L. 12.				W.L. 13		W.L. 14. →				Wasser Linien	
Spant Nr.	Mult. für Mom.	Ord.	Mom.	Ord. × Hebelarm²	Ord.³	Ord.	Mom.	Ord.	Mom.	Ord. × Hebelarm²	Ord.³	Ord.	Mom.	Ord.	Mom.	Ord. × Hebelarm²	Ord.³	Ord.	Mom.	Ord.	Mom.	Ord. × Hebelarm²	Ord.³	Mult. für Mom.	Spant Nr.
0	10																							10	0
1	9	5.30	47.70	429.30	148.88	5.80	52.20	5.95	53.55	481.95	210.64	5.95	53.55	5.88	52.92	476.28	203.30	5.68	51.12	5.45	49.05	441.45	161.88	9	1
2	8	7.28	58.24	465.92	385.83	7.62	60.96	7.82	62.56	500.48	478.21	7.88	63.04	7.72	61.76	494.08	460.10	7.48	59.84	7.08	56.64	453.12	354.89	8	2
3	7	8.45	59.15	414.05	603.35	8.70	60.90	8.90	62.30	436.10	704.97	8.92	62.44	8.80	61.60	431.20	681.47	8.55	59.85	8.12	56.84	397.88	535.39	7	3
4	6	9.15	54.90	329.40	766.06	9.42	56.52	9.58	57.48	344.88	879.22	9.58	57.48	9.50	57.00	342.00	857.38	9.28	55.68	8.82	52.92	317.52	686.13	6	4
5	5	9.60	48.00	240.00	884.74	9.85	49.25	10.00	50.00	250.00	1000.00	10.02	50.10	9.90	49.50	247.50	970.30	9.68	48.40	9.35	46.75	233.75	817.40	5	5
6	4	9.90	39.60	158.40	970.30	10.12	40.48	10.28	41.12	164.48	1086.39	10.30	41.20	10.22	40.88	163.52	1067.46	10.02	40.08	9.70	38.80	155.20	912.67	4	6
7	3	10.05	30.15	90.45	1015.00	10.25	30.75	10.38	31.14	93.42	1118.34	10.42	31.26	10.35	31.05	93.15	1108.71	10.20	30.60	9.90	19.80	59.40	970.30	3	7
8	2	10.15	20.30	40.60	1045.65	10.32	20.64	10.45	20.90	41.80	1141.14	10.50	21.00	10.48	20.96	41.92	1151.02	10.35	20.70	10.10	20.20	40.40	1030.30	2	8
9	1	10.08	10.08	10.08	1024.13	10.30	10.30	10.45	10.30	10.30	1141.14	10.50	10.50	10.48	10.48	10.48	1151.02	10.38	10.38	10.15	10.15	10.15	1045.68	1	9
10	Σ Mom.	9.95	368.12	0.00	985.07	10.20	382.00	10.35	389.35	0.00	1108.69	10.40	390.57	10.42	386.15	0.00	1131.30	10.30	376.65	10.10	351.15	0.00	1030.30		10
11	1	9.68	9.68	9.68	907.04	9.95	9.95	10.12	10.12	10.12	1036.29	10.25	10.25	10.22	10.22	10.22	1067.46	10.18	10.18	9.98	9.98	9.98	994.01	1	11
12	2	9.30	18.60	37.20	804.36	9.55	19.10	9.75	19.50	39.00	926.86	9.88	19.76	9.90	19.80	39.60	970.30	9.88	19.76	9.72	19.44	38.88	918.33	2	12
13	3	8.80	26.40	79.20	681.47	9.08	27.24	9.28	27.84	83.52	799.18	9.42	28.26	9.48	28.44	85.32	851.97	9.48	28.44	9.38	28.14	84.42	825.29	3	13
14	4	8.18	32.72	130.88	547.34	8.40	33.60	8.60	34.40	137.60	636.06	8.75	35.00	8.82	35.28	141.12	686.13	8.88	35.52	8.80	35.20	140.80	681.47	4	14
15	5	7.28	36.40	182.00	385.83	7.50	37.50	7.70	38.50	192.50	456.53	7.90	39.50	8.00	40.00	200.00	512.00	8.05	40.25	8.08	40.40	202.00	527.51	5	15
16	6	6.25	37.50	225.00	244.14	6.48	38.88	6.68	40.08	240.48	298.08	6.85	41.10	6.98	41.88	251.28	340.07	7.05	42.30	7.10	42.60	255.60	357.91	6	16
17	7	5.00	35.00	245.00	125.00	5.22	36.54	5.40	37.80	264.60	157.46	5.60	39.20	5.70	39.90	279.30	185.19	5.82	40.74	5.88	41.16	288.12	203.30	7	17
18	8	3.58	28.64	229.12	45.88	3.72	29.76	3.90	31.20	249.60	59.32	4.10	32.80	4.20	33.60	268.80	74.09	4.32	34.56	4.40	35.20	281.60	85.18	8	18
19	9	1.95	17.55	157.95	7.41	2.08	18.72	2.18	19.62	176.58	10.36	2.28	20.52	2.35	21.15	190.35	12.98	2.42	21.78	2.48	22.32	200.88	15.25	9	19
20	10																							10	20
Σ		149.93	242.49	3474.23	11577.48	154.56	251.29	157.77	259.06	3717.41	13248.88	159.50	266.39	159.40	270.27	3766.12	13482.25	158.00	273.53	154.59	274.44	3611.15	12153.19		
Σ Mom.			-125.63				-130.71		-130.29				-124.18		-115.88				-103.12		-76.71				
$-\frac{1}{2}\Sigma(0+20)$																									
Corr Σ		149.93	-125.63	3474.23	11577.48	154.56	-130.71	157.77	-130.29	3717.41	13248.88	159.50	-124.18	159.40	-115.88	3766.12	13482.25	158.00	-103.12	154.59	-76.71	3611.15	12153.19		
Corr Σ × Hebelarm der Höhe		1199.44				1391.04		1577.70				1754.50		1912.80				2054.00		2164.26					
⅓ × Corr Σ		49.98				51.52		52.59				53.17		53.13				52.67		51.53					

	Kiel	W.L. ½	W.L. 1	W.L. 2.	W.L. 3.	W.L. 4	W.L. 5.	W.L. 6.	W.L. 7.	W.L. 8.	W.L. 9.	W.L. 10.	W.L. 11.	W.L. 12.	W.L. 13.	W.L. 14
$\int V$			41.39	149.84	304.97	498.18	723.70	977.04	1252.71	1545.35	1849.84	2162.17	2479.44	2798.34	3115.74	3428.33
$\int Mom._L$				44.27	77.22	71.37	5.68	-131.64	-331.35	-569.23	-825.57	-1086.57	-1341.04	-1581.10	-1800.10	-1979.93
$\int Mom._h$				194.55	585.87	1264.95	2282.33	3677.80	5471.28	7667.28	10256.22	13223.89	16555.51	20222.85	24190.11	28409.51
$\int W.L.\odot = \frac{\Sigma\,Mom.}{\Sigma\,Ord.}$				0.343	0.113	-0.156	-0.414	-0.658	-0.787	-0.838	-0.846	-0.826	-0.779	-0.727	-0.653	-0.496
$\int D\odot_L = \frac{\int Mom._L}{\int V}$				0.295	0.253	0.143	0.007	-0.134	-0.264	-0.368	-0.447	-0.500	-0.541	-0.565	-0.578	-0.578
$\int D\odot_h = \frac{\int Mom._h}{\int V}$				1.299	1.921	2.539	3.154	3.765	4.367	4.962	5.544	6.116	6.678	7.227	7.764	8.287
$\int I_L = 2 \cdot \Sigma\,Ord. \times Hebelarm^2$						3810.78		5722.20		6948.46		7434.82		7532.24		7222.30
$\int I_b = \frac{2}{3} \cdot \Sigma\,Ord.^3$						3367.01		5740.09		7718.32		8832.59		8988.17		8102.13
$\int M_L\odot = \frac{\int I_L}{\int V}$						7.649		5.856		4.496		3.434		2.692		2.107
$\int M_b\odot = \frac{\int I_b}{\int V}$						6.758		5.875		4.984		4.085		3.212		2.368

Type No. 3. **Tabelle I.**

BAUART DES SCHIFFSMODELLES: TORPEDOBOOT I^STER KLASSE

WASSER LINIEN →		KIEL		WL ½		WL 1		WL 2		WL 3		WL 4				WL 5		WL 6				WL 7		← WASSER LINIEN	
SPANT Nº	MULT. FÜR MOM.	ORD.	MOM.	ORD.	MOM.	ORD.	MOM.	ORD.	MOM.	ORD.	MOM.	ORD.	MOM.	ORD. × HEBELARM²	ORD.³	ORD.	MOM.	ORD.	MOM.	ORD. × HEBELARM²	ORD.³	ORD.	MOM.	MULT. FÜR MOM.	SPANT Nº
0	10																					1,45	14,50	10	0
1	9															0,40	1,80	2,40	21,60	194,40	13,82	3,54	31,86	9	1
2	8											1,70	13,60	108,80	4,91	3,60	28,80	4,50	36,00	288,00	91,18	5,12	40,96	8	2
3	7					0,55	3,85	0,74	5,18	2,49	17,43	4,14	28,98	202,86	70,96	5,23	36,61	5,95	41,65	291,55	210,64	6,47	45,29	7	3
4	6					0,75	4,50	2,39	14,34	4,44	26,64	5,75	34,50	207,00	190,11	6,59	39,54	7,32	43,92	263,52	392,22	7,59	45,54	6	4
5	5					1,63	8,15	4,27	21,35	5,89	29,45	6,94	34,70	173,50	334,26	7,61	38,05	8,11	40,55	202,75	533,41	8,47	42,35	5	5
6	4					3,06	12,24	5,47	21,88	6,89	27,56	7,80	31,20	124,80	474,58	8,40	33,60	8,95	35,80	143,20	716,92	9,18	36,72	4	6
7	3					4,08	12,24	6,32	18,96	7,58	22,74	8,39	25,17	75,51	590,59	8,95	26,85	9,35	28,05	84,15	817,40	9,65	28,95	3	7
8	2					4,67	9,34	6,80	13,60	7,98	15,96	8,75	17,50	35,00	669,92	9,26	18,52	9,61	19,22	38,44	887,50	9,89	19,78	2	8
9	1					4,91	4,91	6,97	6,97	8,10	8,10	8,78	8,78	8,78	676,84	9,28	9,28	9,60	9,60	9,60	884,74	9,88	9,88	1	9
10	Σ MOM.					4,94	55,23	6,88	102,28	7,93	147,88	8,58	194,43	0,00	631,63	9,01	233,05	9,32	276,39	0,00	809,56	9,54	315,83		10
11	1					4,83	4,83	6,62	6,62	7,56	7,56	8,14	8,14	8,14	539,35	8,50	8,50	8,79	8,79	8,79	679,15	9,01	9,01	1	11
12	2					4,62	9,24	6,26	12,52	7,04	14,08	7,50	15,00	30,00	421,88	7,83	15,66	8,12	16,24	32,48	535,35	8,33	16,66	2	12
13	3					4,25	12,75	5,60	16,80	6,35	19,05	6,77	20,31	60,93	310,29	7,08	21,24	7,33	21,99	65,97	393,83	7,52	22,56	3	13
14	4					3,74	14,96	4,89	19,56	5,49	21,96	5,93	23,72	94,88	208,53	6,24	24,96	6,45	25,80	103,20	268,34	6,66	26,64	4	14
15	5					3,12	15,60	4,08	20,40	4,60	23,00	4,98	24,90	124,50	123,51	5,28	26,40	5,50	27,50	137,50	166,38	5,69	28,45	5	15
16	6					2,37	14,22	3,16	18,96	3,61	21,66	3,97	23,82	142,92	62,57	4,24	25,44	4,48	26,88	161,28	89,92	4,67	28,02	6	16
17	7					1,53	10,71	2,21	15,47	2,61	18,27	2,90	20,30	142,10	24,39	3,14	21,98	3,34	23,38	163,66	37,26	3,52	24,64	7	17
18	8					0,68	5,44	1,21	9,68	1,63	13,04	1,82	14,56	116,48	6,03	2,03	16,24	2,20	17,60	140,80	10,65	2,34	18,72	8	18
19	9						0,00	0,36	3,24	0,59	5,31	0,77	6,93	62,37	0,46	0,90	8,10	1,02	9,18	82,62	1,06	1,12	10,08	9	19
20	10																							10	20
Σ						49,73	87,75	74,23	123,25	90,78	143,93	108,61	157,68	1718,57	5340,78	113,37	168,52	122,34	177,36	2411,91	7539,32	129,64	184,78		
Σ MOM.							32,52		20,97		-3,95		-36,75				-64,53		-99,03				-131,05		
$-\frac{1}{2}\Sigma(0+20)$																						0,73	7,30		
CORR Σ		3,50	37,00			51,00	32,52	74,30	20,97	90,80	-3,95	103,50	-36,75	1718,57	5340,78	113,37	-64,53	122,40	-99,03	2411,91	7539,32	128,91	-128,75		
CORR Σ × HEBELARM DER HÖHE						51,00		148,60		272,40		414,00				566,85		734,40				902,37			
$\frac{1}{3}$ · CORR Σ						17,00		24,80		30,27		34,50				113,37		40,80				42,97			

WASSER LINIEN →		WL 8				WL 9		WL 10				WL 11		WL 12				WL 13		WL 14				← WASSER LINIEN	
SPANT Nº	MULT. FÜR MOM.	ORD.	MOM.	ORD. × HEBELARM²	ORD.³	ORD.	MOM.	ORD.	MOM.	ORD. × HEBELARM²	ORD.³	ORD.	MOM.	ORD.	MOM.	ORD. × HEBELARM²	ORD.³	ORD.	MOM.	ORD.	MOM.	ORD. × HEBELARM²	ORD.³	MULT. FÜR MOM.	SPANT Nº
0	10	1,85	18,50	185,00	6,33	2,20	22,00	2,40	24,00	240,00	13,82	2,65	26,50	2,80	28,00	280,00	21,95	2,90	29,00	2,92	29,20	292,00	24,90	10	0
1	9	4,09	36,81	331,29	68,42	4,46	40,14	4,74	42,66	383,94	106,50	4,98	44,82	5,20	46,80	421,20	140,61	5,37	48,33	5,54	49,86	448,74	170,03	9	1
2	8	5,56	44,48	355,84	171,88	5,94	47,52	6,26	50,08	400,64	245,31	6,50	52,00	6,71	53,68	429,44	302,11	6,89	55,12	7,06	56,48	451,84	351,90	8	2
3	7	6,85	47,95	335,65	321,42	7,20	50,40	7,46	52,22	365,54	415,16	7,68	53,76	7,86	55,02	385,14	485,59	8,05	56,35	8,21	57,47	402,29	553,39	7	3
4	6	7,92	47,52	285,12	496,79	8,21	49,26	8,43	50,58	303,48	599,08	8,61	51,66	8,78	52,98	316,08	676,84	8,92	53,52	9,08	54,48	326,88	748,61	6	4
5	5	8,75	43,75	218,75	669,92	9,00	45,00	9,19	45,95	229,75	776,15	9,34	46,70	9,48	47,40	237,00	851,97	9,59	47,95	9,70	48,50	242,50	912,67	5	5
6	4	9,44	37,76	151,04	841,23	9,64	38,56	9,79	39,16	156,64	938,31	9,91	39,64	10,01	40,04	160,16	1003,00	10,10	40,40	10,14	40,56	162,24	1042,59	4	6
7	3	9,89	29,67	89,01	967,36	10,08	30,24	10,20	30,60	91,80	1061,21	10,28	30,84	10,32	30,96	92,88	1099,10	10,36	31,08	10,38	31,14	93,42	1118,39	3	7
8	2	10,10	20,20	40,40	1030,30	10,26	20,52	10,36	20,72	41,44	1111,83	10,41	20,82	10,45	20,90	41,80	1141,17	10,49	20,98	10,50	21,00	42,00	1157,63	2	8
9	1	10,08	10,08	10,08	1024,19	10,21	10,21	10,31	10,31	10,31	1095,91	10,35	10,35	10,39	10,39	10,39	1121,62	10,42	10,42	10,44	10,44	10,44	1137,89	1	9
10	Σ MOM.	9,70	336,72	0,00	860,09	9,84	353,85	9,96	366,28	0,00	988,05	10,04	377,09	10,13	385,87	0,00	1039,51	10,20	393,15	10,27	399,13	0,00	1083,21		10
11	1	9,20	9,20	9,20	778,69	9,33	9,33	9,46	9,46	9,46	846,59	9,55	9,55	9,68	9,68	9,68	907,04	9,75	9,75	9,84	9,84	9,84	952,76	1	11
12	2	8,51	17,02	34,04	616,30	8,68	17,36	8,83	17,66	35,32	688,47	8,96	17,92	9,11	18,22	36,44	756,06	9,24	18,48	9,36	18,72	37,44	820,03	2	12
13	3	7,71	23,13	69,39	458,31	7,90	23,70	8,09	24,27	72,81	529,48	8,26	24,78	8,40	25,20	75,60	592,70	8,54	25,62	8,69	26,07	78,21	656,23	3	13
14	4	6,85	27,40	109,60	321,42	7,05	28,20	7,24	28,96	115,84	379,50	7,40	29,60	7,58	30,32	121,28	435,52	7,73	30,92	7,90	31,60	126,40	493,04	4	14
15	5	5,89	29,45	147,25	204,34	6,09	30,45	6,28	31,40	157,00	247,67	6,46	32,30	6,62	33,10	165,50	290,12	6,79	33,95	6,98	34,90	174,50	340,07	5	15
16	6	4,84	29,04	174,24	113,38	5,03	30,18	5,22	31,32	187,92	142,24	5,38	32,28	5,55	33,30	199,80	170,95	5,72	34,32	5,90	35,40	212,40	205,38	6	16
17	7	3,70	25,90	181,30	50,65	3,86	27,02	4,04	28,28	197,96	65,94	4,20	29,40	4,35	30,45	213,15	82,31	4,50	31,50	4,66	32,62	228,34	101,19	7	17
18	8	2,48	19,84	158,72	15,25	2,60	20,80	2,74	21,92	175,36	20,12	2,87	22,96	3,00	24,00	192,00	27,00	3,14	25,12	3,28	26,24	209,92	35,29	8	18
19	9	1,20	10,80	97,20	1,73	1,29	11,61	1,38	12,42	111,78	2,63	1,46	13,14	1,53	13,77	123,93	3,58	1,61	14,49	1,70	15,30	137,70	4,91	9	19
20	10																							10	20
Σ		134,41	191,78	2983,12	9018,00	138,87	198,65	142,38	205,68	3286,98	10274,07	145,26	211,93	146,85	218,04	3511,47	11148,75	148,86	224,15	151,09	230,69	3677,10	11910,11		
Σ MOM.			-144,94				-155,20		-160,58				-165,16		-167,83				-169,00		-168,44				
$-\frac{1}{2}\Sigma(0+20)$		0,92	9,30	93,00	3,17	1,10	11,00	1,20	12,00	120,00	6,91	1,30	13,25	1,40	14,00	140,00	10,98	1,45	14,50	1,46	14,60	146,00	12,45	→	
CORR Σ		133,49	-135,64	2890,12	9014,83	137,77	144,20	141,18	-148,58	3166,99	10267,16	143,96	-151,91	145,15	-153,83	3371,47	11137,77	147,41	-154,50	149,63	-153,84	3531,10	11897,66		
CORR Σ × HEBELARM DER HÖHE		1067,92				1239,92		1411,80				1583,66		1741,80				1916,33		2094,82					
$\frac{1}{3}$ · CORR Σ		44,43				45,92		47,06				47,99		48,38				49,14		49,88					

	KIEL	WL ½	WL 1	WL 2	WL 3	WL 4	WL 5	WL 6	WL 7	WL 8	WL 9	WL 10	WL 11	WL 12	WL 13	WL 14
$\int V$			54,50	179,80	344,90	539,20	756,07	991,44	1242,35	1504,75	1776,01	2054,96	2340,10	2629,21	2921,77	3218,81
$\int MOM_L$				123,01	140,03	99,33	-1,95	-165,51	-388,29	-647,68	-927,52	-1220,31	-1520,81	-1826,55	-2134,88	-2443,22
$\int MOM_h$				226,80	642,33	1324,50	2302,06	3600,30	5234,90	7203,67	9510,08	12160,68	15155,11	18480,08	22137,45	26147,86
$\int WL\odot = \frac{\Sigma MOM}{\Sigma ORD}$				0,283	-0,044	-0,355	-0,569	-0,809	-0,959	-1,016	-1,047	-1,052	-1,055	-1,060	-1,048	-1,028
$\int D\odot_L = \frac{\int MOM_L}{\int V}$				0,684	0,406	0,184	-0,003	-0,167	-0,313	-0,430	-0,522	-0,594	-0,649	-0,694	-0,731	0,759
$\int D\odot_h = \frac{\int MOM_h}{\int V}$				1,261	1,862	2,456	3,045	3,631	4,214	4,787	5,355	5,918	6,476	7,029	7,577	8,123
$\int I_L = 2 \cdot \Sigma ORD \times HEBELARM^2$						3437,14		4823,82		5780,24		6333,98		6742,94		7062,20
$\int I_b = \frac{2}{3} \cdot \Sigma ORD^3$						3562,30		5028,73		6012,89		6848,26		7428,89		7935,74
$\int M_L\odot = \frac{\int I_L}{\int V}$						6,375		4,865		3,841		3,082		2,563		2,189
$\int M_b\odot = \frac{\int I_b}{\int V}$						6,606		5,072		3,996		3,333		2,824		2,460

Type No. 4. **Tabelle I.**

BAUART DES SCHIFFSMODELLES: SCHLEPPDAMPFER UND EISBRECHER.

Wasser Linien →		Kiel		WL ½		WL 1		WL 2		WL 3		WL 4				WL 5		WL 6				WL 7 ←		Wasser Linien	
Spant No.	Mult. für Mom.	Ord.	Mom.	Ord.	Mom.	Ord.	Mom.	Ord.	Mom.	Ord.	Mom.	Ord.	Mom.	Ord. · Hebelarm²	Ord.³	Ord.	Mom.	Ord.	Mom.	Ord. · Hebelarm²	Ord.³	Ord.	Mom.	Mult. für Mom.	Spant No.
0	10																							10	0
1	9																							9	1
2	8									0.12	0.96	0.28	2.24	17.92	0.02	0.50	4.00	0.88	7.04	56.32	0.68	1.53	12.24	8	2
3	7					0.16	1.12	0.41	2.87	0.83	5.81	1.42	9.94	69.58	2.86	2.10	14.70	2.96	20.72	145.04	9.26	3.95	27.65	7	3
4	6					0.62	3.72	1.34	8.04	2.17	13.02	3.12	18.72	112.32	30.37	4.07	24.42	5.10	30.60	183.60	132.65	6.06	36.36	6	4
5	5					1.38	6.90	2.58	12.90	3.78	18.90	4.93	24.65	123.25	119.82	6.01	30.05	6.92	34.60	173.00	331.37	7.67	38.35	5	5
6	4					2.47	9.88	4.02	16.08	5.44	21.76	6.62	26.48	105.92	290.12	7.55	30.20	8.30	33.20	132.80	571.79	8.84	35.36	4	6
7	3					3.51	10.53	5.43	16.29	6.80	20.40	7.77	23.31	69.93	469.10	8.52	25.56	9.07	27.21	81.63	746.14	9.48	28.44	3	7
8	2					4.48	8.96	6.40	12.80	7.61	15.22	8.46	16.92	33.84	605.50	9.03	18.06	9.50	19.00	38.00	857.37	9.81	19.62	2	8
9	1					4.82	4.82	6.72	6.72	7.86	7.86	8.67	8.67	8.67	651.71	9.23	9.23	9.63	9.63	9.63	893.06	9.91	9.91	1	9
10	Σ Mom.					4.72	45.93	6.58	75.70	7.71	103.93	8.52	130.93	0.00	618.47	9.06	156.22	9.48	182.00	0.00	851.87	9.79	207.93		10
11	1					4.15	4.15	5.98	5.98	7.16	7.16	8.00	8.00	8.00	512.00	8.63	8.63	9.08	9.08	9.08	748.61	9.43	9.43	1	11
12	2					3.17	6.34	5.08	10.16	6.30	12.60	7.17	14.34	28.68	368.60	7.85	15.70	8.38	16.76	33.52	588.48	8.79	17.58	2	12
13	3					2.08	6.24	3.87	11.61	5.11	15.33	6.08	18.24	54.72	224.76	6.85	20.55	7.44	22.32	66.96	411.83	7.92	23.76	3	13
14	4					1.09	4.36	2.59	10.36	3.75	15.00	4.71	18.84	75.36	104.49	5.50	22.00	6.19	24.76	99.04	237.18	6.74	26.96	4	14
15	5					0.38	1.90	1.35	6.75	2.30	11.50	3.25	16.25	81.25	34.33	4.05	20.25	4.78	23.90	119.50	109.22	5.40	27.00	5	15
16	6							0.19	1.14	0.87	5.22	1.70	10.20	61.20	4.91	2.50	15.00	3.24	19.44	116.64	34.01	3.91	23.46	6	16
17	7											0.28	1.96	13.72	0.02	0.94	6.58	1.67	11.69	81.89	4.66	2.33	16.31	7	17
18	8																	0.28	2.24	17.92	0.02	0.87	6.96	8	18
19	9																							9	19
20	10																							10	20
Σ						33.03	22.99	52.54	46.00	67.81	66.81	80.98	87.83	864.36	4037.08	92.37	108.71	102.80	130.19	1364.51	6528.30	112.43	151.48		
Σ Mom.							-22.94		-29.70		-37.12		-43.10				-47.51		-51.81				-56.45		
-½ Σ (0+20)																									
Corr Σ						33.03	-22.94	52.54	-29.70	67.81	-38.30	80.98	-43.10			92.37	-47.51	102.80	-51.81			112.43	-56.45		
Corr Σ · Hebelarm der Höhe						33.03		105.08		203.43		323.92				461.96		617.40				787.01			
⅓ · Corr Σ						11.01		17.51		22.60		26.99				30.80		34.80				37.48			

Wasser Linien →		WL 8				WL 9		WL 10				WL 11		WL 12				WL 13		WL 14				← Wasser Linien	
Spant No.	Mult. für Mom.	Ord.	Mom.	Ord. · Hebelarm²	Ord.³	Ord.	Mom.	Ord.	Mom.	Ord. · Hebelarm²	Ord.³	Ord.	Mom.	Ord.	Mom.	Ord. · Hebelarm²	Ord.³	Ord.	Mom.	Ord.	Mom.	Ord. · Hebelarm²	Ord.³	Mult. für Mom.	Spant No.
0	10											0.51	5.10	1.36	13.60	136.00	2.52	2.46	24.60	3.72	37.20	372.00	51.48	10	0
1	9	0.13	1.17	10.53	0.00	0.77	6.93	1.95	17.55	157.95	7.41	3.23	29.07	4.42	39.78	358.02	86.35	5.55	49.95	6.47	58.23	524.07	270.84	9	1
2	8	2.48	19.84	158.72	15.25	3.60	28.80	4.76	38.08	304.64	107.85	5.85	46.80	6.76	54.08	432.64	308.92	7.53	60.24	8.18	65.44	523.52	547.34	8	2
3	7	5.02	35.14	245.98	126.51	6.02	42.14	6.88	48.16	337.12	325.66	7.64	53.48	8.29	58.03	406.21	569.72	8.81	61.67	9.20	64.40	450.80	778.69	7	3
4	6	6.92	41.52	249.12	331.37	7.68	46.08	8.30	49.80	277.80	571.79	8.85	53.10	9.27	55.62	333.72	796.60	9.59	57.54	9.82	58.92	353.52	946.87	6	4
5	5	8.34	41.70	208.50	580.09	8.85	44.25	9.26	46.30	231.50	794.02	9.60	48.00	9.87	49.35	246.75	961.50	10.03	50.15	10.15	50.75	253.75	1045.68	5	5
6	4	9.27	37.08	148.32	796.60	9.60	38.40	9.86	39.44	157.76	958.59	10.04	40.16	10.20	40.80	163.20	1061.21	10.29	41.16	10.39	41.56	166.24	1121.62	4	6
7	3	9.80	29.40	88.20	941.19	10.01	30.03	10.16	30.48	91.44	1048.77	10.26	30.78	10.35	31.05	93.15	1108.72	10.42	31.26	10.47	31.41	94.23	1147.73	3	7
8	2	10.04	20.08	40.16	1012.05	10.20	20.40	10.31	20.62	41.24	1095.91	10.39	20.78	10.47	20.94	41.88	1147.73	10.50	21.00	10.50	21.00	42.00	1157.63	2	8
9	1	10.11	10.11	10.11	1033.36	10.25	10.25	10.37	10.37	10.37	1115.16	10.40	10.40	10.47	10.47	10.47	1147.73	10.50	10.50	10.50	10.50	10.50	1157.63	1	9
10	Σ Mom.	10.02	236.04	0.00	1006.01	10.18	267.28	10.28	300.80	0.00	1086.37	10.36	337.67	10.41	373.72	0.00	1128.11	10.45	408.07	10.47	439.41	0.00	1147.73		10
11	1	9.71	9.71	9.71	915.50	9.90	9.90	10.05	10.05	10.05	1015.08	10.18	10.18	10.28	10.28	10.28	1086.37	10.35	10.35	10.38	10.38	10.38	1118.39	1	11
12	2	9.13	18.26	36.52	761.05	9.43	18.86	9.65	19.30	38.60	898.69	9.85	19.70	10.00	20.00	40.00	1000.00	10.10	20.20	10.20	20.40	40.80	1061.21	2	12
13	3	8.35	25.05	75.15	582.18	8.69	26.07	8.99	26.97	80.91	726.57	9.25	27.75	9.50	28.50	85.50	857.38	9.71	29.13	9.87	29.61	88.83	961.50	3	13
14	4	7.25	29.00	116.00	381.08	7.69	30.76	8.09	32.36	129.44	529.48	8.46	33.84	8.77	35.08	140.32	674.52	9.06	36.24	9.32	37.28	149.12	809.56	4	14
15	5	5.98	29.90	149.50	213.85	6.49	32.45	6.95	34.75	173.75	335.70	7.37	36.85	7.77	38.85	194.25	469.10	8.15	40.75	8.50	42.50	212.50	614.12	5	15
16	6	4.53	27.18	163.08	92.96	5.08	30.48	5.58	33.48	200.88	173.74	6.06	36.36	6.52	39.12	234.72	277.17	6.97	41.82	7.38	44.28	265.68	401.95	6	16
17	7	2.95	20.65	144.55	25.67	3.50	24.50	4.02	28.14	196.98	64.96	4.52	31.64	5.02	35.14	245.98	126.51	5.49	38.43	5.94	41.58	291.06	209.58	7	17
18	8	1.45	11.60	92.80	3.05	1.95	15.60	2.42	19.36	154.88	14.17	2.88	23.04	3.33	26.64	213.12	36.93	3.75	30.00	4.15	33.20	265.60	71.47	8	18
19	9	0.20	1.80	16.20	0.01	0.60	5.40	0.95	4.55	76.95	0.86	1.28	11.52	1.55	13.95	125.55	3.72	1.80	16.20	2.06	18.54	166.86	8.74	9	19
20	10																							10	20
Σ		121.68	173.16	1963.15	8817.78	130.49	194.02	138.83	212.96	2672.26	10870.72	146.98	230.88	154.81	247.56	3511.76	12850.81	161.51	263.12	167.67	277.77	4281.46	14629.86		
Σ Mom.			-62.89				-73.26		-87.84				-106.79		-126.16				-144.95		-161.64				
-½ Σ (0+20)												0.25	2.55	0.68	6.80	68.00	1.26	1.23	12.30	1.86	18.60	186.00	25.74		
Corr Σ		121.68	-62.89			130.49	-73.26	138.83	-87.84			146.73	-104.24	154.13	-119.36	3443.76	12849.55	160.28	-132.65	165.81	-143.04	4095.46	14604.12		
Corr Σ · Hebelarm der Höhe		973.44				1174.41		1388.30				1614.03		1849.56				2083.64		2321.34					
⅓ · Corr Σ		40.56				43.50		46.28				48.91		51.38				53.43		55.27					

	Kiel	WL ½	WL 1	WL 2	WL 3	WL 4	WL 5	WL 6	WL 7	WL 8	WL 9	WL 10	WL 11	WL 12	WL 13	WL 14
$\int V$			33.03	118.60	238.94	387.74	561.10	756.40	971.72	1205.84	1458.00	1727.32	2012.88	2313.74	2628.16	2954.24
$\int MOM_L$				-75.58	-143.58	-224.98	-315.59	-414.91	-523.17	-642.51	-778.66	-939.76	-1131.84	-1355.44	-1607.48	-1883.14
$\int MOM_H$				153.63	457.05	980.01	1762.07	2837.92	4239.15	5996.52	8141.43	10701.36	13701.06	17162.18	21058.33	25496.47
$\int WLO = \frac{\Sigma MOM}{\Sigma ORD}$				-0.568	-0.547	-0.532	-0.514	-0.503	-0.502	-0.517	-0.561	-0.633	-0.710	-0.774	-0.828	-0.863
$\int DO_L = \frac{\int MOM_L}{\int V}$				-0.637	-0.601	-0.580	-0.562	-0.549	-0.538	-0.533	-0.534	-0.544	-0.562	-0.585	-0.611	-0.637
$\int DO_H = \frac{\int MOM_H}{\int V}$				1.295	1.913	2.528	3.140	3.751	4.362	4.972	5.583	6.195	6.807	7.418	8.028	8.636
$\int I_L = 2 \cdot \Sigma ORD \cdot HEBELARM^2$						1728.72		2729.02		3926.30		5344.52		6887.52		8190.92
$\int I_B = \frac{2}{3} \cdot \Sigma ORD^3$						2691.4		4352.2		5878.5		7247.1		8566.4		9736.1
$\int M_L O = \frac{\int I_L}{\int V}$						4.458		3.607		3.256		3.094		2.976		2.772
$\int M_B O = \frac{\int I_B}{\int V}$						6.941		5.753		4.875		4.195		3.702		3.296

Type No. 5. **Tabelle I.**

BAUART DES SCHIFFSMODELLES: DAMPFER FUR GROSSE SEEFAHRT.

Spant Nr.	Mult. für Mom.	Kiel Ord.	Kiel Mom.	W.L.½ Ord.	W.L.½ Mom.	W.L.1 Ord.	W.L.1 Mom.	W.L.2 Ord.	W.L.2 Mom.	W.L.3 Ord.	W.L.3 Mom.
0	10										
1	9					0,55	4,95	0,76	6,84	1,00	9,00
2	8					1,74	13,92	2,65	21,20	3,40	27,20
3	7					3,53	24,71	5,04	35,28	6,05	42,35
4	6					5,60	33,60	7,23	43,38	8,10	48,60
5	5					7,31	36,55	8,71	43,55	9,35	46,75
6	4					8,62	34,48	9,61	38,44	10,05	40,20
7	3					9,41	28,23	10,12	30,36	10,34	31,02
8	2					9,78	19,56	10,31	20,62	10,46	20,92
9	1					9,86	9,86	10,36	10,36	10,50	10,50
10	Σ Mom.					9,88	205,88	10,36	250,03	10,50	276,54
11	1					9,86	9,86	10,36	10,36	10,50	10,50
12	2					9,70	19,40	10,30	20,60	10,46	20,92
13	3					9,44	28,32	10,13	30,39	10,35	31,05
14	4					8,93	35,72	9,80	39,20	10,13	40,52
15	5					7,94	39,70	9,12	45,60	9,58	47,90
16	6					6,66	39,96	8,00	48,00	8,65	51,90
17	7					4,95	34,65	6,27	43,89	7,00	49,00
18	8					3,13	25,04	4,15	33,20	4,78	37,84
19	9					1,28	11,52	1,83	16,47	2,26	20,34
20	10										
Σ						128,17	244,17	145,11	287,71	153,41	309,97
Σ Mom.							38,31		37,68		33,43
−½ Σ (0+20)											
Corr Σ		32,00	16,00			132,00	39,00	146,00	37,68	153,41	33,43
Corr Σ × Hebelarm der Höhe						132,00		292,00		460,23	
⅓ · Corr Σ		11,00				42,72		48,37		51,13	

Spant Nr.	W.L.4 Ord.	W.L.4 Mom.	W.L.4 Ord. × Hebelarm²	W.L.4 Ord.³	W.L.5 Ord.	W.L.5 Mom.	W.L.6 Ord.	W.L.6 Mom.	W.L.6 Ord. × Hebelarm²	W.L.6 Ord.³	W.L.7 Ord.	W.L.7 Mom.	Mult. für Mom.	Spant Nr.
0													10	0
1	1,22	10,98	98,82	1,81	1,48	13,32	1,80	16,20	145,80	5,83	2,25	20,25	9	1
2	4,10	32,80	262,40	68,92	4,75	38,00	5,41	43,28	346,24	158,34	6,10	48,80	8	2
3	6,81	47,67	333,69	315,82	7,45	52,15	7,98	55,86	391,02	508,17	8,41	58,87	7	3
4	8,70	52,20	313,20	658,50	9,15	54,90	9,43	56,58	339,48	838,56	9,65	57,90	6	4
5	9,72	48,60	243,00	918,33	9,95	49,75	10,10	50,50	252,50	1030,30	10,20	51,00	5	5
6	10,25	41,00	164,00	1076,89	10,35	41,40	10,38	41,52	166,08	1118,39	10,40	41,60	4	6
7	10,43	31,29	93,87	1134,63	10,46	31,38	10,46	31,38	94,14	1144,45	10,46	31,38	3	7
8	10,50	21,00	42,00	1157,63	10,50	21,00	10,50	21,00	42,00	1157,63	10,50	21,00	2	8
9	10,50	10,50	10,50	1157,63	10,50	10,50	10,50	10,50	10,50	1157,63	10,50	10,50	1	9
10	10,50	296,04	0,00	1157,63	10,50	312,40	10,50	326,82	0,00	1157,63	10,50	341,30		10
11	10,50	10,50	10,50	1157,63	10,50	10,50	10,50	10,50	10,50	1157,63	10,50	10,50	1	11
12	10,50	21,00	42,00	1157,63	10,50	21,00	10,50	21,00	42,00	1157,63	10,50	21,00	2	12
13	10,42	31,26	93,78	1131,37	10,45	31,35	10,45	31,35	94,05	1141,17	10,45	31,35	3	13
14	10,26	41,04	164,16	1080,06	10,30	41,20	10,29	41,16	164,64	1089,55	10,28	41,12	4	14
15	9,81	49,05	245,25	944,08	9,90	49,50	9,95	49,75	248,75	985,07	9,98	49,90	5	15
16	9,03	54,18	325,08	736,31	9,23	55,38	9,31	55,86	335,16	806,96	9,40	56,40	6	16
17	7,47	52,29	366,03	416,83	7,80	54,60	8,05	56,35	394,45	521,66	8,23	57,61	7	17
18	5,21	41,68	333,44	141,42	5,53	44,24	5,82	46,56	372,48	197,14	6,10	48,80	8	18
19	2,52	22,68	204,12	16,00	2,73	24,57	2,93	26,37	237,33	25,15	3,12	28,08	9	19
20					0,00								10	20
Σ	158,45	323,68	3345,84	14429,11	162,03	332,34	164,86	338,90	3687,12	15358,88	167,53	344,76		
Σ Mom.		27,64				19,94		12,08				3,46		
−½ Σ (0+20)														
Corr Σ	158,45	27,64	3345,84	14429,11	162,03	19,94	164,86	12,08	3687,12	15358,88	167,53	3,43		
Corr Σ × Hebelarm der Höhe	633,80				810,15		989,16				1172,71			
⅓ · Corr Σ	52,81				54,01		54,95				55,84			

Spant Nr.	Mult. für Mom.	W.L.8 Ord.	W.L.8 Mom.	W.L.8 Ord. × Hebelarm²	W.L.8 Ord.³	W.L.9 Ord.	W.L.9 Mom.	W.L.10 Ord.	W.L.10 Mom.	W.L.10 Ord. × Hebelarm²	W.L.10 Ord.³
0	10										
1	9	2,76	24,84	223,56	21,02	3,52	31,68	4,48	40,32	362,88	89,92
2	8	6,71	53,68	429,44	302,11	7,33	58,64	7,80	62,40	499,20	474,55
3	7	8,78	61,46	430,22	676,84	9,10	63,70	9,31	65,17	456,19	806,95
4	6	9,79	58,74	352,44	938,31	9,80	58,80	9,96	59,76	358,56	988,05
5	5	10,22	51,10	255,50	1067,46	10,24	51,20	10,24	51,20	256,00	1073,74
6	4	10,38	41,52	166,08	1118,39	10,38	41,52	10,32	41,28	165,12	1099,10
7	3	10,46	31,38	94,05	1141,17	10,42	31,26	10,39	31,17	93,51	1121,62
8	2	10,49	20,98	41,96	1154,32	10,45	20,90	10,41	20,82	41,64	1128,11
9	1	10,49	10,49	10,49	1154,32	10,45	10,45	10,41	10,41	10,41	1128,11
10	Σ Mom.	10,49	354,16	0,00	1154,32	10,45	368,15	10,41	382,53	0,00	1128,11
11	1	10,49	10,49	10,49	1154,32	10,45	10,45	10,41	10,41	10,41	1128,11
12	2	10,49	20,98	41,96	1154,32	10,45	20,90	10,41	20,82	41,64	1128,11
13	3	10,43	31,29	93,87	1134,63	10,39	31,17	10,33	30,99	92,97	1102,30
14	4	10,27	41,08	164,32	1083,21	10,25	41,00	10,23	40,92	163,68	1070,60
15	5	10,00	50,00	250,00	1000,00	10,00	50,00	10,00	50,00	250,00	1000,00
16	6	9,46	56,76	340,56	846,59	9,50	57,00	9,54	57,24	343,44	868,25
17	7	8,39	58,73	411,11	590,59	8,50	59,50	8,61	60,27	421,89	638,28
18	8	6,29	50,32	402,56	248,86	6,48	51,84	6,66	53,28	426,24	295,41
19	9	3,28	29,52	265,68	35,29	3,42	30,78	3,58	32,22	289,98	45,88
20	10										
Σ		169,66	349,17	3984,29	15976,07	171,58	352,64	173,50	356,15	4283,76	16315,20
Σ Mom.			−4,99				−15,51		−26,38		
−½ Σ (0+20)											
Corr Σ		169,66	−4,99	3984,29	15976,07	171,58	−15,51	173,50	−26,38	4283,76	16315,20
Corr Σ × Hebelarm der Höhe		1357,28				1544,22		1735,00			
⅓ · Corr Σ		56,55				57,19		57,83			

Spant Nr.	W.L.11 Ord.	W.L.11 Mom.	W.L.12 Ord.	W.L.12 Mom.	W.L.12 Ord. × Hebelarm²	W.L.12 Ord.³	W.L.13 Ord.	W.L.13 Mom.	W.L.14 Ord.	W.L.14 Mom.	W.L.14 Ord. × Hebelarm²	W.L.14 Ord.³	Mult. für Mom.	Spant Nr.
0									1,94	19,40	194,00	7,30	10	0
1	5,49	49,41	6,50	58,50	526,50	274,63	7,35	66,15	8,00	72,00	648,00	512,00	9	1
2	8,36	66,88	8,75	70,00	560,00	669,92	9,05	72,40	9,22	73,76	590,08	783,78	8	2
3	9,47	66,29	9,60	67,20	470,40	884,74	9,69	67,83	9,72	68,04	476,28	918,33	7	3
4	10,00	60,00	10,02	60,12	360,72	1006,01	10,00	60,00	9,96	59,76	358,56	988,05	6	4
5	10,21	51,05	10,18	50,90	254,50	1054,98	10,14	50,70	10,05	50,25	251,25	1015,08	5	5
6	10,28	41,12	10,24	40,96	163,84	1073,74	10,18	40,72	10,14	40,56	162,24	1042,59	4	6
7	10,33	30,99	10,28	30,84	[illegible]	1086,37	10,20	30,60	10,15	30,45	91,35	1045,68	3	7
8	10,35	20,70	10,30	20,60	41,20	1092,73	10,22	20,44	10,16	20,32	40,64	1048,77	2	8
9	10,35	10,35	10,30	10,30	10,30	1092,73	10,22	10,22	10,16	10,16	10,16	1048,77	1	9
10	10,35	396,73	10,30	409,42	0,00	1092,73	10,22	419,06	10,16	444,70	0,00	1048,77		10
11	10,35	10,35	10,30	10,30	10,30	1092,73	10,22	10,22	10,16	10,16	10,16	1048,77	1	11
12	10,35	20,70	10,30	20,60	41,20	1092,73	10,22	20,44	10,16	20,32	40,64	1048,77	2	12
13	10,30	30,90	10,25	30,75	92,25	1076,89	10,18	30,54	10,12	30,36	91,08	1036,43	3	13
14	10,19	40,76	10,14	40,56	162,24	1042,55	10,09	40,36	10,02	40,08	160,32	1006,01	4	14
15	9,98	49,90	9,98	49,90	249,50	994,01	9,94	49,70	9,92	49,60	248,00	976,19	5	15
16	9,58	57,48	9,61	57,66	345,96	887,50	9,62	57,72	9,63	57,78	346,68	893,06	6	16
17	8,72	61,04	8,70	60,90	426,30	658,50	8,84	61,88	8,93	62,51	437,57	712,12	7	17
18	6,82	54,56	6,97	55,76	446,08	338,61	7,16	57,28	7,32	58,56	468,48	392,22	8	18
19	3,74	33,66	3,81	34,29	308,61	55,31	4,10	36,90	4,29	38,61	347,49	78,95	9	19
20													10	20
Σ	175,22	359,95	176,53	360,72	4562,42	16567,45	177,64	365,04	180,21	357,98	4973,98	16651,64		
Σ Mom.		−37,44		−48,70				−54,02		−86,72				
−½ Σ (0+20)									0,97	9,70	97,00	3,65		
Corr Σ	175,22	−37,44	176,53	−48,70	4562,42	16567,45	177,64	54,02	179,24	−77,02	4876,98	16647,99		
Corr Σ × Hebelarm der Höhe	1925,42		2118,36				2309,32		2509,36					
⅓ · Corr Σ	58,40		58,84				59,21		59,74					

	Kiel	W.L.½	W.L.1	W.L.2	W.L.3	W.L.4	W.L.5	W.L.6	W.L.7	W.L.8	W.L.9	W.L.10	W.L.11	W.L.12	W.L.13	W.L.14
$\int V$			164,00	442,00	741,41	1053,27	1373,75	1700,64	2033,03	2370,22	2711,46	3056,54	3405,26	3757,01	4111,18	4468,06
$\int MOM_L$				131,68	202,79	263,86	311,44	343,46	359,00	557,47	336,97	295,08	231,26	145,12	42,40	−88,64
$\int MOM_h$				518,63	1268,10	2360,45	3803,20	5601,57	7762,55	10291,83	13192,69	16477,27	20131,12	24174,46	28601,77	33420,45
$\int WL\odot = \frac{\Sigma MOM.}{\Sigma ORD.}$				0,260	0,218	0,174	0,123	0,073	0,021	−0,029	−0,091	−0,152	−0,214	−0,276	−0,304	−0,430
$\int DO_L = \frac{\int MOM_L}{\int V}$				0,298	0,274	0,251	0,227	0,202	0,177	0,151	0,124	0,087	0,068	0,038	0,010	−0,020
$\int DO_h = \frac{\int MOM_h}{\int V}$				1,173	1,710	2,241	2,768	3,294	3,818	4,842	4,866	5,387	5,912	6,434	6,959	7,479
$\int I_L = 2 \cdot \Sigma ORD \cdot HEBELARM^2$						6691,68		7374,24		7968,58		8567,52		9124,84		9753,96
$\int I_b = \frac{2}{3} \cdot \Sigma ORD^3$						9609,79		10223,01		10640,06		10865,92		11033,92		11098,68
$\int M_L\odot = \frac{\int I_L}{\int V}$						6,362		4,336		3,362		2,803		2,429		2,183
$\int M_b\odot = \frac{\int I_b}{\int V}$						9,124		6,016		4,489		3,555		2,937		2,483

Type No. 6. **Tabelle I.**

BAUART DES SCHIFFSMODELLES: FRACHTDAMPER FÜR NORD-OSTSEEFAHRT.

Wasser Linien →		Kiel		W.L.½		W.L.1		W.L.2		W.L.3		W.L.4				W.L.5		W.L.6				W.L.7		← Wasser Linien	
Spant No	Mult. für Mom	ORD.	MOM.	ORD.	MOM.	ORD.	MOM.	ORD.	MOM.	ORD.	MOM.	ORD.	MOM.	ORD. × Hebelarm²	ORD.³	ORD.	MOM.	ORD.	MOM.	ORD. × Hebelarm²	ORD.³	ORD.	MOM.	Mult. für Mom	Spant No
0	10																							10	0
1	9			0.32	2.88	0.38	3.48	0.60	5.40	0.87	7.83	1.16	10.44	93.96	1.1	1.52	13.68	1.96	17.64	158.76	7.5	2.48	22.32	9	1
2	8			0.96	7.68	1.55	12.40	2.53	20.24	3.41	27.28	4.17	33.36	266.88	72.5	4.93	39.44	5.65	45.20	361.60	180.4	6.37	50.96	8	2
3	7			2.73	19.11	3.76	26.32	5.20	36.40	6.25	43.75	7.09	49.63	347.41	356.4	7.78	54.46	8.30	58.10	406.70	571.8	8.74	61.18	7	3
4	6			4.60	27.60	6.05	36.30	7.69	46.14	8.55	51.30	9.09	54.54	327.24	751.1	9.44	56.64	9.72	58.32	349.92	918.3	9.90	59.40	6	4
5	5			7.06	35.30	8.25	41.25	9.33	46.65	9.84	49.20	10.09	50.45	252.25	1027.2	10.25	51.25	10.36	51.80	259.00	1111.9	10.40	52.00	5	5
6	4			8.75	35.00	9.65	38.60	10.23	40.92	10.39	41.56	10.47	41.88	167.52	1147.7	10.48	41.92	10.48	41.92	167.68	1151.0	10.48	41.92	4	6
7	3			9.45	28.35	10.07	30.21	10.47	31.41	10.50	31.50	10.50	31.50	94.50	1157.6	10.50	31.50	10.50	31.50	94.50	1157.6	10.50	31.50	3	7
8	2			9.45	18.90	10.07	20.14	10.48	20.96	10.50	21.00	10.50	21.00	42.00	1157.6	10.50	21.00	10.50	21.00	42.00	1157.6	10.50	21.00	2	8
9	1			9.45	9.45	10.07	10.07	10.48	10.48	10.50	10.50	10.50	10.50	10.50	1157.6	10.50	10.50	10.50	10.50	10.50	1157.6	10.50	10.50	1	9
10	Σ MOM.			9.45	184.27	10.07	218.71	10.48	258.60	10.50	283.92	10.50	303.30	0.00	1157.6	10.50	320.39	10.50	335.98	0.00	1157.6	10.50	350.78		10
11	1			9.45	9.45	10.07	10.07	10.48	10.48	10.50	10.50	10.50	10.50	10.50	1157.6	10.50	10.50	10.50	10.50	10.50	1157.6	10.50	10.50	1	11
12	2			9.45	18.90	10.07	20.14	10.48	20.96	10.50	21.00	10.50	21.00	42.00	1157.6	10.50	21.00	10.50	21.00	42.00	1157.6	10.50	21.00	2	12
13	3			9.45	28.35	10.07	30.21	10.44	31.32	10.50	31.50	10.50	31.50	94.50	1157.6	10.50	31.50	10.50	31.50	94.50	1157.6	10.50	31.50	3	13
14	4			8.85	35.40	9.68	38.72	10.26	41.04	10.39	41.56	10.44	41.76	167.04	1137.9	10.46	41.84	10.47	41.88	167.52	1147.7	10.47	41.88	4	14
15	5			7.51	37.55	8.71	43.55	9.61	48.05	9.93	49.65	10.12	50.60	253.00	1036.4	10.24	51.20	10.28	51.40	257.00	1086.3	10.30	51.50	5	15
16	6			5.83	34.98	7.13	42.78	8.33	49.98	8.90	53.40	9.23	55.38	332.28	786.3	9.45	56.70	9.58	57.48	344.88	879.2	9.70	58.20	6	16
17	7			3.87	27.09	5.18	36.26	6.48	45.36	7.16	50.12	7.59	53.13	371.91	437.2	7.92	55.44	8.18	57.26	400.82	547.3	8.38	58.66	7	17
18	8			1.75	14.00	2.80	22.40	4.17	33.36	4.93	39.44	5.42	43.36	346.88	159.2	5.82	46.56	6.11	48.88	391.04	228.1	6.37	50.96	8	18
19	9					0.45	4.05	1.49	13.41	2.23	20.07	2.73	24.57	221.13	20.3	3.05	27.45	3.30	29.70	267.30	35.9	3.52	31.68	9	19
20	10																							10	20
Σ				118.38	205.72	134.08	248.18	149.23	293.96	156.35	317.24	161.10	331.80	3441.50	15036.5	164.84	342.15	167.89	349.60	3826.22	15968.6	170.53	355.88		
Σ MOM.					21.45		29.47		35.36		33.32		28.50				21.80		13.62				5.10		
-½ Σ (0+20)																									
CORR Σ		63.00	9.50	102.00		140.00	29.47	148.00	35.36	156.35	33.32	161.10	28.50	3441.50	15036.5	164.84	21.80	167.89	13.62	3826.22	15968.6	170.53	5.10		
CORR Σ × Hebelarm der Höhe						140.00		296.00		469.05		644.40				824.20		1007.34				1193.71			
⅓ × CORR Σ		21.00				46.67		49.33		52.12		53.70				54.95		55.56				56.84			

Wasser Linien →		W.L.8				W.L.9		W.L.10				W.L.11		W.L.12				W.L.13		W.L.14				← Wasser Linien	
Spant No	Mult. für Mom	ORD.	MOM	ORD. × Hebelarm²	ORD.³	ORD.	MOM	ORD.	MOM.	ORD. × Hebelarm²	ORD.³	ORD.	MOM.	ORD.	MOM	ORD. × Hebelarm²	ORD.³	ORD.	MOM.	ORD.	MOM	ORD. × Hebelarm²	ORD.³	Mult. für Mom	Spant No
0	10																			2.67	26.70	267.00	19.0	10	0
1	9	3.12	28.08	252.72	30.4	3.96	35.64	4.89	44.01	396.08	110.9	5.88	52.92	6.80	61.20	550.80	314.4	7.62	68.58	8.22	73.98	665.82	555.4	9	1
2	8	7.06	56.48	451.84	351.9	7.70	61.60	8.23	65.84	526.72	557.4	8.66	69.28	8.98	71.84	574.72	724.2	9.24	73.92	9.42	75.36	602.88	835.9	8	2
3	7	9.06	63.42	443.94	743.7	9.32	65.24	9.52	66.64	466.48	862.8	9.69	67.83	9.80	68.60	480.20	941.2	9.87	69.09	9.92	69.44	486.08	976.2	7	3
4	6	10.02	60.12	360.72	1006.0	10.11	60.66	10.16	60.96	365.76	1048.8	10.18	61.08	10.20	61.20	367.20	1061.2	10.19	61.14	10.18	61.08	366.48	1055.0	6	4
5	5	10.40	52.00	260.00	1124.9	10.40	52.00	10.40	52.00	260.00	1124.9	10.40	52.00	10.39	51.95	259.75	1121.6	10.38	51.90	10.35	51.75	258.75	1108.7	5	5
6	4	10.48	41.92	167.68	1151.0	10.48	41.92	10.48	41.92	167.68	1151.0	10.48	41.92	10.48	41.92	167.68	1151.0	10.45	41.80	10.40	41.60	166.40	1124.9	4	6
7	3	10.50	31.50	94.50	1157.6	10.50	31.50	10.50	31.50	94.50	1157.6	10.50	31.50	10.50	31.50	94.50	1157.6	10.45	31.35	10.40	31.20	93.60	1124.9	3	7
8	2	10.50	21.00	42.00	1157.6	10.50	21.00	10.50	21.00	42.00	1157.6	10.50	21.00	10.50	21.00	42.00	1157.6	10.45	20.90	10.40	20.80	41.60	1124.9	2	8
9	1	10.50	10.50	10.50	1157.6	10.50	10.50	10.50	10.50	10.50	1157.6	10.50	10.50	10.50	10.50	10.50	1157.6	10.45	10.45	10.40	10.40	10.40	1124.9	1	9
10	Σ MOM	10.50	365.02	0.00	1157.6	10.50	380.06	10.50	394.37	0.00	1157.6	10.50	408.03	10.50	419.71	0.00	1157.6	10.45	429.13	10.40	462.31	0.00	1124.9		10
11	1	10.50	10.50	10.50	1157.6	10.50	10.50	10.50	10.50	10.50	1157.6	10.50	10.50	10.50	10.50	10.50	1157.6	10.45	10.45	10.40	10.40	10.40	1124.9	1	11
12	2	10.50	21.00	42.00	1157.6	10.50	21.00	10.50	21.00	42.00	1157.6	10.50	21.00	10.50	21.00	42.00	1157.6	10.45	20.90	10.40	20.80	41.60	1124.9	2	12
13	3	10.50	31.50	94.50	1157.6	10.50	31.50	10.50	31.50	94.50	1157.6	10.50	31.50	10.50	31.50	94.50	1157.6	10.43	31.29	10.40	31.20	93.60	1124.9	3	13
14	4	10.47	41.88	167.52	1147.7	10.47	41.88	10.47	41.88	167.52	1147.7	10.47	41.88	10.47	41.88	167.52	1147.7	10.42	41.68	10.40	41.64	166.56	1124.9	4	14
15	5	10.32	51.60	258.00	1099.1	10.33	51.65	10.34	51.70	258.50	1105.6	10.35	51.75	10.36	51.80	259.00	1111.9	10.37	51.85	10.38	51.90	259.50	1118.9	5	15
16	6	9.78	58.68	352.08	935.4	9.84	59.04	9.89	59.34	356.04	967.4	9.93	59.58	9.96	59.76	358.56	988.0	10.05	60.30	10.34	62.04	372.24	1105.6	6	16
17	7	8.56	59.92	419.44	627.2	8.71	60.97	8.83	61.81	432.67	688.5	8.93	62.51	9.05	63.35	443.45	741.2	9.14	63.98	10.08	70.56	493.92	1024.2	7	17
18	8	6.61	52.88	423.04	288.8	6.82	54.56	7.00	56.00	448.00	343.0	7.17	57.36	7.35	58.80	470.40	397.1	7.52	60.16	7.72	61.76	494.08	460.1	8	18
19	9	3.72	33.48	301.32	51.5	3.90	35.10	4.08	36.72	330.48	67.9	4.24	38.16	4.42	39.78	358.02	86.4	4.62	41.58	4.83	43.47	391.23	112.7	9	19
20	10																							10	20
Σ		173.10	361.44	4152.30	16660.8	175.64	366.20	177.79	370.45	4469.85	17285.1	179.88	374.24	181.76	378.37	4751.30	17889.1	183.00	382.19	187.71	393.77	5282.14	18495.8		
Σ MOM.			-3.58				-13.86		-23.92				-33.79		-41.34				-46.94		-68.54				
-½ Σ (0+20)																				1.34	13.35	133.50	9.5		
CORR Σ		173.10	-3.58	4152.30	16660.8	175.64	-13.86	177.79	-23.92	4469.85	17285.1	179.88	-33.79	181.76	-41.34	4751.3	17889.1	183.00	-46.94	186.37	-55.19	5148.64	18486.3		
CORR Σ × Hebelarm der Höhe		1384.80				1579.86		1777.90				1978.68		2181.12				2379.00		2609.34					
⅓ × CORR Σ		57.70				58.51		59.26				59.96		60.59				61.00		62.13					

	Kiel	WL½	WL1	WL2	WL3	WL4	WL5	WL6	WL7	WL8	WL9	WL10	WL11	WL12	WL13	WL14
$\int V$			203.00	491.00	795.35	1112.80	1438.74	1771.47	2109.89	2453.52	2802.16	3155.49	3513.16	3874.80	4239.56	4608.93
$\int MOM_L$				103.80	172.48	234.30	284.60	320.02	338.74	340.26	322.82	285.04	227.33	152.20	63.92	-38.21
$\int MOM_h$				547.67	1309.93	2421.80	3889.16	5719.68	7919.85	10497.50	13461.35	16818.36	20574.24	24733.41	29293.12	34280.31
$\int W.L.\odot = \frac{\Sigma MOM}{\Sigma ORD}$				0.236	0.212	0.176	0.132	0.081	0.029	-0.020	-0.079	-0.135	-0.188	-0.227	-0.257	-0.296
$\int D\odot_L = \frac{\int MOM_L}{\int V}$				0.211	0.217	0.211	0.198	0.181	0.161	0.139	0.115	0.090	0.065	0.039	0.016	-0.008
$\int D\odot_h = \frac{\int MOM_h}{\int V}$				1.115	1.646	2.176	2.703	3.228	3.753	4.279	4.804	5.330	5.856	6.383	6.909	7.438
$\int I_L = 2 \times \Sigma ORD \times HEBELARM^2$						6883.00		7652.44		8304.60		8939.70		9502.60		10297.28
$\int I_b = \frac{2}{3} \times \Sigma ORD^3$						10024.33		10645.73		11107.20		11523.40		11926.07		12324.20
$\int M_L\odot = \frac{\int I_L}{\int V}$						6.185		4.319		3.384		2.833		2.452		2.234
$\int M_b\odot = \frac{\int I_b}{\int V}$						9.008		6.010		4.527		3.652		3.077		2.674

Type No. 7. **Tabelle I.**

BAUART DES SCHIFFSMODELLES: GROSSER FRACHTDAMPFER

Wasser Linien →		Kiel		WL ½		WL 1		WL 2		WL 3		WL 4				WL 5		WL 6				WL 7		← Wasser Linien	
Spant Nr.	Mult. für Mom.	ORD.	MOM.	ORD.	MOM.	ORD	MOM	ORD	MOM	ORD	MOM	ORD.	MOM	ORD. × Hebelarm²	ORD³	ORD	MOM	ORD	MOM	ORD. × Hebelarm²	ORD³	ORD.	MOM	Mult. für Mom.	Spant Nr.
0	10																							10	0
1	9	0.30	2.70	0.70		0.96	8.64	1.35	12.15	1.59	14.31	1.83	16.47	148.2	6.1	2.04	18.36	2.34	21.06	189.5	12.8	2.73	24.57	9	1
2	8	0.30	2.40	2.38		3.05	24.40	3.90	31.20	4.50	36.00	5.08	40.64	325.1	131.1	5.60	44.80	6.16	49.28	394.2	233.7	6.71	53.68	8	2
3	7	1.25	8.75	4.25		5.20	36.40	6.33	44.31	7.10	49.70	7.70	53.90	377.3	456.5	8.19	57.33	8.61	60.27	421.9	638.3	8.96	62.72	7	3
4	6	2.95	17.70	6.07		7.12	42.72	8.23	49.38	8.92	53.52	9.34	56.04	336.2	814.8	9.61	57.66	9.83	58.98	353.9	949.9	9.96	59.84	6	4
5	5	4.25	21.25	7.47		8.51	42.55	9.45	47.25	9.89	49.45	10.13	50.65	253.3	1039.5	10.27	51.35	10.37	51.85	259.3	1115.2	10.43	52.15	5	5
6	4	5.20	20.80	8.42		9.40	37.60	10.08	40.32	10.34	41.36	10.44	41.76	166.7	1137.9	10.48	41.92	10.50	42.00	168.0	1157.6	10.50	42.00	4	6
7	3	5.75	17.25	9.15		9.85	29.55	10.34	31.02	10.48	31.44	10.50	31.50	94.5	1157.6	10.50	31.50	10.50	31.50	94.5	1157.6	10.50	31.50	3	7
8	2	6.00	12.00	9.57		10.10	20.20	10.47	20.94	10.50	21.00	10.50	21.00	42.0	1157.6	10.50	21.00	10.50	21.00	42.0	1157.6	10.50	21.00	2	8
9	1	6.00	6.00	9.57		10.10	10.10	10.47	10.47	10.50	10.50	10.50	10.50	10.5	1157.6	10.50	10.50	10.50	10.50	10.5	1157.6	10.50	10.50	1	9
10	Σ MOM.	6.00	108.85	9.57		10.10	252.16	10.47	287.04	10.50	307.28	10.50	322.46	0.0	1157.6	10.50	334.42	10.50	346.44	0.0	1157.6	10.50	358.06		10
11	1	6.00	6.00	9.57		10.10	10.10	10.47	10.47	10.50	10.50	10.50	10.50	10.5	1157.6	10.50	10.50	10.50	10.50	10.5	1157.6	10.50	10.50	1	11
12	2	6.00	12.00	9.57		10.10	20.20	10.47	20.94	10.50	21.00	10.50	21.00	42.0	1157.6	10.50	21.00	10.50	21.00	42.0	1157.6	10.50	21.00	2	12
13	3	6.00	18.00	9.57		10.10	30.30	10.47	31.41	10.50	31.50	10.50	31.50	94.5	1157.6	10.50	31.50	10.50	31.50	94.5	1157.6	10.50	31.50	3	13
14	4	6.00	24.00	9.57		10.10	40.40	10.47	41.88	10.50	42.00	10.50	42.00	168.0	1157.6	10.50	42.00	10.50	42.00	168.0	1157.6	10.50	42.00	4	14
15	5	6.00	30.00	9.35		9.95	49.75	10.40	52.00	10.49	52.45	10.50	52.50	262.5	1157.6	10.50	52.50	10.50	52.50	262.5	1157.6	10.50	52.50	5	15
16	6	5.60	33.60	8.77		9.47	56.82	10.11	60.66	10.35	62.10	10.46	62.76	376.6	1144.4	10.49	62.94	10.50	63.00	378.0	1157.6	10.50	63.00	6	16
17	7	3.25	22.75	7.11		8.16	57.12	9.20	64.40	9.67	67.69	9.91	69.37	485.6	973.2	10.02	70.14	10.09	70.63	494.4	1027.2	10.13	70.91	7	17
18	8	0.30	2.40	4.38		5.65	45.20	7.03	56.24	7.69	61.52	8.10	64.80	518.4	531.4	8.36	66.88	8.51	68.08	544.6	616.3	8.63	69.04	8	18
19	9	0.30	2.70	1.38		2.28	20.52	3.41	30.69	4.10	36.90	4.54	40.86	367.7	93.6	4.83	43.47	5.04	45.36	408.2	128.0	5.18	46.62	9	19
20	10																							10	20
Σ		77.45	151.45	136.42		150.30	330.41	163.12	368.69	168.62	385.69	172.03	395.29	4079.6	16746.5	174.35	400.93	176.45	404.57	4336.5	17455.0	178.26	407.07		
Σ MOM.			42.60				78.25		81.65		78.38		72.83				66.51		58.13				49.01		
−½ Σ (0+20)																									
Corr Σ		108.00	42.60			152.00	78.25	164.00	81.65	168.60	78.38	172.03	72.83	4079.6	16746.5	174.35	66.51	176.45	58.13	4336.5	17455.0	178.26	49.01		
Corr Σ × Hebelarm der Höhe						152.00		328.00		505.80		688.12				871.95		1058.70				1247.82			
⅓ × Corr Σ		36.00				50.10		54.37		56.21		57.34				58.13		58.81				59.42			

Wasser Linien →		WL 8				WL 9		WL 10				WL 11		WL 12				WL 13		WL 14				← Wasser Linien	
Spant Nr.	Mult. für Mom.	ORD.	MOM.	ORD. × Hebelarm²	ORD³	ORD.	MOM.	ORD	MOM	ORD. × Hebelarm²	ORD³	ORD.	MOM.	ORD.	MOM.	ORD. × Hebelarm²	ORD³	ORD	MOM.	ORD.	MOM.	ORD. × Hebelarm²	ORD³	Mult. für Mom.	Spant Nr.
0	10																							10	0
1	9	3.26	29.34	264.1	34.6	3.91	35.19	4.70	42.30	380.7	103.8	5.56	50.04	6.40	57.60	518.4	262.1	7.15	64.35	7.78	70.02	630.2	470.9	9	1
2	8	7.26	58.08	464.6	382.7	7.73	61.84	8.21	65.68	525.4	553.4	8.61	68.88	8.97	71.76	574.1	721.7	9.28	74.32	9.52	76.16	609.3	862.8	8	2
3	7	9.26	64.82	453.7	794.0	9.48	66.36	9.69	67.83	474.8	909.9	9.87	69.09	10.00	70.00	490.0	1000.0	10.12	70.84	10.21	71.47	500.3	1064.3	7	3
4	6	10.15	60.90	365.4	1045.7	10.25	61.50	10.34	62.04	372.2	1105.5	10.40	62.40	10.44	62.64	375.8	1137.9	10.46	62.76	10.47	62.82	376.9	1147.7	6	4
5	5	10.47	52.35	261.8	1147.7	10.50	52.50	10.50	52.50	262.5	1157.6	10.50	52.50	10.50	52.50	262.5	1157.6	10.50	52.50	10.50	52.50	262.5	1157.6	5	5
6	4	10.50	42.00	168.0	1157.6	10.50	42.00	10.50	42.00	168.0	1157.6	10.50	42.00	10.50	42.00	168.0	1157.6	10.50	42.00	10.50	42.00	168.0	1157.6	4	6
7	3	10.50	31.50	94.5	1157.6	10.50	31.50	10.50	31.50	94.5	1157.6	10.50	31.50	10.50	31.50	94.5	1157.6	10.50	31.50	10.50	31.50	94.5	1157.6	3	7
8	2	10.50	21.00	42.0	1157.6	10.50	21.00	10.50	21.00	42.0	1157.6	10.50	21.00	10.50	21.00	42.0	1157.6	10.50	21.00	10.50	21.00	42.0	1157.6	2	8
9	1	10.50	10.50	10.5	1157.6	10.50	10.50	10.50	10.50	10.5	1157.6	10.50	10.50	10.50	10.50	10.5	1157.6	10.50	10.50	10.50	10.50	10.5	1157.6	1	9
10	Σ MOM.	10.50	370.49	0.0	1157.6	10.50	382.39	10.50	395.35	0.0	1157.6	10.50	407.91	10.50	419.50	0.0	1157.6	10.50	429.77	10.50	437.97	0.0	1157.6		10
11	1	10.50	10.50	10.5	1157.6	10.50	10.50	10.50	10.50	10.5	1157.6	10.50	10.50	10.50	10.50	10.5	1157.6	10.50	10.50	10.50	10.50	10.5	1157.6	1	11
12	2	10.50	21.00	42.0	1157.6	10.50	21.00	10.50	21.00	42.0	1157.6	10.50	21.00	10.50	21.00	42.0	1157.6	10.50	21.00	10.50	21.00	42.0	1157.6	2	12
13	3	10.50	31.50	94.5	1157.6	10.50	31.50	10.50	31.50	94.5	1157.6	10.50	31.50	10.50	31.50	94.5	1157.6	10.50	31.50	10.50	31.50	94.5	1157.6	3	13
14	4	10.50	42.00	168.0	1157.6	10.50	42.00	10.50	42.00	168.0	1157.6	10.50	42.00	10.50	42.00	168.0	1157.6	10.50	42.00	10.50	42.00	168.0	1157.6	4	14
15	5	10.50	52.50	262.5	1157.6	10.50	52.50	10.50	52.50	262.5	1157.6	10.50	52.50	10.50	52.50	262.5	1157.6	10.50	52.50	10.50	52.50	262.5	1157.6	5	15
16	6	10.50	63.00	378.0	1157.6	10.50	63.00	10.50	63.00	378.0	1157.6	10.50	63.00	10.50	63.00	378.0	1157.6	10.50	63.00	10.50	63.00	378.0	1157.6	6	16
17	7	10.15	71.05	497.4	1045.7	10.17	71.19	10.19	71.33	499.3	1058.1	10.19	71.33	10.20	71.40	499.8	1061.2	10.21	71.47	10.21	71.47	500.3	1064.3	7	17
18	8	8.71	69.68	557.4	660.8	8.77	70.16	8.81	70.48	563.8	683.8	8.85	70.80	8.88	71.04	568.3	700.2	8.93	71.44	8.97	71.76	574.1	721.7	8	18
19	9	5.30	47.70	429.3	148.9	5.40	48.60	5.50	49.50	445.5	166.4	5.59	50.31	5.69	51.21	460.9	184.2	5.80	52.20	5.90	53.10	477.9	205.4	9	19
20	10																							10	20
Σ		180.06	408.93	4564.2	17993.7	181.71	410.45	183.44	411.81	4794.7	18472.1	185.07	412.94	186.58	414.15	5020.3	18958.5	187.96	415.91	189.06	416.83	5202.0	19428.3		
Σ MOM.			38.44				28.06		16.46				5.03		-5.36				-13.86		-21.14				
−½ Σ (0+20)																									
Corr Σ		180.06	38.44	4564.2	17993.7	181.71	28.06	183.44	16.46	4794.7	18472.1	185.07	5.03	186.58	-5.35	5020.3	18958.5	187.96	-13.86	189.06	-21.14	5202.0	19428.3		
Corr Σ × Hebelarm der Höhe		1440.48				1635.39		1834.40				2035.77		2238.96				2443.48		2646.84					
⅓ × Corr Σ		60.02				60.57		61.14				61.69		62.19				62.65		63.08					

	Kiel	WL ½	WL 1	WL 2	WL 3	WL 4	WL 5	WL 6	WL 7	WL 8	WL 9	WL 10	WL 11	WL 12	WL 13	WL 14
$\int V$			260.0	576.0	908.6	1249.3	1595.7	1946.5	2301.2	2659.5	3021.3	3386.4	3755.0	4126.6	4501.6	4878.2
$\int MOM_L$				280.8	440.8	592.0	731.3	856.0	963.1	1050.6	1117.1	1161.6	1183.1	1132.8	1163.5	1128.5
$\int MOM_h$				613.63	1445.59	2638.38	4197.66	6127.63	8433.84	11121.24	14196.56	17665.78	21535.40	25809.63	30491.61	35581.56
$\int WLO = \frac{\Sigma MOM}{\Sigma ORD}$				0.501	0.465	0.423	0.381	0.329	0.275	0.213	0.154	0.090	0.027	-0.025	-0.074	-0.112
$\int DO_L = \frac{\int MOM_L}{\int V}$				0.488	0.485	0.474	0.458	0.440	0.419	0.388	0.370	0.343	0.315	0.287	0.258	0.231
$\int DO_h = \frac{\int MOM_h}{\int V}$				1.068	1.591	2.112	2.631	3.146	3.665	4.184	4.699	5.217	5.735	6.254	6.774	7.294
$\int I_L = 2 \times \Sigma ORD \times HEBELARM^2$						8159.2		8673.0		9128.4		9589.4		10040.8		10404.0
$\int I_b = \frac{2}{3} \Sigma ORD^3$						11164		11638		11995		12314		12639		12952
$\int M_L \odot = \frac{\int I_L}{\int V}$						6.531		4.456		3.432		2.832		2.433		2.133
$\int M_b \odot = \frac{\int I_b}{\int V}$						8.936		5.978		4.510		3.636		3.062		2.655

bei der Aufzeichnung der Kurve zu erhalten. Mit Rücksicht hierauf ist eine besondere Kolumne $WL\,{}^1/_2$ in der Tabelle vorgesehen.

Wie man in üblicher Weise durch fortgesetztes Addieren Funktionen für das Deplacement und dessen Moment, auf das Hauptspant bezogen, erhält, erfordert — weil jedem Schiffbauer im voraus wohlbekannt — hier keine weitere Erläuterung. Die Formel lautet:

$$\Sigma = y_0 + y_1 + y_1 + y_2 + y_2 + \ldots\ldots y_{n-1} + y_{n-1} + y_n$$

Die Momente der Wasserlinien in Bezug auf die Grundlinie erhält man durch Multiplikation der Fläche mit der betreffenden Wasserlinien-Nummer, welche ja dem Hebelarm derselben, in Höheneinheiten gemessen, entspricht, wonach die Produkte zwecks Erlangung des Deplacements-Momentes bezüglich der Grundlinie nach der Formel:

$$\frac{1}{3} y_0 + y_1 + y_1 + 2\, y_2 + 2\, y_2 + 3\, y_3 + 3\, y_3 \ldots + (n-1)\, y_{n-1} + (n-1)\, y_{n-1} + n\, y_n - \frac{1}{3} y_n$$

integriert werden.

Für die Korrekturen von $\frac{1}{3} y_0$, $\frac{1}{3} y_1, \ldots \frac{1}{3} y_n$ ist eine besondere Zeile vorhanden, nämlich die letzte in der Tabelle I.

Sämtliche erhaltenen Resultate werden unten in der Tabelle I eingeführt, woselbst auch die Trägheitsmomente in Bezug auf das Hauptspant und auf die Mittellinie eingetragen werden. Diese Tabelle enthält also folgende Angaben des Modellschiffes:

das Volumendeplacement	$f\,V$
das Deplacement-Moment in Bezug auf ⊗	$f\,Mom_L$
das Deplacement-Moment in Bezug auf Grundlinie .	$f\,Mom_h$
der Schwerpunktabstand der Wasserlinienflächen von ⊗	$f\,WL\,\odot$
der Schwerpunktabstand des Deplacements von ⊗ .	$f\,D\,\odot_L$
der Schwerpunktabstand des Deplacements oberhalb der Grundlinie	$f\,D\,\odot_h$
das Wasserlinien-Trägheitsmoment in Bezug auf ⊗ .	$f\,I_L$
das Wasserlinien-Trägheitsmoment in Bezug auf die Mittellinie	$f\,I_b$
das Längen-Metazentrum	$f\,M_L\,\odot$
das Breiten-Metazentrum	$f\,M_b\,\odot$

Tabelle II.

Nº 292 des Schiffes: 6 | L = 49.560 | H = konst. Höhe = 5.18 | $l = \frac{49.56}{20} = 2.478$.
Name : 'Urd' | B = 8.300 | T = konst. Tiefe = 3.70 | $b = \frac{8.30}{21} = 0.3952$.
Bauart : Frachtdampfer | H = 4.18 | | $h = \frac{5.18}{14} = 0.370$.

		Kiel	WL ½	WL. 1	WL. 2	WL. 3	WL. 4	WL. 5	WL. 6	WL. 7	WL. 8	WL. 9	WL. 10	WL. 11	WL. 12	WL. 13	WL. 14
$V = l \cdot b \cdot h \cdot \int V$	0.3623431			73.56	177.51	288.19	403.21	521.32	641.88	764.50	889.02	1015.34	1143.37	1272.37	1404.01	1536.18	1670.01
V_a = Anhänge																	
$V_\Sigma = V + V_a$																	
$D_\Sigma = 1.025 \cdot V_\Sigma$				75.45	182.48	295.60	413.58	534.72	658.38	784.19	911.86	1041.44	1172.75	1305.68	1440.01	1575.65	1712.83
$WLO = l \cdot \int WLO$				0.530	0.585	0.525	0.436	0.327	0.201	0.072	-0.048	-0.196	-0.335	-0.465	-0.562	-0.637	-0.733
$DO_L = l \cdot \int DO_L$				0.476	0.522	0.537	0.522	0.491	0.449	0.398	0.344	0.285	0.223	0.161	0.097	0.037	0.020
$DO_h = h \cdot \int DO_h$				0.208	0.413	0.689	0.805	1.000	1.194	1.389	1.583	1.777	1.972	2.167	2.362	2.556	2.752
$M_lO = \frac{l^2}{h} \cdot \int M_lO$	16.595						102.64		71.67		56.15		47.01		40.69		37.07
$M_lO + DO_h$							103.162		73.119		56.494		47.233		40.787		37.090
$M_bO = \frac{b^2}{h} \cdot \int M_bO$	0.422						3.801		2.536		1.910		1.541		1.269		1.128
$WL = 2b \cdot l \cdot \Sigma$ ORD.	1.95861			262.61	292.28	306.23	315.53	322.86	328.83	334.00	339.04	343.81	348.22	352.31	356.00	358.43	365.03
$T_{cm} = 0.01025 \cdot WL$				0.269	0.300	0.314	0.324	0.331	0.337	0.343	0.348	0.353	0.357	0.361	0.365	0.368	0.374
$\frac{L}{M_lO}$																	
$M_T = \frac{M_lO}{L} \cdot D$																	

Nº des Schiffes : | L = | H = konst. Höhe = | $l = \frac{L}{20}$
Name : | B = | T = konst. Tiefe = | $b = \frac{B}{21}$
Bauart : | H = | | $h = \frac{}{14}$

		Kiel	WL ½	WL. 1	WL. 2	WL. 3	WL. 4	WL. 5	WL. 6	WL. 7	WL. 8	WL. 9	WL. 10	WL. 11	WL. 12	WL. 13	WL. 14
$V = l \cdot b \cdot h \cdot \int V$																	
V_a = Anhänge																	
$V_\Sigma = V + V_a$																	
$D_\Sigma = 1.025 \cdot V_\Sigma$																	
$WLO = l \cdot \int WLO$																	
$DO_L = l \cdot \int DO_L$																	
$DO_h = h \cdot \int DO_h$																	
$M_lO = \frac{l^2}{h} \cdot \int M_lO$																	
$M_lO + DO_h$																	
$M_bO = \frac{b^2}{h} \cdot \int M_bO$																	
$WL = 2b \cdot l \cdot \Sigma$ ORD.																	
$T_{cm} = 0.01025 \cdot WL$																	
$\frac{L}{M_lO}$																	
$M_T = \frac{M_lO}{L} \cdot D$																	

Nº des Schiffes : | L = | H = konst. Höhe = | $l = \frac{L}{20}$
Name : | B = | T = konst. Tiefe = | $b = \frac{B}{21}$
Bauart : | H = | | $h = \frac{}{14}$

		Kiel	WL ½	WL. 1	WL. 2	WL. 3	WL. 4	WL. 5	WL. 6	WL. 7	WL. 8	WL. 9	WL. 10	WL. 11	WL. 12	WL. 13	WL. 14
$V = l \cdot b \cdot h \cdot \int V$																	
V_a = Anhänge																	
$V_\Sigma = V + V_a$																	
$D_\Sigma = 1.025 \cdot V_\Sigma$																	
$WLO = l \cdot \int WLO$																	
$DO_L = l \cdot \int DO_L$																	
$DO_h = h \cdot \int DO_h$																	
$M_lO = \frac{l^2}{h} \cdot \int M_lO$																	
$M_lO + DO_h$																	
$M_bO = \frac{b^2}{h} \cdot \int M_bO$																	
$WL = 2b \cdot l \cdot \Sigma$ ORD.																	
$T_{cm} = 0.01025 \cdot WL$																	
$\frac{L}{M_lO}$																	
$M_T = \frac{M_lO}{L} \cdot D$																	

Nº des Schiffes : | L = | H = konst. Höhe = | $l = \frac{L}{20}$
Name : | B = | T = konst. Tiefe = | $b = \frac{B}{21}$
Bauart : | H = | | $h = \frac{}{14}$

		Kiel	WL ½	WL. 1	WL. 2	WL. 3	WL. 4	WL. 5	WL. 6	WL. 7	WL. 8	WL. 9	WL. 10	WL. 11	WL. 12	WL. 13	WL. 14
$V = l \cdot b \cdot h \cdot \int V$																	
V_a = Anhänge																	
$V_\Sigma = V + V_a$																	
$D_\Sigma = 1.025 \cdot V_\Sigma$																	
$WLO = l \cdot \int WLO$																	
$DO_L = l \cdot \int DO_L$																	
$DO_h = h \cdot \int DO_h$																	
$M_lO = \frac{l^2}{h} \int M_lO$																	
$M_lO + DO_h$																	
$M_bO = \frac{b^2}{h} \cdot \int M_bO$																	
$WL = 2b \cdot l \cdot \Sigma$ ORD.																	
$T_{cm} = 0.01025 \cdot WL$																	
$\frac{L}{M_lO}$																	
$M_T = \frac{M_lO}{L} \cdot D$																	

Wenn diese Werte für verschiedene Schiffe auf durchsichtigem Papier als Kurven aufgetragen werden (siehe die Tafeln II, III, IV), kann man durch Aufeinanderlegen derselben leicht den Einfluß erkennen, welchen die Form des Schiffes auf die verschiedenen Kurven ausübt.

Die auf durchsichtigem Papier aufgezeichneten Kurven zeigen die statischen Kurven dreier weit voneinander abweichender Schiffstypen, wie durch Vergleich sofort ersichtlich.

Es scheint mir nun, als ob das ganze Studium des Einflusses der Schiffsform auf die hydrostatischen Eigenschaften eines Schiffes bedeutend vereinfacht worden ist, nachdem man in dieser Art die Dimensionen forteliminiert hat und so lediglich die Eigenschaften der Formen zu vergleichen hat.

Wenn die statischen Kurven des Umschließungskörpers des Modells, wie auf Tafel II, III, IV gezeigt, aufgezeichnet werden, erhält man sofort einen Überblick über den Völligkeitsgrad des Schiffes, über die Lagen der Zentra usw., mit einem Standard verglichen, der sämtliche Koëffizienten der Völligkeit usw. überflüssig macht. Ja, falls eine derartige Vereinheitlichung allgemein eingeführt würde, könnten diese Begriffe aus dem Wortvorrat des Schiffbauers fortfallen.

Wünscht man den Einfluß zu übersehen, den eine Änderung einer bezw. zweier der drei Hauptdimensionen unter Beibehaltung der beiden bezw. der einen ubrigen auf einem Schiffe ausübt, so kann man leicht reelle Werte in die Modelleinheiten einsetzen, $\frac{L}{20} = l$, $\frac{B}{21} = b$, $\frac{H}{14} = h$, und durch Variation derselben die den verschiedenen Proportionen entsprechenden hydrostatischen Kurven erhalten. Aus der Tabelle III geht bei einem Vergleiche mit den Standardfunktionen der Type 1 Tabelle I klar hervor, wie durch Einsetzung in die Formeln das wahre Deplacement, die Lagen der Schwerpunkte, der Metazentren usw. erhalten werden.

Tabelle III.

	Konstanten	W. L. 6		W. L. 8		W. L. 10		W. L. 12.	
		Modell	Konstrukt	Modell	Konstr.	Modell	Konstr.	Modell	Konstr.
Verdrängung	·980 × ·306 × ·155 × 1,025 = ·0472	557	26,3	998	47,0	1534	72,4	2128	101,25
Wasserlinienschwerpunkt	·980	−1,108	−1,08	−1,465	−1,44	−1,725	−1,69	−1,853	−1,82
Verdrängungsschwerpunkt der Länge nach	·980	−·932	−·91	−1,096	−1,07	−1,278	−1,25	−1,434	−1,40
D° D° der Höhe nach	·155	4,03	·62	5,36	·83	6,64	1,03	7,86	1,22
Längenmetacentrum	$\frac{·980^2}{·155}$ = 6,2	5,78	35,78	5,04	31,20	4,36	27,11	3,72	23,02
Breitenmetacentrum	$\frac{·306^2}{·155}$ = 0,60	5,389	3,[illegible]5	5,69	3,43	4,935	2,98	4,025	2,43

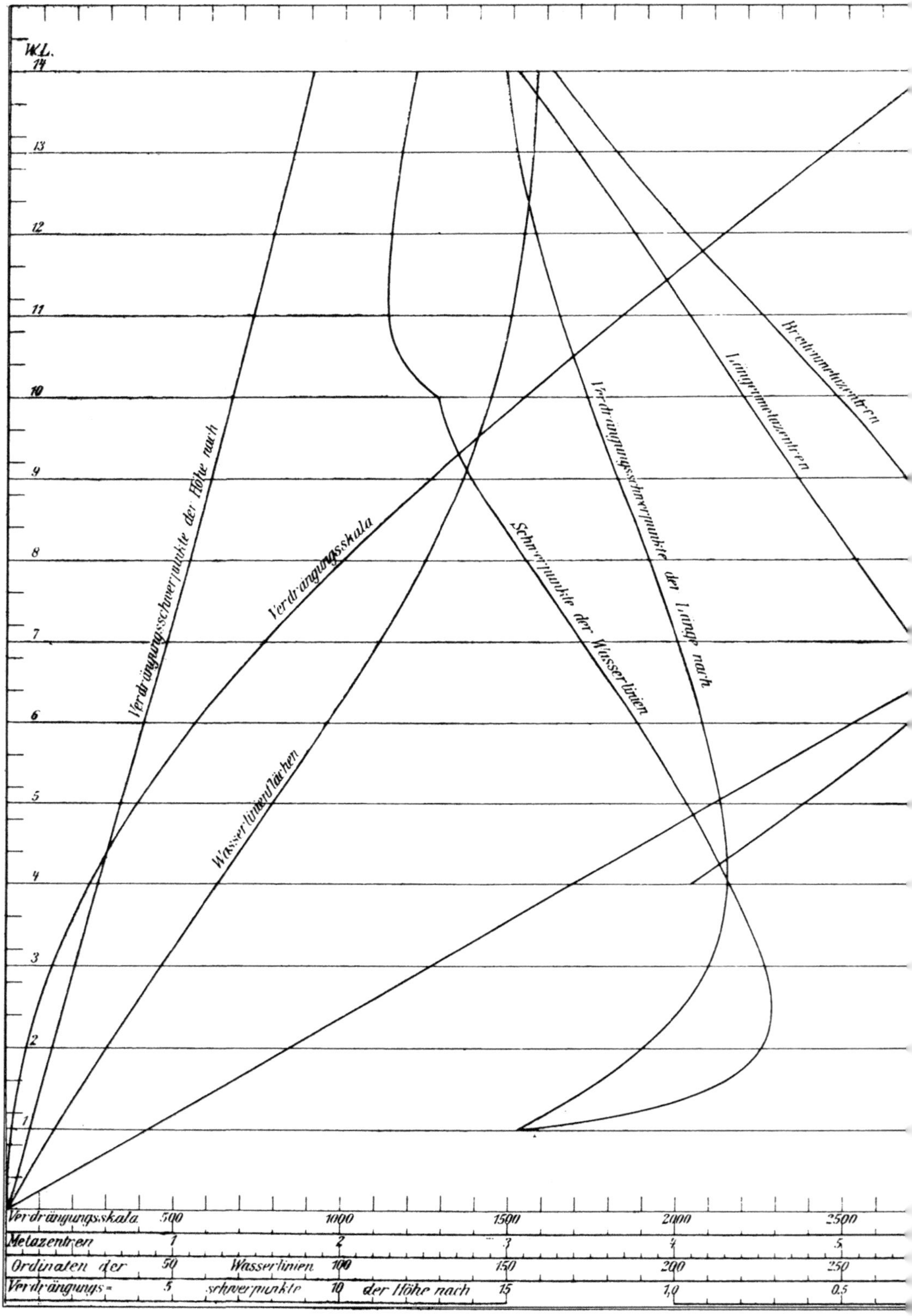
W.L.
14
13
12
11
10
9
8
7
6
5
4
3
2
1
Verdrängungsschwerpunkte der Höhe nach
Verdrängungsskala
Wasserlinienflächen
Schwerpunkte der Wasserlinien
Verdrängungsschwerpunkte der Länge nach
Längenmetazentren
Breitenmetazentren
Verdrängungsskala 500 1000 1500 2000 2500
Metazentren 1 2 3 4 5
Ordinaten der Wasserlinien 50 100 150 200 250
Verdrängungs- schwerpunkte der Höhe nach 5 10 15 1,0 0,5

modells No. 1. Schoner.

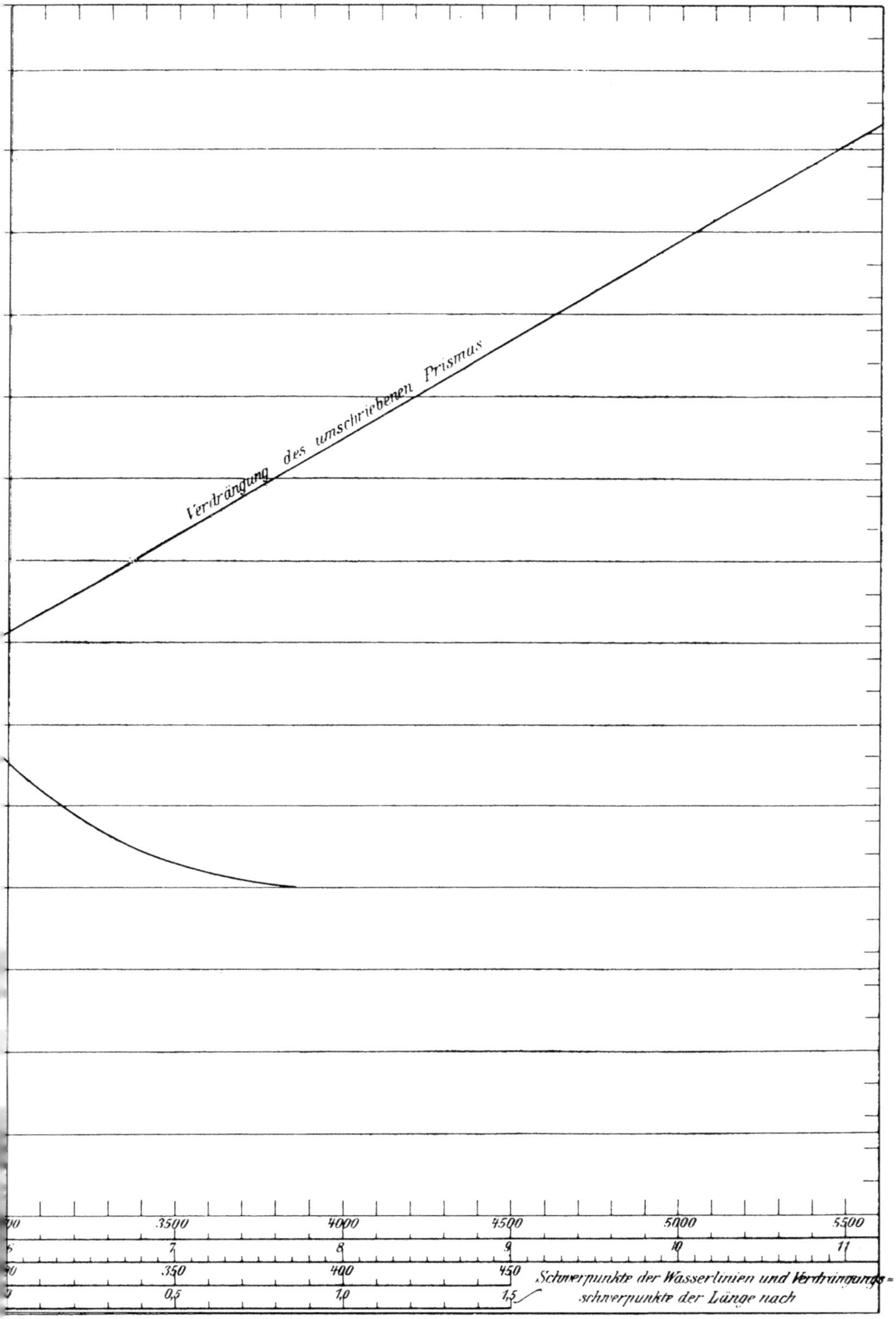

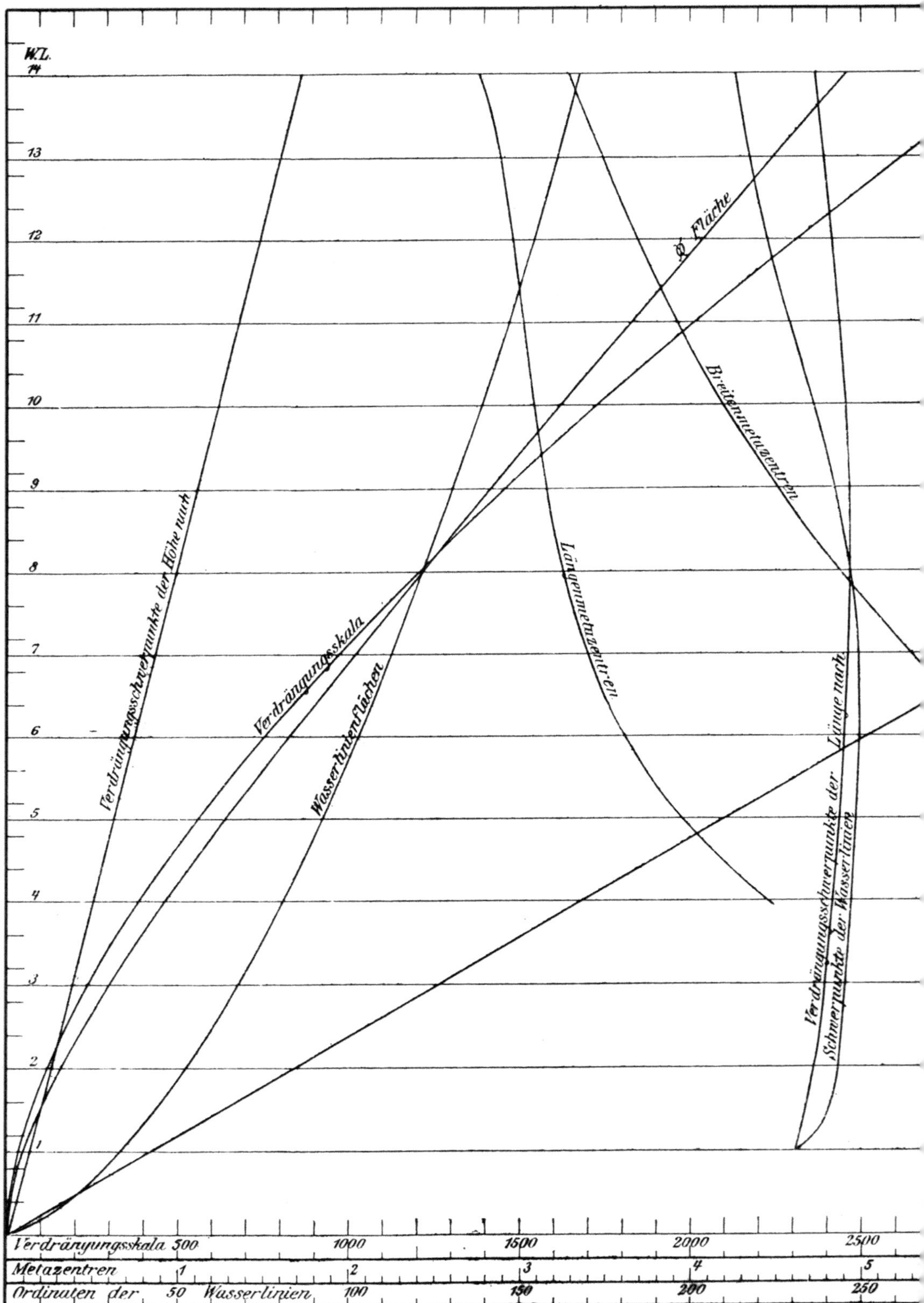
W.L.
14
13
12
11
10
9
8
7
6
5
4
3
2
1
Verdrängungsschwerpunkte der Höhe nach
Verdrängungsskala
Wasserlinienflächen
Längenmetazentren
Breitenmetazentren
Fläche
Verdrängungsschwerpunkte der Länge nach
Schwerpunkte der Wasserlinien
Verdrängungsskala 500 1000 1500 2000 2500
Metazentren 1 2 3 4 5
Ordinaten der 50 Wasserlinien 100 150 200 250
Verdrängungs- 5 schwerpunkte 10 der Höhe nach 1 0,9 0,8 0,7 0,6 0,5 0,4

4. Schleppdampfer und Eisbrecher.

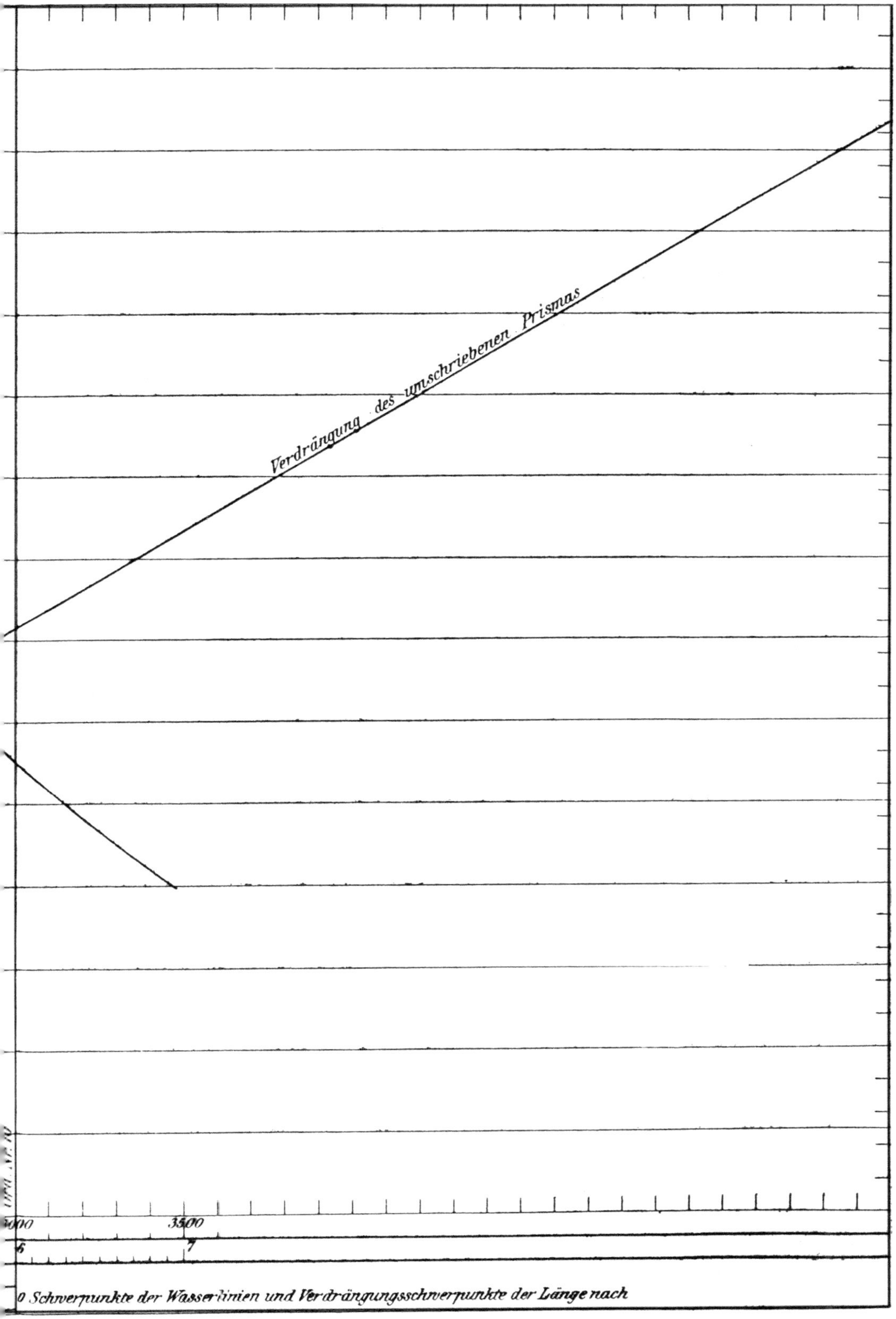

Berechnungsergebnisse des Schiffsmodel

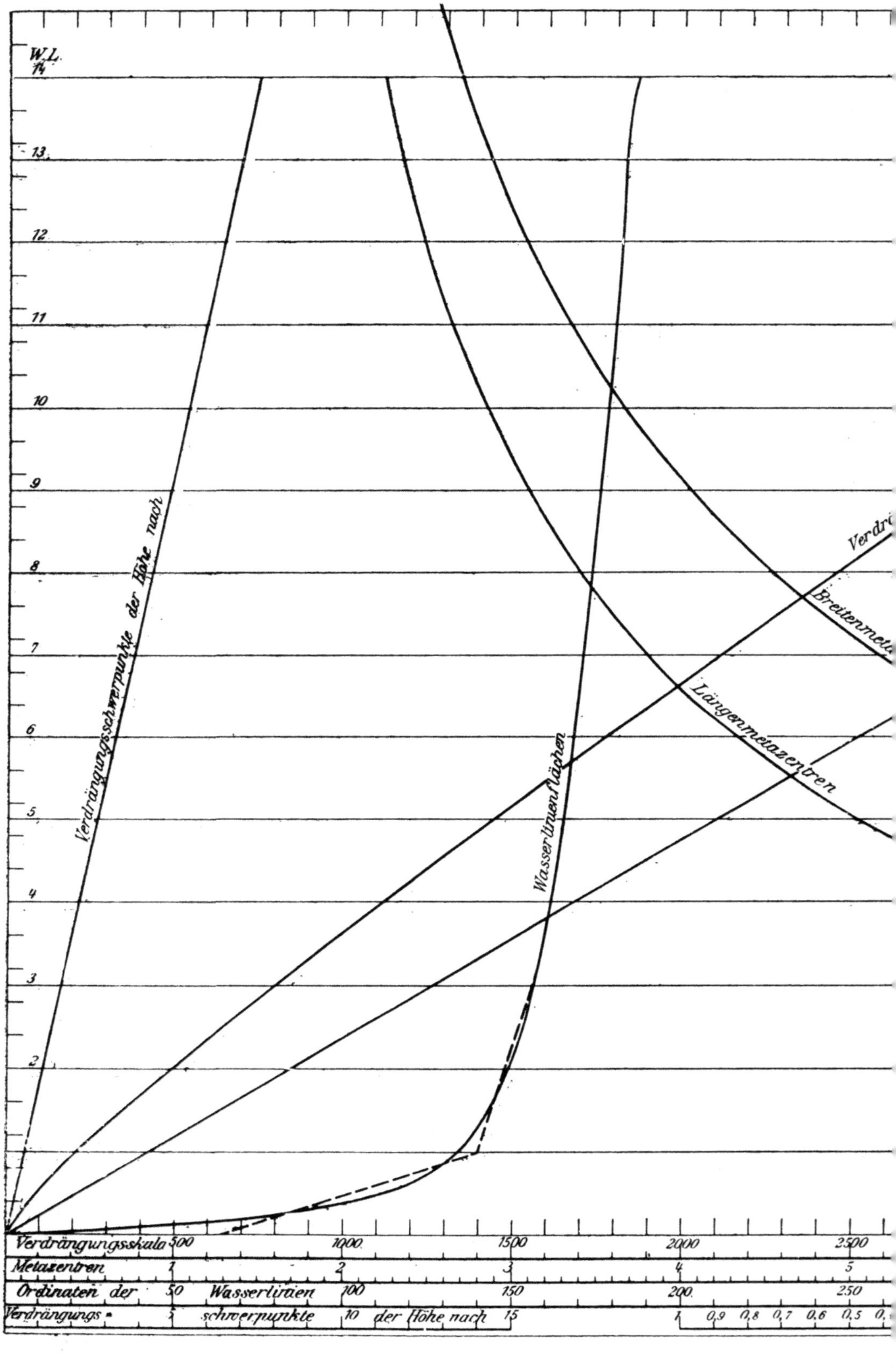

Fracht-Dampfer für die Nord-Ostseefahrt.

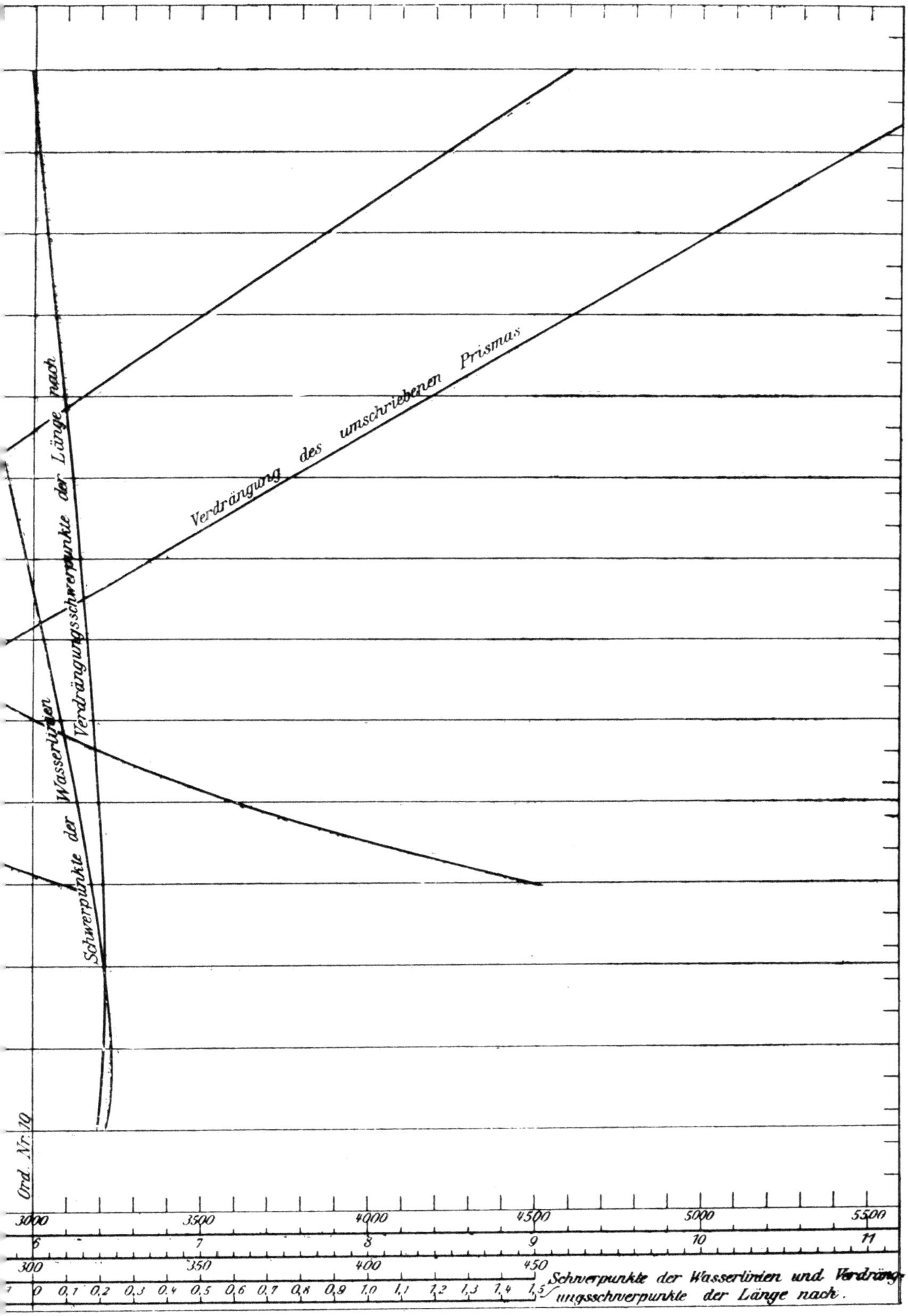

In der Tabelle II sind die statischen Kurven eines Schiffes von folgender Dimensionierung ausgerechnet worden:

$$L = 49{,}56 \text{ m}; \quad B = 8{,}300 \text{ m}; \quad H = 5{,}18 \text{ m};$$
folglich
$$l = 2{,}478 \text{ m}; \quad b = 0{,}395 \text{ m}; \quad h = 0{,}370 \text{ m}.$$

Auf dem Blatt ist für vier verschiedene Schiffe Raum vorgesehen, eine Maßregel, die eingeführt worden ist, damit die Tabelle nicht von der gewöhnlich im Zeichenbureau verwendeten Tabellengröße abweichen soll.

Für die Korrektion von Trimm, Schraubenwellen-Hängeböcken und weiteren Anhängseln ist eine besondere Kolumne vorgesehen. Die Ebengenannten sollen für jedes einzelne Schiff berichtigt werden und können nicht gut unter den Funktionen des Einheitsmodells (Tab. I) Aufnahme finden.

Wenn man nun die Konstruktion eines neuen Schiffes mit Hilfe der hier vorgelegten Mustertabellen auszuführen wünscht, oder auch mit Hilfe derjenigen, die sich der Konstrukteur aus selbst gesammelten Erfahrungen aufgestellt haben mag, so sucht man sich vorerst diejenige Schiffstype aus, deren Deplacement- und Hauptspant-Völligkeitsgrade am besten mit der vorzunehmenden Konstruktion übereinstimmen, um dann von dieser ausgehend die nötigen Überschlagsrechnungen machen zu können.

Gesetzt es sollte ein Schoner von ungefähr der gleichen Völligkeit, jedoch bedeutend weniger Tiefgang wie die Type I, entworfen werden. Die Dimensionen mögen z. B. sein:

$$L = 19{,}6 \text{ m}; \qquad l = \frac{19{,}6}{20} = 980 \text{ mm};$$

$$B = 6{,}45 \text{ „}; \qquad b = \frac{6{,}45}{21} = 306 \text{ „};$$

$$H = 2{,}17 \text{ „}; \qquad h = \frac{2{,}17}{14} = 155 \text{ „}.$$

Die erforderliche Konstruktionstiefe sei 1,5 m; sie ist somit 50 mm unter der 10. Wasserlinie, deren Höhe in bezug auf die Grundlinie $= 0{,}155 \times 10 = 1{,}550$ m, gelegen.

Das Deplacement bis zur 10. Wasserlinie erhält man durch Multiplikation der f V der W L_{10} (1534,2) mit den Volumen-Konstanten des neuen Entwurfs $(0{,}980 \times 0{,}306 \times 0{,}155 \times 1{,}025 = 0{,}0472)$; folglich ergibt sich das Deplacement bis zur WL_{10} zu $1534 \times 0{,}0472 = 73{,}0$ t. Bis zur Konstruktions-Wasserlinie, die 50 mm unterhalb liegt, ist das Deplacement $2 \times 142{,}8 \times 0{,}980 \times 0{,}306 \times 0{,}05 \times 1{,}025 = 4{,}3$ t kleiner oder $73 - 4{,}3 = 68{,}7$ t. Man kann beinahe sämtliche vorkommende Berechnungen (des Deplacements usw.) in derselben Art ausführen; es wird jedoch wohl einfacher sein, eine Tabelle wie die beigefügte, Tabelle III, aufzustellen und die Rechnungen so vorzunehmen, wie für vier Wasserlinien daselbst gezeigt. Werden die Rechnungen mittels einer geeigneten Rechenmaschine ausgeführt, so sind sie bald geschehen. Man erhält so genügend viele Punkte, um die statischen Kurven aufzeichnen zu können, um sich aus diesen, bevor man die eigentliche Konstruktionsarbeit beginnt, ein Urteil über die Eigenschaften des Schiffes zu verschaffen.

Aus den genannten Kurven, die auf Tafel I eingezeichnet worden sind, findet man bei einem Tiefgang von 1,5 m

die Verdrängung	=	69 t
Verdrängungsschwerpunkte der Höhe nach . . .	=	1,02 m
Verdrängungsschwerpunkte der Länge nach . . .	=	1,21 „
den Abstand des Breiten-Metazentrums oberhalb der Grundlinie	=	4,02 „
den Abstand des Längen-Metazentrums oberhalb der Grundlinie	=	28,51 „
und schließlich den Abstand des Wasserlinienschwerpunkts von dem Hauptspant	=	1,65 „

Sollten diese Werte nicht befriedigend ausfallen, so müssen die Dimensionen des Schiffes anders gewählt werden, oder, falls dies nicht zulässig, Änderungen der Konstruktion vorgenommen werden, um die erwünschten Ergebnisse zu erhalten.

Indessen zeichnet man wie gewöhnlich die Rechtecke für Spantenriß, sowie Längsansicht und Wasserlinienplan, in einem passenden Maßstabe auf, jedoch unter Beobachtung, daß sämtliche Schnitte durch die betreffenden Maßeinheiten gelegt werden.

Die Länge wird also in 20 gleiche Teile geteilt, die Breite in 21 Teile, jedoch so, daß der halbierte Schnitt jeder Halbbreite (= 10,5) am weitesten nach außen gelegt wird, die Höhe in 14 Teile, das sind die Wasserlinien.

An diesen Wasserlinien werden in dem Spantenrisse die Spantordinaten aus der Mustertabelle des Modellschiffes, in vorliegendem Falle No. 1, in einem Maßstabe, dessen Einheit gleich der Breite durch 21 geteilt $= \frac{6{,}45}{21} = 306$ mm, aufgetragen.

Der Sprung und die Decklinie werden nach Gutdünken des Konstrukteurs als am besten für die betreffende Konstruktion geeignet, frei entworfen, wonach die Deckpunkte in den Spantenriß übertragen werden.

Die Entfernungen auf den Wasserlinien sind ja aus einem sorgfältig aufgezeichneten Schiffe genommen und müssen somit schön in Reihe aufeinander folgen; da jedoch das Deck und der Sprung recht weit von denen des Modellschiffes abweichen können, so wird man, sich oft bei den 2 bis 3 höchsten Wasserlinien von den abgesetzten Punkten entfernen müssen. Da sich aber die obersten Wasserlinien gewöhnlich ohne Schwierigkeit aufzeichnen lassen, so ist dieses kein Hindernis von weiterer Bedeutung.

Man kann natürlich bei der Konstruktion, wenn erwünscht, auch bedeutendere Abweichungen von den Formen des Modellschiffes vornehmen; aber gerade, daß man bei dem Entwurfe festgelegte Formen in dem Maßstabe der vorzunehmenden Konstruktion und von bekannten Eigenschaften zur Verfügung hat, erleichtert die Arbeit erheblich, indem ja der Konstrukteur unter diesen Umständen mit großer Genauigkeit beurteilen kann, welchen Einfluß seine Abweichungen von dem Modellschiffe auf das schließliche Ergebnis ausüben mögen.

Ich habe fertig ausgerechnete Mustertabellen Typen 1 bis 7 Tabelle I mit Spantenrissen für die folgenden Schiffstypen beigefügt: (Tafel V.)

1. Schoner, Fig. 1.
2. Motorboot, Fig. 2.
3. Torpedoboot I. Klasse, Fig. 3.
4. Schleppdampfer und Eisbrecher, Fig. 4.
5. Dampfer für große Seefahrt, Fig. 5.
6. Frachtdampfer für Nord- und Ostseefahrt, Fig. 6.
7. Großer Frachtdampfer, Fig. 7.

Wenn es auch nicht gerade Typen mit Konstruktionen sind, für die meine Fachgenossen direkte Verwendung finden können, so dürften sie dennoch instruktiv sein und zur Anleitung für denjenigen dienen können, der es mit einer Vereinheitlichung der konstruktiven Arbeiten zu versuchen wünscht. Wie ich schon vorher bemerkt habe, sind die Abmessungen schon ausgeführter Schiffe auch dort ein guter Anhalt, wo es sich um Konstruktionen gänzlich neuer Typen handelt.

Ein entschiedener Vorteil, auf den ich noch aufmerksam machen will, entsteht dem Konstrukteur, wenn er die Seitenhöhe H immer in die gleiche

Anzahl Wasserlinien einteilt und die Längenschnitte von der Mittellinie ausgehend durch die Breiteneinheiten legt. So erhält er eine Konstruktion von immer gleich vielen Schnitten, die unter einander in bestimmtem Verhältnisse in Bezug auf die Mittellinie gelegen sind.

Legt man noch die Senten durch gewisse Schnitte zwischen Wasserlinien und Längsschnitte, so entsteht eine Ähnlichkeit der Konstruktionen, die für die richtige Beurteilung des Verlaufes der verschiedenen Konstruktionslinien besonders wertvoll ist. Man erreicht ein gutes Verständnis für die Schiffsformen und kann dieselben sicherer abwägen.

Ich habe diesen Vortrag auf die einheitliche Behandlung der statischen Kurven eines Schiffes in aufrechter Lage beschränkt; natürlicherweise aber läßt sich dieses Standard-System auch bei den meisten übrigen Schiffsberechnungen, wie z. B. die für Stapellauf, Stabilität usw. verwenden. Ja, für die Stabilitätsberechnungen eignet sich die Methode besonders gut, und gerade diese waren es, die mich vor 15 Jahren auf das System brachten. Ich hatte damals eine Menge Stabilitätsberechnungen ohne Hilfe eines Rechners oder Integrators auszuführen und ersann dann diese Methode, um die Arbeit zu vereinfachen, vor allem aber, um es möglich zu machen, schnelle und zuverlässige Überschlagsrechnungen, auf früher erhaltene Ergebnisse gegründet, vornehmen zu können.

Die Stabilitätsmethode, die ich zu diesem Zweck benutzte, demonstrierte ich seinerzeit in einem Aufsatz in der „Society of Naval-Architects and Marine-Enginers“ 1896, auf welchen ich mir diejenigen hinzuweisen erlaube, welche mit der Vereinheitlichung von Schiffsberechnungen nach dem hier berührten System nähere Bekanntschaft zu machen wünschen.

Diskussion.

Herr Mason S. Chace-Elisabethport:

Gentleman: I must apologize for speaking to you in English. — I regret exceedingly, that I am not able to express myself sufficiently well in German, to use that language.

I have been very much interested in Mr. Hammar's very special paper dealing with a subject of theoretical naval architecture, — the determination of the line of a vessel to satisfy certain conditions.

In shipbuilding, as in all other engineering work to-day, — time is money!

Schoner.

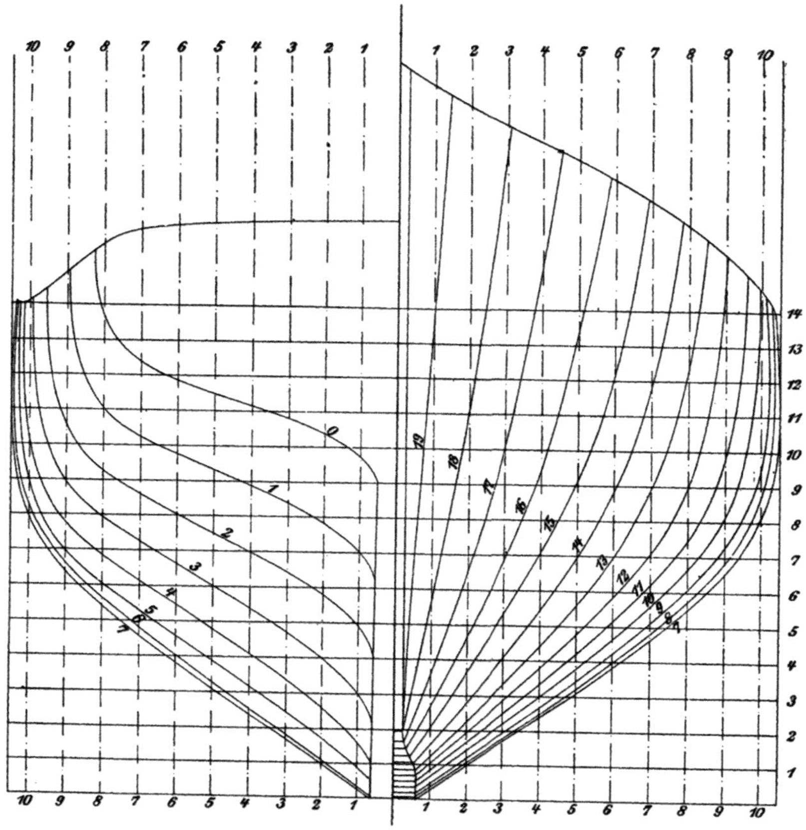

Fig. 1.

Torp

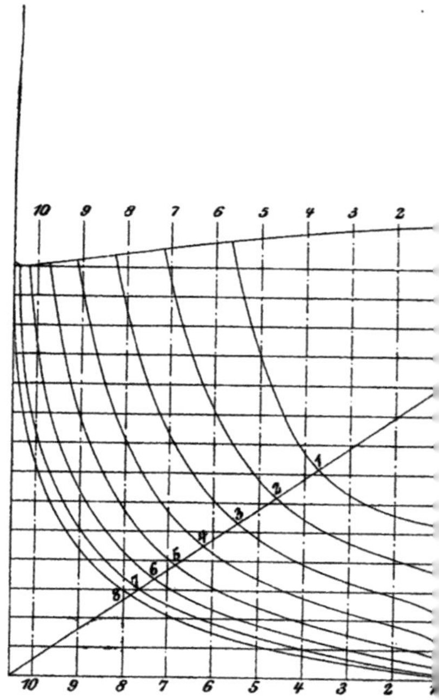

Schleppdampfer und Eisbrecher.

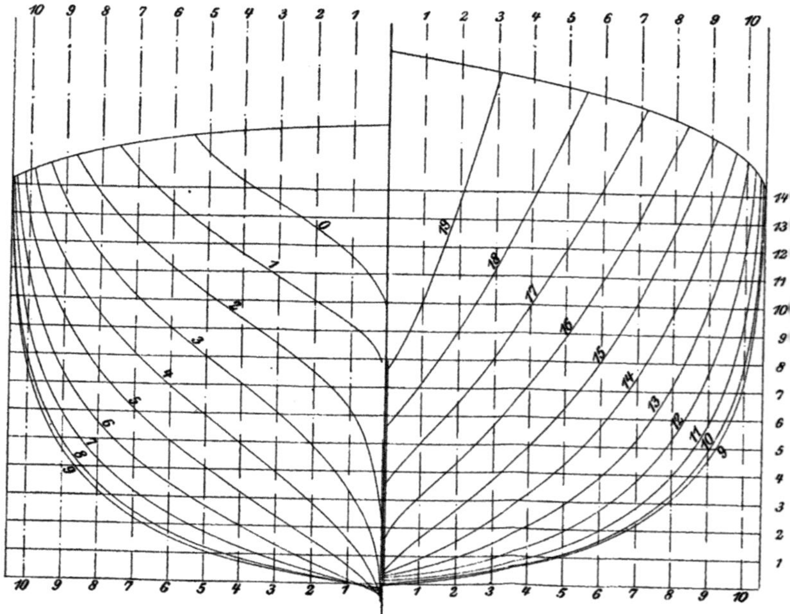

Fig. 4.

Motorboot.

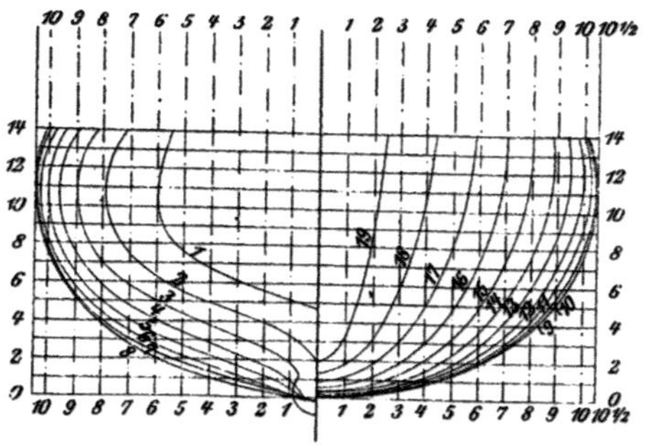

Fig. 2.

Klasse.

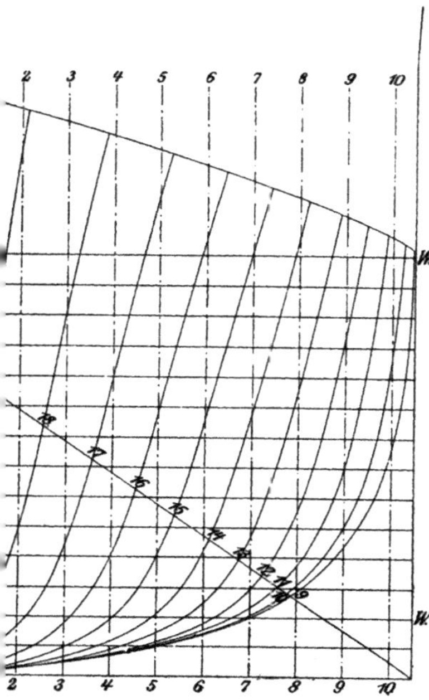

Dampfer für große Fahrt.

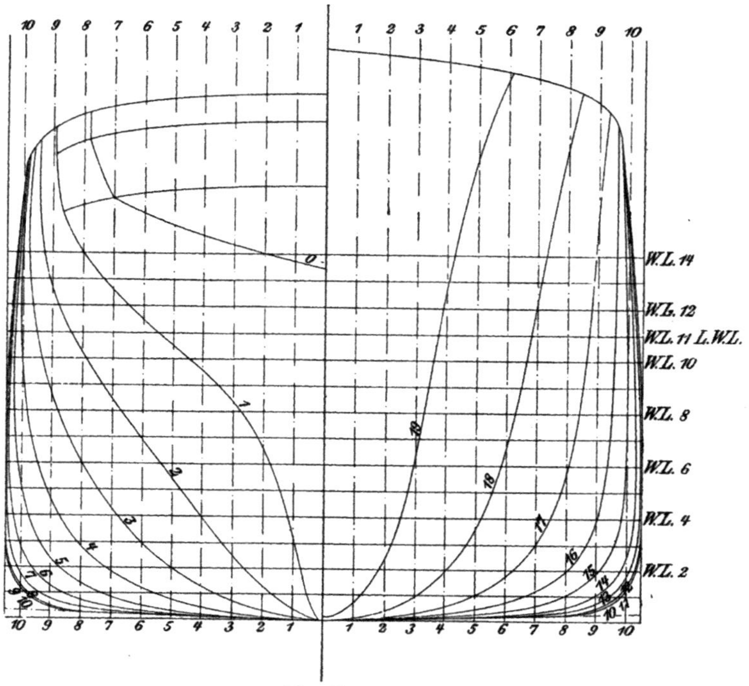

Fig. 5.

Großer Frachtdampfer.

rachtdampfer für die Nord-Ostseefahrt.

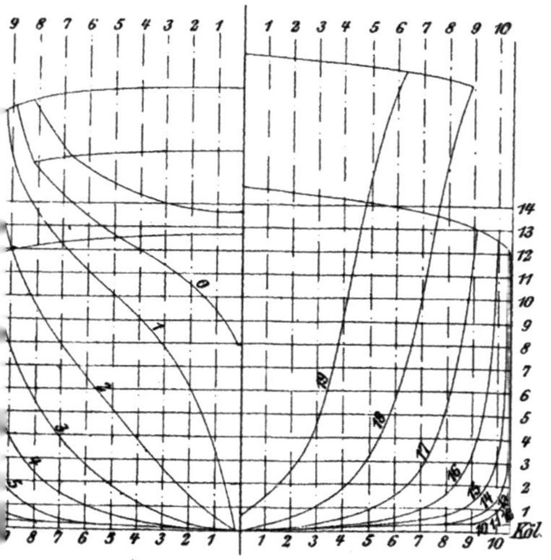

Fig. 6.

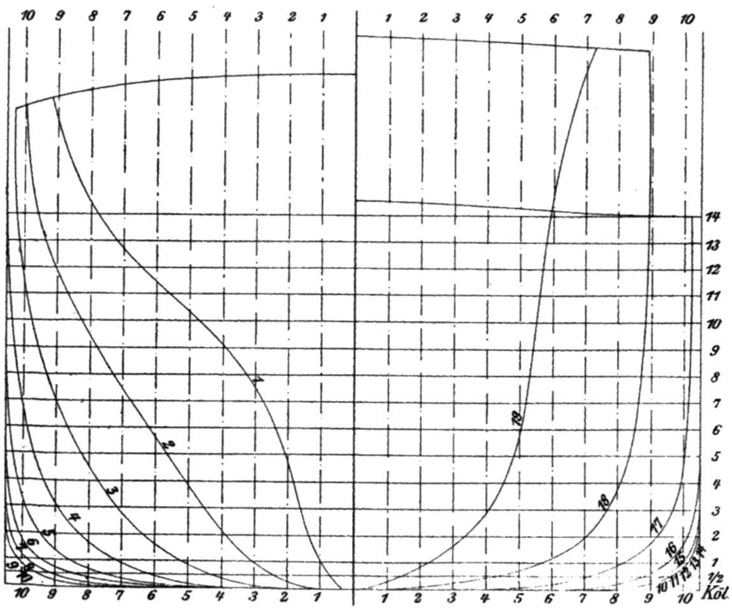

Fig. 7.

It is always of the greatest importance that a shipbuilder should be able to determine the principal dimensions, — length, breadth and depth, also make a drawing of the lines for a proposed vessel in the shortest possible time.

Enquiries relative to the design and cost of a proposed vessel must be promptly answered, also once its principal elements of the vessel fixed upon, material must be ordered in order to hasten her construction.

All schools of naval architecture teach us now to determine the principal dimensions of a ship, — length, breadth and depth to satisfy given conditions by use of the equations of weight and stability.

In practice we do not often design ships by the use of those equations, but rather by working from a ship of known qualities, and elements to the one which we have to design.

Mr. Hammar's method seems to be a very practical and direct one for using such date of existing ships as one has at hand, and quickly (Mr. Hammar tells us in 12 hours) tracing the lines of the new vessel.

From the way in which Mr. Hammar has described his method, I would judge it to be sufficiently accurate, as well as rapid for all practical proposes. Mr. Hammar has not told us exactly which what accuracy he can determine its displacement of the new vessel. I would be much pleased to hear further from him with regard to that point.

I note that its displacement is figured entirely on water line plan areas, and by use of the trapezoidel method, — corrections beeing made for terminations, if necessary, on the curve of water line areas. Its spacing used for ordinates and water lines is in accordance with the best accepted practice.

Mr. Hammar's method possesses the great advantage of beeing independant of the scale of the drawing from which he is working, wether this scale is in metres or in feet; also whith this method it is a short step, without laborious intermediate calculations from the ordinates of a given vessel, to those of the proposed vessel, and any errors made in the process of transformation would appear to be easy to hear and to correct.

In covering in this paper seven different types of ships, Mr. Hammar has furnished us with considerable valuable data to illustrate the practical applications of his method.

Herr Wirklicher Geheimer Oberbaurat Rudloff-Berlin:

Bei den Schwierigkeiten, welche sich bei Beginn eines Entwurfes ergeben, scheinen mir diese Studien nach Vereinfachung von allergrößtem Werte, meine Herren! Besonders die Konstrukteure, welche schnell arbeiten müssen, sind Herrn Hammar sicher dankbar für die Winke, welche er uns in seinem Vortrage gibt. Den Wert der Methode von Herrn Hammar kann man deshalb schon richtig einschätzen, weil er sie 11 Jahre in seinem Bureau mit bestem Erfolge erprobt hat. Es wäre wohl interessant, wenn in unseren Werften ebenfalls versucht würde, nach dieser Methode zu arbeiten, und wenn wir gelegentlich einmal eine Mitteilung darüber bekommen könnten. (Beifall.)

Herr Schiffbau-Inspektor Alb. Isakson-Stockholm:

Lediglich der Vortrag des Herrn Hammar veranlaßt mich, das Wort zu nehmen. Ich glaube, es wäre für deutsche Werften von Interesse, dieses System in der Praxis durchzuführen. Es scheint mir nicht so schwierig, daß das erreicht wird, wenn wir nämlich unseren Freund Hammar bitten würden, er möge einen Tag in Stettin, einen Tag in Hamburg usw. bleiben. Er hat ja gesagt, man könnte die ganze Methode in einem Tage erlernen. Wenn er also eine kleine Rundreise von drei bis vier Tagen in deutschen Werften machte und alles das in dieser Weise durchführte, könnten wir ihm nur dankbar sein.

Herr Schiffbau-Ingenieur Hammar-Göteborg (Schlußwort):

Ich bedaure sehr, daß ich die deutsche Sprache nicht so gut beherrsche, und daß ich nicht so frei und deutlich in dieser Diskussion antworten kann, wie ich es wünschte, aber ich muß doch Ihnen, meine Herren, meinen besten Dank für die freundliche Aufnahme sagen, welche meine Ausführungen bei Ihnen gefunden haben, und dem Herrn Geheimrat Rudloff für die Anerkennung, die er meinem Vortrage gezollt hat.

Der Vorsitzende, Herr Geheimer Regierungsrat Professor Busley:

Meine Herren! Herr Hammar hat uns eine höchst einfache Methode der schematischen Schiffskonstruktion vorgeführt, und es scheint mir, als wenn dieselbe für solche Werften, die ein darauf eingeschultes Personal besitzen, doch einen großen Wert hat. Vor allem glaube ich, daß ich Ihrer Zustimmung sicher bin, wenn ich Herrn Hammar unseren wärmsten und verbindlichsten Dank für den Vortrag ausspreche, der ihm als Schwede eine große Arbeit verursacht haben muß, schon allein, um ihn in das Deutsche zu übertragen. Sie werden mit mir darin einig sein, daß es stets bedeutende Schwierigkeit bereitet, in einer fremden Sprache vorzutragen. (Lebhafter Beifall.)

XIII. Das autogene Schweißen und autogene Schneiden mit Wasserstoff und Sauerstoff.

Vorgetragen von ***Ernst Wiss*** *- Griesheim a. M.*

Meine Herren! Mein heutiger Vortrag bezweckt, Sie mit den neuesten Errungenschaften der Schweißtechnik, der autogenen Schweißung und auch mit einem weiteren Hilfsmittel der Metallbearbeitung, dem Schneiden des Eisens mittels Sauerstoff, bekannt zu machen.

Der Vollständigkeit wegen sei es mir zunächst gestattet, einen kurzen Überblick über die bisher in der Industrie im allgemeinen, sowie auch für den Schiffbau verwendeten Schweißverfahren voranzuschicken.

a) Da ist zunächst die bekannte Handschweiße im Feuer, die Ihnen aus Ihrer Praxis geläufig ist und hier nicht weiter behandelt zu werden braucht.

b) Es würde dann die Wassergasschweißung folgen. Diese unterscheidet sich von der Feuerschweiße prinzipiell dadurch, daß das Werkstück nicht durch die direkt wirkende Wärme des Koks- oder Kohlenfeuers erhitzt wird, sondern, daß ein Gas, das sog. Wassergas die notwendige Wärme gibt. Hierbei sind naturgemäß Verunreinigungen der Schweißstelle ausgeschlossen. Wassergas besteht aus Kohlenoxyd und Wasserstoff und wird durch Überleiten von Wasserdampf über glühenden Koks erzeugt. Dem Wassergas wird zur Verbrennung komprimierte Luft, entweder im Brenner selbst, oder direkt in der Pumpe, die das Gas zur Arbeitsstelle befördert, zugeführt. Im letzteren Falle ist also ein explosives Gemisch durch Rohrleitungen fortzuleiten. Um etwa hierbei auftretende Explosionen des Gemisches unschädlich zu machen, sind an geeigneten Stellen in die Rohrleitung Sicherheitsklappen eingeschaltet.

Das Gasluftgemisch wird aus Düsen verbrannt, und die Düsen sind so angeordnet, daß die Flamme das Werkstück von beiden Seiten gleichzeitig trifft. Die Nähte werden überlappt vorgerichtet; die Schweißstelle wird entweder von Hand oder bei schweren Stücken mittels Dampfhammer oder Presse zur Verbindung gebracht. Die Arbeit vollzieht sich relativ schnell, da während des Hämmerns der schweißwarmen Stelle die nachfolgende mit den weiter brennenden Flammen vorgewärmt wird. Die Festigkeit einer mit Wassergas geschweißten Naht ist die denkbar beste, sie erreicht meist die Bruchgrenze und Dehnung des vollen Materials. Gerade im Schiffbau finden die mit Wassergas geschweißten Erzeugnisse lebhafte Verwendung, so zu Gefechtsmasten, Raaen, Spieren, Davits, Flammrohren, Wasserkammern, Bojen usw.

c) Auch die Thermitschweißung ist als Hilfsmittel bereits oft im Schiffbau verwendet worden. Thermit ist bekanntlich ein Gemisch aus Metalloxyd und fein verteiltem Aluminium, das in Gegenwart eines geeigneten Superoxydes leicht entzündet werden kann. Der Sauerstoff des Metalloxydes verbindet sich hierbei mit dem Aluminium zu Korund und die Reaktionswärme dient dazu, das sich bildende Eisen zu schmelzen, bezw. das zu bearbeitende Werkstück auf Schweißhitze zu erwärmen.

d) Ich komme nun auf die elektrische Schweißung zu sprechen.

Obgleich dieselbe meines Wissens besonders für den Schiffbau bisher weniger Anwendung gefunden hat, so will ich dieselbe wegen des allgemeinen Interesses, und um Ihnen auch zu zeigen, welche Wege und welche Erfolge bisher in dieser Richtung zu verzeichnen sind, kurz behandeln. Das elektrische Schweißverfahren nach Benardos vom Jahre 1866 dürfte wohl als erste praktisch brauchbare Verwendung des elektrischen Stromes anzusehen sein. Benardos verwendet die hohe Temperatur des Lichtbogens, und benutzt zur Erzeugung desselben eine Kohle als negativen und das Schweißstück als positiven Pol. Die Kohle ist in regelbarem Abstande zum Schweißstück angeordnet und wird langsam über die Naht hinweggeführt. Hierbei schmelzen die aneinander stoßenden Kanten, beispielsweise bei einem Blech, zusammen. Bei diesem Verfahren tritt eine nachteilige Kohlung des Eisens ein, sodaß die Schweißnaht glashart wird und für die meisten Fälle nicht verwendbar ist.

Um den Übelstand der Kohlung zu vermeiden, verwendet Slavianoff statt der beweglichen Kohle einen beweglichen Eisenstab. Das abschmelzende Metall des Stabes dient gleichzeitig zum Ausfüllen der Schweißnaht.

In sehr bemerkenswerter Weise ist die Flammbogenschweißung durch Dr. Zerener verbessert worden. Zerener benutzt zwei Kohlenelektroden, die entweder winklich, parallel oder auch zentrisch zueinander angeordnet werden, und macht hierdurch die Bildung des Lichtbogens von dem Werkstück unabhängig, sodaß durch Nähern oder Entfernen des Schweißapparates die Temperatur der Schweißstelle in praktisch brauchbaren Grenzen reguliert werden kann. Ein weiteres Verdienst Zereners liegt darin, daß er den Lichtbogen durch ein magnetisches Feld ablenkt, wodurch derselbe ähnlich wie eine Stichflamme benutzt werden kann.

Diese genannten Verfahren arbeiten unter Zuhilfenahme des Lichtbogens.

Auch die beim Durchfließen schlechter Leiter auftretende Widerstandserhitzung ist für die Schweißtechnik nutzbar gemacht worden. Lagrange & Hoho haben ein Verfahren ersonnen, welches besonders bemerkenswert insofern ist, als die Schweißtemperatur unter Wasser erreicht wird. Hierzu tauchen die Erfinder das zu schweißende Stück in eine alkalische Lösung; der — Pol liegt am Schweißstück, während der + Pol mit einer eingetauchten Metallplatte verbunden ist. Beim Stromdurchgang tritt alsbald an dem — Pol, d. h. also am Schweißstück, lebhafte Wasserstoffbildung auf. Diese Gasschicht bietet dem Stromdurchgang einen derartigen Widerstand, daß das Werkstück an diesen Stellen sehr bald in Schweißhitze kommt und zur Verbindung gebracht werden kann. Dieses Verfahren hat zum Schweißen wegen schlechter Stromausbeute indes keine Verwendung gefunden.

Ein weiteres Widerstandsschweißverfahren ist von Thomson erfunden worden und zu hoher Ausbildung gelangt. Das Prinzip dieses Verfahrens beruht darauf, daß man durch die Enden zweier stumpfgestoßener Metallstücke starken Wechselstrom niedriger Spannung hindurchschickt. Der an der Berührungsstelle der Stäbe auftretende hohe Widerstand bewirkt, daß die Stoßstellen momentan schweißwarm werden. Die Arbeitsstücke werden bei diesem Verfahren in besonders konstruierte Maschinen eingeklemmt, sodaß durch einfache Hebelbewegung der Strom geschlossen und auch der erforderliche Druck zum Verbinden des Stückes erzeugt werden kann.

Mittelst dieser Thomsonschen Schweißmaschinen, die auch neuerdings in Deutschland ausgiebige Verwendung finden, werden hauptsächlich Massenartikel, und zwar mit einfachen Querschnitten, geschweißt.

Dieses Verfahren gestattet die Herstellung einer derartig großen Zahl von Schweißungen pro Zeiteinheit, wie sie mit keinem anderen Verfahren weder in derselben Zeit noch für den gleichen Preis erzielt werden können.

Aus diesem kurzgehaltenen Überblick können Sie jedenfalls entnehmen, daß Vieles versucht und auch Bemerkenswertes erreicht worden ist.

Aber trotz der zahlreichen Anwendungsfälle der genannten Verfahren bleibt für die weiter zu besprechende autogene Schweißung noch ein außerordentlich großes Arbeitsgebiet offen.

Die autogene oder selbstzeugende Schweißung beruht darauf, daß mit einer Gas-Sauerstoff-Flamme das Metall lokal zum Schmelzfluß gebracht wird, sodaß die zu verbindenden Stellen zusammenlaufen. Die autogene Schweißung wurde in Deutschland vor ca. 4 Jahren zuerst bekannt, und hat sich dank ihrer Vorzüge in dieser kurzen Zeit bereits außerordentlich eingebürgert. Als Brenngas verwendet man Wasserstoff bezw. Acetylen. Ich beschränke mich hier darauf, die Wasserstoffschweißung näher zu beschreiben.

Diese zerfällt in zwei Gruppen: in eine mit selbsterzeugten Gasen, die direkt von einer elektrolytischen Anlage arbeiten, und in eine mit verdichteten Gasen, die in Stahlflaschen versandt werden.

Letztere Art der Schweißung werde ich Ihnen hier vorführen.

Die elektrolytischen Erzeugungsanlagen sind da am Platze, wo dünnere Bleche zu Massenartikeln verarbeitet werden sollen, d. h. wo eine gleichmäßige dauernde Abnahme des Gases vorliegt. Elektrolytische Zersetzungsanlagen werden von Schuckert, Garuti, Schoop und Dr. Schmidt ausgeführt. In der Hauptsache bestehen dieselben aus einer Reihe von hintereinander geschalteten Kästen, die durch geeignete Scheidewände getrennt sind. Die Kästen sind mit alkalischem oder angesäuertem Wasser gefüllt. Beim Durchleiten des elektrischen Stromes wird die Flüssigkeit in Wasserstoff und Sauerstoff gespalten, und zwar werden bekanntlich zwei Teile Wasserstoff auf ein Teil Sauerstoff erzeugt. Die beiden Gase werden getrennt aufgefangen und je einem Gasometer zugeführt. Von hier aus führen Leitungen nach den Arbeitsplätzen, wo die Gase wieder in einem Brenner zusammengeführt werden. Anlagen zur Verwendung elektrolytisch erzeugter Gase sind also ortsfest, d. h. es können Arbeiten außerhalb des vorgesehenen Raumes nicht ausgeführt werden, wodurch das Anwendungsgebiet eingeschränkt wird. Besonders diesen Übelstand vermeidet man durch Verwendung der komprimierten Gase.

Komprimierte Gase werden in erster Linie von der Chemischen Fabrik Griesheim-Elektron, Frankfurt a/M. geliefert, welche die Gase als Nebenprodukt in ihren ausgedehnten Alkalizersetzungsanlagen, wo täglich 12—15 000 cbm Wasserstoff zur Verfügung stehen, gewinnt, und besonders für Schweiß-, Schneid- und Lötzwecke in Stahlflaschen verdichtet.

Das Gas in Flaschen und somit die Schweißung mit diesen Gasen stellt sich wohl etwas teuerer, als die Arbeitsweise mit selbsterzeugten Gasen, es bietet jedoch erstere Verwendung derartig in die Augen springende Vorteile, daß der Preisunterschied kaum in Betracht gezogen zu werden braucht. Ich will mich daher auch darauf beschränken, das Schweißen mit den Flaschengasen eingehender zu behandeln.

Wasserstoff und Sauerstoff werden von den Erzeugungsstellen in Gasometer geleitet und von hier mittels drei- oder vierstufiger Kompressoren auf 125 bezw. 150 Atm. verdichtet. Die Wasserstoffkompressoren können ohne Nachteil mit Oel geschmiert werden, während die Sauerstoffkompressoren nur mit wässrigem Glyzerin geschmiert werden dürfen. Hinter den Kompressoren sind Oel- bezw. Glyzerinabschneider eingeschaltet, die den Zweck haben, die mitgerissenen Schmiermittel aus dem Gase zu entfernen, damit diese nicht in die Flaschen gelangen.

Von den Gasflaschen sehen Sie einige Größen hier vor sich. Dieselben werden entweder aus Rohren, die nach dem Mannesmannverfahren erzeugt sind, hergestellt, oder sie werden aus einem Stahlblock nach dem Verfahren der Akt.-Ges. „Phönix“ warm vorgepreßt und kalt nachgezogen. Bei den Mannesmannflaschen wird der Boden von Hand eingezogen, während er bei den „Phönixflaschen“ gleich durch die Pressung entsteht. Der Hals der Flaschen wird in beiden Fällen unter dem Dampfhammer ausgestreckt. Dem Boden der Flasche wird ein Fuß aufgeschrumpft, der gleichzeitig den Zweck hat, daß die Flasche beim Liegen während des Bahntransportes nicht rollt.

In den Hals der Flaschen ist ein konisches Gewinde eingeschnitten. In dieses wird ebenfalls mit konischem Gewinde das Ventil eingeschraubt. Die Ventile sind aus gepreßtem Deltametall bezw. aus gepreßtem Messing hergestellt und bedürfen einer sorgfältigen Bearbeitung. Die meines Erachtens zweckmäßigsten Konstruktionen sind das Arborventil und das Drägerventil der umstehenden Figuren 1 und 2. (Körper werden herumgereicht.) Der Abschluß des Ventils nach der Flasche hin wird durch einen Hartgummikegel 1 bewirkt. Die Spindel wird bei dem Arborventil, Fig. 1, durch einen Weichgummiring 2, der in geöffnetem Zustand durch den Bund 3 der Spindel 4 zusammengepreßt wird, abgedichtet.

Das Drägerventil, Fig. 2, bedarf keiner Stopfbüchse, da hier der Bund 3 der Spindel 4 gegen eine präparierte Fiberscheibe 5 mit Hilfe einer Feder bezw. durch den Gasdruck angepreßt wird. Der Seitenzapfen 6 der Ventile dient zum Anschluß der Reduzierapparate und das Gewinde des Zapfens ist, um Verwechselungen zu vermeiden, bei Wasserstoff links- und bei Sauerstoff rechtsgängig. Ich komme nun zur Verwendung der Gase selbst.

Man hat schon früher Wasserstoff und Sauerstoff in dem Danielschen Brenner für Beleuchtungszwecke verbrannt. Hier traten die beiden Gase aus zwei zentrisch ineinandergelegten Rohren in einer Ebene aus, sodaß eine Mischung der Gase vor der Entzündung nicht stattfinden konnte. Von der Erkenntnis

Arborventil.

Fig. 1.

Drägerventil.

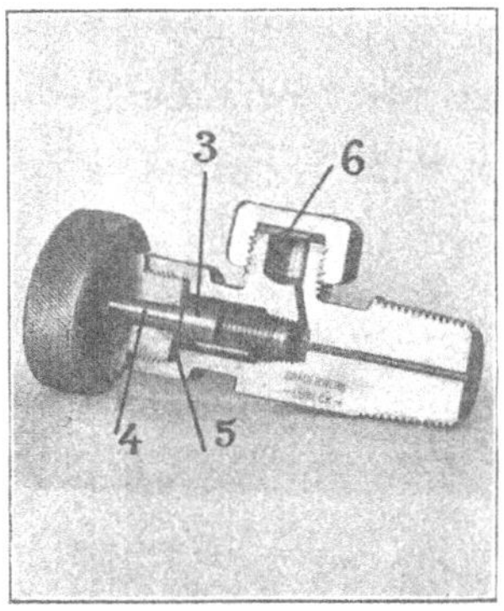

Fig. 2.

ausgehend, daß die Temperatur bei vorheriger Mischung erhöht wird, war man bemüht, Brenner zu konstruieren, die eine ungefährliche Mischung der Gase vor Austritt aus der Brennerspitze gestatten. Diesem Ziel standen anfänglich große Schwierigkeiten gegenüber, da stets die Flamme des Gasgemisches das Bestreben hatte, infolge der hohen Brenn- oder Zündgeschwindigkeit zurückzuschlagen.

Mit Zündgeschwindigkeit bezeichnet man die Fortpflanzungsgeschwindigkeit der Verbrennung eines Gas-Sauerstoff-Gemisches; hier in unserem Falle Wasserstoff und Sauerstoff. Die Zündgeschwindigkeit eines sauerstoffarmen Gemisches ist relativ klein. Denkt man sich beispielsweise ein Glasrohr, welches mit sauerstoffarmem Gemisch gefüllt ist, und zündet man dieses Gemisch an einem Ende des Rohres an, so schreitet die Flamme langsam im Innern des Rohres fort. Vergrößert man die Sauerstoffmenge, so wird die

Geschwindigkeit der fortlaufenden Flamme schnell größer. Sie erreicht bei einem Mischungsverhältnisse von 2 Teilen Wasserstoff auf 1 Teil Sauerstoff die respektable Geschwindigkeit von 2800 Meter pr. Sekunde. Dieser Zustand wird mit Explosion bezeichnet.

Nun kommen ja für den Schweißbrenner Mischungsverhältnisse von 2:1 schon aus dem Grunde nicht in Frage, weil die hieraus gebildete Flamme das Metall sofort oxydieren würde. Man gibt daher einen Überschuß von Wasserstoff, d. h. man erhält ein Gas-Sauerstoff-Gemisch von geringerer Zündgeschwindigkeit und reduzierender Wirkung. Um nun zu verhindern, daß die Flamme in den Brenner zurückschlägt, sind die Austrittsöffnungen an dem Brenner, die sog. Mundstücke,

Sicherheitsmischbrenner. Patent Dräger.

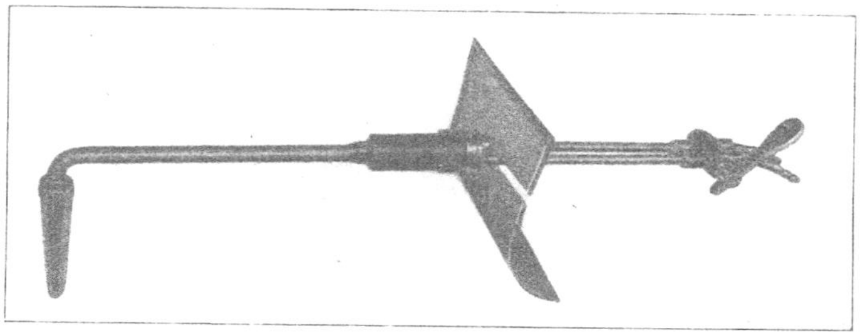

Fig. 3.

auswechselbar eingerichtet, sodaß man stets für die jeweilig gebrauchte Gasmenge die Austrittsgeschwindigkeit des Gases so regulieren kann, daß dieselbe größer bleibt als die Zündgeschwindigkeit. Auf diese Weise wird wirksam verhindert, daß die Flamme zurückschlägt.

Für die Wasserstoff-Sauerstoff-Schweißung werden zwei Brennerkonstruktionen benutzt; die der Deutschen Oxhydric G. m. b. H., Düsseldorf, bei welcher die Gase in einem Hosenrohr mit auswechselbarem Mundstück zusammentreten, und der sogenannte Sicherheitsmischbrenner von Dräger, Fig. 3, den ich Ihnen hier vorführen werde. Dieser Brenner hat die patentierte Einrichtung, daß, wie aus nebenstehender Figur 4 hervorgeht, die beiden schräg zu einander gestellten Kanäle 1 eine Saugwirkung aufeinander ausüben, derart, daß das eine Gas das andere anzusaugen bestrebt ist. Das Gasgemisch gelangt dann in einen Mischraum 2 und von hier weiter zu dem Mischrohr mit dem auswechselbaren Mundstück 3.

Die Regulierung der Gaszufuhr von den Flaschen zum Schweißbrenner erfolgt durch Dosierungsreduzierventile, wovon Fig. 5 die Außenansicht

Schnitt durch den Sicherheits-Mischbrenner. Patent Dräger.

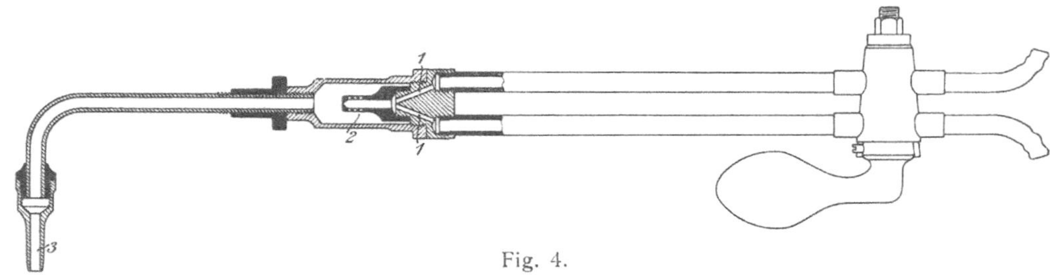

Fig. 4.

und die Fig. 6 den Schnitt darstellt. Das Reduzierventil wird mit der Überwurfmutter 1 gegen den Seitenzapfen des Flaschenventils fest angezogen. Das Flaschenventil wird geöffnet und das Gas gelangt bis zu der feinen Bohrung 4,

Dosierungs-Reduzierventil.

Fig. 5.

welche durch einen Hartgummikegel verschlossen ist. Schraubt man nun die Regulierschraube 2 hinein, so wird die Membrane 5 bezw. das Hebelsystem innerhalb des Reduzierraumes derart betätigt, daß der Abschlußkegel von der Öffnung 4 entfernt wird. In dem Raume unter der Membrane bildet sich nun Druck, der die Membrane entgegen der Spannung der Feder 6 nach außen preßt. Es tritt dann eine weitere Feder 3 in Tätigkeit, welche den doppelarmigen Hebel bewegt, und somit die Öffnung 4 wieder abzuschließen sucht, bezw. die Öffnung soweit drosselt, bis Gleichgewicht zwischen Federdruck

Schnitt durch das Dosierungs-Reduzierventil.

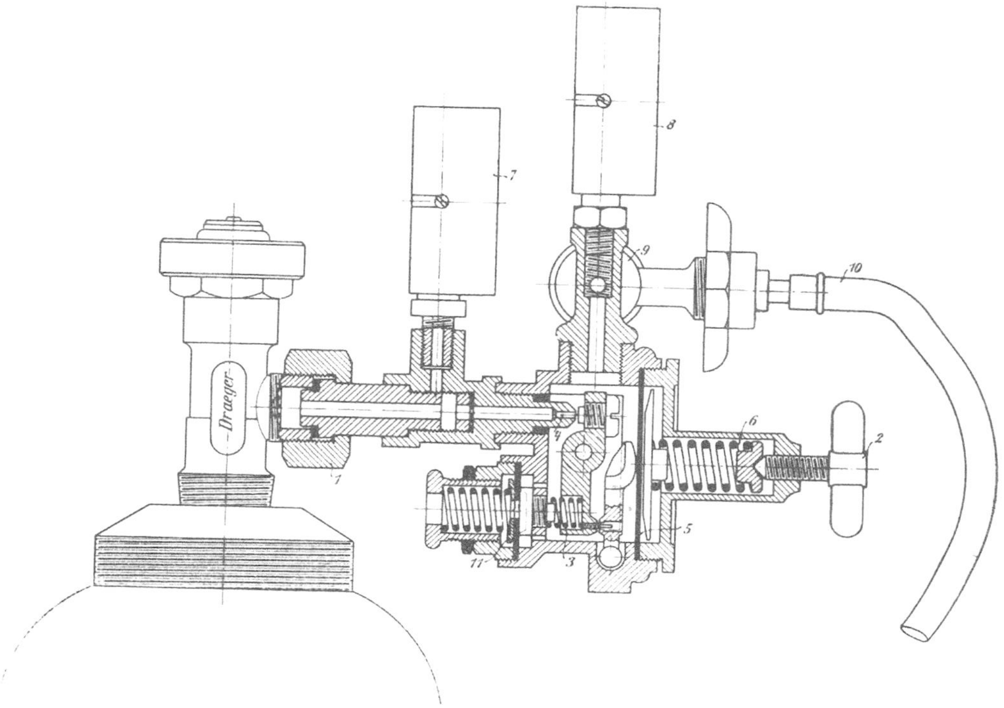

Fig. 6.

und Membrandruck hergestellt ist. Die Reduzierventile besitzen zur Druckeinstellung zwei Manometer. Das der Flasche zugekehrte gibt fortlaufend den Druck des Gases in der Flasche an, und das von der Flasche entfernte Manometer zeigt den Minderdruck an. In dem Ausgangskanal 9 der Reduzierventile liegt nun eine feine Bohrung. Bei einem bestimmten Minderdruck tritt naturgemäß eine genau feststellbare Gasmenge aus der feinen Bohrung aus. Man hat es also in der Hand, durch Verändern des Druckes auch die austretende Gasmenge zu verändern. 11 ist ein Sicherheitsventil, welches bei Überschreiten des höchsten Minderdruckes abläßt.

Durch praktische Versuche sind nun diejenigen Gasmengen, welche für die Schweißung einer bestimmten Blechdicke erforderlich sind, festgelegt worden, und die Manometer 8 sind statt mit einer Druckskala mit einer Blechdickenskala versehen, sodaß der Schweißer nur durch Betätigung der Regulierschraube 2 direkt die erforderliche Gasmenge für eine gedachte Blechstärke einstellen kann. Die Reduzierventile sind durch Schläuche von beliebiger Länge mit dem Brenner verbunden. Fig. 7 stellt den betriebsfertigen Schweißapparat dar.

Die Temperatur der Schweißflamme beträgt bei 4 Teilen Wasserstoff und 1 Teil Sauerstoff ungefähr 1900 ° C. Der heißeste Punkt der Flamme liegt

Betriebsfertiger Schweißapparat.

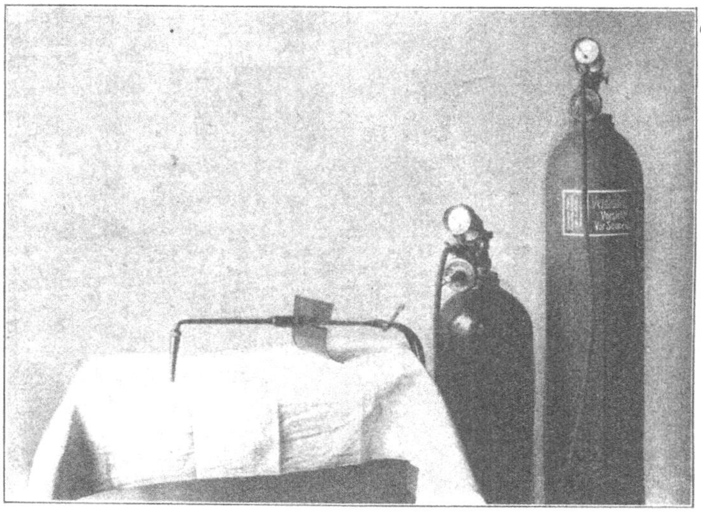

Fig. 7.

etwa 10 mm vor dem Brennermundstück. Nähert man das Brennermundstück dem zu bearbeitenden Blech, so fängt letzteres alsbald an zu fließen.

Hat man z. B. eine Längsnaht an einem Rohr herzustellen, so ist es nur erforderlich, daß die Blechkanten gut gegeneinander passen. Durch langsames Überleiten der Flamme fließen die Stoßstellen fest und dicht zusammen. Diese Arbeitsweise wird bei Blechen bis 4 mm Stärke verwendet. Über 4 mm Stärke ist es erforderlich, daß die Stoßkanten abgeschrägt werden, damit man mit der Flamme das Blech von einer Seite bis auf den Grund durchwärmen kann. Der durch des Abschrägen entstandene Hohlraum wird mit Drahtfluß fortlaufend ausgefüllt.

Die Verwendung der Wasserstoffschweißung erstreckt sich nur bis 10 mm, höchstens 15 mm Materialdicke. Besonders unter 8 mm war es bisher

Längsnaht eines Rohres von 10 mm Wandstärke, halb in rohem, halb in bearbeitetem Zustande.

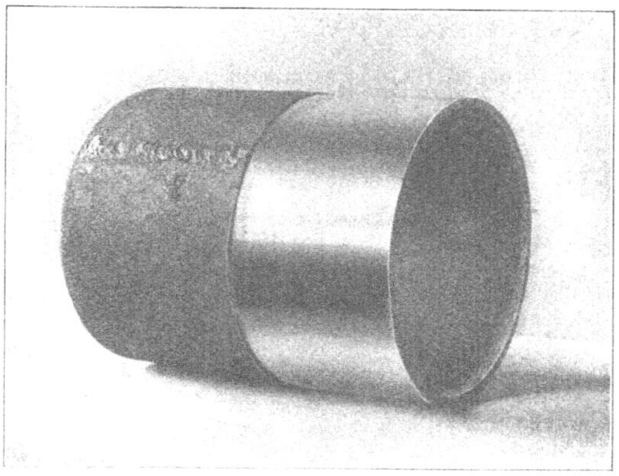

Fig. 8.

schwierig, von Hand oder nach einem anderen Verfahren brauchbare Schweißen herzustellen. Das Hauptanwendungsgebiet der autogenen

Rohrstück mit angeschweißten Flanschen.

Fig. 9.

Schweißung liegt also naturgemäß unter 8—10 mm. Durch die Handlichkeit des Schweißrohres, sowie durch die bequeme Transportfähigkeit der Gasquelle,

d. h. der Flaschen, ist man nun in der Lage, auch an den schwierigsten Stellen, diese Schweißung ausführen zu können. Die Form des Körpers bereitet nicht, wie bei den anderen Schweißungen, ein Hindernis für das Gelingen derselben, wie Sie aus den Abbildungen der geschweißten Gegenstände, Fig. 8—11, entnehmen können. (Hinweis auf die ausgestellten Gegenstände.)

Verschiedene auf Gehrung geschweißte Profileisen.

Fig. 10.

Insbesondere hat sich die autogene Schweißung bewährt für die Fabrikation von Rohrleitungen für hohen Druck, Fig. 8, für alle Arten von Fassonstücken und das Anschweißen von Flanschen, Fig. 9, für die Verbindung von Profileisen, Fig. 10, und auch zur Herstellung ganz geschweißter Kühler,

Geschweißter Kühler.
(Mantel und Boden nach dem Autogenschneidverfahren ausgeschnitten.)

Fig. 11.

Geschweißter Block.

Fig. 12.

Fig. 11, Taukloben, Fig. 12, usw. Die Festigkeit einer autogen geschweißten Naht erreicht fast die des vollen Bleches. Unbearbeitete Nähte weisen eine Abnahme der Dehnung auf, die aber durch Hämmern und Wiederausglühen auf den ursprünglichen Wert gebracht werden kann.

Bezüglich der Leistung des autogenen Schweißverfahrens mit komprimirten Gasen habe ich zahlreiche Versuche angestellt und kann dieselben in

Folgendem zusammenfassen: Die Leistung ist abhängig von dem Prozentgehalt der Gase und der Geschicklichkeit des Schweißers, sowie auch davon, ob die Schweißung im Freien oder in einem geschlossenen Raume hergestellt wird. Um die Gasverbrauchszahlen bezw. die Kosten der Schweißung pro Meter Naht festzustellen, habe ich an Rohren von 300 mm Durchm. und 1 Meter Länge je 3—4 Versuchsreihen durchgeführt, und diese Versuchswerte auf der nebenstehenden Tafel, Fig 13, graphisch dargestellt. Es fällt hier auf, daß bei zunehmender Blechstärke besonders die Wasserstoffkurve stark ansteigt.

Mittelwerte aus Versuchen.

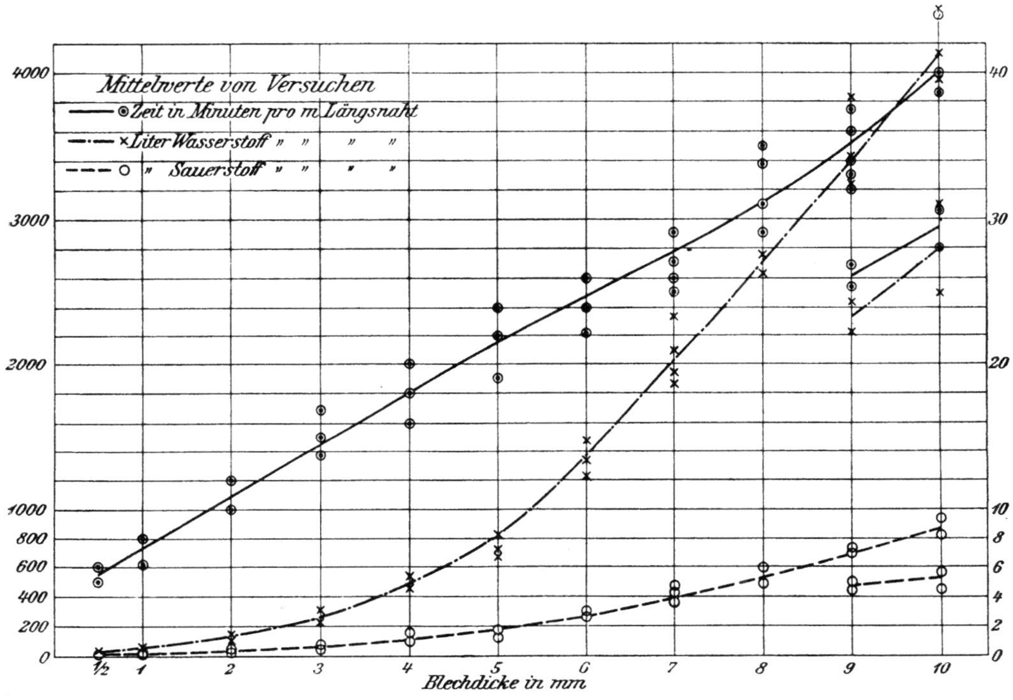

Fig. 13.

Dieser schnell anwachsende Gasverbrauch bei zunehmender Blechstärke, ist der Grund für die begrenzte Anwendungsmöglichkeit des autogenen Schweißverfahrens. Wärmt man die Bleche nebenher im Schmiede- oder Koksfeuer an, so reduziert sich der Gasverbrauch um rd. 30 %. Es ist dies aus der graphischen Darstellung an den abgesetzten Kurven für 9—10 mm Blech ersichtlich.

Eine Schweißnaht von beispielsweise 1 Meter Länge und 3 mm Blechdicke vollzieht sich in rund 15 Minuten bei einem Gasverbrauch von rund 60 Liter Sauerstoff und 250 Liter Wasserstoff. Die Kosten betragen für diese Naht, bei einem Preise von M. 2,50 pro cbm Sauerstoff und M. 0,70 für Wasserstoff, rd. M. 0,40.

Gasverbrauch und Preise pro Meter Naht sind auf nachstehenden Tabellen wiedergegeben.

Verbrauch für 1 Meter Naht.

Blech-dicke mm	Zeit Minuten	Sauerstoff Liter	Wasserstoff Liter	Bemerkungen
1/2	5— 6	8— 10	30— 35	mit dem kleinen Apparat.
1	6— 8	12— 18	50— 65	
2	10—12	30— 42	120— 150	
3	13—16	55— 70	240— 300	
4	17—20	97—140	420— 580	mit dem großen Apparat.
5	20—23	135—220	730— 950	
6	23—26	240—330	1200—1500	
7	26—30	340—430	1830—2200	
8	30—33	500—600	2530—2950	
9	34—37	635—750	3200 - 3600	
10	38—42	825—940	3900—4300	
9	24—27	420—500	2200—2600	mit dem großen Apparat bei gleichzeitiger Erwärmung im Schmiedefeuer.
10	28—31	450—560	2500—3100	

Preise für 1 Meter Schweißnaht bei M. 2,50 für 1 cbm Sauerstoff und 70 Pf. für 1 cbm Wasserstoff.

Arbeitslohn für 1 Mann 40 Pf. p. Std.

Blechdicke mm	Sauerstoff Pf.	Wasserstoff Pf.	Sa. der Gaskosten Pf.	Arbeitslohn Pf.	Gesammtkosten Pf.
1/2	2,0	2,1	4,1	3,3	7,4
1	3,0	3,5	6,5	4,0	10,5
2	7,5	8,4	15,9	6,6	22,5
3	13,7	16,8	30,5	8,7	39,2
4	24,2	29,4	53,6	11,3	64,9
5	33,7	51,1	84,8	13,3	98,1
6	60,0	84,0	144,0	15,3	159,3
7	85,0	128,1	213,1	17,3	230,4
8	125,0	177,1	302,1	20,0	322,1
9	158,7	224,0	382,7	22,6	405,3
10	206,2	273,0	479,2	25,3	504,5
9	105,0	154,0	259,0	16,0	275,0
10	112,5	175,0	287,5	18,6	306,1

Ungefähr z. Zt. der ersten Anfänge der autogenen Schweißung versuchte man auch die hohe Temperatur der Knallgasflamme dazu zu benutzen, um im Hochofenbetrieb verstopfte Abstichlöcher aufzuschmelzen. Bekanntlich kommen derartige Verstopfungen sehr häufig und unerwartet und bilden ein Schreckgespenst für jeden Hochofentechniker.

Es zeigte sich jedoch, daß auch bei der größten aufgewendeten Gasmenge ein Durchschmelzen mit der Hitze der Knallgasflamme nicht erreicht wurde.

Herr Dr. Menne, welcher diese Versuche vornahm, steigerte allmählich den Sauerstoffgehalt und gelangte so zu einer stark oxydierenden Flamme, die das überraschende Resultat lieferte, daß in kurzer Zeit das von der Flamme getroffene Metall geschmolzen wurde.

Es erscheint nun auf den ersten Blick widersprechend, daß mit der rd. 2000 ° C heißen Knallgasflamme weniger Wärme erzeugt werden soll, als durch einfaches Aufblasen von Sauerstoff, der unter Umständen, je nach dem aufgewendeten Druck, sogar noch mit —10 ° aus der Brennerspitze austritt und auf die Schmelzstelle aufgeblasen wird. Die Thermochemie gibt indes für diesen anscheinenden Widerspruch genügend Aufklärung. Zu vergleichen sind die Verbrennungswärmen des Wasserstoffs bezw. des Eisens in Sauerstoff. Wenn auch 1 kg Wasserstoff rund 28 000 Wärmeeinheiten entwickelt, und 1 kg Eisen nur 1650 Wärmeeinheiten abgibt, so kommt man beim Vergleich gleicher Volumina beider Körper der Sache schon etwas mehr auf den Grund. 1 cbm Wasserstoff gibt ungefähr 2500 Wärmeeinheiten und 1 cbm Eisen dagegen $7800 \times 1650 = 12{,}9$ Mill. Wärmeeinheiten. Es ergibt sich hieraus, daß 1 Volumen Eisen rund die 5000-fache Wärmemenge eines gleichen Volumen Wasserstoffs erzeugt.

Ich kann Ihnen nun hier das Aufschmelzen eines Abstichloches nicht vorführen, ich werde Ihnen jedoch an einem analogen Beispiel den Arbeitsvorgang in der Weise zeigen, daß ich einen Stahlblock der Länge nach mittels Sauerstoff durchschmelze, Fig. 14 und 15.

Der Vorgang hierbei ist folgender:

Man erwärmt mit der Knallgasflamme oder aber durch einen Kurzschlußfunken eine kleine Stelle des Metalls auf Schmelztemperatur und bläst Sauerstoff unter fortwährender Steigerung des Druckes bis beispielsweise 30 Atm. auf dieselbe. Die geschmolzenen Massen verbrennen in dem Sauerstoffstrahl momentan und die hierbei örtlich entwickelte Wärmemenge ist so groß, daß fortlaufend die benachbarten Metallteilchen wieder zum Schmelzen und in Berührung mit Sauerstoff zur Verbrennung gebracht werden. Durch den

Anschmelzen eines Stahlblockes von 5000 mm Länge, 200 × 200 mm Quadratseite.

Fig. 14.

Überschuß von Sauerstoff werden die geschmolzenen Massen aus dem Loch unter heftigem Funkenregen herausgeblasen.

Moment des Durchschmelzens auf der entgegengesetzten Seite.
(Dauer des Durchschmelzens rd. 45 Sek.)

Fig. 15.

Nach diesem Verfahren ist es möglich, verstopfte Abstichlöcher an Hochöfen, die auf keine andere Weise zu öffnen sind, in wenigen Minuten zu durchschmelzen. Dieses Sauerstoffschmelzverfahren wurde dem Cöln-Müsener Bergwerks-Aktien-Verein zu Creuzthal patentiert, und die meisten Hochofenwerke des In- und Auslandes haben zurzeit Lizenz auf dieses Verfahren erworben.

Der Cöln-Müsener Bergwerks-Aktien-Verein verwendete dieses Schmelzverfahren ferner zum Demontieren schwerer Eisenteile. So wurden z. B. Stahlgußkupplungen in Walzwerksbetrieben der Länge nach aufgeschlitzt und Wellenenden aus der Schwungradnabe entfernt, deren Beseitigung mit keinem anderen technischen Hilfsmittel ausführbar war.

Handschneidebrenner.

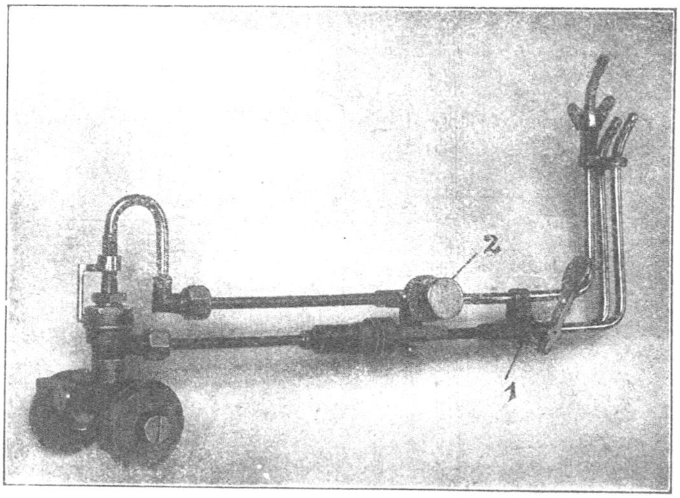

Fig. 16.

Die günstige Wirkungsweise des gepreßten Sauerstoffs veranlaßte nun den belgischen Ingenieur Jodrant und unabhängig von demselben mich, die Apparate zu verbessern und der Schmelzstelle eine genauere Form zu geben. Meine Versuche hierzu reichen bis in das Jahr 1904 zurück und es wurden damals schon Flacheisen, Rundeisen, Doppel-T-Träger, wenn auch noch mit relativ hohem Gasverbrauch, so doch mit praktisch brauchbarer Schnittfläche abgetrennt, bezw. „autogen abgeschnitten".

Die weitere Ausbildung dieses Verfahrens bewog dann im vorigen Jahre meine Firma, die Chemische Fabrik Griesheim-Elektron, Frankfurt a/M., auf Grund der überaus günstigen Resultate, die ich mit dem inzwischen weiter vervollkommneten Brenner beim Abschneiden von Eisen erreichte, die sämtlichen diesbezüglichen deutschen Patente des Cöln-Müsener Bergwerks-Aktien-Vereins käuflich zu erwerben.

Der Vorgang beim „autogenen Schneiden“ ist derselbe, wie bei dem vorerwähnten Schmelzverfahren. Es wird mittels der Knallgasflamme eine Stelle des Metalls lokal auf Schmelztemperatur gebracht und dann Sauerstoff unter Druck aufgeblasen, und der Brenner entweder von Hand oder für besonders glatte Schnitte mit maschineller Führung längs der auszuschneidenden Bahn entlang geführt.

Der Brenner, Fig. 16, wird von Hand geführt und läuft auf zwei Rollen, die den Abstand vom Arbeitsstück fixieren. Das Heizgas wird durch den

Betriebsfertiger Handschneideapparat.

Fig. 17.

Hahn 1 und der Sauerstoff durch das Ventil 2 abgesperrt. Die Gasmengen werden, ähnlich wie bei dem Schweißapparat, durch Reduzierventile mit Blechdickenskalen eingestellt, sodaß man bezügl. der Wahl der richtigen Gasmenge keine Mißgriffe machen kann und stets mit dem rationellsten Gasverbrauch zu arbeiten im Stande ist.

Der vollständige Schneideapparat setzt sich, wie Fig. 17 zeigt, zusammen aus:

1 Flasche Wasserstoff, 1 Flasche Sauerstoff, 1 Reduzierventil für Wasserstoff, 2 Reduzierventilen für Sauerstoff, den zusammengefaßten Schläuchen und dem Brenner.

Die Schnittgeschwindigkeit beträgt bei dem Handapparat ungefähr 6 Minuten pro lfdm. oder bei dem Apparat mit maschineller Führung 4 Minuten, und zwar ist diese Geschwindigkeit für alle zu bearbeitenden Materialdicken nahezu dieselbe. Aus Gründen der Sicherheit arbeitet man bei Stärken über 100 mm mit etwas geringerer Geschwindigkeit. Beim Durchschneiden, beispiels-

Handschnitte an Blechen von 10 und 20 mm Dicke.

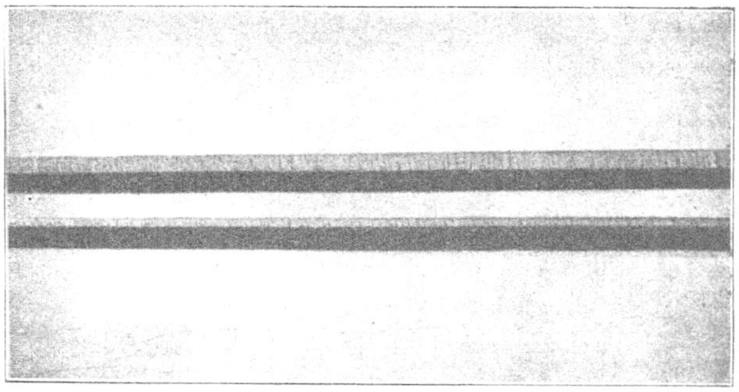

Fig. 18.

weise eines Bleches, wird der Schnitt 3—4 mm breit, und das verbrannte Material wird gleichfalls, wie bei dem vorerwähnten Schmelzverfahren, ganz selbsttätig aus der Schnittbahn herausbefördert. Daß das Eisen lokal geschmolzen und dann oxydiert wird, geht aus der Analyse des Abbrandes hervor.

Handschnitt an 130 mm starkem Eisen.

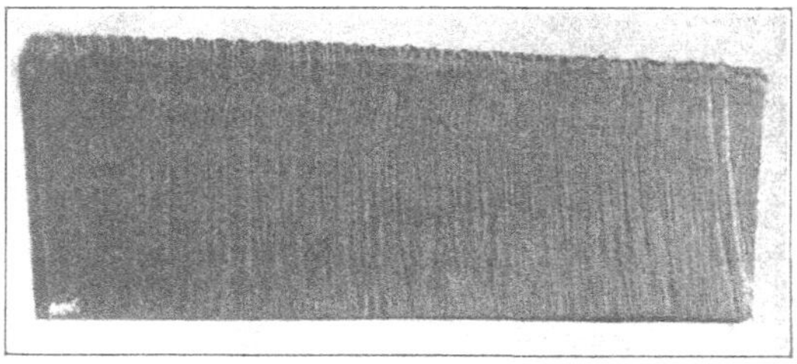

Fig. 19.

Der Abbrand besteht beispielsweise noch aus ungefähr 50 % metallischem Eisen, welches jedoch für den Laien nicht erkenntlich ist, da es durch Oxyd, vornehmlich Eisenoxyduloxyd, eingeschlossen ist.

Die Kosten des Schneidens sind relativ gering. Ein Ausschnitt von 1 Meter Länge in 20 mm starkem Blech kostet bei einem Preise von 2,50 M.

pro cbm Sauerstoff und 0,70 M. pro cbm Wasserstoff ungefähr 0,70 M. Ein normales Mannloch von 300/400 mm Lichtmaß würde in 20 mm Blech auszukreuzen za. 3,00—3,50 M. kosten, während es nach dem autogenen Schneidverfahren etwa nur 1,— M. an Gaskosten verursachen würde.

Ausschnitte mit maschineller Führung des Brenners.

Fig. 20.

Die Anwendung des Verfahrens ist noch zu neu, um schon ein abschließendes Urteil über die Verwendungsmöglichkeit geben zu können. Das große Interesse, welches die Industrie diesem autogenen Schneidverfahren

Spirale mit maschineller Führung des Brenners geschnitten.

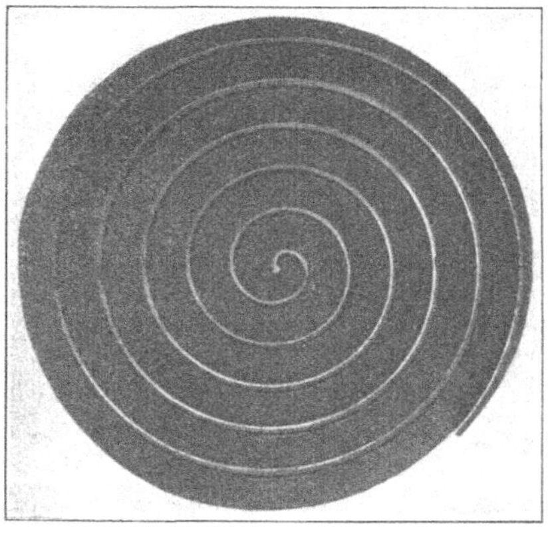

Fig. 21.

entgegenbringt, berechtigt indes zu der Hoffnung, daß dasselbe bald Allgemeingut in unserer Eisenindustrie werden wird.

Zurzeit findet es Anwendung in der Kesselschmiede zum Schneiden von Kurven, Stemmkanten, Mann- und Stutzenlöchern ; im Schiffbau zum Zupassen und Ausschneiden der Bleche und Spanten, zum Schneiden aller Arten von Löchern und zum Demontieren alter Fahrzeuge; in Stahlgießereien zum Abtrennen von Eingüssen, Steigern usw. In den Fig. 18 bis 22 sind einige Schnittproben wiedergegeben.

Schnittfläche mit maschineller Führung des Brenners an 130 mm dickem Eisen.

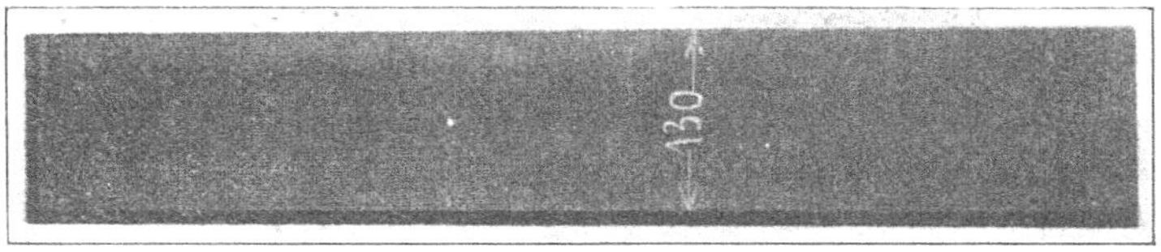

Fig. 22.

Für die Verwendung des Apparates ist es gleichgültig, ob das zu bearbeitende Stück horizontal oder vertikal oder auch von unten nach oben durchgeschnitten wird.

(Hieran anschließend Vorführung auf dem Hofe des Gebäudes.)

Der Vorsitzende Herr Geheimer Regierungsrat Professor Busley:

Meine Herren! Wir haben unten die praktischen Vorführungen des Herrn Ingenieur Wiss gesehen und die verschiedenen Methoden ihrer Anwendung. Ich möchte nun die Herren bitten, welche in eine Erörterung des Vortrages einzutreten wünschen, sich zum Worte zu melden. Da dies nicht geschieht, nehme ich an, daß die Herren sich schon persönlich über alles wünschenswerte bei Herrn Wiss informiert haben.

Wir sind Herrn Ingenieur Wiss sehr dankbar, daß er uns zunächst in aller Kürze über die verschiedenen Methoden des autogenen Schweiß- und Schneideverfahrens einen Überblick gegeben hat, die er uns in so überzeugender Weise vorführte. Ich kann nur wünschen, daß sich das autogene Schweiß- und Schneideverfahren im Schiffbau immer mehr einführen möchte, und danke Herrn Wiss nochmals für die ausgezeichneten Vorführungen. (Lebhafter Beifall.)

Vorträge

der

IX. Hauptversammlung.

XIV. Schnellaufende Motorboote.

Vorgetragen von M. H. ***Bauer****-Berlin.*

Das bekannte Gesetz der Mechanik, nach welchem die Arbeitsleistung bei der Bewegung eines Körpers gleich Masse mal der halben Beschleunigung mal Weg pro Zeiteinheit ist, als Formel:

$$A = \frac{M \times v^2}{2} \quad \ldots\ldots\ldots\ldots \quad (1)$$

läßt erkennen, daß bei einer zur Verfügung stehenden Arbeitsleistung, in der Technik nach Pferdestärken (PS) gemessen, die zu beschleunigende Masse kleiner gehalten werden muß, wenn sie pro Zeiteinheit über eine größere Strecke transportiert werden, wenn also die Geschwindigkeit der Masse eine größere werden soll. Die Verminderung der Masse muß um so bedeutender sein, je höher die zu erlangende Geschwindigkeit ist.

Nach der Mechanik ist die Masse gleich dem Gewicht des Körpers, dividiert durch die Fallbeschleunigung, also

$$M = \frac{G}{g} = \frac{G}{9{,}81} \quad \ldots\ldots\ldots\ldots \quad (2)$$

Die Bewegung von Körpern durch [das Wasser bedingt die Bewegung von Wassermassen und Luftmassen, deren Widerstand gegen die Bewegung nach unserer Erkenntnis hauptsächlich als Verdrängungs- und Reibungswiderstand in verschiedenartigem Zusammenhange zueinander auftritt.

Die Größe der vom Schiffskörper zu verdrängenden Wassermasse und ihre Bewegungsgeschwindigkeit sind sowohl vom Gewicht des fahrenden Schiffes, als auch von dem Verhältnisse seiner Hauptdimensionen unter sich und zur Größe des Schiffsgewichts, also von den Völligkeitsgraden abhängig.

Je größer das Schiffsgewicht im Verhältnis zur Größe und Geschwindigkeit der zu bewegenden Wassermasse ist, desto vorteilhafter wird das Schiff in dieser Beziehung sein. Das gilt allgemein und auch für die schnellaufenden Motorboote. Das Bestreben des Konstrukteurs ist auf Verminderung des Bootsgewichts und der Geschwindigkeit des zu bewegenden Wassers zusammen gerichtet, und die entsprechende Veränderung der hier einflußreichen Faktoren ergibt gewöhnlich beides.

Da sich das Bootsgewicht aus den Gewichten des Bootskörpers, der Einrichtung, der Motoranlage, des Betriebsstoffes, der Mannschaft und der Nutzlast zusammensetzt, so wird bei der Konstruktion der Fahrzeuge, besonders der schnellaufenden Motorboote, die Verminderung jedes dieser Einzelgewichte versucht, wird aber nur bis zu einer gewissen Grenze möglich sein, welche je nach dem Verwendungszweck des Bootes verschieden liegt.

Rücksichten auf die Betriebssicherheit, die Fabrikation, die Betriebsunkosten und vielleicht auch auf Amortisation des Fahrzeuges beschränken die Gewichtsverminderung. Wo die Rücksicht auf die beiden letzten Faktoren unnötig oder nicht möglich ist, wie eigentlich bei vielen schnellaufenden Fahrzeugen der Fall, da bietet wohl in erster Linie die Fabrikation Einhalt. Ferner ist der Grad der Betriebssicherheit von erheblichem Einfluß, welcher von der Festigkeit und Anordnung der Baumaterialien, von den Bootskörperformen usw. abhängig ist.

Während die Verminderung des Gewichtes des Bootskörpers und der Einrichtung aus Fabrikationsgründen und durch die Festigkeit der hier verwendbaren Baumaterialien, ferner durch die Rücksicht auf Seefähigkeit und die zu tragenden Gewichte sehr bald die zulässige Grenze erreicht hat, stehen zur Verminderung des Gewichtes der Motoranlage Mittel zur Verfügung, deren Anwendung zum Teil heute bereits gepflegt, zum Teil nach Überwindung konstruktiver Schwierigkeiten und der bezüglich der Beschaffung genügender Mengen Betriebsstoff bestehenden Hindernisse möglich werden wird.

Motorleistung und -Gewicht.

Zum Betriebe der schnellaufenden Motorboote dienen Maschinen, welche die im Betriebsstoff gebunden vorhandene Energie in nutzbringende Rotationsarbeit umwandeln, und deren Gewicht im Verhältnis zu ihrer Nutzleistung klein zu nennen ist. Da jede mechanische Arbeitsleistung von der Kraft und dem Wege der Kraft abhängig ist, so bedingt eine Herabsetzung der pro Zeiteinheit (Sekunde) ausgelösten Kräfte eine Erhöhung der in der Zeiteinheit zurückzulegenden Wegstrecke, also eine Erhöhung der Umdrehungsgeschwindigkeit. Für diese schnellaufenden Kraftmaschinen hat sich die Bezeichnung „Motoren“ eingebürgert, trotzdem die Berechtigung zu dieser Bezeichnung zweifelhaft erscheinen kann. Besonders in bezug auf den Elektro-Motor, welcher eigentlich nur ein Mittel zur Übertragung von Arbeit ist.

Der Entwicklung schnellaufender Motoren werden durch thermische und dynamische Einflüsse Grenzen gezogen, über die hinaus sie nicht gehen kann, ohne den Nutzeffekt des Motors und ohne die Lebensdauer und Betriebssicherheit desselben ungünstig zu beeinflussen. Aus diesen Gründen ist die Größe der Umdrehungsgeschwindigkeit der Motoren beschränkt.

Das auf Herabminderung des Motorgewichts gerichtete Bestreben hat zur vielfachen Teilung der Wegstrecke pro Zeiteinheit, d. h. zu großen Umdrehungszahlen der rotierenden Teile in allen solchen Fällen geführt, in denen es aus technischen Gründen nicht möglich war, die wirkenden Kräfte (also den mittleren Kolbendruck bei Gasmotoren, die Stromspannung bei Elektromotoren) unter Beibehaltung der Materialabmessungen zu erhöhen.

Nach den erhältlich gewesenen Angaben der Praxis über Dampf- und Viertakt-Ölmotoren zu urteilen, wächst das Gesamtgewicht der Motorenanlagen mit der zunehmenden Größe des Ausdruckes

$$\frac{N_e}{n \times p_{me}} \quad \ldots \ldots \ldots \ldots \ldots \ldots \quad (3)$$

welchen man auch

$$= \frac{F_\Sigma \times s \times n \times p_{me} \times K}{n \times p_{me}} = F_\Sigma \times s \times K \quad \ldots \ldots \ldots \quad (4)$$

setzen kann, wobei

N_e = effektive Leistung in PS
n = Umdrehungen pro Minute
p_{me} = mittlerer effektiver Kolbendruck
F_Σ = Kolbenfläche aller Zylinder
s = Kolbenhub
K = Konstante, abhängig vom Motorsystem

bedeutet.

Das Gewicht ist also bei einem bestimmten Motorsystem und bei gleichbleibender Materialbeanspruchung nur vom Zylinderinhalte abhängig und geht bei konstanter Motorleistung mit der Zunahme von n und (unter Erhöhung der spezifischen Beanspruchung des Baumaterials) mit der Zunahme von p_{me} herunter. Über den zahlenmäßigen Zusammenhang zwischen Leistung und Gewicht, gibt die Darstellung Fig. 1 Auskunft. Hier sind die Gewichte betriebsfähiger Motoren zum Werte der Formel 3 in Beziehung gebracht, welche in dem über Motoren handelnden Abschnitte näher betrachtet werden wird.

Gewichte der Dampf- und Oelmotorenanlagen.

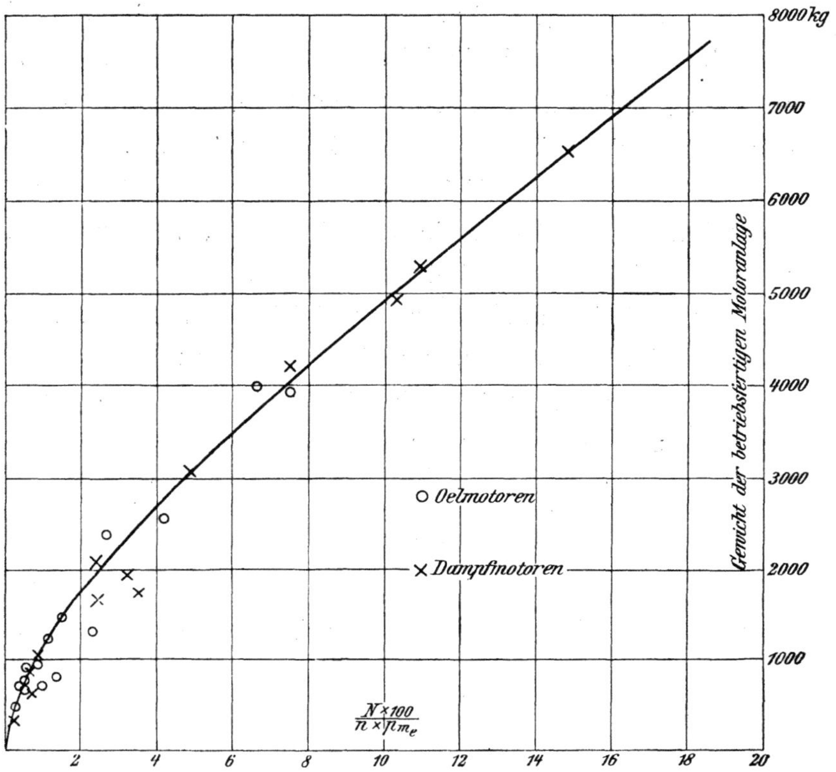

Fig. 1.

Vorzüglich findet eine Erhöhung der Umdrehungszahl zum Zwecke der Gewichtsverminderung statt, da eine Steigerung der spezifischen Beanspruchung unter Verminderung der Sicherheit selten zugestanden werden darf. Die Umdrehungszahl der Motoren kann selbst bei günstig bleibender mittlerer Umdrehungsgeschwindigkeit (Kolbengeschwindigkeit) mit Rücksicht auf die Nutzleistung des Motors nicht beliebig gesteigert werden. Jedenfalls nicht bei allen Motorarten. Bei Gasmotoren wachsen die Gasgeschwindigkeiten in den Zylindern und den Rohrleitungen mit steigender Umdrehungszahl so erheblich, daß die Anwendung großer Steuerventile notwendig wird, deren Anordnung konstruktiv nicht immer durchführbar ist. Außerdem muß der Kolbenhub immer kleiner werden, je höher die Umdrehungszahl wird, damit die Kolbengeschwindigkeit ein normales Maß nicht übersteigt. Ein im Verhältnis zum Kolbendurchmesser kleiner Kolbenhub führt jedoch zu Betriebsschwierigkeiten.

Arbeitsverluste im Propeller.

Die Rotationsarbeit des Motors muß bekanntlich in Schubarbeit umgeformt werden, um das Boot zu bewegen. Diese Umformungsarbeit verrichtet der Propeller, bei den schnellaufenden Motorbooten meistens ein Schraubenpropeller.

Auf dem Wege von der Motorwelle zum Propeller und von diesem zum Drucklager, in welchem der Schraubenschub auf das Boot übertragen wird, geht ein Teil der vom Motor geleisteten effektiven Arbeit verloren. Neben den bei guten Ausführungen verhältnismäßig geringen Verlusten durch Reibung in den Lagerstellen der Wellenleitung zum Propeller, entstehen bedeutende Verluste bei der Arbeitsumformung im Propeller selbst. An diesen Verlusten sind nicht allein die örtlichen Verhältnisse, gemeint ist die Stellung des Propellers zum Bootskörper, zum Wellenbock und Ruder und zur Wasseroberfläche, schuld, sondern auch Mißverhältnisse in der Konstruktion des Propellers, besonders zwischen seiner Axial- und seiner Umfangsgeschwindigkeit, welche letztere mit der zunehmenden minutlichen Umdrehungszahl und dem Durchmesser des Propellers wächst.

Das Propellerproblem des Schiffbaus ist eigentlich ein Problem der Verluste im Propeller und durch den Propeller. Unter den Verlusten durch den Propeller sollen diejenigen verstanden sein, welche infolge der Tätigkeit des Propellers entstehen. Die Wasserbeschleunigung im Propeller vermindert die Geschwindigkeit des dem Schiffskörper nachfließenden Wassers, erhöht also die Relativgeschwindigkeit desselben zum Schiffskörper und damit den Widerstand. Auf Grund theoretischer Überlegung und praktischer Erprobungen sei die Ansicht gestattet, daß die auf diese Art entstehenden indirekten Verluste unter gewissen Umständen vermeidbar sind.

Anderer Natur sind die Verluste im Propeller selbst. Im Propeller findet eine Wasserbeschleunigung statt, welche von der Geschwindigkeit des Wassers relativ zum Propeller und von dem Produkte aus Propellersteigung und minutlicher Umdrehungszahl abhängig ist. Diese Wasserbeschleunigung findet nun infolge der eigenartigen Konstruktion des Schraubenpropellers in der Kreisflächenebene und senkrecht dazu, entgegengesetzt der Schiffsbewegung, statt. Je größer die axiale Beschleunigungskomponente im Verhältnis zu den anderen Komponenten der Beschleunigung ist, desto größer ist der Propellerschub, was jedoch nicht notwendig eine Verminderung der Verluste im

Veränderlichkeit des Propellerwirkungsgrades mit zunehmendem Slipverhältnis bei einem Propeller mit h : d = 1,00.

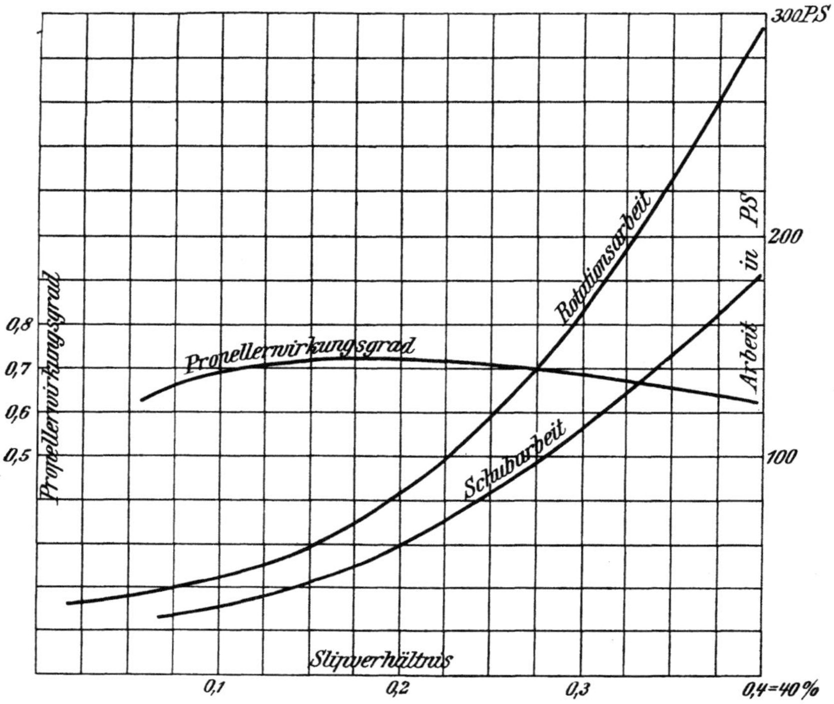

Fig. 2.

Propeller bedingt. Diese Verluste entstehen durch die Arbeit der Verdrängung und Reibung der mit den Propellerflügeln, welche ja Körper sind, in Berührung tretenden Wassermassen. Die Größe der Verluste wird durch die Form der Flügel und durch die Bewegungsgeschwindigkeit derselben relativ zu den den Propeller passierenden Wassermassen bestimmt.

Durch wissenschaftliche Untersuchungen klargelegt und durch Versuche mit Propellern ist die Erkenntnis bestätigt, daß der Wirkungsgrad des in seiner Tätigkeit durch die Schiffskörpernähe nicht beeinflußten Propellers nicht in dem Verhältnis zum Slip steht, wie es oft angenommen und auch in der Literatur zum Ausdruck gebracht wird, daß nämlich der Slip prozentual gleich dem Verluste, und daß Slip überhaupt der Ausdruck für den Verlust im Propeller ist. Wird unter Propeller-Wirkungsgrad das Verhältnis zwischen empfangener Rotations- und abgegebener Schubarbeit, unter Slip die Wasserbeschleunigung verstanden, so ergeben Kalkulation und Versuch, daß bei einem gegebenen Propeller die Schubarbeit, welche er bei entsprechend zu-

Die Bedingungen für den erreichbaren höchsten Propellerwirkungsgrad.

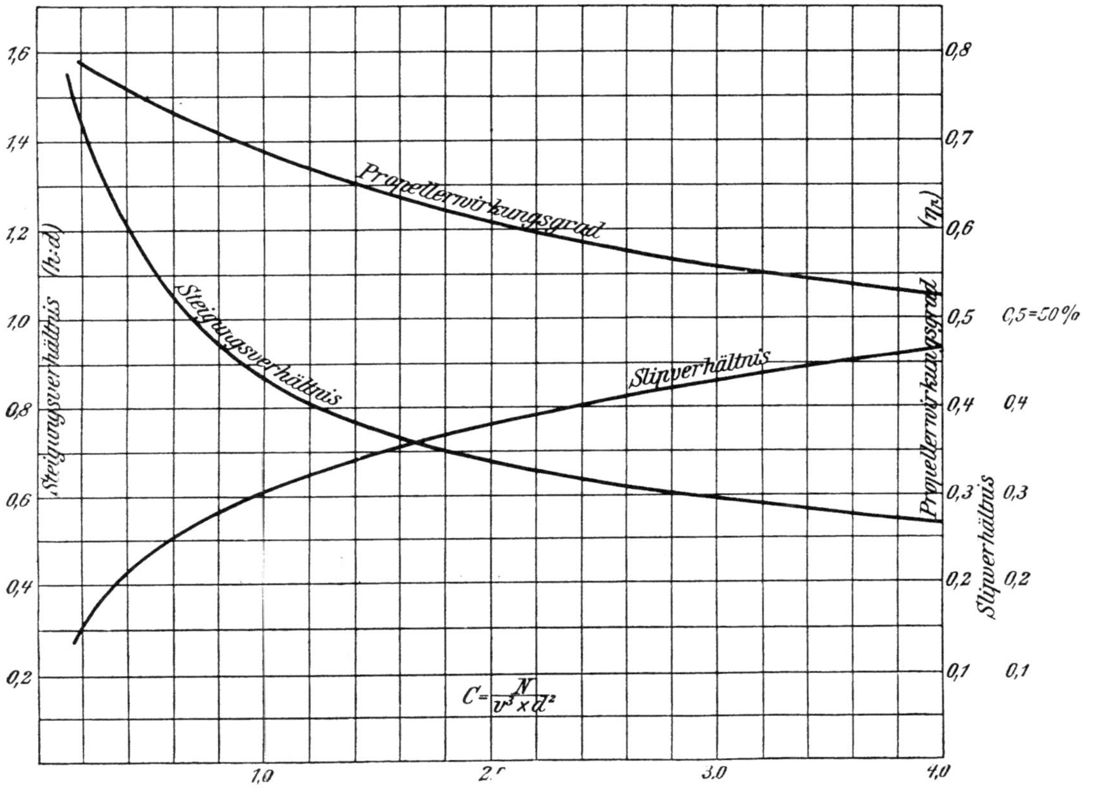

Fig. 3.

geführter Rotationsarbeit zu leisten imstande ist, mit zunehmendem Slip, und zwar mit dem Vielfachen des Quadrates des Slips anwächst, daß dabei der Wirkungsgrad anfangs rasch ansteigt und dann allmählich wieder abfällt. Fig. 2 zeigt die Veränderlichkeit der Leistung und des Wirkungsgrades für einen Propeller mit dem Steigungsverhältnisse $(h:d) = 1{,}0$. Der Charakter dieser Kurven ist für alle Propeller mit dem Steigungsverhältnis h : d zwischen 0,6 und 1,5 der gleiche. Die Ordinaten der Kurven sind jedoch entsprechend verschieden. Daher ist auch der mit einem Schraubenpropeller erreichbare maximale Wirkungsgrad je nach den Konstruktionseigentümlichkeiten des Propellers verschieden groß. Angenommen, der mit einem Schraubenpropeller überhaupt erreichbare maximale Wirkungsgrad sei 0,8 (der Verlust betrage also 20 %) so gibt es Propeller, die nicht über 0,50 hinaus kommen können, also mit 50 % Verlust arbeiten müssen, weil der Konstruktion Steigungs- und Slipverhältnisse zugrunde liegen, die einen höheren Wirkungsgrad nicht gestatten und durch die festliegenden Werte für Schiffsgeschwindigkeit, Motorstärke und Umdrehung der Propellerwelle unabänderlich sein können. Es ist daher nicht möglich unter allen Umständen den höchsten mit einem Schraubenpropeller überhaupt erreichbaren Wirkungsgrad zu erhalten.

Ein Bild von dem Zusammenhange des maximalen Wirkungsgrades mit den Konstruktionsverhältnissen des Propellers bietet Fig. 3. Die hier dargestellten Kurven sind Resultate längerer Untersuchungen und theoretischer Spekulation, bestätigt durch Ergebnisse der Versuche mit größeren freifahrenden Propellern und mit schnellen Motorbooten. Hiernach ist der maximale Wirkungsgrad erreichbar, wenn sich der Wert

$$C = \frac{N}{v^3 \times d^2} \quad . \quad . \quad . \quad . \quad . \quad . \quad . \quad . \quad . \quad . \quad . \quad (5)$$

mit den auf der zugehörigen Ordinate liegenden Werten des Steigungsverhältnisses h : d und des Slipverhältnisses $\left(\frac{h \times n}{60} - v\right) : \frac{h \times n}{60}$ vereinigen läßt. In der Formel bedeutet

N = die dem Propeller zugeführten Rotationsarbeit in PS,
v = Axialgeschwindigkeit des Propellers relativ zum umgebenden Wasser,
d = Propellerdurchmesser,
n = minutliche Umdrehungszahl des Propellers.

Die geringen Gesamtwirkungsgrade größerer Schiffe, die durch hochtourige Propeller getrieben werden, sind bekannt.

Unter Gesamtwirkungsgrad ist hier das Verhältnis der durch Schiffskörpergröße, Schiffsform und Geschwindigkeit bedingten Widerstandsarbeit und der Arbeit des Betriebsmotors zu verstehen. Die tatsächlichen Gesamtwirkungsgrade schnellaufender Motorboote sind im allgemeinen weniger bekannt und dennoch bildet die Frage, ob bei diesen Fahrzeugen und bei

Motorbooten überhaupt Motoren mit großer oder kleiner minutlicher Umdrehungszahl zur Anwendung kommen sollen, häufig den Gegenstand technischer Debatten.

Gestattet sei die Ansicht, daß viele Beobachtungen mit oft ganz entgegengesetzten Resultaten ihren Grund in der Unzulänglichkeit der vorgenommenen Messungen haben. Besonders, wenn die Boote mit Dampf- oder Ölmotoren ausgestattet waren. Das richtige Indizieren hochtouriger Motoren ist bekanntlich ein Kunststück und das Bremsen der Motoren, also die Feststellung der effektiven Pferdestärke auf besonders dafür hergerichteten Stationen, führt nicht zu den Unterlagen, wie sie für die einwandsfreie Bestimmung von Wirkungsgraden notwendig erscheint. Die Nachprüfung der Motoren verschiedener Herkunft auf einer neutralen Bremsstation ergibt oft bemerkenswerte Unterschiede gegenüber den von den Fabriken gemachten Angaben über die Pferdestärke. Aus den zu hohen PS-Angaben resultieren die oft erstaunlich geringen Motorengewichte und der geringe Betriebsstoffverbrauch pro PS.

Die Umdrehungszahl des Motors kann nicht als Kontrolle der Stationsbremsleistung angesehen werden, da die Leistung des Motors bei konstanter Umdrehungszahl je nach der Belastung durch den Propeller verschieden groß ist. Eine bessere Basis für die Beurteilung der Motorleistung bilden die Abmessungen des Kolbenhubs und -Durchmessers in Verbindung mit der Umdrehungszahl und den in den Motoren herrschenden Arbeitsdrücken resp. Spannungen.

Die Anwendung einer derartigen Basis führt zu dem keineswegs überraschendem Ergebnisse, daß die Gesamtwirkungsgrade zu den Propellerwirkungsgraden in bestimmten Beziehungen stehen. Die verschiedenartigen Einflüsse liegen jedoch noch nicht so klar, als daß man durch Beweise die Behauptung genügend stützen könnte, die Veränderung des Gesamtwirkungsgrades hätte unter konstanten sonstigen Verhältnissen die Veränderung des Propellerwirkungsgrades zur einzigen Ursache.

Immerhin darf man diesen Propellerwirkungsgrad eine der einflußreichsten Ursachen der schlechten wirtschaftlichen Effekte mancher Motorboote nennen. Es wäre nun verkehrt gehandelt, wenn man auf dieser Erkenntnis fußend, alle anderen auf die Wirtschaftlichkeit des Fahrzeugs einflußreichen Faktoren den Bedingungen für einen guten Propellerwirkungsgrad unterordnen wollte. Wie überall in der Technik, so ist auch hier das Kompromiß die zu verantwortende Lösung des Problems.

Die Ansicht, nach welcher der Propellerwirkungsgrad und mit ihm der Gesamtwirkungsgrad des ganzen Bootes immer kleiner wird, je höher die Umdrehungszahl des Motors bezw. des Propellers steigt, trifft nur unter gewissen Voraussetzungen zu. Diagramm Fig. 4 enthält die Kurven der Propellerwirkungsgrade für verschiedene Umdrehungszahlen, Motorstärken und Bootsgeschwindigkeiten. Die hier angegebenen Wirkungsgrade gelten natürlich nur bedingt. Aus dem Charakter der Kurven erkennt man, daß bei

Einfluß der Umdrehungszahl auf den Propellerwirkungsgrad bei verschiedener Motorstärke und Schiffsgeschwindigkeit.

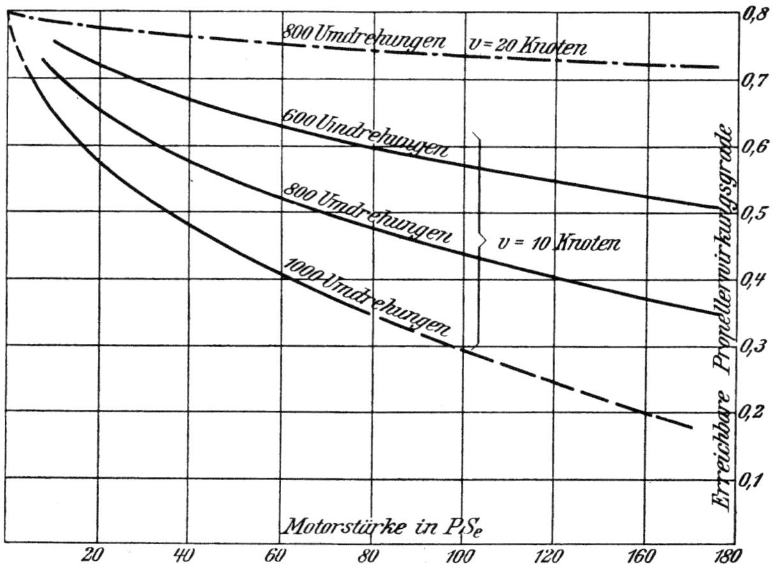

Fig. 4.

gleichbleibender Bootsgeschwindigkeit erstens der Propellerwirkungsgrad mit zunehmender Motorleistung anfangs stärker, später annähernd proportional abfällt, daß zweitens dieser Wirkungsgrad bei gleichbleibender Motorleistung mit der Vermehrung der Umdrehungszahl stärker abfällt, daß drittens bei gleichbleibender Leistung und Umdrehungszahl der Propellerwirkungsgrad mit abnehmender Bootsgeschwindigkeit geringer wird.

Die Hauptgründe dieser Erscheinungen sind:
bei der ersten Beobachtung die Zunahme von d mit zunehmender Leistung, also die Zunahme der Propellerumfangsgeschwindigkeit, bei der zweiten die Verminderung von h : d, und bei der dritten die Vergrößerung des Verhältnisses der Umfangsgeschwindigkeit zur Schiffsgeschwindigkeit.

Das Diagramm läßt den Zusammenhang zwischen Umdrehungszahl, Motorleistung, Bootsgeschwindigkeit und Propellerwirkungsgrad klar erkennen und bietet eine Unterlage für die Beurteilung bestehender Kombinationen.

Bootsgeschwindigkeit und Wasserverdrängung.

Wenn die Geschwindigkeit eines vorhandenen Schiffes resp. Bootes zu vergrößern ist, so wird im allgemeinen die Vermehrung der Propellerschubkraft bei gleichbleibendem Gesamtgewicht oder die Verminderung der Wasserverdrängung bei gleichbleibendem Propellerschub einzeln oder zusammen, von allen anderen Mitteln am erfolgreichsten sein, solange dabei gewisse Grenzen nicht überschritten werden. Als Anhalt diene die Erfahrung bei schnellen Motorbooten, daß bei ihnen eine Verminderung der Konstruktions-Wasserverdrängung um 10 % einer Geschwindigkeitszunahme von durchschnittlich 1,5 bis 2 km per Stunde ergibt.

Die Abhängigkeit der Geschwindigkeit von der Wasserverdrängung läßt sich genügend genau für die hier daran zu knüpfenden Betrachtungen ausdrücken durch die Formel

$$N_e = \frac{\sqrt[3]{D^2} \times V^3}{C_1} \quad \ldots\ldots\ldots\ldots \quad 6)$$

Darin bedeutet N_e = effektive Pferdestärke des Motors in PS,

D = Wasserverdrängung in Tonnen à 1000 kg,

V = Bootsgeschwindigkeit,

C_1 = Koëffizient.

C_1 kennzeichnet durch seine Größe die Vorteile der gewählten Schiffsabmessungen und die Größe der Verluste vom Motor zum Propeller, in diesem und durch diesen.

An die Stelle von C_1 muß daher gesetzt werden:

$$k \times \eta_m \times \eta_p$$

Darin bedeutet η_m = Wirkungsgrad der Arbeitsübertragung vom Motor zum Propeller,

η_p = Propeller-Wirkungsgrad,

k charakterisiert die sonstigen Vorteile und Nachteile der Kombination aus Boot, Motor und Propeller mit Ausnahme der rein wirtschaftlichen.

Dann ist:

$$N_e = \frac{\sqrt[3]{D^2} \times V^3}{k \times \eta_m \times \eta_p} \quad \ldots\ldots\ldots\ldots \quad 7)$$

Daraus ergibt sich der Ausdruck für V:

$$V = \sqrt[3]{\frac{N_e \times k \times \eta_m \times \eta_p}{D^{2/3}}} \quad \ldots\ldots\ldots\ldots \quad 8)$$

Die Motorleistung nimmt also bei gleichbleibender Geschwindigkeit ab, je kleiner die Wasserverdrängung und je größer die Werte k, η_m und η_p werden.

Die Geschwindigkeit nimmt bei gleichbleibender Motorleistung zu, je kleiner die Wasserverdrängung und je größer die Werke k, η_m und η_p werden.

Die Art der Veränderlichkeit der Motorleistung resp. der Geschwindigkeit ist in Fig. 5 und 6 dargestellt. Für beide Diagramme wurden k und η_m unveränderlich, dagegen $\eta_p = 0{,}5$, 0,6, 0,7 und 0,8 angenommen. Die Darstellungen lassen erkennen, welchen Vorteil für die Geschwindigkeit die Verminderung der Wasserverdrängung bei konstanter Motorleistung bietet und wie einflußreich der Propellerwirkungsgrad ist.

Durch Herabminderung des Bootsgewichtes und Erhöhung von η_p ist es möglich gewesen, mit verhältnismäßig kleinen Motorleistungen so große Geschwindigkeiten zu erreichen, wie sie in den letzten Jahren von Motorrennbooten erzielt worden sind.

Nachstehend einige bisher erreichte Stundengeschwindigkeiten nebst Länge und Motorstärke der betreffenden Boote:

Boot	Länge m	Motorstärke PS	Geschwindigkeit über längere Strecken in Knoten
Knirps	6,50	13	11,40
Sleipner	7,50	20	15,00
La Rapée II	8,00	28	16,00
Argus II	7,55	45	18,00
La Rapée III	7,90	45	18,40
Titan II	7,90	54	19,02
Blitzmädel	12,00	90	23,00
La Rapiere	8,00	120	24,90
Antoinette IV	8,00	150	25,00
Mercedes Charley	12,00	180	26,00
Panhard Tellier	12,00	210	28,00

Einige dieser Boote sind in den nachfolgenden Bildern, Fig. 7 bis 13, in voller Fahrt gezeigt.

Vergleich der Geschwindigkeit mit der Wasserverdrängung bei verschiedenen Propellerwirkungsgraden.

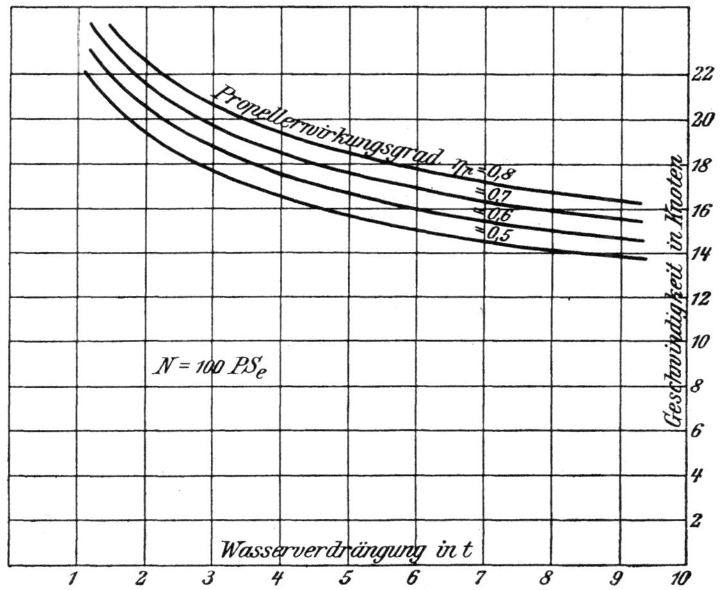

Fig. 5.

Vergleich der Motorstärke mit der Wasserverdrängung bei verschiedenen Propellerwirkungsgraden.

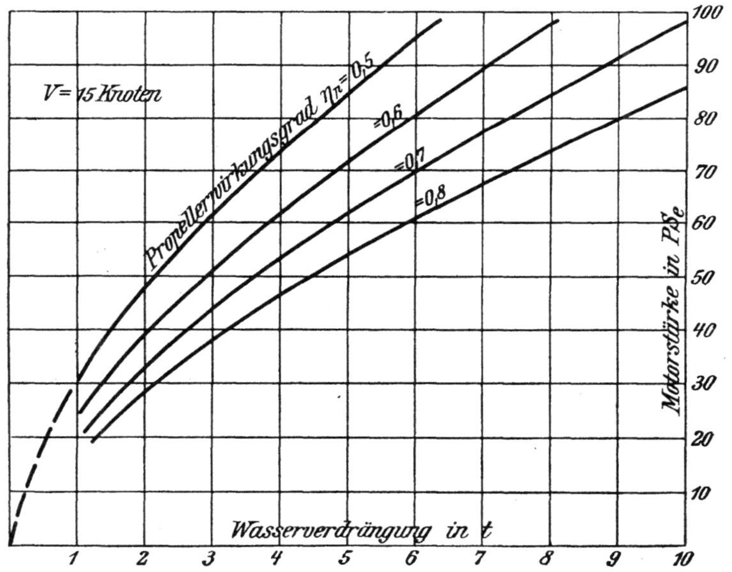

Fig. 6.

„**Antoinette IV**“ bei rd. 25 Knoten. Länge 8,00 m. Motorstärke 150 PS.

Fig. 7.

„**Argus II**“ bei rd. 18 Knoten. Länge 7,55 m. Motorstärke rd. 45 PS.

Fig. 8.

„La Rapière“ bei 24,5 Knoten. Länge 8,00 m. Motorstärke 120 PS.

Fig. 9.

„Yarrow-Napier“ bei 24 Knoten. Länge 11,76 m. Motorstärke 160 PS.

Fig. 10.

„**Delahaye**" bei 26 Knoten. Länge 18 m. Motorstärke 300 PS.

Fig. 11.

„**Mercédès W. N.**" von vorne gesehen. Länge 14,00 m. Motorstärke 200 PS.

Fig. 12.

„**Mercédès W. N.**“ von hinten gesehen.

Fig. 13.

Gewichtsveränderung und Propellerwirkungsgrad.

Wie in einem voraufgegangenen Abschnitte ausgeführt worden ist, kann die Verminderung der Wasserverdrängung durch Verminderung des Motorgewichts bei gleichbleibender Leistung des Motors erfolgen. Wird diese Verminderung durch Erhöhung der Umdrehungszahlen des Propellers erreicht, so tritt gewöhnlich eine Verminderung des Propellerwirkungsgrades in die Erscheinung.

Der Einfluß der Verminderung des Propellerwirkungsgrades auf die Geschwindigkeit des Bootes ist wiederum von dieser Geschwindigkeit abhängig.

Die Lösung des Problems gestaltet sich dadurch etwas unübersichtlich. Eine alle Faktorenänderungen richtig bewertende Formel ist kaum denkbar.

Doch lassen sich die Einflüsse der einzelnen Faktoren mit Hilfe zeichnerischer Darstellungen ohne große Schwierigkeit verfolgen und dann die Propellerumdrehungen bestimmen, bei denen das Bootsgewicht mit einer bestimmten Motorleistung auf die verlangte Geschwindigkeit gebracht werden kann.

Die Figuren 14 und 15 zeigen solche Darstellungen.

Im ersten Falle ist mit einem Motor von 70 PS einem Boote eine Geschwindigkeit von 10 Knoten zu erteilen. Gewicht des Bootskörpers, der

Graphische Ermittelung der höchsten zulässigen Propeller-Umdrehungszahl.

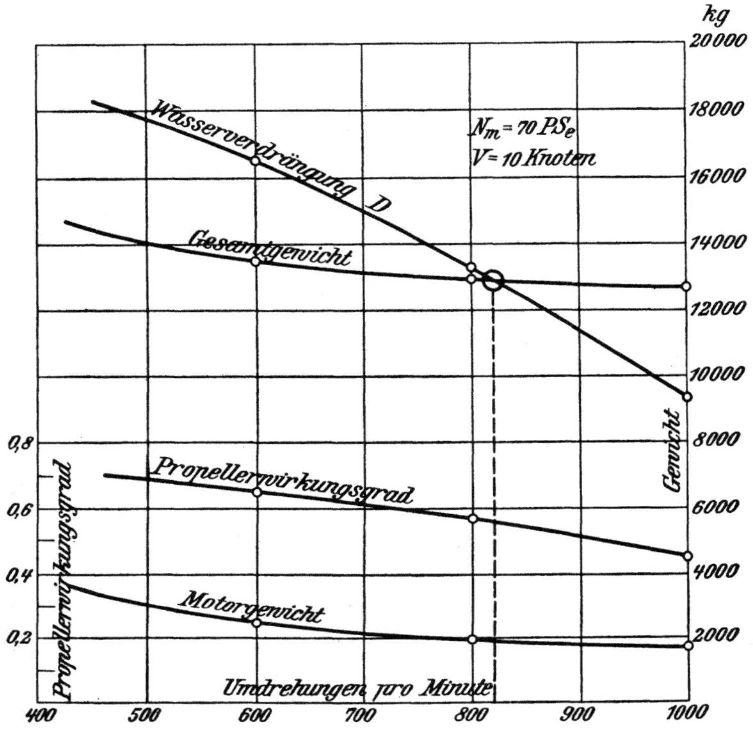

Fig. 14.

Nutzlast usw. sind festgelegt auf 11000 kg. Es soll die Wahl zwischen 3 Motoren von verschiedener Umdrehungszahl getroffen werden. Dann ergeben sich folgende Zahlen:

Umdrehungszahl	600	800	1 000
Propellerwirkungsgrad	.65	.56	.44
Motorgewicht	2 450 kg	1 960 kg	1 710 kg
Gewicht des Bootskörpers usw.	11 000 „	11 000 „	11 000 „
Gesamtgewicht	13 450 „	12 960 „	12 710 „
D entsprechend der Formel 7	16 500 „	13 250 „	9 250 „

Die Kurve des Gesamtgewichts schneidet die der Wasserverdrängung in einem Punkte, dem eine Umdrehungszahl von rd. 820 pro Minute entspricht s. Fig. 14.

Graphische Ermittelung der höchsten und niedrigsten zulässigen Propeller-Umdrehungszahl.

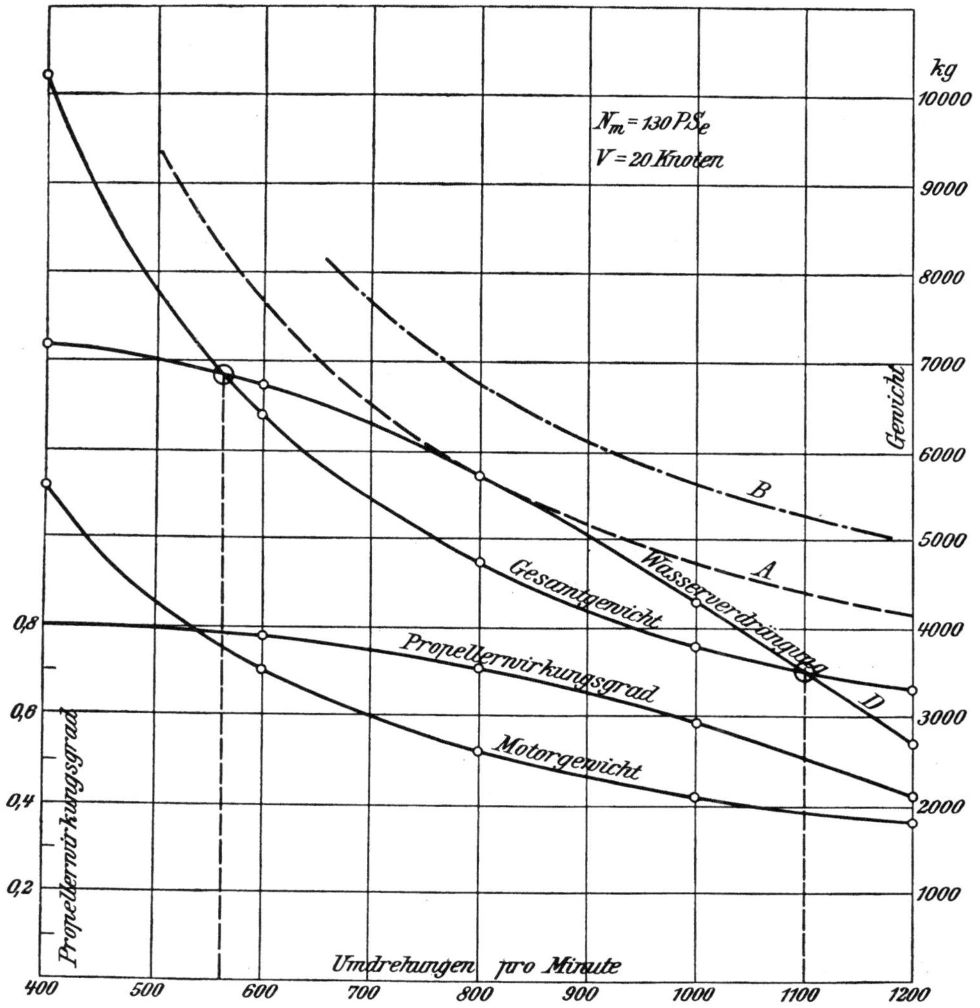

Fig. 15.

Bei mehr als 820 Umdrehungen fällt der Propellerwirkungsgrad stärker ab, als das Motorgewicht abnimmt. Das unter diesen Verhältnissen mit 70 PS auf 10 Knoten zu bringende größte Gewicht ist kleiner als das gesamte Bootsgewicht, folglich kann die verlangte Geschwindigkeit bei mehr als 820 Umdrehungen nicht erreicht werden. Die Gewichte der Motoren unter 820 Umdrehungen erhöhen das Gesamtgewicht nicht in dem Maße, wie es die Formel gestattet. Man kann dann entweder die Nutzlast oder die Geschwindigkeit entsprechend vergrößern, also durch Verminderung der Umdrehungszahl wirtschaftliche Vorteile erzielen.

Im zweiten Falle ist einem Boote mit einem Motor von 130 PS eine Geschwindigkeit von mindestens 20 Knoten zu erteilen. Das Gewicht des Bootskörpers steigt infolge der zunehmenden Belastung und Beanspruchung durch das mit Abnahme der Umdrehungszahl steigende Motorgewicht. Die passendste Umdrehungszahl des Propellers soll bestimmt werden.

Es ergeben sich folgende Zahlen:

Umdrehungszahl	400	600	800	1 000	1 200
Propellerwirkungsgrad	.80	.78	.70	.59	.42
Motorgewicht	5 600 kg	3 500 kg	2 600 kg	2 080 kg	1 820 kg
Gewicht des Bootskörpers usw. . . .	4 600 „	2 870 „	2 140 „	1 700 „	1 500 „
Gesamtgewicht	10 200 „	6 370 „	4 740 „	3 780 „	3 320 „
D entsprechend der Formel 7	7 200 „	6 750 „	5 750 „	4 300 „	2 750 „

Die Kurve des Gesamtgewichts schneidet die der Wasserverdrängung einmal bei n = 1100 und ein zweites Mal bei n = rd. 570. Demnach können in diesem Falle Motoren mit weniger als 570 und mehr als 1100 Umdrehungen nicht zur Verwendung kommen, da sonst die Gesamtgewichte höher werden, als diejenigen, welche man unter den vorhandenen Bedingungen (bezl. Boot, Motor und Propeller) mit 130 PS auf 20 Knoten Geschwindigkeit bringen kann. Bei der Verwendung von Motoren resp. Propellern, die mit 800 bis 850 Umdrehungen pro Minute umlaufen, wird man mit 130 PS eine etwas höhere Geschwindigkeit als 20 Knoten erreichen.

Bei schwereren Bootskörpern oder Motoren verschieben sich die Schnittpunkte entsprechend. Die Kurven können sich unter gewissen Verhältnissen überhaupt nicht schneiden. In Fig. 5 sind zwei höhere Gesamtgewichtskurven A und B eingetragen, von denen die eine (A) die D-Kurve bei n = 800 tangiert, die zweite (B) erheblich über der D-Kurve liegt.

Die Lage der D-Kurve wird durch den Propellerwirkungsgrad, durch die Bootabmessungen usw. sehr beeinflußt und ist es durch Änderung der Bootskörperabmessungen möglich, die Ordinaten der D-Kurve für hohe Umdrehungszahlen entsprechend günstiger zu gestalten, sofern der Zweck des Bootes die Wahl der neuen Bootsabmessungen gestattet.

Die mit Hilfe von Diagrammen, wie sie die Fig. 14 und 15 zeigen, festgestellten günstigen niedrigen Umdrehungszahlen können aus anderen Gründen nicht anwendbar sein. Die Schwungräder und Kupplungsscheiben der Ölmotoren erhalten mit abnehmender Umdrehungszahl entsprechend größere Durchmesser, besonders bei Zwei- und Vierzylindermotoren. Ferner nimmt der Durchmesser der Propeller bei gleichbleibender Leistung mit abnehmender Umdrehungszahl zu und ist es in manchen Fällen konstruktiv nicht durchführbar, Anlagen mit so großen Schwungrädern und Propellern zu verwenden. Der durch Verminderung der Umdrehungszahl vielleicht verbesserte Propeller-

Vergleiche zwischen Schiffsgeschwindigkeit und Propeller-Umdrehungszahl.

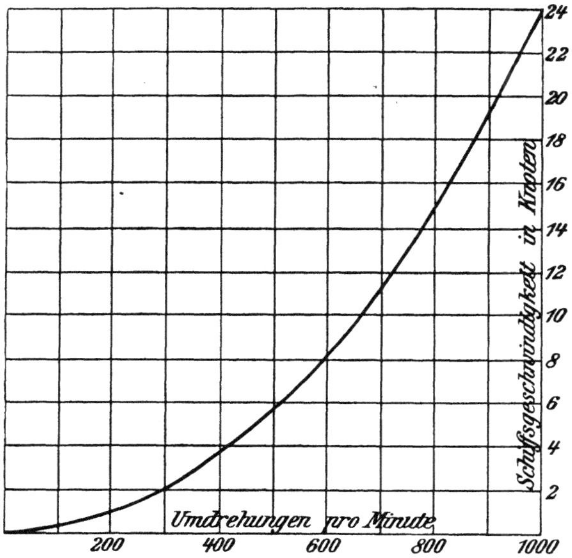

Fig. 16.

wirkungsgrad wird durch die hier notwendig werdende schräge Lage der Propellerwelle wieder erheblich herabgezogen und der erhoffte Vorteil ist nicht vorhanden. Bei den schnellaufenden, leichten Motorbooten entspricht jeder Bootsgeschwindigkeit eine niedrigste Propeller-Umdrehungszahl, unter die man im allgemeinen nicht gehen kann, weil sonst Schwungrad und Propeller-Durchmesser so groß werden, daß eine erhebliche Längsschiffsneigung der Propellerwelle und damit Verluste im Propeller unvermeidlich sind. Die Kurve in Fig. 16 gibt ungefähr die Grenze an, über welche hinaus größere konstruktive Schwierigkeiten und entsprechende Verluste gewöhnlich eintreten.

Den einzelnen Geschwindigkeiten entsprechen nach Fig. 16 verhältnismäßig hohe Umdrehungen, welche nach praktischen Erfahrungen als günstigste anzusehen sind. Es sei jedoch besonders darauf hingewiesen, daß die in Fig. 16 gegebenen Werte nur für solche Boote zutreffen, deren Geschwindigkeit im Verhältnis zu den Bootsabmessungen groß zu nennen ist.

Die Motoren der schnellen Boote.

Für den Antrieb schneller Motorboote kommen Dampf-, Öl- und Elektromotoren in Frage. Der elektrische Antrieb bedingt stets eine Kraftstation, welche den elektrischen Strom erzeugt und von welcher aus er direkt oder durch Vermittelung einer Akkumulatorenbatterie in den Propellermotor geleitet wird. Die z. Z. noch immer verhältnismäßig hohen Gewichte solcher Batterien legen den Gedanken nahe, diese möglichst zu vermeiden und die elektrische Kraftstation an Bord zu nehmen. Als Antriebsmaschine der Dynamo dient dann der Dampf- oder der Ölmotor, wie der mit flüssigem Betriebsstoff arbeitende Verbrennungsmotor (Explosionsmotor) genannt wird.

Die moderne Technik bietet uns neben dem Dampfmotor den Ölmotor als eine bereits gut entwickelte, wirtschaftlich arbeitende Antriebsmaschine für Boote. Während der Dampfmotor (die mit hochgespanntem Dampfe arbeitende Mehrfachexpansionsmaschine mit einem Kleinwasserraum-Dampferzeuger), in den letzten Jahren weniger Beachtung gefunden hat, ist der Ölmotor erheblich weiter ausgebildet worden. Man spricht von einem Stillstande und einem bevorstehenden Ende der Entwickelung des Dampfmotors, wie der Wasserdampfmaschine überhaupt, als deren letzte Phase die Periode der Dampfturbine vielfach angesehen wird. Nicht ganz gerechtfertigt erscheint die Ansicht, daß die Verbrennungsmotoren in erster Linie berufen sind, Konkurrenten der Dampfmaschine zu sein. Vielmehr ist die Verwendung der Verbrennungsmotoren dort vorauszusehen, wo sie auf Grund solcher Eigenschaften, welche die Dampfmaschine nicht besitzt resp. unter den gegebenen Verhältnissen oder überhaupt nicht besitzen kann, dieser überlegen sind. Diese Überlegenheit besteht bei leichten, schnellaufenden Motoren hauptsächlich hinsichtlich der Betriebssicherheit, der Betriebsgefahren und der Betriebsbereitschaft, soweit gut konstruierte und gut behandelte Motoren gegenüber gestellt werden, hinsichtlich des beanspruchten Raumes und bezüglich der Verminderung der Motor- bezw. Bootsgewichte. Dieser Überlegenheit stehen zwar auch Nachteile gegenüber, deren Erheblichkeit jedoch je nach dem Verwendungszwecke der Boote verschieden zu beurteilen sein wird. Es sind nicht immer konstruktive Schwierigkeiten, welche der Verwirklichung technischer Ideen entgegentreten. Besonders an Bord von Schiffen hängt der Erfolg einer Antriebsart von der Möglichkeit dauernder einfacher Bedienung, von der Betriebssicherheit bei fortgesetzter Beanspruchung und von der Wirtschaftlichkeit im Betriebe ab. Anschaffungspreis und Amortisation spielen nicht in allen Fällen eine gewichtige Rolle. Selbst die Betriebskostenfrage ist ausschaltbar, wo es sich darum handelt, unter allen Umständen einen Erfolg zu erzielen, wie z. B. bei der Landesverteidigung.

Durch die Motoren wird gebundene Energie in Rotationsarbeit umgewandelt, beim Ölmotor direkt, beim Dampfmotor durch Vermittelung des Wasserdampfes. In die Arbeitszylinder des Dampfmotors tritt hochgespannter Wasserdampf, welcher bekanntlich in Kesseln erzeugt wird, die mit Kohle oder Öl geheizt werden. In die Arbeitszylinder des Verbrennungsmotors wird Kohlenwasserstoffgas und atmosphärische Luft eingeführt, durch Zusammenpressen erhitzt und dann zur Verbrennung gebracht, wobei ein hoher Gasdruck in den Zylindern entsteht. Hier wie dort expandieren die Gase, treiben die Kolben vorwärts, setzen dadurch die Kurbelwelle in drehende Bewegung und leisten also „mechanische Arbeit".

Die kalorische Energie des im Kessel resp. im Verbrennungsmotor verbrannten Betriebsstoffes (Kohle, Benzin, Petroleum, Spiritus usw.) steht zu der daraus erzeugten mechanischen Arbeit in einem gewissen bekannten Verhältnisse. Der dieses Verhältnis mitbestimmende „thermische Wirkungsgrad" des Prozesses beträgt:

bei modernen Dampfmotoren mit

	Petroleum- oder Ölfeuerung	0.09 bis 0.11
bei	Petroleum-Viertakt-Schiffsmotoren . . .	0.18 „ 0.22
„	Benzin- „ „ . . .	0.24 „ 0.30
„	Benzol- „ „ ungefähr	0.27
„	Spiritus- „ „ . . .	0.26 und mehr.

Der „mechanische Wirkungsgrad" beträgt:

bei	Dampfmotoren	0.80 bis 0.88
„	Viertakt-Ölmotoren	0.75 „ 0.85

je nach Größe und Ausführung der Motoren.

Der Betriebsstoffverbrauch in kg pro gebremste Pferdestärke (PSe) ist also z. B. bei Petroleummotoren ungefähr nur $^1/_2$, bei Benzinmotoren ungefähr nur $^1/_3$ so groß als bei den Dampfmotoren. Dementsprechend ist das mitzuführende Gewicht des Betriebsstoffes und der für diesen zu reservierende Raum im Boot erheblich kleiner.

Die modernen Dampfmotoren arbeiten mit einem absoluten Kesseldruck von 30 bis 40 teilweise 50 Atm. Der Dampf wird bis 400 und 460^0 überhitzt.

Der mittlere indizierte Druck beträgt bei 40 Atm. Spannung im Kessel und bei Ventilsteuerung gegen 6,3 kg, der mittlere effektive Druck also ca. 5,5 kg. Bei den Ölmotoren erhält man im Verhältnis zu dem erheblich geringeren Maximaldrucke im Diagramm den gleichen und teilweise einen höheren mittleren effektiven Druck, wie die Darstellung in Fig. 17 erkennen läßt. Es ist also bei den Ölmotoren eine bessere Ausnützung der Kolbenfläche möglich und auch vorhanden.

Mittlerer effektiver Druck (p_{m_e}) bei Dampf- und Ölmotoren.

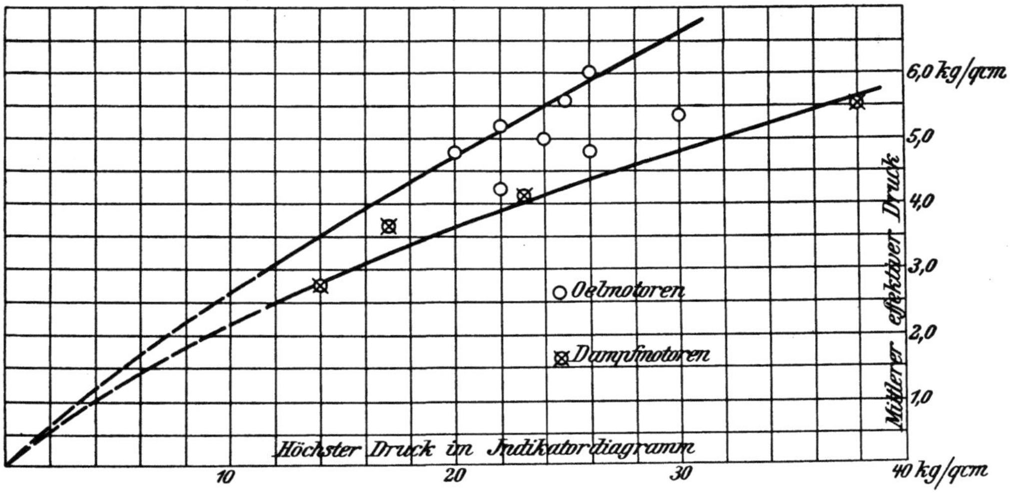

Fig. 17.

Die Höhe des mittleren effektiven Druckes hängt natürlich von der Sorgfalt der Fabrikation und des Ausprobierens ab. Es gibt verschiedene Fabrikate, welche bei Benzinbetrieb nicht über 4,5 kg, bei Petroleumbetrieb nicht über 4 kg hinauskommen oder auch aus prinzipiellen Gründen mit geringeren Drücken arbeiten.

Nach den Angaben der Fabriken über die Gewichte der Motoranlagen sind die Gewichte pro PSe errechnet und in Fig. 18 zusammengestellt. Durch entsprechende, mit Hilfe von Fig. 1 vorgenommene Ordinatenergänzungen gelang es eine Reihe von Gewichtskurven zu zeichnen, welche über die Veränderung der Gewichte pro PS interessante Auskunft geben. Die Gewichte gelten für die betriebsfertigen kompletten Anlagen. Sowohl bei den Dampf- wie bei den Ölmotoren vermindern sich die Gewichte bis rd. 800 Umdrehungen mit zunehmender Umdrehungszahl erheblich. Zwischen 800 und 1200 Umdrehungen ist die Abnahme weniger groß.

Die Gewichtsangaben gelten allgemein weder für leicht noch für schwergebaute Motoren, sondern bilden gute Mittelwerte bis ungefähr 50 PS und 800 Uml./min. Darüber hinaus gelten sie für etwas leichter gebaute Motoren. Man erkennt, daß das Motorgewicht mit zunehmender Leistung ab-

Gewicht der Maschinenanlage pro PS e.

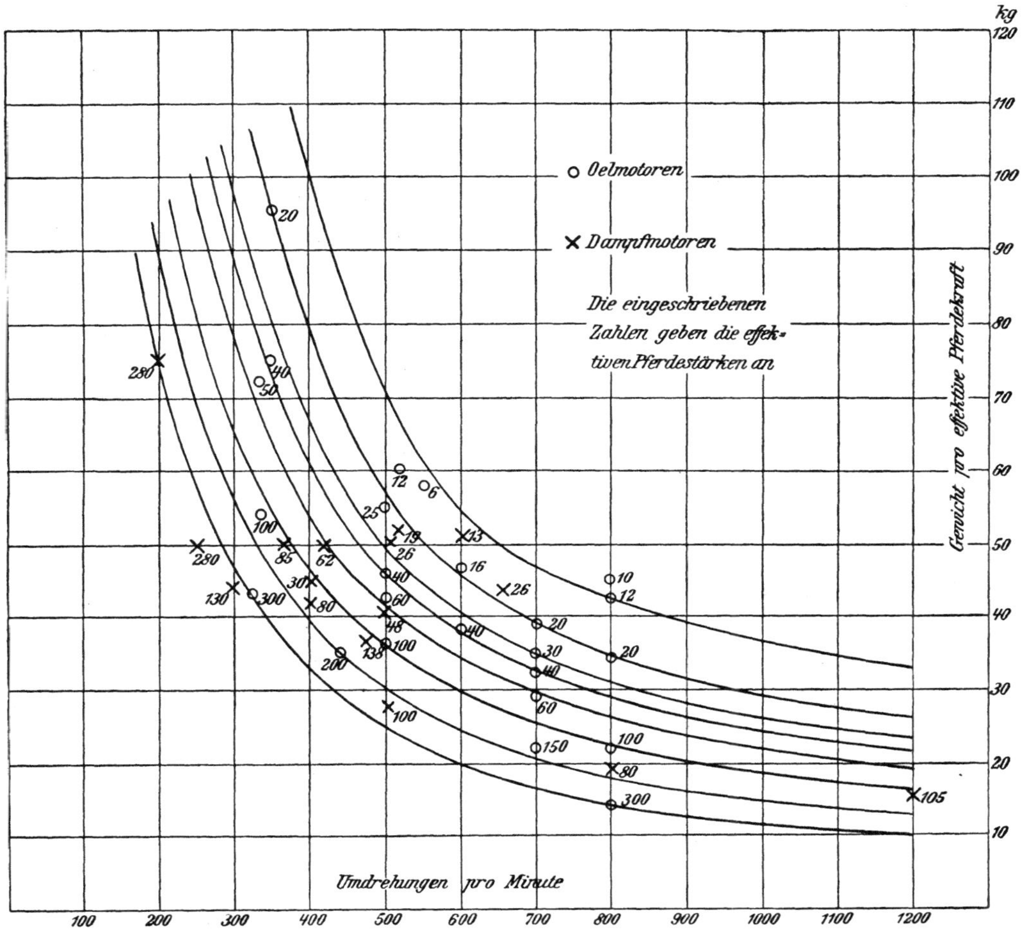

Fig. 18.

nimmt. Das gilt für beide Motorarten. Ferner zeigt die Darstellung, Fig. 11, daß die Gewichte der Dampfmotoranlagen besonders bei größeren Leistungen wenig von denen analoger Ölmotoranlagen abweichen. Dieses Ergebnis ist sehr wohl zu erklären. Das Kesselgewicht, welches bei den Dampfmotoren rd. 66 % des Gesamtgewichtes der Anlage ausmacht, fällt bei den Ölmotoren zwar fort, dafür hat der Ölmotor schwere Schwungmassen, ausrückbare

Kuppelung und Wendegetriebe, deren Gewicht 35 bis 40 % des Gesamtgewichts beträgt. Vor allem aber leisten die einfachwirkenden Viertaktölmotoren nur ungefähr $^1/_4$ so viel nutzbare Arbeit als die doppeltwirkenden Zweitakt-Dampfmotoren, wenn man gleiche Kolbenfläche und gleichen mittleren Druck voraussetzt. Das liegt in der Natur der Sache.

Die kleinsten Gewichte von betriebsfertigen Motoranlagen, welche eine mehrstündige Vollbelastung ohne Nachteile für die Motorkonstruktion ausgehalten haben, sind nach glaubwürdigen Angaben der Industrie die folgenden:

	Motorstärke in PSe	Umdrehungen pro Minute	Gewicht der Motoranlage pro PSe
Dampfmotor (mit rd. 14 Atm. Kesselspannung) .	160	170	31,0 kg
„ („ „ 40 „ „) .	24	600	19,1 „
„ („ „ 27 „ „) .	80	800	12,5 „
Ölmotor	60	1000	11,0 „
„	90	1000	8,4 „
„	150	800	11,8 „
„	150	1000	8,7 „
„	300	800	13,0 „

Fig. 19 bis 22 zeigen als Beispiel je einen neueren Öl- und Dampfmotor.

Hinsichtlich des Gewichtes der Motoren würden also die zurzeit verwendeten Viertakt-Ölmotoren kaum einige Vorteile vor den mit hochgespanntem Dampfe arbeitenden, doppeltwirkenden Zweitakt-Dampfmotoren leichter Konstruktion bieten, wenn ihnen solche Dampfmotoren als sonst gleichwertige Konkurrenten gegenübergestellt werden sollten. Während nun eine weitere Gewichtsverminderung der Dampfmotoren kaum möglich sein wird, darf man eine solche, und zwar eine recht erhebliche bei den Ölmotoren, wohl mit Recht erwarten. Die technischen Schwierigkeiten, welche der Herstellung umsteuerbarer, doppeltwirkender Viertaktmotoren heute noch entgegenstehen, werden überwunden werden, und dann dürfte man bei gleichen Leistungen und minutlichen Umdrehungszahlen ungefähr halb so schwere Ölmotoren erhalten.

Trotz der heute noch vorhandenen geringen Gewichtsunterschiede wird der Ölmotor als geeigneter für den Betrieb schnellaufender Boote, als der Dampfmotor angesehen, sobald der Aktionsradius dieser Boote ein größerer sein muß und kleinere Boote mit stärkeren Motoren auszurüsten sind. Denn das Gewicht und der Raum für den Betriebsstoff sind beim Dampfmotor, wie

Vierzylinder-Schiffsmotor von 50 bis 60 PS der Daimler-Motoren-Gesellschaft.

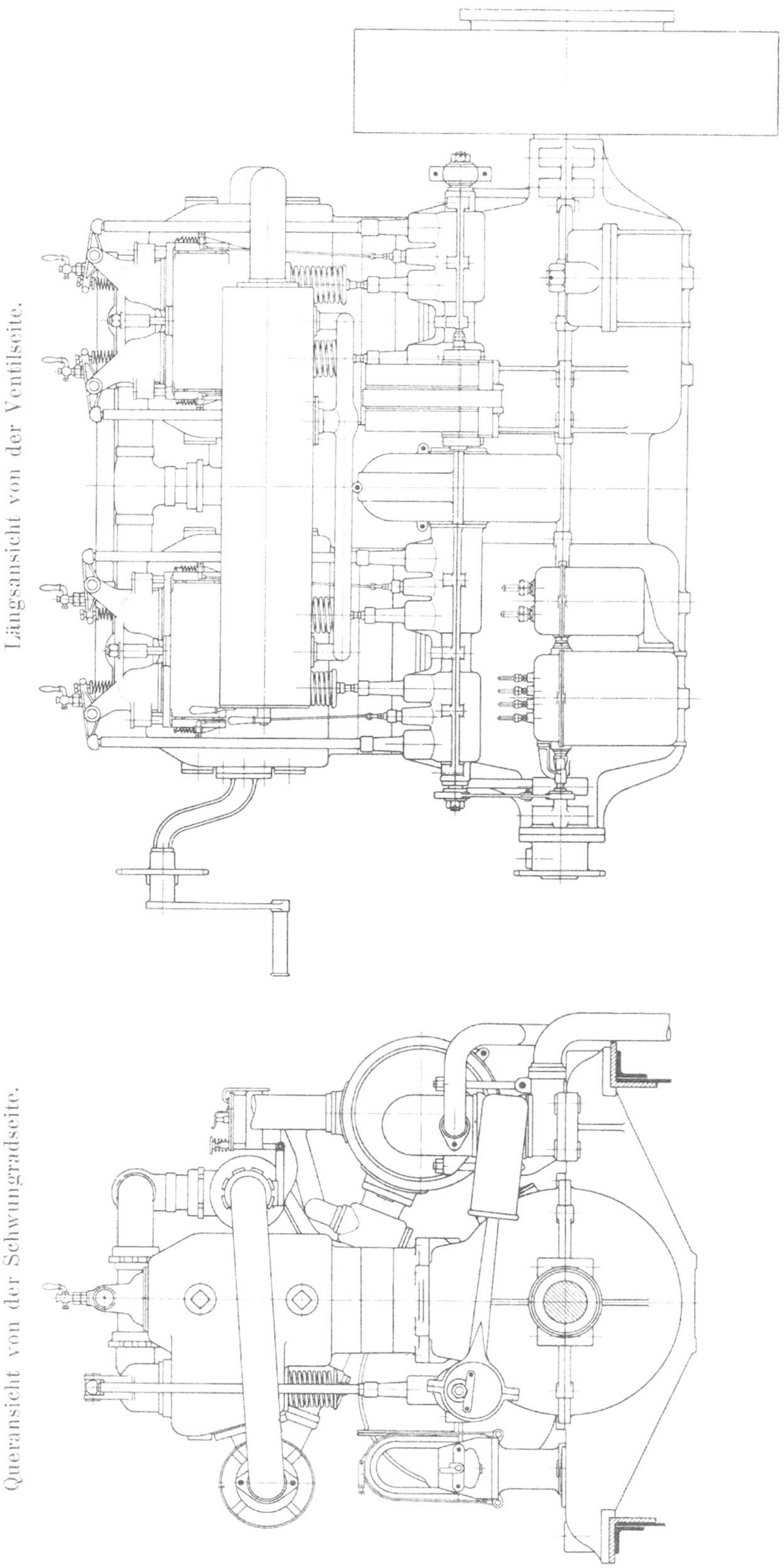

Fig. 19.

Vierzylinder-Schiffsmotor von 50 bis 60 PS der Daimler-Motoren-Gesellschaft.

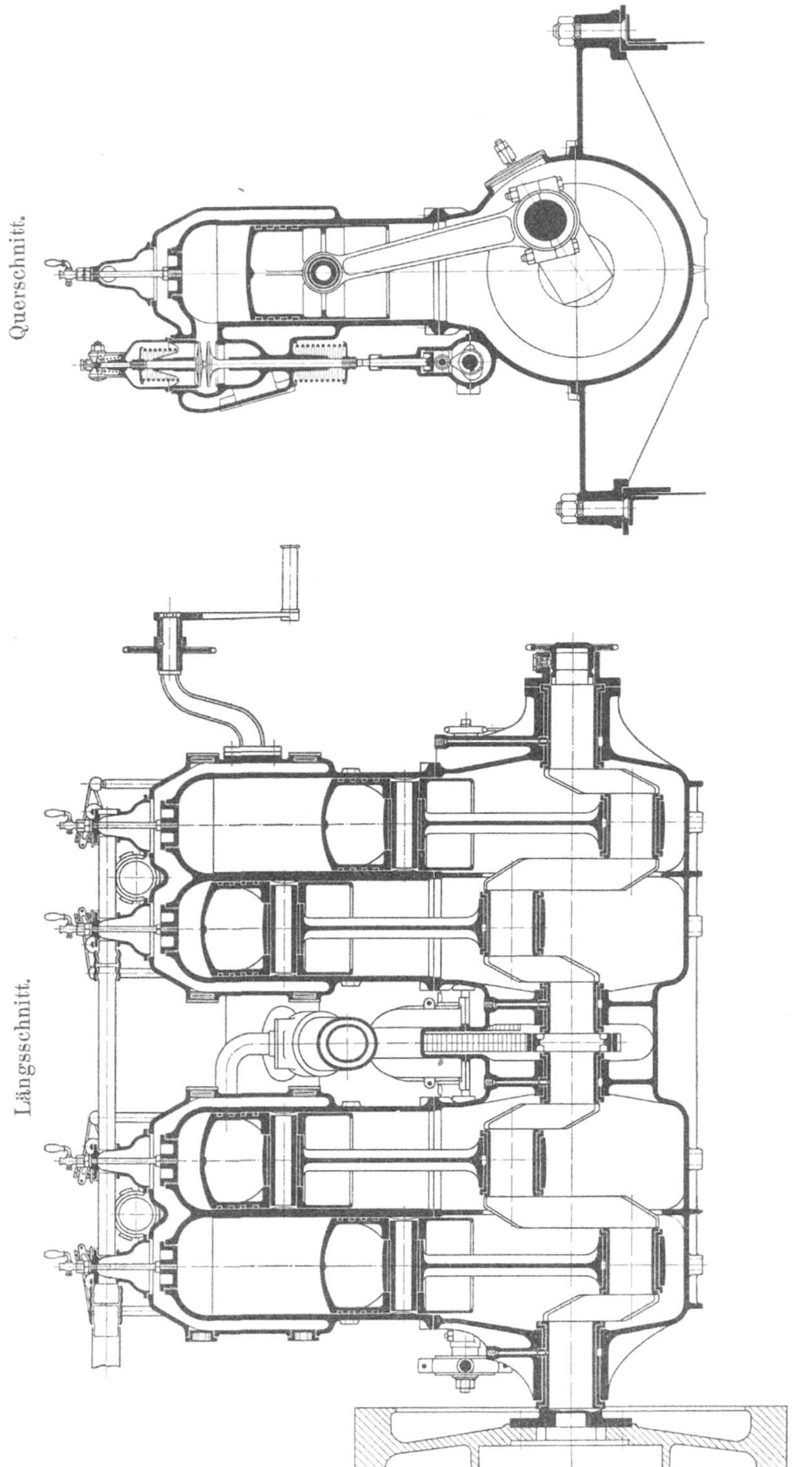

Fig. 20.

vorher angegeben, 2 bis 3 mal so groß als beim Ölmotor und ferner nimmt die Dampfmotoranlage ungefähr doppelt so viel Bodenfläche ein, als eine Ölmotoranlage. Daraus ergibt sich bei der Anwendung des Ölmotors nicht nur eine Verminderung des Gewichts der Motoranlage einschl. des für eine bestimmte Zeit mitzuführenden Betriebsstoffes und ein sehr schätzbarer Gewinn an

Dampferzeuger System Stoltz.

50 Atm Kesseldruck. 2,12 qm wasserberührter Heizfläche.

Fig. 21.

nutzbarem Raume, sondern in manchen Fällen überhaupt erst die Möglichkeit, in kleine Boote Motoren von großer Leistung so einzubauen, daß entsprechend große Geschwindigkeiten unter Wahrung genügender Betriebssicherheit erzielt werden können.

Es bestehen heute teilweise noch beträchtliche Zweifel an der Gleichwertigkeit der Dampf- und Ölmotoren der Gegenwart und der Zukunft für den Schiffsantrieb überhaupt. Es sind andererseits Belege aus der Praxis in genügender Zahl vorhanden, daß die Betriebsunsicherheit und Schwierigkeit der Ölmotoren an Bord von Schiffen und Booten, wo sie vorhanden sind, ihre Gründe in der ungenügenden konstruktiven Durchbildung des Motors als Schiffsmaschine und in der ungeschulten, unzulänglichen Bedienung des Motors

Dampfmotor System Stoltz

mit Kondensation. Maximale Leistung 30 PSi

Fig. 22.

haben. Mit der zunehmenden Betriebserfahrung der Fabriken und der Bedienungsmannschaft wird die Betriebssicherheit des Ölmotors erheblich wachsen.

Der Betrieb schnellaufender Dampfmotoren mit den notwendigen Kleinwasserraumkesseln ist keinesfalls so einfach und sicher, als vielfach angenommen wird. Er stellt durchschnittlich und besonders im Seegange recht große Anforderungen an das Personal, während sich die Bedienung des Ölmotors eigentlich auf die Beaufsichtigung der Schmierung beschränkt. Ferner ist das geringe Gewicht des Ölmotors beim Dampfmotor nur durch Anwendung hoher Kesselspannung zu erreichen, welche die Betriebsgefahren beträchtlich vergrößern.

Sehr schätzbare Vorzüge des Dampfmotors sind der einfache Anlauf, seine sichere direkte Umsteuerbarkeit und die Möglichkeit der Herabminderung der Umdrehungszahlen auf ganz geringe Werte. Diese Vorzüge sind beim Öl-

Reversiervorrichtung mit Konuskuppelung und konischen Zahnrädern in umlaufendem Gehäuse.

Gebaut von der Daimler-Motoren-Gesellschaft in Untertürkheim.

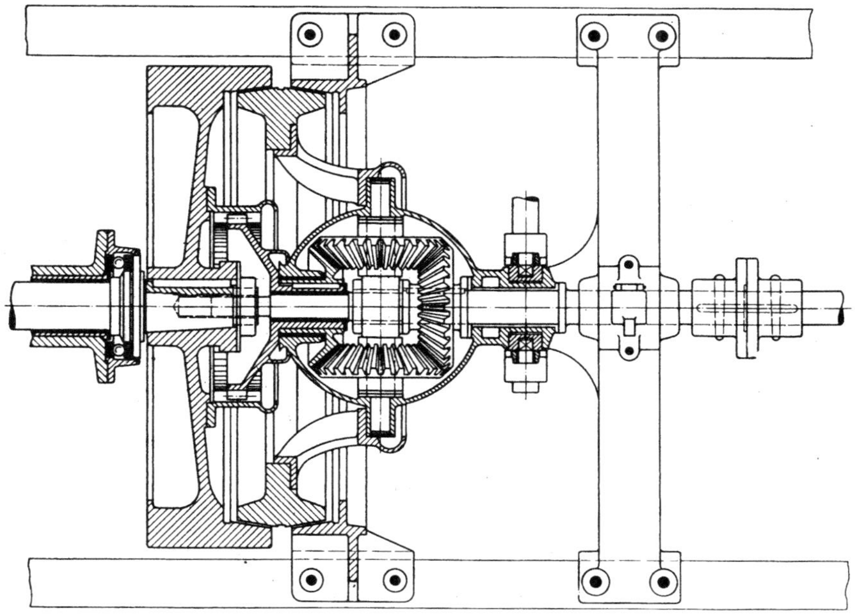

Fig. 23.

motor zurzeit nur in beschränktem Maße vorhanden, doch dürfte seine weitere Entwickelung zur Schiffsmaschine auch in dieser Beziehung erfolgreich sein. Vielversprechende Anfänge sind bereits vorhanden, und wenn man sich elektrischer und vielleicht auch hydraulischer Arbeitsübertragung bedienen kann, so ist die beste Manövrierfähigkeit des Bootes bereits schon jetzt vorhanden.

Allerdings vermehrt die elektrische Arbeitsübertragung das Gewicht der Motorenanlage ganz erheblich. Durch Dynamo, Elektromotor, Akkumulatorenbatterie und sonstige elektrische Ausrüstung wird das Gewicht je nach dem

System zwei- bis dreimal so groß als das der einfachen Motoranlage. Diese Gewichtsvermehrung ist zulässig, wenn die Geschwindigkeit des Fahrzeuges dadurch nicht leidet. Kann der Propeller auf eine geringere minutliche Umdrehungszahl gebracht werden, während der Motor-Generator mit hoher Umdrehungszahl läuft, so ist der Ausgleich des Mehrgewichts durch den höheren Propellerwirkungsgrad nicht ausgeschlossen. Die Möglichkeit dieses Aus-

Reversiervorrichtung mit Konuskuppelung und konischen Zahnrädern in feststehendem Gehäuse.

Gebaut von der Daimler-Motoren-Gesellschaft in Untertürkheim.

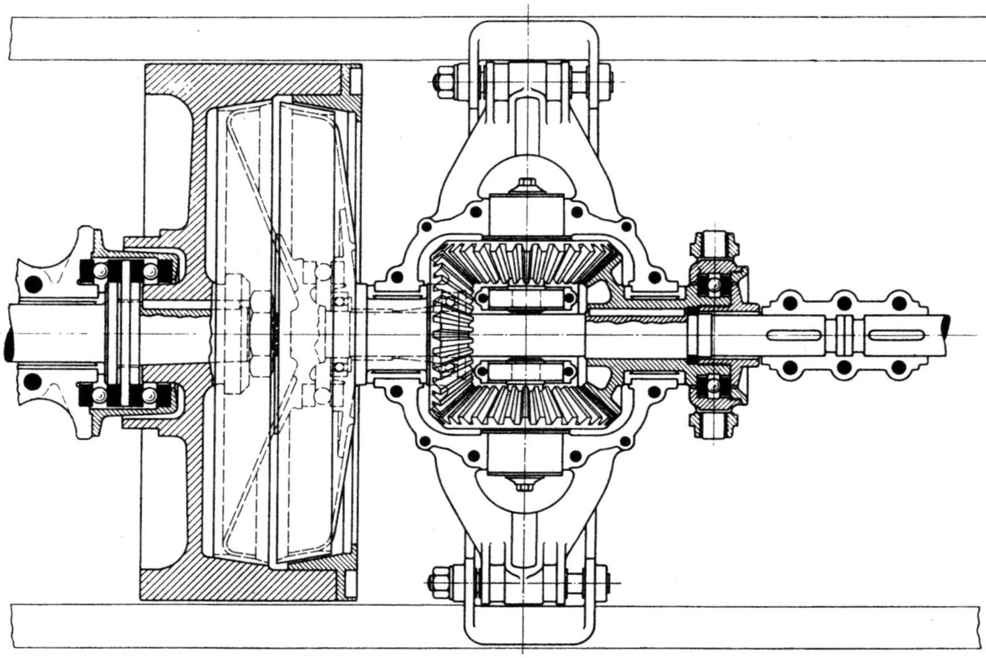

Fig. 24.

gleichs besteht aber nur dort, wo das Gewicht der ganzen Motoranlage im Verhältnis zum ganzen Schiffsgewicht klein zu nennen ist, wo also große Schiffsgeschwindigkeiten nicht verlangt sind.

Die z. Z. das Rückwärtsfahren ermöglichenden Wendegetriebe (s. Beispiele Fig. 23 bis 25) und Drehflügelpropeller der Ölmotoren besitzen Nachteile, welche mit Zunahme der Motorleistung erheblich wachsen. Die rationelle Verwendung großer Motoren zum Antrieb schneller Boote und Schiffe hängt von der absolut sicheren Lösung des Problems des direkten Anlaufs und der Umsteuerung des Motors (vgl. Fig. 26) ab. Die Lösung dieses Problems

Reversiervorrichtung mit Federbandkuppelung und Stirnrädern.
Gebaut von der Daimler-Motoren-Gesellschaft in Untertürkheim.
Längsschnitt durch Kuppelung und Räderkasten.

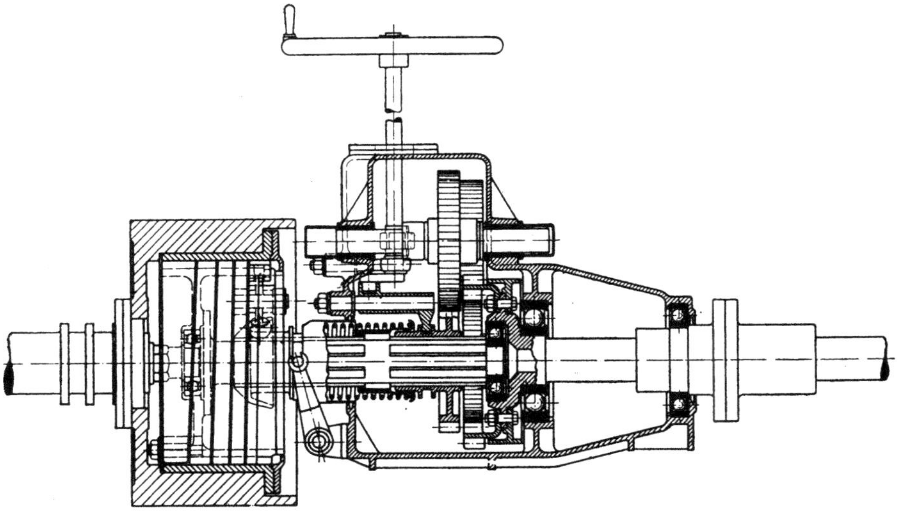

Aufsicht auf den geöffneten oberen Teil des Räderkastens.

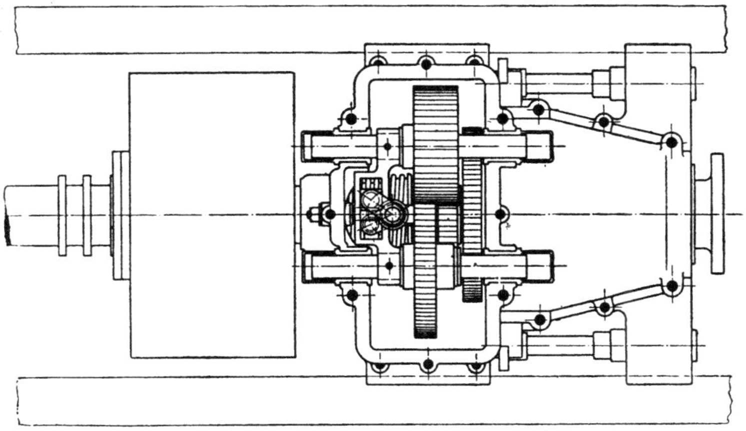

Aufsicht auf den geöffneten unteren Teil des Räderkastens.

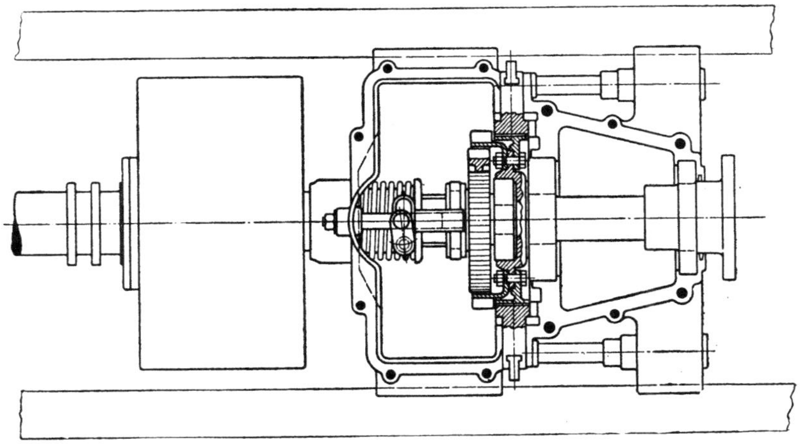

Fig. 25.

wird durch die Verteilung der Arbeit auf eine größere Zylinderzahl, wie sie bei starken, schnellaufenden Motoren notwendigerweise vorgenommen werden

Steuerungsorgan des Reversator-Motors.

Gebaut von den Howaldtswerken in Kiel.

Querschnitt durch den Motor mit Ansicht der Kurvenscheiben der Ventil-Steuerung.

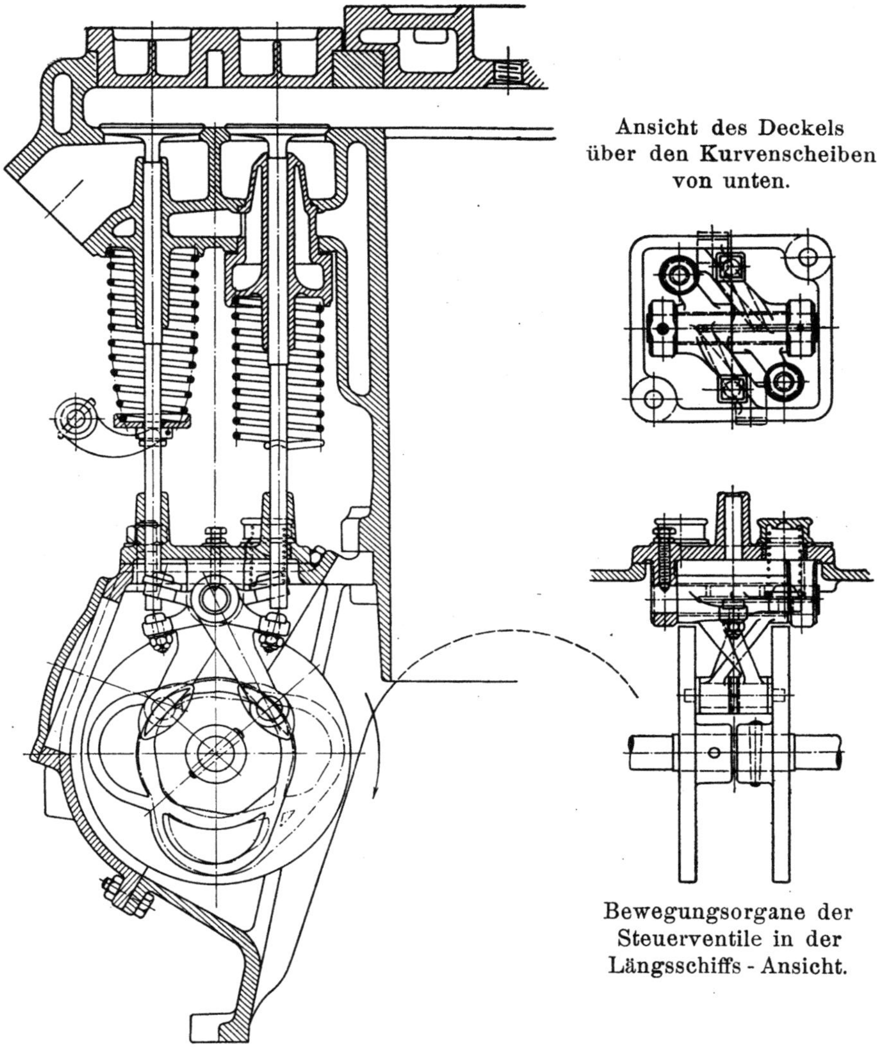

Fig. 26.

muß, sehr erleichtert. Mehr als ungefähr 50 PS lassen sich bei schnelllaufenden Motoren pro Zylinder mit einem Verbrennungsraum nicht erzielen, da bei größeren Abmessungen der Zylinder und Kolben (nach dem Trunksystem, wie es allgemein angewendet wird) die Kühlung der Zylinder- und Kolbenwandungen und deshalb die Zündung des Gasgemisches schwierig werden. Die Vermehrung der Zylinderzahl und die Anwendung doppeltwirkender Kolben wird daher mit der anwachsenden Leistung der Motoren selbstverständlich. Die größten bisher erbauten Schiffsmotoren leisten einfachwirkend mit 6 Zylindern 300 PS, doppeltwirkend ungefähr 500 PS. Dieser letztere Motor hat Zylinder von 318 mm Bohrung, ist von der Standard-Motor-Company in New York erbaut und soll mit Hilfe komprimierter Luft anlaufen und umsteuern. Die Tatsache ist nicht absolut ausgeschlossen.

Die Verwendbarkeit schnellaufender Motorboote.

Zur Erreichung großer Bootsgeschwindigkeiten sind leichte Gewichte, folglich schnellaufende Motoren Bedingung. Hohe Umdrehungszahlen der Propeller sind dabei fast unvermeidlich und auch statthaft, da die den leichten Gewichten entsprechend kleinere Wasserverdrängung und die günstigen Abmessungen der Boote eine geringe Schubarbeit verlangen, welche bei großer axialer Propellergeschwindigkeit durch Propeller mit kleinem Durchmesser und dementsprechender kleiner Umfangsgeschwindigkeit zu erzielen ist.

Je kleiner der Wert

$$C = \frac{N}{v^3 \times d^2}$$

bei großer Geschwindigkeit v werden kann, desto höher ist der Propellerwirkungsgrad einzuschätzen. Wo kleinere Propeller- und Motorumdrehungszahlen einen rechnerisch höheren Propellerwirkungsgrad ergeben würden, ist die Anwendung entsprechender Motoren meistens durch die Unmöglichkeit des Einbaues der Motoren und Propeller ausgeschlossen, weil sie für den zur Verfügung stehenden Bootskörper zu große Abmessungen besitzen. Wo es die Verhältnisse gestatten, wird man die Schubarbeit auf mehrere Propeller verteilen, um bei hohen Umdrehungszahlen günstige Wirkungsgrade zu erhalten. Große Geschwindigkeiten lassen sich bei kleinen Wasserverdrängungen durch verhältnismäßig kleine Motoren erreichen, deren an und für sich kleines Gewicht auf das Resultat wiederum günstig einwirkt. Damit ist der Kreislauf der Beziehungen geschlossen, welche die Charakteristik des schnellen Motorbootes, wie jedes schnellen Schiffes und Bootes bilden. Es sind weniger die schlanken, eleganten Linien des schnellen Motorbootes, als es die Ausnützung aller vorhandenen natürlichen Vorteile bei der Herstellung der Kombination aus Bootkörper, Motor und Propeller ist, welche zum gewünschten Ziele führen.

Die Verwendbarkeit des schnellen Motorbootes ist durch natürliche und wirtschaftliche Verhältnisse beschränkt. Anschaffung und Betrieb der Boote sind teuer. Große Geschwindigkeiten können nur mit kleinen zu bewegenden Gewichten erreicht werden, sonst wachsen die Motorstärken erheblich.

In der allgemeinen Schiffahrt finden schnelle Motorboote sehr selten Verwendung. Dagegen wird voraussichtlich die Kriegsmarine sich in der Zukunft mehr als bisher der schnellen Motorboote bedienen, nachdem sich der Ersatz der langsamlaufenden Dampfmaschinen der Beiboote durch Ölmotoren zum Zwecke der Gewichtserleichterung der Schiffsausrüstungen und sofortiger Betriebsbereitschaft als sehr gut möglich erwiesen hat. Als Hafenverkehrsboote, Flottenchefboote, Torpedo-Fangboote usw. werden die schnellen Motorboote durch ihre mit kleinen Motoren erreichten Geschwindigkeiten, mit ihrem größeren Aktionsradius und ihrer steten Betriebsbereitschaft bei sonst dienstfähigem Zustande vorteilhafte Verwendung finden. Ihre Brauchbarkeit als selbständige Kriegsfahrzeuge, als Küstenwachtboote, Flußkanonenboote und Hochseetorpedoboote hängt von den weiteren Fortschritten der Schiffs-Motorenindustrie in gleicher Weise ab, wie die Entwickelung des Unterseebootes.

Der Fortfall der Dampfkessel, Rohrleitungen und Schornsteine, die Ersparnis an Raum und Gewicht, die wegen der kleineren Abmessungen der Motoren im Schiffskörper geringere Wahrscheinlichkeit der Verletzung und Zerstörung durch Geschosse, ferner der geringere Einfluß der Bewegungen der Schiffsverbände auf die Sicherheit des Betriebes, die automatische Einleitung, Durchführung und Regelung des Arbeitsvorganges in den Zylindern der Motoren, die geringere Anstrengung der Bedienungsmannschaft, die geringe Explosionsgefahr geben neben der größeren Geschwindigkeit und der Seeausdauer Veranlassung, die Möglichkeit der Verwendung von Verbrennungsmotoren für den Betrieb von Kriegsschiffen zu erwägen.

Es wird zweifellos noch jahrelanger Anstrengung der Industrie bedürfen, um die Entwickelung des Verbrennungsmotors zur idealen Schiffsmaschine durchzuführen. Die Frage der Beschaffung genügender Mengen brauchbarer Betriebsstoffe bereitet vorläufig im gleichen Maße Schwierigkeiten, wie die Überwindung konstruktiver Gegensätze. Chemie und Motorentechnik werden Hand in Hand arbeiten müssen.

Wenn auch heute schwerlich vorauszusagen ist, ob die Zukunft der Dampfturbine, dem elektrischen Antrieb oder dem Verbrennungsmotor gehören wird, so ist doch die Annahme berechtigt, daß der letztere während eines längeren oder kürzeren Zeitabschnittes auch als Schiffsmaschine eine gewichtige Rolle spielen dürfte, da die wirtschaftlichen und politischen Verhältnisse eine intensive Ausnutzung aller erreichbaren, gebundenen und freien Naturkräfte verlangen.

XV. Elektrisch angetriebene Propeller.

*Vorgetragen von C. **Schulthes**-Berlin.*

Schon bald, nachdem es gelungen war, die elektrische Energie durch Aufspeicherung in Akkumulatoren transportabel zu machen, traten die Konstrukteure an die Aufgabe heran, Boots- und Schiffspropeller mit elektrischer Energie anzutreiben, naturgemäß zunächst nur mit kleinen Leistungen. Es war kein geringerer als unser allverehrter Werner von Siemens, welcher bereits in den 80er Jahren, jedoch nicht als erster, dieser Aufgabe einen Teil seiner Arbeitskräfte widmete und es auch erreichte, daß auf der berühmten Ausstellung in Frankfurt a. M. 1891 ein elektrisch betriebenes Boot namens Elektra (Fig. 1) vorgeführt werden konnte, neben einem solchen Boote aus der Schweiz von Oerlikon. Inzwischen ist allgemein bekannt, daß für eine Reihe von Spezialaufgaben namentlich für Fährbetrieb (Pendelverkehr) elektrische Boote von großer Bedeutung sind und bei besonderen Bedingungen jedem anderen Betriebe wirtschaftlich und auch sonst in jeder Beziehung überlegen sind. Wenn trotz dieser Tatsache bisher nur noch verhältnismäßig wenig Akkumulatorenboote gebaut und in Benutzung sind, so ist der Grund darin zu suchen, daß einmal das Mißtrauen gegen Akkumulatoren noch sehr groß ist, neuerdings aber mit Unrecht, und daß andererseits in den seltensten Fällen bei der Projektierung von neuen Verbindungslinien für Boote und Schiffe auch für Pendelbetrieb überhaupt ein Projekt für elektrischen Betrieb ausgearbeitet wird; es wird dann einfach ein Dampfboot oder Dampfschiff gewählt, als dessen Konkurrent neuerdings, bei besonderen Gelegenheiten, das Motorboot oder Motorschiff mit Explosionsmotor erscheint.

Zurzeit laufen in Deutschland nach oberflächlicher Schätzung Fahrzeuge mit etwa 500 PS Leistung mit Akkumulatorenantrieb. Eine genaue Statistik ist nicht bekannt, aber diese Zahl wird ungefähr zutreffen, jedoch auf keinen Fall unterschritten. Die modernen Boote sind Luxusboote, Fährboote,

Schlepper und Lastfahrzeuge. Alle rein elektrischen Boote haben fast genau dieselben elektrischen und maschinellen Einrichtungen (Fig. 2), die bestehen aus:

1. der Akkumulatorenbatterie,
2. dem Motor oder den Motoren,
3. dem Regulator,
4. der Ladevorrichtung, verbunden mit der Stromzuführung von außen.

Akkumulatorenboot „Elektra“ 1891.

Fig. 1.

Es war eine Folge des Betriebes durch Elektrizität, daß man selbstverständlich sofort die Bedienung des Propellermotors in allen seinen Funktionen: „langsam“, „schnell“, „voraus“, „zurück“ direkt vom Steuerstande aus vornahm. Man stellte den Regulator, verbunden mit dem Anlasser, neben dem Steuerrad auf und übertrug die Bedienung demselben Manne, bei kleinen Booten dem Schiffsführer. Für stille Gewässer und kleine Boote war damit jede weitere Bedienung überflüssig. Der Elektromotor bedarf auch während längerer Fahrten, wenigstens solange als die mitgeführte Energie ausreicht, keinerlei Beobachtung, also auch keiner Bedienung. Beim Still-

Plan eines Akkumulatorenbootes.

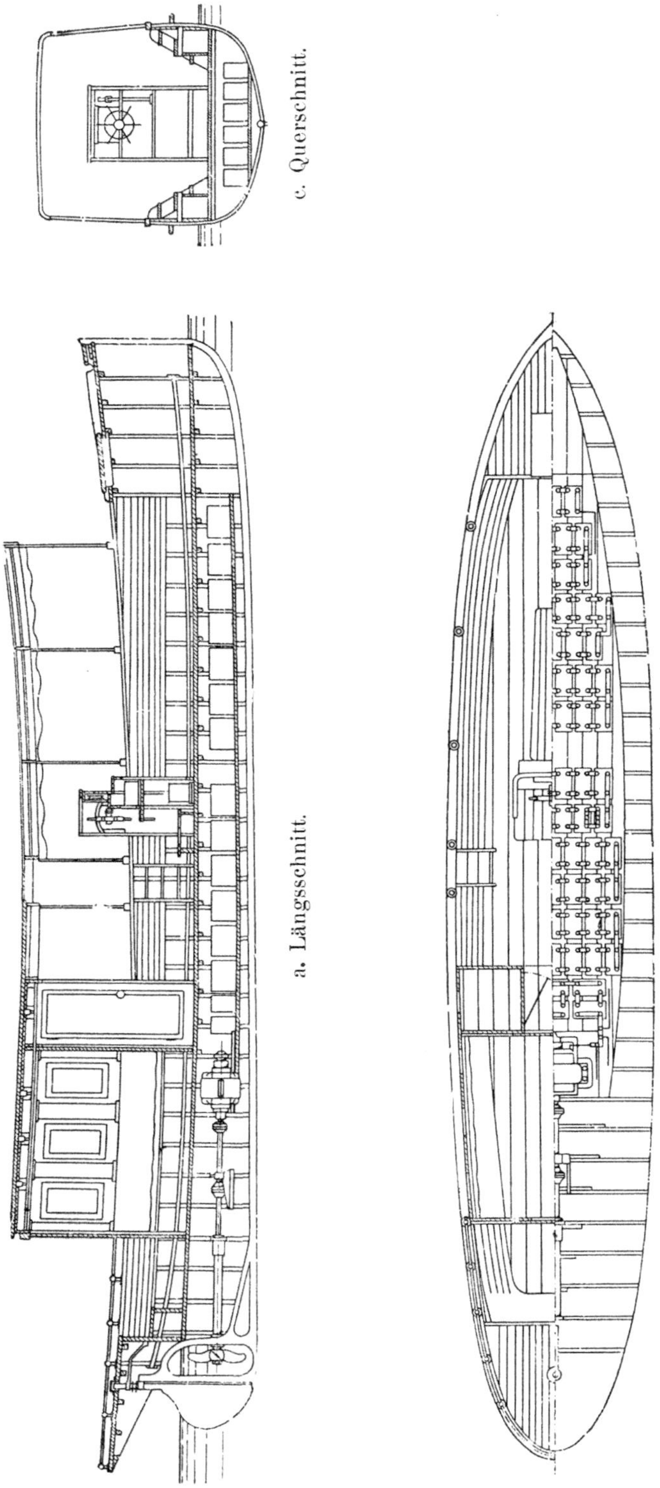

c. Querschnitt.

a. Längsschnitt.

b. Grundriss.

Fig. 2.

stande des Bootes ist eine Revision aller Teile durch den Schiffsführer leicht ausführbar, auch überwacht dieser die Ladung der Akkumulatoren, es bedarf auch für diese Arbeiten nur einer kurzen Ausbildung eines gewöhnlichen Bootsführers in diesen Arbeiten.

Alle für den Bootsbetrieb neu erscheinenden Verhältnisse waren ohne besondere prinzipielle Schwierigkeiten mit dem elektrischen Antrieb lösbar, nur ein Umstand bot anfangs Schwierigkeiten und dies waren die verhältnismäßig hohen minutlichen Umlaufszahlen der Elektromotoren im Vergleich mit den sonst üblichen Umlaufzahlen der Schrauben oder sonstigen Propeller; es erübrigt jedoch hierauf einzugehen, da es zurzeit den Elektrotechnikern durchaus möglich ist, jede notwendige Umlaufszahl des Motors zu erzielen, jedoch bei niedrigen Umlaufszahlen auf Kosten des Gewichtes. Hier nun liegt überhaupt die Schwierigkeit und zunächst auch die Grenze der Gebrauchsmöglichkeit des elektrisch angetriebenen Schiffspropellers. Herr Bauer hat die Abhängigkeitsverhältnisse der Umdrehungen des Propellers zur Geschwindigkeit des Schiffes und dem Deplacement desselben bereits dargetan und aus all diesem ist klar ersichtlich, daß der normale elektrische Propellerantrieb mit Akkumulatoren gar keine Aussicht hat, sich in irgend einer Form für große und schnelle Leistungen einzuführen, anders liegt es, wie wir später erkennen werden, bei den übrigen Arten des elektrisch angetriebenen Schiffspropellers. Herr Bauer aber hat auch andererseits gezeigt, daß die schnellaufenden Propeller mit ihren Antriebmotoren nur in geringem Umfange für gewisse Zwecke Verwendung finden können, und daß zur Ausnutzung der Vorzüge derselben wohl noch weitere Hilfsmittel herangezogen werden müssen. Bevor nun auf dieses überaus wichtige Gebiet übergegangen wird, soll kurz gezeigt werden, für welche Zwecke der reine elektrische Propellerantrieb mit Akkumulatoren zurzeit Anwendung gefunden hat.

Das umstehende Bild, Fig. 3, zeigt ein kleines Luxusmotorboot.

(Die Abmessungen usw. der abgebildeten und teilweise der erwähnten Boote und Schiffe sowie der Projekte sind aus den Tabellen am Schluß der Druckschrift, Anhang VI, zu entnehmen); erwähnt sei hier, daß dieses kleine Boot 6 Stunden bei 12 km = 6,5 Seemeilen Geschwindigkeit und 20 Stunden bei 9 km = 4,9 Seemeilen mit einer Ladung fahren kann; man erkennt daraus, welch ungeheuren Einfluß bei diesen Akkumulatorenbooten die Geschwindigkeit auf den Aktionsradius hat. Eines der größten Akkumulatoren-Luxusboote ist die „Germania“ in Berlin; größere Boote dieser Art dürften kaum ausgeführt sein, wohl aber ist mehrfach bereits der Bedarf an größeren Schiffen für Lasten und Fährbetrieb aufgetreten. Fig. 4 zeigt ein solches Lastschiff und Fig. 5 das Projekt einer Eisenbahnwagen-Fähre.

Lange Jahre blieb dann die Enwickelung der Akkumulatorenboote zurück, da der stets beschränkte Wirkungskreis solcher Fahrzeuge die Verwendbarkeit beengte. Eifrig aber wurde von interessierten Kreisen die Sache weiter erprobt. Die Akkumulatorenfabrik A.-G. Berlin ließ das Studium

Modernes Akkumulatoren-Luxusboot.

Fig. 3. f251

dieser Frage nicht ruhen, baute auch mehrere kleinere Schleppboote und machte eingehende Versuche, wobei weitere erhebliche Fortschritte erzielt wurden. Als die Teltowkanal-Bauverwaltung die Frage des Schleppens der Schiffe auf dem Kanal studierte, wurde auch hier ein elektrisches Schleppboot in Konkurrenz gezogen, und zwar auf Grund einer Arbeit, welche beim Wettbewerb eingereicht war, ohne bei der Preisverteilung Berücksichtigung gefunden zu haben. Diese Arbeit, die seinerzeit unter Leitung des Verfassers ausgeführt war, sah ein Boot mit elektrischem Schraubenantrieb vor, welches teilweise seine elektrische Energie von außen durch oberirdische Zuleitung wie die Straßenbahnen erhielt, teilweise durch Akkumulatoren betrieben wurde. Als Akkumulatorenboot interessiert es zunächst durch die hohe Betriebsspannung von 420 V, die gewählt war, um die Oberleitung möglichst gering bemessen zu können, denn die Höchstleistung des Bootes war mit 60 PSe. sehr erheblich. Verschiedene Erwägungen führten zur Wahl von 3 Schrauben, wodurch namentlich eine vorzügliche für das Schleppen schwerer Schiffszüge äußerst geeignete Reguliermethode mit hohem Wirkungsgrad möglich wurde. Diese Methode ist durch deutsches Reichs-

Akkumulatoren-Lastfahrzeug „Tre Kronor".

Fig. 4.

patent Nr. 143 439 geschützt. Fig. 6 zeigt einen Plan dieses Schleppbootes „Teltow" und Fig. 7 ein Bild desselben im Betriebe. Über die Versuche, welche mit diesem Boot angestellt sind, ist eingehend von Herrn Regierungs-Baumeister Block in der Elektrotechnischen Zeitschrift 1906 Heft 23 berichtet worden. Es wird später noch auf dieses Schleppboot „Teltow" zurückgekommen werden, da dasselbe noch weiteren Versuchen dienen soll.

Alle diese eingehenden Versuche mit Akkumulatorenbooten, sowie das Studium der notwendigen Reformen des Flußschiffsverkehrs ließen den schon lange von Herrn Schäfer verfolgten Gedanken der Elektrisierung des Ziegel-

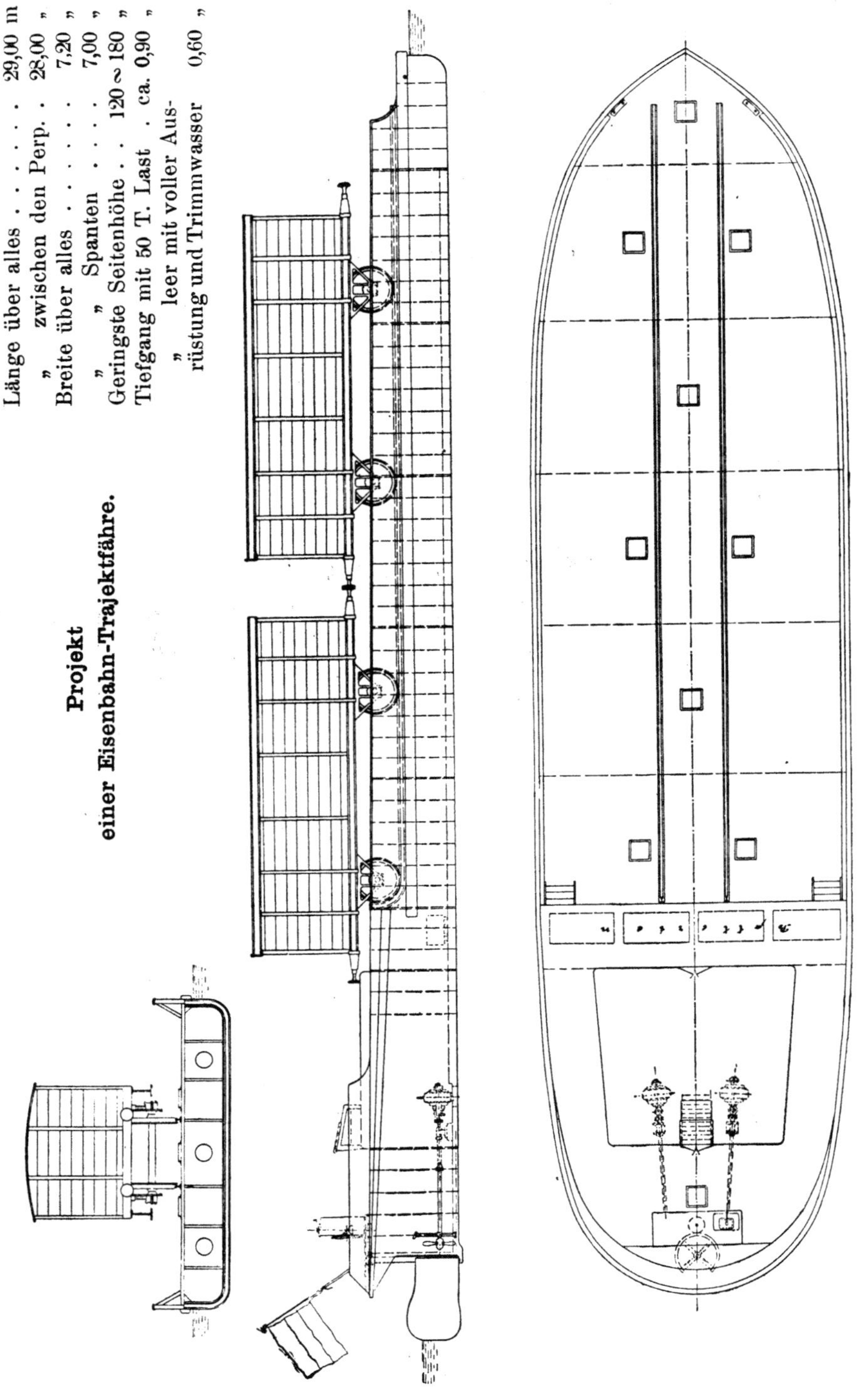
Projekt
einer Eisenbahn-Trajektfähre.
Länge über alles . . . . 29,00 m
" zwischen den Perp. . . 28,00 "
Breite über alles . . . . . . 7,20 "
" " Spanten . . . . . 7,00 "
Geringste Seitenhöhe . . 120 ∼ 180 "
Tiefgang mit 50 T. Last . ca. 0,90 "
" leer mit voller Ausrüstung und Trimmwasser 0,60 "

Fig. 5.

Plan des Schleppbootes „Teltow“.

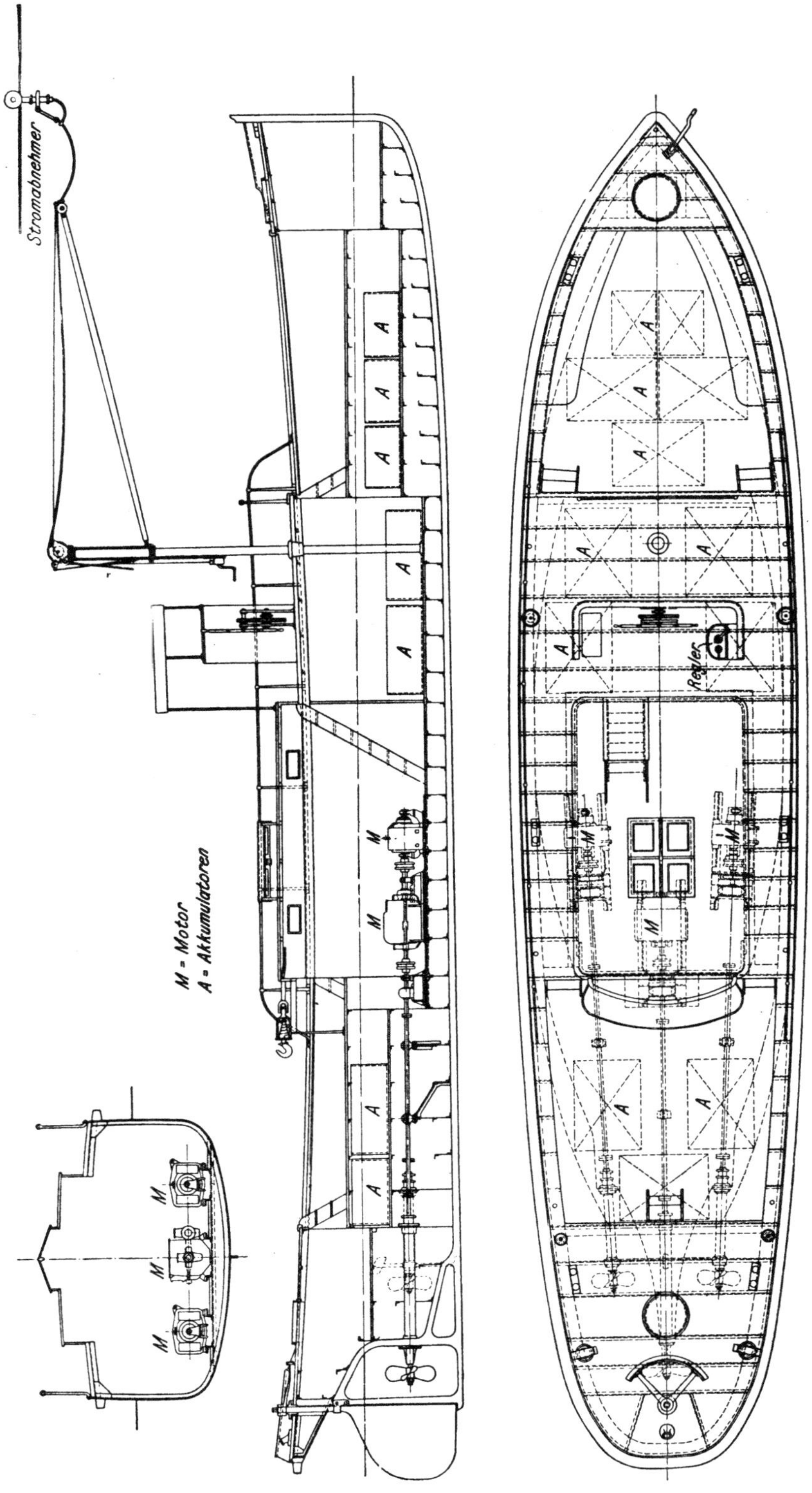

Fig. 6.

transportes vor einiger Zeit zur Ausführung kommen. Es wurde, nachdem einige Probezillen gebaut wurden, die Ziegeltransport-Aktiengesellschaft in Berlin gegründet, welche zum ersten Male den Betrieb von Akkumulatorenschiffen im Großbetriebe bereits teilweise aufgenommen hat. Fig. 8 und 9 zeigen einen solchen Kahn und seine Einrichtungen. Diese Fahrzeuge, welche z. B. von den Ziegeleien in Zehdenick nach Berlin zur Verfrachtung von Steinen Verwendung finden, erscheinen für ihren Zweck äußerst geeignet und

Schleppboot „Teltow".

Fig. 7.

sind aller Voraussicht nach sehr rationell. Die Geschwindigkeit der Kähne darf in den Kanälen und engen Gewässern nur sehr gering sein, also ist auch der Energieverbrauch sehr niedrig. Sie fahren mit einer Ladung der Batterie 100 km ohne Unterbrechung; die Zeit zur Auf- bezw. Entladung der Ziegel genügt auch für die Ladung der Batterie. Man hat es hier mit einem hochbedeutsamen Versuche auf dem Gebiete der Flußschiffahrt zu tun, und es ist zu hoffen, daß dieses junge Unternehmen nicht zu sehr durch die Schwierigkeiten, welche die polizeiliche Regelung der Schiffahrtsverhältnisse auf den in Aussicht genommenen Strecken ihm entgegenstellt, gehemmt wird.

Ziegeltransportkahn mit elektrischem Antrieb.

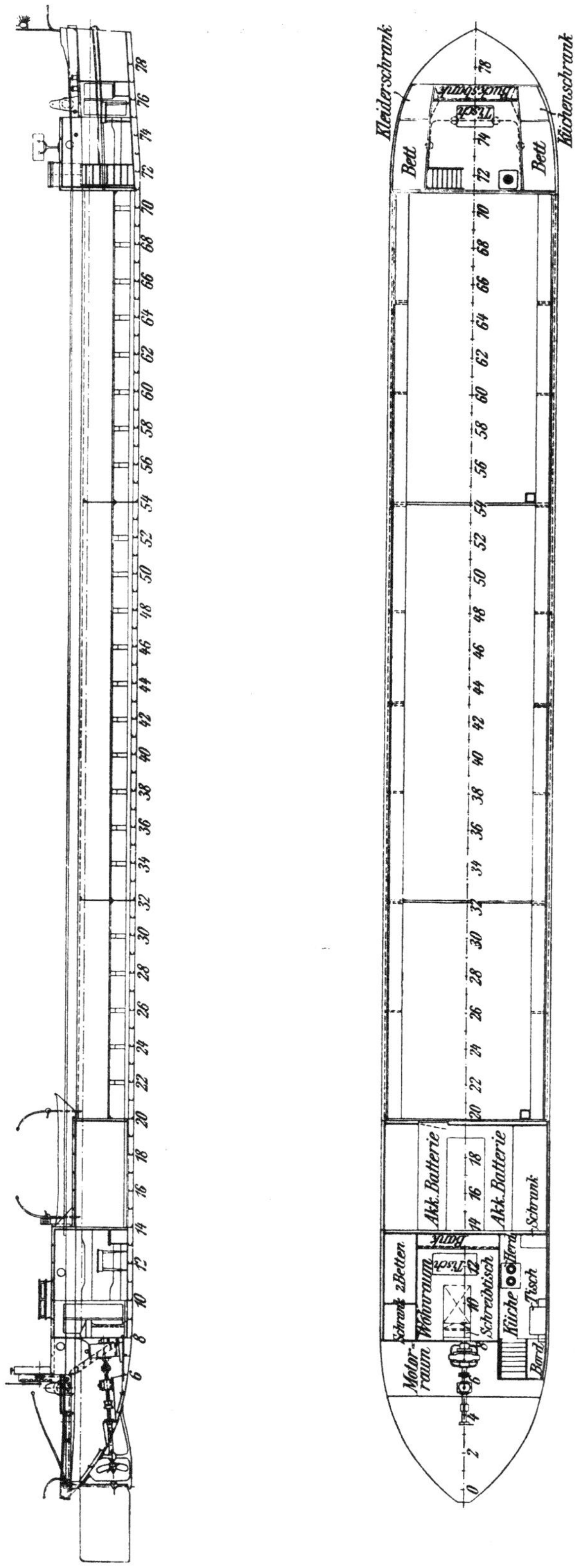

Fig. 8.

Bei der Betriebseinrichtung dieser Fahrzeuge ist nun vor allem darauf geachtet worden, bei denkbar kleinster Energie - Ausgabe einen möglichst großen Nutzeffekt zu erzielen; insbesondere sind dieselben für den Hauptverkehr in den ruhigen, märkischen Gewässern und Kanälen vorgesehen. Um jedoch auch große Entfernungen oder Strecken mit stark fließenden

Maschinenraum eines Ziegeltransportkahnes.

Fig. 9.

Gewässern bewältigen zu können, ist beabsichtigt, auf solchen Strecken, z. B. auf den großen Strömen, eine Anzahl von automobil bewegten Kähnen in einem Zuge zu vereinen, wobei dann die elektrische Energie jedem Kahn von einer in einem Schiff untergebrachten elektrischen Krafterzeugungsstation direkt durch Kabel zugeführt wird; die Leistung der Motoren wird groß genug gemacht, um auch Gegenströmung zu überwinden. An den Kanälen angekommen, löst sich dieser Zug wieder auf, um die Kähne einzeln und automobil ihren weiteren

Weg nehmen zu lassen. Es wird später hierauf nochmals eingegangen. Hier bietet sich also die beste Gelegenheit, das von der Gesellschaft verfolgte System zu ergänzen und die automobilen Akkumulatoren - Fahrzeuge für alle Entfernungen und für alle Gewässer geeignet zu machen. Zu diesem Zwecke hat die Gesellschaft ihre Bestrebungen mit denen der Siemens-Schuckert-Werke vereinigt; in Kürze soll mit den praktischen Versuchen dieses Systems begonnen werden.

Endlich aber ist auch in besonderen Fällen, wo die Energie - Erzeugungskosten keine so wesentliche Rolle spielen, dem automobilen Kanalfahrzeug eine völlige Unabhängigkeit dadurch möglich, daß es seine Ladestation mit sich führt.

Um die Zweckmäßigkeit einer solchen Einrichtung darzutun, ist eines der Akkumulatoren-Fahrzeuge von der Gesellschaft, welches als Hausboot ausgebaut worden ist, derart ausgerüstet. Dieses Hotelschiff mit Namen „Sommernachtstraum“ soll mit seinen Reisegästen längere Reisen durch die brandenburgischen Gewässer nach Mecklenburg usw. machen. Es erhielt daher einen Benzinmotor mit Dynamo; dieses Aggregat kann sowohl dazu benutzt werden, um die Batterie nachzuladen als auch um das Schiff vermittels reiner elektrischer Kraftübertragung direkt durch den Benzinmotor anzutreiben und zu regulieren. Diese Methode soll später noch eingehender besprochen werden. Figur 10 und 11 zeigen den „Sommernachtstraum“ und seine maschinelle Anlage. Es gibt nun natürlich verschiedene Methoden, um sich von den Beschränkungen, die der Akkumulatorenbetrieb besonders für Seeschiffe bedingt, frei zu machen und diese werden je nach den Zwecken, denen das Fahrzeug in erster Linie dienen soll, gewählt werden müssen.

Das Akkumulatoren-Luxusboot hat alle nur wünschenswerten Vorzüge und als einzigen Nachteil den beschränkten Aktionsradius und eventuell auch für gewisse Gewässer, namentlich für seenreiche Gegenden und für das offene Meer, eine zu geringe Höchstgeschwindigkeit; am einfachsten würden diese Übelstände nun in gleicher Weise wie beim „Sommernachtstraum“ durch Hinzufügung eines Zusatz- und Ladeaggregates beseitigt werden. Hiermit ist aber immer ein bedeutender Verlust an Energie durch die elektrische Umwandlung der Kraft verbunden. Bei schweren großen Fahrzeugen, wie beim „Sommernachtstraum“, für welche, wie auch Herr Bauer zeigte, schnellaufende Schrauben nicht verwendet werden können, wird dieser Verlust an Energie durch den besseren Wirkungsgrad der Propeller wieder eingebracht, bei leichten, kleineren,

Hotelschiff „Sommernachtstraum“

Fig. 10.

scharfen Fahrzeugen aber nicht. Diese Erwägungen nun führten zum Bau von Booten und Fahrzeugen des explosions-elektrischen Systems, die alle guten Eigenschaften der Akkumulatorenboote und gleichzeitig der Explosionsmotorboote haben, ohne die schlechten Eigenschaften dieser Fahrzeuge.

Motorraum für das Hausboot „Sommernachtstraum".

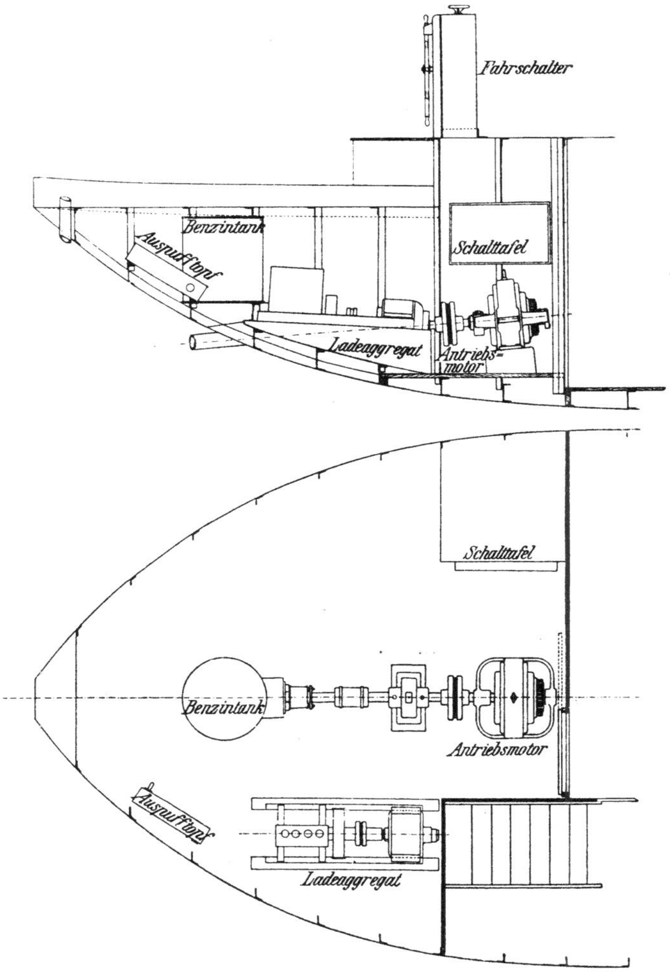

Fig. 11.

Als einziger Nachteil kann ein geringes Mehrgewicht angeführt werden. Die Versuche mit zwei solchen Booten, insbesondere die Ergebnisse des Betriebes der benzinelektrischen Yacht „Ellen" haben in der Tat großartige Erfolge erzielt. Das Boot hat zwei Tage nach seiner Fertigstellung die Flußreise nach Kiel zur Motorbootausstellung angetreten, und hat diese erste Reise wie alle späteren — es war unter anderen nach Rügen gefahren — ohne jede Störung zurückgelegt. Das Boot hat bisher etwa 6000 km gefahren. Die Zylinder sind nur einmal, nach der ersten längeren Fahrt, um sie zu prüfen, nachgesehen. Das Boot manövriert vorzüglich und absolut ohne Stöße und ohne die sonstigen unangenehmen Erscheinungen beim Motorboot; der Benzinverbrauch ist sehr günstig, wie überhaupt die Betriebskosten infolge der sehr geringen Reparaturen sehr gering sind. Diese Erfolge sowie die oben erwähnte Überlegung zur besseren Nutzbarmachung der Akkumulatoren-Fahrzeuge führten denn auch dazu, das bereits erwähnte Schleppboot „Teltow" zu einem solchen Boot gemischten Systems umzubauen. Die Benutzungsfähigkeit des reinen Akkumulatorenbootes als Schleppboot ist naturgemäß sehr gering und ein solcher Betrieb kann trotz der erzielten guten Resultate nur für Spezialfälle rentabel sein. Um daher das Schleppboot mit elektrischem Antrieb von auswärts mit Energie zu versorgen, rüstete man dasselbe mit Vorrichtungen aus, um ihm den elektrischen Strom durch Oberleitungen zuzuführen. Bei den Versuchen auf dem Teltowkanal sind hierbei sehr günstige Erfolge erzielt. Bei dichtem Verkehr ist hierdurch ein durchaus billigerer und angenehmerer Schleppbetrieb als mit Dampfern oder Explosionsmotorbooten erreichbar, dieser Betrieb kann jedoch nicht mit den auf Schienen neben den Kanälen laufenden elektrischen Lokomotiven konkurrieren, wenn eine gewisse Dichtigkeit des Verkehrs eintritt, er wird also wohl nur dort eine Rolle spielen, wo die Verhältnisse das Bauen von Treidelpfaden nicht zulassen, z. B. in sumpfigen Geländen und bei Schiffstunneln oder Bergdurchstichen, oder auch in Städten, wo die Häuser und Schuppen bis an den Kanal gebaut sind. Für solche Kanäle regt sich auch jetzt schon vielfach die Nachfrage nach solchen Schleppern, namentlich auch in Frankreich. Als Methode für die Stromzuführung sind am Teltowkanal zwei Systeme erprobt, die aus Fig. 6, 12 u. 13 ersichtlich sind; das eine System mit den Rollenstromabnehmern macht die Überspannung der Kanäle notwendig, verkleinert aber die Freiheit des Schleppers, ist also besonders für enge Kanäle und Tunnels geeignet, das andere System mit dem kleinen auf Drähten laufenden Stromzuführungswagen nach Lombard-Gerin, ermöglicht eine große Bewegungsfreiheit des Schleppers bis zu 25 m vom Ufer, ist aber etwas teurer und komplizierter. Beide Systeme haben sich durchaus bewährt und können in jeder Hinsicht empfohlen werden.

Um nun aber das Schleppboot ganz unabhängig zu machen, gab man für die erweiterten Aufgaben der „Teltow" neuerdings noch einen hundertpferdigen Petroleummotor mit; am liebsten hätte man einen schnellaufenden

Schleppboot „Teltow“ mit Rollenstromabnehmer.

Fig. 12.

Schleppboot „Teltow“ mit Lombard-Gerin Oberleitung.

Fig. 13.

Dieselmotor hierzu gewählt, was aber nicht möglich war, weil solche zur Zeit noch nicht erhältlich waren.

Dieses petroleum-elektrische Boot, Fig. 14, soll nun einmal als Schleppboot mit Dampfschleppern und Motorschleppern wirtschaftlich konkurrieren können, da die Motoranlage rationeller arbeiten soll als die anderen Anlagen und außerdem soll es eine schwimmende Zentrale für diejenigen Akkumulatoren-Fahrzeuge bilden, welche gezwungen sind, stellenweise auf Flüsse mit starker Strömung zu gehen, oder über weite Seenstrecken größere Geschwindigkeit zu entfalten, wie dies oben schon erwähnt wurde. Es werden dann etwa 4 Kähne zu einem Zuge vereinigt und zwar werden diese Kähne dann nicht nur elektrisch miteinander derart verbunden, daß jeder Kahn seine Energie für den Propellermotor von der voranschwimmenden Zentrale erhält, sondern daß auch mechanisch noch ein geringer Schleppzug mitwirkt, Fig. 15. Es ist mit Sicherheit zu erwarten, daß die zur Fortbewegung nötige Gesamtkraft wesentlich geringer als beim rein mechanischen Schleppbetrieb ist, denn der Wirkungsgrad der einzelnen Schrauben ist infolge des geringen spezifischen Schubes ein viel günstigerer, und auch die schädlichen Wirkungen der Wassermassen, welche der jetzt gebräuchliche Schlepper in Bewegung setzt, fallen fort. Die Beschädigungen der Böschungen und Kanalsohlen werden gleichfalls vermieden. (Vergleiche Anhang I.)

Die eingehenden Versuche mit dem Schleppboot „Teltow“ haben ergeben, daß man ohne erheblichen Verlust bei der Anwendung von 3 Schrauben verhältnismäßig hohe Umdrehungen der Propeller bei den in Frage kommenden Leistungen anwenden kann, es war also auch hier möglich, den Explosionsmotor bei bestimmten Leistungen direkt auf die mittlere Schraube arbeiten zu lassen. Die seitlichen Schrauben werden durch elektrische Kraftübertragung angetrieben, was sich ohne weiteres daraus ergab, daß man nicht mehrere Explosionsmotoren einbauen wollte. Der Plan, Fig. 14, zeigt deutlich die gesamte Anordnung der Maschinenanlage. Die Wichtigkeit dieser Maschinenanlagen, zu denen auch die nachher gezeigte weitere Ausbildung gehört, macht es notwendig, das gemischte System etwas näher zu betrachten. Die Anordnung der „Teltow“ mit den 3 Schrauben ist leicht verständlich, wenn eine solche Anlage mit einer Schraube erklärt wird, es genügt also die Betrachtung der Anlage der Yacht „Ellen“; diese besteht aus:

1. der Akkumulatorenbatterie,
2. der Anlaß- und gleichzeitig der Reguliervorrichtung,

Einrichtungsplan für das Schleppboot „Teltow"

mit 100 PS. Petroleummotor und elektrischer Kraftübertragung.

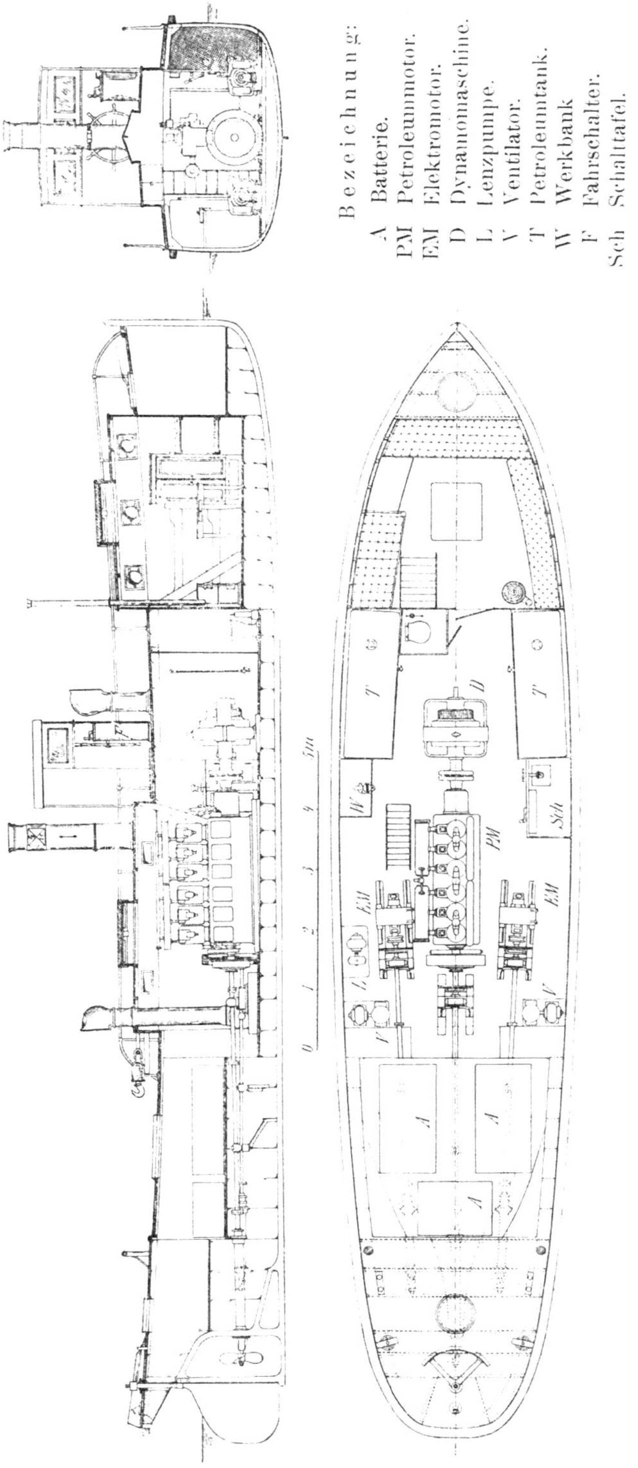

Fig. 14.

3. der Ladeeinrichtung von Land aus,
4. dem Elektromotor,
5. Zwei elektrischen oder mechanischen Kuppelungen, und zwar eine zwischen Schraube und Elektromotor und eine zwischen Elektromotor und Explosionsmotor,
6. dem Explosionsmotor nebst Zubehör (Pumpen, Benzintank usw., jedoch ohne Umsteuervorrichtung oder Kuppelung und ohne Reguliervorrichtung für die Tourenzahlen).

Ein Schema dieser Anlage ist in Fig. 16 dargestellt.

Schematische Anordnung für einen Schleppzug mit Fahrzeugen mit einzelnem Antrieb.

Gesamtlänge des Schleppzuges 250 m.

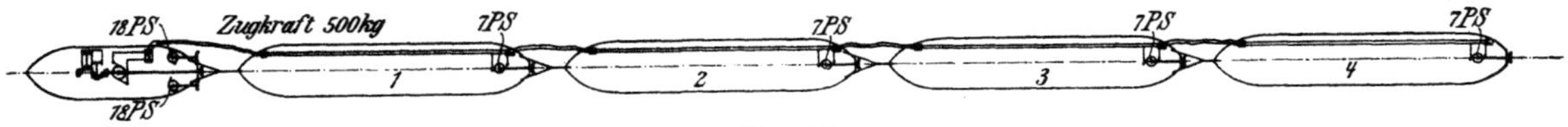

Fig. 15.

Schema für einen benzin-elektrischen Propellerantrieb.

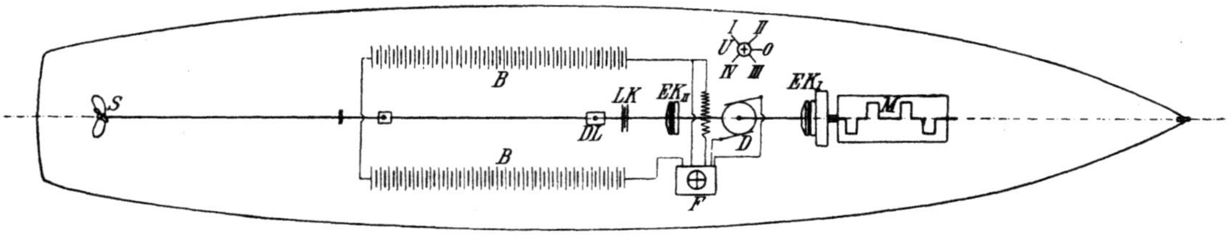

Bezeichnung

M	Benzinmotor	B	Batterie
EK I	Elektromagnetische Kuppelung	S	Schraube
EK II	Elektromagnetische Kuppelung	0	Ausgeschaltet
D	Dynamo	I	Benzin-elektrisch
LK	Lederkuppelung	II	Rein elektrisch
DL	Drucklager	III	Laden
F	Fahrschalter	IV	Rein Benzin
U	Umschalter		

Fig. 16.

Der Betrieb erfolgt entweder rein elektrisch bei gelöster Kuppelung, wie bei einem gewöhnlichen Akkumulatorenboot, (auf diese Weise wird auch stets ganz langsam und rückwärts gefahren) oder explosionselektrisch; in diesem Falle dreht der Elektromotor den Explosionsmotor an und sobald die Zündungen erfolgen, wird der Elektromotor zur Dynamo und nun tritt ein ständiger Ausgleich der Kräfte auf. Die Umdrehungszahl des Explosionsmotors ist von der durch den Regulator beliebig veränderlichen Erregung des Magnetfeldes der Motordynamo abhängig. Je nach dem Kraftbedarf für die betreffende Umdrehungszahl der Schraube geht die überschüssige Leistung des Explosionsmotors als in der Dynamo erzeugte Elektrizität in die Akkumulatorenbatterie. Wird nun bei zunehmender Umdrehungszahl der Schraube die erforderliche Energie für diese größer als die Leistung des Explosionsmotors, so gibt die Batterie diese Leistung her, wobei die

Bild vom Boot „Ellen".

Fig. 17.

vorher als Dynamo arbeitende elektrische Maschine Motor wird. Elektromotor und Explosionsmotor vereinigen ihre Kraft auf eine Welle und treiben das Boot mit erhöhter Geschwindigkeit; diese steigert sich, bis auch der Elektromotor seine Höchstleistung erreicht. Die Kraft ist in ihrer Zeitdauer von der Größe der Batterie abhängig. Da der Wechsel zwischen Dynamo und Motorwirkung der elektrischen Maschine momentan vor sich geht, so ergänzt also die Batterie den Explosionsmotor in jeder Lage, also auch sofort, wenn z. B. die Leistung des Motors, sei es durch Versagen der Zündung oder auf andere Art aufhört; hieraus ergibt sich für solche Boote ein ungeheuer gleichmäßiger Betrieb, was bei Luxusyachten ganz besonders angenehm empfunden wird.

Fig. 17, 18 und 19 zeigen die Yacht „Ellen“ und verschiedene Einrichtungen derselben.

Naturgemäß läßt sich dies Verfahren nicht für allzugroße Kräfte anwenden, weil die Größe und das Gewicht der Akkumulatorenbatterie für größere Leistungen ganz gewaltig wird. Am ausgeprägtesten zeigt sich dieses bei den Unterseebooten, welche zurzeit das größte Gebiet für den elektrisch

Kabine mit Blick auf den Steuerstand des Bootes „Ellen“.

Fig. 18.

angetriebenen Schiffspropeller abgeben. Die Verfahren, die hierbei angewandt werden, sind im allgemeinen dem gemischten System der Yacht „Ellen“ ähnlich, jedoch gibt es auch ganz abweichende Systeme hiervon. Da alle Nationen über ihre Unterseeboote das größte Geheimnis breiten, läßt sich nicht einmal angeben, welche Systeme von den einzelnen Ländern bevorzugt werden. Die Antriebsverfahren für die Unterseeboote unterscheiden sich von dem vorerwähnten gemischten System und den später erwähnten rein elektrischen Systemen auch fast nur durch ihre einzelnen verschiedenen Regulierverfahren. Gemeinsam haben fast alle Unterseeboote den rein elektrischen Betrieb mit Akkumulatoren beim Unterwasserfahren, während beim Überwasserfahren

Benzin-elektrische Yacht „Ellen"; Einbau des Motors und des Regulators.

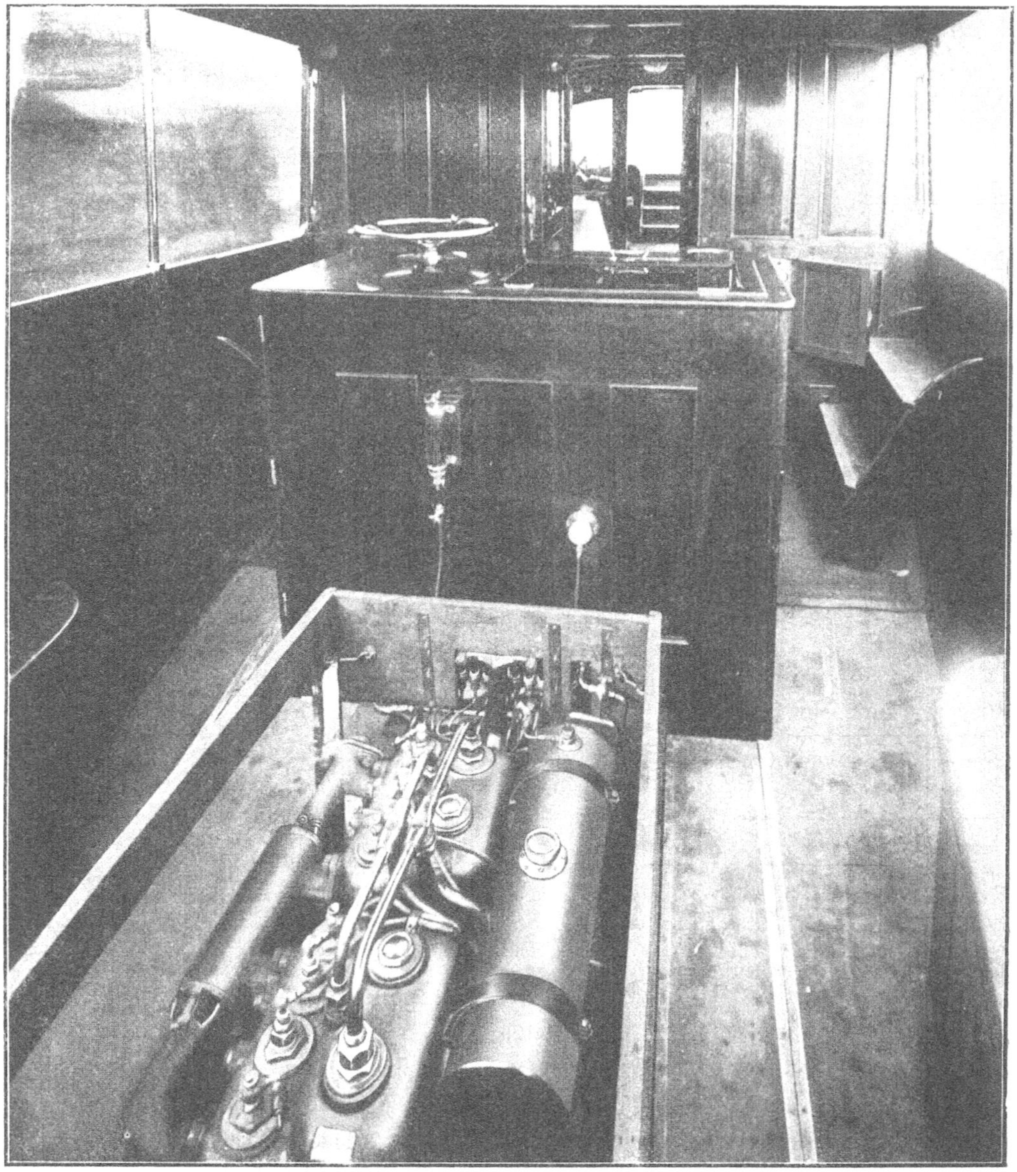

Fig. 19.

meist ein Explosionsmotor mitwirkt. Auf diese Systeme einzugehen, würde zu weit führen, besonders auch, weil diese Fragen entweder rein elektrotechnischer Natur, oder reine Angelegenheiten des Explosionsmotorenbaues sind, und nur in geringem Maße auf schiffbautechnischem Gebiet liegen.

Die vielen eingehenden Versuche, namentlich auch mit verschiedenen

Schrauben bei gleichen Leistungen, welche sich bei elektrisch angetriebenen Schrauben so genau ausführen lassen, haben nun zu einer Reihe von Erfahrungen geführt, von denen hier ganz besonders die eine hochwichtige Tatsache erwähnt werden soll, daß die Gleichmäßigkeit der Um-

Kurven von Schraubenversuchen.

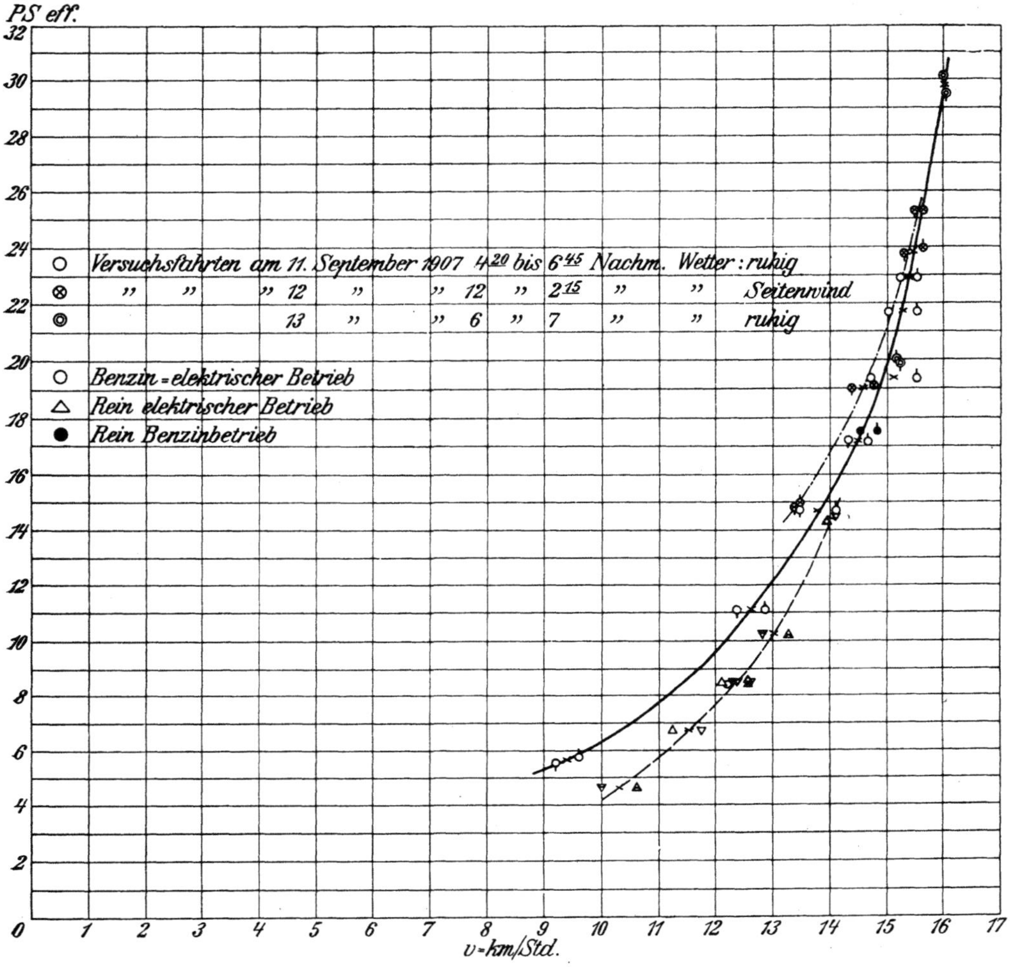

Fig. 20.

drehungen der Schiffsschraube, wie sie der elektrische Antrieb mit sich bringt, einen sehr günstigen Einfluß auf den Wirkungsgrad der Gesamtanlage ausübt. Die dieser Arbeit am Schlusse angefügte kurze Abhandlung von Herrn Richard Deetjen (Anhang II) zeigt in interessanter Weise, daß gleiche Geschwindigkeiten des gleichen Schiffes bei elektrisch angetriebener Schraube mit kleineren Motorleistungen erreicht werden, als beim Antrieb mit Explosionsmotoren mit starker Ungleichförmigkeit. Je höher die Umdrehungszahlen steigen, desto größer wird der Gleichförmigkeitsgrad und desto mehr nähern sich die Leistungskurven, s. Fig. 20.

Da durchaus anzunehmen ist, daß die Verhältnisse bei hohen Leistungen ähnliche sind, so sind hieraus für den elektrischen Propellerantrieb vorteilhafte Schlüsse auch für den großen, später erwähnten Antrieb zu ziehen. Dieses spricht auch wesentlich bei dem Vergleich der reinen elektrischen Kraftübertragung vom Motor auf die Schiffsschraube mit dem System von del Proposto mit, das dem vorerwähnten gemischten in einigen Punkten gleicht. Die Patente von del Proposto beziehen sich auf die Verwendung des elektrischen Antriebes der Schiffspropeller nur insoweit, als die Explosionsmotoren hierzu direkt nicht geeignet sind. Es soll durch Einschaltung einer elektrischen Kraftübertragung lediglich die Umsteuerbarkeit der Schrauben und die Manövrierfähigkeit des Schiffes bei geringer Fahrt erzielt werden. In der Tat wird diese Aufgabe in vorzüglicher Weise gelöst und es ist nur zu bedauern, daß diese Methode noch nicht weiteren Eingang in die Praxis gefunden hat. Der Hauptgrund hierfür dürfte der sein, daß man bisher geeignete Explosionsmotoren noch nicht in den Verkehr gebracht hat. Für kleine Leistungen bis zu 100 PS liegt das Bedürfnis, nach dem System del Proposto zu arbeiten, kaum vor; man erreicht hier durch mechanische Kuppelungen oder durch Schrauben mit verstellbaren Flügeln das gewünschte Resultat. Bei höheren und verfeinerten Ansprüchen würde außerdem das vorerwähnte, gemischte explosions-elektrische System vorzuziehen sein. Explosionsmotoren mit größerer Leistung als 100 PS sind nun zwar für Landanlagen schon gebaut, diese aber lassen sich nicht ohne weiteres auf Schiffe verpflanzen. Sie werden außerdem meist nicht mit flüssigen Brennstoffen betrieben, sondern mit Gasen, wodurch auch ihre Verwendbarkeit an Bord beeinträchtigt wird. Als flüssiger Brennstoff für Schiffe aber kommt, genau genommen, nur das Petroleum in Frage, wenigstens in größerem Umfange. Alle bisher gebauten Petroleummotoren aber waren besonders nicht recht brauchbar, weil sie schwer anspringen, das Anlassen mit Benzin muß aber an Bord soweit als möglich vermieden werden, da die Explosionsgefahr zu groß ist. Erst neuerdings hat nun infolge der Aufgaben, die der Unterseebootsbau stellte, dieser Zweig der Technik so große Fortschritte gemacht, daß man an den Bau derartiger Petroleummotorschiffe ohne Bedenken herantreten kann, jedoch auch nur in Grenzen bis etwa 300 PS pro Motor bei einer größten Umdrehungszahl von 700 pro Minute. Diese Petroleummotoren haben einen zwar

Dieselmotor der Allgemeinen Gesellschaft für Dieselmotoren in Augsburg.

Fig. 21.

günstigen, aber doch verhältnismäßig hohen Brennstoffverbrauch und es erwächst ihnen ein sehr ernster Konkurrent im Dieselmotor, der neuerdings auch als Schiffsmotor gebaut wird. Die Leistungen der Dieselmotoren mit hohen Umdrehungszahlen betragen schon heute bis zu 500 PS und es ist anzunehmen,

Petroleummotor von Gebrüder Körting, Körtingsdorf.

Fig. 22.

daß auch bald an den Bau von Dieselmotoren mit 1000 PS Leistung und mehr herangetreten wird, denn besonders große Schwierigkeiten bieten sich hierfür nicht. Fig. 21 zeigt einen Dieselmotor für Schiffszwecke. Fig. 22 einen Petroleummotor für Schiffszwecke.

Neuerdings ist viel davon die Rede, Explosionsmotoren umsteuerbar und in weitesten Grenzen regulierbar zu bauen und es ist wohl auch durchaus wahrscheinlich, daß die Lösung dieser Aufgabe gelingt. Namentlich der Dieselmotor scheint hierfür sehr geeignet, auch in bezug auf die Ökonomie bei der Regulierung der Umdrehungszahlen. Es ist heute schon fast gelungen, einwandfreie umsteuerbare Dieselmotoren zu bauen, die zum Umsteuern Druckluft benutzen; letztere wird in Pumpen erzeugt, die mit den Motoren gekuppelt sind. Es ist nun naturgemäß, daß diese Druckluft schnell verbraucht wird, oder daß sich der Druck sehr vermindert, wenn schnell hintereinander mehrmals manövriert werden muß, was aber bei den meisten

Schaltungsschema
eines nach del Proposto-System ausgerüsteten Einschraubenschiffes.

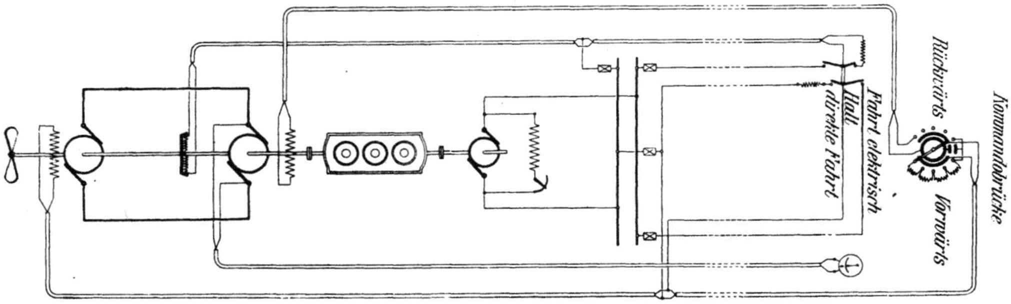

Fig. 23.

Schiffen beim Anlegen an Brücken und Quais nötig ist. Dieses Verfahren ist daher für Schiffszwecke wenig brauchbar und da auch die anderen Vorrichtungen, die man heute zum Umsteuern anwendet, unvollkommen sind, so ist es daher notwendig, um die wirtschaftlichen Vorzüge der Explosionsmotoren baldigst für die Schiffahrt auszunutzen, solange bei der erprobten Methode der Verbindung mit einer elektrischen Anlage zu bleiben, bis ein wirklich gangbarer anderer Weg gefunden ist. Sobald dieses der Fall ist, wird natürlich das Bessere das Gute von selbst verdrängen, wenn nicht die anderen Vorteile des elektrischen Vermittlers so groß sind, daß sie ausschlaggebend bleiben. Zurzeit scheint dieses zuzutreffen. Um nun alle diese Punkte beurteilen zu können, bedarf es zunächst des Studiums der Hauptsysteme. Wie schon erwähnt, ist bei dem System del Proposto die elektrische Einrichtung nur als ein Hilfsmittel für das Umsteuern und Manövrieren zu betrachten; sie kann daher wesentlich schwächer gemacht werden als die

Höchstleistung des Betriebsmotors beträgt. Die Höchstbelastung aller elektrischen Teile tritt nur bei voller Fahrt rückwärts auf, dagegen genügt es für dauernde Fahrt rückwärts reichlich, wenn man mit halber Leistung zurückfahren kann. Bei guten elektrischen Einrichtungen kann man ohne weiteres infolge der hohen Überlastungsfähigkeit der Maschinen im Falle der Gefahr, wenn auch nur kurze Zeit, tatsächlich mit voller Kraft zurückfahren. Die Anlage eines del Proposto - Schiffes, Fig. 23, besteht aus folgenden Teilen:

1. Dem Antriebmotor (meist Explosionsmotor),
2. einer Dynamomaschine,
3. einem Elektromotor,
4. einer Kupplung (meist elektrisch ein- und ausrückbar) zwischen Dynamo und Motor,
5. der Kraftquelle für die Erregung der Feldmagnete der Dynamo und des Motors, und zwar entweder der Lichtdynamo oder einer auf die Motorwelle gesetzen besonderen Dynamo,
6. den elektrischen Regulier-Vorrichtungen.

Bei der Anwendung dieses Systems lag nun die Gefahr vor, daß die Bedienung und Regulierung der Schraube nicht wie bei allen bisher erwähnten Systemen des elektrisch angetriebenen Propellers direkt vom Kommandostande des Schiffes aus erfolgt, weil einmal die Bedienung der Kupplung beschwerlich ist und weil es außerdem bei diesen Anlagen notwendig ist, die Umdrehungszahl des Motors bis auf die Leistung der Dynamo herunterregulieren zu können. Man half sich durch Einschaltung einiger elektrischer Aggregate in die Fernregulierung, so daß die Bedienung von oben wenigstens zum Zwecke des Manövers jederzeit gewahrt bleibt. Die Regulierung der Umdrehungszahlen bei der höchsten Leistung aber wird am günstigsten im Maschinenraum selbst erfolgen.

Der Betrieb einer del Proposto-Anlage erfolgt nun derart, daß der Antriebmotor in Gang gesetzt wird und auf die Dynamo arbeitet; hierbei ist die Kupplung gelöst, durch die Erregung des Feldes der Dynamo wird der Motor in Bewegung gesetzt und jede beliebige Tourenzahl der betreffenden Spannung läßt sich entsprechend einstellen; auch kann ohne weiteres durch Null gehend die Drehrichtung geändert werden. Haben Dynamo und Motor annähernd gleiche Umdrehungen, so kann die Kupplung eingerückt werden und die elektrischen Maschinen treten außer Funktion, weil sie ohne Belastung

S.S. „Sarmat“. 1904

Tankschiff der „Société Nobel frères“ in St. Petersburg, mit Antrieb System „Diesel- del Proposto.“

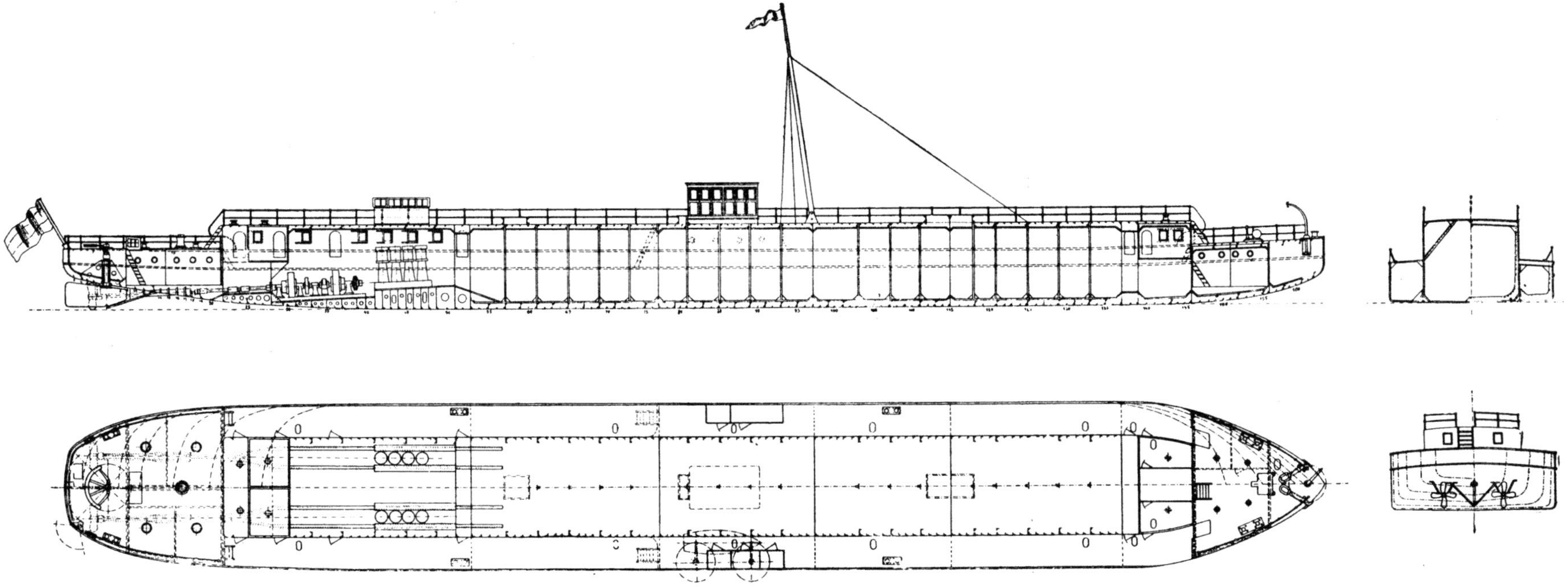

Größte Länge	75 m	Tiefgang unter Belastung	1,83 m	Leistung d. 2 Dieselmotor. zus.	360 PSeff.	Gewicht der Einrichtungen	65 t
Breite	9,70 m	Verdrängung	1150 t	Leergeschwindigkeit	8,6 Knoten	Gewicht der Einrichtungen pro PSe an den Wellen der Propeller	180 kg
Tiefe	3,33 m	Nutzlast	750 t	Geschwindigkeit belastet	8,1 „		

Gewicht pro PSi . . . . 160 kg

Fig. 24.

laufen, der Antriebmotor arbeitet direkt auf die Schraube und man kann nun seine Höchstleistung bei gleichzeitiger Vermehrung der Umdrehungen einregulieren; trotz dieser Erhöhung der Leistung ist das Eingreifen von der Kommandobrücke aus direkt zum Manövrieren jederzeit möglich, wobei nur Bedingung ist, daß ein guter Regulator bei plötzlicher Entlastung das Durchgehen des Antriebmotors verhindert. Man ersieht

Seeschiff „Herrmann" mit del Proposto-Antrieb.

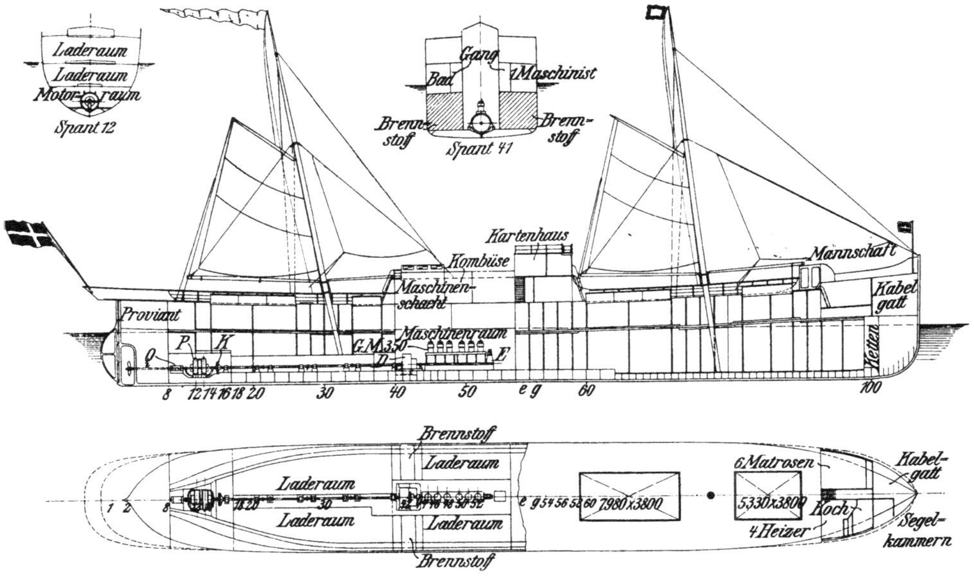

Dimensionen:

Länge zw. d. Steven 64,34 m, Breite 8,90 m, Tiefe von Kiel bis Hauptdeck 4,08 m, Spardeckhöhe 2,25 m.

Fig. 25.

hieraus, daß eine solche Anlage durchaus ideal arbeiten muß und in der Tat ist es auch nicht bekannt geworden, daß die bisherigen Ausführungen schlecht wären. Für eine ganze Reihe von Schiffen ist dieses System daher auf das wärmste zu empfehlen, besonders dort, wo das vorerwähnte gemischte, explosions-elektrische System nicht aus besonderen nur durch den Verwendungszweck bedingten Gründen vorzuziehen ist, z. B. bei Schiffen, welche vorübergehend eine erhöhte Leistung gebrauchen, wie Flußschiffe, welche den Rhein oder andere Ströme aufwärts fahren müssen und hin und wieder Stellen zu überwinden haben, die hohes Gefälle haben, wie das Binger Loch. Über solche Stellen hilft die Batterie spielend hinweg, während bei Anlagen ohne Batterie natürlich die Höchstleitung der Antriebmotoren nicht überschritten werden kann. Fig. 24 und 25 zeigen zwei solcher del Proposto-Schiffe, teilweise als Ausführung, teilweise als Projekt.

Das gemischte System mit Batterie hilft nun außerdem über eine der größten Schwierigkeiten hinweg, indem das Andrehen der Explosionsmotoren mit Hilfe dieser stets verfügbaren Energie geschehen kann. Bei Anlagen ohne Batterie muß man entweder kleine Hilfsaggregate oder Hilfsbatterien oder bei Dieselmotoren auch Druckluftvorrichtungen anwenden. Diese Einrichtungen belasten jedoch kaum, da besonders die Hilfsaggregate oder Batterien

Schaltungsschema eines elektrisch angetriebenen Einschraubenschiffes.

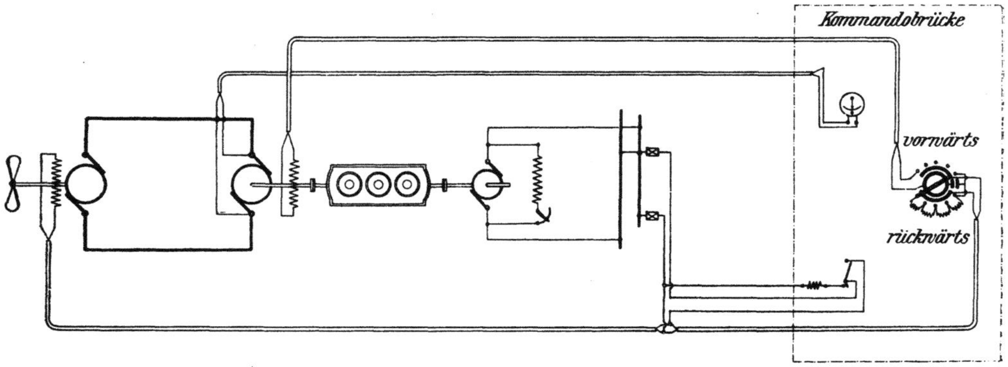

Fig. 26.

gleichzeitig die Beleuchtung hergeben; Schwierigkeiten bieten sie ebenso wenig wie die Luftdruckanlagen.

Die bisher genannten Systeme haben alle die Voraussetzung, daß die Umdrehungszahlen der Antriebmotoren für die Höchstleistungen direkt in den Schrauben verarbeitet werden können, und daß es wie bisher bei Dampfschiffen keine Schwierigkeiten macht, die Wellenleitungen von den Maschinen nach den Schrauben direkt einzubauen. Bei einigen Schiffsarten aber, z. B. bei langen, sehr flach gehenden Flußschiffen, ferner bei Segelschiffen mit Hilfsmaschinen usw. kann es nun wünschenswert sein, die Wellenleitungen zu sparen und schon aus diesem Grunde für Explosionsmotorschiffe anstatt des vorerwähnten gemischten Systemes oder des del Proposto-Systemes das System mit rein elektrischer Kraftübertragung anzuwenden.

Die Anlage eines solchen Schiffes, dessen Schema in Fig. 26 dargestellt ist, besteht aus folgenden Teilen:

1. dem Antriebmotor (meist Explosionsmotor),

2. einer Dynamomaschine,

3. einem Elektromotor,

4. der Kraftquelle für die Erregung der Feldmagnete, der Dynamo und des Motors, und zwar entweder der Lichtdynamo oder einer auf die Motorwelle gesetzten besonderen Dynamo,

5. den elektrischen Reguliervorrichtungen.

Fig. 27 zeigt den Plan eines solchen Flußschiffes, woraus man gleichzeitig erkennen kann, daß die Gewichtsausgleichung ganz beliebig durch Verschiebung der Maschinenanlage vom Schiffbauer gewählt werden kann. Es liegt aber außer diesen rein mechanischen Gründen kaum ein Vorzug in diesen Anordnungen. Nur die wesentlich vereinfachten elektrischen Reguliereinrichtungen gegenüber dem del Proposto-Systeme wären ein Grund, diesen Anordnungen den Vorzug zu geben, wenn nicht gleichzeitig eine bedeutende und wirksame Verminderung der Umdrehungszahl der Schraube vorgenommen wird. Herr Bauer hat nun gezeigt, daß bei bestimmten Verhältnissen zwischen Deplacement, Geschwindigkeit und Maschinenleistung gewisse Umdrehungszahlen der Schrauben notwendig sind, um noch guten Erfolg zu erzielen.

Die Umdrehungszahlen werden bei Anwendung von Explosionsmotoren leicht zu hoch, da man für normale Schiffe doch nur geringe Geschwindigkeiten gebrauchen kann und auch ganz besonders die Manövrierfähigkeiten von vollen Schiffen viel besser sind, wenn eine große Schraube vorhanden ist. Eine hohe Umdrehungszahl der Schrauben bedingt eine kleine Schraube mit verhältnismäßig geringer Druckfläche. Unter diesem Mißstand leiden auch die Turbinenschiffe, sobald die Verhältnisse von Deplacement, Geschwindigkeit, Maschinenleistung und Umdrehungszahl falsche sind. Diese geringe Druckfläche der Schrauben hat viele Mißstände zur Folge, welche am klarsten in den mäßigen Erfolgen des Turbinendampfers „Kaiser“ und der anderen größeren Turbinenschiffe und ihrer Abhängigkeit von Wind und Wetter zum Ausdruck kommt. Gelegentlich der wohl als sehr schlecht zu bezeichnenden ersten Resultate der Fahrten des größten Turbinenschiffes der „Lusitania“ hat Herr Geh. Regierungsrat Professor Flamm diese Verhältnisse in folgenden Worten geschildert:

„Die deutschen Schnelldampfer halten bekanntlich auch bei bösem Wetter ihre Fahrzeiten fast unverändert bei. Dieses liegt anders bei Turbinenschiffen. Die Turbine verlangt bekanntlich hohe Umdrehungszahlen; dem Wesen der bis jetzt gebräuchlichen Schrauben sind dagegen niedrige

S.S. „Vandal“. 1907

Tankschiff der „Société Nobel frères“ in St. Petersburg mit Dieselmotoren und ständiger elektrischer Übertragung.

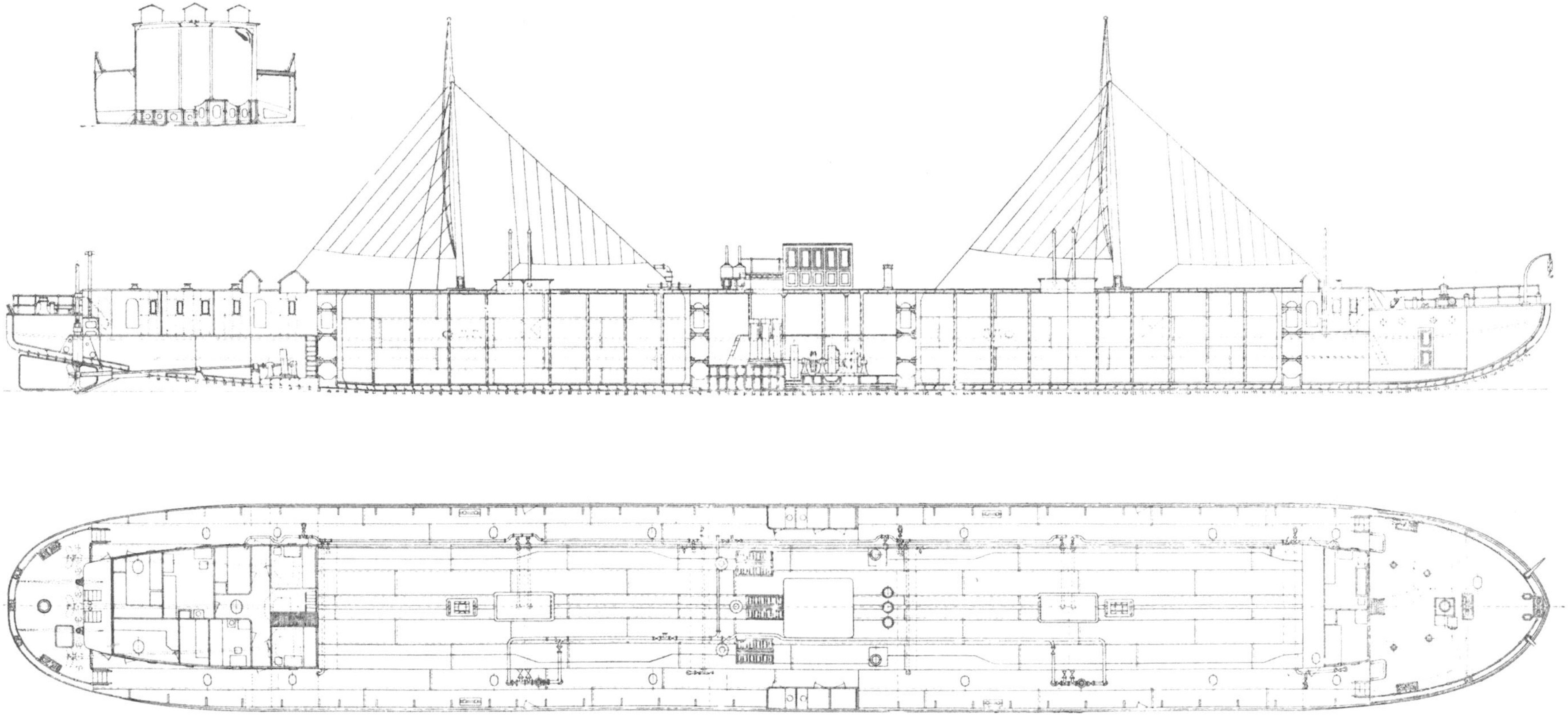

Gesamtlänge	75,00 m	Verdrängung	1150 t	Leerlaufgeschwindigkeit	8,0 Knoten	Gewicht der Einrichtungen pro PSe. an den Wellen der Propeller	265 kg
Breite	9,70 m	Nutzlast	750 t	Geschwindigkeit bei Vollast	7,4 „	Gewicht pro PSi	240 kg
Tiefe	3,30 m	Gesamtleistung d. 3 Dieselmotoren	360 PSe.	Gewicht der Einrichtungen	81 t		
Tiefgang unter Last	1,83 m						

Fig. 27.

Umdrehungen und große Durchmesser angepaßt, wenn der Wirkungsgrad ein guter sein soll. Beide Eigenschaften, die des Motors und die des Propellers, stehen einander entgegen. Diesen Widerspruch auszugleichen, ist das Bemühen der heutigen Schiffsmaschinenbauer; man ist daher bemüht, gut wirkende Turbinen mit möglichst niedriger, gut wirkende Schrauben mit möglichst hoher Umdrehungszahl zu konstruieren. Die deutschen Schnelldampfermaschinen machen alle rd. 80 Touren in der Minute und können demgemäß Schrauben von großem Durchmesser und gutem Wirkungsgrad benutzen. Bei „Lusitania“ hat man den Turbinen und den Schrauben 180 Umgänge in der Minute gegeben und dementsprechend den Durchmesser der Schrauben reduzieren müssen. Der Grund liegt bekanntlich darin, daß bei großem Durchmesser, entsprechend gewählter Steigung und hoher Umdrehungszahl die Umfangsgeschwindigkeit sehr zunehmen und somit die Reibung der äußeren Teile der Schraubenflügel am Wasser eine unverhältnismäßig große Maschinenkraft nutzlos absorbieren würde. Man wählt deshalb bei Turbinenschrauben den Durchmesser klein, kann infolgedessen das als Stützpunkt für den Schraubenschub erforderliche Flügelareal meist nicht in einer oder 2 Schrauben unterbringen und ist somit gezwungen, mehr, bei „Lusitania“ z. B. 4 Schrauben und Schraubenwellen mit Turbinenanlagen vorzusehen. Hierbei ist es selbstredend, daß man dem vorhandenen Flügelareal soviel Schub wie nur möglich aufladet. Beträgt beispielsweise bei „Lusitania“ bei 25—26 Knoten Fahrt der Schiffswiderstand etwa 200 000 kg, so hat jede der 4 Schrauben etwa 50 000 kg Nutzschub zu leisten. Diese Belastung beträgt mit Rücksicht auf die notwendige Wahl eines relativ kleinen Durchmessers annähernd das Maximum dessen, was die Schraube ohne bedeutenden Verlust an Wirkungsgrad leisten kann. Trifft der Dampfer auf seiner Fahrt böses Wetter, hat er Wind und See von vorn, so vermehrt sich dadurch sein Widerstand, wenn er seine Geschwindigkeit durchhalten will, sehr erheblich. Diesen erhöhten Widerstand müssen seine Schrauben überwinden, jede von ihnen muß also einen nicht unerheblichen höheren Schub auf sich nehmen und bei der unter normalen Verhältnissen schon vorhandenen, hohen Belastung ist dies nicht immer möglich. Die Folge ist meist sofort Fahrtverminderung, dabei nichtsdestoweniger gleicher Dampfverbrauch, gleiche Arbeitsleistung in der Turbine, gleiche Arbeitsabgabe an die Schraubenwelle, aber Verlust alles dessen in der Schraube, deren Wirkungsgrad nunmehr infolge ihrer Überbelastung sofort außerordentlich sinkt.

Aus diesen Vorgängen heraus ist die Geschwindigkeitsreduktion der meisten Turbinendampfer bei schlechtem Wetter zu erklären.

Halten Gegenwind und Gegensee mehrere Tage an, so braucht der Turbinendampfer zwar das gleiche Kohlenquantum wie bei gutem Wetter, er kommt aber nicht entsprechend vorwärts und nun tritt sofort die Frage auf: wird das vorhandene Kohlenquantum genügen, um auch trotz des anhaltenden schlechten Wetters noch den Hafen zu erreichen? Das allbekannte Hilfsmittel der Kolbenmaschine bei knappen Kohlen mit reduzierter Maschinenstärke zu fahren, dadurch Kohlen zu sparen und die erreichbare Strecke zu vergrößern, scheidet bei der Turbine aus, denn ihr Kohlenverbrauch steigt sofort unverhältnismäßig bei Reduktion der Leistung. Bei Bemessung des Kohlenbunkerinhaltes ist daher auf diese Umstände nach Möglichkeit Rücksicht zu nehmen, was aber eine neue Belastung der Debetseite des Schiffes zur Folge hat.“

Was hier von den Turbinenschiffen gesagt ist, trifft auch die Verhältnisse bei allen völligen Schiffen, welche relativ hohe Umdrehungszahlen der Schrauben haben, gleichgültig, ob der Antrieb durch Turbinen oder Explosionsmotoren oder Elektromotoren erfolgt. Einen Vorzug haben die beiden letztgenannten Motoren vor den Turbinen aber dadurch, daß bei sinkender Umdrehungszahl der Wirkungsgrad nicht annähernd so schnell sinkt wie bei Turbinen und ganz besonders nicht beim Elektromotor. Man kann also sowohl beim del Proposto-System, wie bei reiner elektrischer Kraftübertragung, ebenso wie bei der Dampfmaschine, ja mit noch weit größerem Erfolg an Brennstoff sparen, wenn man die Geschwindigkeit des Schiffes heruntersetzt.

Explosionsmotoren mit genügend niedrigen Umdrehungszahlen kann man nun zwar in ausgezeichneter Weise bauen, aber sie sind für den Schiffsbetrieb infolge ihres hohen Gewichtes und ihres großen Ungleichförmigkeitsgrades und noch einiger Übelstände fast unbrauchbar. Man muß daher besondere Schiffmotoren bauen, deren Umdrehungen aber auch bereits für Schrauben für geringe Schiffsgeschwindigkeit zu hoch sind. Man erkennt dieses in klarster Weise aus dem vielleicht etwas krassen Beispiel bei Ausarbeitung eines Projektes für ein großes Segelschiff mit Hilfsmaschinen. Es soll z. B. einem derartigen Schiff möglichst mit einer Schraube eine Geschwindigkeit von 6 Knoten gegeben werden. Hierzu bedarf es einer Leistung von etwa 600 PS. Bei direktem Motorantrieb oder beim del Proposto-System würde es zu ganz unverhältnismäßigen Maschinen führen, wenn man weniger als 200—300 Umdrehungen pro Minute wählte. Eine solche Anlage aber wäre schon sehr unhandlich zu bedienen und der Wirkungsgrad der Schraube wäre sehr gering. Vorteilhafterweise wird man für eine solche Schraube nicht mehr als höchstens 150 Umdrehungen, möglichst noch weniger wählen. Diese Lösung wird nun leicht durch die Anwendung rein elektrischer Kraftübertragung gefunden, so daß sich für eine solche Anlage für ein Segelschiff die denkbar günstigsten Verhältnisse ergeben. Der Platzbedarf ist sehr gering, da der Elektromotor für die Schraube hinten im scharfen Teil des Schiffes nur sehr wenig wertvollen Laderaum fortnimmt und die Hauptmaschinen in den Aufbauten des Oberdecks untergebracht sind, Fig. 28. Die Anlage arbeitet sehr ökonomisch, ist in kürzester Zeit stets betriebsbereit; besonders bei Segelschiffen erscheint es ganz hervorragend vorteilhaft, daß die Bedienung der Schraube direkt von der Kommandobrücke aus erfolgt und es ist nicht ausgeschlossen, daß hierdurch das Kreuzen in verhältnismäßig engen Gewässern ermöglicht wird, da die Schraube infolge ihrer steten Betriebsbereitschaft beim Überstaggehen helfen kann. Einen zweiten großen Vorzug bietet eine solche Anlage dadurch, daß sie gleichzeitig in rationellster Weise zum Betrieb der Hilfsmaschinen und besonders auch im Hafen zum Betrieb der Ladewinden Verwendung finden kann, wodurch wirtschaftlich für die großen Segler sehr viel gewonnen wird. Es sei hierbei erwähnt, daß bei der Anwendung des del Proposto-Systems der elektrische Antrieb der Hilfsmaschinen durch die Hauptmaschinen auch durchaus durchführbar ist, er kann also in der Regel nicht so rationell betrieben werden, wie beim rein elektrischen Antrieb, weil man hier aus vielen Gründen, besonders auch zum Zwecke der Reserve, mindestens zwei ganz selbständige Primäraggregate wählen wird. In fast allen Fällen wird eines derselben auch im Hafen genügen, um alle Hilfsmaschinen zu betreiben. Fig. 28 zeigt ein solches Projekt für ein großes Segelschiff, und zwar mit einer Schraube. Es scheint, als ob für derartige Segelschiffe e i n e Schraube vorzuziehen ist, da wahrscheinlich die Leerlaufarbeit beim Segeln wie auch die Anlagekosten geringer sind. Beim Segeln werden nur die Bürsten vom Anker des Elektromotors abgehoben und die Schraube läuft infolge der Fahrt des Schiffes leer mit, wobei der Kraftverlust erfahrungsgemäß gar keine Rolle spielt. Man könnte hier bei gutem Winde sogar Elektrizität zur Beleuchtung oder für andere Zwecke durch die Fahrt des Schiffes gewinnen, wenn dieses auch kompliziert und wohl auch immer sehr unrationell, also nicht zu empfehlen wäre.

Segelschiff mit elektrischem Antrieb der Schraube.

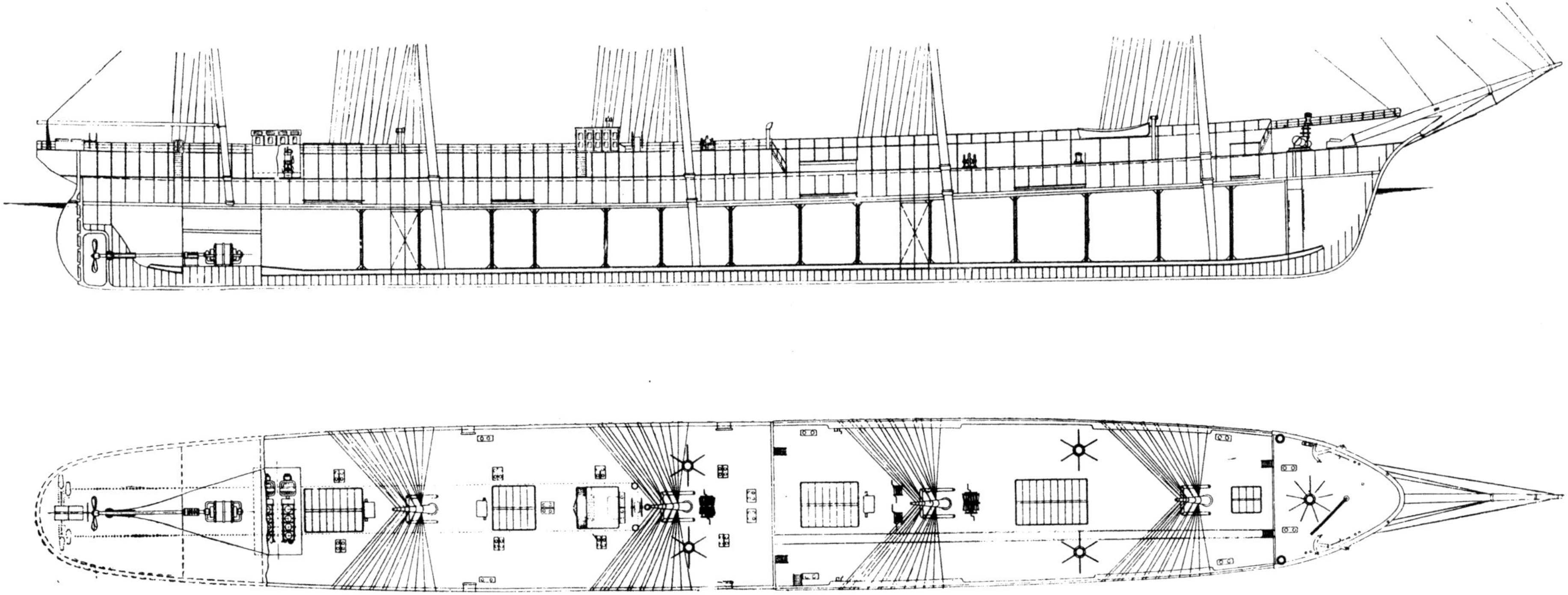

Fig. 28. 2×300 PS 6 sm

Was nun für Segelschiffe mit Hilfsmaschinen überhaupt — nicht nur für ganz große — gilt, ist in ähnlicher Weise für langsam fahrende völlige Fracht- und Passagierschiffe wichtig, Fig. 29. Auch für diese wird bei geringer Geschwindigkeit die hohe Umdrehungszahl der Schraube unrationell und es empfieht sich auch hier in vielen Fällen die reine elektrische Kraftübertragung für den Antrieb der Propeller unter Verwendung von Explosionsmotoren. Hier tritt nun unter gewissen Bedingungen der Fall auf, daß man vorteilhaft nur e i n e n

Seeschiff mit Dieselmotor und elektrischem Antrieb der Schraube.

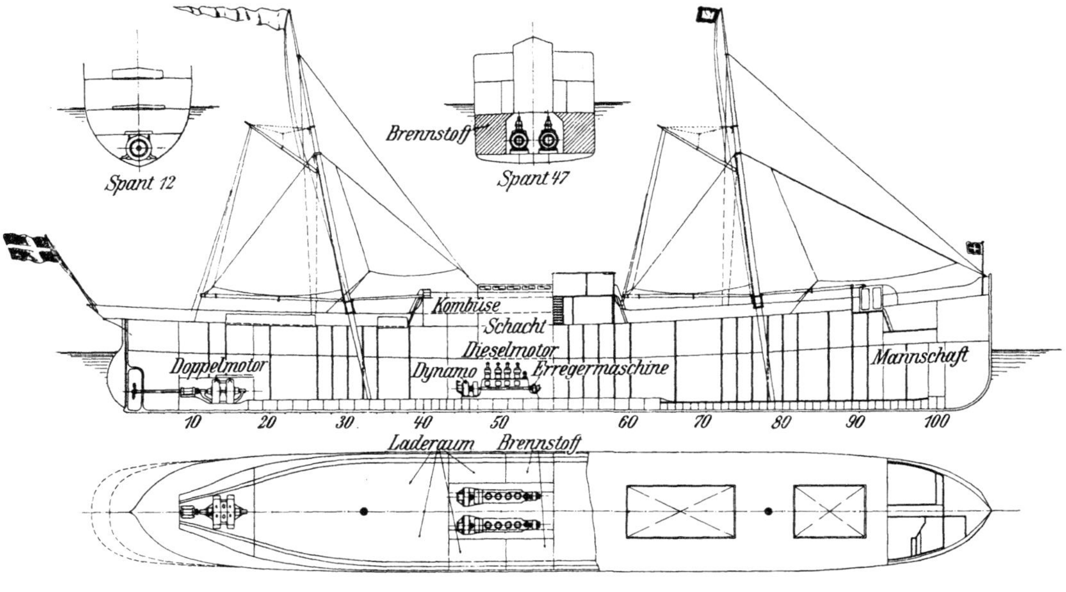

D i m e n s i o n e n:

Länge zw. d. Steven	64,34 m	Tiefe von Kiel bis Hauptdeck	4,08 m
Breite	8,90 m	Spardeckhöhe	2,25 m

Fig. 29.

großen Explosionsmotor und zwei Schrauben verwenden will. Es kann dieses natürlich in gleicher Weise wie umgekehrt geschehen. Die beiden Schrauben geben dem Schiffe eine größere Manövrierfähigkeit und haben besonders bei Schiffen, welche häufig mit Ballast, also mit geringem Tiefgang, fahren, den Vorteil, daß die Schrauben nicht so leicht aus dem Wasser austauchen. Solche normalen Frachtschiffe als Petroleummotorschiffe zu bauen hat viele Vorzüge. In Fig. 25 und 29 ist, um ein besseres Bild der Platzersparnis zu geben, die Hauptmaschinenanlage an die Stelle gesetzt, an welcher sonst die Dampfanlage liegt. Der Schiffbauer kann aber beim Neubau natürlich ganz beliebig disponieren; beim Segelschiff, Fig. 28, z. B. stehen die Maschinen querschiffs auf dem Oberdeck, so daß irgend eine Bedingung für die Wahl des Raumes der Hauptmaschinen ist vom Maschinenbaustandpunkte aus nicht zu stellen ist. Die Entfernung nach dem Schraubenmotor spielt bei diesen geringen Längen keine Rolle.

Naturgemäß kann man, weil die Explosionsmotoren für ganz große Kräfte noch nicht gebaut werden, die Gesamtleistung solcher Anlagen nicht gar zu hoch schrauben. Es scheint z. B. die Grenze des Praktischen hierbei zwischen 1000 und 2000 PSe zu liegen. Der russische Ingenieur, Leutnant Philippow, hat schon vor einigen Jahren eine Berechnung für ein großes Kriegsschiff, welches nach diesem System gebaut werden sollte, ausgeführt, die mehrfach veröffentlicht ist, z. B. in der Zeitschrift „Schiffbau", Jahrgang 1905. Es ist gewiß möglich, beim jetzigen Stande der Technik eine solche Anlage zu bauen und sie wird wahrscheinlich auch die erhofften Vorteile haben, aber wünschenswert würde es doch sein, erst beim Bau kleinerer Anlagen reichliche Erfahrungen zu sammeln, bevor an eine derartig große Ausführung herangetreten wird. Zu welchen eigenartigen Anlagen solch ein Riesenprojekt führt, zeigt das allgemeine Schaltschema der von Philippow projektierten Anlage, bei welcher 30 Dieselmotoren mit Dynamos Verwendung finden, vergl. Zeitschrift „Schiffbau". Es besteht auch kein Zweifel, daß eine solche Anlage genügend sicher betrieben werden kann und auch die Gewichts- und Raumverhältnisse sind schon nach dem heutigen Standpunkte des Dieselmotorbaues ganz wesentlich günstigere als die, welche der Berechnung von Philippow zugrunde gelegt werden mußten; auch die hohe Zahl der Einzelaggregate erscheint nicht besonders betriebsschwierig gegenüber der Zahl der zu bedienenden Feuer und Kessel bei einer Dampfanlage, dennoch ist abzuwarten, wie sich diese Frage bei wiederholter Projektierung löst. Sehr schwierig ist die Frage der Regulierung wie überhaupt des Baues der Riesen-Elektromotoren für den Schraubenantrieb. Philippow hat 4 Elektromotoren von je 4000 PSe bei 120 Umdrehungen pro Minute vorgesehen, die er zu je zweien auf eine Welle arbeiten läßt. Es ergibt sich pro Schraube je 8000 PSe bei 120 Umdrehungen, sodaß diese Schrauben also jedenfalls noch recht gute Resultate ergeben werden. Die Elektromotoren sind wohl herstellbar, jedoch bietet die Regulierung der Motoren zum Zweck der Manövrierung des Schiffes, besonders durch die Wahl der vielen Primäraggregate große Schwierigkeiten. Es wird sich nun fragen, ob es wirtschaftliche Vorteile hat, eine solche Anlage auszuführen. Zur Zeit ist dieses jedenfalls noch sehr zweifelhaft, es würde aber der Fall sein, wenn überall flüssige Brennstoffe, besonders geeignete Petroleumrückstände, billig zu haben wären. Sobald dieses aber zutrifft, tritt auch die Dampfanlage mit flüssigem Brennstoff wieder als Konkurrent auf, so daß sich also ständig diese Verhältnisse die Wage halten. Für geringe Leistungen bis zu etwa 2000 PSe scheint es zur Zeit so zu liegen, daß die Anlage mit Dieselmotoren bei elektrischer Kraftübertragung oder nach del Proposto mit einer normalen Kolbenmaschinenanlage in Nord-Europa konkurrieren kann, wenn der Preis mittlerer Schiffskohle frei Bunker etwa 15 M. pro Tonne überschreitet. Genau läßt sich eine solche Zahl natürlich nicht angeben, da sie sich ständig ändert, doch ist z. B. anzunehmen, daß sie in allernächster Zeit schon günstiger wird, da der Dieselmotor augenblicklich in jeder Beziehung technisch vervollkommnet und vor allen Dingen erleichtert und verbilligt wird. Bei größeren Anlagen scheint die Kolbenmaschinenanlage zur Zeit noch vorteilhafter, ganz besonders durch ihren einfacheren und billigeren Bau. Neuerdings erwächst ihr aber ein arger Konkurrent in der Dampfturbine.

Bevor nun auf dieses Gebiet übergegangen wird, sei noch erwähnt, daß der Explosionsmotor mit direktem Antrieb auf den Propeller oder nach del Proposto, bisher soweit bekannt geworden, nur zum Antrieb von Schrauben Verwendung fand. Für Radschiffe sind diese Systeme kaum wahrscheinlich, wohl aber kann mit dem rein elektrischen Antrieb der Explosionsmotor auch für Radschiffe vorzüglich Verwendung finden; es gilt hierfür in bezug auf Leistung, Regulierung, Gewichte usw. fast dasselbe wie für den Schraubenantrieb und es erübrigt sich daher, hier noch näher darauf einzugehen. Das später folgende Bild, Fig. 32, eines Radschiffes mit Elektromotoren kann dazu dienen, sich von einem solchen Schiff mit Explosionsmotoren ein Bild zu machen. Will man auf Radschiffe nicht verzichten, so müssen dieselben nach heutigen Begriffen mit Kolbendampfmaschinen angetrieben werden, da auch die Dampfturbinen hierfür bei direktem Antrieb ganz versagen. Man muß also auch für Turbinen ebenso wie für Explosionsmotoren sich der elektrischen Kraftübertragung bedienen. Es wird hiermit ein Gebiet beschritten, auf welchem noch vollständige Unklarheit herrscht, aber bereits viel geistige Arbeit vorliegt. Der Verfasser darf hier für sich in Anspruch nehmen, schon seit Jahren in den maßgebenden Kreisen den Gedanken verfochten zu haben, daß durch die Zwischenschaltung von elektrischer Kraftübertragung zwischen Dampfturbine und Propeller vielleicht die ganze Frage der Dampfturbinenschiffe eine Lösung erfahren kann, auf jeden Fall aber der Bau von einem oder möglichst vielen solcher Schiffe ein vorzügliches Mittel ergibt, um die Frage der Schiffsschraube zu klären. Die Frage der Schiffsturbine aber ist gleichzeitig eine Frage der Schiffsschraube und auf diesem Wege also müssen sich beide Punkte klären und der Lösung entgegenbringen lassen.

Durch die elektrische Kraftübertragung lassen sich nämlich Versuche bei gleicher Schiffsform, gleichem Deplacement und gleicher Leistung mit den verschiedensten Umdrehungen pro Minute machen, d. h. es lassen sich in der Praxis, nicht am Modell, mit ganz geringen Kosten alle Resultate der Schraubenversuche mit Modellen nachprüfen; wahrscheinlich werden solche Versuche weit genauere Resultate zeitigen, als die Modellversuche selbst. Es bedarf bei richtiger Anlage der Maschinen jeweils nur der Auswechlung der Schrauben, man kann also mit jeder Schraubenart, welche erprobt werden soll, mehrere Reisen und viele Fahrten an der Meile machen und so einwandfreie Resultate im Betriebe sammeln. Es ist dringend zu wünschen, daß in solche Versuche baldigst eingetreten wird, wobei die Erfolge oder Mißerfolge der bisher gebauten Turbinenschiffe hierauf nur befördernd wirken sollten. Auch die wirklich guten Erfahrungen mit den neuesten Turbinenkreuzern und Torpedobooten der Kaiserlich deutschen Marine weisen, soweit diese Resultate an die Öffentlichkeit dringen, auf die Notwendigkeit solcher weiteren Versuche hin. Erfreulich ist es daher auch, daß die Kaiserlich deutsche Marineverwaltung bei der ersten sich bietenden Gelegenheit, bei welcher sich solch eine Anlage mit besonderen anderen Zwecken vorteilhaft und ohne Mehrkosten verbinden ließ, dieser Anregung des Verfassers gern Folge gab; ein solches Schiff von insgesammt 1200 PS Leistung ist zurzeit im Bau. Es handelt sich hier um ein Begleitschiff für Unterseeboote, über das bisher folgende Angaben bekannt geworden sind: Das 70 m lange Fahrzeug, das den Unterseebooten bei ihren Übungsfahrten folgen soll, wird, um stets eine genügende Menge an elektrischer Energie für die Unterseeboote zur Verfügung zu haben, mit primären Dampfturbodynamos versehen und erhält Elektromotoren als Fortbewegungsmaschinen. Das Schiff soll eine Geschwindigkeit von 11—12 Seemeilen pro Stunde haben, wobei die Elektromotoren bei 200 Umdrehungen 600 PS an der Schraubenwelle entwickeln. Fig. 30 zeigt die Anordnung eines Maschinenraumes; es sind zwei Schrauben und zwei Turbodynamos vorhanden, letztere machen 2500 Umdrehungen pro Minute. Es ist natürlich wahlweise möglich, jede Schraube von je einer Turbodynamo oder auch beide Schrauben gleichzeitig von nur einer

Turbodynamo anzutreiben. Die Bedienung der Schrauben erfolgt von der Kommandobrücke aus direkt mit einem Hebel. Es wird also hier in der Tat möglich sein, mit dem Schiffe direkt von der Kommandobrücke aus ohne jedes Kommando nach den Maschinenräumen hin zu manövrieren.

Im vorigen Jahre hat in der Sitzung der Schiffbautechnischen Gesellschaft Herr Boveri in seinem Vortrage darauf hingewiesen, daß vielleicht diese Art der elektrischen Umdrehungs- und Richtungsübersetzung die richtige

B.B. Maschinenanlage eines Begleitschiffes für Unterseeboote mit 1200 PSe. an den Schraubenwellen.

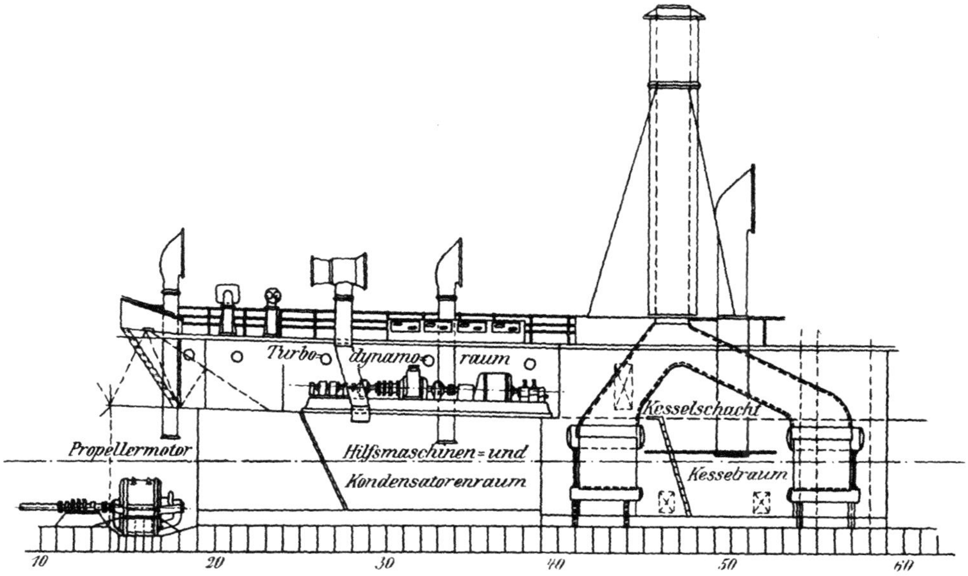

Fig. 30.

Lösung der Turbinenschiffsfrage sein wird. Dieser Ausspruch hat weder in der vorherigen noch in der späteren Veröffentlichung des Herrn Boveri Aufnahme gefunden und der Verfasser möchte denselben auch nur bedingt wiederholen, unter Hinzufügung: „für gewisse Arten von Schiffen". Für scharfe, schnellaufende Torpedoboote und schnelle Kreuzer wird der direkte Antrieb jedenfalls glänzende Resultate ergeben, für volle und langsame Schiffe, ja selbst für Schiffe wie die „Lusitiana" scheint direkter Turbinenantrieb unbrauchbar. Man hatte gehofft, die Erschütterungen zu vermeiden und die Bedienung zu vereinfachen, trotzdem sind bei der „Lusitania" und „Mauritania" von diesen Hoffnungen keine erfüllt worden; auch die erzielte Geschwindigkeit ist bisher nicht erreicht und über den Kohlenverbrauch schweigt sich alles aus.

Es ist ja kein Zweifel, daß auch bei diesen Schiffen zuerst eine Reihe von Mängeln sich zeigen, welche allmählich beseitigt werden, wodurch dann ein besseres Resultat erzielt wird; auf die Turbinen selbst sind aber hier keine Hoffnungen zu setzen, denn diese laufen sich nicht verbessernd ein, wie die Kolbenmaschinen. Es fragt sich nun, ob denn überhaupt auf Schiffen die Turbine Vorzüge gegenüber der Kolbenmaschine hat und ob ihre Einführung auf Schiffen notwenig ist. Diese Frage wird unbedingt zu bejahen sein, denn wenn die Turbine an Land der Kolbenmaschine überlegen ist, muß sie es auch für den Schiffsbetrieb sein können, wie es auch durch genaue Vergleichsberechnung nachweisbar erscheint; in dem Anhang IV ist dieses versucht worden. Die Fig. 31a — b, welche einen übersichtlichen Vergleich bieten, zeigen die große Raumersparnis und die wesentliche Vereinfachung einer Turbinenschiffsanlage mit elektrischer Übertragung gegenüber einer Kolbenmaschinenanlage. Die ausgeführten Anlagen auf scharfen, schnellen Torpedobooten und Kreuzern haben, so weit bekannt geworden, besonders auch strategische Vorteile gegenüber den gleichen Schiffen mit Kolbenmaschinen ergeben, welche wohl auch bei elektrischer Kraftübertragung erzielt werden dürften. Letztere Anlagen haben außerdem noch eine Reihe besonderer Vorzüge, die in den Zusammenstellungen des Anhanges IV angegeben sind; hier sei nur einiger Erwähnung getan, und zwar:

der Ersparnis an Bedienungspersonal,
der erheblichen Vereinfachung der Bedienung,
des vorzüglichen und sehr ökonomischen Betriebes,
der Unmöglichkeit des Durchgehens der Schrauben beim Austauchen und des Fortfalls jeder Kommandoübertragung durch die Bedienung der Schrauben von der Kommandobrücke aus, also der Verminderung vieler äußeren Gefahren.

Die Bedienung der Schrauben erfolgt durch einen Hebel, auf den ein Handrad gesteckt ist. Wird der Hebel vorwärts geschoben, so gehen alle Schrauben gleichmäßig voraus, wobei die Umdrehungszahl der jeweiligen Hebelstellung entspricht; wird der Hebel aus der Nullstellung nach rückwärts gezogen, so gehen die Schrauben rückwärts. Ein Drehen des Handrades nach rechts oder links hat bei jeder Stellung des Hebels einen Wechsel der Umdrehungszahl beider Schrauben zueinander zur Folge; beim Drehen nach rechts vermehren sich die Umdrehungen der linken Schraube und vermindern sich diejenigen der rechten. Das Schiff dreht selbst nach rechts und um-

Doppelschrauben-Fracht- und Passagierdampfer.

15 800 t Wasserverdrängung, 6000 PS an den Propellerwellen.

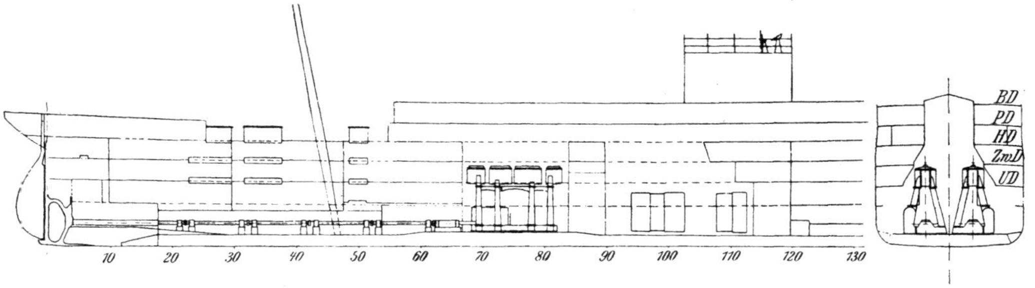

Direkter Antrieb mit Kolbendampfmaschinen.

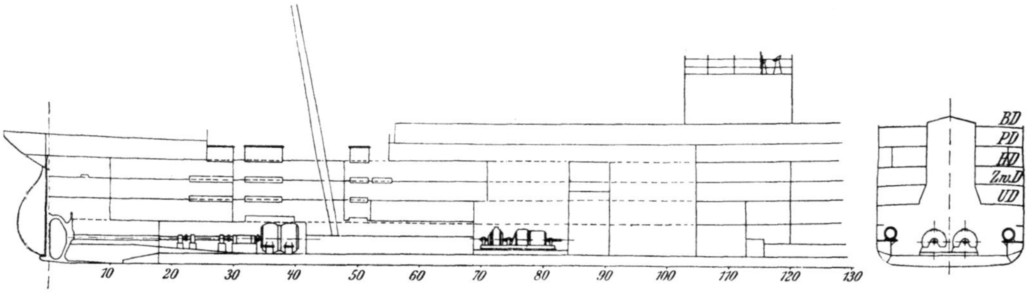

Elektrischer Antrieb mit Dampfturbogeneratoren.

Fig. 31 a.

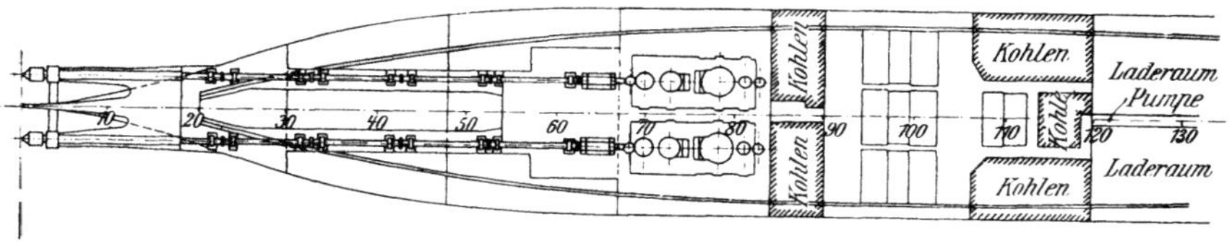

Direkter Antrieb mit Kolbendampfmaschinen.

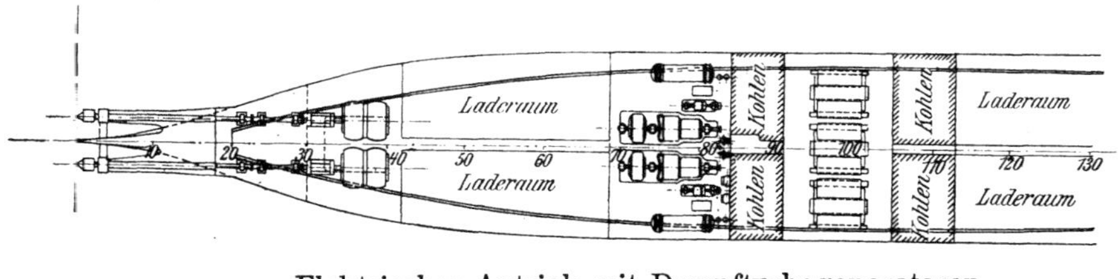

Elektrischer Antrieb mit Dampfturbogeneratoren.

Fig. 31 b.

gekehrt bei anderer Drehung des Handrades. Diese Bewegungen des Schiffes werden vom Ruder unterstützt, ja man kann auch das Ruder mit dem gleichen Hebel betätigen. Auf diese Weise sind natürlich Zusammenstöße weit leichter zu vermeiden als jetzt, und auch Unfälle der traurigsten Art wie der Verlust der „Berlin" bei der Einfahrt in den Hafen von Hoek van Holland sind unwahrscheinlicher als jetzt.

Was nun die Rentabilität solcher Anlagen gegenüber den Kolbenschiffsmaschinen betrifft, so ist hierüber ein einwandfreies Urteil nur durch wirkliche Versuche mit größeren Anlagen zu gewinnen; für bestimmte Zwecke ist eine bessere Rentabilität durchaus sicher, für andere wahrscheinlich.

Die Ausführbarkeit solcher Anlagen steht außer Zweifel und bietet in normalen Fällen bis zu erheblichen Leistungen pro Schraube nichts neues, da ganz ähnliche Anlagen für Bergwerksförderanlagen usw. schon einwandfrei ausgeführt sind. Fig. 32 zeigt noch einen Rheindampfer mit elektrischem Antrieb der Schaufelräder. Der Anhang IV enthält die dazu gehörigen Berechnungen. Gerade bei Schiffen für Flüsse mit starken Strömungen hat eine solche Anlage infolge ihrer großen Ökonomie viele Vorzüge. Für solche Schleppschiffe kann natürlich auch die vorerwähnte rationelle Methode des Beförderns von Schleppzügen ohne weiteres in Anwendung kommen, bei welcher jedem Fahrzeug durch Kabel elektrische Energie zugeführt wird und die einzelnen Schiffe ihre eigenen Elektromotoren haben. Beim heutigen Stande der Elektrotechnik und den mangelnden Erfahrungen hierfür können aber solche Schleppmethoden natürlich nur für Flüsse und Kanäle mit ruhigem Wasser, nicht für Zwecke des Schleppens über See in Frage kommen. Ob sich solche Projekte in kürzerer oder längerer Zeit mehr oder minder verwirklichen und verallgemeinern, kann nur die Zeit lehren. Jedenfalls aber ist es an der Zeit, beim Bau von Spezialschiffen von Fall zu Fall zu prüfen, ob nicht solche Anlagen rationell sind; so würde z. B. der Antrieb von Baggern sehr gut und wirtschaftlich auf diese Weise gelöst werden können, um so mehr, als hier schon beim Seebagger „Thor" für den Antrieb der Eimerkette durch elektrische Kraftübertragung eingehende Erfahrungen gesammelt sind. Dieselbe Antriebmaschine kann dann ohne Umstände auch zur Fortbewegung dienen. Für alle hier in Frage kommenden, kleinen Kräfte also bieten sich keine Schwierigkeiten, wohl aber, wenn es sich um viele tausende von Pferdestärken auf einer Schraubenwelle handelt. Hier steht die Elektrotechnik vor den interessantesten Aufgaben und nur der Eingeweihte weiß, welcher Art diese Aufgaben sind.

Radschleppschiff.

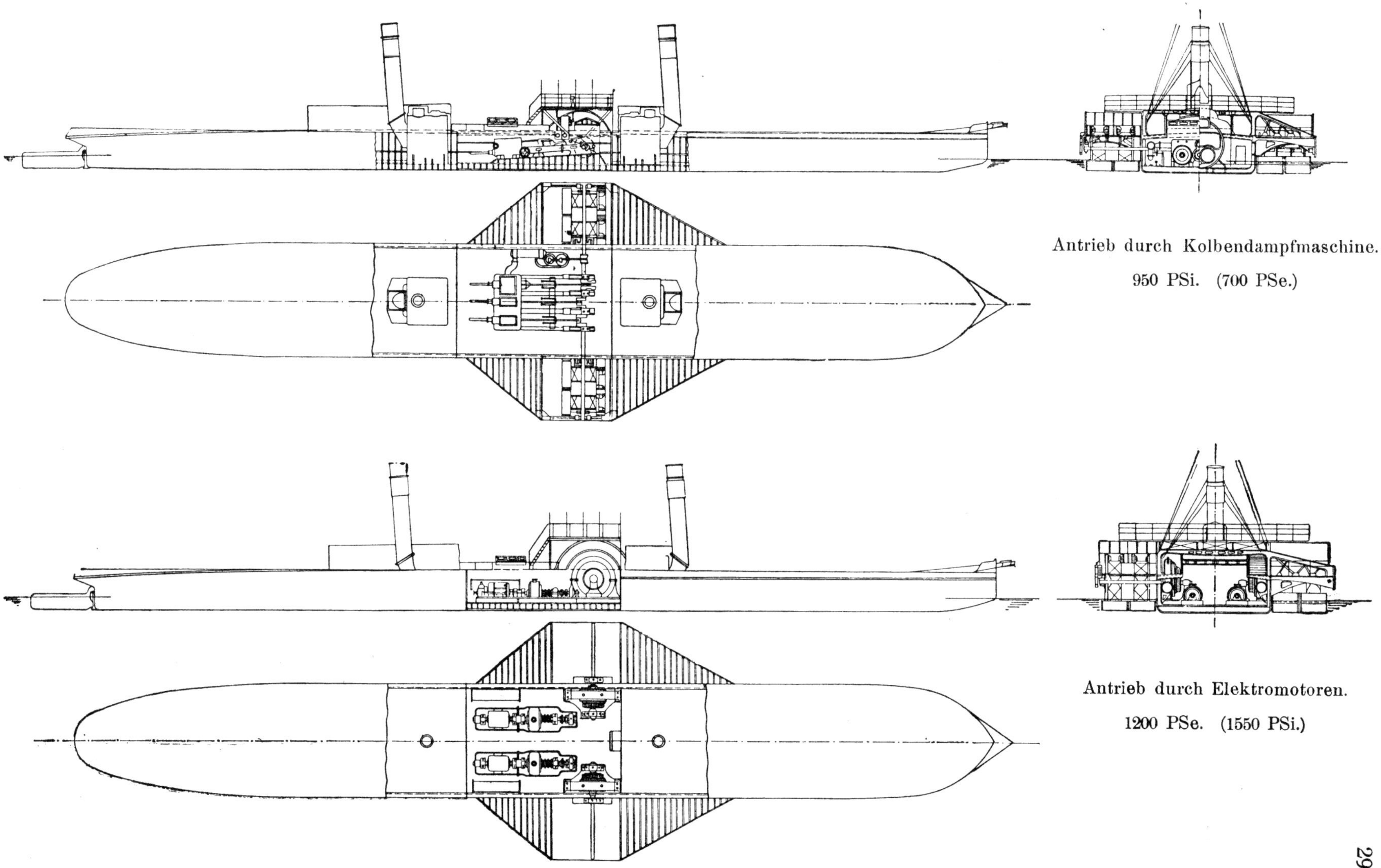

Antrieb durch Kolbendampfmaschine.

950 PSi. (700 PSe.)

Antrieb durch Elektromotoren.

1200 PSe. (1550 PSi.)

Fig. 32.

Schon seit Jahren wird dieses Gebiet bearbeitet und das Reichs-Patentamt wird am besten beurteilen können, wie sehr diese Aufgaben alle Ingenieure, die sich dieselben gestellt haben, beschäftigt. Es gereicht mir zur Freude, hier mitteilen zu können, daß es zur Ausführung großer Arbeiten auf diesem Gebiete nur noch der positiven Stellung der endgültigen Aufgabe durch eine unserer großen Reedereien bedarf und die deutsche Technik ist in der Lage, sie einwandfrei zu lösen, wie all die hier erwähnten kleineren Aufgaben bereits gelöst sind und nur noch der weiteren Verallgemeinerung bedürfen.

Anhang I.

Schwimmende, elektrische Zentralen für Flußschiffe mit elektrischem Einzelantrieb.

Der Antrieb von Flußschiffen im allgemeinen und von Petroleum-Tankschiffen im besonderen vermittels Dampfmaschinen oder Verbrennungs-Motoren ist seiner Umständlichkeit und auch seiner Feuergefährlichkeit wegen auf Binnenschiffahrtsstraßen oft undurchführbar und speziell für Petroleum-Tankschiffe verboten. Derselbe kann jedoch häufig vermittels eines Elektromotors erfolgen, der aus einer mitgeführten Batterie gespeist wird. Die Batterie kann so groß bemessen werden, daß das Schiff mit einer Ladung etwa 100 km zurücklegt. Zur Überwindung großer Strecken ist jedoch dieser Aktionsradius ohne erneuerte Ladung nicht ausreichend, es würden die Kosten und das Gewicht einer größeren Batterie die Betriebsausgaben soweit steigern, daß ein rationeller Betrieb nicht mehr möglich ist.

Man kann aber dem Elektromotor die elektrische Energie auch von außen zuführen, und zwar bei einer im nachfolgenden beschriebenen Anordnung.

Mehrere Tankschiffe mit eigenem Elektromotorantrieb werden zu einem Schleppzug zusammengestellt. Das Schleppboot wird mit einer Kraftanlage (Dampfmaschine oder noch zweckmäßiger Explosionsmotor) ausgestattet, die eine oder mehrere Schrauben zum Antrieb des Schleppbootes und eine Dynamomaschine zur Erzeugung des erforderlichen elektrischen Stromes antreibt. Dieser Strom wird durch biegsame Kabel den nachfolgenden Tankschiffen zugeführt. Der Anschluß der Verbindungsleitung zwischen den Schiffen erfolgt durch Steckkontakte. Das Schleppboot selbst kann außerdem noch Seitenpropeller erhalten, die, ebenfalls durch je einen Elektromotor angetrieben, die erforderliche Energie der Dynamo entnehmen, s. Fig. 14. Die eigentliche Schleppleistung des Schleppbootes ist hierbei verhältnismäßig gering, während die Kraft zur Fortbewegung des gesamten Zuges im wesentlichen durch die Antriebmotoren auf den Tankschiffen ausgeübt wird. Außer durch die biegsamen Kabel sind auch die Tankschiffe durch Trossen untereinander und mit dem Schleppboot verbunden, wie bei einem wirklichen Schleppzuge.

Um ein Auffahren der hinteren Schiffe auf die vorauffahrenden zu vermeiden, ist es nur nötig, die am meisten beladenen Schiffe zuletzt fahren zu lassen, oder die Leistung des Antriebmotors des letzten Schiffes gegenüber derjenigen, der vorauffahrenden, herunterzuregulieren, so daß die vorauffahrenden Schiffe stets eine, wenn auch geringe Zugkraft, auf die folgenden ausüben.

Diese Anordnung bietet folgende Vorteile:

Die Gesamtleistung zur Fortbewegung des Schleppzuges wird auf eine größere Anzahl von Schrauben verteilt, wodurch der Wirkungsgrad wesentlich gesteigert wird, also zur Erzielung gleicher Geschwindigkeit eine geringere Kraftleistung erforderlich ist, als wenn die Schleppzugsarbeit nur von dem Schleppboot allein ausgeübt würde. Die Steuerbarkeit des Schleppzuges wird erhöht, weil die Zugkraft in den einzelnen Verbindungstrossen wesentlich reduziert ist, so daß beim Fahren in Kurven, beim Ausweichen oder Vorfahren jedes einzelne Schiff dem Steuer besser gehorcht. Beim Passieren von Kanälen oder Wasserstraßen mit geringem Querschnitt und kleinem Tiefgang werden die Böschungen und die Kanalsohle weniger beschädigt, da die Leistung jeder einzelnen Schraube verhältnismäßig gering ist.

Die Regulierung der Kraftleistung oder der Geschwindigkeit für den gesamten Schleppzug kann sowohl durch den Steuermann des Schleppbootes erfolgen, als auch vom Schiffsführer der Einzelfahrzeuge, so daß die Regulierung auch unabhängig vom Maschinisten vorgenommen werden kann. Wird jedes einzelne Schiff auch mit einer Batterie ausgestattet, so ist es für Strecken bis zu 100 km selbstbeweglich, wodurch das Rangieren erleichtert wird und das Schiff in der Lage ist, die vom Hauptwege abweichenden Endstrecken selbständig zurückzulegen. Das Aufladen der Batterien kann während der Fahrt durch die schwimmende Zentrale, also ohne Zeitverlust, ausgeführt werden.

Die Verwendung von 3 Schrauben im Zentralen- und Schleppboot erhöht dessen Steuerfähigkeit, besonders beim Wenden und gestattet eine bequeme Regulierung der Kraftleistung, je nach dem Verwendungszweck als reines Schleppboot oder als Zentralenboot unter gleichzeitiger Verwendung zur Stromerzeugung für die nachfolgenden Schiffe.

Anhang II.

Untersuchung über die Wirkung eines Propellers beim Antrieb durch einen Benzinmotor und durch einen Elektromotor.

Wiederholte Messungen über den Kraftbedarf von Booten mit Antrieb durch Elektromotoren, die die Energie mitgeführten Batterien entnahmen, führten stets zu sehr günstigen Ergebnissen im Vergleich zum Kraftbedarf bei Benzinbooten. Boote von ungefähr gleichen Längen- und Breitendimensionen mit elektrischem Antrieb erforderten bei gleicher Geschwindigkeit trotz ihres höheren Gewichtes infolge der Belastung durch die Batterie eine geringere Anzahl von PS, wie Benzinboote. Bei dieser Beobachtung kamen Boote von rd. 10—12 m Länge für Geschwindigkeiten bis rd. 12 km pro Stunde in Betracht. Einen genaueren Vergleich über diese beiden Antriebarten anzustellen, war durch das benzin-elektrische System möglich, wie es von den Siemens-Schuckert-Werken auf den Motorbooten „Frida" und „Ellen" zur Anwendung gebracht ist. Bei diesem System arbeiten ein Benzinmotor und eine Dynamo, zu der eine Batterie parallel geschaltet ist, gleichzeitig anf die Propellerwelle. Die Tourenzahl wird durch Veränderung der Erregung in der Dynamomaschine einreguliert. Bei geringer Tourenzahl überwiegt die Leistung des Benzinmotors gegenüber dem Energiebedarf des Propellers. Dieser Überschuß an Leistung wird durch die Dynamomaschine in Form von elektrischer Energie an die Akkumulatorenbatterie abgegeben. Bei erhöhter Tourenzahl ist der Benzinmotor allein nicht mehr imstande, den Energiebedarf des Propellers zu decken, er wird daher von der Dynamo, die nun als Motor arbeitet und Strom aus der Batterie entnimmt, unterstützt. Die an die Schraube abgegebene Leistung erhält man demnach nach Abzug, resp. Zuschlag der elektrischen Leistung auf diejenige des Benzinmotors. Arbeitet letzterer immer mit vollem Gemisch, also unter stets gleichen Bedingungen, so läßt sich ein Diagramm aufstellen, in dem die Leistung in Abhängigkeit von der Tourenzahl angegeben ist. Schaltet man den Benzinmotor ab, so erfolgt der Antrieb rein elektrisch und die aufgewendete Leistung ergibt sich aus dem Produkt aus Stromstärke und Spannung. Da bei beiden Antriebsarten am Gesamtgewicht des Bootes nichts geändert wird und in jedem Falle dieselbe Schraube zur Verwendung kommt, so läßt sich ein Vergleich über den Energiebedarf bezogen auf die Geschwindigkeit für beide Systeme aufstellen.

Um die Leistung des Benzinmotors möglichst genau feststellen zu können, wurde dieser vermittels einer Dynamo, deren Verluste vorher genau bestimmt waren, für verschiedene Tourenzahlen abgebremst, wobei der Motor stets mit vollem Gemisch arbeitete. Man erhält auf diese Weise ein Diagramm für die Leistung nach der Tourenzahl und kann aus diesem jeweils die Leistung ablesen, sobald die Tourenzahl bestimmt ist, vorausgesetzt, daß auch bei den Meßversuchen der Motor unter denselben Bedingungen, d. h. mit vollem Gemisch, arbeitet.

In dieser Weise wurden mit dem Versuchsboot „Frida" bereits im Herbst 1906 Meßfahrten veranstaltet, die den deutlichen Beweis erbrachten, daß besonders bei kleineren Geschwindigkeiten der Energiebedarf bei rein elektrischem Antrieb wesentlich geringer ist, als bei benzin-elektrischem. Die Genauigkeit der Messungen wurde aber dadurch beeinträchtigt, daß keine abgesteckte Meßstrecke zur Bestimmung der Geschwindigkeit zur Verfügung stand; als solche dienten nur zwei markante Punkte am Ufer, deren Entfernung voneinander auf der Karte bestimmt war. Beginn und Ende der Strecke konnte aber auf diese Weise nicht eindeutig festgestellt werden.

Nachdem in diesem Jahre auf Veranlassung des Kaiserlichen Automobil-Clubs auf der Havel bei Spandau eine Seemeile und ein Kilometer abgesteckt waren, wurden mit der inzwischen neuerbauten Motorjacht „Ellen", deren Bezinmotor auch größere Regelmäßigkeit im Gang zeigte, als der der „Frida", die Versuche in den Tagen vom 11. bis 13. September wiederholt. Die Messungen wurden in folgender Weise ausgeführt:

Zur Bestimmung der Geschwindigkeit wurde bei reichlich bemessener Anlaufstrecke der Kilometer abgefahren und die Fahrzeit mit einer Stoppuhr abgelesen. Um die Einwirkung der Strömung und des Windes zu berücksichtigen, wurde die Strecke bei gleicher Motorleistung nacheinander in beiden Richtungen durchfahren. Die Tourenzahl wurde an der Propellerwelle mit Hilfe eines Handtachometers ermittelt und hiernach aus dem Bremsdiagramm in der beschriebenen Weise die Leistung des Bezinmotors.

Die elektrische Leistung wurde durch einen Strom- und Spannungszeiger bestimmt. Der Wirkungsgrad der elektrischen Maschine, die teils als Dynamo, teils als Motor arbeitet, ändert sich zwischen 70 und 80 %. Der Einfachheit wegen wurde ein mittlerer Wirkungsgrad von 76 % zugrunde gelegt. Dies ergibt einen Energieaufwand von rd. 960 Watt für 1 PSe und eine effektive Benzinmotorleistung von rd. 1,8 PS zur Erzeugung von 1 KW.

Die Meßergebnisse sind in der nachfolgenden Tabelle zusammengestellt. Das Zeichen „—“ vor den Angaben für die Stromstärke bedeutet Lade- oder Dynamostrom, die zur Erzeugung der elektrischen Energie erforderliche Motorleistung ist also von der gemessenen Motorleistung in Abzug zu bringen, um die an die Schraube abgegebene Leistung zu ermitteln.

Die Zahlen bedeuten:

in Kolonne 1: die laufende Versuchsnummer,
2: die Tageszeit nach Stunden und Minuten,
3: die Tourenzahl der Propellerwelle,
4: die Stromstärke,
5: die Batteriespannung,
6: die aus dem Bremsdiagramm abgelesene Leistung des Benzinmotors,

Meßfahrten mit der Motorjacht „Ellen“ auf der Havel bei Spandau.

Tabelle der Meßwerte am 11. September 1907.

1	2	3	4	5	6	7	8	9	10	11
Nr.	Zeit	n	Amp.	Volt	PS mot	PS el.	PS Schrb.	Sek/km	v. km/Std.	Bemerkung
1	4,20	370	— 13	180	10	— 4,25	5,75	375,5	9,6	Abw.
2	4,35	375	— 13,5	181	10,25	— 4,45	5,55	392	9,18	Aufw.
3	4,45	530	— 10,5	180	14,5	— 3,4	11,1	280	12,85	Abw.
4	4,55	526	— 10,5	180	14,5	— 3,4	11,1	292	12,35	Aufw.
5	5,—	585	— 4	175	16	— 1,3	14,7	256	14,1	Abw.
6	5,07	585	— 4	175	16	— 1,3	14,7	268	13,45	Aufw.
7	5,13	620	+ 2	170	16,8	+ 0,35	17,15	246	14,65	Abw.
8	5,25	630	+ 1	170	17	+ 0,2	17,2	252	14,3	Aufw.
9	5,30	660	10	165	17,6	1,75	19,35	232	15,5	Abw.
10	5,38	660	10	164	17,6	1,75	19,35	245	14,7	Aufw.
11	5,45	685	20	164	18,2	3,5	21,7	232	15,5	Abw.
12	5,55	685	20	164	18,2	3,5	21,7	240	15	Aufw.
13	6,02	700	25	162	18,5	4,4	22,9	232	15,5	Abw.
14	6,13	700	25	162	18,5	4,4	22,9	237	15,2	Aufw.
15	6,20	515	50	160		8,5	8,5	286	12,6	Abw.
16	6,30	518	51	159	Rein	8,5	8,5	297	12,1	Aufw.
17	6,35	480	40	157	elektr.	6,75	6,75	307	11,75	Abw.
18	6,45	480	40	157		6,75	6,75	320	11,25	Aufw.

Meßfahrten mit der Motorjacht „Ellen“ auf der Havel bei Spandau.

Tabelle der Meßwerte am 12. September 1907.

1	2	3	4	5	6	7	8	9	10	11
No.	Zeit	n	Amp.	Volt	PS mot.	PS el.	PS Schrb.	Sek/km	v. km/Std.	Bemerkung
1	12,—	575	— 3	174	15,75	— 0,95	14,8	270	13,35	Abw.
2	12,10	570	— 2	170	15,6	— 0,65	14,95	268	13,45	Aufw.
3	12,15	638	10	168	17,2	1,8	19,0	251	14,35	Abw.
4	12,25	645	10	165	17,35	1,75	19,1	244	14,75	Aufw.
5	12,35	700	30	165	18,5	5,25	23,75	236	15,25	Abw.
6	12,40	705	30	165	18,7	5,25	23,95	231	15,6	Aufw.
7	12,50	712	38	162	18,8	6,5	25,3	233	15,45	Abw.
8	12,57	715	39	162	18,8	6,7	25,3	231	15,6	Aufw.
9	1,05	550	60	160		10,25	10,25	282	12,8	Abw.
10	1,15	555	60	160		10,25	10,25	272	13,25	Aufw.
11	1,23	520	50	160		8,5	8,5	293	12,3	Abw.
12	1,30	520	50	159	Rein elektr.	8,45	8,45	287	12,55	Aufw.
13	1,40	520	50	157		8,4	8,4	298	12,2	Abw.
14	1,50	418	28	158		4,6	4,6	350	10,6	Aufw.
15	2,—	418	28	157		4,6	4,6	360	10,—	Abw.
16	2,10	650	—	—	17,5	—	17,5	243	14,8	Aufw.
17	2,15	648	—	—	17,5	—	17,5	248	14,5	Abw.

Meßfahrten mit der Motorjacht „Ellen“ auf der Havel bei Spandau.

Tabelle der Meßwerte am 13. September 1907.

1	2	3	4	5	6	7	8	9	10	11
No.	Zeit	n	Amp.	Volt	PS mot.	PS el.	PS Schrb.	Sek/km	v. km/Std.	Bemerkung
1	6,05	525	50	162		8,5	8,5	287	12,55	Aufw.
2	6,12	520	50	160	Rein elektr.	8,5	8,5	291	12,35	Abw.
3	6,25	610	89	151		14,3	14,3	258	13,95	Aufw.
4	6,30	610	93,5	148		14,5	14,5	255	14,1	Abw.
5	6,40	770	65	147	20,—	10,15	30,15	226	15,95	Aufw.
6	6,45	750	65	145	19,5	10,—	29,5	225	16,—	Abw.
7	6,55	680	11,5	151	18,15	1,85	20,—	238	15,15	Aufw.
8	7,—	680	10,5	151	18,15	1,7	19,85	237	15,2	Abw

in Kolonne 7: die aufgenommene oder abgegebene elektrische Leistung in effektiven PS,
8: die an die Propellerschraube abgegebene effektive Leistung in PS,
9: die Fahrzeit in Sekunden pro Kilometer.
10: Die Geschwindigkeit in Kilometer pro Stunde.

In der Kolonne „Bemerkung“ bedeuten Abw. und Aufw. die Fahrtrichtung mit und gegen den Strom.

Die Meßergebnisse sind im Diagramm, Fig. 20, dargestellt, und zwar die an die Schraube abgegebene Leistung in Abhängigkeit von der Geschwindigkeit v in km/Std. Die Werte für benzinelektrischen Betrieb sind durch Kreise, die für reinelektrischen Betrieb durch Dreiecke angedeutet. Die an den Kreisen nach unten und oben zeigenden Striche geben die Fahrt stromab- und stromaufwärts an, bei den Dreiecken ist die Spitze nach unten resp. nach oben gekehrt. Die am 12. September gewonnenen Werte sind durch ein schrägliegendes Kreuz im Kreise oder im Dreieck bezeichnet, die am 13. September gewonnenen Werte durch einen zweiten kleineren Kreis, ein mit reinem Benzinbetrieb gewonnener Wert durch ausgefüllte Kreise. Die Kurven sind durch die Mittelwerte je zweier zusammengehöriger Werte gelegt. Während die Meßfahrten am 11. und 13. September zu etwa derselben Tageszeit vorgenommen wurden, und zwar gegen Abend, fanden sie am 12. September in den Mittagsstunden statt, gleichzeitig ging an diesem Tage eine leichte Brise von der Seite. Bei den benzin-elektrisch gemessenen Werten, die durch eine strichpunktierte Kurve angedeutet sind, zeigt sich, daß die Leistung im Verhältnis zur Geschwindigkeit eine höhere ist, als bei den Resultaten des 11. und 13. September, die durch eine ausgezogene Kurve dargestellt sind, wogegen die reinelektrisch gemessenen Werte aller drei Tage sich gut in eine einzige Kurve einfügen. Es ist daher nicht anzunehmen, daß der Wind einen merkbaren Einfluß auf die Geschwindigkeit ausgeübt hat. Demnach muß die Leistung des Benzinmotors bei der abgelesenen Tourenzahl am 12. September eine andere, und zwar eine geringere gewesen sein, als am 11. und 13. September. Diese Möglichkeit kann durch schlechteres Brennmaterial, ungünstigere Beschaffenheit der atmosphärischen Luft oder andere Umstände gegeben sein. Der zweite Grund würde sogar ein Beweis für die Behauptung vieler Automobilisten sein, daß ihr Wagen am Abend besser läuft, wie am Tage. Eine absolute Genauigkeit ist aber bei Messungen mit Explosionsmotoren, deren Leistung so vielfachen Einflüssen unterworfen ist, nicht zu erreichen, wenn man vom Indizieren der einzelnen Zylinder absieht, das ja bei schnellaufenden Motoren auch auf Schwierigkeiten stößt. Immerhin zeigen die Kurven deutlich, daß beim rein elektrischen Antrieb der Energiebedarf bei abnehmender Tourenzahl wesentlich geringer ist, als beim benzin-elektrischen Antrieb. Der Grund ist offenbar darin zu suchen, daß das Drehmoment des Elektromotors ein absolut gleichmäßiges ist, wenn die Betriebsspannung, wie bei der Akkumulatorenbatterie eine konstante ist, während der Antrieb des Bezinmotors auf die Schraube ein stoßweiser ist. Hierdurch entstehen Beschleunigungen und Verzögerungen der durch die Schraube strömenden Wassermengen, die einen Energieverlust zur Folge haben müssen. Bei steigender Tourenzahl werden die Ungleichmäßigkeiten im Gang des Benzinmotors durch das Schwungrad ausgeglichen. Dies zeigt sich im Diagramm dadurch, daß beide Kurven sich bei zunehmender Geschwindigkeit resp. steigender Tourenzahl, einander nähern und schließlich ineinander übergehen.

Noch ungünstiger würden sich die Verhältnisse voraussichtlich gestalten, wenn die Verminderung der Tourenzahl bei reinem Benzinbetrieb durch Drosselung des Gasgemisches erzielt wird, da beim benzin-elektrischen Betrieb eine Dämpfung der Stöße durch die ausgleichende Wirkung der Dynamomaschine bewirkt wird. Diese Versuche machen aber entweder ein Indizieren der Kolbendrücke in den Zylindern notwendig, oder erfordern eine vorherige Aufstellung einer Reihe von Bremsdiagrammen bei verschiedenen bestimmten Stellungen des Drosselhebels, die bei den Meßfahrten genau wiederzuwählen sind, damit man bei einer abgelesenen Tourenzahl und einer bestimmten Stellung des Drosselhebels die betreffende Motorleistung aus dem zugehörigen Diagramm entnehmen kann. Die Einwirkung der Erschütterung des Motors auf den Bootskörper scheint auf den Energiebedarf der Schraube von untergeordneter Bedeutung zu sein, da gerade bei steigender Tourenzahl und zunehmender Erschütterung der Unterschied prozentual abnimmt.

Es liegt auf der Hand, daß auch der Propellerantrieb durch Dampfturbinen oder Elektromotoren, die aus einer Schiffszentrale gespeist werden, in dieser Beziehung einen Vorteil gegenüber dem Antrieb durch Kolbenmaschinen irgendwelcher Art bietet.

R. Deetjen.

Anhang III.

Angaben über Projekte von Schiffsanlagen mit Dieselmotoren und rein elektrischer Kraftübertragung.

Projekt einer Schiffsanlage mit einer Leistung an der Schraubenwelle von	200 PSe	300 PSe	500 PSe
bestehend aus:			
1 Generator in Ausführung mit 2 Lagern, auf geschlossenem Fundamentrahmen . . .	6 900 kg	8 200 kg	9 700 kg
1 Elektromotor in Ausführung mit 2 Lagern auf geschlossenem Fundamentrahmen . . .	8 800 kg	12 800 kg	21 300 kg
1 elektrische Schaltanlage nebst Regulator auf der Kommandobrücke	300 kg	400 kg	500 kg
1 Dieselmotor mit Zubehör, (Schwungrad, Pumpen, Anlaßgefäße usw.)	7 200 kg	10 500 kg	15 000 kg
Gesamtgewicht	23 200 kg	31 900 kg	46 500 kg
Gewicht pro PSe	116 kg	106,5 kg	93 kg
Minutliche Umdrehungszahl der Schraube. . .	200	200	150
Minutliche Umdrehungszahl des Dieselmotors.	500	500	500

Anhang IV.

Turbinendampfer mit indirektem Propellerantrieb.

Man gibt zwar allgemein zu, daß der Elektromotor allein seines ruhigen Ganges, seiner leichten und einfachen Regulierbarkeit und Umsteuerbarkeit wegen, die schwerfällige, stoßweise auf den Propeller arbeitende Kolbendampfmaschine zu verdrängen imstande wäre, man hielt aber bis jetzt diese Idee für unausführbar und gab als Grund die höheren Gewichte und Anschaffungskosten, den größeren Raumbedarf der gesamten elektrischen Anlage, deren größere Betriebskosten gegenüber der Kolbendampfmaschine, sowie eine durch die Zuhilfenahme der elektrischen Transmission bedingte Verschlechterung der Betriebssicherheit an.

Man braucht aber nur die Anlage eines normalen Dampfers mit dem Projekt eines elektrisch betriebenen Fahrzeuges näher zu vergleichen, um sich zu überzeugen, wie weit der elektrische Propellerantrieb den direkten Antrieb durch Kolbendampfmaschinen übertrifft.

Der Vergleich soll in folgendem an einem konkreten Fall durchgeführt werden, und zwar für einen Zweischrauben-Fracht- und Passagierdampfer für eine Leistung an den Propellerwellen von 6000 PSe.

Gewicht der Maschine. Vibrationen. Ein geringes Gewicht der gesamten Schiffsanlage könnte in erster Linie dadurch erzielt werden, daß man schnellaufende Kolbendampfmaschinen verwendet, dem stehen aber die großen Nachteile der „Schnelläufer“ gegenüber, da die hohe Tourenzahl der Kolbendampfmaschinen eine sorgfältige Wartung bedingt, hohen Verschleiß in der Maschine verursacht und den ganzen Schiffskörper in Schwingungen versetzt. Durch den Schlickschen Massenausgleich ist man zwar in der Lage, die Vibrationen des Schiffskörpers zu vermindern, dieselben ganz zu beseitigen, ist aber bisher noch nicht gelungen.

Durch den hohen Verschleiß an der Maschine und die Vibrationen des Schiffskörpers wird aber die Lebensdauer des Schiffes bedeutend herabgesetzt, was besonders für einen Handelsdampfer sehr mißlich ist.

Mit Rücksicht darauf und mit Rücksicht auf den Wirkungsgrad der Schraube ist man bei größeren Handelsdampfern auf langsam laufende

Kolbendampfmaschinen angewiesen und wendet meistens solche mit 70—80 Touren pro Minute an; auch bei diesen Maschinen können selbst durch den Schlickschen Massenausgleich oder andere Mittel die Vibrationen und deren Folgen nicht ganz beseitigt werden. Die neuesten Erfahrungen mit den großen Turbinenschiffen haben auch gezeigt, daß die Erschütterungen bei denselben nicht beseitigt sind; sie liegen hier wohl an der relativ hohen Umdrehungszahl der Schrauben.

Fortfall der Vibrationen. Bei Anwendung des elektrischen Propellerantriebes mit Dampfturbinen als Antriebmaschinen für die Stromerzeuger kommen nur Maschinen mit rotierender Bewegung zur Anwendung und diese rufen an sich kaum Vibrationen des Schiffes hervor, da Resonanzen vermieden werden können. Der Wegfall der von den Maschinen herrührenden Vibrationen erhöht aber die Lebensdauer wesentlich und somit auch die Rentabilität des Fahrzeuges. Mit Rücksicht darauf ist man nicht an langsamlaufende Maschinen gebunden und kann infolgedessen wohl die Primärmaschine mit den sonst üblichen hohen Umlaufszahlen verwenden, wodurch natürlich das Gesamtgewicht der Dampfanlage bedeutend herabgesetzt wird.

Um für den beabsichtigten Vergleich annähernd dieselben Verhältnisse in bezug auf die Gesamtanlage zu erhalten, ist eine Tourenzahl der elektrisch angetriebenen Propeller von 200 zugrunde gelegt, welche noch zulässig erscheint, ohne daß eine wesentliche Verschlechterung des Propeller-Wirkungsgrades eintritt. Wenn auch anzunehmen ist, daß durch die höhere Umlaufzahl von 200 (gegen 80 der Kolbenmaschine) der Wirkungsgrad beeinträchtigt wird, so ist doch sicher, daß der ruhige, gleichmäßige Antrieb infolge des vom Elektromotor ausgeübten, fast konstanten Drehmomentes in günstiger Weise den Wirkungsgrad beeinflussen wird, während bei der Kolbendampfmaschine die hohe Ungleichförmigkeit das Gegenteil bewirkt. Auch die Erschütterungen dürften bei 3000 PSi pro Schraube bei 200 Umdrehungen noch nicht zu heftig sein.

Gewichtsersparnis. Eine Kolbendampfmaschine der allgemein gebräuchlichen Ausführung eines Fracht- und Passagierdampfers hat ein Gewicht von etwa 70 kg pro PSi, einschließlich Kondensator, Wellenleitung mit Propeller; bei einem mechanischen Wirkungsgrad der Kolbendampfmaschine von 87 % entspricht das einem Gewicht von 80,5 kg pro PSe. Das Gewicht von 2 Kolbendampfmaschinen von 6000 PSe einschließlich Kondensator, Wellenleitung und Propeller beträgt somit

$$80{,}5 \times 3000 \times 2 = 483 \text{ t.}$$

Diesem steht ein Gewicht der elektrischen Anlage von 334 t gegenüber, das sich wie folgt zusammensetzt:

2 Dampfturbinen	80 t
2 Turbogeneratoren	70 t
2 Propellermotoren	90 t
1 Schaltanlage	2 t
2 Kondensatoren einschl. Pumpen	52 t
Propeller, Wellen und Lager	40 t
Zusammen	334 t

das ergibt 55,6 kg pro PSe gegen 80,5 kg pro PSe oder auf PSi bezogen 47,4 kg pro PSi gegen 70 kg pro PSi der Kolbendampfmaschine.

Die Anwendung des elektrischen Antriebes bringt also beim Fahrzeug der in Frage kommenden Größe eine Gewichtsersparnis von rd. 149 t mit sich, was im vorliegenden Falle etwas über 30 % des Gesamtgewichtes der Kolbendampfmaschinen-Anlage ausmacht.

Eine bedeutende Gewichtsersparnis kann man außerdem bei der Kesselanlage durch Anwendung von Wasserrohrkesseln erhalten, da ein ölfreier Kondensator vorhanden ist. Die Anwendung überhitzten Dampfes ist außerdem hierbei erleichtert, sodaß auch die Vorteile desselben bei der Dampfturbine ausgenutzt werden können. Das ergibt noch eine weitere Ersparnis von etwa 311 t, woraus eine Gesamtersparnis von

$$149 + 311 = 460 \text{ t erwächst.}$$

Für einen Handelsdampfer ist diese Gewichtsersparnis von enormer Bedeutung, denn je leichter die Kraftanlage ist, desto mehr Nutzlast kann man mitnehmen, was das Fahrzeug selbstverständlich rentabler macht.

Raumbedarf und Raumersparnis. Zur Ausnutzung dieser Gewichtsersparnis steht auch genügend Raum zur Verfügung, denn die Anwendung des elektrischen Propellerantriebes bringt eine bedeutende Raumersparnis gegenüber Kolbendampfmaschinen mit sich.

Vergleicht man die Raumskizzen-Abbildung, Fig. 31a und b, so sieht man, daß beim elektrisch angetriebenen Fahrzeug der Maschinenraum selbst kleiner und bedeutend geräumiger ist und ein großer Teil des Maschinenraumes und die Wellentunnel wegfallen; wenn hinten etwas Platz für die Propellermotoren und Drucklager weggenommen wird, so ergibt sich doch im ganzen eine Raumersparnis von etwa 500 cbm, wobei zu berücksichtigen ist, daß für die

Motoren der auf dem Schiff für Ladung ungünstige Platz beansprucht wird, während günstiger Raum in der Mitte des Schiffes gewonnen wird.

Bei Anwendung von Wasserrohrkesseln erhält man noch eine weitere Raumersparnis von etwa 590 cbm, was eine gesamte Raumersparnis von etwa 1090 cbm ausmacht.

Bei Anwendung von senkrechten Dampfturbinen, die beim elektrischen Propellerantrieb im Laufe des fortschrittlichen Turbinenbaues wohl zulässig sind, wird die Raumersparnis ganz enorm. Man könnte sogar den senkrechten Turbogenerator als Schlickschen Kreisel zur Dämpfung der Rollbewegungen des Schiffes ausbilden; letzterem stellen sich aber gegenwärtig konstruktive Schwierigkeiten entgegen, deren Überwindung jedoch nur eine Frage der Zeit ist.

Die Wahl des Maschinenraumes ist infolge des Fortfalles der Wellenleitung beliebig, auch können die Turbodynamos querschiffs oder sonst beliebig aufgestellt werden, z. B. die Kessel über den Maschinen usw.

Betriebskosten, Kohlenverbrauch und Kohlenersparnis. Daß man beim elektrischen Propellerantrieb weniger Kohlen als beim direkten Antriebe mit Kolbendampfmaschinen braucht, wird von vornherein niemand zugeben, aber es ist gleichfalls rechnerisch nachweisbar.

Hier soll der Kohlenverbrauch für den Fall berechnet werden, daß der Dampfer 200 volle Tage im Jahre fährt, und zwar 25 % mit halber Maschinenleistung.

Es sei ferner ein Kohlenverbrauch der Kolbendampfmaschine von 0,73 kg pro PSi oder 0,84 kg pro PSe bei einem Wirkungsgrad von 87 % angenommen. Es ergibt sich für die Kolbendampfmaschine für volle Fahrt ein jährlicher Kohlenverbrauch von

$$0{,}84 \times 2 \times 3000 \times 150 \times 24 = 18150 \text{ t.}$$

Für halbe Maschinenleistung ist der Kohlenverbrauch der Kolbendampfmaschine mit 0,8 kg pro PSi oder 0,92 kg pro PSe in Rechnung gesetzt. Hierfür ergibt sich ein Kohlenverbrauch von $0{,}92 \times 2 \times 1500 \times 50 \times 24 = 3310$ t; der gesamte Kohlenverbrauch pro Jahr ist somit $18150 + 3310 = 21460$ t.

Eine weitere Rechnung zeigt, daß der Kohlenverbrauch bei Anwendung elektrischer Übertragung günstiger ist.

Der Dampfverbrauch einer Dampfturbine der in Betracht kommenden Leistung wird zu 5,4 kg pro PSe bei überhitztem Dampf von 300 ° angegeben. Zu erwarten ist, daß er noch günstiger ausfällt.

Bei einer Verdampfungsziffer von 8 kg und einem Gesamtwirkungsgrad der elektrischen Anlage (von Turbine bis zur Propellerwelle) von 85 % (es ist sogar ein höherer Wirkungsgrad zu erwarten) ergibt sich bei Berücksichtigung der Kondensationsarbeit ein Kohlenverbrauch von 0,83 kg pro PSe. Berücksichtigt man, daß bei halber wie bei voller Maschinenleistung der Kohlenverbrauch derselbe bleibt, so ergibt sich ein jährlicher Kohlenverbrauch bei Anwendung des elektrischen Propellerantriebes von

$$0{,}83 \times 6000 \times 150 \times 24 = 17920 \text{ t}$$

für volle Fahrtleistung und

$$0{,}83 \times 3000 \times 50 \times 24 = 2990 \text{ t}$$

für halbe Maschinenleistung, also zusammen 20910 t gegen 21460 t bei Kolbendampfmaschinen, was eine Kohlenersparnis von 550 t pro Jahr ergibt. Rechnet man eine Tonne Kohlen frei Bunker mit 18.— M., so erhält man bei Anwendung des elektrischen Propellerantriebes eine jährliche Ersparnis von 9900 M.

Ölverbrauch und Ölersparnis. Nicht unwesentlich ist auch die Ersparnis an Öl. Es beträgt beispielsweise der Ölverbrauch der gesamten elektrischen Anlage etwa 0,4 g pro PSe und Stunde gegen 1,3 g bei der Kolbendampfmaschine einschl. Traglager; man spart somit etwa 1,1 g pro PSe und Stunde, das macht etwas über 73 % Ersparnis an Öl gegen Kolbendampfmaschinen. Bei 200 Fahrttagen mit 25 % halber Maschinenleistung ergibt das eine jährliche Ersparnis an Öl von

$$1{,}1 \times 6000 \times 150 \times 24 = 23800 \text{ kg}$$

$$1{,}4 \times 3000 \times 50 \times 24 = 3960 \text{ kg bei halber Maschinenleistung}$$

$$\text{Zusammen } 27760 \text{ kg}$$

Bei einem Preise von 420 M. pro Tonne ergibt das eine jährliche Ersparnis von 11 600 M.

Ersparnis an Maschinenpersonal. Die Ersparnis an Maschinenpersonal ist auch ganz wesentlich. Da sämtliche Maschinen der elektrischen Anlage keiner Wartung bedürfen und die Steuerung des gesamten Fahrzeuges direkt von der Kommandobrücke aus erfolgt, so kann das Maschinenpersonal auf ein Minimum von 1, oder bei entfernt liegenden Kesselräumen, wo die Aufsicht erschwert ist, lediglich aus Sicherheitsgründen, 2 Mann pro Wache reduziert werden.

Da sämtliche Ersparnisse gegen Kolbendampfmaschinen:

an Gewicht . . .	rd.	480 t
an Raum	rd.	1 090 cbm
an Kohlen . . .	rd.	9 900 M.
an Öl	rd.	11 600 M.

und an Mannschaften

nur durch Anwendung der schnellaufenden Dampfturbinen erhalten werden können, so liegt natürlich auch die Idee nahe, die Dampfturbine selbst für Propellerantrieb zu verwenden. Bis jetzt wenigstens ist aber dieses Problem noch nicht befriedigend gelöst worden, da sich seiner Lösung große Schwierigkeiten entgegenstellen, weil die Dampfturbine wirtschaftlich nur bei hoher Tourenzahl arbeitet, nicht gut regulierbar und nicht umsteuerbar ist, also besondere Rückwärtsturbinen erfordert.

Für den Antrieb von Radschiffen ist die Dampfturbine ohne Übersetzung ihrer Umdrehungen überhaupt nicht zu verwenden, es sei daher auch eine kurze Vergleichsberechnung für ein Radschleppschiff durchgeführt und zwar für eine Leistung von etwa 1200 PSe an den Rädern. Es ist hierbei jedoch unter Ausnutzung des Raumes gleichzeitig eine Vergrößerung der Leistung unter der Voraussetzung vorgesehen, daß die Tiefertauchung infolge des Mehrgewichtes bei einem Schleppschiff belanglos ist.

Gewicht der Maschinen-Anlage. Bei der in Frage kommenden Leistung von 1200 PS ist ein geringeres Gewicht der elektrischen Anlage gegenüber der Kolbenmaschine noch zweifelhaft. Auf alle Fälle kann man erreichen, daß die Anlage nicht schwerer wird. Nun hängt das Gewicht der Maschinenanlage in erster Linie von der Umdrehungszahl der Maschinen ab. Es wird den folgenden Betrachtungen eine Umdrehungszahl der Kolbendampfmaschine von 60 Touren p. Min. zu Grunde gelegt, für welche Tourenzahl auch die Antriebsmotoren für die Räder gewählt werden. Es ergeben sich bei der gewählten Anordnung mit 2 Radmotoren, 2 Turboaggregaten und 2 kompletten Kondensatoren folgende Gewichte:

2 Radmotoren von 600 PSe bei 60 Touren p. Min. je 26 t und Gewicht	52,0 t
2 Turbogeneratoren von je 8,2 t	16,4 t
2 Dampfturbinen von je 12,5 t	25,0 t
2 Kondensatoren inkl. Pumpen von je 7,3 t	14,6 t
Schaltanlage	2,0 t
Zusammen	110,0 t

Das ergibt ein Gewicht der Maschinenanlage (ausschließlich Kessel) von $\frac{110\,000}{1200} = 91{,}7$ kg pro PSe oder auf indizierte PS der Kolbendampfmaschine bezogen 71 kg pro PSi; hieran läßt sich voraussichtlich noch sparen.

Bei der Kolbendampfmaschine von der in Frage kommenden Leistung ist das Gewicht ungefähr ebenso groß, unter Umständen vielleicht auch etwas höher.

Eine wesentliche Gewichtsersparnis kann dadurch sicher noch erreicht werden, daß man anstelle der normalen Zylinderkessel Wasserrohrkessel verwendet, was übrigens bei Flußdampfern schon häufig geschieht und umsomehr zulässig und in jeder Beziehung vorteilhaft ist, wenn die Dampfturbinen mit überhitztem Dampf gespeist werden und weil dieselben ein ölfreies Kondensat liefern.

Raumbedarf. Der geringere Raumbedarf für die elektrische Anlage soll in folgender Weise nachgewiesen werden.

In Fig. 32 ist der von den Vereinigten Elbeschiffahrts-Gesellschaften ausgeführte Radschleppdampfer „Kaiser Wilhelm II", dessen Maschinenanlage höchstens 950 PSi (rd. 700 PSe) entwickelt, wiedergegeben und zwar in Ausführung für Antrieb mit Kolbendampfmaschine und für elektrischen Antrieb. Der Maschinenraum ist bis auf geringfügige Änderungen in beiden Fällen derselbe, also ebenso groß, wie er praktisch zur Ausführung gekommen ist. Während also die Kolbendampfmaschinenanlage höchstens 950 PSi (normal 900 PSi) oder rd. 700 PSe an den Rädern entwickelt, leistet die ebenso geräumig angeordnete elektrische Anlage 1200 PSe an den Rädern bezw. 1550 PSi. Bei Verwendung des elektrischen Antriebes kann somit im vorliegenden Falle der für Kolbendampfmaschinen eingerichtete Maschinenraum eine 70% größere elektrische Anlage aufnehmen. Die wichtigste Folge davon ist die, daß das elektrisch angetriebene Radschleppschiff bei gleicher Leistung bedeutend kürzer gebaut werden kann, was eine wesentliche Ersparnis an Herstellungskosten bezw. eine Erhöhung der Rentabilität des Fahrzeuges bedingt. Es kann andererseits durch Einbau einer elektrischen Anlage (bei entsprechender Vergrößerung der Kessel oder Auswechslung derselben gegen Wasserrohrkessel auf bereits ausgeführten Radschleppern) deren Leistungsfähigkeit und somit auch deren Rentabilität erhöht werden.

Kohlenersparnis. Die Kohlenersparnis, die der elektrische Schiffsantrieb mit sich bringt, ist nicht unbedeutend. Trotz der Verluste in der elektrischen Transmission zeigt sich bei elektrisch angetriebenen Schleppern der oben erwähnten Größe immerhin eine Kohlenersparnis von rd. 10 000 M. pro Jahr bei 300 Betriebstagen, wie aus der folgenden Rechnung zu ersehen ist:

Der Kohlenverbrauch der Kolbendampfmaschine kann mit 1,05 kg pro PSe/St. angenommen werden. (Als Anhaltspunkt für diese Annahme sollen die Angaben aus der Z. d. V. d. Ing. 1900, Heft 12 über den erreichten Kohlenverbrauch beim Rhein-Raddampfer „Kaiserin Auguste Viktoria“ von 1,1 kg pro PSe/St. gelten). Die oben angenommene Zahl ist für die Kolbendampfmaschine eher zu niedrig als zu hoch gewählt.

Der Kohlenverbrauch einer elektrischen Anlage der in Frage kommenden Leistung von 1200 PSe ist jedoch bedeutend günstiger.

Mit Rücksicht auf die Betriebssicherheit sind 2 Turboaggregate gewählt für eine effektive Leistung des Radmotors für je 600 PS. Bei einem Wirkungsgrad des Motors von 93 % und des Generators von 91,5 % ergibt sich eine Leistung der Dampfturbine von

$$\frac{600}{0{,}93 \cdot 0{,}915} = 705 \text{ PS.}$$

Für die Kondensationsanlage, deren Pumpen elektrisch angetrieben werden sollen, sei eine Leistung von 25 PS erforderlich. Somit muß die Dampfturbine 730 PS hergeben. Bei dieser Leistung von 730 PS, 300° Überhitzung, 90 % Vakuum weist die Dampfturbine einen Dampfverbrauch von 5,4 kg pro PS/St. auf. Das ergibt einen Dampfverbrauch an der Radwelle von

$$\frac{5{,}4 \cdot 730}{600} = 6{,}57 \text{ kg pro PSe/St.}$$

und bei 7,5 facher Verdampfung

$$\frac{6{,}57}{7{,}5} = 0{,}876 \text{ kg Kohle pro PSe/St.}$$

Diesem Kohlenverbrauch steht der Kohlenverbrauch der Kolbendampfmaschine von 1,05 kg pro PSe/St. gegenüber und es ergibt sich hiermit eine Kohlenersparnis von 1,05 — 0,876 = 0,174 kg Kohle pro PSe/St.

Angenommen, der Schlepper fahre 8 Tage stromaufwärts (mit der vollen Leistung) und 3 Tage stromabwärts (mit $^1/_{10}$ der Leistung). Bei rd. 300 Fahrttagen pro Jahr würde der Schlepper 27 Fahrten hin und zurück zurücklegen und zwar 216 Tage mit voller Leistung und 81 Tage mit $^1/_{10}$ der Leistung. Bei einer Fahrt des Schleppzuges von 6 Uhr morgens bis 8 Uhr abends würde sich ein ununterbrochener Betrieb der Anlage von mindestens

12 Stunden pro Tag ergeben. Dieses zu Grunde gelegt, erhalten wir beim mit 1200 PSe elektrisch angetriebenen Schlepper eine Kohlenersparnis von 0,174 . 1200 . 12 . 216 = 541 t.

Bei der Fahrt stromabwärts, wo nur $^1/_{10}$ der Leistung, also etwa 120 PSe erforderlich sind, wird sich der Kohlenverbrauch der Kolbendampfmaschine von 1,05 auf mindestens 2 kg pro PSe/St. erhöhen; vielleicht wird er noch schlechter (wie das aus einer Kurventafel von Stodola vom Jahre 1905 zu ersehen ist).

Bei der Fahrt stromabwärts werden beide Elektromotoren von einem Turboaggregat gespeist. Es ist nun möglich, durch besondere Verfahren die elektrischen Maschinen auch bei der kleinen Leistung von 120 PSe fast auf den günstigsten Wirkungsgrad einzustellen; es sei jedoch ein solcher von je 85 % angenommen. Somit müßte die Dampfturbine $\frac{120}{0{,}85 \,.\, 0{,}85} = 166$ PS und weitere 10 PS für Kondensation, also zusammen rd. 176 PS leisten. Nach der oben erwähnten Kurventafel von Stodola würde in diesem Fall eine Verschlechterung des Dampfverbrauches der Dampfturbine von 38 %, also eine Erhöhung desselben von 5,4 kg auf 7,5 kg pro PSe/St. eintreten, was einen Kohlenverbrauch von 1 kg pro PSe/St. an der Turbinenwelle bezw. 1,47 kg pro PSe/St. an der Radwelle (bei 7,5 facher Verdampfung) entspricht.

Es ergibt sich auch in diesem Falle eine Kohlenersparnis von 2,0 — 1,47 = 0,53 kg pro PSe/St., und bei 81 Fahrttagen 0,53 . 120 . 12 . 81 = 52 t Kohle.

Diese Kohlenersparnis bei der Fahrt stromabwärts könnte noch dadurch bedeutend erhöht werden, daß man für diesen Fall ein besonders kleines Turbo-Aggregat aufstellt.

Immerhin erhält man schon bei normalen Verhältnissen beim elektrisch angetriebenen Schlepper eine Kohlenersparnis von 541 + 62 = 603 t Kohle oder bei 18,— M. pro Tonne frei Bunker 18 . 605 = 10 080, rd. 10 000 M. pro Jahr.

Diese Kohlenersparnis, die immerhin ganz beträchtlich ist, ist durch vorstehende Rechnung nachgewiesen; es kommt aber noch eine weitere Kohlenersparnis hinzu, die durch den günstigen Wirkungsgrad des elektrisch angetriebenen Rades infolge des vom Elektromotor ausgeübten gleichmäßigen Drehmomentes bedingt ist. Es ist klar, daß ein wesentlicher Teil der Verluste, die durch die stoßweise auf das Rad arbeitende Kolbendampfmaschine verursacht werden, bei gleichmäßigem Antrieb in Wegfall kommen vergl. Anhang I. Außerdem tritt eine Ölersparnis ein.

Ersparnis an Maschinenpersonal. Das Personal zur Bedienung der Maschinen kann bei dem elektrisch angetriebenen Schlepper wesentlich reduziert werden. Sämtliche Maschinen bedürfen keiner Wartung; die Schmierung geschieht selbsttätig, die Steuerung des Fahrzeuges erfolgt ohne irgendwelche Kommandoübertragung direkt vom Kommandostande aus und zwar für jedes Rad beliebig. Aus diesen Gründen kann das Maschinenpersonal auf ein Minimum von 1 oder lediglich aus Sicherheitsrücksichten höchstens 2 Personen reduziert werden.

Aus all diesem ist zu ersehen, daß durch die Einführung des elektrischen Antriebes auch die Rentabilität des Radschleppers bedeutend erhöht werden kann.

Vorteile des elektrischen Antriebes. Das gegebene Mittel, alle auftretenden Schwierigkeiten bei Verwendung von Dampfturbinen unter gleichzeitiger Gewinnung weiterer bedeutenderer Vorteile zu überwinden, ist die Anwendung des elektrischen Propellerantriebes. Die höheren Anschaffungskosten der gesamten elektrischen Anlage werden gegenüber derjenigen mit Kolbendampfmaschinen durch die angegebene Ersparnis mehr als kompensiert.

Aus dem oben angestellten Vergleich ersieht man ferner, daß das elektrisch angetriebene Fahrzeug dem mit Kolbendampfmaschinen angetriebenen in vieler Beziehung überlegen ist.

Geringeres Gewicht, geringerer Raum, geringerer Kohlenverbrauch, geringerer Ölverbrauch, Ersparnis an Maschinenpersonal, alles das sind aus dem obigen Vergleich folgende Tatsachen.

Sauberer, einfacher Betrieb, Wegfall der Maschinenvibrationen und somit auch der wechselnden Beanspruchung der Schiffsverbände, das sind Tatsachen, die in der Natur der Sache selbst liegen. Alle die angegebenen Vorteile sind allein schon von hervorragender Bedeutung, da sie den Aktionsradius, die Lebensdauer und Rentabilität des Fahrzeuges bedeutend erhöhen.

Dazu kommen noch die vielen Vorzüge, die durch das Wesen der Elektrizität selbst bedingt sind, wie z. B. leichte Regulierung und Umsteuerbarkeit.

Die Steuerung der elektrischen Maschinenanlage ist die allereinfachste und geschieht im Gegensatz zu dem mit Kolbendampfmaschinen angetriebenen Fahrzeug direkt vom Kommandostande aus. Alle Kommandoelemente, die gesamte Kommandoübertragung und infolgedessen auch die infolge der Kommandoübertragung möglicherweise entstehenden Irrtümer fallen weg.

Welches Unheil ein falsch verstandenes Kommando dem ganzen Fahrzeug mitunter bringen kann, hat s. Zt. der Unfall der „Deutschland“ in Dover, der infolge eines im Maschinenraum falsch verstandenen Befehles sich ereignete, bewiesen. Das Schiff fuhr schwer gegen die Landungsbrücke und erlitt einen erheblichen Schaden am Bug. Der Schaden war so groß, daß die „Deutschland“ die nach Amerika unternommene Reise aussetzen und nach Hamburg zurückkehren mußte. Bei Anwendung des elektrischen Schraubenantriebes sind solcherlei Unfälle infolge falsch verstandener Befehle von dem Kommandostande nach dem Maschinenraum ganz ausgeschlossen. Der Steuermann allein ist Herr seines Fahrzeuges und kann jederzeit die zur Geschwindigkeitsregulierung, Umsteuerung und plötzlicher Kursänderung nötigen Manipulationen durch einfache Handgriffe, durch Bewegung eines Hebels sofort vornehmen und an seinen Zeigerapparaten kontrollieren.

Hervorzuheben ist, daß die Geschwindigkeitsregulierung ohne jegliche Verluste erfolgt und daß man bei entsprechender Unterteilung der Aggregate eine Reihe von Geschwindigkeitsstufen erhalten kann, bei denen jedesmal der in Betrieb genommene Teil der Anlage mit dem maximalen Wirkungsgrad arbeitet. Von wesentlicher Bedeutung ist das für Kriegsschiffe: bei Marschgeschwindigkeit ist der Kohlenverbrauch pro PSe genau so groß wie bei voller Fahrt. Dieser Vorteil kommt auch bei Handelsschiffen zur Geltung, wenn sie beispielsweise im Hafen, in Kanälen oder Flußmündungen mit verringerter Geschwindigkeit fahren müssen, sowie bei starken Strömungen, wobei bei der Bergfahrt hohe Leistungen und bei der Talfahrt gar keine Leistungen erforderlich sind.

Betriebssicherheit. Die Unterteilung der Aggregate sowohl der Primärmaschinen wie der einzelnen Propellermotoren ist andererseits für die Betriebssicherheit von großer Bedeutung, denn tritt an der Kolbendampfmaschine eine Störung ein, so pflanzt sich diese bis zur Schraube fort; um den Betrieb aufrecht zu erhalten, bleibt dabei nichts anderes übrig, als mit einer Schraube unter Zuhilfenahme des Ruders weiterzufahren; daß ein solcher Betrieb sehr unbequem und unwirtschaftlich ist, liegt auf der Hand.

Anders bei dem elektrisch angetriebenen Fahrzeug. Bei einer Betriebsstörung bleibt der Betrieb mit verringerter Geschwindigkeit mit allen Schrauben bei fast maximalem Wirkungsgrad, also beim wirtschaftlichsten Kohlenverbrauch aufrecht erhalten.

Die Verschlechterung der Betriebssicherheit, die man durch Einführung der elektrischen Transmission befürchten könnte, ist nicht vorhanden, da man schon längst gelernt hat, dauernd sicher arbeitende Maschinen zu konstruieren.

Durch die Einführung des elektrischen Propellerantriebes ist im Gegenteil eine höhere Betriebssicherheit zu erwarten, wie das am besten die Dampfbahnen, die in elektrische umgewandelt worden sind, bereits bewiesen haben.

Wenn auch die Verhältnisse bei Bahnen und Schiffsanlagen etwas verschieden sind, so können doch auf alle Fälle die Erfahrungen, die man mit den ersteren gemacht hat, zeigen, welch sicheren Betrieb man durch die Einführung des elektrischen Propellerantriebes erwarten kann.

In der E. T. Z. (1906 S. 347 bis 348) ist ein vor dem Railway Club of America von Herrn T. F. Street gehaltener Vortrag über den elektrischen Betrieb auf Eisenbahnen wiedergegeben. Charakteristisch sind hieraus folgende Zeilen:

„Sehr beachtenswert ist die Angabe, daß bei einer großen Hochbahn (Manhattan) die Anzahl der durch Beschädigung der Betriebsmittel verursachten Zugverspätungen nach Einführung des elektrischen Betriebes auf etwa $^1/_3$ gegenüber Dampfbetrieb zurückgegangen ist, wobei noch zu berücksichtigen ist, daß beim elektrischen Betrieb der Verkehr um mehr als 20 % verdichtet wurde. Durch diesen Zahlennachweis erscheint der hauptsächlichste Einwand gegen die Einführung des elektrischen Betriebes, daß nämlich bei einer Betriebsstörung im Kraftwerk der ganze Betrieb eingestellt, dagegen beim Schadhaftwerden einer Dampflokomotive nur diese außer Dienst gestellt werden müßte und somit die Betriebssicherheit bei dem erstgenannten Betrieb geringer wäre, wesentlich entkräftet.“

Daß man ähnliche Verhältnisse auch beim elektrischen Betrieb für Schiffe erwarten kann, erhellt schon aus dem Umstande, daß die Kraftmaschine nicht direkt an der Kraftleistung teilnimmt; der Elektromotor paßt sich vollständig jeder Belastung an, während die Kraftmaschine fast mit konstanter Geschwindigkeit unabhängig von der Belastung und der Drehrichtung der Propeller läuft.

Bei plötzlich eintretender Entlastung, was beim Austauchen des Propellers aus dem Wasser vorkommen kann, geht der Motor, im Gegensatz zu der Kolbendampfmaschine nicht durch; der Motor läuft in solchem Falle mit ungefähr gleicher Geschwindigkeit weiter, was in der Natur der Sache selbst liegt. Diese Eigenschaft des Motors ist für das Schiff von ganz hervorragender Bedeutung.

Aus dem oben angeführten geht hervor, daß der elektrische Propellerantrieb — bei Raum- und Gewichtsersparnissen — billiger, betriebssicherer und einfacher zu handhaben ist, als der direkte Antrieb durch Kolbendampfmaschinen.

Zusammenfassung der Vorteile des elektrischen Propellerantriebes.

1. Gewichtsersparnis gegenüber Kolbendampfmaschinen,
2. Raumersparnis " " ,
3. Kohlenersparnis " " ,
4. Ölersparnis " " ,
5. Ersparnis an Maschinenpersonal,
6. Größerer Aktionsradius infolge von 1, 2 und 3,
7. Fortfall der Maschinenvibrationen,
8. Höhere Lebensdauer des Fahrzeuges infolge von 7,
9. Hoher Nutzeffekt bei verringerter Geschwindigkeit bei entsprechender Unterteilung der Aggregate,
10. Höhere Rentabilität infolge von 1 bis 9,
11. Leichte Regulierung und Umsteuerbarkeit,
12. Steuerung der Propeller vom Kommandostande aus,
13. Fortfall der Kommandoübertragung,
14. Unmöglichkeit des Durchgehens der Schrauben,
15. Höhere Betriebssicherheit.

Anhang V.

Angaben über Projekte von Schiffsanlagen mit Dampfturbinen in Verbindung mit rein elektrischer Kraftübertragung.

Projekt einer Schiffsanlage mit einer Leistung an den Schraubenwellen von	375 PSe	550 PSe	1500 PSe	3000 PSe	6000 PSe
bestehend aus:					
1 Turbogenerator mit Erregermaschine und künstlicher Ventilation	11 785 kg	16 235 kg	26 650 kg	37 150 kg	62 100 kg
2 Gleichstrommotoren zum Antrieb der Propeller . . .	13 000 kg	18 000 kg	26 000 kg	49 800 kg	91 400 kg
1 elektrische Schaltanlage nebst Regulatoren auf der Kommandobrücke	500 kg	500 kg	2000 kg	2755 kg	4100 kg
1 Dampfturbine zum Antrieb der Generatoren	8500 kg	11 500 kg	30 600 kg	43 000 kg	82 000 kg
Gesamtgewicht ohne Kondensationsanlagen und ohne Propeller, Propellerlager und Propellerwellen	33 785 kg	46 235 kg	85 250 kg	132 705 kg	239 600 kg
Gewicht pro PSe an der Propellerwelle	90 kg	84 kg	57 kg	44 kg	40 kg
Minutliche Umdrehungszahl der Schrauben	400	300	300	300	200
Minutliche Umdrehungszahl der Turbinenwelle	3000	3000	2100	2100	1500

Diskussion.

Herr Kommerzienrat Gotth. Sachsenberg-Roßlau a. E.:

Königl. Hoheit! Meine Herren! Ich weiß nicht, ob es gestattet ist, auf den gedruckten Vortrag näher einzugehen. Das, worauf die Bemerkungen, die ich zu machen habe, sich beziehen, hat Herr Direktor Schulthes mündlich nicht vorgetragen. Ich möchte mir zunächst die Anfrage gestatten, ob ich unter diesen Umständen darauf eingehen darf? (Ehrenvorsitzender: Selbstverständlich!)

Der Herr Vortragende hatte am Schlusse seiner sehr interessanten Arbeit auch eine Vergleichsrechnung zwischen einem elektrisch und einem durch Kolbenmaschine angetriebenen Räderdampfschiff angestellt, und zwar handelt es sich hier um den Radschleppdampfer „Kaiser Wilhelm II.", der von der Dresdener Maschinenfabrik und Schiffswerft in Dresden gebaut ist, nach einem Typ, der von meiner Firma seit einer langen Reihe von Jahren auf der Elbe und auf dem Rhein eingeführt worden ist, nämlich mit dreifacher Expansionsmaschine und Joy-Steuerung.

Der Herr Vortragende legt dabei in seiner Abhandlung etwa 1200 PSe für den elektrischen Betrieb zugrunde, indem er voraussetzt, daß die Tiefertauchung infolge des Mehrgewichts bei einem Schleppschiff belanglos sei.

Diese Voraussetzung ist aber weder bei einem Schleppschiff, noch bei einem Personendampfer zutreffend und es werden hohe Konventionalstrafen für die Überschreitung des Tiefganges mit Recht festgesetzt, denn die Schiffe sollen auch bei dem niedrigsten Wasserstande noch fahren können und dabei möglichst viel leisten. Niedrige Wasserstände halten aber mitunter monatelang an.

Die Bedingungen in betreff des Tiefganges sind häufig so scharf, daß dem Besteller schon bei Überschreitung von 10 mm eine nicht unerhebliche Entschädigung zusteht und daß ihm bei 30—40 mm mehr Tiefgang unter Umständen das Recht eingeräumt wird, die Annahme des Schiffes zu verweigern.

Der Herr Vortragende hat weiter eine Zahl von 60 Umdrehungen der Radwelle angenommen. Tatsächlich bewegen sich die normalen Umdrehungszahlen rationell arbeitender Radschleppdampfer zwischen 30 und 45.

Das Gewicht der 900 PS indizierenden Dreifach-Expansions-Kolbenmaschine beträgt in Wirklichkeit etwa 56 t, ist also nur etwa halb so schwer, wie die elektrische Anordnung, bei der allerdings 1200 effektive, gleich 1500 indizierten Pferdekräften mit 60 Umdrehungen zugrunde gelegt sind.

Die Größe des Maschinenraumes spielt bei Schleppdampfern keine so erhebliche Rolle, denn der vorgeschriebene Tiefgang und das gesamte Gewicht der Maschinerie mit Kesseln und Rädern verlangt eine gewisse Länge und Breite des Schiffskörpers, und da ich Ihnen nachgewiesen habe, daß das Gewicht der elektrischen Anlage nicht geringer ausfällt, als dasjenige der Kolbenmaschine, so sehe ich hierbei keinen Vorteil.

Noch eklatanter tritt der Unterschied zugunsten der Kolbenmaschine bei einer Compoundmaschine hervor. Mir sind hier die Gewichte einer 1500 pferdigen (PSi) Zweizylinderraddampfermaschine eines der neuesten Radschleppdampfer auf dem Rhein zur Hand. Die Maschine macht bei 1400 PSi gleich 1150 PSe 38 Umdrehungen und wiegt genau 90,7 t, während das Gewicht der elektrischen Anlage des vom Herrn Vortragenden angegebenen Schiffes etwas über 110 t beträgt.

Und nun der Kohlenverbrauch. Der Herr Vortragende nimmt Bezug auf die in der Zeitschrift des Vereines deutscher Ingenieure veröffentlichten Angaben über den von meiner Firma (Gebr. Sachsenberg G. m. b. H. in Roßlau und Cöln-Deutz) im Jahre 1899 erbauten

Zusammenstellung von Angabe

Fahrzeug Name, Art und Zweck	Länge m	Breite m	Tiefgang m	Gewicht (Deplacement des Schiffes in Tonnen)	Propeller		Motoren		e
					Anzahl	Umdrehungen pr. Minute	Anzahl	Art derselben	
1. „Marie-Elisabeth“, Kajüt-Personenboot. Erbaut 1905.	10,5	2,3	0,65	6	1	750	1	Elektromotor	
2. „Germania“, Personenboot. Erbaut 1897.	19,5	2,8	0,885	17,5	1	476 917	1 „	„ „	
3. Fährschiff. (Projekt.)	29	7	0,9	125	2	300	2	Elektromotoren	
4. Ziegel-Transport-Aktiengesellschaft. Akkumulatoren-Zille. Erbaut 1907.	40	4,2	0,6	50	1	165	1	Elektromotor	
5. Desgl.	„	„	1,45	240	1	134	1	„	
6. Desgl. mit Benzinaggregat.	„	„		„	„	„		„	
7. „Teltow“, Akkumulatoren-Schleppboot. Erbaut 1903.	17,5	3,8	1,20	40	3	500	3	Elektromotoren	
8. „Teltow“, Schleppboot mit Oberleitung. Erbaut 1903.	„	„	„	„	„	„	„	„	
9. „Teltow“, Petroleum-elektrisches Schleppboot. Erbaut 1907.	„	„	1,10	37	„	„	1 2	Petroleum Elektromotoren	1
10. „Ellen“, Luxusjacht. Benzin-elektrisch mit Akkumulatoren. Erbaut 1907.	13,7 „ „	2,6 „ „	0,8 „ „	9,5 „ „	1 „ „	550 650 770	1 1 1 1	Elektromotor Benzinmotor Elektromotor Benzinmotor	

...iber ausgeführte Schiffsanlagen und Projekte mit elektrisch angetriebenen Propellern.

...eistung in PSe		Höchstgeschwindigkeit bei stromlosem Wasser		Gewicht der Maschinenanlage		Gesamtgewicht der Batterie	Gewicht des flüssigen Brennstoffes oder der Kohlen bei vollen Bunkern	Verbrauch an Triebmaterial bei Höchstgeschwindigkeit pro PS/Std.	Aktionsradius mit Höchstgeschwindigkeit		Art der Regulierung der Propeller	Art des mögl... Betrie...
...ln	Summe	km/Std.	Seem/Std.	Gesamt kg	pro PSe kg	kg			km	Seem.		
	5	11,8	6,4	2 700	540	2 400	—	—	35	19	Elektrisch	Elektri...
	2	9	4,85						135	73		
	7,8	10,9	5,9	9 000	177	—	—	—	270	145	„	„
	51	16,3	8,8						24	13		
	10	6,5	3,5	5 000	500 einschl. Batterie	4 000	—	—	26	14	„	„
	5	5,23	2,83	ca. 10 000	1900	9 000	—	—	150	70	„	„
5	6,95	4,4	2,38	„	„	„	—	—	90	49	„	„
	„	„	„	ca. 10 600	1970	„	180	—	365	197	„	Elektrisch Benzin mit Kraftübert...
	60	Zugkraft = 1000 kg		15 000	—	12 000	—	—	Betriebsdauer bei höchster Leistung 2 Std.		„	Elektri...
	„	„	„	3 000 ohne Batterie	50	—	—	—	Unbegrenzt		„	„
}	85 auf die Schrauben	Zugkraft = 1400 kg		4 500 ohne Batterie	53	4 000	4100	0,4 kg	Betriebsdauer bei höchster Leistung 115 Std.		„	Elektrisch Petroleum-el...
	10	13	7	—	—	2 800	—	—	40	21,6	„	Elektri...
	17,5	14,6	7,9	—	—	—	--	0,35	310	167	Durch Benzinmotor	Benzi...
}	30	16	8,65	4 000	135	—	130	0,35	48	26	Elektrisch	Benzin-ele... Benzi... Rein elek...

Anhang VI.

…en	Reserven	Bemerkungen
	—	
	—	
	—	
	—	leer.
	—	beladen.
…der …ektr. …ung	Batterie oder Benzin	beladen.
	—	
	—	
…der …trisch	Batterie	
	—	
	—	nicht umsteuerbar.
…isch, …cl.	Batterie oder Benzin	

Fahrzeug Name, Art und Zweck	Länge m	Breite m	Tief-gang m	Gewicht (Deplacement des Schiffes in Tonnen)	Propeller		Motoren	
					An-zahl	Umdrehungen pr. Minute	An-zahl	Art derselbe
1. Flußschiff „Sarmat", Tankschiff der „Société Nobel Frères" in St. Petersburg (ausgeführt)	75	9,7	1,83 beladen	1 150	2	237 bei direkter F. 220 bei elektr. F.	2 2	Diesel-Aggr Elektromoto
2. Flußschiff „Vandal", Tankschiff der „Société Nobel Frères" in St. Petersburg (ausgeführt)	75	9,7	1,83 beladen	1 150	3	302	3 3	Diesel-Aggr Elektromoto
3. Spardeckdampfer „Herrmann", Frachtschiff								
a) mit Kolbendampfmaschinen (ausgeführt)	64	8,9	4,50	1 800	1	120	1	Kolbendam maschine
b) mit Antrieb nach dem Proposto-System (Projekt)	„	„	„	„	„	500	1 1	Diesel-Aggre Elektromot
c) mit elektrischem Antrieb (Projekt)	„	„	„	„	„	200	2 1	Diesel-Aggre Elektromotor
4. Segelschiff mit Hilfsmaschinen (Projekt)	125	16,4	8,30	11 680 (beladen)	1	100	2 1	Diesel-Aggre Elektromotor
5. Fracht- und Passagierdampfer								
a) mit Kolbendampfmaschinen (Projekt)	150	17,0	8,40	15 800 (beladen)	2	82	2	Kolbendam maschinen
b) mit elektrischem Antrieb (Projekt)	„	„	„	„	2	200	2 2	Turbo-Aggre Elektromotore
6. Radschleppschiff „Kaiser Wilhelm II"								
a) mit Kolbendampfmaschinen (ausgeführt)	72	18,5	0,98 betriebsfertig mit 20 Kohlen	ca. 800	2 (Räder)	39	1	Kolbendamp maschine
b) mit elektrischem Antrieb (Projekt)	„	„	„	„	2	60	2 2	Turbo-Aggreg Elektromotore

über ausgeführte Schiffsanlagen und Projekte mit elektrisch angetriebenen Propellern.

Leistung in PSe		Höchstgeschwindigkeit bei stromlosem Wasser		Gewicht der Maschinenanlage		Gesamtgewicht der Batterie	Gewicht des flüssigen Brennstoffes oder der Kohlen bei vollen Bunkern	Verbrauch an Triebmaterial bei Höchstgeschwindigkeit pro PS/Std.	Aktionsradius mit Höchstgeschwindigkeit		Art der Regulierung der Propeller	des B
eln	Summe	km/Std.	Seem/Std.	Gesamt Tonnen	pro PSe kg	kg			km	Seem.		
0 3	360 direkt. F. 306 elektr. F.	16 bei leer. Schiff 15 beladen	8,6 8,1	65	180	—	60 Tonnen Naphtha	190 gr	14 000 bei leer. Schiff 12 900 bei beladen. Schiff		Elektrisch	Ko A Ele A
3	306	14,8 bei leer. Schiff 13,7 beladen	8 7,4	81	265	—	60 Tonnen Naphtha	224 gr	13 000 bei leer. Schiff 12 000 bei beladen. Schiff		„	Ele A
e. i.	265 e. 400 i.	ca. 14,8	ca. 8	70	255 mit Kessel-anlage	—	150 Tonnen Kohle	1,2 kg Kohle	7 000	3 780	Normale Dampfmaschinen-Regulierung	Direk durc damp
	380 direkt. F. 320 elektr. F.	ca. 16,7	ca. 9	30	79	—	34 Tonnen Naphtha	190 gr	7 900*)	4 270	Elektrisch	Kom A
	500	ca. 18,5	ca. 10	54	108	—	40 Tonnen Naphtha	224 gr	6 600*)	3 560	„	Ele A
	540	11,1	6	56	104	—	40 Tonnen Naphtha	224 gr	3 670	1 980	„	Seg Ele A
	6 000	26	14	483	80,5	—	1 500 Tonnen Kohle	0,84 kg Kohle	77 300	41 700	Normale Dampfmaschinen-Regulierung	Direkt durch damp
	6 000	26	14	334	55,6	—	1 500 Tonnen Kohle	0,83 kg Kohle	78 400**)	42 400	Elektrisch	Elek A
	700 e. 950 i.	—	—	—	—	—	—	1,05 kg Kohle	—	—	Normale Dampfmaschinen-Regulierung	Direkt durch damp
	1 200 e. 1 550 i.	—	—	110	91,7	—	—	0,876 kg Kohle	—	—	Elektrisch	Elek A

Anhang VI.

…rt …öglichen …iebes	Reserven	Bemerkungen
…inierter …rieb …rischer …rieb …rischer …rieb	Elektrischer Betrieb mit verringerter Geschwindigkeit beim Versagen eines Dieselmotors.	Die Dieselmotoren haben niedrige Umdrehungszahlen, wodurch das hohe Gewicht erklärlich ist.
Antrieb Kolben- …aschinen	Keine	
…nierter …rieb …ischer …rieb …etrieb …ischer …rieb	Elektrischer Betrieb mit verringerter Geschwindigkeit beim Versagen eines Dieselmotors oder einer Hälfte des Elektromotors	*) Rechnerisch ermittelt. Der Wirkungsgrad der Schraube muß bei 200 n größer sein als bei 500 n, es wird also der Aktionsradius sich entsprechend erhöhen.
Antrieb Kolben- …aschine	Antrieb einer Schraube bei Ausgleich durch das Ruder	
…scher …ieb	Elektrischer Betrieb mit verringerter Geschwindigkeit mit beiden Schrauben in verschiedenartigster Kombination	**) Wird erheblich günstiger bei längerer Benutzung von verringerter Geschwindigkeit.
Antrieb …olben- …schine	Keine	
…scher …eb	Elektrischer Betrieb mit verringerter Geschwindigkeit mit beiden Rädern	

Radsalondampfer „Kaiserin Auguste Viktoria". Die Berechnung des Kohlenverbrauchs der elektrischen Anlage, angetrieben durch Dampfturbinen, basiert auf einer Dampfüberhitzung von 300 °, während derselbe bei den Kolbenmaschinen für Naßdampf angegeben ist. Ich habe schon wiederholt von dieser Stelle aus darauf hingewiesen, daß man in den letzten Jahren die Dampfüberhitzung auch im Flußschiffbau zur Anwendung gebracht hat, und ich möchte nochmals hier konstatieren, daß bei dem vorhin erwähnten Radschleppdampfer mit Compoundmaschine und 280—300 ° heißem Dampf im Hochdruckzylinder ein Kohlenverbrauch von 0,63—0,65 kg guter westfälischer Steinkohle pro indizierte Pferdekraft und Stunde erzielt wird. Dies entspricht etwa 0,78 kg pro effektive Pferdekraft und ist demnach ein ganz Teil geringer, als bei elektrischem Antrieb, wie er vom Herrn Vortragenden im gedruckten Vortrag angegeben ist.

Was das Gewicht und den Raum bei der Maschine des Salondampfers „Kaiserin Auguste Viktoria" anbetrifft, so dürfte für das erstere der Vergleich mit dem elektrischen Antrieb noch viel ungünstiger ausfallen, denn das Maschinengewicht beträgt dort bei gleicher Leistung nur 72 t gegen 110, wie ich vorhin schon erwähnte; auch ein kleinerer Maschinenraum ist in diesem Falle bei elektrischem Antrieb ohne Zweifel ausgeschlossen.

Dann ist von einer Ersparnis an Maschinenpersonal die Rede. Das trifft auch nicht zu. Es ist bekannt, daß bei den kleinen Radschleppdampfern nur ein Maschinist und bei den größeren ein Maschinist und ein Untermaschinist die Maschine bedient. Das Heizerpersonal kommt nicht in Betracht, weil es dasselbe bleibt, auch bei einem Schiff mit elektrischem Antrieb; denn die Kesselanlagen müssen fast genau so ausgeführt werden. Man würde dieselben Pumpen haben, man würde dieselben Lenz-Vorrichtungen haben und ebenso die Rohrleitungen.

Demnach schrumpfen die vom Herrn Vortragenden in erster Linie genannten Vorteile des elektrischen Antriebes gegenüber dem Antrieb von Kolbenmaschinen bei Raddampfern auf den geringeren Ölverbrauch zusammen. Der scheint ja allerdings erheblich zu sein. Darüber besitze ich leider keine Betriebsresultate und kann einen Vergleich nicht anstellen.

Nun möchte ich noch einige Worte über Wasserröhrenkessel sagen, die der Herr Vortragende in seinem Vortrag ebenfalls erwähnt hat. Auf Flußschiffen haben sich die Wasserröhrenkessel nicht sonderlich bewährt. Es sind mir eine ganze Reihe von Fällen bekannt, wo sie eingebaut und später wieder herausgenommen worden sind, und zwar soll der ökonomische Effekt der Kessel nicht so günstig sein wie bei gewöhnlichen Schiffskesseln; außerdem erfordert die Reinigung der Kessel, weil auf den meisten Flußschiffen keine Oberflächenkondensation, sondern nur Einspritzkondensation Anwendung findet, viel mehr Zeit und Kosten. Wenn Sie aber Oberflächenkondensation einführen, dann vermehren Sie das Gewicht, und es geht ein Teil des Vorteils des geringeren Kesselgewichts dadurch wieder verloren.

Immerhin müssen wir dem Herrn Vortragenden für die von ihm aufgestellten Vergleichsrechnungen zwischen Kolbenmaschine und elektrischem Antrieb sehr dankbar sein. Ich habe die Überzeugung gewonnen, daß man im Laufe der Zeit das, was er hier schon als Tatsache zu beweisen suchte, auch bei Raddampfschiffen schließlich wird erreichen können. (Beifall!)

Herr Oberingenieur T e c h e l - Kiel:

Euere Königliche Hoheit! Meine Herren! Gestatten Sie mir, daß ich mit einigen Worten auf den Vortrag des Herrn Bauer eingehe, der einen Gegenstand behandelt, für den auch ich mich lebhaft interessiere.

Das Verfahren, das Herr Bauer benutzt, um die für eine verlangte Geschwindigkeit günstigste Umdrehungszahl zu bestimmen, mußte dem Wesen nach in den letzten Jahren, wo es sich darum handelte, schnell laufende Turbinenschiffe zu bauen, bei dem Entwurf der Schrauben von jedem Konstrukteur angewendet werden, denn es stellte sich bald heraus, daß man mit den hohen Umdrehungszahlen, zu der die Turbinen neigen, keine günstigen Nutzeffekte erhalten konnte. Es wurde infolgedessen notwendig, daß Schraubenkonstruktion und Turbinenkonstruktion einander entgegenkamen.

Das entsprechende gilt für den Entwurf von schnellen Motorbooten. Ich habe auch hierfür ein ähnliches Verfahren verwendet wie Herr Bauer, mit dem einzigen Unterschiede, daß ich, statt mich auf die Admiralitätskonstante zu stützen, unmittelbar die Widerstandsverhältnisse des Bootes zugrunde gelegt habe. Ich nehme an, daß Herr Bauer das letztere in seinem Vortrage nur deshalb nicht getan hat, um die Darstellung einfacher zu gestalten.

Die übersichtlichen zeichnerischen Methoden, die der Vortragende uns hier mitgeteilt hat, sind sehr brauchbar. Ich glaube deshalb, daß Herr Bauer des Dankes der Schiffbautechnischen Gesellschaft sicher ist. Zur Anwendung dieser Methoden ist es allerdings noch nötig, daß ein reichlicheres Versuchsmaterial als die wenigen uns von Herrn Bauer mitgeteilten Kurven vorliegt. Außer den beispielsweise für ein Flächen- und ein Steigungsverhältnis gegebenen Kurven, Fig. 2, müssen die Betriebsverhältnisse auch für eine genügende Zahl anderer Steigungs- und Flächenverhältnisse vorliegen.

Ich möchte darauf aufmerksam machen, daß solche Kurven tatsächlich schon im Jahre 1904 durch den bekannten Theoretiker Taylor in den „Transactions of the American Society of Naval Architects & Engineers" veröffentlicht sind. Sie erstrecken sich auf Steigungsverhältnisse von 0,6 bis 1,5 und auf fast alle in Betracht kommenden Flächenverhältnisse. Ich habe schon im Jahre 1905, als ich einen Bericht für den internationalen Schiffahrtskongreß in Mailand zu erstatten hatte, auf die Wichtigkeit dieses Versuchsmaterials für den Entwurf von Turbinenschiffen hingewiesen.

Es ist mir nun sehr interessant, daß die Kurven, die Herr Bauer in Fig. 2 gibt, fast identisch mit den Taylorschen Kurven sind, und ich möchte daher an den Vortragenden die Frage richten, ob die von ihm erwähnten Versuche und Erfahrungen auch für andere Verhältnisse die Taylorschen Resultate, die ihm wohl bekannt sein werden, in demselben Maße bestätigen, wie die Kurven von Fig. 2. Ich kann aus meiner Erfahrung heraus nur die Benutzung der Taylorschen Versuche empfehlen, mit der Einschränkung, daß es mir scheint — streng beweisen kann ich es noch nicht, da mein Versuchsmaterial dazu noch nicht ausreicht —, als ob die Flächen der wirklich zur Ausführung kommenden Schrauben etwas größer sein müßten, als sie sich nach den Taylorschen Modellversuchen ergeben. Der Vorstrom muß entweder schätzungsweise oder auf Grund von früheren Erfahrungen eingeführt werden. Bezüglich der Bestimmung der effektiven Leistung der Verbrennungsmotoren unter bestimmten Verhältnissen gehe ich nicht ganz einig mit Herrn Bauer. Herr Bauer hält nicht viel von den Bremsversuchen, sondern findet „eine bessere Basis für die Beurteilung der Motorleistung in den Abmessungen des Kolbenhubs und Durchmessers in Verbindung mit den Umdrehungszahlen und den im Motor herrschenden Arbeitsdrücken resp. Spannungen". Nun kann aber Herr Bauer die in dem Motor herrschenden Arbeitsdrücke gar nicht anders bekommen, als gerade durch einen Bremsversuch oder durch Indizierung und Bremsung des Motors. Um dies Verfahren für die noch unbekannte Tourenzahl der Schraube benutzen zu können, ist es notwendig, den Motor bei verschiedenen Tourenzahlen abzubremsen. Wie allgemein üblich geschieht das, indem man ihn bei der jedesmal vorliegenden Tourenzahl auf das größte Drehmoment bringt. Läßt man dann den Motor im Fahrzeug selber arbeiten, so stellt das Drehmoment sich vermöge des Zusammenhanges des Motors mit der Schraube, wenn man die Regulierung entsprechend vornimmt, so ein, daß die Tourenzahl dem höchsten bei der betreffenden Tourenzahl möglichen effektiven bezw. indizierten Druck im Motor entspricht. Dementsprechend kann man aus dem Bremsdiagramm direkt bei der betreffenden Tourenzahl die Bremsleistung des Motors ablesen.

Anders ist es mit den Bremsleistungen für die geringeren Geschwindigkeiten des Bootes, vorausgesetzt, daß dieselbe Schraube beibehalten wird. Hier muß man, wenn man auch die den geringeren Umdrehungszahlen entsprechenden Pferdekräfte haben will, das Verfahren des Herrn Deetjen (auseinandergesetzt in dem Anhange zu dem zweiten, heute gehörten Vortrage) anwenden. Dies besteht darin, daß man sich bei jeder Geschwindigkeit des Bootes die Stellungen der Regulierorgane des Motors merken und nachträglich mit derselben Tourenzahl und mit derselben Stellung der Regulierorgane Bremsversuche machen muß.

Ein zweiter Weg ist noch, die Methode des Herrn Föttinger zu verwenden, die allerdings bei kleinen Motoren auf bedeutende Schwierigkeiten stoßen dürfte.

Es gibt aber noch ein anderes, allerdings weniger genaues Verfahren, für die Bestimmung der Bremsleistung eines Motors bei geringerer als der höchsten Fahrgeschwindigkeit. Ich möchte darauf aufmerksam machen, daß man mit Hilfe der Taylorschen Kurven, wenn man für die höchste Geschwindigkeit die Maschinenleistung kennt, für die geringen Geschwindigkeiten aus den Umdrehungszahlen und Slips genau genug die effektive Leistung feststellen kann. Dies Verfahren ist, wie gesagt, nicht so zuverlässig wie die direkte Bremsung des Motors, aber immerhin brauchbar. Es ist, um dies Verfahren anzuwenden, nur nötig, Tourenzahl und Geschwindigkeit des Bootes festzustellen und für die höchste Geschwindigkeit die Konstante der Taylorschen Formel zu bestimmen und nun mit dieser Konstante rückwärts die PSe für die geringeren Leistungen des Bootes zu berechnen. Dieses bezw. ein ähnliches Verfahren ist für schnelle Motorboote meines Wissens zum ersten Male von dem bekannten amerikanischen Konstrukteur Clinton Crane angewendet worden.

Ein weiterer Punkt, in dem ich eine Ergänzung der Ansicht des Herrn Bauer vorbringen möchte, ist die Bemerkung desselben: Man kann dann entweder die Nutzleistung oder die Geschwindigkeit erhöhen, also durch Vermehrung der Tourenzahl wirtschaftliche Vorteile erzielen.

Herr Bauer macht darauf aufmerksam, daß über eine bestimmte Umdrehungszahl hinaus es nicht mehr möglich ist, die verlangte Geschwindigkeit zu erzielen, daß aber unter dieser Umdrehungszahl ein größeres Deplacement zur Verfügung steht, als es den Bedingungen der Aufgabe entspricht. Man könnte also die Geschwindigkeit oder Nutzlast erhöhen. Ich möchte ein drittes empfehlen, nämlich die Geschwindigkeit, die doch im allgemeinen vorgeschrieben sein wird, nicht zu erhöhen, sondern *die Pferdestärken zu verringern*. Diesen Vorschlag mache ich besonders deshalb, weil an diesem Punkte unsere wirtschaftlichen Bestrebungen einsetzen sollten.

Es mag sehr hübsch und für den Konstrukteur auch sehr interessant sein, mit ganz kleinen Booten und sehr starken Maschinen hohe Geschwindigkeiten zu erreichen. Wichtiger für die Technik und wichtiger für die speziellen praktischen Zwecke, die die schnellen Motorboote erfüllen sollen, wird es aber sein, mit einer verhältnismäßig geringen Maschinenstärke die größtmöglichen Geschwindigkeiten zu erzielen und nicht so sehr die alleräußerste Beschränkung des Gewichtes zu suchen. Geht man nämlich darauf aus, eine möglichst leichte Maschine zu bauen, so kommt man notwendigerweise zu Maschinen, die sehr viele Zylinder haben. Diese Maschinen sind nachher im Betriebe wesentlich unzuverlässiger als die Maschinen mit wenigen Zylindern.

In diesem Zusammenhange möchte ich auch noch darauf aufmerksam machen, daß die Erörterungen über die Gewichte der Maschinenanlagen in ihrer Abhängigkeit von den Umdrehungen, die Herr Bauer in sehr übersichtlichen Kurven zusammstellt, insofern nicht falsch aufgefaßt werden dürfen, als unbegrenzt bei größeren Leistungen die Einheitsgewichte der Maschinenanlage abnehmen. Das ist nicht der Fall. Die günstigen Resultate für die Gewichte, die sich aus den steigenden Leistungen ergeben, entstehen hauptsächlich dadurch, daß die Tourenzahl der Maschine annähernd konstant gehalten wird und bei großen Maschinen die Erhöhung der Leistung durch Hinzufügung von Zylindern erreicht wird. Fügt man aber Zylinder hinzu, so bleibt natürlich das Gewicht des Schwungrades dasselbe oder nimmt noch ab. Ebenso nehmen sämtliche Gewichte für Zubehörteile relativ ebenfalls ab.

Nur aus diesem Grunde wird die stärkere Maschine bei gleichbleibender Umdrehungszahl die leichtere Maschine. Geht man aber zu mehrtausendpferdigen Maschinen über, so ist es schon aus Gründen des Schraubennutzeffektes unzulässig, daß man auch bei diesen sehr hohe Umdrehungszahlen anwendet, und dadurch ergeben sich für solche Maschinen größere Gewichte. Übrigens steht dies auch durchaus im Einklang mit den Kurven des Herrn Bauer, in denen den niedrigeren Tourenzahlen die höheren Einheitsgewichte entsprechen. Es sollte dies nur eine kurze Bemerkung sein, daß man nicht die durchaus richtigen Resultate, zu denen Herr Bauer bezüglich der Gewichte der Maschinenanlagen der schnellen Motorboote gekommen ist, auf größere Anlagen in falscher Weise überträgt.

Zum Schlusse möchte ich mich gegen eine Definition wenden, die Herr Bauer für das „schnelle Motorboot" gegeben hat. Herr Bauer sagte, daß ein schnelles Motorboot ein Motorboot sei, das in einer Sekunde mehr als die Hälfte seiner Länge zurücklegt. Diese Definition steht mit den Definitionen, die man sonst bezüglich der relativen Geschwindigkeit aufzustellen pflegt, in Widerspruch. Danach würden z. B. unsere 64 m langen Torpedoboote eine Geschwindigkeit von 32 m in der Sekunde, also rd. 64 Knoten haben müssen, um als wirklich schnelle Boote zu gelten. Ich würde doch empfehlen, bei dem alten Modus zu bleiben, wonach man die Geschwindigkeiten, wie es dem Gesetz der korrespondierenden Geschwindigkeiten entspricht, mit der Wurzel aus der Länge und nicht mit der Länge selber vergleicht. (Beifall.)

Herr Generalsekretär R á g ó c z y - Berlin:

Königliche Hoheit! Meine Herren! Die beiden Herren Vortragenden haben die Materie, wie Sie alle durch Ihren Beifall ja auch bezeugten, so eingehend behandelt, daß es mir eigentlich nicht möglich ist, viel Neues zu sagen. Aber ich denke, es ist vielleicht nicht unzweckmäßig, wenn auch aus den Kreisen der Schiffahrttreibenden heraus einige Bemerkungen gemacht werden, die namentlich an die Ausführungen des letzten Herrn Vortragenden, des Herrn Direktor S c h u l t h e s, anknüpfen.

Ich greife einzelne Punkte des Vortrages heraus, an die ich einige wenige Mitteilungen anknüpfen möchte.

Es ist uns hier im Bilde das neue Hausboot vorgeführt worden, welches ja in Amerika und England bereits seine Vorgänger gefunden hat, und ich glaube, es aussprechen zu dürfen, daß in den Kreisen der Schiffahrttreibenden und vor allem derjenigen, die das Hausboot aus eigener Anschauung kennen gelernt haben, nur eine Stimme der Bewunderung und der Anerkennung über die Zweckmäßigkeit der Ausführung und insbesondere des Erstaunens über das herrscht, was aus einem kleinen finowmäßigen Fahrzeuge von kaum 200 Tonnen Ladungsfähigkeit mittels der Technik, namentlich der Elektrotechnik, hat hergestellt werden können.

Ebenso interessant sind ja auch namentlich für die Binnenschiffahrt die uns heute im Vortrage und im Lichtbild vorgeführten neuen Ziegelstein-Transportkähne, die ein vollständiges Novum in der Binnenschiffahrt darstellen. Die Ziegelstein-Transportkähne sind Fahrzeuge von finowmäßiger Tragfähigkeit, von ungefähr 200 t Tragfähigkeit, die teilweise auf der Germaniawerft in Kiel und teilweise auf der Werft von Caesar Wollheim in Breslau gebaut worden sind. Diese Transportkähne erfüllen ihren Zweck in hervorragendem Maße. Man kann sagen, vom schiffahrtstechnischen Standpunkte bilden sie gewissermaßen beinahe ein Ideal, indem die Bewegung der Fahrzeuge — wenigstens in beladenem Zustande — mit vollständiger Sicherheit vor sich geht, geräuschlos und die Bedienung außerordentlich wenig Menschenkraft beansprucht. Für die obere Havel, für den Verkehr von Zehdenick bis Berlin wird mit dem Elektromotor eine vollständig ausreichende Fahrgeschwindigkeit von 5 km in der Stunde eingehalten. Ich habe selbst diese Fahrzeuge in beladenem und leerem Zustande besichtigt, bin eine Strecke lang mitgefahren, habe mich von der außerordentlichen Ruhe überzeugt, mit der die Fahrzeuge navigieren, der außerordentlichen Leichtigkeit, mit der sie gesteuert werden können, und von der außerordentlich geringen Beanspruchung von Menschenkraft in bezug auf die Bedienung.

Wenn ich einen weiteren, in sozialer Hinsicht in Betracht kommenden Gesichtspunkt hervorheben darf, so ist es der, daß die Mannschaft bezw. der eine Mann, der neben dem Steuermann erforderlich ist, ein außerordentlich bequemes Dasein hat. Er hat nur aufzupassen, und das mühsame Staken fällt nahezu ganz fort. Vollständig aber fällt das so mühsame Auskarren der Ladung bei der Entlöschung der Fahrzeuge fort, das von den Schiffern als so außerordentlich gesundheitsschädlich bezeichnet wird.

Als einziger Nachteil dieser Steintransportschiffe ist mir aufgefallen, daß sie unbeladen bei starkem Winde seitwärts und auch sonst bei unruhigem Strome am Bug voll Wasser geschlagen werden, ein Übelstand, der sich vielleicht durch Verbesserungen beseitigen läßt.

Wenn wir auf der oberen Havel-Wasserstraße ein solches Spezialschiff haben entstehen sehen, das, wie man hofft, mit Vorteil verwendet wird, so läßt sich dasselbe meines Erachtens auch von anderen Wasserstraßen sagen, wo die verschiedensten Motorkähne im Betrieb sind. Herr Direktor Schulthes hat bereits auf die neuen Typen auf dem Rhein hingewiesen. Nach meinen, allerdings im Juni 1907 abgeschlossenen Untersuchungen waren auf dem Dortmund-Ems-Kanal die Versuche, zum Antrieb von Lastkähnen Gasmaschinen zu verwenden, noch nicht in vollem Umfange gelungen. Für die Beförderung von Kohlen auf dem Rheine mit seiner starken Strömung hat sich die Schiffsgasmaschine auch noch nicht als vollständig zuverlässig erwiesen. Nach den mir gewordenen Berichten vollzieht sich der Verkehr daher vorläufig so, daß die Motorkähne beladen stromab über die holländische Grenze nach Belgien und Frankreich gehen und dann nach der Entlöschung über den Rhein-Marne-Kanal über Straßburg wieder rheinabwärts nach Duisburg herunterkommen. Es geht hieraus hervor, daß die vielfachen Versuche der verschiedenen Schiffsgasmaschinenfabriken, für Fahrzeuge von großer Tragfähigkeit und zur Verwendung bei starken Strömungen des Fahrwassers einen leistungsfähigen Motor zu konstruieren, wie es scheint, noch nicht zu einem in allen Fällen befriedigenden Ergebnis geführt haben.

Wir können es aber vom allgemeinen Standpunkte aus und im Hinblick auf die notwendige Fortentwicklung der deutschen Binnenschiffahrt, die ja, wie ich vor zwei Jahren in meinem Vortrage hier dargelegt habe, in verschiedenen Richtungen mit den größten Schwierigkeiten zu kämpfen hat, nur mit der größten Freude begrüßen, wenn es der Technik baldigst gelingen sollte, diese hochbedeutende Frage einer glücklichen Lösung entgegenzuführen.

Ich habe schon angedeutet, daß es in erster Linie darauf ankommt, den Privatschiffer unabhängig von den Dampfschiffen zu machen, daß aber nicht allein der Gegensatz zwischen Privatschiffern und Dampfschiffahrtsgesellschaften in Betracht kommt, sondern insbesondere die vielfachen strompolizeilichen Maßnahmen, die heute als erforderlich erachtet werden zur

Aufrechterhaltung des Verkehrs auf den verkehrsreicheren Strömen und Kanälen und die wieder namentlich den kleinen Privatschiffer, der vom Dampfer abhängig ist, ganz besonders hart treffen. Es hat sich deshalb in den letzten Jahren nicht allein ein Gegensatz zwischen den Privatschiffern, die alte hölzerne Fahrzeuge haben, und denjenigen, welche mit neuen eisernen modernen Schiffen fahren, herausgebildet, sondern namentlich ein Gegensatz zwischen den Privatschiffern und den Dampfschiffahrtsgesellschaften, der durch die strompolizeilichen Maßnahmen noch verschärft worden ist.

Wenn wir nun fragen, ob die neuen elektrotechnisch eingerichteten Fahrzeuge oder die mit Gasmaschinen ausgerüsteten Fahrzeuge den Dampfschiffen an Rentabilität überlegen sind, so maße ich mir, da ich ja nicht Techniker, sondern Volkswirt bin, kein Urteil an. Ich habe aber versucht, mich darüber zu informieren, und die mir zugekommenen Berichte gehen dahin, daß es heute noch nicht möglich sei, ein endgültiges Urteil über die Frage abzugeben, ob der Elektromotor, die Schiffsgasmaschine oder das Dampfschiff, das wir bisher hatten, das wirtschaftlich rentabelste sei. Ich darf auch auf die Untersuchungen verweisen, die soeben erst im „Zentralblatt der Bauverwaltung" vom Geheimen Oberbaurat Dr. Sympher in Verbindung mit dem Maschinenbauinspektor Brock aus dem Ministerium der öffentlichen Arbeiten veröffentlicht worden sind, Untersuchungen, die sich auf die künftige Gestaltung des Schiffahrtsbetriebes auf dem neuen Rhein-Weser-Leine-Kanal erstrecken; sie schließen zwar nur mit Hypothesen ab, aber es ist zu hoffen, daß diese gründlichen, eingehenden und objektiven Untersuchungen, die, wie die beiden genannten Verfasser am Schlusse ihrer sehr lesenswerten und auch von Interessenten in weitestem Maße beachteten Ausführungen selbst sagen, zu einem bestimmten Ergebnis noch nicht geführt haben.

Wir haben aus den angeführten Gründen in der Binnenschiffahrt ein sehr großes Interesse daran, daß diese Fragen einer möglichst glücklichen Lösung entgegengeführt werden möchten.

Ich will noch einen Punkt hinzufügen, der Sie besonders interessieren dürfte, das ist die bekannte Abhängigkeit der Binnenschiffahrt von der Seeschiffahrt. Da die Fahrzeuge in den Seehäfen aus der Binnenschiffahrt die Waren übernehmen bezw. sie ihnen zuführen, also ein promptes Handinhandarbeiten erforderlich ist, kann die Binnenschiffahrt, wie andere Untersuchungen zeigen, die Geheimrat Sympher kürzlich veröffentlicht hat, ihre Lebensfähigkeit gegenüber den Eisenbahnen und gegenüber anderen Transportmitteln nur erhalten, wenn auch sie den Fortschritten der modernen Technik sich anpaßt und sucht, mit möglichster Beschleunigung und möglichster Billigkeit auch die möglichste Sicherheit der Transporte auszuführen. Wenn ich mir zu sagen eben erlaubt hatte, daß wir hoffen, daß diese Bewegung zum Segen der deutschen Binnenschiffahrt ausschlagen möge, so möchte ich auch durchaus unterstreichen, was Herr Direktor Schulthes hervorgehoben hat: Es sei auf das Lebhafteste zu beklagen, daß den neuen Motorlastkähnen auf der oberen Havel-Wasserstraße noch von den verschiedensten Stellen ganz unverständliche Schwierigkeiten in den Weg gelegt werden. Es ist doch zu wünschen, daß unsere Behörden nicht nur nach jeder Richtung hin die Fortschritte der Technik verfolgen, sondern auch die durch die Fortschritte der Technik erzielten wirtschaftlichen Vorteile offen und frei würdigen. Ich hoffe, daß der gemeinsame Appell an die beteiligten Verwaltungen den Vorteil haben wird, daß künftighin solchen neuen Unternehmungen auf den deutschen Binnenwasserstraßen nicht unnötige Erschwernisse auf strompolizeilichem Gebiet in den Weg gelegt werden.

Ich schließe meine Ausführungen mit dem Hinweise darauf, daß wir ja auf der ersten internationalen Motorbootausstellung in Kiel, die unter dem Protektorate Seiner Königlichen Hoheit des Prinzen Heinrich in diesem Sommer stattgefunden hat, uns davon überzeugt haben, wie die Wissenschaft und die Technik in schwesterlichem Einvernehmen bemüht sind, die besten Motoren und die besten Motorschiffe zu konstruieren, und wir hoffen, daß, wenn auch bis jetzt noch nicht die endgültige und in allen Fällen sicher funktionierende Maschine gefunden zu sein scheint, es einer nahen Zukunft beschieden sein möge, der deutschen Binnenschiffahrt Motorlastkähne von der größtmöglichen Leistungsfähigkeit und Wirtschaftlichkeit darzubringen.

Herr Professor Laas-Charlottenburg:

Ich möchte zunächst nur einige Worte zu dem zweiten Vortrage sagen. Herr Schulthes hat in sehr klarer Form einen Überblick über den elektrischen Antrieb der Propeller gegeben und hat dabei die Vorteile dieses Antriebes dahin zusammengefaßt, daß durch die Anpassung des Elektromotors an die Geschwindigkeit ein höherer Wirkungsgrad erzielt wird, daß eine außerordentlich leichte Bedienung von der Kommandobrücke möglich ist, und daß durch die Zwischenschaltung des Elektromotors erst die Möglichkeit gegeben wird, schnellaufende Motoren oder überhaupt Motoren an Bord zu verwenden; dazu tritt dann die leichte Umsteuerung und die Gewichtsersparnis gegenüber der Dampfmaschine. Auf diesem Gebiete entsteht zweifellos der Elektrotechnik noch ein weiter Wirkungskreis, um für große Schiffe die Aufgabe zu lösen, für kleine scheint sie ja bereits gelöst zu sein.

Herr Schulthes hat aber auch auf ein anderes Gebiet hingewiesen, wo diese Frage nach seiner Ansicht von Bedeutung sein soll, das ist die Hilfskraft für Segelschiffe. Zu den oben erwähnten Vorteilen des elektrischen Antriebes kommen bei Segelschiffen mit Hilfsschraube noch die, daß die Schrauben nicht verstellbar zu sein brauchen und daß der Elektromotor sich den in weiten Grenzen wechselnden Geschwindigkeiten der Segelschiffe sehr leicht anpaßt. Die Frage der Hilfsschraube für Segelschiffe ist im vorigen Jahre an dieser Stelle eingehend erörtert worden, im Anschluß an den von mir hier gehaltenen Vortrag. Es ist vielleicht kurz zu berichten, wie die Angelegenheit augenblicklich steht.

Zunächst hat sich in der Beurteilung der Frage wenig geändert. Herr Schulthes steht auf demselben Standpunkt, daß er die Zwischenschaltung des elektrischen Antriebes für wünschenswert hält. Ich stehe auch auf demselben Standpunkt wie voriges Jahr, aber auf dem entgegengesetzten als Herr Schulthes; ich glaube, daß als Hilfskraft für Segelschiffe nur der direkte Motorbetrieb Vorteile bietet und daß die Zwischenschaltung des elektrischen Antriebes nicht wünschenswert ist. Ich bin der Meinung, daß die Vorteile, welche sich durch die elektrische Zwischenschaltung im Dauerbetriebe ergeben, nicht zutreffen für die kurze Betriebszeit der Hilfskraft auf einem Segelschiff. Der Wirkungsgrad ist gleichgültig. Wenn ein Segelschiff die Windstillen durchfährt, ist es ganz egal, ob dies mit $6^3/_4$ oder 7 Meilen geschieht, wenn es nur mit seiner Hilfsschraube überhaupt hindurch kommt. Auch der Ölverbrauch ist gleichgültig; er berechnet sich für eine Viermastbark auf etwa 2000 M. pro Jahr; ob dies 2000 M. werden oder 2200, ist unwesentlich. Für die Bedienung ist unter allen Umständen ein Maschinist erforderlich; wenn derselbe wirklich in der kurzen Zeit, wo er im Betriebe ist, etwas überlastet wird, so schadet das gar nichts, er kann sich in den Passaten wieder gründlich ausruhen. Die schnellaufenden Motore sind für diesen Zweck auch nicht notwendig, denn wir haben langsam laufende, welche auch mit Rücksicht auf die Betriebssicherheit vorzuziehen sind, z. B. die Diesel-Motore. Die Gewichtsersparnis ist außerordentlich gering; sie beträgt vielleicht nur 20 t.

M. H., es ist aber in dieser Sache nicht das Urteil des Herrn Schulthes oder das meinige maßgebend, sondern das Urteil der Reedereien. Im Laufe des letzten Jahres sind eine Reihe von Projekten von verschiedenen Firmen ausgearbeitet, und eine Anzahl großer Segelschiffsreedereien des In- und Auslandes haben sich eingehend mit der Frage beschäftigt. Wie weit das auf die im vorigen Jahre gegebene Anregung zurückzuführen ist, möchte ich nicht untersuchen; es liegt manchmal so etwas in der Luft, und eine zeitliche Folge ist nicht immer ein Kausalzusammenhang. Bisher aber hat sich keine Reederei zu einem Versuch entschließen können wegen des hohen Anschaffungspreises, der bei Zwischenschaltung eines elektrischen Antriebes viel höher wird als bei direkten Antrieben; die Differenz beträgt etwa 40 bis 50 %. Dazu ist selbstverständlich bei elektrischem Antriebe noch ein Elektriker nötig, also wieder eine Vermehrung des Personals und der Betriebskosten. Sogar die Diesel-Motoranlage, welche wesentlich billiger ist und jedenfalls mit Rücksicht auf die geringen Umdrehungszahlen die einzig richtige wäre, schien den Reedereien bisher noch zu teuer. Der Anschaffungspreis ist deshalb so wichtig, weil bei der kurzen Betriebsdauer der Hilfskraft (etwa 3—4 Wochen pro Jahr), die Jahreskosten einer derartigen Anlage im wesentlichen aus den Abschreibungen bestehen; diese betragen etwa $^2/_3$ der gesamten Jahreskosten, und nur das übrige Drittel setzt sich aus dem Ölverbrauch, der Instandhaltung und Bedienung des Motors zusammen.

Danach halte ich den elektrischen Zwischenbetrieb vorläufig nicht für möglich, weil er eben die Kosten zu sehr erhöht. Ein elektrisches Zwischengetriebe kann nur dann in Frage kommen, wenn auch die übrigen Hilfsmaschinen auf dem Segelschiff elektrisch betrieben werden können; das kompliziert aber den Betrieb außerordentlich. Es entstehen schon Schwierigkeiten auf den Segelschiffen durch die Hilfsschraube; ganz andere Betriebsbedingungen sind dadurch gegeben, und es ist wohl zu empfehlen, daß das erst einmal geprüft wird, ehe man weitere Komplikationen hinzufügt, die bei der außerordentlichen Empfindlichkeit des Segelschiffbetriebes dazu führen könnten, die ganze Frage wieder auf einige Jahre zu vertagen, dadurch, daß der erste Versuch mißlingt.

Ich möchte also dringend davon abraten, gleich beim ersten Versuch zu viel neue Sachen in ein Schiff hineinzubringen. Man bekommt dann ein elektrisches Versuchsschiff, und das gibt so viel Schwierigkeiten, daß man gar nicht mehr unterscheiden kann: woran liegt eventuell der Mißerfolg, an der Hilfsschraube oder dem übrigen elektrischen Antrieb? Ich möchte also empfehlen, erst einmal den Versuch mit einer Hilfsschraube zu machen, und erst, wenn dies gelungen ist, an die Einführung elektrischer Maschinen für die Hilfsmaschinen an Deck und für die Bedienung der Takelage zu denken.

Die Vorträge von Herrn Bauer und Herrn Schulthes beschäftigen sich beide im wesentlichen mit der Einführung der Motoren in die Schiffahrt. Herr Bauer hat uns über direkten Antrieb berichtet, Herr Schulthes über die Zwischenschaltung des elektrischen Betriebes. Für kleine Schiffe scheint die Aufgabe gelöst, für die großen Schiffe soll sie noch gelöst werden. Da entsteht nun die Frage: Wird bei diesem Eintritt des Motors in die große Schiffahrt das Segelschiff wieder dieselbe Rolle des Vermittlers spielen, wie seinerzeit bei Einführung der Dampfmaschine in die Schiffahrt? Wird auch jetzt wieder die Zwischenstation von einem Segelschiff mit Hilfsmotoren geschaffen werden müssen, bevor das reine Motorschiff entsteht? Das sind Zukunftsfragen! Jedenfalls aber wird die Einführung des Motors in die Segelschiffahrt dadurch außerordentlich wichtig, daß die bisher vorhandenen Motorgrößen wohl für einen Hilfsbetrieb auf dem Segelschiff ausreichen, vorläufig aber noch nicht, um die Dampfmaschinen auf großen Schiffen zu ersetzen. Das hat mir Veranlassung gegeben, diese spezielle Frage der Hilfsmotore der Segelschiffe hier etwas eingehender zu behandeln.

Herr Ingenieur Meißner-Hamburg

Eure königliche Hoheit, meine Herren! Da in dem Vortrage des Herrn Bauer die sogenannten Umsteuer- oder Drehflügelpropeller etwas stiefmütterlich behandelt wurden und mit den Wendegetrieben gemeinsam den Tadel erleiden mußten, daß Wendegetriebe und Umsteuerpropeller Nachteile besitzen sollen, die mit Zunahme der Motorleistung erheblich wachsen, so wollen Sie mir, als Konstrukteur umsteuerbarer Schiffsschrauben, eine kurze Berichtigung dieser Angabe gestatten. Es ist sicher, daß die Schwierigkeit des Umsteuerns bei umsteuerbaren Propellern mit Zunahme der Motorleistung wächst, doch möchte ich nicht unterlassen, darauf hinzuweisen, daß die Vervollkommnung der Umsteuerpropeller mit der Vervollkommnung der Motoren gleichen Schritt gehalten hat. Daß meine Behauptung auf Tatsachen fußt, belieben Sie aus folgenden Beispielen über gelieferte Umsteuerpropeller bei schnellen Motorbooten zu entnehmen:

Das von Herrn Bauer im Bilde gezeigte französische Marinebeiboot des Grafen Récopé, welches eine Länge von 16 m hat, mit einem Torpedolancierrohr im Bug ausgerüstet und durch 8 zylindrigen 150 PS Gardner-Motor angetrieben ist, besitzt eine Umsteuerschraube, die ihm eine Geschwindigkeit von 15 Knoten verliehen hat.

Auch die Fiat-Werke, welche für die italienische Kriegsmarine zahlreiche Beiboote bauen, gingen von Wendegetrieben zu Umsteuerpropellern über. Die Erfolge mit den bis jetzt abgelieferten 36 PS und 90 PS Anlagen haben diese Werke ermutigt, auch Projekte über größere Einheiten von 160 PS und selbst 240 PS einzufordern, letztere für Unterseeboote.

Obgleich ohne Zweifel der umsteuerbare Motor die idealste Schiffsmaschine wäre, wenn er sich betriebssicherer und gleichzeitig einfacher gestalten würde, so würde ich es doch für die Entwicklung der gesamten Motorenindustrie als fördernd erachten, wenn die maßgebenden deutschen Behörden nicht nur der Entwicklung der umsteuerbaren Motoren Beachtung schenken würden, wie es Herr Bauer in seinem Vortrage vorgezeichnet hat, sondern auch der Umsteuerschraube in Verbindung mit möglichst einfachen Schiffsmotoren die Existenzberechtigung zuteil werden ließen, wie es im Auslande schon lange geschehen ist.

Herr Vizeadmiral von Ahlefeld, Exzellenz-Berlin

Ich habe mich zum Wort gemeldet, weil der erste Vortragende seinen Vortrag ausklingen ließ in der Betrachtung, vornehmlich wäre die Kriegsmarine für schnelle Motorboote geeignet. Ich stimme nicht ganz zu oder es sollte mir wenigstens leid tun, wenn dem zugestimmt werden müßte, insofern, als ich dem schnellaufenden Motorboot einen viel weiteren Bereich vindizieren möchte. Mag das nun richtig sein oder nicht, ich will mir nur erlauben, die Bedürfnisse der Marine etwas präziser zu formulieren, als es der Herr Vortragende getan hat.

Ein zweiter Grund, der mich auf den Plan ruft, ist der, daß ich mir vielleicht zumuten darf, unparteiischer dazustehen, als viele von den Herren, weil ich den aktiven Marinedienst demnächst verlasse und eine Tätigkeit im Privatbetriebe suche, die mir die Gegensätze, von denen auch der Herr Vortragende gesprochen hat, gewissermaßen überhöhend erscheinen läßt, die Gegensätze nämlich, die sich auf Seite 240 erwähnt finden, wo sehr höflich gesagt wird: Die Schuld an dem Nichtgelingen der Versuche mit schnellaufenden Motorbooten sei nicht immer die Konstruktion, sondern es sei die Bedienung. Umgekehrt sagt selbstverständlich der Seefahrer, und ich drücke mich nun drastischer aus: Nicht meine Bedienung ist schuld, sondern die Konstruktion taugt nichts.

Ich meine, die Gegensätze seien nicht so schlimm aufzufassen. Im Gegenteil, ich stehe auf dem Standpunkt, daß ein Zusammenarbeiten sehr wohl möglich ist. Ja, es ist wohl nicht zweifelhaft, ich habe es immer vertreten und werde es weiter vertreten, daß das gegenseitige Verständnis die Vorbedingung des Gelingens ist.

Nun also die Bedürfnisse der Marine. Da muß zunächst unterschieden werden zwischen zwei verschiedenen Sorten von Booten. Das sind nämlich die einsetzbaren Boote, also die eigentlichen Schiffsbeiboote, die durchaus andere Anforderungen stellen als die Boote, die nebenbei genannt worden sind, die für den Hafenverkehr dienen.

Die Motorbootausstellung im vorigen Frühjahr zeitigte bereits eine Gütebewertung, wie es damals genannt wurde, für ein Preisausschreiben, das den Gedanken, die Bedürfnisse der Marine klarzustellen, außerordentlich gut wiedergibt. Man hat damals ausgesprochen, es sollte jedes Boot gewertet werden: erstens für Zuverlässigkeit der Motoren, dafür sollten bis zu 100 Punkten verteilt werden können, für Geschwindigkeit konnte man bis zu 60 Punkten geben, für Seefähigkeit bis zu 40, für die Art des Brennstoffs bis zu 30, für Aussehen und Einrichtung 25, für stärkeren Antrieb und Übersichtlichkeit 20, und so ging es herunter bis zu 15 und 5 Punkten.

Ich sage, diese Methode ist außerordentlich zu loben. Die Zahlen selbst würde ich allerdings etwas anders setzen. Ich habe die Vorarbeiten nicht nachgeprüft und weiß daher nicht genau, wie sie zustande gekommen sind, hatte auch keine Zeit, mich darüber zu informieren. Persönlich würde ich meinen, wir müssen zwar wie bei der Kieler Motorbootausstellung die Zuverlässigkeit mit 100 bewerten. Sie ist das A und O, und muß durchaus am höchsten stehen. Dann würde ich aber — ich spreche jetzt von den Beibooten — für Seefähigkeit gleich eine sehr viel höhere Nummer geben: 80, dann vielleicht für Maschinenmanöver — und darunter das zusammengefaßt, was wiederholentlich ja auch in dem Vortrage unterschieden wurde: a) das Anlaufen, das heißt also, daß der Motor aus dem Stehen sicher anläuft, und b) das Langsamgehen, die Möglichkeit, jede Maschinenumdrehungszahl, die zu brauchen ist, namentlich nach unten herunter, auch wirklich zur Verfügung zu haben — also Maschinenmanöver 60. Dann würde ich sagen, Stärke und Geschwindigkeit — bei Stärke meine ich hauptsächlich die der Bootskörper, weil sie das Einsetzen müssen vertragen können, wo bei hohe Anforderungen an die gesamte Festigkeit gestellt werden — Stärke und Geschwindigkeit nur 50, also wesentlich niedriger als die Kieler Veranschlagung. Dann würde ich die Geräuschlosigkeit neu hinzufügen, die gar nicht in der Kieler Vorlage bewertet ist, die ich aber doch für wichtig genug halte, erstens damit man die Kommandomanöver sicher in der Maschine hört, und zweitens, damit der Mann an der Maschine nicht düsig wird, was zu befürchten ist, wenn er dauernd betäubendem Lärm ausgesetzt ist. Die würde ich daher auch mit 40 bewerten. Dann kommt Übersichtlichkeit mit 20, Regulierung und Schmierung mit 15; Stabilität, Befehlsübermittlung, Lüftung, Beleuchtung und Erschütterungen mit 5 könnten bestehen bleiben.

Die nicht einsetzbaren Boote brauchen eine etwas andere Gütebewertung. Da würde die Seefähigkeit schon etwas niedriger geschätzt werden können und auch die Stärke, die besonders notwendig war, um die Boote einsetzen zu können. Die nicht einsetzbaren Boote zerfallen wieder in zwei Untergruppen, nämlich die für Personenverkehr und die für besondere Zwecke, beispielsweise Torpedofangboote, bei denen die Geschwindigkeit wieder eine große Rolle spielt. Das Boot für den Personenverkehr könnte übereinstimmend sein, soviel ich übersehen kann, mit den Sportbooten des freiwilligen Motorbootkorps. Diese würden wieder eine einheitliche Gruppe bilden, für die eine Gütebewertung besonders aufzusetzen wäre.

Zum Schluß möchte ich mir noch zu dem drittletzten Absatz des Vortrages von Herrn Bauer die Bemerkung erlauben, daß die Wahrscheinlichkeit der Verletzung oder Zerstörung durch Geschosse für diese Boote kaum in Frage kommt. Sie gehen ja nicht in das Gefecht, wenigstens nicht aktiv, ja es ist schon viel davon die Rede gewesen, die Beiboote zurückzulassen, wenn man ins Gefecht geht. Immerhin ist das ein Faktor, der auch in Frage gezogen werden kann, nur darf er nicht in den Vordergrund geschoben werden.

Dann ist in dem betreffenden Absatz gesagt worden, die Explosionsgefahr sei geringer bei den Ölmotoren als bei Dampfbooten. Da steht die Marine freilich auf entgegengesetzten

Standpunkt. Denn bis jetzt ist die Technik so geartet, daß sie mit Benzinmotoren Vortreffliches leistet, mit anderen Brennstoffen noch nicht. Solange wir aber Benzin haben, sehen wir gerade die Explosionsgefahr als einen Hinderungsgrund an, Motorboote einzuführen, und ich kann heute noch nicht sagen, ob und in welchen Mengen sich die Marine entschließen wird, explosive Stoffe, wie Benzin, an Bord zu nehmen.

Es sollte mich freuen, wenn diese Ausführungen die praktisch erreichbaren Ziele, die der Industrie augenblicklich vorliegen, schärfer skizziert haben.

Herr Direktor Lasche-Berlin:

Mit den Ausführungen des Herrn Vorredners bezgl. des elektrischen Antriebes von Lastendampfern und sehr langsam laufenden Schiffen gehe ich konform. Der Hinweis jedoch auf die durch Turbinen angetriebenen Dampfer kann leicht große Irrtümer hervorrufen.

Zunächst möchte ich an den Herrn Vorredner die Frage richten, welche Unterlagen ihn dazu führten, die Erfolge des Dampfers „Kaiser" nur als „mäßige" zu bezeichnen.

Die beteiligten Unternehmungen, die Hamburg-Amerika-Linie, der Stettiner Vulkan und die A. E.-G. stimmen darin überein, daß die Erfolge des Dampfers „Kaiser" außerordentlich günstige sind. Die gleiche Ansicht haben die Herren der Kaiserlichen Marine gewonnen, welche mit dem Schiffe Probefahrten unternahmen und an anderen Fahrten des Dampfers teilnahmen. Die Manövrierfähigkeit des Schiffes ist sowohl nach Aussage des früheren Kapitäns als auch des jetzigen vorzüglich und der eines durch Kolbenmaschinen angetriebenen Schiffes gleichwertig. Die verlangten Kohlen- und Dampfverbrauchsgarantien sind nach den übereinstimmenden Messungen des Bestellers und der Kaiserlichen Marine erheblich unterschritten worden. Entsprechend der seinerzeit gestellten Forderung nur einer Fahrgeschwindigkeit sind die Turbinen auch ohne Rücksicht auf die Bedingungen bei kleiner Fahrt gebaut.

Der Hinweis auf den Dampfer „Kaiser" und die „Lusitania" steht in keinem Zusammenhang mit dem Thema des Vortrages „Elektrisch betriebene Propeller". Es ist unmöglich, mit den heutigen Mitteln der Elektrotechnik auch nur annähernd einen Ersatz des direkten Turbinenantriebes in dem durch Elektromotoren angetriebenen Propeller zu finden. Auch die Verwendung von Turbodynamos als elektrische Zentrale führt hier zu keinem Ziel.

Schon mit Beginn des Turbinenbaues der A. E.-G. hat Herr Geheimrat Dr. Rathenau die Frage des elektrisch betriebenen Bootes mit Turbinenzentrale an Bord ausgesprochen und immer wieder und wieder wurde dieser Gedanke verfolgt. Im Jahre 1902 wurde bereits auf Drängen von Herrn Geheimrat Dr. Rathenau ein diesbezügliches Projekt mit dem Vulkan bearbeitet und auch nachdem wurde die Frage mehrfach auch mit anderen Reedereien durchgearbeitet und diese Arbeiten wurden auch an allerhöchster Stelle bekannt.

Von entscheidender Bedeutung für die Beurteilung der ganzen Frage ist die Wahl der Stromart. In der Tabelle (Anhang 5) hat der Herr Vorredner eine Zentrale mit 3000 PS und 6000 PS Leistung genannt. Erzeugt wird der Strom von einem Turbogenerator und Turbine, aber an sich ist es schon vom Standpunkt der Betriebssicherheit unmöglich, als Zentrale nur eine Einheit zu verwenden. Andererseits sind die genannten Tourenzahlen — 2100 und 1500 — für diese Leistungen in dem vom Herrn Vorredner angenommenen Gleichstrom unmöglich. Die größte Turbo-Gleichstrommaschine ist meines Wissens unsere Turbodynamo von 1400 KW Leistung und diese läuft mit 1250 Touren. 4 solcher Einheiten wären für den Betrieb des „Kaiser" erforderlich. Das Gewicht der beiden Propellerturbinen des „Kaiser" beträgt 114 t und die elektrische Zentrale, ausgeführt mit 2 Turbo-Doppelaggregaten der obigen Dynamos, würde mindestens 150 t wiegen.

Bezüglich der Hauptabmessungen liegen die Verhältnisse noch ungünstiger. Die Turbinen des „Kaisers“ haben eine Länge von der Außenkante des Drucklagers bis zur Außenkante des Kupplungsflansches von 5600 mm bei einem Durchmesser von 2700 mm. Jede der obengenannten beiden Turbodynamos hat bei der gleichen Breite eine Länge von 12,7 m. Hierbei ist das Gewicht und der Platzbedarf der Motoren für den Propellerantrieb noch nicht berücksichtigt. Bei dieser Betrachtung ist ferner nicht in Berücksichtigung gezogen, daß der Bau von Propellerturbinen seit jener Erstausführung für den Dampfer „Kaiser“, die im ersten Jahre des Turbinenbaues der A. E.-G. geschaffen wurde, naturgemäß große Fortschritte gemacht hat. Die Turbinen des Dampfers „Kaiser“ haben eine Gesamtleistung von 6000 bis 6600 PS und heute bauen wir Torpedobootsturbinen, welche bei gleicher Tourenzahl das Doppelte leisten und dabei nur die Hälfte wiegen. Wir würden demnach auch heute die Anlage des Dampfers „Kaiser“ weit günstiger ausführen können.

Bei Verwendung von Drehstrom fällt das vom Herrn Vorredner angeführte Moment der wirtschaftlichen Regulierung der Tourenzahl fort. Es müssen bei Drehstrom, um mit geringerer Geschwindigkeit zu fahren, auch die Turbinen der elektrischen Zentrale langsamer laufen; dann werden die Verhältnisse bezüglich Dampfverbrauch zum mindesten ebenso ungünstig wie beim direkten Turbinenantrieb des Propellers. Das oben genannte Mißverhältnis der Gewichte und des Platzbedarfs wird ein klein wenig günstiger, aber es bleibt an sich zu beachten, daß der Turbinenbau auch bezüglich des Propellerturbinenbaues heute erheblich vorangeschritten ist.

Die „Lusitania“ mag die in sie gesetzten Erwartungen nicht ganz erfüllen, jedenfalls aber wäre es ein Fehler, durch Anwendung von „elektrisch betriebenen Propellern“ eine Verbesserung zu erwarten.

Die Turbodynamo als Schlickschen Kreisel auszubauen, ist unmöglich wegen der durch die Aufhängezapfen zu führenden Dampfleitungen zum Kondensator. Es erfordert schon Mühe genug, die für den Betrieb des Kreisels selbst notwendigen Rohrdurchführungen zu ermöglichen. Den elektrischen Propeller auszuführen, um den Wirkungsgrad des Propellers festzustellen, ist heute, nachdem verschiedene Torsionsmesser, z. B. der Föttingersche, verfügbar sind, kaum noch von Wert.

Kurz zusammengefaßt — das Anwendungsgebiet des elektrisch betriebenen Propellers und des Turbinenpropellers, das Anwendungsgebiet des elektrisch betriebenen Bootes und des Turbinenbootes liegen weit auseinander. Zwischen ihnen liegt das breite Gebiet, das heute noch von den Kolbendampfmaschinen beherrscht wird.

Herr Direktor Blümcke-Mannheim

Königliche Hoheit! Meine Herren! Einen Ausspruch kann ich nicht so ohne weiteres unterschreiben, den Herr Schulthes getan hat, wenigstens durchaus nicht in der Allgemeinheit, wie er gefallen ist. Er ging dahin, daß, da als stationäres Instrument die Dampfturbine eine Überlegenheit zeigt, sie auch notwendig auf den Schiffen diese Überlegenheit zeigen müsse. Das ist wenigstens für die allgemeine Gattung „Schiff“ durchaus nicht zutreffend. Vielmehr gibt es eine Gattung Schiffe, bei der die Dampfturbine bisher in den Augen jedes Fachmannes versagen mußte. Wir haben in Mannheim in diesem Sommer den Beweis dafür erbringen können. Es wurde bei einem Schleppdampfer, der die Schiffahrt auf der Rheinstrecke von Mainz nach Mannheim betreibt, also auf der bequemsten Schiffahrtsstraße des Rheins, die meist gleichmäßige Beschaffenheit zeigt, eine Kolbenmaschine herausgenommen und eine Dampfturbine eingesetzt unter der Bedingung, daß sie gleiche Schleppleistungen erzielen, gleichen Kohlenverbrauch haben solle und naturgemäß — worauf es ja beim Schleppdampfer in der Hauptsache ankommt — auf dem Strom gleichen

Tiefgang haben solle. Das hat ja mein Freund Sachsenberg vorhin bereits erwähnt, daß das der Hauptfaktor ist.

Das Resultat war ein mehrfaches Fiasko! Zunächst eine erhebliche Vermehrung des Tiefganges durch ein ungeheures Mehrgewicht der Dampfturbine. Die Schleppleistung war außerordentlich minimal, der Dampfverbrauch erheblich größer, und die weitere große Hauptsache, die Manövrierfähigkeit im Hafen, versagte nahezu vollständig. Das Resultat war: Hinausbringen der Dampfturbine und Einschaltung der früheren Kolbenmaschine.

Ich möchte noch auf einen Faktor in bezug auf den elektrischen Antrieb der Schleppschiffe hinweisen, den mein Freund Sachsenberg vorhin nicht erwähnt hat. Wenn der Tiefgang ja schon eine bedeutende Rolle spielt, so tun das sehr viel mehr die verschiedenartigen Strömungsverhältnisse, und wenn man hier für die Strecke von Zehdenick nach Berlin Akkumulatorenkähne bauen kann, für eine bestimmte Strecke also und für eine bestimmte Last, so ist das eigentlich nicht das, was wir uns im allgemeinen unter dem Begriff „Schiff" vorstellen. Ein Schiff ist nicht an seine Heimat und auch nicht an seine Strecke gebunden, sondern es ist ein Ding, mit dem Lasten z. B. nach Stettin oder auf irgend welche Strecke gefahren werden sollen. Man wird also für diesen Akkumulatorenbetrieb immer nur ganz bestimmte Schiffahrtsstrecken in Aussicht nehmen können, für die Allgemeinheit wird das nicht möglich sein und ich bezweifle sogar, ob es nicht, wenn hier nicht durch Schleusen, die Länge dieser Fahrzeuge begrenzt wäre, doch wirtschaftlich zweckmäßiger sein möchte, die Dinger entweder mit Dampfmaschinen oder mit Benzinmotoren anzutreiben. Solche Benzinmotoren und Gasmotoren haben wir in der Tat seit einer Reihe von Jahren und sie machen sich außerordentlich gut bezahlt innerhalb der Grenzen ihrer Möglichkeit, wie vorhin bereits gesagt ist. Sie haben ihre Ladung bis Straßburg durch Schleppdampfer schleppen lassen und fahren dann in dem Kanal mit der ihnen zugewiesenen Geschwindigkeit, die in jedem Kanal ja ungefähr die gleiche ist und nicht überschritten werden kann, während die Talfahrt mit Hilfe der Motoren bisher recht gut gegangen ist. Ich bezweifle allerdings, daß hier eine Zukunft nach dieser Richtung hin liegt. Die Entwicklung scheint mir eben durch die vorhandenen Stromverhältnisse ausgeschlossen, und ich bedauere, daß bisher nicht mehrfach auf anderen Strömen Schleppversuche mit dynamometrischen Messungen stattgefunden haben, wie ich sie seit Jahren eingeführt habe. Sie würden Ihnen zeigen, daß der Kraftbedarf auf den Strömen mit starker Strömung, ungeheuer wechselvoll ist, nicht nur von der Strömung, sondern in der Hauptsache vom Flußbett selber abhängig. Es kommt vor, daß auf der glattesten Strecke des Rheins z. B. dieser Kraftbedarf sich in der Zeit von wenigen Minuten um das Doppelte steigert, abhängend von der Art der Lagerung der Sände, die dort sich bilden und die mit aller Kunst und Regulierung kaum gebannt werden können. Sie entstehen, sie verschieben sich in Form von Schwellen, und jede einzelne Schwelle hat natürlich Veränderungen der Wassertiefe und Ablenkungen des Schiffs zur Folge und verlangt daher größeren Kraftbedarf. Ich kann nur sagen, es ist erstaunlich, wie sehr diese Kraft wechselt, die erforderlich ist

M. H., mögen Sie antreiben, wie Sie wollen — außer mit der Kolbenmaschine — Sie werden kaum imstande sein, diesem ganz wechselvollen Kraftbedarf so schnell und prompt Rechnung zu tragen. Für das Maximum an Kraft werden Sie den größten Motor brauchen müssen, sei es ein Explosionsmotor oder wie immer er genannt werden möge. Sie werden dann auf lange Strecken nicht diese große Kraft nötig haben, sondern nur die halbe, und bisher ist es doch kaum gelungen, den Brennstoffverbrauch der Motoren, namentlich der Explosionsmotoren, in gleicher Weise zu reduzieren. Daran wird ihre Entwicklung scheitern. Die starke Strömung wird Ihnen allemal klar machen, daß zum Überwinden der Strömung tatsächlich nichts besser geeignet ist, als die Kolbenmaschine, und ich schließe mit diesem Hinweis darauf, den ich an dieser Stelle schon einmal gegeben habe, die Entwicklung nicht voraus zu nehmen, sondern langsam damit vorzugehen, Versuche zu machen. Solche Änderungen, wie im vergangenen Jahrhundert mit der Kolbenmaschine, können sich nicht so schnell vollziehen, meine Herren. Dazu sind wir zu konservativ; hängt doch zu viel davon ab, nicht bloß der wirtschaftliche Effekt, sondern Leib und Leben unter Umständen. Also je langsamer diese Entwicklung Platz greift, um so wertvoller wird sie sein. Daß sie schneller vorwärts geht, liegt in der Natur der Sache, weil eine große Anzahl berufener und fähiger Menschen heute sich mit demselben Problem beschäftigt. Aber nichtsdestoweniger wird die langsamere Entwicklung unzweifelhaft die vorteilhaftere sein.

Herr Ingenieur M. H. Bauer-Berlin (Schlußwort):

Se. Exzellenz Herr Vizeadmiral von Ahlefeld hat uns in instruktiver Weise mit den Bedürfnissen der Kaiserlichen Marine hinsichtlich der Motorboote bekannt gemacht. Unserer Industrie kann es nur angenehm sein, genau zu wissen, was für Boote die Marine braucht. Ich darf mich dem Herrn Vizeadmiral in der Beziehung anschließen, daß bezüglich der Typen der Motorboote eine gewisse Teilung vorgenommen werden muß, in der Hauptsache wohl zwischen Booten, die an und für sich langsam laufen, also auch mit langsam laufenden Maschinen ausgerüstet werden können, damit sie eine besondere Schleppkraft besitzen und schnellaufenden Verkehrsbooten. Meine Ausführungen bezüglich der weniger großen Verletzlichkeit bezogen sich in der Hauptsache auf größere Fahrzeuge, die einen ausreichenden Schutz gegen feindliche Geschosse nicht erhalten können.

Bezüglich der Explosionsgefahr darf ich wohl daran erinnern, daß es der Technik gelungen ist, an Bord von Kriegsschiffen explosive Stoffe in großen Mengen sicher aufzuspeichern. Es wird ihr auch gelingen, die Betriebsstoffe der Motoren, in der Hauptsache Benzin, so aufzubewahren, daß eine Explosion nicht ohne weiteres stattfinden kann. Denn für die Explosion von Benzin in Gasform ist eine ganz besondere Bedingung nötig, nämlich die Vermischung des Benzingases mit einem ganz bestimmten Quantum atmosphärischer Luft, und zwar in einem ganz bestimmten Verhältnis. Sobald dieses Mischungsverhältnis nicht vorhanden ist, kann eine Explosion der Benzingase nicht stattfinden. Das merken wir zu unserem Nachteil bei den Explosionsmotoren. Außerdem entzündet sich das explosible Gemisch nicht von selbst, sondern nur durch einen heißen Funken. Ferner dürfte es in nicht zu ferner Zeit möglich sein, durch Hinzufügung irgend welcher Chemikalien, z. B. des Sauerstoffes, die Entzündbarkeit des Petroleums ganz erheblich zu erhöhen, so daß vielleicht das Petroleum, vielleicht auch das Benzol und der Spiritus — ich bin in meinem Vortrage absichtlich auf die Betriebsstoffe nicht eingegangen — zum Betriebe von Ölmotoren auf Schiffen ohne Explosionsgefahr vorteilhaft verwendet werden kann.

Ich habe es mit ganz besonderer Freude begrüßt, daß Herr Oberingenieur Techel, einer der wenigen Ingenieure, welche in Deutschland mit der Materie des schnellen Motorbootes vertraut ist, und der Erfolge verzeichnen konnte, eingehend auf meinen Vortrag zurückgekommen ist. Die Anwendung des Admiralitäts-Koëffizienten ist tatsächlich nur erfolgt, um die Klarlegung der Vorgänge zu vereinfachen. Herr Techel wird sich meiner Ansicht anschließen, daß es gerade bei den schnellen Motorbooten außerordentlich kompliziert ist, alle die kleinen, aber sehr einflußreichen Wirkungen genügend zu berücksichtigen, und daß man da zu Widerstandsuntersuchungen schreiten muß, die in der Praxis des allgemeinen Schiffbaues als zu weitgehend bezeichnet werden könnten. Die Kurven, welche sich auf die Schraubenarbeit und den Wirkungsgrad der Schrauben beziehen, sind nach einer längeren Untersuchung festgestellt, als deren Grundlage neben anderen Resultaten auch die Taylorschen Kurven dienten. Ich habe die Kurven in ihrer Charakteristik als übereinstimmend für Steigungsverhältnisse von 0,6 bis 1,5 bezeichnet, darunter und darüber war ich nicht in der Lage, aus eigener Überzeugung die Richtigkeit fremder Angaben zu untersuchen. Ich habe gefunden, daß die Taylorschen Kurven sehr wohl die Veränderlichkeit der einzelnen Werte wiedergeben, wenn die Höhe der Ordinaten auch nicht in allen Fällen zutreffend ist. Bei kleinen Beschleunigungen, besonders bei den Slips bis rd. 10%, ergeben sich eigentümliche Verschiebungen gegenüber den Beobachtungsresultaten.

Das mag aber, wie ich offen gestehen will, daran liegen, daß unsere Beobachtungsmethoden Fehler haben, die nicht zu unterschätzen sind.

Herr Oberingenieur Techel meint, daß durch das Bremsen die Arbeitsleistung des Motors besser wiedergegeben würde, als durch eine Berechnung, und führt dafür an, daß es ja auch zur Bestimmung des mittleren effektiven Druckes nötig sei, den Motor vorher zu bremsen. Nun, es gelingt ziemlich gut, die Motoren zu indizieren, mit Hilfe des Indikatordiagramms die indizierte Leistung festzustellen und dann, allerdings unter Annahme eines mechanischen Wirkungsgrades, den mittleren effektiven Druck zu errechnen. Ich wollte nur betonen, daß die Tourenzahl an sich kein Kriterium für die Leistung sein kann. Ich habe Gelegenheit gehabt, auf einer neutralen Bremsstation eine Reihe von Motoren durchproben zu sehen, und es sind dabei große Unterschiede zwischen den Nennleistungen, den angegebenen Bremsleistungen der Fabriken und den Bremsleistungen an der neutralen Station festgestellt worden. Wir wissen alle, daß bei Entlastung einer Maschine die Tourenzahl konstant bleiben oder auch viel höher werden kann und daß die Leistung der Maschine von der Arbeit abhängt, die die Schraube absorbiert. Man kann oft beobachten, daß im Boote ganz andere Vergasereinstellungen nötig sind als auf der Bremsstation. Auf der Bremsstation herrscht eine Luft von konstanter Temperatur und Zusammensetznng. Die haben wir im Boot nicht. Im Boot sind die Kühlverhältnisse und die Vergasungsverhältnisse ganz andere. Wenn es auch in den meisten Fällen gelingt, im Boote durch Ausprobieren die auf der Bremsstation beobachteten Leistungen zu erreichen, so darf man doch, wenn man Vergleichsversuche anstellt und Wirkungsgrade zu errechnen wünscht, nicht ohne weiteres die Bremsresultate entsprechend der Tourenzahlen als Leistungen der Motoren im Boote ansehen. — Man wird, wie Herr Oberingenieur Techel sehr richtig bemerkte, wenn man eine zu große Geschwindigkeit mit einer bestimmten Tourenzahl des Motors nach dem Diagramm erreicht, besser tun, die Pferdezahl zu reduzieren, als das Deplacement und die Geschwindigkeit zu vergrößern. Immerhin kann eine Vergrößerung des Deplacements und der Geschwindigkeit auch von wirtschaftlicher Bedeutung sein.

Bezüglich der Erhöhung der Zylinderzahl der Motoren sind selbst die Motorenkonstrukteure oft der entgegengesetztesten Ansicht. Es ist richtig, daß, je größer die Zahl der Zylinder, desto größer die Zahl der bewegten Teile wird und dadurch auch die Möglichkeit der Defekte vermehrt wird. Andererseits besitzen wir aber bei Verteilung der Leistungen auf mehrere kleine Zylinder beim Ausfall der Arbeit eines Zylinders doch eine viel größere Reserve, als wenn wir große Zylinder in kleiner Zahl haben. Wie gesagt: darüher gehen die Ansichten sehr auseinander. Bin ich in der Lage und ist es mir gestattet, an Stelle einer vierzylinderigen Maschine eine Sechszylindermaschine zu nehmen, so werde ich das wohl vorziehen, weil dann sowohl die freien Kräfte, wie auch die freien Momente in der Maschine ausgeglichen sind, also die Beanspruchungen des Bootskörpers in geringerem Maße stattfinden und außerdem meistens das Schwungrad fehlen kann, das Gewicht der Maschine sich also erheblich reduziert. Die Vermehrung der Zylinderzahl wird, wie ich schon in meinem Vortrage bemerkte, vorgenommen werden müssen, wenn wir an die betriebssichere, direkte Umsteuerbarkeit des Explosionsmotors und an den direkten Anlauf denken wollen.

Die Feststellung der Begriffe schnell und langsam ist von mir nur vorgenommen, um zu kennzeichnen, was ich unter dem schnellen Motorboot im Sinne meines Vortrages verstanden haben wollte.

Bezüglich des Ersatzes der Bootlänge durch die Wurzel aus der Länge scheinen unsere Ansichten, die des Herrn Oberingenieur Techel und meine, etwas auseinander zu gehen. Das sind aber nur prinzipielle Auffassungen, die auf das Thema, das ich in meinem Vortrage behandelte, ohne weiteres keinen Einfluß haben. Immerhin wäre es mit Rücksicht auf die traditionellen, theoretischen schiffbaulichen Begriffe vielleicht richtiger, statt der Länge des Bootes die Wurzel aus der Länge zu setzen.

Es ist mir von Herrn Meißner der leise Vorwurf gemacht worden, daß ich bei der Frage der Umsteuerbarkeit der Motoren und Propeller nicht den Propeller mit Drehflügeln in dem Maße berücksichtigt habe, wie das vielleicht nach der Ansicht des Herrn Meißner gegeben wäre. Nun, auch über die Drehflügel-Propeller sind die Anschauungen der Techniker sehr geteilt. Ich enthalte mich des persönlichen Urteils, glaube aber, mich auf die Ansichten stützen zu können, die in den Kreisen der Techniker in Deutschland vorherrschen, und hier wird vorläufig noch dem Wendegetriebe der Vorzug gegeben. Die beiden Beispiele, die Herr Meißner hier angeführt hat, um den Vorzug des Drehflügel-Propellers vor den Wendegetrieben darzutun, veranlassen mich, auf diese Beispiele näher einzugehen. Das im Bilde gezeigte torpedoarmierte Wachtboot des Grafen Récopé besitzt allerdings umsteuerbare Flügel. Ich weiß aber nicht, ob Herrn Meißner die Vorverhandlungen bekannt sind, die nach meiner Information mit französischen und deutschen Firmen bezüglich Heranschaffung eines passenden Wendegetriebes gepflogen sind. Graf Récopé hat, soweit ich orientiert bin, sich erst eingehend mit dem Wendegetriebe beschäftigt, ehe er zur Wahl des umsteuerbaren Propellers schritt. Tatsächlich ist es außerordentlich schwierig, für Motoren über 100 PS Wendegetriebe zu konstruieren, die absolut sicher sind und dabei zulässige Gewichte nicht überschreiten. Aus diesem Grunde hat meiner Ansicht nach Graf Récopé die umsteuerbare Schraube gewählt.

Bezüglich des Fiat-Bootes bin ich gut orientiert, weil ich im vorigen Jahre Gelegenheit hatte, mit Herren aus der Firma Fiat zu sprechen, die mir ihre Bedenken gegenüber den Drehflügelpropellern ebenso zum Ausdruck gebracht haben, wie gegenüber den Wendegetrieben. Auch hier hat man den Wendegetrieben den Vorzug zu geben versucht, ist aber nicht in der Lage gewesen, sie anzuwenden, weil sie bei den verlangten kleinen Abmessungen und Gerichten nicht mit absoluter Sicherheit herzustellen waren.

Herr Direktor Schulthes-Berlin:

Königliche Hoheit! Meine Herren! Ich bin erfreut, daß mein Vortrag in so reichlichem Maße Gelegenheit gegeben hat, die Stimme dagegen, teilweise auch dafür zu erheben, und ich möchte mir erlauben, zunächst Herrn Direktor Blümcke zu sagen, daß auch ich der Ansicht bin, daß man mit allen diesen Sachen nicht gar so schnell vorgehen soll. Aber wir haben auch schon eiue Reihe von Jahren auf diesem Gebiete gearbeitet und haben eine Reihe von Erfahrungen. Allerdings muß man immer noch bezüglich der Turbine und auch der elektrischen Anlage zum großen Teil auf die Erfahrungen mit Landanlagen zurückgreifen, man darf dieses aber bedingt auch tun.

Ich möchte hierbei Herrn Blümcke gegenüber nur noch ganz kurz erwähnen, daß die Ansicht, daß sich die Kohlendampfmaschine dem wechselnden Kraftbedarf besser anpassen kann als eine elektrische Maschine, nicht zutrifft. Die elektrische Anlage ist viel dehnungsfähiger und schneller anpassungsfähig als die Kolbendampfmaschine: sie folgt fast momentan bis zur Höchstleistung dem notwendigen Kraftbedarf bis zur Grenze ihrer Kraftquelle. Am besten haben das ja auch die Vorführungen gezeigt, speziell in Verbindung mit Akkumulatoren, allerdings ja nur für kleine Kräfte, wo aber der Eintritt des jeweiligen Kraftwechsels immer sofort erfolgte.

Herrn Kommerzienrat Sachsenberg möchte ich bezüglich des Vergleichs mit dem Radschiff entgegnen, daß ich die Tiefertauchung für einen Schlepper nur insofern als belanglos bezeichnen wollte, als ich sagte, daß in demselben Raum eine größere Anlage eingebaut wurde. Natürlich bin auch ich der Ansicht, daß solche Schiffe mit gleichem oder möglichst kleinerem Gewicht gebaut werden müssen als die Kolbendampfmaschinenschiffe, und ich glaube auch, daß es möglich sein wird, Schiffe mit Leistungen über 1000 PS diesen im Gewicht gleich zu bringen. Ich kann auch nicht sagen, ob diese Grenze von 1000 PS die richtige ist; sie wird vielleicht noch etwas höher liegen. Für Schiffe mit kleinen Leistungen wird die Kolbenschiffsmaschine sicher leichter sein als der elektrische Antrieb. Hier würde man aber dann zum Explosionsmotor greifen können und so an Gewicht und Raum sparen.

Bezüglich der Wasserrohrkessel sind die Erfahrungen auf Flußschiffen bisher schlechte. Ich habe das immer auf das schlechte Flußwasser und auf die Kondensationsanlagen zurückgeführt. Man muß bei Turbinen immer mit Oberflächenkondensation rechnen und kann dieses auch, weil man hier ein ölfreies Kondensat hat; ich glaube daraus schließen zu dürfen, daß man Wasserrohrkessel für diesen Schiffstyp eher anwenden kann als bei Kolbendampfmaschinen.

Herr Professor Laas hat eine andere Frage angeschnitten als ich, er sprach nur bezüglich der Verwendung der Hilfskraft für Segelschiffe überhaupt. Mit dieser Frage habe ich mich nicht beschäftigt. Ich bin nur der Ansicht, daß, wenn eine Betriebskraft für Segelschiffe nötig ist, bei meinen Anordnungen alle technischen Vorteile, die ich genannt habe, wirklich vorhanden sind. Herr Laas meint, man soll nicht einen Versuch mit dem anderen verquicken. Aber wenn die Rentabilität einer Hilfskraft für große Segelschiffe auch ohne die elektrische Kraftübertragung nicht errechnet werden kann, beziehungsweise nicht erreicht werden kann, muß eben diese Hilfskraft gleichzeitig zu anderen Zwecken verwendet werden. Ich habe daher auch in meinem Vortrage gesagt: man „muß“ gleichzeitig die sonstigen Hilfsmaschinen elektrisch betreiben, nicht man „sollte“ und man kann sicher auf diese Weise die Anlage rationell machen. Ich glaube, daß das bei richtiger Rechnung und bei richtiger Ausführung ein solches Segelschiff Erfolg haben muß.

Im Anschluß an die Worte von Exzellenz von Ahlefeld möchte ich noch erwähnen, daß ein solcher gemischter Betrieb den ich hier benzin-elektrisch vorgeführt habe — in der Druckschrift habe ich ihn explosiv-elektrisch genannt — die Möglichkeit bietet, sicher mit Spiritus und voraussichtlich auch mit Petroleum zu arbeiten. Allerdings werden solche Petroleumanlagen in der Anschaffung teurer werden als die Benzinanlagen, aber billiger im Betriebe. Es bietet sich also die Möglichkeit, solche Anlagen feuersicherer zu machen und auf die Mitnahme von Benzin vielleicht ganz — wenigstens bis auf ein ganz kleines Quantum — verzichten zu können.

Ferner möchte ich auf die Frage des Herrn Direktors Lasche bezüglich meines Urteils über den Dampfer „Kaiser“ antworten, daß ich Erfolge des Dampfers „Kaiser“ nicht in Zweifel stelle. Ich bitte dieses aus dem Ausdruck „mäßiger Erfolg“ zu entnehmen. Der Turbinendampfer „Kaiser“ hat sicher eine Reihe von Erfolgen gehabt. Die Erfolge, welche man von ihm erwartet, hat er dagegen meines Wissens nicht gehabt. Ich kann mich da allerdings, da ich Ansprüche anderer beteiligter Herren nicht vorbringen will, nur auf meine persönlichen Beobachtungen stützen, die ich auf Fahrten mit dem Dampfer selbst gemacht habe, und auf die Tatsache, daß weitere Schiffe bisher nach diesem System nicht gebaut sind. Wenn Erbauer und Besitzer mit dem Schiffe vollkommen zufrieden sind, werden ja demnächst wohl Neubauten gleicher Art in Angriff genommen werden. Ich werfe dem „Kaiser“

auch weiter Unpünktlichkeit vor und außerdem schlechtes Manövrieren. Ich bin erfreut, zu hören, daß tatsächlich die beiden Gesellschaften, die Erbauer des Schiffes und die Betriebsgesellschaft, die Hamburg-Amerika-Linie, mit dem Dampfer zufrieden sind. Daß man bei einer Anlage von 6000 Pferdestärken nicht auch eine elektrische Anlage mit annähernd gleichem Gewicht bauen kann, erachte ich nach den Ausführungen des Herrn Lasche nicht als erwiesen*). Welche Methode ich bei einem solchen Projekte einschlagen würde, kann ich hier nicht mitteilen. Ich habe aber hier klar und deutlich gesagt, daß für schnelle, scharfe und leichte Sehiffe, wie für Torpedoboote und für kleine Kreuzer und allgemein auch bei kleinen Kräften etwa 1000 PS — für schnelle Schiffe noch höher —, dieses System der elektrischen Kraftübertragung nicht anwendbar ist und nicht mit direktem Antrieb der Turbinen konkurrieren kann, wohl aber für volle Schiffe und für langsam laufende Schiffe. Hier halte ich es für leichter und brauchbarer. Die Messungen, die man mit den elektrischen Maschinen machen kann, werden unter allen Umständen mindestens ebenso genau werden als sie selbst mit dem so idealen und wissenschaftlich so hochstehenden Apparat von Dr. Föttinger gemacht werden können. Praktisch brauchbarer werden unsere elektrischen Messungen sicher sein.

Zum Schluß möchte ich nur noch sagen, daß ich den Schlickschen Kreisel in dem Anhang, welcher die genaueren Beschreibungen und Berechnungen bringt, nur deshalb erwähnte, um meine Arbeit möglichst vollständig zu machen. Ich habe selbst gesagt, daß dieses selbstverständlich zunächst ungeheuere Schwierigkeiten bereiten würde, und daß es sich hier lediglich um ein Zukunftsprojekt handeln kann. Bei einer solchen Arbeit aber wie diese war, die ich die Ehre hatte, Ihnen hier vorzutragen, muß ich auch diesen Punkt der Vollständigkeit wegen erwähnen. (Beifall.)

*) Man vergleiche die Anhänge und Tabellen in meiner Arbeit.

XVI. Eine neue Modell-Schleppmethode.

Vorgetragen von ***H. Wellenkamp****-Kiel.*

Es ist ein ziemlich naheliegender Gedanke, daß man die Messung des Wasserwiderstandes von Schiffsmodellen auf einem kürzeren Wege anstreben sollte, als es in den nach Froudeschem Muster eingerichteten Schleppanstalten seit nunmehr vierzig Jahren geschehen ist. Statt dessen sehen wir, daß diese kostspieligsten aller Versuchsanstalten immer länger und komplizierter und daher noch teurer werden, so daß die Möglichkeit für die einzelnen Werften, Hochschulen und Privat-Laboratorien derartige Modellversuche selbst auszuführen immer mehr beschränkt wird.

Es fragt sich, ob es wirklich nötig ist, einen so großen Apparat zu betätigen, wo es sich doch in der Hauptsache nur darum handelt, für ein verhältnismäßig kleines Modell bei einer nur wenige Meter betragenden Geschwindigkeit diejenige Zugkraft festzustellen, welche gerade eben nötig ist, um jene Geschwindigkeit aufrecht zu erhalten, indem sie den gleich großen Wasserwiderstand überwindet.

Schon der Augenschein lehrt uns, daß beim Modell mehr noch als bei dem auf ebenen Schienen dahinrollenden Wagen ein Zustand höchster Gleichförmigkeit, der Bewegung, frei von Unstetigkeiten, Schwingungen und Erschütterungen herrscht, wenigstens solange keine durch den Schleppmechanismus besonders erzeugten störenden Kräfte ihn beeinträchtigen.

Vorausgesetzt, es gelänge uns die Herstellung eines vollkommenen dynamischen Gleichgewichtszustandes frei von Störungen, dann wäre es zweifellos ausreichend für die Messung, wenn die beiden gesuchten Größen — Geschwindigkeit und Zugkraft — auf einem beliebig kurzen Wege oder während einer beliebig kurzen Zeitdauer gemessen werden könnten.

Man wäre dann nur noch beschränkt durch die zur Verfügung stehenden Meßinstrumente oder vielmehr durch den Grad ihrer Genauigkeit, wenn man die zu messende Minimalweglänge oder Zeitdauer des Schleppversuchs festlegen will.

Die Aufgabe, die ich mir gestellt habe, um die jetzt schon 50 m und mehr betragenden Meßstrecken und die dementsprechend 150 bis 200 m langen Bassins zu vermeiden, besteht nun kurz gesagt darin:

1. den dynamischen Gleichgewichtszustand herzustellen;
2. Störungen, die vom Schleppmechanismus ausgehen, auszuschalten;
3. die Geschwindigkeiten und die Zugkräfte mit einem vorher zu fixierenden Grade von Genauigkeit zu messen,

und falls diese Aufgaben zu lösen sind, darnach die notwendige kürzeste Meßstrecke und die Länge des Schleppbassins festzustellen.

Ich bin nun der Meinung, daß es durchaus nicht unmöglich sein würde, dieses Ziel mit der jetzigen Methode wenigstens teilweise zu erreichen, bei der ein schwerer Wagen auf ebenen Schienen über die Wasserfläche gezogen wird, der mittels Dynamometer das unter ihm schwimmende Modell schleppt. Denn, wenn es auch bisher nicht erreicht worden ist, dem Wagen eine wirklich konstante Geschwindigkeit, frei von Störungen und Vibrationen zu erteilen, so läßt sich doch denken, daß dies zu erreichen sein müßte. Nur erfordert es unverhältnismäßig große Opfer an Geld und ein Aufgebot der kompliziertesten Mechanismen.

Und selbst wenn wir einmal annehmen, daß der Wagen in der oben angedeuteten Weise unsern Wünschen entsprechend bewegt werde, so daß die Meßstrecke demgemäß verkürzt werden könnte, so bleibt immer noch der Nachteil, der aus dem großen Gewicht des Wagens entsteht, daß die Anlauf- und Bremsstrecke sehr lang gehalten werden müssen, wenn nicht ungemein große Kräfte zur Verwendung kommen sollen.

Nach meiner Überzeugung, die übrigens durch die erfolgreichen Versuche mit einer unter freiem Himmel auf der Kaiserlichen Werft Kiel errichteten Schleppstation bestätigt worden ist, läßt sich die Aufgabe, wie so häufig, am besten lösen, wenn man die allereinfachsten Hilfsmittel und möglichst wenig Mechanismen verwendet.

Die neue Schleppmethode besteht darin, daß das frei schwimmende Modell mittels eines sehr dünnen Klaviersaitendrahtes von einem daran hängenden Zuggewicht durch das Wasser geschleppt wird, nachdem ein anderes größeres Vorlaufgewicht ihm vorher die gewünschte Geschwindigkeit erteilt hat.

Der dünne Draht, an dem das Zuggewicht hängt, läuft über eine Trommel in einen tiefen Brunnen hinab. Auf der Trommeloberfläche werden durch einen Stimmgabel-Chronographen hundertstel Sekunden und damit also die Geschwindigkeiten des Modells während des Laufes in der Meßstrecke aufgeschrieben.

Ist nach diesen Aufzeichnungen die Geschwindigkeit genau konstant gewesen, dann ist der Wasserwiderstand des Modells bei dieser Geschwindigkeit gleich dem Zuggewicht, ist er nicht konstant, sondern zeigt sich eine geringe Beschleunigung oder Verzögerung $\pm\gamma$, so kann diese zur Korrektur benutzt werden. Denn dann ist das Gewicht nicht gleich dem Widerstand,

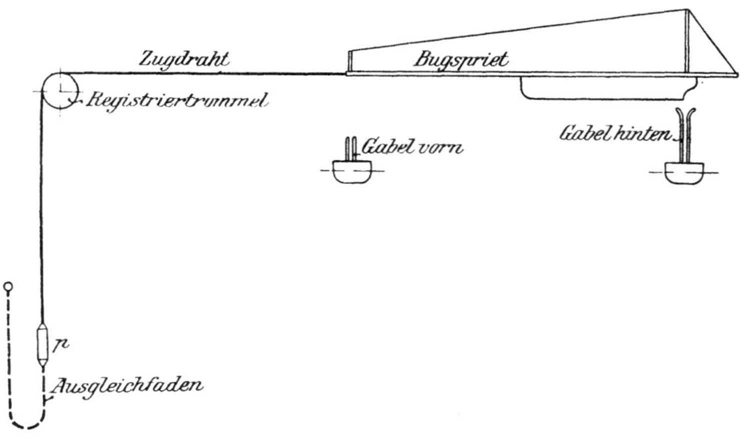

Fig. 1.

sondern zu klein oder zu groß um den Betrag: Masse des Modells $\times\gamma$. Sind aber die Werte von γ größer als zulässig, so ist der Versuch unbrauchbar und er muß mit dem korrigierten Zuggewicht $p \pm m\gamma$ wiederholt werden.

Von den Einzelheiten der Einrichtungen seien folgende näher erläutert:

Der Zugdraht, Fig. 1, ist nicht am Modell selbst, sondern am Vorderende eines langen Bugspriets befestigt, welches etwa ebenso lang sein muß als das Modell selbst, so daß das sonst leicht auftretende Hin- und Hergieren verhütet wird. Auch wenn das Modell nicht ganz genau symmetrisch sein sollte und unter dem Einfluß des ein klein wenig exzentrisch angreifenden Wasserwiderstandes eine geringe Tendenz hat aus dem Kurse zu laufen, so genügt die angegebene Länge des Bugspriets um diese Tendenz auf ein Minimum zu reduzieren.

Der Zugdraht, der je nach der Größe der Kräfte $^1/_{10}$ bis $^1/_2$ mm dick sein muß, geht am einen Ende des Schleppbassins über die sehr leichte, in Kugellagern oder bei kleineren Ausführungen in Spitzen laufende Trommel in den erwähnten Brunnen hinab, der ebenso tief sein muß als die Gesamtfahrstrecke des Modells lang ist.

Er muß weit genug sein, daß das fallende Gewicht unbedingt frei fährt, und es darf auch kein erheblicher Luftwiderstand auftreten. Es genügt hierzu ein Querschnitt, der 30 bis 40 mal größer ist, als der des Gewichts.

Das an dem Draht hängende Gewicht p besteht aus genau justierten Gewichtsstücken, die sich leicht auflegen und abnehmen lassen. Es bildet die Triebkraft zur Fortbewegung des Modells auf der eigentlichen Meßstrecke.

Um das während des Laufs sich ändernde Gewicht des herabhängenden Drahtes konstant zu halten, könnte am Gewicht ein weicher, auf dem Grunde des Brunnens sich leicht aufschießender Faden von gleichem Gewicht wie der Zugdraht hängen. Einfacher ist es aber, einen doppelt so schweren Ausgleichfaden vom Gewicht aus in einer Bucht so herabhängen zu lassen, daß sein anderes Ende in halber Höhe des Brunnens befestigt ist, und daß damit das Aufschießen und Unklarwerden des Fadens vermieden wird.

Die genannten Teile bilden zusammen das bewegte System (Modell, Draht, Trommel, Gewicht). Bei konstanter Fallgeschwindigkeit des Gewichts, also beim dynamischen Gleichgewicht dieses Systems wird die Zugkraft absolut konstant und zwar $= p +$ einem unveränderlichen Drahtgewicht p_0.

Die Gleichmäßigkeit dieses Antriebs wird wegen ausschließlicher Benutzung der Schwerkraft durch keinen noch so feinen mechanischen Antrieb zu erreichen sein.

Andererseits ist hier nur eine einzige und obendrein ungemein geringe Störung vorhanden, nämlich die Lagerreibung der Trommel. Wenn man einen besonders hohen Reibungs-Koeffizienten des Kugellagers $= 0{,}005$ und ein Verhältnis der Radien der Trommel und des Lagers von $^1/_{10}$ annimmt, so beträgt der durch die Reibung verloren gehende Teil der Zugkraft nur $^1/_2$ ‰, er ist also selbst im ungünstigsten Falle außerordentlich gering.

Auch ist zu beachten, daß dieser geringe Betrag nicht als Fehler erscheint, sondern als ein durch Aichung bis auf wenige Prozent genauer Faktor ermittelt und mithin berücksichtigt werden kann.

Demnach ergibt sich, daß die Zugkraft wenigstens bis auf $^1/_{10000}$ genau bestimmt werden kann.

Um nun auch die Geschwindigkeit mit gleicher Genauigkeit feststellen zu können, müssen die Zeiten und die Wege sehr genau gemessen werden.

Dazu dient eine auf der leicht berußten Trommel schreibende Nähnadelspitze, die von der frei schwingenden Stimmgabel bewegt wird. Letztere steht auf einen Resonanzkasten und wird kurz vor dem Eintritt des Modells in die Meßstrecke mit dem Baßgeigenbogen in starke Schwingungen versetzt. Sie macht 100 Schwingungen in der Sekunde, die durch die Nadelspitze als haarfeine Wellenlinien auf der Trommeloberfläche sichtbar werden, Fig. 2.

Die Stimmgabel ist mitsamt der Schreibeinrichtung justiert, und zwar durch 30 Sekunden langes Aufschreiben der freien Schwingungen, während

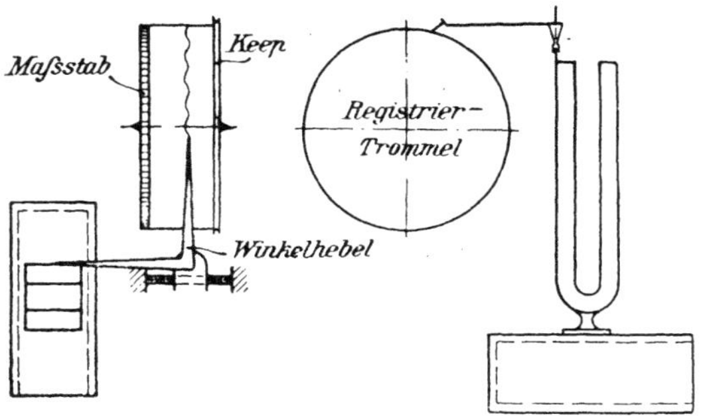

Fig. 2.

gleichzeitig neben diesen von einem Chronometer elektrisch die Sekunden verzeichnet wurden. Dabei ergab sich eine für praktische Zeitmessung absolute Genauigkeit und nebenbei noch die Überlegenheit der Stimmgabel über die elektrischen Zeitsignale, die viel zu große Fehler für die einzelnen Sekunden ergaben, als daß sie für die hier vorzunehmenden Messungen überhaupt gebraucht werden könnten.

Der elektrische Antrieb ist für die Stimmgabel wegen der damit verbundenen Beeinflussung der Periode trotz der bequemeren Handhabung nicht gewählt worden. Er ist auch in diesem Falle entbehrlich, da die Gabel nur wenige Sekunden lang zu tönen braucht. Es bliebe demnach nur noch der Einfluß der Temperatur und der Größe der Amplitude, der die Zeitangabe der Gabel stören könnte, jedoch ist der Unterschied der Schwingungszahlen bei 1 ° C. noch nicht $^1/_{100000}$ also wohl zu vernachlässigen; noch geringer ist der Einfluß der Amplitude, da eine sehr große Stimmgabel gewählt wurde, die genug Arbeitsvermögen hat, um einige Sekunden lang keine merkliche Verminderung der Amplitude zu zeigen.

Obwohl hiernach die Zeiten bis auf $^1/_{100000}$ genau bestimmt werden könnten, genügt für unsere Zwecke die Feststellung, daß die Sekundenangaben bis auf $^1/_{10000}$ genau sind, denn viel weiter reicht die Ablesungsgenauigkeit nicht. Z. B. bei einer Modellgeschwindigkeit von 1 m ist eine Welle der Stimmgabel auf der Trommel 10 mm lang. Da $^1/_{10}$ mm noch abgelesen werden könnten, reicht in diesem Falle die Ablesung bis auf $^1/_{10000}$ Sekunde herunter.

Die Messung der Wege, die das Modell zurücklegt, ist durch die Verwendung des Zugdrahts, der die Trommel bewegt, sehr vereinfacht. Die letztere ist nämlich so bemessen, daß eine Windung des in der Keep herumgelegten Zugdrahts von 0,5 mm Dicke genau 1000 mm beträgt.

Der Umfang des polierten Teils der Trommeloberfläche und des Randes in den ein genauer Maßstab eingraviert ist, ist ebenfalls genau 1000 mm.

Die auf der polierten, mit einer Terpentinflamme leicht berußten Oberfläche aufgeschriebenen Wellenlinien stellen die Wege des Modells in natürlicher Größe dar, und zwar für jede hundertel Sekunde. Damit auf der Trommel trotz ihres geringen Umfanges so lange Wege aufgeschrieben werden können, muß die Schreibeinrichtung parallel zur Trommelaxe verschoben werden, so daß eine Spirale mit geringer Steigung beschrieben wird. Der Antrieb hierzu wird von einem besonderen Laufwerk geliefert, das mittels feingängiger Schraubenspindel den Schreibhebel bewegt. Letzterer verschiebt sich hierbei gleichzeitig auch auf der Stimmgabel, was die Verwendung des Winkelhebels notwendig machte.

Es sei erwähnt, daß der elastische Reck des Drahtes unter dem Einfluß des konstanten Zuggewichtes für die Genauigkeit der Aufzeichnung der Wege keine Rolle spielt, falls nur der Draht während des Laufs in der Meßstrecke keine dauernde Dehnung erleidet. Dies ist aber stets zu vermeiden, wenn man den Draht nicht bis zur Elastizitätsgrenze belastet. Auch können keine Fehler durch Gleiten eintreten, denn die Spannung im auf- und ablaufenden Draht ist gleich und die Reibung in der Keep ist so groß, daß der Draht unter allen Umständen haftet und die Trommel mitnimmt, weil letztere fast gar keinen Widerstand im Lager hat.

Zur ganz sicheren Ablesung der Wege bedarf man noch einer Hilfseinrichtung, da die aufgeschriebene Wellenlinie keinerlei markante Punkte besitzt, und daher die Maxima und Minima der Wellen zunächst fixiert werden müßten. Statt dieser ebenso umständlichen, wie unsicheren Methode ist der Ausweg gefunden worden, außer der Wellenlinie noch eine Mittellinie von einer stillstehenden Nadel aufschreiben zu lassen, so daß durch die Schnitte der beiden ungemein feinen Linien sich haarscharf gezeichnete Punkte bilden, die für die Ablesung geeignet sind.

Mittels Haarablesung und unter Benutzung der polierten Fläche als Spiegel können jene Schnittpunkte an dem am Rande der Trommel eingravierten Maßstabe direkt abgelesen werden.

Die erreichbare Genauigkeit beträgt ohne Zuhilfenahme von Linsen und dergl. schon $^1/_{10}$ mm und da es sich um Geschwindigkeiten von ca. 1, 2 oder 3 m handelt, ergibt sich hieraus ein größter Ablesungsfehler von $^1/_{10000}$, also ebenso wie bei den Zugkräften und den Zeiten $= {}^1/_{100}\,\%$.

Diese geradezu überraschende Grenze der Messung, die meines Wissens bei ähnlichen Geschwindigkeitsmessungen wohl kaum erreicht worden ist, bedeutet in unserm Fall nicht etwa eine Übertreibung, sondern ich werde Ihnen zeigen, daß wir eine solche Genauigkeit brauchen, und ferner, daß unsere bisher gewonnenen Resultate in den Schleppanstalten darunter leiden mußten, weil dieser Grad von Genauigkeit nicht entfernt erreicht worden ist. Ich zeige das am besten an einem Beispiel, welches praktisch ausgeführt worden ist. Es sind in Kiel mit einem Modell, welches rund 2000 kg wog, Schleppversuche angestellt worden, bei denen Zugkräfte zwischen 2 und 15 kg gemessen wurden, die Geschwindigkeiten von 1 bis 2,7 m entsprechen. Nehmen Sie nun die vorher gefundene Fehlergrenze von $^1/_{100}\,\%$, so beträgt der nicht mehr meßbare Fehler bei der Geschwindigkeit von 1 m nur $^1/_{10}$ mm pro Sekunde.

Das ist so wenig, daß man meint, er spielte überhaupt keine Rolle. Und doch ist er noch von Bedeutung.

Die Messungen erstreckten sich über eine Weglänge von 10 m, demnach ergibt $^1/_{10}$ mm Beschleunigung pro Sekunde eine Gesamtbeschleunigung von 1 mm, was aus den Diagrammen noch deutlich ablesbar ist. Also kann ich die Beschleunigung auch noch für die Korrektur der Zugkraft berücksichtigen, und zwar mit dem Betrage $m\,.\,\gamma$ oder $\frac{2000}{9{,}81}\,.\,0{,}0001$, das sind $\backsim$ 20 g. Demnach war die Zugkraft nicht 2 kg, sondern nur 1,98 kg. Der scheinbar so unbedeutende Wert von $^1/_{100}\,\%$ macht also auf die Zugkraft berechnet 1 volles Prozent aus.

Man sieht hieraus schon, daß die Messung eine dem hohen Grade der Gleichmäßigkeit der Modellbewegung entsprechend genaue ist, daß dagegen eine ebenso genaue Messung bei der bisher üblichen Schleppmethode mit dem Wagen wegen der unruhigeren Bewegung nicht ausführbar wäre. Denn die wirklich nötige Gleichmäßigkeit der Bewegung ist dort nicht zu erreichen, selbst mit den feinsten Reguliereinrichtungen nicht. Man muß sich daher mit

Fig. 3.

Annäherungen oder vielmehr mit Durchschnittswerten begnügen, die man auf zahlreichen Fahrten über hunderte von Metern Länge erhält.

Dagegen liefert jede Fahrt nach der neuen Methode ein Resultat, und zwar ein direktes, wenn Gleichförmigkeit der Bewegung erreicht worden war, oder ein indirektes, wenn ein zu großes γ gefunden wurde von 1 mm oder darüber, mit Hilfe dessen das für die Wiederholung der Fahrt nötige Zuggewicht bestimmt werden kann.

Es ist bei der Ablesung der Resultate von der Trommel natürlich überflüssig zur Ermittlung der Geschwindigkeit alle oder überhaupt eine größere

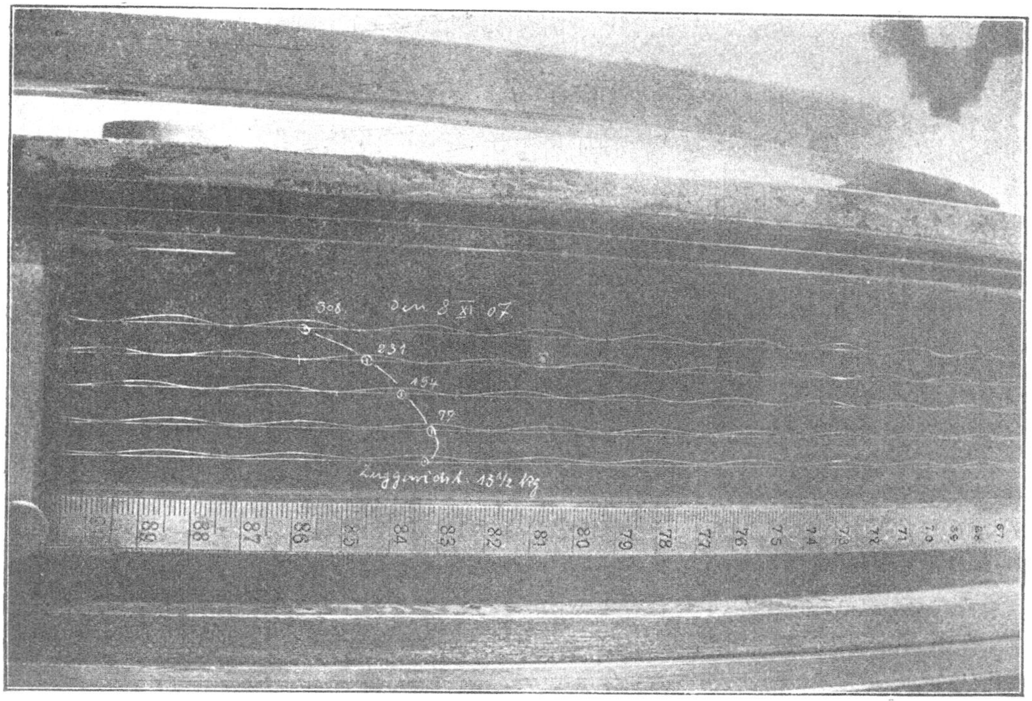

Fig. 4.

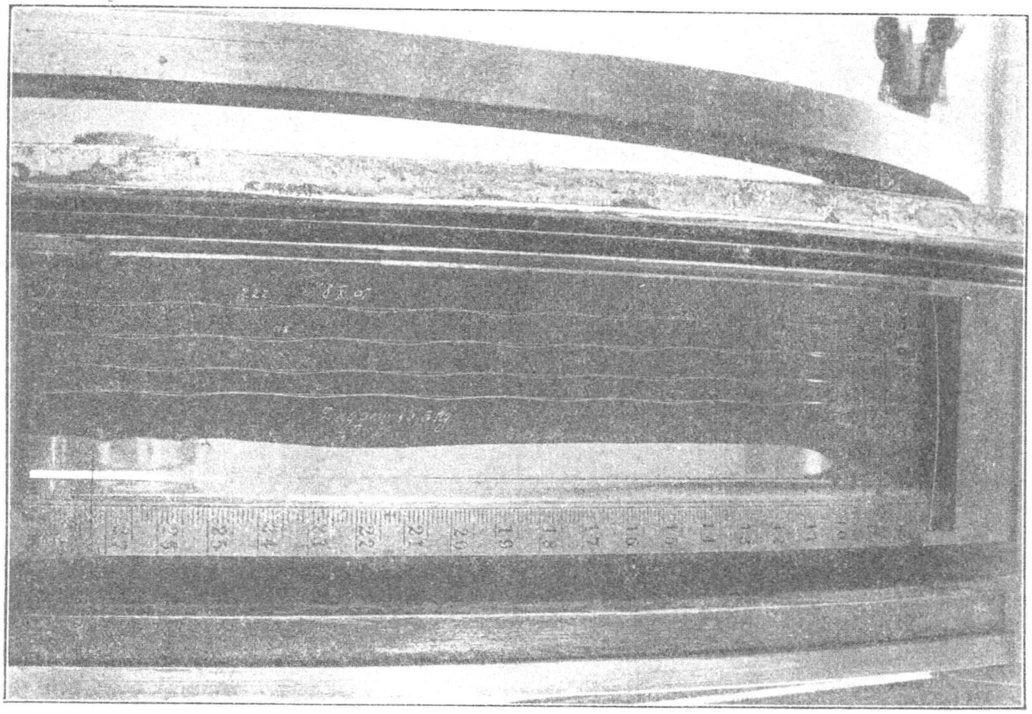

Fig. 5.

Anzahl jener vorher erwähnten Schnittpunkte zu messen. Es genügt schon, wenn für jede Umdrehung der Trommel ein Punkt bestimmt wird, d. h. wenn die Geschwindigkeit für ungefähr jeden vollen Meter der Laufstrecke ermittelt wird. Dazu bedarf es nur der Verbindung der auf den Spiralgängen nebeneinanderliegenden dem Auge deutlich als zusammengehörig erkennbaren Schnittpunkte und Abzählung der Wellen eines Umlaufs der Trommel vergl. Fig. 3, 4 und 5.

Die Verbindungslinie läßt sofort erkennen, ob die Geschwindigkeit des Modells konstant war oder nicht. Im ersten Falle bildet sie eine gerade Linie oder genauer gesagt eine Schraubenlinie von konstanter Steigung. Dann sind in gleichen Zeiträumen gleiche Wege zurückgelegt worden. Hat dagegen die Verbindungslinie den Charakter einer konkaven Kurve (in der Richtung der Bewegung gesehen), so ist Beschleunigung, oder den einer konvexen Kurve, so ist Verzögerung vorhanden.

Ein genaues Maß der Geschwindigkeiten und Beschleunigungen ergeben die Ablesungen der Schnittpunkte, die in der Verbindungslinie liegen, nach folgendem Schema:

Ablesung in mm	Diff. = Geschwind. bei n Wellen	Diff. = Beschl. bei n Wellen
s_1	v_1	$\pm \gamma_1$
s_2	v_2	$\pm \gamma_2$
s_3	v_3	$\pm \gamma_3$
s_4	v_4	$\pm \gamma_4$
s_5	v_5	
s_6		
Mittl. Werte:	v_m	$\pm \gamma_m$

$$\frac{v_m}{n} = v \text{ Mittl. Geschw/Sek.}$$

$$\pm \frac{\gamma_m}{n} = \pm \gamma \text{ Mittl. Beschl/Sek.}$$

Sowohl der Charakter der Verbindungslinie als auch obige Werte γ_1, γ_2, γ_3, γ_4 lassen erkennen, ob Störungen vorgekommen sind. Ist das nicht der Fall, dann sind die Werte von γ annähernd einander gleich. Dagegen zeigt jede Strömung im Wasser, jeder Windstoß, jede unvorsichtige Berührung des laufenden Drahtes oder sonstige Störung ihre Spuren in den Unregelmäßigkeiten der Kurve und der Werte γ. Dadurch ist die Methode doppelt wertvoll, sie kennzeichnet automatisch die nicht regelmäßig verlaufenen Versuche, so daß man diese sofort ausscheiden kann.

Nachdem die praktischen Ergebnisse inzwischen Gelegenheit gegeben haben, die Methode zu prüfen, kann nun die eingangs gestellte Frage nach der notwendigen kürzesten Länge der Meßstrecke beantwortet werden. Es ist ausreichend, wenn bei langsamen Fahrten die Wege während 4 bis 5 Sek. gemessen werden, während bei schnellen Fahrten auch 3 bis 4 Sek. genügen, d. h. die Meßlänge braucht nicht oder nicht viel länger zu sein als das Modell selbst.

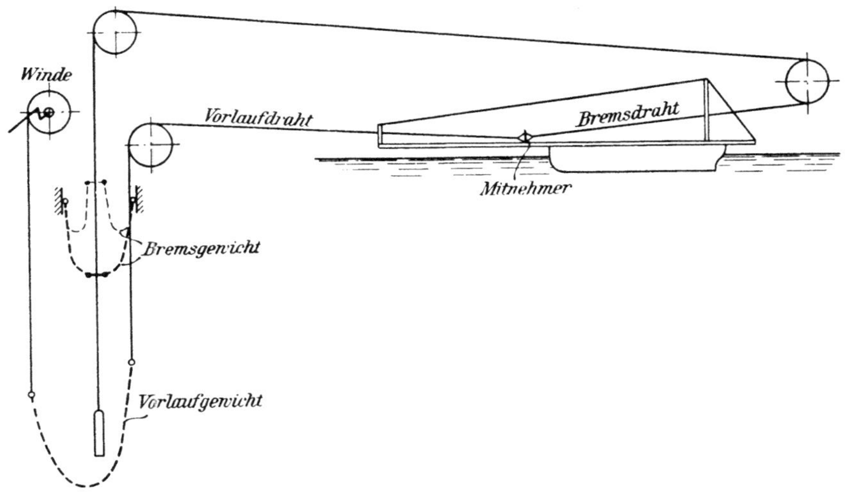

Fig. 6.

Der vorstehend beschriebene Vorgang des Laufes in der eigentlichen Meßstrecke hatte zur Voraussetzung, daß das Modell wirklich mit gleichförmiger oder wenigstens nahezu gleichförmiger Geschwindigkeit bewegt wurde. Wollte man diesen Zustand durch die Einwirkung des Zuggewichtes allein erreichen, so würden dazu bei Modellen von der bisher üblichen Größe Laufstrecken von mehreren hundert Metern Länge nötig sein. Durch die Anwendung eines zweiten erheblich größeren Gewichts P, welches von der Ruhelage an bis zum Eintritt in die Meßstrecke wirkt, läßt sich aber der Vorlauf auf nur wenige Meter abkürzen. Am besten eignet sich hierzu eine schwere Kette, die mittels eines besonderen etwa 1 oder 1,5 mm dicken Drahtes, und zwar durch einen Mitnehmer das Modell am Vorderende des Bugspriets angreift und allmählig bis zu der gewünschten Geschwindigkeit beschleunigt. Der andere Tamp der Kette ist auf- und niederfahrbar und kann in jeder Höhenlage festgestellt werden, wodurch die Antriebskraft in weiten Grenzen variiert wird. Der große Vorzug der Kette besteht darin, daß die beschleunigende Kraft anfangs ein Maximum ist und allmählig bis 0 abnimmt, so daß keine Unstetigkeiten der Kraftwirkungen und demnach auch keine Störungen der Bewegung des Modells auftreten können, Fig. 6.

Es ist sogar zweckmäßig, die letzten Glieder der Kette in ganz leichter Ausführung zu halten, damit der letzte Teil des Antriebs möglichst allmählig erlischt. Will man statt der Kette ein Gewicht anwenden, dann muß

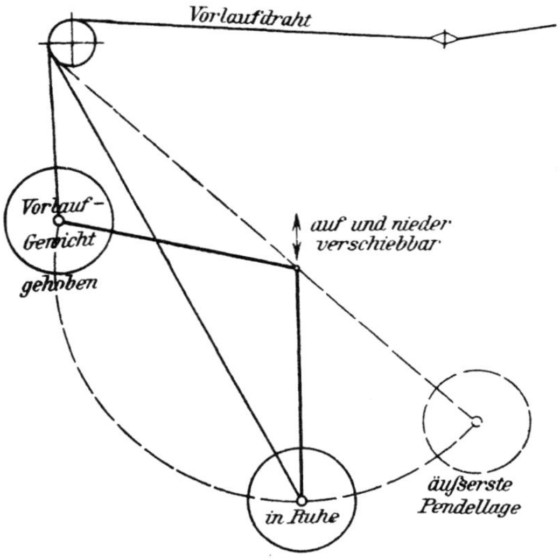

Fig. 7.

durch eine pendelartige Aufhängung dieselbe allmähliche Kraftverminderung geschaffen werden. In solchem Falle kann das Gewicht noch eine kleine Bewegung über die Ruhelage hinaus vollführen, wodurch verhindert wird, daß der Draht wie beim plötzlichen Abstoppen Lose erhält, Fig. 7.

Der Mitnehmer ist so leicht wie möglich gehalten; er schwebt in der Ruhelage gerade tief genug, um von der Gabel des Bugspriets wieder erfaßt zu werden, wenn das Modell zur Vorbereitung eines neuen Laufs zurückgeholt wird. Der Mitnehmer kann durch ein loses Auge an dem Leitdraht geführt werden, wenn ein solcher vorhanden ist. Mit Hilfe des Vorlaufs (Kette oder Pendelgewicht) können dem Modell alle gewünschten Geschwindigkeiten erteilt werden. Man hat nur den freien Tamp der Kette oder den Aufhängepunkt des Pendelgewichts dementsprechend zu heben. Die erforderliche Reguliervorrichtung muß dazu eine Fein-Einstellung von mindestens Zentimeterteilung haben. Demgemäß ist auch die Detachiervorrichtung des Modells so eingerichtet, daß letzteres mit größter Genauigkeit immer aus derselben Stellung, und zwar mittels Momentauslösung abläuft. Dazu dient ein Schlag eines frei fallenden Gewichtes auf den Daumen oder Hebel, der das Modell festhält, oder Abbrennen eines Fadens. Nur auf diese Weise läßt sich erreichen, daß eine bestimmte Energiemenge, also auch eine bestimmte Geschwindigkeit dem Modell erteilt wird. Diese Antrieb- oder Vorlaufeinrichtung entspricht in jeder Beziehung der gestellten Forderung. Sie leistet die Arbeit während eines kurzen Weges von ungefähr derselben Länge wie das Modell. Sie erteilt dem Modell keine störenden Schwingungen und verliert noch vor dem Eintritt in die eigentliche Meßstrecke jeden Zusammenhang mit dem Modell.

Die Art der Bremsung des Modells ist zwar für die Methode nicht von großer Bedeutung, aber immerhin nicht ganz gleichgültig, wenn man berücksichtigt, daß sie auf kurzem Wege und doch ohne Anstrengung des Modells, sowie ohne zu große Störung des Wassers erfolgen soll.

Es wird entweder eine quer über das Bassin gespannte, stark belastete Trosse benutzt, die von einem am Heck sitzenden Bock gefaßt wird, oder es wird ein allmählig wachsendes, besonderes Gewicht oder endlich das Vorlaufgewicht selbst verwendet. Letztere beiden Fälle bedingen die Anwendung eines Mitnehmers. Als solcher kann der Mitnehmer des Vorlaufdrahtes benutzt werden, wenn auf dem Heck eine ebensolche Gabel wie am Vorderende des Bugspriets angebracht wird, s. Fig. 1 u. 6.

Die Zurückholung des Modells in die Ablaufstellung ist zwar mit besonderer Fangleine und kleiner Handwinde ausführbar, wie es z. B. in Kiel geschehen ist, doch ist ein kleiner Elektromotor für diesen Zweck sehr empfehlenswert, da er Zeit zu sparen erlaubt, die zwischen zwei Fahrten sehr nötig ist, damit das Wasser sich wieder zu beruhigen vermag.

In Fig. 8 ist eine Anordnung dargestellt, bei der ein Leitdraht für das Modell benutzt wird, der gleichzeitig zum Zurückholen zu gebrauchen ist. Der Draht wird auf eine Doppeltrommel mit nur wenig verschiedenen Durchmessern derart aufgewickelt, daß er für gewöhnlich auf der größeren Trommel sich befindet und demnach das Spanngewicht in angehobener Stellung am Leitdraht hängt, während er beim Zurückholen des Modells all-

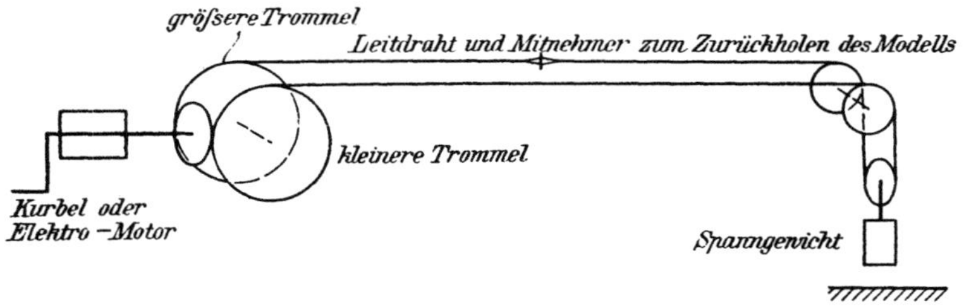

Fig. 8.

Entwurf einer Modell-Schleppeinrichtung.

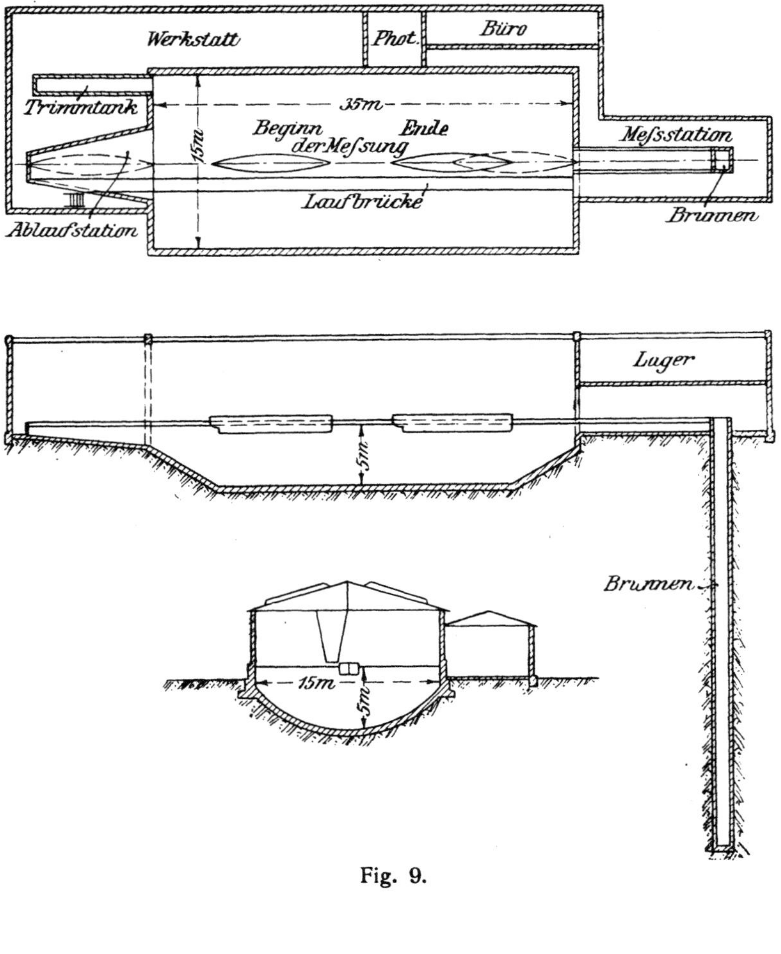

Fig. 9.

mählig von der großen auf die kleine Trommel übergeht, das Spanngewicht absetzt und nun das Modell durch den Mitnehmer in die Ablaufstellung befördert, wobei durch den Mitnehmer des Vorlaufs die Kette gleichzeitig aufgeheißt wird. Wenn das Modell von dem Sperrhaken gefaßt wird, was nach der Stellung einer Marke auf dem Leitdraht zu erkennen ist, wird der Draht durch Umschaltung des Elektromotors wieder in die Anfangsstellung gebracht, wobei sich das Spanngewicht selbsttätig wieder hebt und den Leitdraht spannt. Der neben dem Modell entlang laufende Draht hat noch den Zweck, daß er für die Beobachtung der Seiten- und Trimmbewegungen des Modells sehr geeignet ist.

Die Frage nach der Gesamtlänge eines Bassins ist durch die vorstehenden Erörterungen soweit geklärt, daß man für die Meßstrecke $1-1^1/_2$, für die Vorlaufstrecke $1^1/_2$ und für die Bremsstrecke $^1/_2$ Modellänge annehmen muß, das sind zusammen $3-3^1/_2$ Längen. Rechnet man noch das Modell selbst hinzu, so ergeben sich $4-4^1/_2$ Längen.

Bei einem Verhältnis von $^1/_{30}$ zwischen Modell und Schiff und einer größten Schiffslänge von 200 m ergeben sich also

$$6^2/_3 \times 4^1/_2 = \mathbf{30\ m}$$

und bei dem Verhältnis $^1/_{20}$ ergeben sich

$$10 \times 4^1/_2 = \mathbf{45\ m}$$

Gesamtbassinlänge vergl. Fig. 9.

Und trotz dieser geringen Dimensionen erhalten wir eine so bedeutende Steigerung der Genauigkeit, daß man nötigenfalls sogar eine noch kleinere Ausführung der Modelle wählen könnte, als jetzt üblich ist; z. B. $^1/_{50}$ statt $^1/_{30}$. Dadurch verringerte sich die Bassinlänge auf **18 m**. Ein solches Bassin ist wohl überall herzustellen, und da es ohne große Kosten ausgerüstet werden kann — außer der Registriertrommel und einigen Rollen und Winden sind hierfür keine Mechanismen erforderlich — so wünschte ich, daß nunmehr auch weitere Kreise Schleppversuche und wissenschaftliche Untersuchungen nach dieser neuen Methode unternehmen möchten.

Diskussion.

Herr Marinebaurat Dix-Berlin:

Euere Königliche Hoheit! Meine Herren! Wir müssen zweifellos dem Herrn Vortragenden zu großem Dank verpflichtet sein, daß er erneut die Frage vor unsere Versammlung gebracht hat: auf welche Art und Weise ermitteln wir am besten den Widerstand der Schiffsmodelle, damit wir am einwandfreiesten die Maschinenleistung unserer Schiffe für eine bestimmte Geschwindigkeit berechnen können?

Zwanzig Jahre haben die Behörden Preußens und des Reiches gekämpft, um sich Schleppanstalten zu schaffen. Nach diesem Zeitraum endlich wurden ihnen innerhalb von vier Jahren drei vollwertige Anstalten zur Verfügung gestellt.

Ich verrate nicht zu viel, wenn ich andeute, daß der Bau weiterer Anstalten demnächst voraussichtlich in Angriff genommen werden wird. Man kann daher wohl mit Recht behaupten, daß das Thema, das Herr Wellenkamp heute vor uns behandelt hat — wenn ich so sagen darf — hoch aktuell ist.

Wenn ich nun auf den Vortrag des Herrn Wellenkamp eingehe, möchte ich mich wenigstens im ersten Teil meiner Erwiderung etwas mehr als der Herr Vortragende an den Text halten, wie er uns gedruckt vorliegt, um zu vermeiden, daß nachher, da ja dieser gedruckte Vortrag in unser Jahrbuch aufgenommen wird, die Behauptungen, die dort aufgestellt sind, unwidersprochen bleiben.

Herr Wellenkamp hat von der großen Länge der Schleppanstalten gesprochen, die er zu 150—200 m angibt, demgegenüber stelle ich fest, daß die Anstalten in Washington rund 100 m und in Ubigau rund 80 m nutzbare Länge haben, während die Länge der übrigen mir bekannten Anstaltentanks 120—150 m beträgt, sodaß also von 150—200 m Länge nicht die Rede sein kann.

Ferner betone ich, daß auch die bisherigen Schleppanstalten nach dem Vorbilde der Froudeschen Anstalt die Bedingungen erfüllen, die im Vortrage angegeben sind, nämlich daß auch bei Versuchen in diesen Anstalten:

1. der dynamische Gleichgewichtszustand während des Schleppversuchs hergestellt ist,
2. Störungen, die vom Schleppmechanismus ausgehen könnten, ausgeschaltet sind,
3. Modellgeschwindigkeiten und Zugkräfte — das heißt Modellwiderstände — mit einem für die Praxis hinreichenden Grade von Genauigkeit gemessen werden können.

Im folgenden erlaube ich mir, den Herren im Lichtbilde einige Einrichtungen der Berliner Anstalt vorzuführen, um meine obigen Behauptungen zu beweisen.

Das Modell ist mit dem Dynamometer lediglich durch eine auf Schneiden ruhende Zugstange verbunden, es kann sich demnach vollkommen frei auf und nieder bewegen. Stöße und Schwingungen des Wagens können auf das Modell nicht übertragen werden.

Unter dem Tisch des Modelldynamometers ist ein Schwungmassenregulator angebracht, der von der Achse der Wagenräder angetrieben wird und jede Ungleichförmigkeit der Wagengeschwindigkeit selbsttätig aufzeichnet. Wir haben diesen Apparat im ersten Betriebsjahr der Anstalt häufig zu Kontrollzwecken benutzt, ihn später aber abgenommen, da sich bei allen Versuchen stets eine konstante Wagengeschwindigkeit ergab.

Diese Regulatoren haben sich nur in den älteren Froudeschen Anstalten als notwendig erwiesen, in denen der Wagen an einem Seil gezogen wird, wie zum Beispiel in Spezia.

Der Vergleich eines Diagramms der Anstalten in Spezia und in Bremerhaven zeigt den günstigen Einfluß des elektrischen Wagenantriebes auf die Gleichförmigkeit der Wagengeschwindigkeit und damit auf den glatten Verlauf der Widerstandsdiagramme.

Der Wagen unserer Anstalt wiegt mit allen Apparaten 13—14 t, die Antriebmotoren werden aus einer Akkumulatorenbatterie von rd. 500 Amp.-Stunden Kapazität gespeist. Da sich Wagengewicht und Betriebsspannung während einer Fahrt nicht ändern, weiß ich nicht, woher Schwankungen in der Wagengeschwindigkeit kommen sollen, wenn der Wagen z. B. mit 2 bis 4 m/Sek. Geschwindigkeit über die Strecke läuft. Wohl können diese Schwankungen eintreten, wenn während der Versuchsfahrt, wie wir verschiedentlich durch Versuche festgestellt haben, aus der Batterie Strom zum Anlassen der Arbeitsmaschinen entnommen wird.

In Fig. 10, zeige ich Ihnen die Widerstandskurve eines Modells mit den durch die Meßfahrten erhaltenen Punkten. Dieses ist der Sternhimmel, von dem der Herr Vortragende gesprochen hat. Sie werden mir zugeben, daß die Ungenauigkeiten, die unserer Meßmethode nach Ansicht des Herrn Wellenkamp anhaften sollen, hier nicht in Erscheinung treten. Ich bemerke, daß ich dieses Diagramm vor Jahren für andere Zwecke habe anfertigen lassen und daß wir damals dieses Modell besonders eingehend untersucht haben, um die Wendepunkte

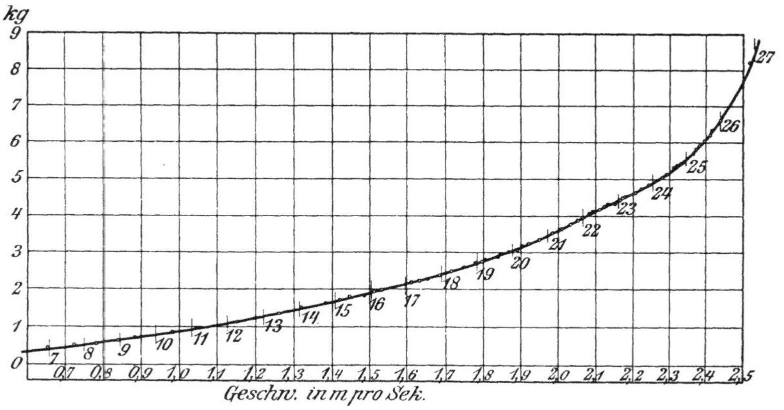

Fig. 10.

in der Kurve genau festzulegen. Für diesen Zweck waren rund 125 Fahrten notwendig, während wir uns sonst im allgemeinen mit 40—50 Fahrten zur Festlegung der Widerstandskurve eines Modells begnügen können.

Ich möchte noch eine Bemerkung über die Länge der Anlaufstrecke machen, auf deren Verkürzung der Herr Vortragende so großen Wert legt. Auch in unsern, nach Froudeschem Muster erbauten Anstalten, könnte diese Bedingung mit Leichtigkeit erfüllt werden und zwar ohne große Opfer an Geld und ohne Komplikation der Anlage. Mir ist ein Projekt bekannt, bei dem die offerierende Firma sich erboten hat, den Wagen von rund 13 t Gewicht auf einer Anlaufstrecke von 30 m auf eine Geschwindigkeit von 10 m in der Sekunde und sodann auf einer Auslaufstrecke von 20 m zum Stehen zu bringen.

Was nun die Genauigkeit der Zeit- und Wegmessung betrifft, so gebe ich dem Herrn Vortragenden recht, daß sein Apparat in dieser Beziehung alles bisher dagewesene übertrifft. Wenn er die Zeiten auf $^1/_{100000}$ und die Zugkräfte, also Modellwiderstände, auf $^1/_{10000}$ genau bestimmen kann, so sind das Zahlen, die wir nicht schlagen können und auch nicht zu schlagen brauchen. Diese Meßmethode mag dann berechtigt sein, wenn unsere Mathematiker erst soweit sind, uns aus einigen wenigen, auf diese Weise bestimmten Punkten die Widerstandskurve zu berechnen. Da wir aber vorläufig noch gezwungen sind, uns unsere Widerstandskurve graphisch zu ermitteln halte ich diese Genauigkeit nicht für erforderlich.

Ferner müssen wir uns vergegenwärtigen, daß unsere Messungen doch nur den Zweck haben, dem Konstrukteur Angaben über die Maschinenleistung zu machen, die für eine bestimmte Geschwindigkeit erforderlich ist. Dazu brauchen wir aber die aus den Probefahrten und Schleppversuchen fertiger Schiffe ermittelte Beziehung der PSe zu den PSi. Dem Herrn Vortragenden sind ja auch die erheblichen Abweichungen in der Maschinenleistung bekannt, die wir mit Schiffen ein und desselben Typs gelegentlich der Meilenfahrten bei gleicher Schiffsgeschwindigkeit erhalten. Ich erinnere nur daran, daß z. B. die Schiffe der „Braunschweig"- und „Hamburg"-Klasse Abweichungen in der indizierten Leistung bei gleicher Geschwindigkeit bis zu 5 % aufweisen.

Andrerseits haben die Schleppergebnisse verschiedener Anstalten — ich möchte nur die Übigauer und die Berliner Anstalt zum Vergleich heranziehen — oft eine außerordentlich hohe Übereinstimmung ergeben, sodaß Zweifel an der Richtigkeit der zurzeit angewandten Methode nicht berechtigt erscheinen. Übigau hatte 1905 ein Holzmodell geschleppt, dieses sodann nach Berlin gesandt, wo es gleichfalls geschleppt wurde. Bei den hohen Geschwindigkeiten, auf die es in der Praxis allein ankommt, haben wir zwischen den Schleppergebnissen beider Anstalten Differenzen festgestellt, die 2 % nicht übersteigen.

Herr Wellenkamp hat in seinem Vortrage bereits erwähnt, daß zu verschiedenen Zeiten andere Einrichtungen als die der Froudeschen Methode zu Schleppversuchen mit Modellen angewandt worden sind. Wenn ich Ihnen im Lichtbild einige dieser Einrichtungen vorführe, möchte ich mich auf die Apparate der Zeit vor Froude beschränken und beweisen, daß die Anlagen durchaus nicht primitiv waren.

Die ersten Versuche mit Modellen wurden 1763, 1766 und 1767 von Borda ausgeführt.

Admiral Thévenard benutzte für seine 1769–1771 in Lorient ausgeführten Modellversuche eine Einrichtung, die in ihrem Aufbau der Ihnen vom Herrn Vortragenden vorgeführten augenblicklichen Kieler Anlage ähnlich ist. Auch seine Versuchskörper wurden bereits an einem Ausleger geschleppt. Die Anlaufstrecke betrug 3 m, die Meßstrecke 40 m. Die Zeit wurde in halben Sekunden nach einem Uhrwerk gezählt. Thévenard führte auch bereits Versuche mit Körpern aus, die vollkommen eingetaucht waren; sie wurden unter einer auf dem Wasser schwimmenden Kugel geschleppt. (Thévenard, „Mémoires relatifs à la marine", Paris VIII, Band IV, Seite 61 ff.)

Nach dem gleichen Prinzip war der Apparat ausgeführt, den Marc Beaufoy für seine in den Jahren 1793—1798 in London in den Greenland-Docks ausgeführten Schleppversuche benutzte. Bei dem 1796 wesentlich verbesserten Apparat, konnte die Zeit bis auf $^1/_{1000}$-Sekunde genau abgelesen werden, sämtliche Achsen der Führungsrollen liefen zur Verminderung der Reibung in Rollenlagern, daher differierte beim Versuch die Geschwindigkeit selten um mehr als um 1 %. Zur Abkürzung der Anlaufstrecke benutzte Marc Beaufoy anfangs zur Erreichung einer größeren Beschleunigung Gewichte, die automatisch abgehoben wurden. Seit dem Jahre 1797 verwandte er jedoch für diesen Zweck eine Kette und erreichte damit, daß durch die allmähliche Verringerung des Zusatzgewichtes während der Anlaufperiode die Führungsleine des Modells nicht mehr in Schwingungen geriet. Marc Beaufoy ist der erste, der Reibungsversuche mit Platten gemacht hat. (Marc Beaufoy, „Nautical und hydraulic Experiments 1793—1798", London 1834.)

1775 und 1794 stellte der schwedische Chefkonstrukteur Chapman eingehende Untersuchungen über den Einfluß der Lage des Hauptspantes sowie der Zuschärfung der Enden auf die Größe des Modellwiderstandes an.

Die ersten Versuche, den Widerstand geschleppter Körper mit Hilfe von Federdynamometern zu messen, die zwischen Zugseil und Modell eingeschaltet waren, wurden 1827 von James Walker ausgeführt, der Boote von 5,75 m und 8,53 m Länge im East India Import Dock in London schleppte. („Phylosophical Transactions of the Royal Society of London 1828".)

Interessant für die auf dem Gebiete des Fluß- und Kanalschiffbaues tätigen Herren dürfte die Tatsache sein, daß bereits 1830 John Mac Neill Modellschleppversuche im begrenzten Profil in London ausführte. Auch diese Versuche wurden mit Hilfe eines Fallgewichtes ausgeführt, das hier ähnlich wie bei der von dem Herrn Vortragenden empfohlenen Anlage in einen Brunnen fällt, um die bei den älteren sowie auch bei der jetzigen Kieler Anlage infolge der Führung des Leitseiles über verschiedene Rollen auftretenden Reibungsverluste zu vermeiden. („Canal Navigation, on the resistance of water to the passage of boats upon canals", by John Mac Neill, London 1833.)

Auch William Froude hat, bevor er die Anstalt in Torquay schuf, die allen modernen Anlagen als Vorbild gedient hat, verschiedene Methoden zur Bestimmung des Modellwiderstandes angewandt.

1865 wurden von einer Kommission, der Scott Russel, Napier, Rankine und Froude angehörten, auf einer Versuchsstrecke im See bei Blackheath Schleppversuche unter Anwendung eines Fallgewichtes zur Bestimmung des Unterschiedes im Widerstand zweier auf dem Wasser und sodann untergetaucht geschleppter Körper angestellt. Die Einrichtung war sehr primitiv und hält keinen Vergleich mit der Schleppanlage Marc Beaufoys aus. („Report of the British Association for the Advancement of Science 1866", Seite 148 ff.)

Seinem berühmten Sondergutachten zu dem bekannten Bericht der Kommission — der unter andern Merrifield, Bidder und Rankine angehörten — über die zweckmäßigste Ermittlung der für bestimmte Geschwindigkeiten erforderlichen Maschinenleistung, fügte er die Schleppergebnisse mit drei in verschiedenen Maßstäben ausgeführten Modellschleppversuchen bei und trat mit Erfolg für Modellversuche ein, im Gegensatz zu den übrigen Mitgliedern der Kommission, die der englischen Admiralität die Vornahme von Schleppversuchen mit großen Schiffen empfahlen. Diese Versuche mit Modellen von 0,19 m, 1,83 m und 3,65 m Länge waren im Herbst 1867 mit Hilfe eines Dampfbeibootes durchgeführt worden, das an einem Ausleger querab vom Bug die Modelle schleppte. Die Widerstände wurden durch ein selbstregistrierendes Dynamometer aufgezeichnet. Die Ergebnisse dieser Modellschleppversuche bilden das Fundament, auf denen Froude seine Widerstandstheorie aufbaute, deren Richtigkeit er später 1874 durch die Schleppversuche mit der „Greyhound" bewies. („Report of the British Association for the Advancement of Science 1869", Seite 43 und ff.)

Wenn ich nun zur Anlage zurückkehre, die der Herr Vortragende Ihnen vorgeführt hat, so darf ich wohl behaupten, daß neu an ihr eigentlich nur die Kürze der Meßstrecke ist. Und gerade diese Neuerung halte ich nicht für empfehlenswert.

Der Vergleich der Widerstandskurven und der aus ihnen berechneten PS e-Kurven für Modelle, die nach demselben Linienriß in Kiel und Berlin angefertigt und geschleppt wurden, berechtigt mich dazu, einigen Zweifel in die Richtigkeit der neuen Meßmethode zu setzen. Das Kieler Modell ist im linearen Maßstab 1:20, die Berliner Modelle sind im Maßstab 1:30, 1:35 und 1:40 angefertigt. Während der Charakter der drei aus den Berliner Versuchen errechneten PS e-Kurven der gleiche ist, weicht die nach dem Kieler Versuch ermittelte PS e-Kurve bei höheren Geschwindigkeiten erheblich von ihnen ab. Wenn ihr Verlauf richtig ist, wäre die Möglichkeit, ein 30 Knoten Schiff zu bauen, nicht mehr in allzuweite Ferne gerückt. Jeder Fachmann, der sich einmal die Meilenfahrtergebnisse schneller Schiffe aufgetragen hat, und der weiß, mit welchen außerordentlichen Opfern an Maschinenleistung der letzte Knoten erreicht wird, muß mir recht geben, wenn ich aus dem Charakter der Kieler Kurve die Richtigkeit derselben bezweifle.

Ich habe versucht, den Grund der Abweichung der beiden Meßergebnisse festzustellen und habe dabei folgenden Gedankengang verfolgt: Gelegentlich der Schleppversuche mit der Korvette „Greyhound" hat Froude auch versucht, aus der Verzögerung des auslaufenden

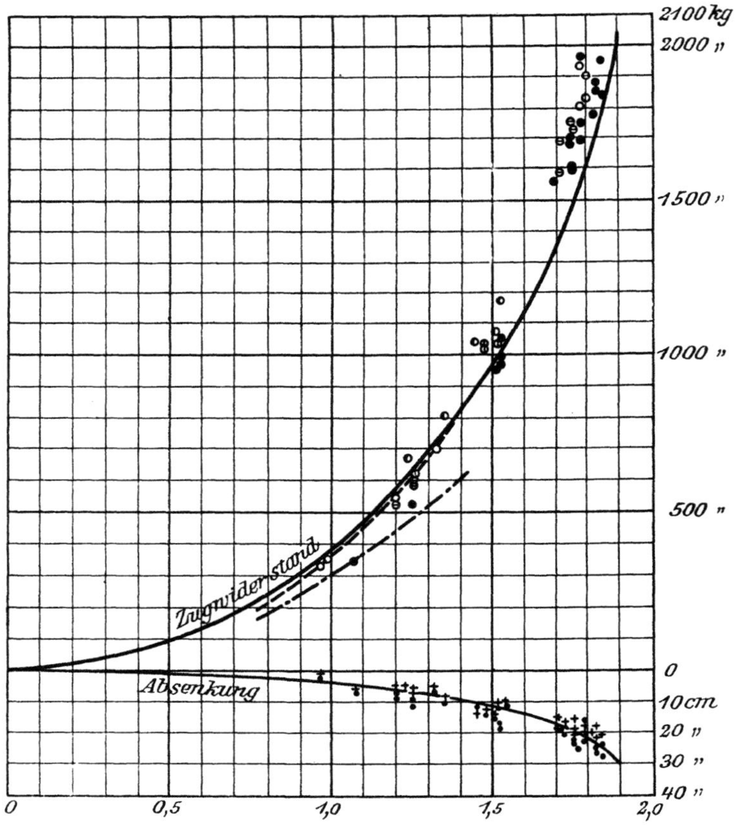

Fig. 11.

W i d e r s t ä n d e:

- bei deutlich zunehmender Zugkraft b e o b a c h t e t
- bei wenig zunehmender Zugkraft "
- bei gleichmäßiger Zugkraft "
- bei wenig abnehmender Zugkraft "
- bei deutlich abnehmender Zugkraft "
- aus den Modellwiderständen b e r e c h n e t
- aus der Verzögerung berechnet, mit Berücksichtigung der Absenkung und Rückströmung
- aus d. Verzögerung u. d. Masse d. Kahns allein berechnet.

A b s e n k u n g e n:

- \+ an der vorderen Höhenlatte des Fahrzeugs b e o b a c h t e t
- • " " hinteren " " " "
- des Wasserspiegels neben dem Fahrzeug aus den Geschwindigkeitshöhen b e r e c h n e t.

Schiffes, das zuerst von der „Aktive“ mit größter Geschwindigkeit geschleppt und dann losgeworfen wurde, den Widerstand für verschiedene Geschwindigkeiten zu berechnen. Den gleichen Versuch hat Herr Regierungs- und Baurat Thiele gelegentlich der im Frühjahr und Sommer auf dem Dortmund-Emskanal in Gemeinschaft mit den Herren Meyer-Papenburg und Baurat Haack ausgeführten Schleppversuchen mit Kanalkähnen wiederholt. — Beide Male — ich kann Ihnen nur das Resultat der Ergebnisse auf dem Dortmund-Ems-Kanal zeigen, Fig. 11, — ergab die Berechnung des Widerstandes aus den Verzögerungen einen zu geringen Wert, der nicht im Einklang mit den Schleppergebnissen stand.

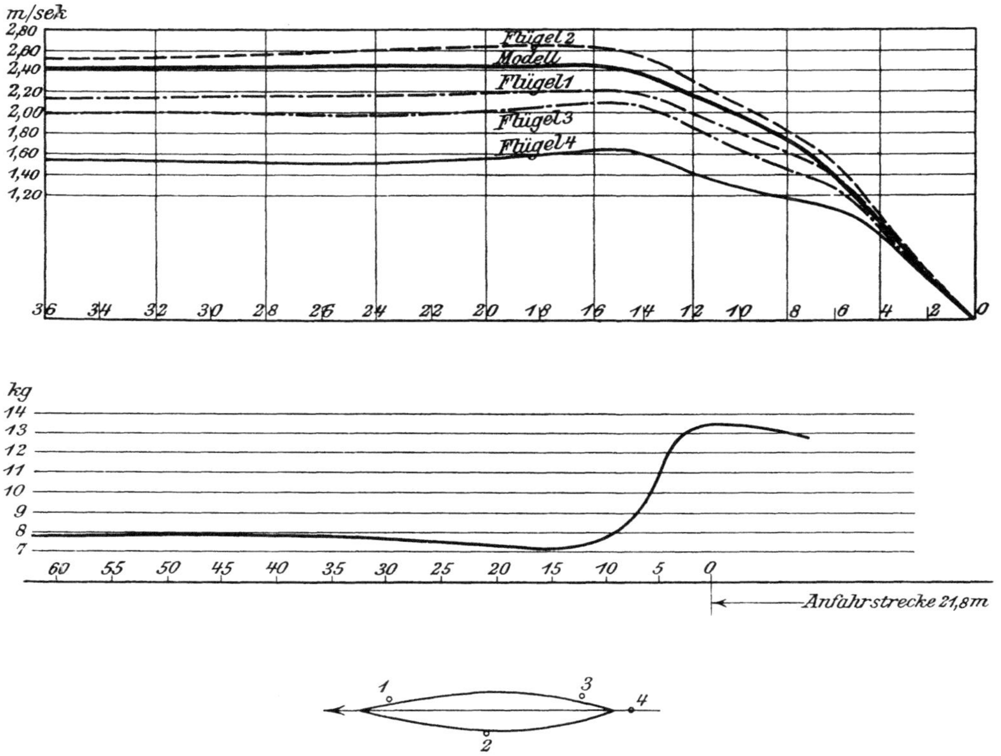

Fig. 12.

Wie schon Froude in seinem Vortrag vor der Institution of Naval Architects 1874 über die Versuche mit der „Greyhound“ und in der Diskussion über diesen Vortrag auch Professor Merrifield hervorhebt, ist diese Erscheinung darauf zurückzuführen, daß die das Schiff begleitenden Wassermassen beim Auslaufen des Schiffes ihre Geschwindigkeit unabhängig von der Schiffsgeschwindigkeit ändern und damit das Versuchsergebnis beeinflussen.

Ich habe es unternommen, durch Versuche die Frage zu lösen, ob die kurze Anlaufstrecke genügt, um die das Modell begleitenden Wassermassen so zu beschleunigen, daß sie, wenn das Modell in die Meßstrecke eintritt, bereits konstante Geschwindigkeit haben. Ist dieses nicht der Fall, so müssen diese noch nicht im dynamischen Gleichgewichtszustand befindlichen Wassermassen die Geschwindigkeit des Modells und damit auch das Meßergebnis bei der Kieler Versuchseinrichtung beeinflussen. Ich habe erst gestern einen nach dieser Richtung in der Berliner Anstalt vorgenommenen Versuch zum Abschluß bringen können, der in folgender Weise durchgeführt wurde: An dem Modell eines im Maßstab $1/_{30}$ ausgeführten schnellen Schiffes wurden vier Woltmannsche Flügel kleinster Abmessung (Durchmesser 40 mm) in der Weise angebracht, daß je ein Flügel auf ungefähr $1/_{6}$ der Länge von vorn und hinten auf B. B.-Seite, ein Flügel am Hauptspant auf St. B.-Seite und der vierte Flügel ungefähr 0,5 m hinter dem Heck, sämtlich 3 cm unter der Wasseroberfläche angebracht wurden. Wagen und Modell wurden möglichst schnell — die Anlaufstrecke betrug 21 m — auf die einer Schiffsgeschwindigkeit von 25 Knoten entsprechende Geschwindigkeit gebracht und sodann Geschwindigkeit und Umdrehungen der Woltmannschen Flügel registriert.

Als Mittel aus den drei Fahrten erhielt ich folgendes Ergebnis vergl. Fig. 12. Während beim Eintritt in die Meßstrecke die Modellgeschwindigkeit konstant war, änderten sämtliche vier Flügel noch ihre Umlaufswerte, das heißt das vom Modell mitgerissene Wasser hat noch keine konstante Geschwindigkeit. Diese Geschwindigkeitsänderungen bedingen jedoch einen Energieaufwand. Solange nicht auch im Begleitwasser der dynamische Gleichgewichtszustand wenigstens annähernd erreicht ist, solange kann auch nicht der Modellwiderstand konstant sein.

Welche Bewegungsvorgänge bei einer erheblichen Verkürzung der Anlaufstrecke wie bei der Kieler Anlage auf rd 8 m in der vom Modell mitgerissenen Wassermenge beim Eintritt in die Meßstrecke herrschen, vermag ich nicht anzugeben. Es erscheint mir aber nach obigem Versuchsergebnis nicht wahrscheinlich, daß das Begleitwasser bereits rd 10 m vom Abgangspunkt des Modells entfernt, konstante Geschwindigkeit hat. Da bei der Anlage des Herrn Wellenkamp das Fallgewicht und damit auch der Widerstand konstant ist, müssen die nicht im dynamischen Gleichgewicht befindlichen Wassermassen die Geschwindigkeit des Modells beeinflussen, womit nicht gesagt sein soll, daß diese Geschwindigkeitsänderungen des Modells bereits auf der kurzen Meßstrecke in Erscheinung treten, die Herr Wellenkamp bei seinen Versuchen angewandt hat, da das Versuchsergebnis der Berliner Anstalt zeigt, daß die Geschwindigkeitsänderungen des Begleitwassers sehr langsam vor sich gehen. Schon auf Grund dieser Untersuchung vermag ich die Ihnen von Herrn Wellenkamp vorgeführte Einrichtung zur Vornahme von Schleppversuchen mit Schiffsmodellen nicht zu empfehlen.

Der Herr Vortragende hat Ihnen ferner im Lichtbild gezeigt, auf welche Weise er Versuche zur Bestimmung des Reibungswiderstandes für eines der von ihm geschleppten Modelle ausgeführt hat. Auch diesem Versuch kann ich nicht zustimmen.

Wenn wir vom Reibungswiderstand als einem Anteil des gesamten Modellwiderstandes sprechen, müssen wir uns immer vergegenwärtigen, daß Froude damit nichts anders gemeint hat, als den Widerstand einer $3/_{16}$" dicken rechteckigen Platte von gleicher Oberfläche und gleicher Länge, wie sie das Modell hat, die senkrecht — mit ihrer Oberkante ungefähr 30 mm unter der Wasseroberfläche liegend — durch das Wasser geschleppt wird. („Report of the British Association for the Advancement of Science 1872".) Demgegenüber hat Herr Wellenkamp durch seinen Versuch den Widerstand zweier, in einem Abstande von 1 m von einander senkrecht angeordneter Bretter von je 20 mm Dicke ermittelt, die bei gleicher Länge und gleicher Gesamtoberfläche mit dem Modell zwischen Wind und Wasser geschleppt worden sind. Herr Wellenkamp hat daher auch Widerstände bei seinem Versuch erhalten, die bei 15, 20 und 24 Knoten, um 9,8 %, 11,55 % und 17,18 % größer sind als die nach Froude ermittelten Reibungswiderstände für dieselbe benetzte Oberfläche, wie er sie geschleppt hat. Ich kann daher nur raten, bleiben wir beim Alten, bleiben wir für unsere Schleppversuche bei der Froudeschen Methode, die sich in den rund 40 Jahren, die seit ihrer ersten Anwendung verflossen sind, durchaus bewährt hat und die dem Konstrukteur für die Praxis hinreichend genaue Unterlagen für die Bemessung der Maschinenleistung unserer Neubauten geliefert hat.

In seinem gedruckten Vortrag hat Herr Wellenkamp die Froudeschen Anstalten als die kostspieligsten aller Versuchsanstalten bezeichnet. Auch dem kann ich nicht beistimmen. Die Frage, ob der Preis für eine Versuchsanstalt zu hoch ist, hängt doch in erster Linie von dem Nutzen ab, den sie für den beabsichtigten Zweck hat. Mir sind Froudesche Anstalten bekannt, deren Preis zwischen 150000 bis 600000 M. variiert ohne Grund und Boden. Ich sage nicht zu viel, wenn ich behaupte, daß sich Anlagekapital und Betriebskosten auch der teuersten Versuchsanstalt in wenigen Jahren aus dem Nutzen bezahlt machen, den die Anstalt für ihren Besitzer gehabt hat. Als Beweis dafür möchte ich die Tatsache anführen, daß die Marine infolge der Versuche in der Berliner Anstalt bei ihren acht letzten Neubauten gegenüber den ersten Entwürfen für diese Schiffe rund 18000 PSi für die Maschinenanlagen ersparen konnte, das sind 9 % der gesamten Maschinenleistung dieser Schiffe. (Beifall.)

Herr Geheimer Marinebaurat Schwarz-Kiel:

Königliche Hoheit! Meine Herren! Ich will mich kurz fassen. Ich möchte nur darauf hinweisen, daß bei den Bestrebungen, die seit Jahrzehnten im Schiffbau bahnbrechen, den Widerstand des Schiffs durch genaue Schleppversuche festzustellen, wir es als außerordentlich freudig begrüßen müssen, daß Herr Baurat Wellenkamp uns mit einer Methode bekannt gemacht hat, die gegenüber den bisherigen doch in wesentlichen Punkten abweicht und ihre großen Vorzüge hat. Ich möchte dieser Methode gewissermaßen das Motto: billig und gut, beifügen.

Meine Herren, die Anstalt ist außerordentlich billig. Wie billig sie ist, das möchte ich Ihnen nur dadurch kennzeichnen, daß wir es zustande gebracht haben, auf der Werft Kiel mit nicht einmal 11000 M. eine Anstalt zu bauen und die Schleppversuche vorzunehmen, das heißt, wir haben zwei große Kreuzermodelle mit Anhängseln und ohne Anhängsel geschleppt, und die Kosten haben nicht einmal 11000 M. ergeben. Wir haben ja freilich das Bassin umsonst bekommen, aber das Bassin spielt auch bei der Wellenkampschen Methode keine so wesentliche Rolle, denn es ist einfach herzustellen. Das liegt nicht nur daran, daß es verhältnismäßig kurz ist, trotzdem das ja auch ein großer Vorzug ist, denn ob ich 90 oder 120 oder 150 m brauche, oder wie Herr Wellenkamp nur 35 bis 40 m, ist für die Anlagekosten von Bedeutung. Aber die Hauptsache bei den bisherigen Tanks ist nicht allein das Ausbauen des Bassins, sondern die Schaffung des Fundaments für die Schienen des sehr empfindlichen und schweren Wagens. Dieser Wagen ist bei Herrn Wellenkamps Schleppmethode nicht mehr vorhanden, die Baukosten werden daher wesentlich geringer. Wie bekannt, kostet die Bremer Schleppanstalt etwa 300000 M., die in Ubigau 150000 M. Die Anstalt von Wellenkamp ist mit 50000 M. hergestellt. Das ist doch eine Differenz, die gerade für diejenigen ins Gewicht fällt, welche eine eigene Schleppanstalt bauen wollen, um selbständige Schleppversuche machen zu können. Die Methode des Herrn Baurat Wellenkamp gibt gerade den Privatwerften, auch den kleineren, Gelegenheit, einen eigenen Tank zu bauen.

Ich muß es freudig begrüßen, daß Herr Baurat Dix anerkannt hat, daß die Genauigkeit, mit welcher Herr Baurat Wellenkamp seine Schleppversuche vornimmt, nichts zu wünschen übrig läßt, während die Methode der bisherigen Schleppanstalten zugestandenermaßen nicht so genaue Versuche ergibt. Diese hohe Genauigkeit wäre auch nicht so unbedingt nötig, weil, wie Herr Baurat Dix sich ausdrückte, auch die Probefahrten nicht so genaue Resultate geben, daß man eine gute Kurve erhält. Aber, meine Herren, wenn man einen so teuren Bau macht und so kostspielige Apparate verwendet, und dabei nicht einmal eine vollständige Genauigkeit erreicht, dann muß ich doch sagen, ist doch dieser billige Apparat mit der größeren Genauigkeit vorzuziehen. Daß die neue Methode tatsächlich genau arbeitet, war mir erfreulich aus den Kurven zu ersehen, die uns Herr Baurat Dix gezeigt hat. Die Kaiserliche Werft in Kiel hat bisher noch keine Mitteilung hierüber bekommen, um sich über den Einfluß unserer Schleppversuche mit dem Modell eines großen Kreuzers auf die Widerstandsberechnung Rechenschaft geben zu können und, meine Herren, ich bin erfreut, zu sehen, daß die Kieler Schleppmethode, nach der Kurve zu urteilen, scheinbar genauer arbeitet. Erwiesenermaßen lieferten die bisherigen Resultate der Schleppversuche immer größere Widerstände, als die späteren Probefahrten ergaben. Und somit scheinen mir die Resultate, welche die Kieler Schleppmethode ergeben hat, der Wirklichkeit näher zu kommen, als vielleicht die Resultate der Charlottenburger Anstalt. Wir haben den Vorzug, einen verhältnismäßig großen, dabei breiten und tiefen Kanal zu haben, welcher bei keiner Schleppanstalt in diesem Maße vorhanden ist, so daß Nebenstörungen und Widerstände des Kanals ausgeschaltet werden.

Zum Schlusse möchte ich nochmals hervorheben, daß wir Herrn Baurat Wellenkamp außerordentlich dankbar sein können, daß er es möglich gemacht hat, dem Schiffbau eine Methode zu zeigen, wie man billig und gut schleppen kann. (Beifall)

Herr Schiffbauingenieur Gebers-Dresden-Ubigau.

Königliche Hoheit! Meine Herren! Bei der vorgeschrittenen Stunde möchte ich Sie nicht mehr lange aufhalten, zumal es mir nicht einmal möglich war, den Vortrag durchzulesen. (Der gedruckte Vortrag war erst unmittelbar vor der Worterteilung an den Vortragenden verteilt und nicht früher erhältlich.) Ich kann also nur kurz auf das eingehen, was ich mir bei der Dunkelheit, die hier meist herrschte, ab- und zunotiert habe.

Das ist zunächst, daß der Angriff des Zuges bei der Methode des Herrn Baurat Wellenkamp zu hoch gelagert ist. Herr Baurat Wellenkamp sagt, er will das dadurch ausgleichen, daß er ein Gegengewicht anbringt. Dazu muß man aber wissen, um welche Querachse das Modell überhaupt während der Fahrt trimmt. Ich glaube nicht, daß es möglich ist, das zu bestimmen. Das können wir nur für solche Modelle, die sich im Ruhestand befinden.

Dann ist hier erwähnt, daß stets Dynamometerhebel nötig wären, um Messungen vorzunehmen. Ich kann darauf hinweisen, das wir früher in Ubigau ein Stahlband verwendet haben, welches über Rollen geführt wurde und dann an einer Dynamometerfeder angriff. Weiter ist darauf hingewiesen, daß in allen Schleppversuchsanstalten stets ein außerordentlich großes Becken nötig wäre. Wir haben in Ubigau das kürzeste Becken von allen. Es ist nur 87 m lang und mit dem Vorbecken 95 m. Wir haben aber diese Beckenlänge nötig, nicht bloß, um mit Modellen Schleppversuche zu machen, sondern mit Modellen und Propellern. Wir fahren in Ubigau auf einer Strecke von etwa 30 m an und können auf 7 m Weg bei $5\frac{1}{2}$ m Modellgeschwindigkeit bremsen. Also ich meine, die Beschleunigung und vor allen Dingen die Bremsstrecke ist auch schon hierbei außerordentlich kurz. Bei Herrn Baurat Wellenkamp soll, soviel ich auf der letzten Seite des gedruckten Vortrages sehe, die Vorlaufstrecke nur etwa $1\frac{1}{2}$ Modellängen betragen. Ich möchte hier erwähnen, daß nach meiner Erfahrung auf dieser kurzen Strecke überhaupt noch nicht die richtige Wasserbewegung vom Modelle eingeleitet ist, sondern daß wir dazu eine wesentlich längere Strecke nötig haben. Deshalb ist natürlich auch nicht daran zu denken, daß man eine richtige Messung erhält. Darauf glaube ich, beruhten auch die Abweichungen, welche Herr Baurat Dix hier nachwies.

Dann möchte ich noch etwas richtig stellen. Es wurde erwähnt, daß Modelle nur bis zu einer Tonne verwendet würden. Wir haben in Ubigau Modelle bis zu 1380 kg verwendet, also etwas mehr. (Herr Marinebaurat Wellenkamp: Ich habe gesagt 2 Tonnen.) Dann habe ich es falsch verstanden. — Ganz besonders, meine Herren, muß ich mich aber noch einmal gegen den Sternenhimmel wenden, von dem hier gesprochen worden ist. (Heiterkeit.) Ich habe im allgemeinen nie einen derartigen Sternenhimmel konstatieren können. Wir haben nur Schwankungen bei Modellen, die in einem Kanalprofil geschleppt werden, also in einem ganz beschränkten Wasserquerschnitt. Da schwanken allerdings die Widerstände ziemlich erheblich bei verschiedenen Fahrten.

Dann möchte ich noch die Gewichte richtig stellen: Der Wagen in Übigau wiegt nur $4\frac{1}{2}$ t ohne Instrumente und nicht etwa 10 bis 12 t, außerdem haben wir fast nie eine ungleiche Geschwindigkeit bemerken können, und ich glaube, ich kann das vielleicht den Herren Elektrotechnikern überlassen festzustellen, daß man wohl einen Motor mit vollständigem Umlauf konstruieren kann.

Zuletzt möchte ich mich noch gegen eine Ausführung von Herrn Geheimrat Schwarz wenden, in betreff der Kosten. Mit 50 000 Mark eine Anstalt herzustellen, ist, glaube ich, nicht möglich, höchstens vielleicht eine Anstalt in dieser Weise. (Redner deutet auf das im Saal ausgestellte Modell.) (Heiterkeit.)

Wir sind aber heutzutage dazu übergegangen, nicht allein Modellversuche zu machen, sondern vor allen Dingen auch Propellerversuche, und da kosten, glaube ich, allein die Instrumente, die dazu nötig sind, annähernd 50 000 Mark. Wenn ich erfahren könnte, wie sich Herr Baurat Wellenkamp das denkt, Propellerversuche in einem derartigen kurzen Becken anzustellen, so wäre mir das außerordentlich interessant. Ich glaube aber, solange ist die neue Methode nur ein Rückschritt, wenn wir nur Modellversuche und keine Propellerversuche gleichzeitig machen können.

Herr Marinebaurat Wellenkamp-Kiel (Schlußwort):

Meine Herren, ich kann unmöglich auf alle Einwendungen hier eingehen. Ich werde mich auf das beschränken, was Ihnen sozusagen als eine begründete Zurückweisung meiner Methode oder als ein berechtigter Angriff auf sie erscheinen mußte.

Zunächst sprach Herr Marinebaurat Dix von den Längen der Froudeschen Tanks, die ich übertrieben hätte. Aber er hat ja selbst für das neue Projekt der Marine 200 m Länge vorgeschlagen. Also da ist mir nicht recht klar, warum er sich dagegen sträubt zuzugeben, daß man in neuester Zeit die Tanklängen immer größer machen will. Allerdings haben auch manche Erbauer von Schlepptanks, wahrscheinlich aus Rücksicht auf die Kosten, sich mit den üblichen, immer noch recht großen Abmessungen begnügt. Ich meine z. B., daß der Übigauer Tank nur wegen räumlicher Hindernisse nicht länger gemacht worden ist. Also auch Herr Gebers-Übigau hätte den Tank anscheinend ganz gern länger gehabt.

Jedenfalls ist es bei Anwendung des Transportwagens unbedingt notwendig, eine bedeutend größere Länge zu haben als bei meiner Methode (etwa 15 × Breite gegenüber 3 × Breite).

Ich möchte noch näher auf diesen Punkt eingehen und besonders auf die sehr wichtigen Einwände von Herrn Dix und Herrn Gebers, wonach es scheint, als ob ich auf dem sehr kurzen Vorlaufwege beschleunige und noch ehe das Modell die konstante Geschwindigkeit wirklich angenommen hat, schon anfange zu messen. — Ich denke nicht daran! Ich beschleunige das Modell durch eine Kette als Vorlaufgewicht, und wenn Sie einen Blick auf die Zeichnung, Fig. 13, werfen wollen, so sehen Sie, rechts ist der Anfang, links das Ende des Modellaufs. Die ersten 15 m (anderthalb Modellängen) stellen den Vorlauf dar, dann kommen 15 m Meßlauf und schließlich 5 m Bremslauf. Bei kleineren Modellen, wie bisher üblich, wären die Längen entsprechend kürzer. Während des Vorlaufs wird nur im Anfang eine sehr große Beschleunigung auftreten, also auch eine große Zunahme der Geschwindigkeit. Sie nimmt aber sofort, und zwar anfangs schnell, später ganz allmählich ab, und während der letzten 5 m des Vorlaufs ist überhaupt kaum noch eine nennenswerte Beschleunigung da, d. h. die Geschwindigkeit ist hier schon beinahe ganz konstant. Also hat auch die Wassermasse schon während des ersten Anlaufs, also etwa während des ersten Drittels des Vorlaufs Zeit gehabt, ihre Bewegung anzunehmen, und während des zweiten Drittels das dynamische Gleichgewicht völlig zu erreichen, so daß die letzten 5 m nur noch dazu dienen, eine vollkommene Beruhigung herzustellen.

Die Genauigkeit ist ein klein wenig bespöttelt worden, weil sie bei der Messung nicht nötig wäre. Meine Herren, das ist aber durchaus nicht richtig. Ein Modell, das um keinen einzigen Millimeter beschleunigt oder verzögert werden darf, wenn die Resultate

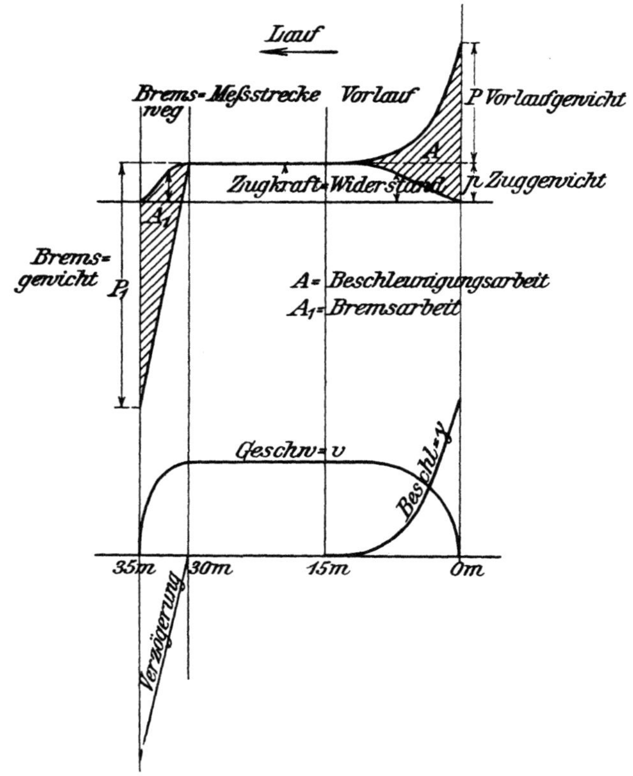

Fig. 13.

der Versuche nicht Fehler enthalten sollen, die bis 10 % betragen, dann muß eben das Modell nicht nur mit einer vollkommen gleichmäßigen Geschwindigkeit laufen, sondern es muß auch seine Geschwindigkeit mit so großer Genauigkeit gemessen werden, daß ich nachträglich die Beschleunigung um jenen einen Millimeter oder selbst um Bruchteile davon bestimmen kann. Nun, Herr Dix sprach im Vergleich hierzu von einem Regulator der Geschwindigkeit. Ich darf wohl sagen, der hat mir nicht sehr viel Vertrauen eingeflößt, zumal ich — ich glaube sogar von Herrn Dix selbst — früher einmal gehört habe, daß er überhaupt nicht recht funktioniert hat. (Heiterkeit!) Man hat also dort nicht nur auf absolut konstante Geschwindigkeiten, sondern auch auf genaue Messungen verzichtet und sich, wie allgemein üblich, mit den Aufzeichnungen einer Meßtrommel begnügt, auf der die Wege des Modells im Maßstab — ich glaube — $1/_{50}$ dargestellt sind. Damit ist es natürlich ganz unmöglich, die Geschwindigkeiten bis auf $1/_{10}$ mm oder auch nur bis auf ganze Millimeter zu messen, so daß die Resultate Fehler bis zu 10 % allein aus diesem Grunde enthalten müssen.

Nun, meine Herren, der Sternenhimmel. Ich habe schon mehr als einen bei Schleppkurven gesehen und Sie wohl auch. Freilich die Kurve, die uns Herr Dix als Musterbeispiel vorgeführt hat, die war sehr schön; da waren alle Sterne, die einen Himmel bilden könnten, einfach nicht zu sehen. (Heiterkeit!) Aber im allgemeinen ist dieser Himmel sehr ausgesprochen. Wozu wären auch sonst die 120 Fahrten nötig für ein Modell, von denen Herr Dix gesprochen hat. Übrigens liegen ja bei meiner Methode die Punkte auch nicht alle auf einer Kurve, aber mit dem Unterschiede, daß nur diejenigen Punkte herausfallen, die bereits als unzuverlässig gekennzeichnet sind, indem bei ihnen eine Beschleunigung oder Verzögerung nachgewiesen worden war.

Sehr überraschend war es, daß die Probefahrtsresultate der Schiffe herangezogen wurden. Meine Herren, daß diese mit den erwarteten Größen und auch untereinander nicht stimmen, ist doch nur ein Beweis für die mangelhafte Messung der Schiffsgeschwindigkeit und Pferdestärken und kein Grund, keine genauen Modellschleppversuche zu machen. Wir wollen lieber sagen, weil wir ganz genaue Modellwiderstände messen können, wollen wir auch die Probefahrtsresultate so genau wie möglich ermitteln.

Ich glaube nicht, daß das ein Einwand gegen meine Methode sein könnte.

Im übrigen waren mir die historischen Ausführungen des Herrn Marinebaurat Dix sehr interessant. Sie haben bestätigt, was ich vorher andeutete, daß viele Leute sich schon seit recht langer Zeit viel Mühe gegeben haben — aber leider bisher immer vergeblich — eine andere bessere Methode zu finden als die von Froude mit dem etwas schwerfälligen Wagen und komplizierten Apparat.

Wie weit die Kompliziertheit mancher dieser Einrichtungen gehen kann, sehen wir an der Anstalt in Ubigau. Ich finde, es ist ein in seiner Art außerordentlich feiner und vollendeter Apparat, der kaum seinesgleichen haben dürfte, aber ich glaube auch in den Veröffentlichungen des Herrn Gebers selbst gelesen zu haben, daß hier bereits ein sehr hoher Grad von Kompliziertheit erreicht sei.

Ich möchte nun noch einmal zusammenfassen:

Die Vorlauflänge ist nicht zu kurz, die Meßlänge ist lang genug, die Genauigkeit ist zum erstenmal so groß wie sie sein muß, der Betrieb ist einfacher und schneller als bisher und die Kosten sind recht gering.

Für 50 000 M. läßt sich bereits eine Anstalt herstellen. Der Meßapparat, wie er in Kiel benutzt wird, kostet 4000 M. Die übrigen dazu gehörigen Einrichtungen sind ziemlich belanglos. Man kann natürlich noch allerhand Vervollkommnungen anbringen, z. B. einen Elektromotor benutzen, aber nicht etwa, um das Modell zu ziehen, sondern um es zurück zu holen. (Heiterkeit!) Es geht aber auch mit einer kleinen Handwinde, die ein Mann bedienen kann. (Beifall!)

XVII. „Navigator", Registrier-Apparat für Maschinen- und Rudermanöver auf Dampfschiffen.

*Vorgetragen von **Fr. Gloystein**-Bremen.*

Als vor etwa einem Menschenalter, nach dem deutschen Befreiungskriege, das erste deutsche Dampfschiff auf der Weser seine Fahrten begann, ahnte wohl niemand, zu welchen Riesenschiffen sich diese neue Schiffsgattung entwickeln sollte, und wie vielseitige Anforderungen dereinst an die Führer solcher Kollossal-Bauwerke der Schiffbaukunst gestellt werden würden.

Man rechnete damals Segelschiffe von 500 bis 600 t noch zu den Seltenheiten.

Nicht groß war die Zahl der Segler, welche den Ozean kreuzten und übersichtlich für den Führer gestaltete sich auch der Dienst auf denselben. Mündlich erteilte der Kapitän seine Befehle und mündlich wurden sie demselben bestätigt. „Ready!" ertönte das Kommando desselben beim kreuzen über Deck und „Ready!" erschallte die Antwort von vorne und achtern zurück, das Ruder wurde übergelegt, die Raen gebraßt und langsam, aber sicher vollzog sich unter den Augen des Schiffsführers die Wendung. Kein Mißverständnis konnte das Manöver stören, kein Irrtum dabei die Fahrt gefährden.

Anders gestaltete sich aber schon die Übermittelung der Befehle, als anstatt der Segel die Dampfkraft als Betriebsmittel auftrat. Die Dampfmaschine, unter Deck eingebaut, war der direkten Überwachung des Kapitäns entzogen und zur Vermittelung der Kommandos für den Maschinisten und zu dessen Rückmeldung bedurfte es besonders für diesen Zweck eingebauter Sprachrohre.

Solange nun die Größe der Dampfschiffe und ihrer Maschinen sich in bescheidenen Grenzen hielt, genügte diese Einrichtung. Als aber die Räumlichkeiten derselben immer größere Ausdehnungen annahmen und das Arbeiten und Stampfen der Maschinen die mündliche Verständigung mehr und mehr erschwerten, trat zur rechten Zeit, als eine wertvolle Verbesserung, der Maschinentelegraph an Stelle des Sprachrohres.

Mit scharfem Weckruf zugleich zeigte dieser im Maschinenraum jeden Kommandowechsel an und diente ebenso zur Rückmeldung seitens des Maschinisten. Damit war zunächst die richtige Übermittelung des Kommandos gewährleistet, keineswegs aber auch zugleich die richtige und präzise Ausführung derselben. Wer überzeugte den Schiffsführer in dringenden Fällen, daß nicht doch beim Bedienen der Maschine ein Irrtum oder ein Mißgriff stattgefunden habe, welcher zur Katastrophe führen mußte. Ist nicht der Kapitän in solchen Fällen gleichsam zum lahmen Führer eines Blinden und der Maschinist zum blinden Helfer eines Lahmen verurteilt?

Der Kapitän auf der Kommandobrücke, stellt, die drohende Gefahr im Auge, den Telegraph und wartet, sich bewußt, daß schon Sekunden zum Verhängnis werden können, aufgeregt auf die Wirkung seines Befehls; aber unter Deck, abgeschlossen und ahnungslos, jeder Gefahr des Augenblicks unbewußt, bringt mit stoischer Ruhe der Maschinist seine Rückmeldung und dann den Befehl zur Ausführung.

Immer dringender wurde daher auch das Verlangen nach Einrichtungen, welche die Bewegungen der Maschinen und des Steuerruders genau im Kommandoraum wiedergaben.

Aber weiter noch ging der Wunsch der Schiffsführer.

Nicht allein das sogenannte Spiegelbild der arbeitenden Maschine und des Steuerruders war ihnen zur Beobachtung wertvoll, auch deren Aufzeichnung sowie ihrer Kommandos selbst konnte ihnen eventl. sehr nützlich sein und zum Ehrenretter werden. Denn was nützte dem Kapitän gegen die Anschuldigung einer falschen Schiffsführung die Beteuerung seiner Schuldlosigkeit, wenn er diese nicht nachweisen konnte? Was halfen den Schiffsführern eines gerammten Schiffes ihre Entlastungszeugen, wenn die Gegenpartei das Gegenteil bezeugte und jede sonstigen Beweismittel ihnen fehlten?

Es konnte der Schiffsleitung also nur mit einem Apparat gedient sein, welcher beide Zwecke in sich vereinigte.

Aber bereits hatte auch die mit dem steigenden Seeverkehrs immer mehr zunehmende Kollisionsgefahr zum Erlaß internationaler Vorschriften zur Verhütung von Schiffszusammenstößen auf See geführt, welche ebenfalls eine Aufzeichnung aller Maschinenmanöver mit genauester Zeitangabe zur strengsten Pflicht machten. Wie sollte nun aber ein gewisserhafter Maschinist dieser Aufgabe gerecht werden, wenn beispielsweise bei Hafeneinfahrten oder bei Kollisionsgefahr die Kommandos in der Minute einige zwanzig Mal wechselten? Wird nicht der Leiter der Maschine, welche bei größeren Dampfern mehr einer Fabrik gleicht, schon ohnehin voll und ganz von derselben in Anspruch genommen? Müßte nicht gerade die Aufzeichnung in solchem Falle versagen, wo sie nur allein von Wert sein konnte und besaß

Apparat für einen Zwei-Schraubendampfer.

Fig. 1.

diese somit überhaupt noch Beweiskraft? Welchen Wert hat aber zugleich eine selbsttätige, beweiskräftige, genaue Aufzeichnung aller dieser Vorgänge, als Hilfsmittel zur Klarlegung des Herganges bei Schiffsunfällen für die Assekuranz und besonders für die Seegerichte? Aus allen diesen Punkten geht zur Genüge hervor, worin die Funktionen eines Apparates bestehen mußten, der diesen Wünschen und Anforderungen in allen Teilen entsprechen sollte.

In Fig. 1 ist nun ein Apparat wiedergegeben, der die Aufgabe löst, alle an Bord eines Dampfers durch den Maschinentelegraphen abgegebenen Kommandos und deren Ausführung, sowie zugleich auch alle Bewegungen des Steuerruders mit genauester Zeitangabe selbsttätig aufzuzeichnen und anzuzeigen.

Ansicht

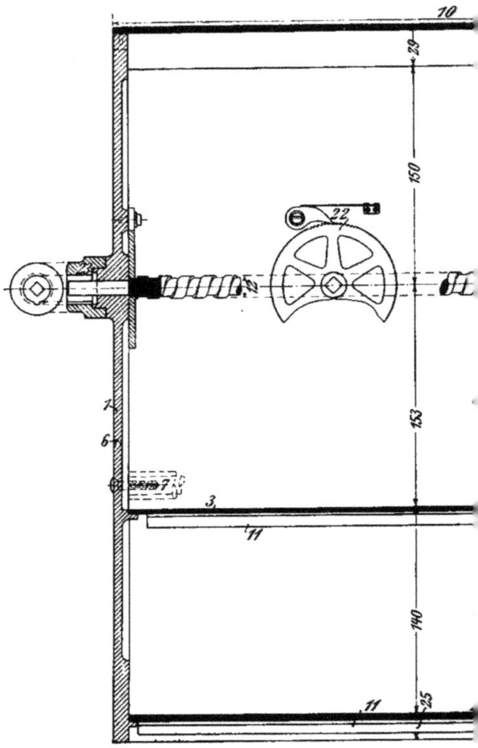

Schnitt 1-1

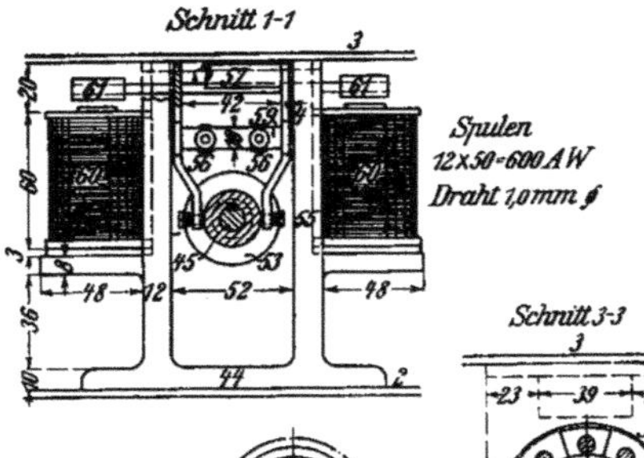

Schnitt 3-3

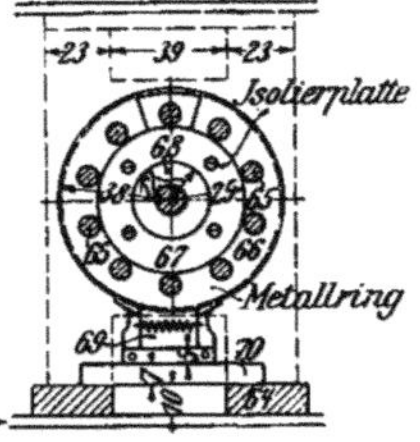

Schnitt 2-2

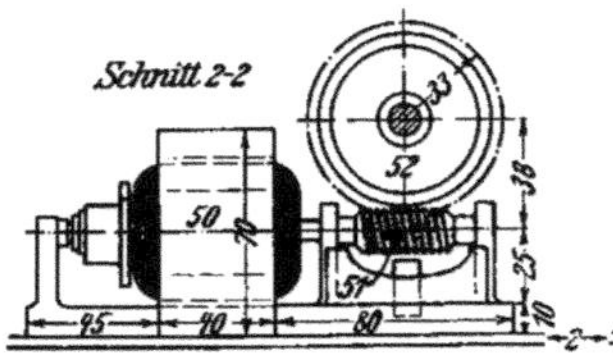

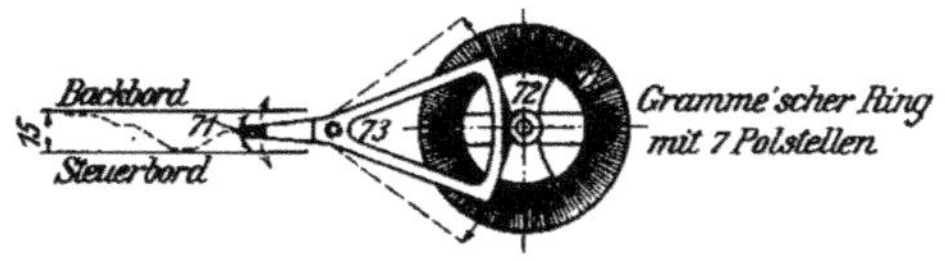

Grundriß

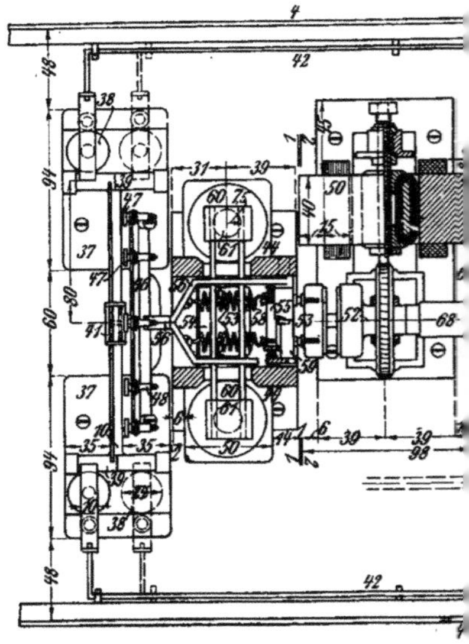

chnitt

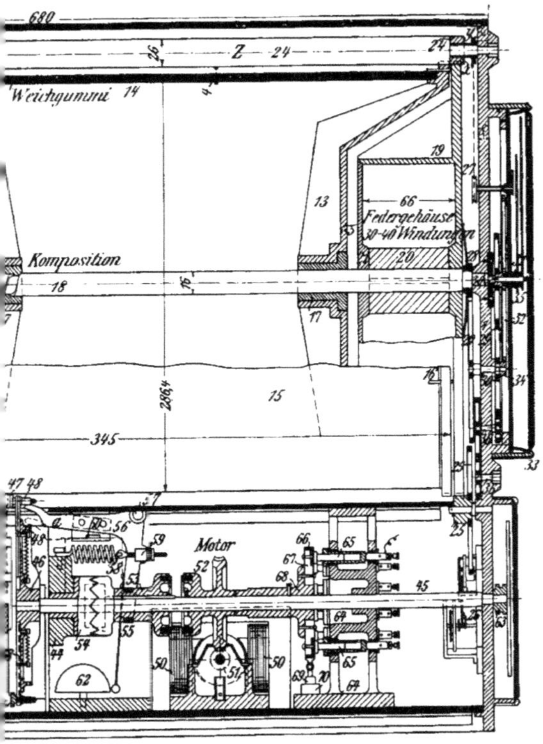

Querschnitt

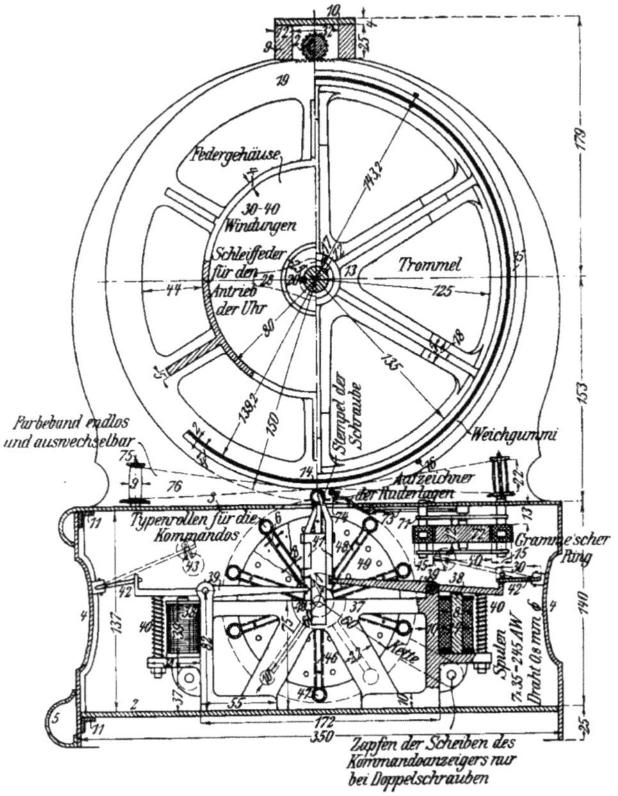

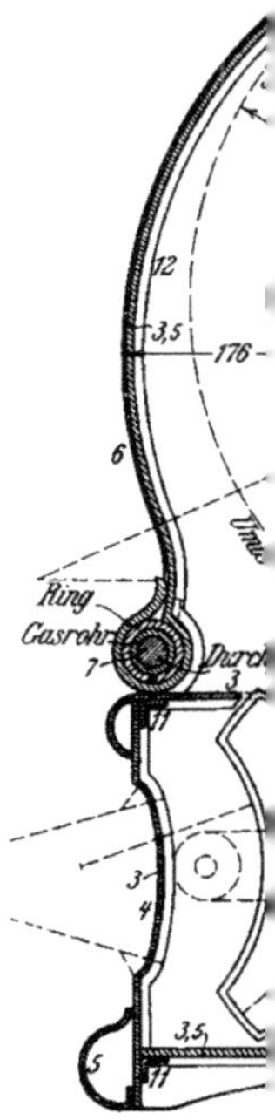

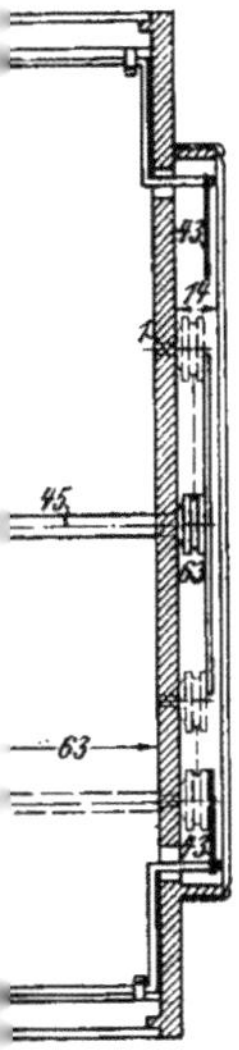

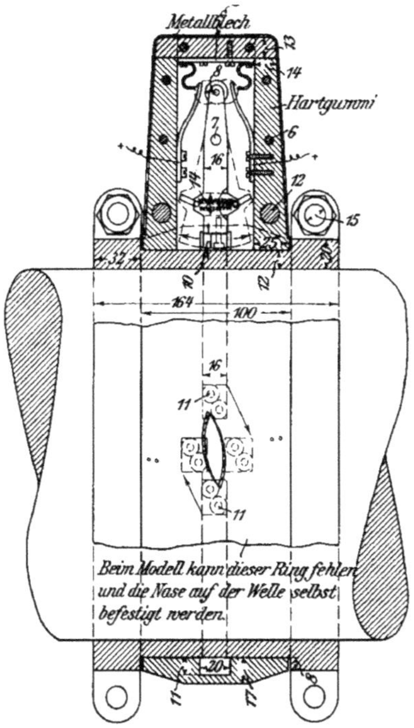

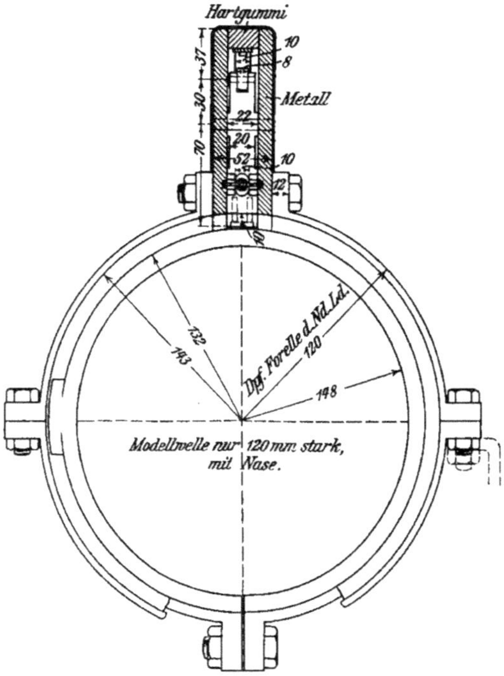

Registrier-

Schnitt und Ansicht

„Navigator“,

parat für Maschinen- und Ruder-

növer auf Dampfschiffen.

Fig. 2.

te Reise von Bremen

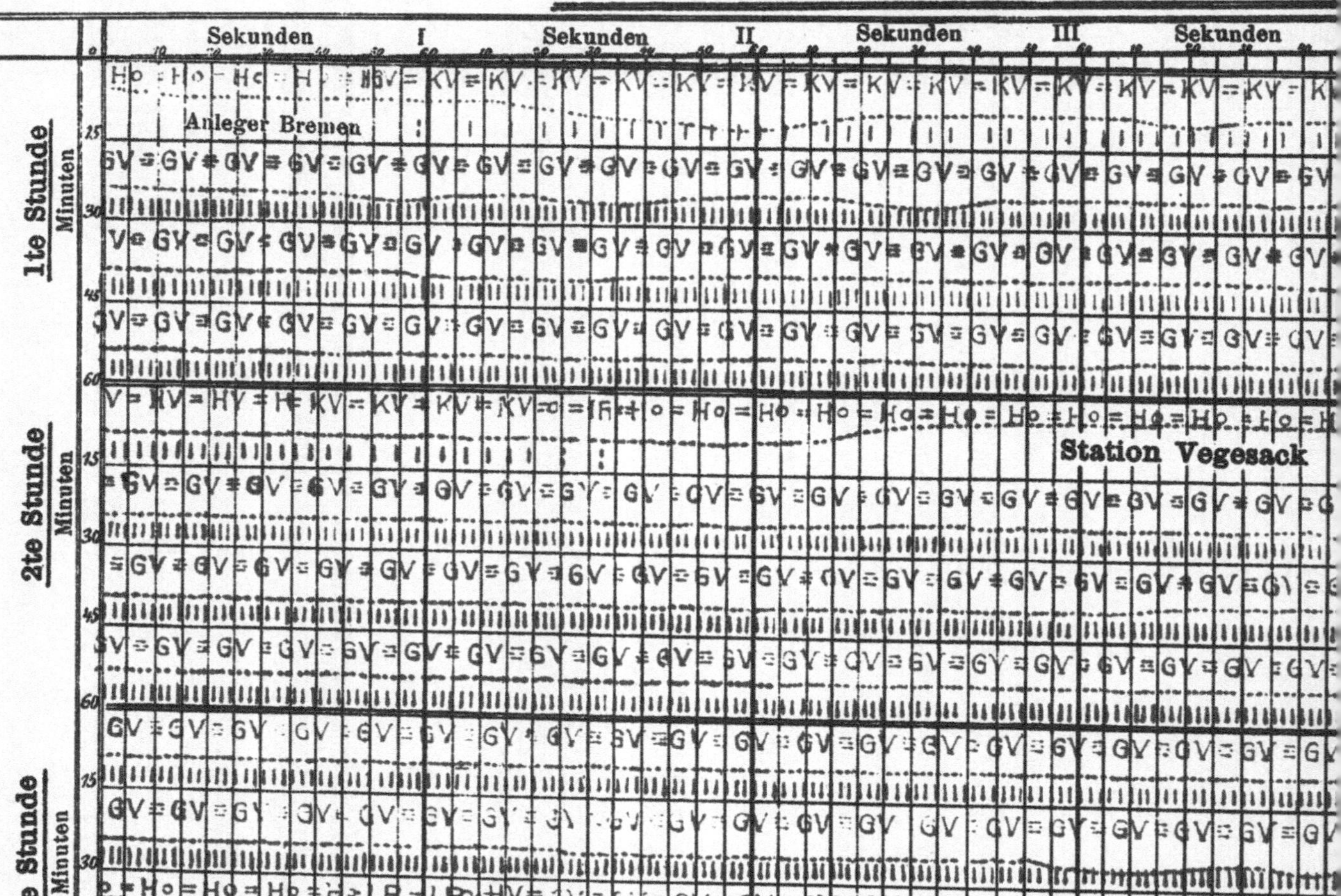

Zeichen-Erklärung: LV Langsam vorwärts KV Kleine Fa
HV Halbe Fahrt vorwärts GV Ganze

Maschinen- und Ruder-Manöver des Dampfschiffs: FORELLE des No

nach Bremerhafen 1907, den 24. S

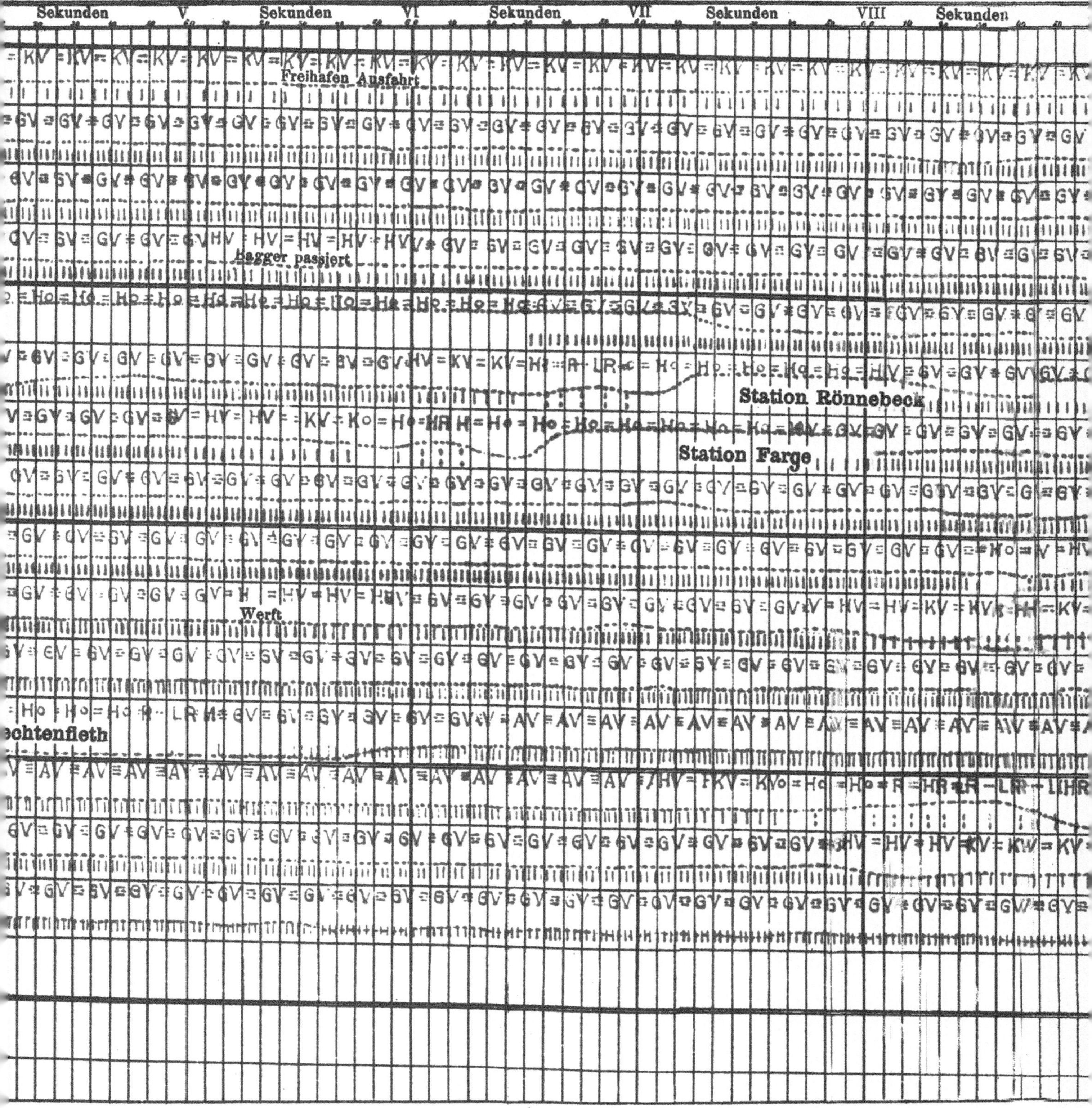

AV Aeusserste Fahrt vorwärts
A Achtung
Ho Halt
LR Langsam rückwärts
HR Halbe Fahrt rückwärts
GR Ganze „ „
I Maschinen Umdrehung vorwärts
i Maschinen „ rückwärts

ddeutschen Lloyd.

ptember **1te Wache**

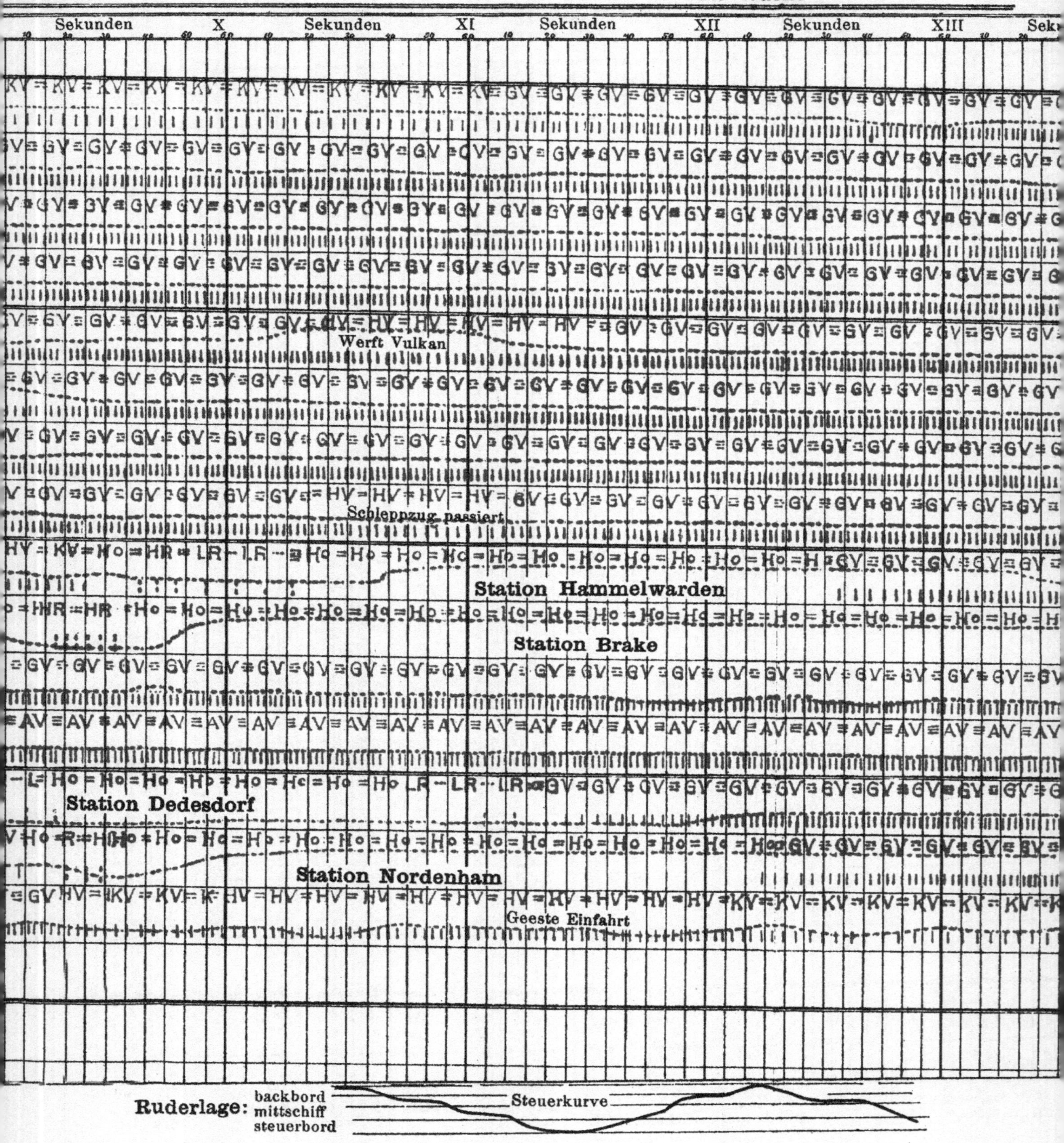

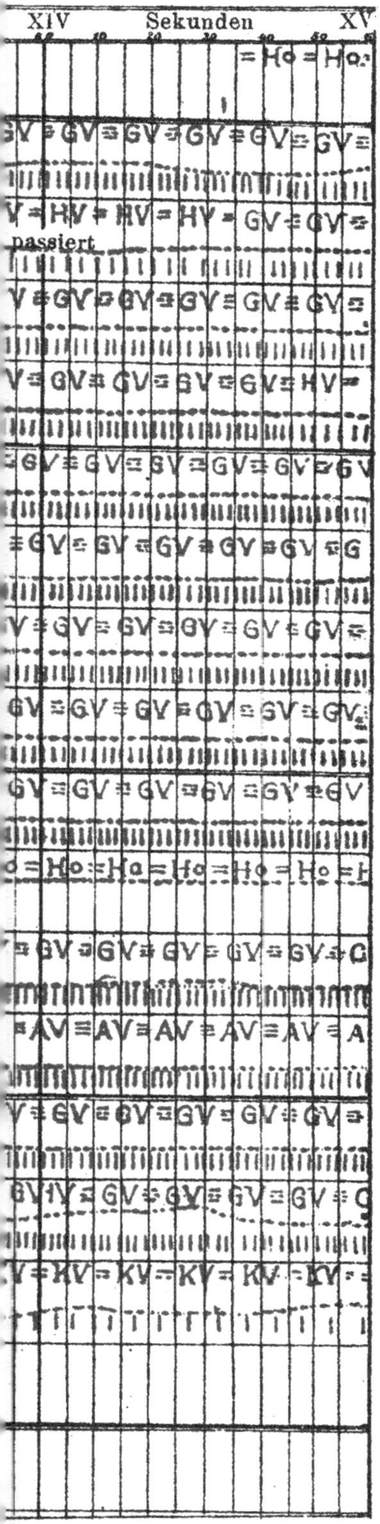

Fig. 3.

Also alle für die eigene Fortbewegung eines Dampfers, sowohl hinsichtlich seiner Geschwindigkeit, als auch seiner Richtung irgendwie in Betracht kommenden Ursachen werden von dem Apparat nach den mitwirkenden Faktoren getrennt, für jede einzelne Sekunde aufgezeichnet und angezeigt.

Durch diese Aufzeichnungen wird eine genaue, bleibende Kontrolle geschaffen, welche die einzelnen Bewegungen eines Dampfers bis ins Kleinste wiedergibt und bei Schiffsunfällen eine beweiskräftige Aufklärung über den Hergang des in Frage stehenden Unfalles zu geben vermag. So z. B. ist aus den Aufzeichnungen sofort ersichtlich, ob ein Dampfer bei Nebel oder in gefährlichem Fahrwasser vorschriftsmäßig die Fahrgeschwindigkeit gemindert, oder bei Kollisionsgefahr gestoppt und gebackt hat; ob derselbe beim Passieren eines entgegenkommenden Schiffes steuerbord oder backbord oder gar nicht ausgewichen ist. Ferner aber auch, welche Kommandos der Schiffsführer in jedem einzelnen Falle dem Maschinisten gegeben hat, und ob der letztere diese richtig oder falsch, präzise oder nachlässig und verspätet oder gar nicht ausgeführt hat.

Alle diese Fragen sind aber sowohl bei Seegerichtsverhandlungen als auch für die Assekuranz bei Feststellung von Schadenersatzansprüchen von der allergrößten Bedeutung, können später durch Zeugen, jedoch meistens gar nicht oder nur in unzuverlässiger Weise erledigt werden. Der Hauptzweck des Apparates ist jedoch nicht der, nachträglich die Ursachen eines Unfalles aufzuklären, sondern in erster Linie solche abzuwenden und denselben vorzubeugen, und zwar dadurch, daß er dem Schiffsführer Mißverständnisse und falsche Ausführungen sofort vor Augen führt. Dann soll er aber auch die Zahl der Unfälle dadurch nach Möglichkeit vermindern und deren Folgen abschwächen helfen, sodaß er alle verantwortlichen Personen zur gewissenhaftesten Pflichterfüllung anspornt.

Wie zahlreich die Schiffsunfälle sind, mag ein Blick in die amtliche Statistik zeigen. Danach betrug die Zahl der in den Jahren 1905 und 1906 durch Schiffskatastrophen verloren gegangenen Schiffe (über 100 t) „1510“, worunter 565 Dampfer. Die der bloß havarierten Schiffe betrug 217 mit 57 Dampfern. Bei 196 derselben konnten als Ursache Kollision direkt nachgewiesen werden; jedoch werden noch viele der als verschollen bezw. gesunken, gekentert und verlassen gemeldeten Schiffe auf dasselbe Konto gehören.

Angesichts dieser Zahlen, welche jährliche Verluste im Werte vieler Millionen und Tausender von Menschenleben in sich schließen, muß man jede Einrichtung, welche geeignet ist, eine gewissenhaftere Befolgung der Vorschriften zur Verhütung von Schiffskatastrophen zu gewährleisten, willkommen heißen; besonders aber, wenn dieselbe zugleich ein nicht zu unterschätzendes Hilfsmittel der Navigation bildet. Kleinliche Bedenken gegen die Einführung, wie sie die überraschend scharfe, sichere Kontrolle bei den Probefahrten aufkommen ließe, müssen gegenüber solchen Gründen verstummen. Das unerwünschte Mitaufdecken kleiner Versehen kann nie eine Nichtbeaufsichtigung der schweren rechtfertigen.

Zur Erläuterung der Zeichnungen des Apparates, Fig. 2, sowie über die Wirkungsweise desselben diene noch folgendes:

In seinen Hauptteilen besteht der Apparat außer dem Gehäuse aus einer Trommel zur Aufnahme des Papierbogens, einer Uhr zum Regeln der Zeit und drei verschiedenen Schreibvorrichtungen, wovon je eine mit dem Maschinentelegraphen bezw. der Schiffswelle und dem Steuerapparat elektrisch durch Schleifkontakt in Verbindung steht, ferner aus den drei verschiedenen Anzeigern für Kommando, Maschine und Steuer.

Die auf einer wagerechten Achse gelagerte, sich spindelförmig drehend fortbewegende Trommel führt einen mit Zeitrubriken versehenen Papierbogen über die Schreibvorrichtungen hinweg. Das Uhrwerk sorgt für die richtige Fortbewegung der Trommel mit dem Papierbogen, entsprechend dessen Zeitrubriken. Die Zeichengeber setzen nun fortlaufend ihre Zeichen direkt neben- einander auf den Bogen in die jeweilige Zeitrubrik ab. Der für die Maschine besteht aus zwei Stempeln, von denen einer für die Rückwärtsbewegung bei jeder Umdrehung der Schiffswelle einen kurzen, senkrechten, unterbrochenen Strich, und der andere für die Vorwärtsrichtung einen „nicht“ durchbrochenen Strich zeichnet.

Bewirkt wird die Bewegung der Stempel durch Stromstöße, in kleinen Elektromagneten, welche je einen zweiarmigen Hebel mit dem Stempel hochschnellen. Zur Aufzeichnung der Rudermanöver dient ein kleines, scharf gerändertes Scheibchen, welches unter dem Papier entlang rollt und, elektrisch beeinflußt, die seitlichen Ruderschläge nach Steuerbord oder Backbord in verkleinertem Maße mitmacht und aufzeichnet.

Während so die ruhende Mitschiffslage des Steuerruders auf dem Bogen als eine gerade Linie inmitten der betreffenden Rubrik erscheint, bilden die Abweichungen nach Steuerbord oder Backbord entsprechende mehr oder weniger große Kurven und Abweichungen von der Mittellinie nach oben und unten. Zugleich ist eine unsichere, ungeschickte Handhabung des Steuers, welche bekanntlich die Fahrgeschwindigkeit beeinträchtigt, an der Wellenform der Linie sofort erkennbar.

Zum Aufschreiben der verschiedenen Kommandos des Maschinentelegraphen sind ebensoviele kleine Typenrädchen angeordnet; also für jedes Kommando ein Rädchen. Diese Rädchen sind am Rande einer drehbaren Scheibe gleichmäßig verteilt und dort so gelagert, daß sich jedes derselben einige Millimeter exzentrisch vom Rande abheben läßt.

Beim Umstellen des Telegraphen dreht ein kleiner Elektromotor mittels Schneckenradantrieb die vorbenannte Scheibe soweit herum, bis das dem Kommando zugehörige Typenrädchen richtig eingestellt ist, worauf derselbe stromlos wird. Nach der Einstellung wird das Typenrad durch einen federnden Hebelarm, welcher während der Drehung ausgeschaltet war, unter das Papier gedrückt, wo er alsdann mitrollt und fortlaufend schreibt.

Die Art der Aufzeichnung ist aus dem Journalbogen, Fig. 3, ersichtlich.

Die Bedienung beschränkt sich auf das Aufziehen der Uhr und des Bogens in Zeiträumen von 6 bis 8 Stunden. Der Stromverbrauch ist äußerst gering, weil er sich nach Einstellung jedesmal sofort selbsttätig ausschaltet. Die Einstellung der Zeichengeber ist zwangläufig und unbeeinflußbar, also eine absolut sichere. Der Apparat ist sowohl für Ein- als auch Zweischraubendampfer herstellbar. Größe des Apparates und des Bogens sind abweichend von der Zeichnung in neuerer Ausführung bedeutend reduziert.

Die Anschlüsse der Zeichengeber an der Schiffswelle bezw. dem Telegraphen und dem Steuer erfordern keinerlei Abänderungen. Der (in verkleinertem Maße) abgebildete Journalbogen ist das Resultat einer der vorgenommenen Probefahrten auf der Weser zwischen Bremen und Bremerhaven mit dem Dampfer des Norddeutschen Lloyd „Forelle“. Der betreffende Bogen stammt von einem Apparat älterer Bauart, dessen provisorische Aufstellung an Bord der Norddeutsche Lloyd in liebenswürdigster Weise gestattete.

XVIII. Hydraulische Rücklaufbremsen.

*Vorgetragen von **O. Krell jr.** - Berlin.*

Durch das Bestreben der modernen Artillerie, die Geschoßgewichte und Geschwindigkeiten zur Erhöhung der Durchschlagskraft und Tragweite immer größer zu gestalten und gleichzeitig die Geschütze und Lafetten möglichst leicht zu bauen, werden beim Abfeuern moderner Geschütze ganz enorme Rückstoßkräfte ausgelöst. Auch die beste Lafette überträgt diese Kräfte in einer gewissen Größe auf den Schiffskörper und so dürfte es für den Schiffbauer nicht uninteressant sein, einmal die Konstruktionsbedingungen für Geschützlafetten hier näher ins Auge zu fassen und die Hilfsmittel zu betrachten, die dem Lafettenkonstrukteur zur Untersuchung der beim Schuß an Geschütz und Lafette auftretenden Verhältnisse zu Gebote stehen.

Um uns kurz die Vorgänge am Geschütz beim Abfeuern ins Gedächtnis zurückzurufen, stellen wir uns ein Geschützrohr schußbereit frei aufgehängt vor. Durch die Explosion der Pulvergase entsteht bei dem ganzen aufgehängten System eine innere Kraft, die nach allen Seiten des Explosionsraumes gleichmäßig wirkt und einerseits auf den Boden des Geschosses, andererseits auf den Verschluß des Geschützes drückt und dadurch Geschoß und Geschütz in entgegengesetzter Richtung zueinander in Bewegung setzt. Die auf die Geschützwandungen wirkenden Kräfte heben sich gegenseitig auf und können eine Wirkung nach außen nicht hervorbringen. Nach dem physikalischen Grundsatz, daß der Schwerpunkt eines Systems seine Lage bezw. seine Bahn nicht verändert falls lediglich innere Kräfte zur Wirkung gelangen, muß der Schwerpunkt des Geschützes mit Geschoß an seiner Stelle im Raum bleiben, auch wenn der Druck der Pulvergase Geschütz und Geschoß in Bewegung setzt, weil dieser Druck eine innere Kraft des Systems darstellt. Demnach werden sich die absoluten Geschwindigkeiten, mit denen das Geschoß einerseits und das Geschütz andererseits sich auseinander bewegen, umgekehrt verhalten, wie die Massen dieser Systemteile. Man sieht also, daß für den Lafettenkonstrukteur die Schwierigkeiten um so größer werden, je schwerer das Geschoß im Verhältnis zum Rohr gemacht wird, weil in diesem Falle die auf das Geschütz übertragene und durch die Rücklaufbremsen zu vernichtende Energie vergrößert wird.

Bedenkt man, daß im Innern eines Geschützrohres Pressungen bis zu 3000 kg pro Quadratzentimeter und mehr auftreten, so kann man sich ein

Reibungsbremse mit Schleifschienen. Grundriß.

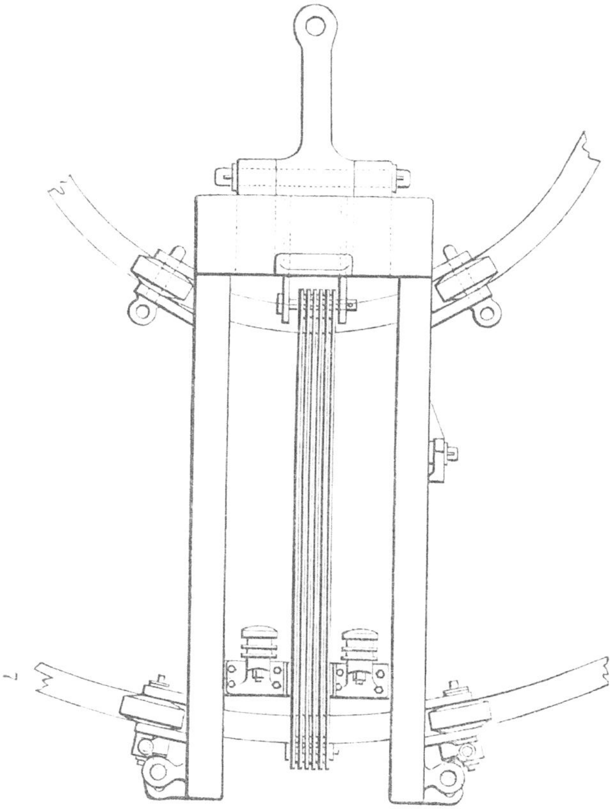

Fig. 1.

Bild von den bei großen Geschützen auftretenden Kräften machen. Die auf den Verschluß eines 12zölligen Geschützes z. B. wirkende Kraft beträgt bei 3000 Atm. Druck rund 2200 t, würde also imstande sein, einen Rundeisenstab von 31 cm Durchmesser bei 3000 kg Bruchfestigkeit zu zerreißen. Derartige Kräfte dürfen natürlich nicht ungemildert auf die Konstruktionsteile des Schiffskörpers übertragen werden, sondern man ist genötigt, die im Geschütz aufgestapelte Energiemenge auf einem gewissen Weg durch einen möglichst gleichbleibenden Widerstand zu vernichten. Je vollkommener die Gleichmäßigkeit des Widerstandes auf dem ganzen Rücklauf erreicht wird, desto besser ist die Lafettenkonstruktion.

Man verwendete früher vielfach die sogen. Lamellenbremsen, die in der in Fig. 1 und 2 dargestellten Weise angeordnet waren. Im feststehenden Unterbau der Lafette sind mehrere Stahlbänder parallel nebeneinander befestigt, wie in dem Grundriß Fig. 1 zu ersehen. Zwischen diese Stahlbänder

Reibungsbremse. Querschnitt durch die Schleifschienen.

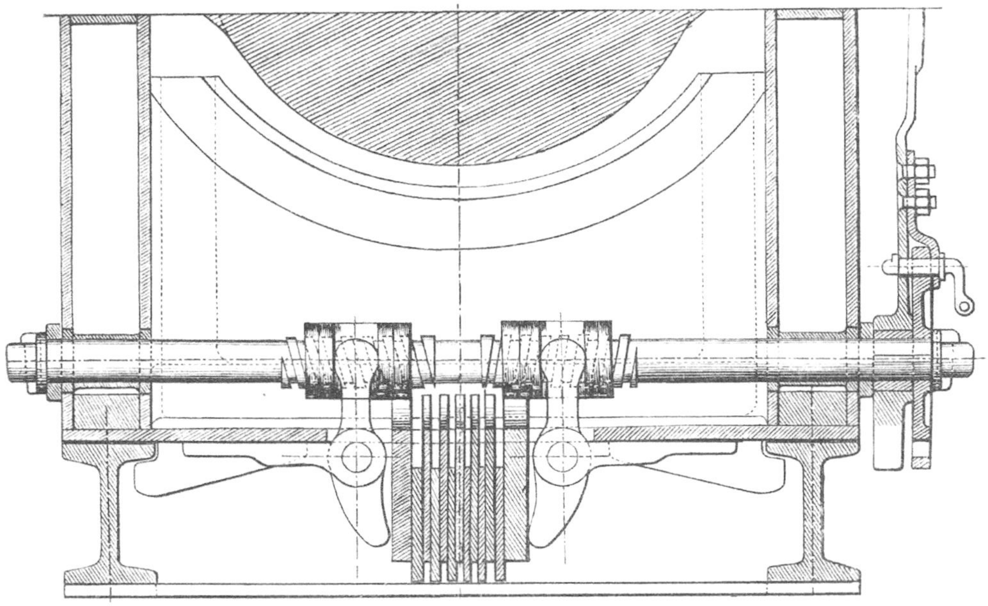

Fig. 2.

hinein ragen kammartige Bleche, die mit dem zurückgehenden Oberteil der Lafette fest verbunden sind und durch eine aus Fig. 2 ersichtliche Einrichtung zusammengepreßt werden können, um so den zur Begrenzung des Rücklaufs erforderlichen Reibungswiderstand zu erzeugen.

Das theoretische Widerstands- und Geschwindigkeitsdiagramm einer solchen Reibungsbremse ist in Fig. 3 dargestellt und man ersieht, daß die auf die Lafette wirkende Widerstandskraft kurz vor Beginn der Bewegung ein mehrfaches von der während des Rücklaufes eintretenden beträgt. Während also während der Bewegung ein bezüglich der Gleichförmigkeit des Widerstandes fast ideales Diagramm entsteht, ergibt sich im ersten Moment eine außerordentlich hohe Beanspruchung, weil zuerst der Reibungskoëffizient der Ruhe überwunden werden muß. Für diese unsichere und hohe Beanspruchung der Lafette im ersten Moment des Rücklaufes muß aber ihre ganze Konstruktion berechnet werden, wodurch sie unverhältnismäßig schwer wird. Meines Wissens ist versucht worden, diesem anfänglichen hohen Widerstand aus dem Wege zu gehen, indem man den Blechkamm erst zwischen die Stahlbänder eintreten ließ, nachdem sich die Oberlafette bereits in Bewegung gesetzt hat. Es bleibt dann aber immer noch der hauptsächlichste Nachteil der Reibungsbremsen, daß es praktisch unmöglich ist, den Druck der Reibflächen so zu regulieren,

Bremskraft- und Geschwindigkeitsverlauf bei Reibungsbremsen.

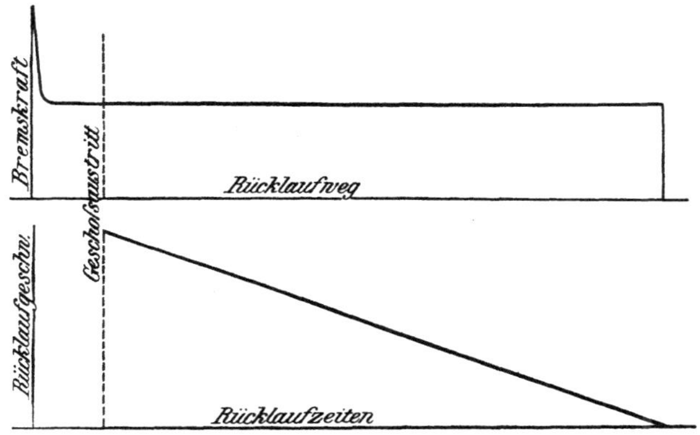

Fig. 3.

daß eine zuverlässige Wirkung und sichere Begrenzung der Rücklaufstrecke unter allen Umständen garantiert werden könnte. Wir werden nun sehen, daß die hydraulische Rücklaufbremse die Nachteile der Reibungsbremsen, von denen ich als typisches Beispiel nur die Lamellenbremse herausgegriffen habe, nicht besitzt.

Bevor ich jedoch zur Besprechung der hydraulischen Rücklaufbremsen übergehe, möchte ich ganz kurz die Meßmethoden darlegen, die zur Bestimmung der Geschoßgeschwindigkeit, der Rücklaufverhältnisse und des Druckes der Pulvergase im Geschütz Anwendung finden. Ich greife auch hier nur einzelne mir bekannte Methoden heraus, ohne behaupten zu wollen, daß dies die einzigen wären, die in Anwendung kommen können.

Zur Messung der Geschoßgeschwindigkeit kann die in Fig. 4 schematisch dargestellte Einrichtung von Boulenger benützt werden. Etwa 20—25 m vor der Geschützmündung wird ein mit einem elektrischen Draht überspannter Rahmen (in der Figur von dem Pfeil durchsetzt) so aufgestellt, daß das Geschoß auf seiner Bahn den Draht zerreißen muß. In einiger Entfernung, gewöhnlich 50 m hinter dem ersten Rahmen wird ebenfalls in der Flugbahn des Geschosses ein zweiter gleicher Rahmen aufgestellt. Im Stromkreis des ersten Rahmens befindet sich ein Elektromagnet, der durch seine magnetische Kraft einen mit einem Zinkrohr überzogenen Eisenzylinder auf-

Boulenger-Apparat.

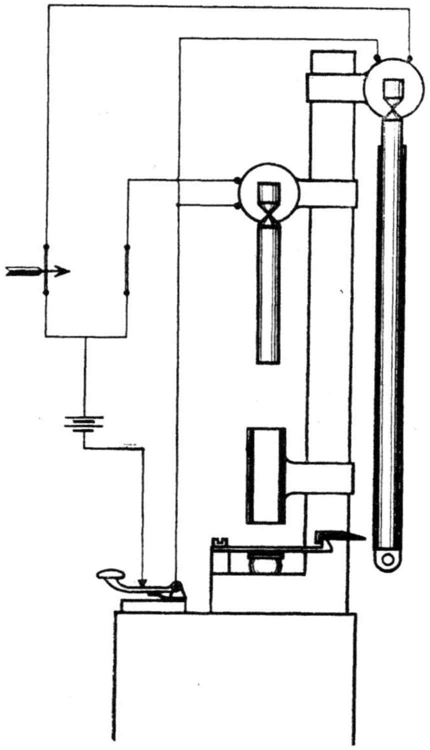

Fig. 4.

gehängt hält. Wird durch das Geschoß dieser Rahmen durchschlagen und der elektrische Leitungsdraht unterbrochen, so wird der zugehörige Elektromagnet stromlos, der lange Eisenzylinder beginnnt zu fallen und fällt an einer in Fig. 4 dargestellten Messerschneide vorbei. Beim Durchschlagen des zweiten Rahmens wird in der gleichen Weise ein zweiter kurzer Eisenzylinder zum Fallen gebracht; dieser löst beim Auffallen auf eine Arretiervorrichtung des Messers eine Klinke aus, wodurch das Messer nach vorne schnellt und auf dem zuerst ausgelösten Zylinder während des Vorbeifallens einen Einhieb verursacht. Aus der Entfernung dieses Einhiebes von dem oberen Zylinderende kann dann die Geschoßgeschwindigkeit sehr genau ermittelt werden.

Die etwa vorhandenen magnetischen Verzögerungen können bei diesem Apparat dadurch eliminiert werden, daß man versuchsweise den Strom in

Geschwindigkeitsmesser von Sebert.

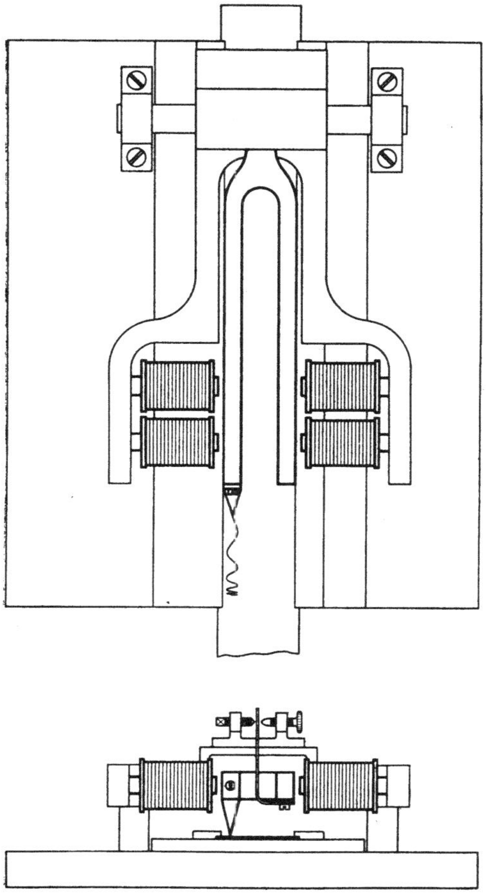

Fig. 5.

Meßvorrichtung mit Mikroskop und Nonius für Stimmgabel-Diagrammaufnahmen.

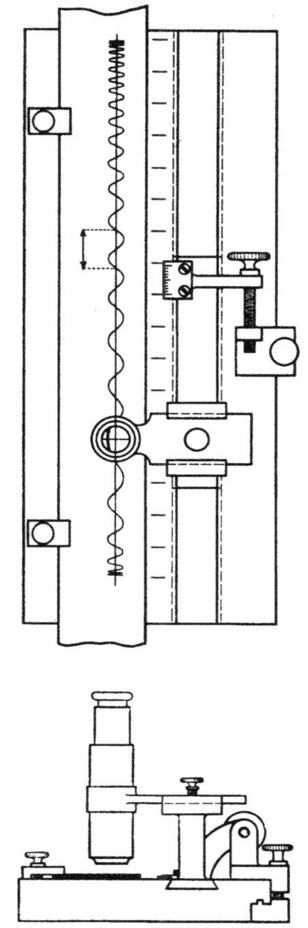

Fig. 6.

beiden Elektromagneten durch den Taster gleichzeitig unterbricht, wodurch von selbst durch das vorschnellende Messer ein alle magnetischen Verzögerungen berücksichtigender Nullpunkt auf dem langen Zinkzylinder entsteht.

Zur Messung der Rücklaufgeschwindigkeiten an jedem Punkte des Rücklaufweges wird vielfach der von Sebert konstruierte Stimmgabelapparat in Anwendung gebracht. Die Einrichtung ist schematisch in Fig. 5 dargestellt. Die eine Zinke der Stimmgabel trägt eine leichte, nach unten gekrümmte

Feder, die die Schwingungen dieser Zinke auf ein berußtes Stahlblatt aufzeichnet. Während der ganzen Dauer des Versuches wird die Stimmgabel durch kleine, seitlich angebrachte Elektromagnete in Schwingungen erhalten, indem sie selbst durch ihre Schwingungen den Strom der Elektromagnete unterbricht und schließt und sich so immer wieder neue Impulse erteilt, gleich dem Anker an einer Elektrisiermaschine.

11″ Geschütz L 35. Geschwindigkeit-Zeitdiagramm.

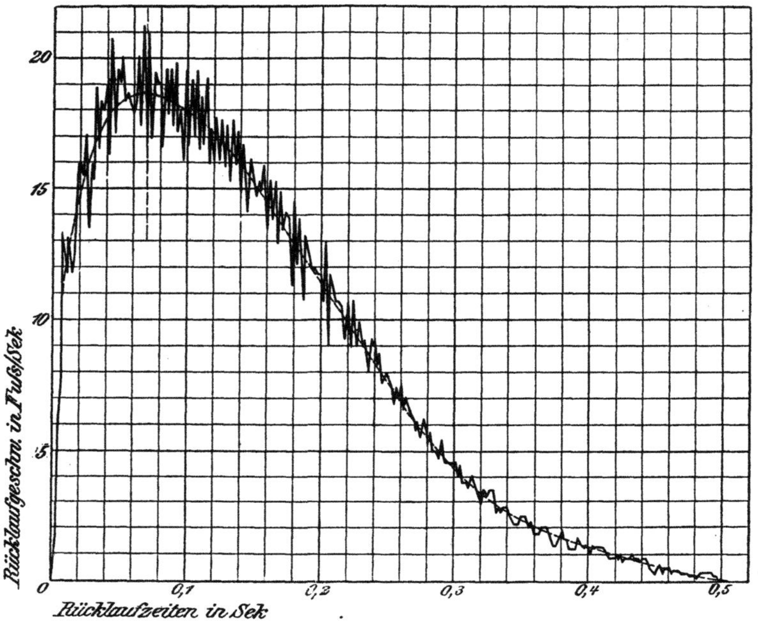

Fig. 7.

Wird nun das Stahlblatt mit dem zurückgehenden Teil der Lafette verbunden, während die Stimmgabel fest aufgestellt wird, so werden beim Hindurchziehen des Stahlblattes in die Rußschicht von der Federspitze Wellenlinien (Sinuskurven) eingezeichnet, die um so langgestreckter erscheinen, je größer die Geschwindigkeit des Stahlblattes an der betreffenden Stelle war. Da man nun die Schwingungszahl der Stimmgabel akustisch mittels einer Sirene außerordentlich genau bestimmen kann, so hat man in dem Stimmgabelapparat einen ungemein präzisen Geschwindigkeitsmesser. Wenn z. B. die Schwingungszahl der Stimmgabel 1000 pro Sekunde beträgt, so kann man aus dem mit dieser Stimmgabel aufgenommenen Diagramm den in jeder $^1/_{1000}$ Sekunde zurückgelegten Weg bestimmen, indem man einfach nacheinander die Längen der einzelnen von der Feder aufgezeichneten Vollschwingungen mißt. Durch Multiplikation dieses Weges mit 1000 erhält man dann die Geschwindigkeit an dieser Stelle pro Sekunde. Man benutzt zur Wellenmessung zweckmäßigerweise den in Fig. 6 dargestellten Apparat, welcher in einem parallel zur Schwingungsachse verschiebbaren Mikroskop mit Fadenkreuz besteht, dessen Seitenverschiebung um eine Wellenlänge mittels Nonius genau gemessen werden kann. Ein in dieser Weise aufgenommenes Diagramm ist in Fig. 7 dargestellt, indem als Ordinaten die Rücklaufgeschwindigkeiten in Fuß/Sek. als Abszissen die Rücklaufzeiten in Sekunden aufgetragen sind.

Selbstverständlich wechselt die wahre Geschwindigkeit nicht in dem Maße, wie es der Zickzackkurve entspricht, sondern diese stark differierenden Geschwindigkeiten sind auf elastische Schwingungen der Lafettenteile und des Meßapparates zurückzuführen. Die eigentliche Rücklaufkurve kann sehr genau als die mittlere Linie in die Zickzackkurve einkonstruiert werden, wie dies auch in Fig. 7 geschehen ist. Auf die Diskussion der Kurve komme ich später noch zurück.

Von manchen Lafettenkonstrukteuren wird zum Studium der hydraulischen Rücklaufbremsen der Druckindikator dem Geschwindigkeitsmesser vorgezogen. Dieser Indikator, Fig. 8, ist ganz ähnlich, nur etwas kräftiger konstruiert wie die zum Indizieren von Dampfmaschinen benutzten Apparate. Ein durch starke Federn belasteter möglichst leichter Kolben ist mit einem seitlich aus dem Apparat heraussteheuden federnden Schreibstift versehen. Dieser Stift macht seine Aufzeichnungen ebenfalls auf einem berußten Stahlblatt. Wird nun der Indikatorapparat auf dem Bremszylinder einer hydraulischen Rücklaufbremse, und zwar auf der Druckseite, aufgeschraubt und das Stahlblatt mit dem zurückgehenden Teil der Lafette verbunden, so zeichnet der Schreibstift auf dem Stahlblatt direkt die Druckkurven auf. Derartige Druckkurven sind in Fig. 9 und 10 zur Darstellung gebracht. Auch die Diskussion dieser Kurven soll später erfolgen.

Zur Messung des Druckes im Innern von Geschützrohren kann man den Rottmannschen Apparat benutzen (Fig. 11). Er besteht aus einem Stahlzylinder, welcher mit einer eigentümlichen, halbrunden Schneide versehen ist, mit der er auf einen weichen Kupferzylinder aufgesetzt wird und so im Innern des Geschützrohres angebracht wird, daß der Druck der Pulvergase den Stahlzylinder mit seiner Schneide in den Kupferblock eindrückt. Es entsteht dadurch in dem Kupferzylinder eine längliche Kerbe, deren Länge um so größer ist, je höher der Druck im Geschützrohr war. Nach dem

Schuß wird der Stahlmeißel und der Kupferzylinder aus dem Rohre entfernt und unter einen Hebelbelastungsapparat, Fig. 12, gebracht, in der Weise, daß die Schneide des Meißels neben der bereits erzeugten Kerbe auf den Kupferzylinder aufgesetzt wird und so lange durch Auflegen von Gewichten mittels

Druckindikator für Flüssigkeitsbremsen.

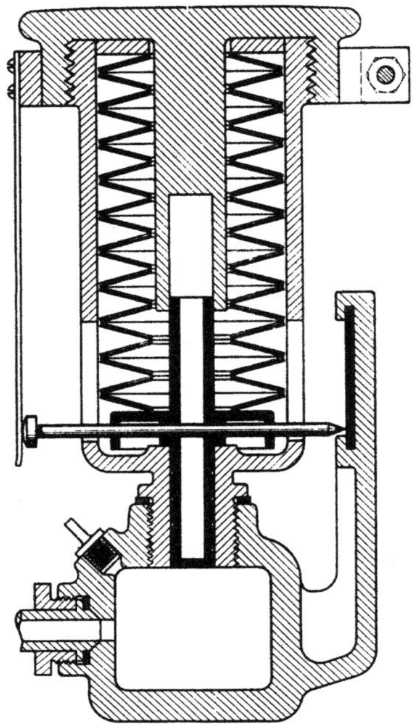

Fig. 8.

des Hebels belastet wird, bis die auf diese Weise entstandene Kerbe dieselbe Länge zeigt, wie die beim Schuß erzeugte. Die zur Erzeugung der Kerbe erforderliche Kraft kann nun leicht berechnet und somit der Gasdruck im Geschützrohr festgestellt werden.

24 cm-Geschütz L 40. Bremsdruck-Diagramm vor der Einregulierung.

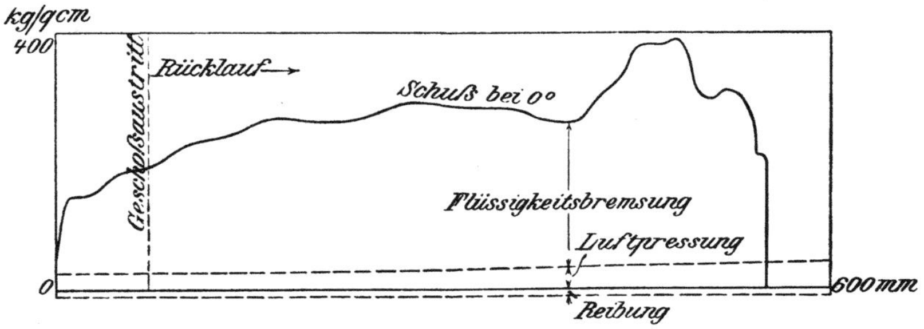

Fig. 9.

24 cm-Geschütz L 40. Bremsdruck-Diagramm n a c h der Einregulierung.

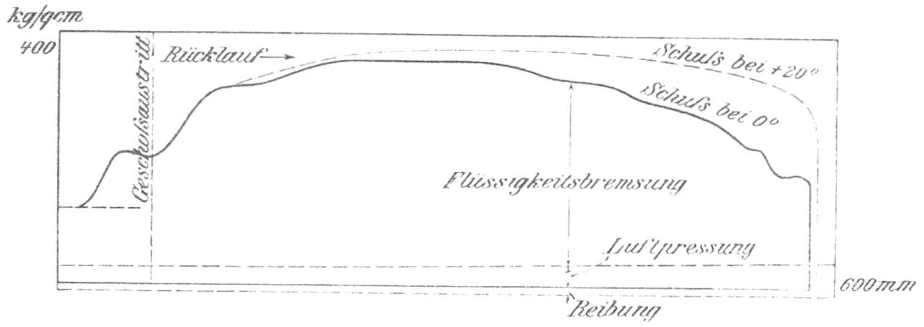

Fig. 10.

Rottmannscher Meißelapparat zur Messung des Gasdruckes im Innern von Geschützrohren.

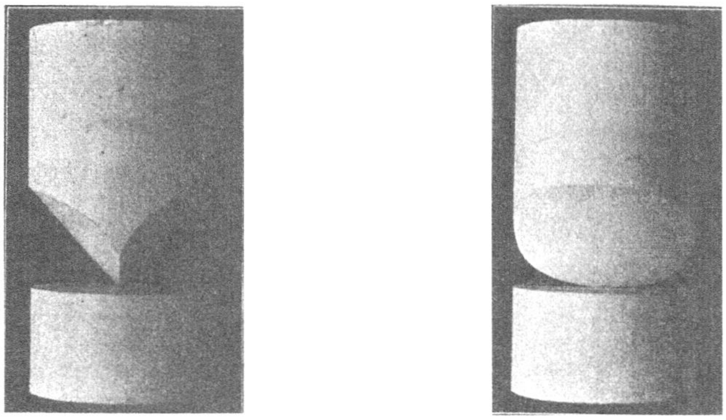

Fig. 11.

Belastungseinrichtung für den Meißelapparat.

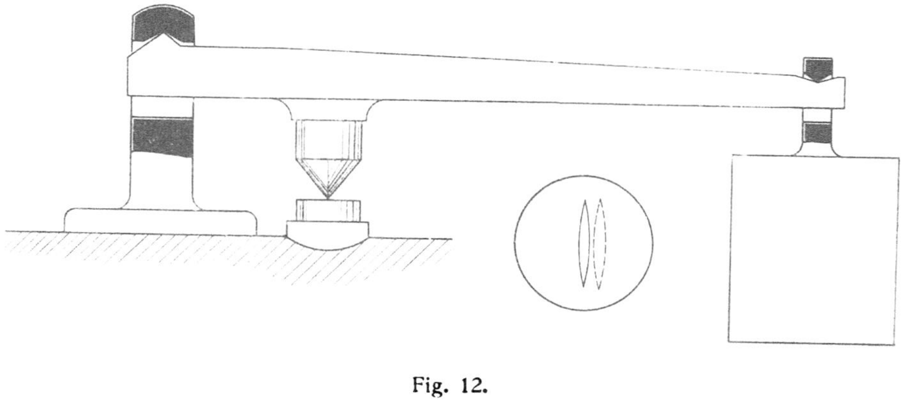

Fig. 12.

Die Bremswirkung bei hydraulischen Rücklaufbremsen wird dadurch erzeugt, daß die im Bremszylinder enthaltene Flüssigkeit beim Rückgang des Bremszylinders gegen den feststehenden Kolben oder des zurückgehenden Kolbens gegen den feststehenden Zylinder gezwungen wird, von der einen Kolbenseite durch enge Öffnungen hindurch auf die andere zu treten. Der hierdurch entstehende Widerstand vernichtet die Rückstoßenergie des Geschützes. In Fig. 13, 14, 15 und 16 sind einige Arten dargestellt, wie

Flüssigkeitsbremse. Durchfluß-Querschnittsregulierung durch Fassonkeil.

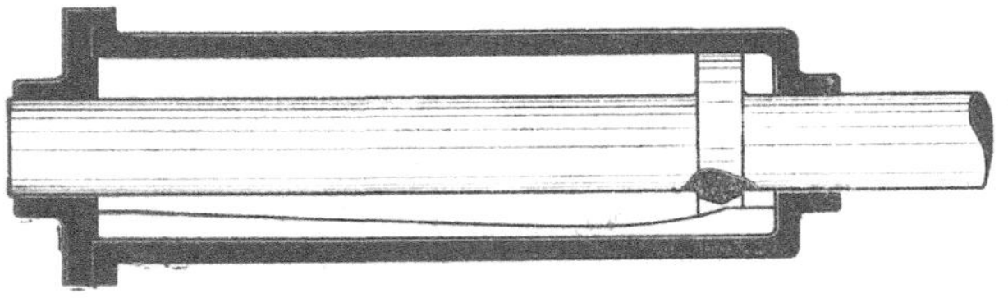

Fig. 13.

man die Flüssigkeit von der einen Seite des Kolbens auf die andere treten lassen kann, und wie man gleichzeitig die Durchflußöffnungen in ihrem Querschnitt variieren kann, um an jeder Stelle des Rücklaufweges den erwünschten Widerstand zu erhalten. Die ersten hydraulischen Lafetten, welche gebaut wurden, waren Rahmenlafetten, auch Schlittenlafetten genannt,

Flüssigkeitsbremse. Durchfluß-Querschnittsregulierung durch konischen Dorn.

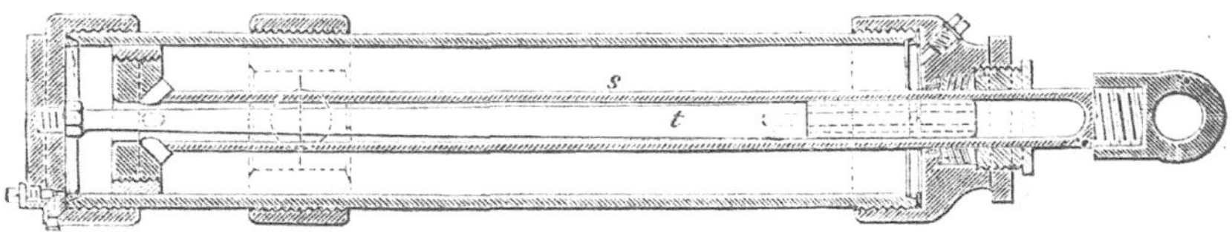

Fig. 14.

bei denen der mit dem Geschütz zurückgehende Teil der Lafette sich auf einer unverstellbaren Gleitfläche zurückbewegt, wie dies z. B. bei dem in Fig. 17 dargestellten 12 cm Geschütz von 36 Kaliber Länge der Fall ist. Die Konstruktion stammt von Canet und zeigt die bis in die neuere Zeit für solche Lafetten typische Form mit nach vorne geneigten Gleitflächen, um nach erfolgtem Schuß das selbsttätige Ausrennen des Geschützes zu ermöglichen. Ich habe absichtlich diese Abbildung mit sehr großer Elevation gewählt, um gleich hieran zu zeigen, daß bei solchen Lafetten nur ein Teil

Flüssigkeitsbremse mit einem Ventil.

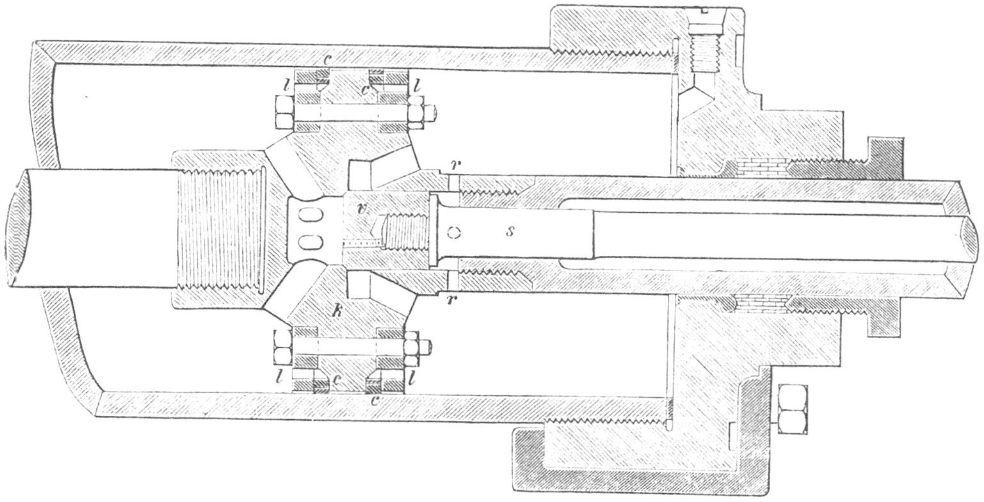

Fig. 15.

Flüssigkeitsbremse mit Federnvorholer und Festhaltevorrichtung.

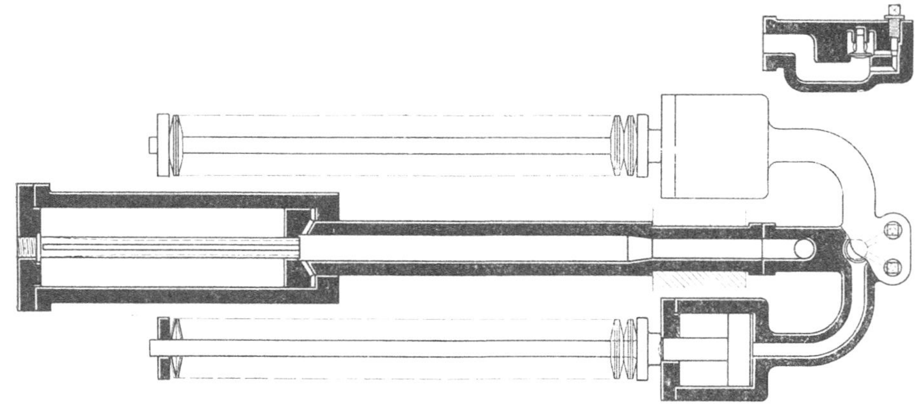

Fig. 16.

des Rückstoßes durch die hydraulische Bremse aufgenommen wird, während ein nicht unbeträchtlicher Teil ungefedert auf das Fundament zur Wirkung kommt.

Es ist bei dieser Lafette auch ohne weiteres ersichtlich, daß hierbei das Geschützrohr eine Verschiebung quer zu seiner Längsachse beim Schuß erhält.

Die gleichen charakteristischen Merkmale einer hydraulischen Rahmenlafette sehen wir an dem in Fig. 18 dargestellten 24 cm Küstengeschütz von 35 Kal. Länge der Firma Fried. Krupp aus dem Jahre 1886 und an der

12 cm-Geschütz von 36 Kaliber Länge auf Rahmenlafette.

Fig. 17.

12 cm Schnelladekanone von 40 Kal. Länge in Mittelpivotlafette Fig. 19 aus dem Jahre 1890, ebenfalls von Fried. Krupp.

Eigene Beobachtungen an Rahmenlafetten wurden mir ermöglicht, als die St. Petersburger Metallfabrik zum Bau hydraulischer Lafetten überging. Die erste in den Werkstätten dieser Fabrik hergestellte Lafette ist in Fig. 20 dargestellt. Sie war bestimmt für ein 6zölliges Ringgeschütz von 35 Kal. Länge.

Da das Rohr bis zu 18° Elevation erhalten sollte und die Gleitflächen

24 cm Kanone L/35 in Küstenlafette von Fried. Krupp.

Fig. 18.

12 cm Schnelladekanone L/40 in Mittelpivot-Rahmenlafette von Fried. Krupp.

Fig. 19.

Rahmenlafette der St. Petersburger Metallfabrik für ein 6zöll. Ringgeschütz L/35.

Fig. 20.

der Lafetten rd. 6° Neigung besaßen, so erfolgte auch hier bei den höheren Elevationen eine Querverschiebung des Rohres beim Rücklauf.

Diese Querverschiebung ist aber nach verschiedenen Richtungen hin bedenklich. Als sich bei den ersten Versuchen mit solchen Lafetten, welche die Metallfabrik in Petersburg Ende der 80er Jahre anstellte, die Geschützrohre verbogen, konstatierte mein Vater die Ursache zu dieser Verbiegung in der Querverschiebung des Rohres beim Rücklauf. Die hierbei in einem 12zölligen 40Kaliber langen Rohr entstehenden Beanspruchungen sind in Fig. 21 graphisch dargestellt (oberes Diagramm Gewichte, mittleres Momente, unteres Durchbiegungen) und man sieht, daß die maximale Durchbiegung dieses langen Rohres bis zu 35 mm an der Mündung anwächst. Man half sich damals damit, daß man die verbogenen Geschütze in ihren Zapfen um 180° umlegte und sie wieder gerade schoß. Die Deformation läßt sich leicht durch ein Experiment mit einem elastischen Stab demonstrieren. Wenn ich einen solchen Stab möglichst in seinem Schwerpunkt fasse und ihn ähnlich einem Geschützrohr in Rahmenlafette quer zu seiner Längsachse verschiebe, so sieht man, daß er sich infolge der auftretenden Beschleunigungskräfte entgegengesetzt der Bewegungsrichtung verbiegt. Es ist fraglos, daß durch diese Beanspruchung der Geschützrohre wenn auch nicht immer bleibende Verbiegungen, so doch außerordentlich starke Vibrationen erzeugt werden und die Treffsicherheit ungünstig beeinflußt wird. Der nachteilige Einfluß solcher Querverschiebungen ist natürlich am größten bei langen Geschützrohren. Der elastische Stab zeigt uns aber auch deutlich, in welcher Weise eine Verbiegung der Rohre vermieden werden kann, denn wenn ich ihn nämlich in Richtung seiner Längsachse verschiebe, so tritt keinerlei Verbiegung auf. Ordnet man also die hydraulischen Bremszylinder parallel der Seelenachse an, und zwar so, daß sie für jede Elevation in dieser Lage zum Geschütz bleiben, so hat man beim Schuß nicht nur für das Geschütz die günstigste Beanspruchung, sondern man nimmt auch bei jeder Elevation den gesamten Rückstoß hydraulisch gebremst auf.

Auf Grund dieser im Jahre 1892 veröffentlichten Versuche ging man fast in allen Marinen zu der Konstruktion von Wiegenlafetten mit Rohrrücklauf in der Schußrichtung über, die wohl als die allein moderne Anordnung bezeichnet werden muß.

Bevor ich zur Besprechung der Lafetten mit Rücklauf in der Schußrichtung übergehe, sei mir gestattet, noch eine spezielle Konstruktion der Rahmenlafette mit automatischer Ausrennvorrichtung von Canet zu be-

12″ Geschütz L 40 in Rahmenlafette.

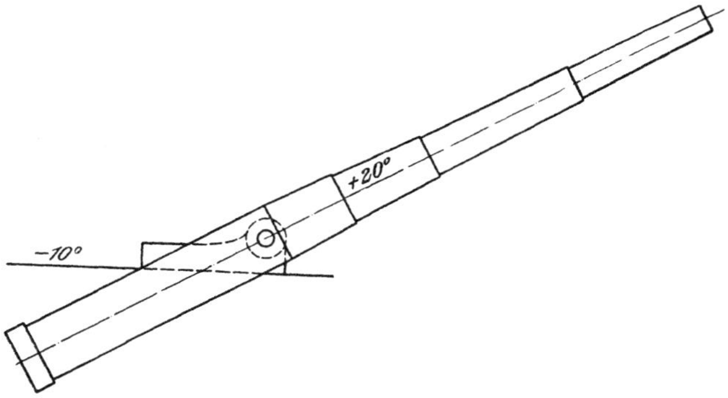

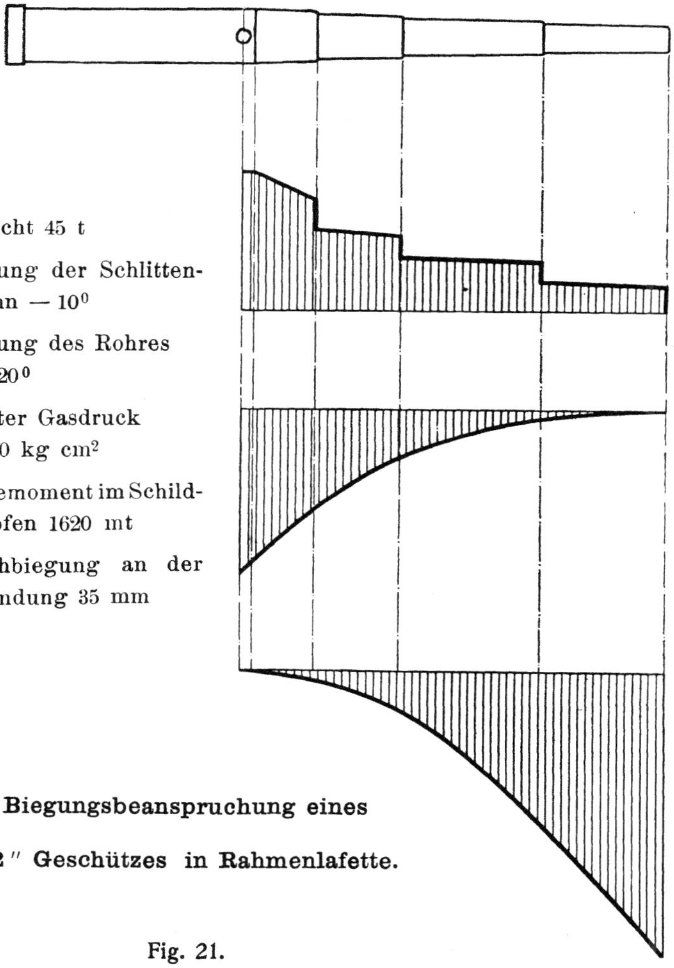

Gewicht 45 t

Neigung der Schlittenbahn — 10⁰

Neigung des Rohres + 20⁰

Größter Gasdruck 2600 kg cm²

Biegemoment im Schildzapfen 1620 mt

Durchbiegung an der Mündung 35 mm

Biegungsbeanspruchung eines

12″ Geschützes in Rahmenlafette.

Fig. 21.

sprechen, jenem genialen französischen Lafettenkonstrukteur, der wohl mit Vavasseur zusammen den größten Anteil an der Entwickelung der hydraulischen Rücklaufbremsen für sich in Anspruch nehmen kann.

Das Schema seiner hydraulischen Rücklaufbremse, die Ende der 80 iger Jahre konstruiert ist, ist in Fig. 22 dargestellt. Die typische Eigentümlichkeit der Anordnung liegt in ihrer Unsymetrie, die von Canet dazu benutzt wurde, das Ausrennen des Geschützes nach dem Schuß willkürlich zu betätigen. Das Geschütz ist mittels seiner beiden Zapfen auf den beiden Bremszylindern gelagert, die mit ihm beim Schuß zurückgehen. Die Kolbenstange des einen Zylinders tritt nach vorn, die des andern Zylinders nach hinten aus. Die Durch-

Schematische Darstellung der Rücklaufbremse nach Canet.

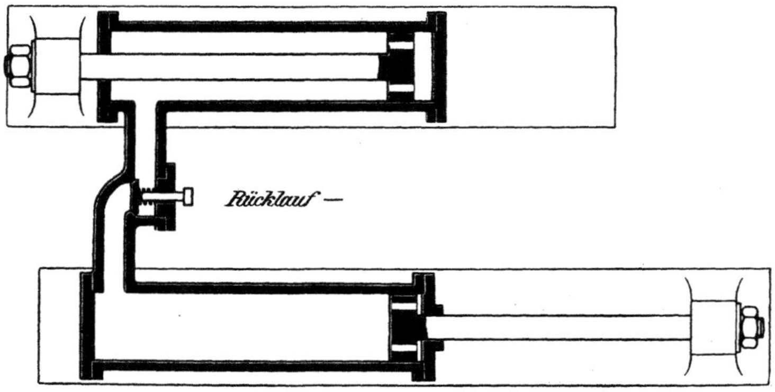

Fig. 22.

trittsöffnungen für die Flüssigkeit in den Kolben sind im Schema als konstante Öffnungen dargestellt. Beim Rücklauf tritt nun auf der einen Seite die Kolbenstange in den Zylinder ein und verdrängt ein ihrem Volumen entsprechendes Flüssigkeitsquantum, das aus dem Zylinder entfernt werden muß, wenn keine Sprengung desselben hervorgerufen werden soll. Bei dem andern Zylinder tritt ein ebenso großes Volumen der Kolbenstange aus dem andern Zylinder aus und würde ein entsprechendes Vakuum erzeugen. Verbindet man nun die beiden Bremszylinder miteinander durch eine Rohrleitung, in die man ein Rückschlagventil einbaut, so findet ein Überströmen der Flüssigkeit während des Rücklaufes vom einen zum andern Zylinder statt und das Geschütz wird in seiner Einrennstellung festgehalten. Das Ausrennen wird dann durch Öffnen des Rückschlagventils bewirkt, wobei ein Rückströmen der Flüssigkeit vom 2. in den 1. Bremszylinder erfolgt.

Ich bin in der Lage, diese Lafette von Canet im Bilde vorzuführen. Es handelt sich dabei um ein 24 cm-Geschütz von 35 Kal. Länge. Auf Fig. 23 sieht man die Lafette mit Richtvorrichtung, Schutzschild und nach rückwärts austretender Kolbenstange des Bremszylinders. Auf Fig. 24 ist der hinten geschlossene Bremszylinder der andern Seite mit seiner verkürzten Gleitbahn zu sehen. Diese Verkürzung der Gleitbahn ermöglicht gleichzeitig das Öffnen des Keilverschlusses, wie dies in der Abbildung sehr deutlich zur Darstellung gebracht ist.

Eine typische Konstruktion einer Wiegenlafette ist in Fig. 25 dargestellt. Es ist ein 15 cm Schnellfeuergeschütz von 45 Kaliber Länge für die portugiesische Marine von Schneider & Cie. geliefert. Das Geschütz läuft in einer zylindrischen Führung, Jacke genannt, an welcher die Bremszylinder befestigt sind, zurück und wird durch die an ihm selbst befestigten Kolben und Kolbenstangen im Rücklauf gebremst. Die gedrungene Anordnung und Leichtigkeit der Lafette, welche bei dieser Konstruktion erzielt wird, ist ohne weiteres ersichtlich.

Für das Vorbringen in die Feuerstellung ist jedoch bei solchen Lafetten eine besondere Einrichtung erforderlich (Vorholer).

Die Vorholer wirken in der Weise, daß die in den Bremszylinder beim Rückstoß eindringende Kolbenstange Flüssigkeit verdrängt, welch letztere zum Spannen von Federn verwendet wird. Durch Entspannen der Federn und die dann als Kolben wirkende Kolbenstange wird das Geschütz wieder in seine Feuerstellung gebracht. In Fig. 16 ist ein solcher Vorholer mit Federn, und zwar mit Belleville-Federn oder Lamellenfedern dargestellt. Die verdrängte Flüssigkeit wirkt auf Kolben, welche die Belleville-Federn zusammenpressen und das willkürlich zu betätigende Rückschlagventil gestattet ein Entspannen der Federn unter gleichzeitigem Vorholen des Geschützes. Solche Federnvorholer haben jedoch den Nachteil, daß die nicht unbeträchtliche Masse der Federn beim Rückstoß beschleunigt werden muß, wodurch die Pressungen im Bremszylinder ungünstig beeinflußt werden. Das Suchen nach einer möglichst gewichtslosen Feder führte zu der Konstruktion des sog. Luftvorholers. Schematisch ist ein solcher in Fig. 26 dargestellt. Die eintretende Kolbenstange verdrängt durch das Rückschlagventil hindurch die Flüssigkeit und drückt auf den Schwimmerkolben, der seinerseits die Preßluftfeder zusammendrückt. Die Metallfabrik in Petersburg hat meines Wissens zuerst mit Erfolg den Luftvorholer angewendet und ihn nach vielen Versuchen so

24 cm-Geschütz von 35 Kaliber Länge in Central-Pivot-Rahmenlafette System Vavasseur-Canet.

Fig. 23.

24 cm-Geschütz von 35 Kaliber Länge in Central-Pivot-Rahmenlafette System Vavasseur-Canet.

Fig. 24.

15 cm-Schnellfeuergeschütz von 45 Kaliber-Länge für die Portugiesische Marine
in Wiegenlafette von Schneider & Cie.

Fig. 25.

weit vervollkommnet, daß die unter 70 Atmosphären Druck stehende Preßluft nach drei Monaten keinen durch Manometer nachweisbaren Druckverlust aufwies.

Friedr. Krupp machte sich die Erfahrungen an Rahmenlafetten sehr bald nach den Petersburger Versuchen zunutze, wie aus der von ihm bereits im Jahre 1891 konstruierten Mittelpivotwiegenlafette, Fig. 27, für ein 12 cm Schnellfeuergeschütz von 40 Kal. Länge zu ersehen ist. Der unterhalb des Rohres sichtbare hydraulische Bremszylinder ist fest mit der Jacke verbunden, während Kolben und Kolbenstange vom zurückgehenden Geschütz zurückgezogen und nach der in Fig. 26 dargestellten Weise als Vorholer verwendet werden.

Flüssigkeitsbremse mit Luftvorholer.

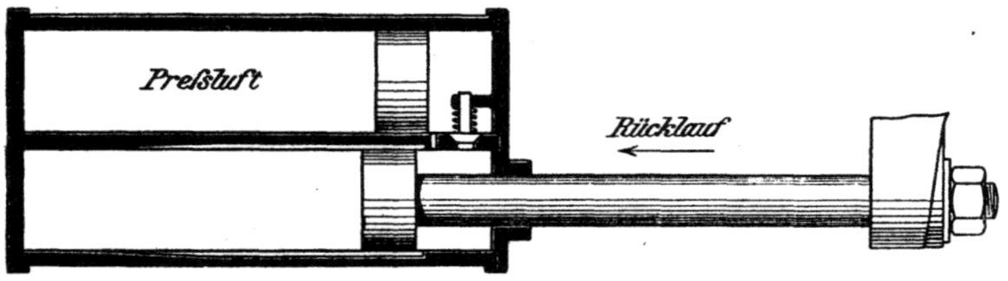

Fig. 26.

Weitere Wiegenlafetten Kruppscher Konstruktion sehen wir in Fig. 28 und 29, von denen erstere ein 28 cm Schnellfeuergeschütz von 40 Kal. Länge in Küstenlafette, ebenfalls mit unterhalb des Rohres liegenden Brems- und Vorholzylindern darstellt, letztere eine 15 cm Schnellfeuerkanone von 40 Kal. Länge zeigt.

Diese Wiegenlafette zeigt große Ähnlichkeit mit der französischen Konstruktion in Fig. 25 und auch hier springt die außerordentliche Einfachheit und Leichtigkeit dieser Anordnung in die Augen.

Die Konstruktion der Wiegenlafette mit Rücklauf in der Schußrichtung ist aber nicht nur für lange Geschütze von hervorragender Bedeutung, sondern auch für die kurzen Geschütze, die Mörser. Aus Fig. 30, welche einen französischen 27 cm Mörser, System Vavasseur-Canet, darstellt, kann man ohne weiteres ersehen, daß bei den hohen Elevationen, bis zu 60°, nur ein verschwindend kleiner Teil der Rückstoßkraft durch die hydraulische Bremse aufgenommen wird, während der größte Teil des Stoßes ungemildert auf das Fundament

12 cm Schnellfeuerkanone L/40 in Mittelpivotwiegenlafette von Fried. Krupp 1891.

Fig. 27.

28 cm-Schnellfeuerkanone L/40 in Mittelpivotküstenlafette von Fried. Krupp.

Fig. 28.

15 cm Schnellfeuerkanone L/40 in Mittelpivotwiegenlafette von Fried. Krupp.

Fig. 29.

wirkt. Diese Ende der 80 iger Jahre übliche Konstruktion hatte dann auch zur Folge, daß es nicht möglich war, irgend eine Fundamentkonstruktion zu finden, welche den enormen Rückstoßkräften längere Zeit Stand gehalten hätte. Diese Erfahrungen führten meinen Vater als Leiter der Metallfabrik in St. Petersburg dazu, eine Mörserlafette zu konstruieren, bei welcher

27 cm-Mörser von Vavasseur-Canet.

Fig. 30.

sowohl die horizontale, als auch die vertikale Komponente des Rückstoßes durch besondere hydraulische Zylinder aufgenommen wurden. Diese Lafettenkonstruktion ist in Fig. 31 dargestellt. Die Horizontalzylinder sind auf einer Wiege gelagert, die ihrerseits durch hydraulische Bremszylinder gestützt ist. Man sieht auf einem Unterbau der Lafette die zum Hochheben

11 zölliger Mörser auf hydraulisch gestützter Wiegenlafette System Krell sen.

Fig. 31.

der Wiege erforderlichen Belleville-Federn. Die Lafette ist für einen 11 Zoll-Mörser im Jahre 1888 konstruiert.

Dieselbe Idee brachte die Firma Schneider & Cie. im Jahre 1900 auf der Weltausstellung in Paris für einen transportablen Mörser zur Darstellung. Man sieht dieses Geschütz in Fig. 32 auf einem Eisenbahnwagen montiert. Die Anordnung unterscheidet sich nur insofern von derjenigen der Metallfabrik, als die Wiege nur durch einen vertikalen Bremszylinder ge-

Fig. 32.

stützt wird, während die russische Konstruktion deren zwei hatte. Beide Konstruktionen können trotz ihrer günstigen Wirkung auf das Fundament nicht als ideal bezeichnet werden, weil beim Rückstoß durch das Senken der Wiege einesteils das Geschützrohr in eine drehende Bewegung gerät, andernteils ein Teil des Rückstoßes ungemildert von dem Zapfen der Wiege aufgenommen werden muß. Die französische Konstruktion muß um so mehr Verwunderung erregen, als bereits anfangs der 90iger Jahre eine geradezu ideale Lafette (Fig. 33) für einen 27 cm Mörser von Canet konstruiert worden war. Er nennt sie „Affut à chassis circulaire". Die hydraulische Bremsung

27 cm-Mörser (Affût à chassis circulaire) von Canet.

Fig. 33. ~ 1893 ?

erfolgt hier bei jeder Elevation in Richtung des Rückstoßes. Unterhalb des Rohres sieht man die Federspirale für den Federvorholer. Man wird dieser Konstruktion die Anerkennung genialer Einfachheit und in die Augen springender Zweckmäßigkeit nicht versagen können. Übrigens hat Schneider & Cie. auch diese Idee Canets noch weiter vervollkommnet und

24 cm-Mörser von 10 Kaliber Länge in Küstenlafette von Schneider & Cie. 1900

Fig. 34.

auf der Weltausstellung 1900 in Paris zur Darstellung gebracht. Fig. 34 zeigt einen 24 cm Mörser von 10 Kaliber Länge in Küstenlafette Man sieht auf der Abbildung deutlich die symetrisch ober- und unterhalb des Rohres gelagerten Bremszylinder und die Jacke, in welcher das Rohr zurückläuft. Eine ähnliche Konstruktion für einen 15 cm Mörser von 10 Kaliber Länge in maximaler Elevation zeigt Fig. 35.

15 cm-Mörser von 10 Kaliber Länge in Küstenlafette von Schneider & Cie.

Fig. 35.

Die Zahl der besonderen Ausführungen von Wiegenlafetten ist selbstverständlich außerordentlich groß und es kann nicht meine Aufgabe sein, hier auf die verschiedenen speziellen Konstruktionen einzugehen. Dagegen scheint mir von Wichtigkeit, die Qualität der Bremseinrichtungen an Hand von Geschwindigkeits- und Druckdiagrammen zu untersuchen. Es unterliegt keinem Zweifel, daß für fest aufgestellte Lafetten, wie sie an Bord von Schiffen vorkommen, Wiegenlafetten mit konstantem Rücklaufwiderstand die besten sind, weil sie die an das Geschütz übertragene Rückstoßenergie bei einer gegebenen Rücklauflänge mit der geringsten Widerstandskraft, d. h. der geringsten Beanspruchung von Lafette und Schiffskörper vernichten. Diese Bedingung kommt im Geschwindigkeitsdiagramm dadurch zum Ausdruck, daß die Geschwindigkeitszeitkurve von dem Punkte maximaler Beschleunigung ab als gerade Linie verlaufen muß, denn der Widerstand, bezw. die Beschleunigung ist nichts anderes, als das Verhältnis der Geschwindigkeitsänderung zur Zeitänderung, also $\frac{dv}{dt}$ = der Tangente des Neigungswinkels der Kurve gegen die Abszissenachse; die Beschleunigung ist also zunächst positiv, wird dann im höchsten Punkte der Kurve wegen der horizontalen Tangente $\left(\frac{dv}{dt} = 0\right)$ gleich Null und wird im absteigenden Ast der Kurve negativ, d. h. also eine Verzögerung. Je steiler diese negative Tangente ist, desto größer ist der Widerstand und wird für tang. $90^\circ = \infty$. Man hat also bei Untersuchung solcher Geschwindigkeitsdiagramme die steilsten Tangenten auszusuchen, um die Punkte größter Beschleunigung bezw. größten Widerstandes zu finden. Im Geschwindigkeits-Wegdiagramm stellt sich die gleichmäßige Verzögerung, d. h. der gewünschte konstante Widerstand durch eine parabolische Gestalt der Kurve dar. Da nun für das Auge Abweichungen von der geraden Linie sehr viel leichter zu erkennen sind, als die von einer parabolischen Kurve, so dürfte die Verwendung des Geschwindigkeits-Zeitdiagrammes vorzuziehen sein.

In Fig. 36 sind die Geschwindigkeitsdiagramme einer fehlerhaften hydraulischen Rücklaufbremse dargestellt. Die außerordentlich starke Bremsung in der Beschleunigungsperiode vor dem höchsten Punkt der Kurve und der allzu geringe Widerstand am Ende der Bremsperiode sind fehlerhaft und beanspruchen die Lafette ganz ungleichmäßig. Die Diagramme sind an einem 6zölligen Geschütz von 35 Kaliber Länge im Jahre 1893 mit einer Lafette der St. Petersburger Metallfabrik aufgenommen. Die Kurven in Fig. 37 zeigen die Geschwindigkeitsdiagramme der gleichen Lafette nach der vor-

6'' Geschütz L 35. **Geschwindigkeitsweg-** und **Geschwindigkeitszeit-Diagramm**
v o r der Einregulierung.

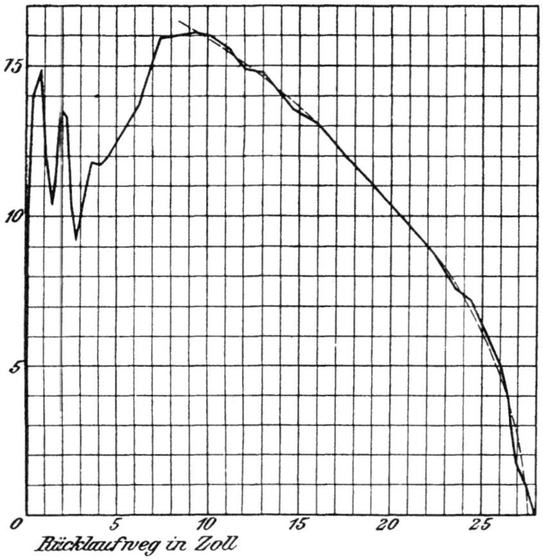

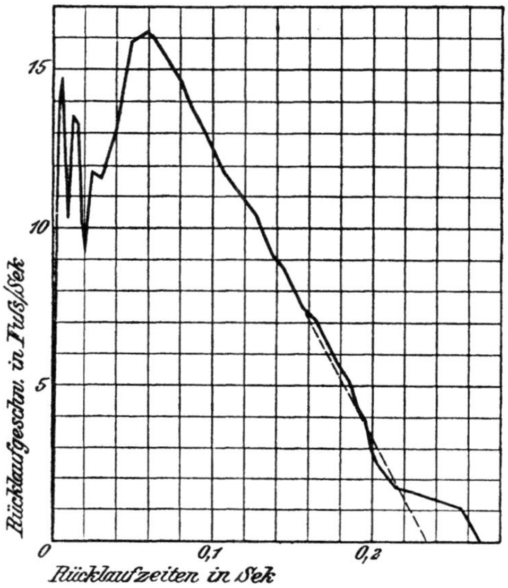

Fig. 36.

6'' Geschütz L 35. **Geschwindigkeitsweg-** und **Geschwindigkeitszeit-Diagramm**
n a c h der Einregulierung.

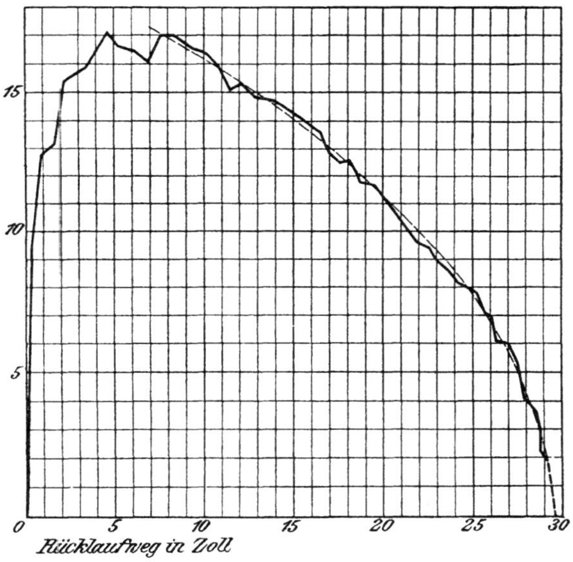

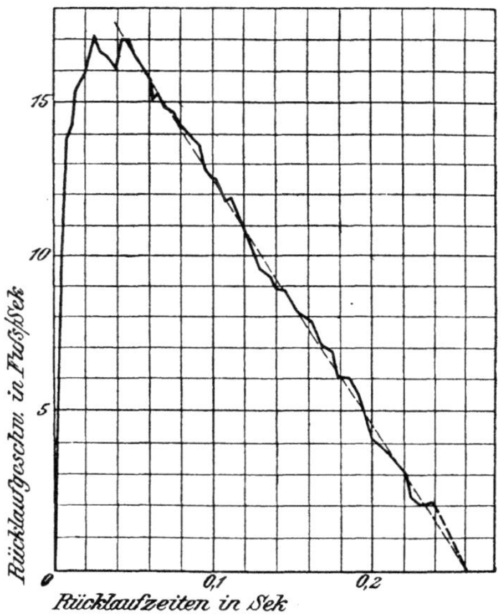

Fig. 37.

genommenen Korrektur. Die hier noch vorhandenen kleinen Abweichungen von der geraden Linie bezw. der Parabel sind nicht etwa Unregelmäßigkeiten der Flüssigkeitsbremse, sondern ein Ergebnis der Schwingungen der Lafette und des Meßapparates, ebenso wie wir dies schon an dem Geschwindigkeitsdiagramm, Fig. 7, festgestellt haben. Ich möchte hier erwähnen, daß natürlich zur Erzielung eines möglichst gleichbleibenden Rücklaufwiderstandes die Durchflußöffnungen entsprechend der immer mehr abnehmenden Rücklauf-

6″ Geschütz L 45. Geschwindigkeitszeit-Diagramm.

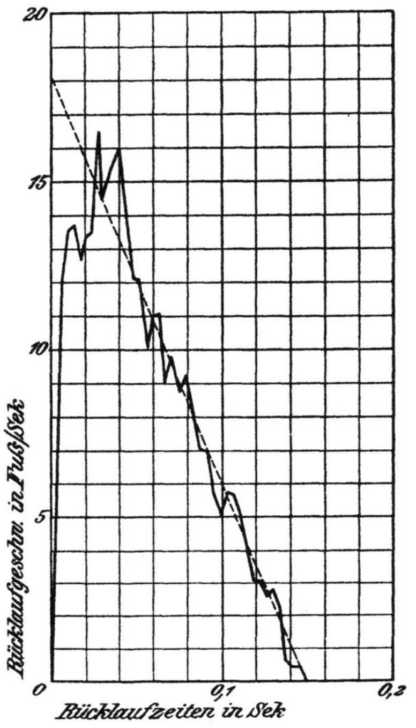

Fig. 38.

geschwindigkeit gegen Ende des Rücklaufes immer mehr verkleinert und am Ende ganz geschlossen werden müssen. Es wird sich also für die Konstruktion dieser Durchflußöffnungen empfehlen, eine solche zu wählen, die es gestattet, in jeder Stelle des Rücklaufes leicht eine Korrektur anzubringen. Als Beispiel verweise ich hierfür auf Fig. 16. Bei dieser Bremse dringt ein zylindrischer Dorn in den Kolben mit Kolbenstange ein, in den Längsnuten von variabler Tiefe eingearbeitet sind. Durch den umgreifenden Kolben wird an jeder Stelle des Rücklaufweges eine der Nutentiefe entsprechende Durchflußöffnung erzeugt und es ist sehr bequem, durch nachträgliche Änderung dieser Nutentiefe an jeder beliebigen Stelle eine Korrektur des Durchflußquerschnittes und damit des Widerstandes vorzunehmen.

Es gibt natürlich eine große Anzahl konstruktiver Lösungen zur Erzielung variabler Durchflußöffnungen, deren Einzelheiten jedoch nur die Lafettenkonstrukteure interessieren können. Ich verweise hierbei auf Fig. 13, 14, 15 und 16.

Das Rücklaufdiagramm eines 6 zölligen Geschützes von 45 Kaliber Länge ist in Fig. 38 dargestellt. Man sieht hier an dem wesentlich steileren Verlauf die viel höheren Beanspruchungen, welchen diese an sich durchaus einwandfreie Lafette ausgesetzt wird.

12″ Geschütz (engl.) Geschwindigkeitsweg-Diagramm.

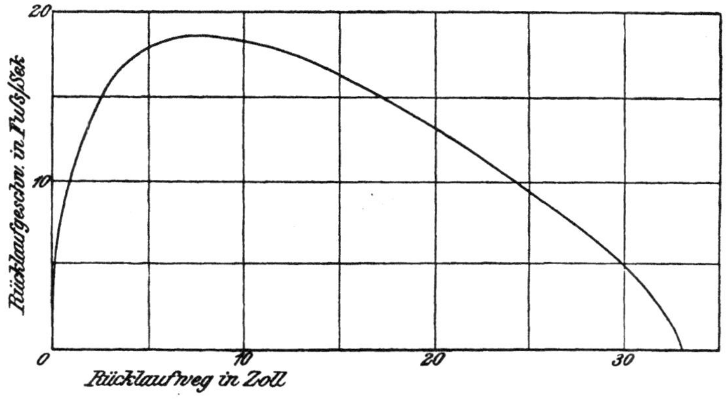

Fig. 39.

Aus dem vorher Gesagten ist auch ohne weiteres ersichtlich, daß die Bremse, deren Diagramm Fig. 7 darstellt, fehlerhaft ist, denn der lange flache Verlauf der Kurve zeigt den viel zu geringen Widerstand gegen Ende des Rücklaufes und es ist anzunehmen, daß dieses Diagramm einer Bremse mit konstanter Öffnung entnommen ist. Die Verlängerung des Rücklaufweges mit allen ihren unangenehmen, konstruktiven Folgen ist aus dem Diagramm ohne weiteres zu ersehen.

Im Engineering vom 29. März 1907 ist auf Seite 429 und ff. die Darstellung von Geschwindigkeits- und Druckkurven von Schiffsgeschützen enthalten. Ich habe das in Fig. 39 aus dieser Zeitschrift wiedergegebene Geschwindigkeitsweg-Diagramm zur Kontrolle in das in Fig. 40 dargestellte Geschwindigkeitszeit-Diagramm umzeichnen lassen und man ersieht aus dem letzteren ohne weiteres, daß die angewandte Rücklaufbremse der Forderung des gleichmäßigen Widerstandes nicht gerecht wird. Dementsprechend läßt

12″ Geschütz (engl.) Geschwindigkeitszeit-Diagramm.

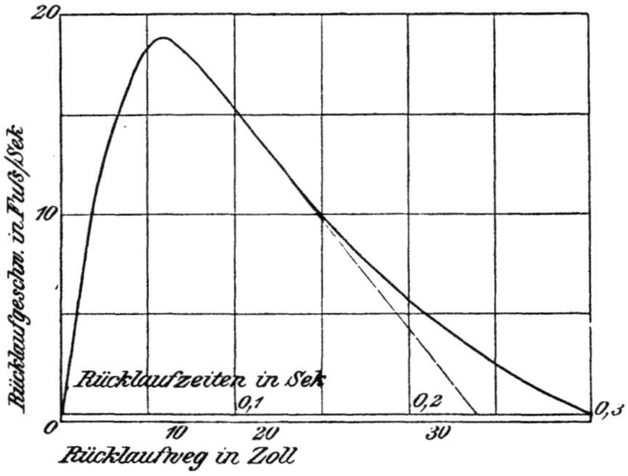

Fig. 40.

12″ Geschütz (engl.) Bremsdruck-Diagramm.

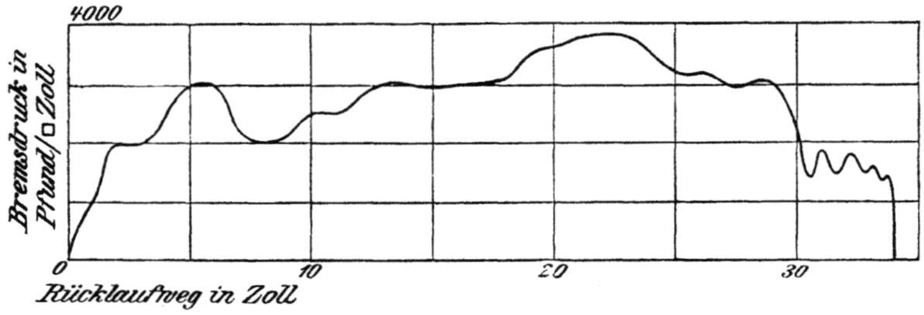

Fig. 41.

24 cm-Geschütz L 40. Bremsdruck-Diagramm vor der Einregulierung.

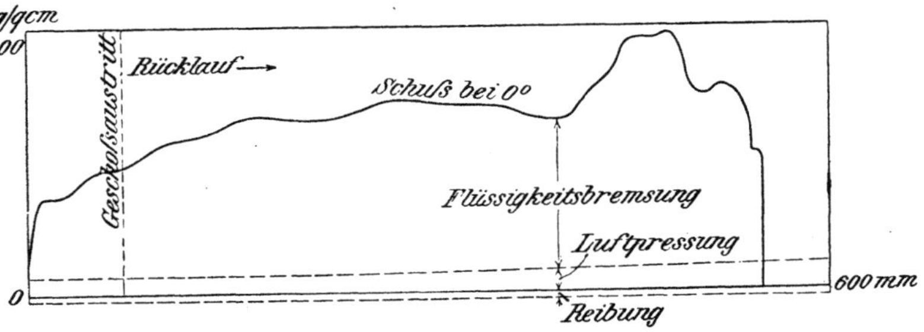

Fig. 42.

auch das aus derselben Zeitschrift entnommene Bremsdruck-Diagramm, Fig. 41, an Gleichmäßigkeit des Druckes viel zu wünschen übrig.

Ich möchte hier noch mit ein paar Worten die früher schon gebrachten beiden Bremsdruck-Diagramme, Fig. 42 u. 43, diskutieren. In Fig. 42 tritt die allzu rasche Verkleinerung des Durchfluß-Querschnittes gegen Ende des Rücklaufes in dem beträchtlichen Ansteigen des Bremsdruckes deutlich zu Tage. Aus Furcht vor dieser Erscheinung ziehen es die meisten Lafettenkonstrukteure, wie die vorher angeführten Diagramme zeigen, vor, die Durchflußöffnungen gegen Ende des Rücklaufes reichlicher zu gestalten. Diese Ängstlichkeit darf nicht zu weit getrieben werden, wenn es auch ratsam ist, ein allmähliches Abfallen des Bremsdruckes gegen Ende des Rücklaufes bei

24 cm-Geschütz L 40. Bremsdruck-Diagramm nach der Einregulierung.

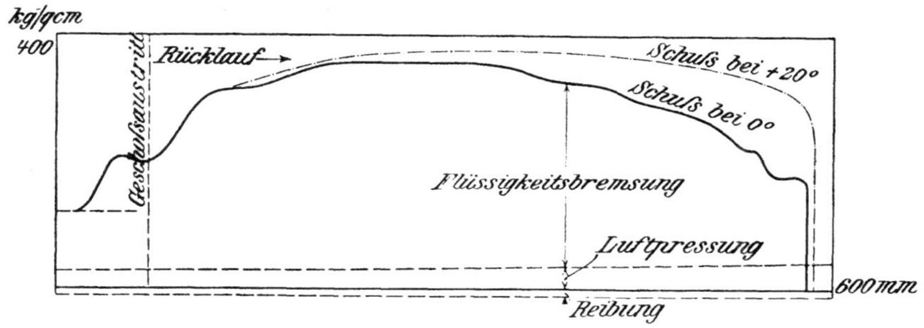

Fig. 43.

horizontaler Lage der Wiege anzustreben, weil beim Schießen mit Elevation zu der Rückstoßkraft sich auch noch die Beschleunigung der Schwere addiert, wodurch der Bremsdruck erhöht wird.

In Fig. 43 ist die für 20° Elevation in Betracht kommende Bremsdruckkurve punktiert eingezeichnet. Sie entspricht zwar nicht einer direkten Aufnahme mit dem Druckindikator, weil sich diese nicht bewerkstelligen ließ, dürfte aber nach dem Verlaufe der wirklich aufgenommenen Bremsdruckkurve für 0° Elevation ziemlich zuverlässig geschätzt sein.

Ich kann nicht schließen, ohne den Firmen Fried. Krupp A. G. in Essen und Schneider & Cie. in Paris durch die ich in die Lage versetzt worden bin, der Versammlung ein Bild von den in die Praxis umgesetzten Grundsätzen zu geben, nach denen moderne hydraulische Lafetten mit Rücksicht auf den Schiffskörper konstruiert werden müssen, für die liebenswürdige Überlassung von Photographien ihrer Konstruktionen meinen verbindlichsten Dank auszusprechen.

Diskussion.

Herr Wirkl. Geheimer Oberbaurat Rudloff-Berlin.

Meine Herren! Herr Direktor Krell hat in seinem Vortrage in sehr dankenswerter Weise ein Thema behandelt, das für Ingenieure ganz allgemein von großem Interesse ist, für Kriegsschiffbauten aber eine ganz besondere Bedeutung hat.

Natürlich kennen die Konstrukteure von Kriegsschiffen die Theorie des Rückstoßes und es sind denselben auch die Vorgänge in der Bremse nicht unbekannt, sie bekommen ja auch von den Artilleristen die Größe des Rückstoßes angegeben und trotzdem hat man mit den von den Schiffbauern herzustellenden Geschützunterbauten mitunter recht unangenehme Erfahrungen gemacht. Viele der Herren haben gewiß in den Zeitungen schon gelesen, daß an den Geschützunterbauten ab und zu nicht alles in Ordnung gewesen ist und nicht allein bei uns, sondern wohl in allen Marinen. Da kann es vorkommen, daß ein Geschützstand sich von Anfang an als zu schwach erweist und das ist noch nicht einmal das Schlimmste. (Heiterkeit.) Es kann vorkommen, daß ein solcher die Probebelastung, das sogenannte Anschießen, sagen wir 12 Schuß tadellos aushält, beim 20. Schuß aber sich Fehler daran einstellen. Es können sich auch an einem Stande Fehler zeigen, der nach einer bereits bewährten Konstruktion gebaut worden ist. Ursache solcher Vorkommnisse können Fehler in der Arbeitsausführung, Fehler in der Konstruktion oder ungenügende Sicherheit der Stände oder Irrtümer bezüglich der Größe des Rückstoßes sein.

Die Sache ist an sich schwierig, und es handelt sich außerdem um Stöße, die auf eine Konstruktion viel empfindlicher wirken, als wie ruhige Belastung, und unter Umständen, wie bei den Schnelladekanonen, um kurz aufeinander folgende Stöße.

Es ist deshalb sehr wichtig, daß der Ingenieur alle Unterlagen für die Konstruktion der Stände so genau als möglich kennt, sodaß er nicht bloß im allgemeinen die Angabe des Rückstoßes, von der er nicht weiß, ob sie ein gewisses Maß von Sicherheit bereits einschließt, sondern auch einen Einblick in die Bremsdiagramme erhält. Erst dadurch bekommt er einen genauen Überblick über die absolute Größe und das Spiel der Kräfte und über das Anwachsen und Abnehmen derselben beim Rückstoß. Erst damit weiß er genau, welche Sicherheit und somit welche Dauerhaftigkeit er in seinem Stande hat, da diese mit dem Anschießen allein nicht festgestellt wird. Vielleicht gibt der Vortrag auch in dieser Beziehung eine Anregung.

Herr Direktor O. Krell-Berlin. (Schlußwort):

Euere Königliche Hoheit! Meine Herren! Ich habe den Worten des Herrn Vorredners nichts hinzuzufügen, und es erübrigt sich nur, Ihnen meinen verbindlichsten Dank für Ihre Geduld auszusprechen.

Der Ehrenvorsitzende, Seine Königliche Hoheit Großherzog von Oldenburg:

Wir danken für den sehr interessanten und mit vielem wertvollen Material versehenen Vortrag. Herr Direktor Krell hat es verstanden, dieses Material übersichtlich zu ordnen und in anschaulicher Weise zum Ausdruck zu bringen, so daß auch Nichtartilleristen einen klaren Einblick in dieses für sie fremde Gebiet erhalten haben.

XIX. Fortschritte in der drahtlosen Telephonie.

Vorgetragen von ***Graf G. von Arco****, Berlin.*

Die drahtlose Telephonie vollendet in wenigen Tagen ihr erstes Lebensjahr. Am 21. Dezember vorigen Jahres zwischen 12 und 2 Uhr mittags nahm unsere Großstation Nauen in gewohnter Weise die Telegramme auf, durch welche Marconis Riesenstation Poldhu Tag für Tag den transatlantischen Schnelldampfern während der Überfahrt zwischen England und Nordamerika die letzten Tagesneuigkeiten mitteilt. Eins dieser Telegramme lautete: Gestern hat die deutsche Telefunkengesellschaft zum ersten Male auf 40 km drahtlose Telephonie vorgeführt! Von diesem Tage bis heute sind wesentliche, technische Fortschritte zu verzeichnen, zwar nicht prinzipieller Art, wohl aber in der Ausgestaltung der Einzelapparate. Die Technik der schnellen Schwingungen hat durch die drahtlose Telephonie ein zweites Anwendungsgebiet sich erobert: Zur Telegraphie, auf die sie 10 Jahre beschränkt war, ist die direkte Übermittlung der menschlichen Sprache hinzugekommen. Alle Fortschritte und alle Kenntnisse der inneren Vorgänge, die im Laufe dieses Zeitraumes in der drahtlosen Technik erworben wurden, konnten auf die drahtlose Telephonie fast durchweg direkte Anwendung finden.

Die theoretische Möglichkeit der Telephonie wurde wohl in den letzten Jahren von den meisten Fachmännern anerkannt, zahlreiche Patente wurden genommen und erteilt, nur schien die praktische Ausführung an quantitativen Fragen zu scheitern. Diese Schwierigkeiten sind von unserer deutschen Telefunken-Gesellschaft zum ersten Male und zwar hauptsächlich durch die Arbeit des Ingenieurs Schloemilch in befriedigender Weise bei der erwähnten Vorführung vor fast genau 1 Jahr gelöst worden. Damals sandten wir Telephongespräche von unserer Sendestation im Laboratorium Tempelhofer Ufer nach unserer Großstation Nauen auf fast 40 km, wobei der große Turm von Nauen die ankommenden Gespräche aufnahm. Um wie viel, genauer in Zahlen ausgedrückt, die telephonischen Leistungen im Laufe dieses Jahres gestiegen sind, darauf komme ich später zurück.

Von den verschiedenen Methoden der drahtlosen oder Radiotelephonie möchte ich nur zwei besprechen, nämlich diejenige mittels Funken erzeugter Schwingungen und diejenige mittels Lichtbogen erzeugter Schwingungen. Eine dritte Methode, welche auf der direkten Erzeugung der Schwingungen durch Maschinen beruht, und die von dem Amerikaner Fessenden angewendet wurde, möchte ich nicht näher behandeln, da es mir unwahrscheinlich erscheint, daß sie je eine praktische Bedeutung erreichen wird.

Desgleichen will ich auf die sogenannte Lichttelephonie nicht eingehen, welche durch die praktischen Versuche Ruhmers immerhin auf Entfernungen bis 7 km befriedigende Resultate erzielte.

Um das allgemeine Prinzip zu zeigen, wähle ich zunächst die Beschreibung der Funkenmethode, weil man hier, von Bekanntem ausgehend, am leichtesten die Vorgänge schildern kann.

Ein elektrischer Schwingungskreis, bestehend aus Leydener Flaschen als Kapazität, und einigen Drahtwindungen als Selbstinduktion und einer Funkenstrecke dient zur Erzeugung von abklingenden oder gedämpften Schwingungen. Man ladet die Leydener Flaschen mit Hochspannung, bis sie elektrisch überlaufen. Das Überlaufen erfolgt in Form eines Funkens. Dieser Funkenausgleich der angehäuften Elektrizitätsmengen erfolgt bekanntlich nicht in einem einzigen Stoß, sondern durch mehrfaches Hin- und Herschwingen der elektrischen Massen, das allmählich abklingt. Je nach den elektrischen Verhältnissen des Kreises kommt der Entladungsausgleich nach einer größeren oder kleineren Anzahl von Schwingungen zum Stillstand. Im allgemeinen werden etwa 25—35 Schwingungen ausgeführt. Man veranschaulicht am bequemsten den Entladungsvorgang an einer akustischen Stimmgabel. Durch einen Hammerschlag in Bewegung gesetzt, tönt diese mehrere Sekunden nach und führt dabei mehrere tausend Schwingungen aus, ehe der Stillstand eintritt. Der Hammerschlag ist die Ladung der Flasche, das Nachklingen ist das elektrische Ausschwingen durch Funkenentladungen. Ebenso, wie die Stimmgabel, einen bestimmten akustischen Ton, dessen Höhe durch ihre Abmessungen gegeben ist, abgibt, ebenso erzeugt der elektrische Schwingungskreis einen bestimmten elektrischen Ton, entsprechend seinen elektrischen Abmessungen. Nach dem Thomsonschen Gesetz nimmt die Tonhöhe umgekehrt mit der Wurzel aus der Kapazität der Flaschen und der Selbstinduktion der Spule ab.

Bringt man einen zweiten, elektrisch gleichen aus Leydener Flaschen und Drahtwindungen bestehenden Schwingungskreis den „Empfangskreis" in die Nähe des Sendekreises, so kann man leicht nachweisen, daß auch in ihm Schwingungsenergie entsteht, das heißt, daß er elektrisch mitschwingt. Zu diesem Nachweise bedient man sich am bequemsten eines gewöhnlichen Hitzdraht-Strommessers. Der Empfangskreis nimmt bekanntlich die größte Energie dann auf, wenn er elektrisch auf gleiche Schwingungszahl wie der Erzeuger gestimmt ist, oder, wie wir kürzer sagen, wenn er „abgestimmt" ist.

Da der Empfangskreis nur einen kleinen Teil der Energie, die der Erreger enthält, aufzunehmen braucht, und daher in ihm geringere elektrische Spannungen auftreten, kann man ihn in allen seinen Teilen kleiner dimensionieren. Man erhält ohne Schwierigkeit Ausführungen, wo sowohl die Windungen d. h. die Selbstinduktion, wie die Leydener Flasche, d. h. die Kapazität variabel gemacht sind. Die Abstimmfähigkeit zweier elektrischer Schwingungssysteme kann man wiederum am bequemsten durch ein Stimmgabel-Experiment veranschaulichen. Die erste Stimmgabel dient als Erzeuger oder Sender und wird angeschlagen, die andere dient als Empfänger und wird in der Nähe aufgestellt. Wenn man den Sender anschlägt und nach kurzen Tönen anhält, hört man, daß der Empfänger nachklingt. Der Sender hat akustische Energie in den Raum gestrahlt, der Empfänger hat sie aufgenommen und ist in Schwingungen geraten. Bei Verstimmung erfolgt ein Ansprechen nur bei wesentlich kürzeren Entfernungen. Genau das Gleiche kann hier zwischen zwei elektrischen Schwingungskreisen gezeigt werden. Der Empfangskreis ist eine Empfangsstimmgabel mit variabler Abstimmung. Der Stromanzeiger des Empfängerkreises zeigt bei einem bestimmten Abstand vom Sender nur Strom d. h. elektrische Schwingungen an, wenn beide gleich gestimmt sind. Erst bei großer Nähe wird auch trotz Verstimmung im Empfangskreis Energie wahrnehmbar. Diese Übertragung stellt die einfachste Form der abgestimmten Funkentelegraphie dar.

Für praktische Zwecke d. h. für große Entfernung ist der eben benutzte Wechselstrommesser als Wellenanzeiger zu unempfindlich. Gleichstrominstrumente kann man empfindlicher machen als Wechselstrominstrumente. Es ist daher zweckmäßig, zum Nachweis schwacher elektrischer Schwingungen diese erst in Gleichstrom umzuwandeln und den Gleichstrom durch ein Gleichstrominstrument wahrnehmbar zu machen. Zum Umwandeln benutzten wir ein Thermo-Element, welches wir, da es zum Anzeigen der Schwingungen benutzt werden soll, Thermo-Detektor nennen. Unseren Thermo-Detektor, welcher eine sehr hohe Empfindlichkeit aufweist, verdanken wir dem Ingenieur Schloemilch. Die prinzipielle Anordnung eines solchen Thermo-Detektors ist sehr einfach. Zwei Drähte aus verschiedenem Material berühren sich in einem Punkte leicht. Die Schnellfrequenzströme werden durch die Berührungsstelle hindurchgeleitet und es entsteht an dieser Joulesche Wärme. Diese bewirkt eine Temperaturerhöhung und hieraus folgt eine thermo-elektrische Spannungsdifferenz an den Klemmen des Thermo-Elementes. Verbinden wir ein empfindliches Galvanometer mit ihm, so zeigt sich ein Anschlag, und zwar ein größerer unter sonst gleichen Verhältnissen als der des Hitzdraht-Strommessers.

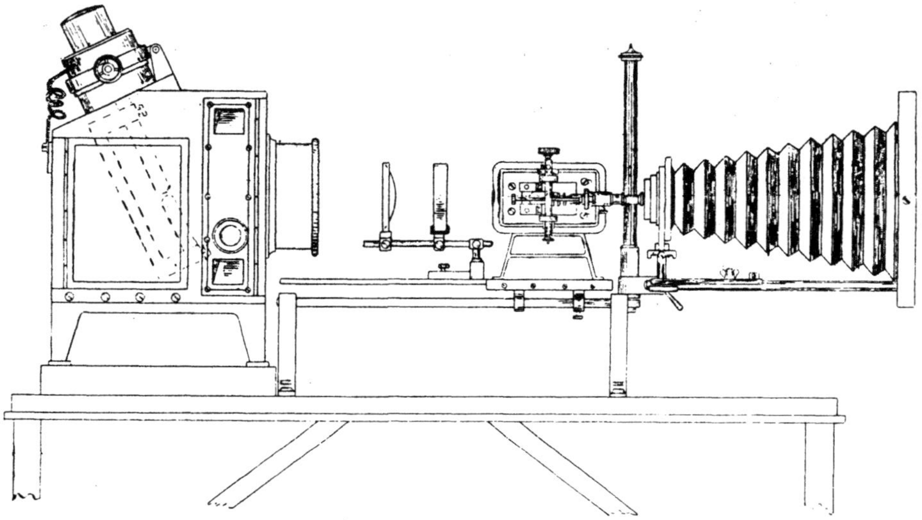

Fig. 1.

Ein besonders hierfür geeignetes Instrument ist das sogenannte „Faden-Galvanometer". Der Strom wird durch einen leicht beweglichen leitenden Faden, welcher in einem stark magnetischen Felde angeordnet ist, geführt und dessen Durchbiegung beobachtet, und zwar entweder subjektiv oder als bewegtes Schattenbild objektiv. In letzterem Falle können die Ablenkungen photographisch registriert werden.

Ein solches Galvanometer als Anzeigeinstrument ist von Herrn Schloemilch seinerzeit ausgearbeitet und von ihm gelegentlich des internationalen Kongresses für drahtlose Telegraphie im Oktober 1906 in unserm Laboratorium praktisch vorgeführt worden. Fig. 1 zeigt die damals benutzte Anordnung. Der Registrierapparat ist der Einfachheit wegen weggelassen.

Für die Telegraphie kann man, für die Telephonie muß man an Stelle des Galvanometers ein Telephon einschalten, in welchem jedesmal dann ein Gleichstromstoß hindurchfließt, wenn eine Erwärmung im Thermo-Detektor auftritt. Da aber immer jede Erwärmung von einem Funkenübergang hervorgerufen ist, so haben wir bei jedem Sendefunken einen Gleichstromstoß und eine Bewegung des Telephonmembranes an der Empfangsstelle. Wenn wir telegraphische Zeichen übermitteln und nehmen die Wirkungen mit dem Telephon auf, so hören wir im Telephon die Punkte und Striche des Morse-Alphabetes als kürzer oder länger anhaltendes Knacken.

Trotz der hohen Empfindlichkeit des Thermodetektors bleibt doch die Übertragsweite bei einer Einrichtung, wie eben geschildert, noch gering und beschränkt sich auf höchstens einige 100 m Abstand. Die großen praktisch erzielbaren Entfernungen von 100 oder 1000 oder mehr km werden bekanntlich erreicht, indem man an der Sende- und Empfangsstelle einen Luftdraht, die sogenannte Antenne beim Sender als Strahlapparat, beim Empfänger als Aufnahmevorrichtung hinzufügt. Die Antennen haben ähnlich wie die Leidener Flaschenkreise eine elektrische Eigenschwingung, die durch ihre Abmessungen gegeben ist. Zu Schwingungen erregt, klingen sie ähnlich wie die Flaschenkreise in einer gedämpften Schwingung ab, und zwar, da sie meistens stärker gedämpft sind, schneller ab, als Flaschenkreise. Die Stimmgabel können wir zum dritten Mal zur Demonstration der elektrischen Vorgänge heranziehen, und zwar diesmal zur Veranschaulichung der Antennenwirkung. Die Stimmgabel allein stellt den Flaschenkreis vor, der Resonanzboden die Antenne. Schlägt man die Stimmgabel, sie in der Hand haltend, an, so hört man kaum einen Ton, nach dem Aufsetzen auf dem Resonanzboden dagegen deutlich. Der Resonanzboden nimmt die Energie der Gabel auf und strahlt sie nach außen. Er veranschaulicht hiermit die Antennenwirkung. Die elektrische Energie des Funkenkreises wird auf eine abgestimmte Sendeantenne übertragen und von dieser in den Raum ausgestrahlt. Ist die Antenne symetrisch im Raum angeordnet, so ist die Ausstrahlung im allgemeinen gleichmäßig stark nach allen Richtungen. Ist sie unsymetrisch, so ist die Ausstrahlung ungleich. Je nachdem haben wir gerichtete oder nicht gerichtete Telegraphie. An der Empfangsstelle nimmt die ebenfalls abgestimmte Empfangsantenne je nach ihrer Größe und Raumlage einen bestimmten Betrag der durch den Raum hindurchgehenden elektromagnetischen Schwingungsenergie auf und überträgt sie auf den Empfangskreis. Für die Aufnahme kann man wieder die beiden Teile einer Empfangsstimmgabel zur Veranschaulichung heranziehen: Der

Resonanzboden ist die Empfangsantenne und die Stimmgabel der Empfangskreis.

Die Stromanzeiger, die wir im Empfangskreise benutzt haben, sind etwas träge. Würden sie weniger Trägheit besitzen, so würden ihre Zeiger nicht stillstehen, sondern während des Funkenüberganges in rascher Folge hin und her pendeln. Beim Telegraphieren benutzt man in der Regel 50 Funken pro Sekunde, indem man die Leydener Flasche aus einer Wechselstrommaschine speist, welche 100 Wechsel pro Sekunde liefert. Für jeden zweiten Wechsel erfolgt ein Funkenübergang. Ein nicht träges Galvanometer müßte also bei

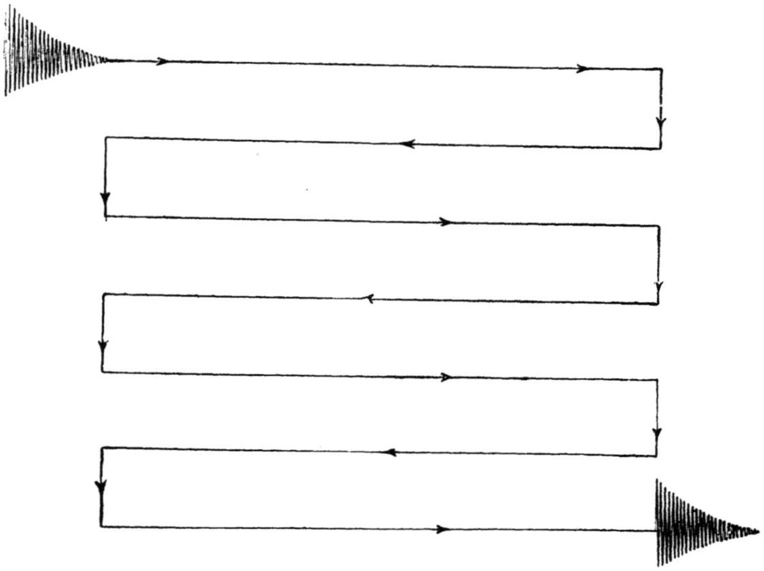

Fig. 2.

dauernder Funkengebung pro Sekunde 50 Ausschläge zeigen. Das Membran eines Telephons besitzt eine sehr geringe Trägheit und ist imstande, nicht nur 50 Impulsen, sondern auch einer viel höheren Impulszahl bequem zu folgen. Im Telephon hört man daher an der Empfangsstelle ein Geräusch, das 50 Stromstößen pro Sekunde entspricht. Wir haben die Entladungsvorgänge in Fig. 2 graphisch dargestellt. In der zickzackförmigen Linie ist die Zeit aufgetragen und zwar um auf ein einigermaßen kleines Bildformat zu kommen, ist diese Linie mehrmals gebrochen gezeichnet. Das Bild zeigt die elektrischen Vorgänge unter folgenden Voraussetzungen: Die Schwingungszahl der gedämpften Schwingungen beträgt 500 000 pro Sekunde und 25 Schwingungen werden ausgeführt, bis der Stillstand eintritt. Die Funkenfolge beträgt 50 pro Sekunde. Unsere Zeichnung stellt den Zeitintervall von $^1/_{50}$ Sekunde dar. Man ersieht hieraus, daß nur während eines ganz kleinen Bruchteiles der gesamten Zeit, nämlich nur während $^1/_{400} \cdot {}^1/_{50}$ Sekunde elektrische Strahlung vorhanden ist und während der übrigen Zeit, nämlich 399/400 der $^1/_{50}$ Sekunde elektrische Ruhe herrscht. Wenn man statt einer Wechselstrommaschine von 100 Wechseln mit mehreren 1000 Wechseln arbeitet und dementsprechend mehrere 1000 Funken pro Sekunde erhält, so schrumpft die Zeit, wo elektrische Ruhe herrscht, mehr und mehr auf Null zusammen. Die erhöhte Funkenzahl ist natürlich gleichbedeutend mit einem erhöhten Energieverbrauch. Die Energie steigt direkt mit der Häufigkeit der Funken. Würde z. B. unsere Großstation Nauen, welche heute mit 30 Funken sendet, mit 3000 Funken pro Sekunde arbeiten, so würde hierzu ein Energieaufwand nicht mehr wie bisher von 35, sondern von 3500 PS notwendig sein! Bei einer Erhöhung der Funkenzahl wird die Berührungsstelle des Thermo-Detektors entsprechend häufiger erwärmt und das Gleichstrominstrument zeigt einen, in demselben Maße wie die Funkenfolge vermehrten vergrößerten Durchschnitts-Gleichstromwert an. Nimmt man statt des Strommessers ein Telephon zum Anzeigen der Wärmewirkung, so ist in diesem ein entsprechend höherer Ton wahrnehmbar. Die Funkenfolge läßt sich soweit steigern, das schließlich der erzeugte Ton außerhalb der Hörgrenze liegt, also verschwindet. In diesem Moment haben wir eine geeignete Anordnung für drahtlose Telephonie.

Solange der Sender arbeitet, entstehen dauernde Beeinflussungen des Empfängers und es fließt durch das Empfangstelephon ein vom Sender verursachter Gleichstrom. Soll eine Sprachübertragung erfolgen, so ist weiter nichts notwendig, als diesen Gleichstrom an der Empfangsstation nach einer bestimmten Gesetzmäßigkeit von der Sendestelle aus zu beeinflussen. Dies gelingt durch die Anwendung eines gewöhnlichen Mikrophons an der Sendestelle. Ein Mikrophon besteht bekanntlich aus Kohlenkörnern oder Kohlenstücken, welche durch ein Membran, gegen das man spricht, bewegt werden. Durch die Kohlenkörner wird der zu beeinflussende Sendestrom geleitet. Der Widerstand der Kohlenkörner und gleichzeitig die zu beeinflussende Stromstärke schwankt entsprechend der auf das Membran wirkenden Schallwellen. Die Widerstandsveränderung des Mikrophons beeinflußt die ausgestrahlte Senderenergie durch folgende Schaltung: Zur Übertragung der Energie aus dem Flaschenkreis auf den abgestimmten Luftdraht befindet sich stets in ihm eine Anzahl Selbstinduktionswindungen, welche denjenigen des Flaschenkreises ziemlich nahe gegenüberstehen. Von diesen Windungen im Luftdraht, die wir die Kupplungswindungen nennen, weil durch ihre Wirkung die Energieübertragung auf den Luftdraht vom Flaschenkreis aus bewirkt wird und folglich diese Windungen den Luftdraht mit den Flaschen verbinden, ist das Mikrophon abgezweigt. Solange der Widerstand des Mikrophons niedrig ist, d. h. beim Nichtsprechen, sind die Luftdrahtwindungen durch das Mikrophon fast kurz geschlossen. Die Energie des Flaschenkreises geht in die Kupplungswindungen und von da in das Mikrophon. Der Luftdraht erhält wenig Energie. Beim Sprechen dagegen steigt der Widerstand des Mikrophons. Es nimmt weniger Energie auf und die Folge davon ist, daß mehr der verfügbaren Energie in dem Luftdraht fließt. Es entsteht so ein Schwanken der ausgestrahlten Energie und zwar ein Schwanken, das durch die Sprache dosiert ist. Entsprechend diesen Energieschwankungen verändert sich auch in gleicher zeitlicher Folge die Erwärmung im Thermodetektor. Es treten Schwankungen in der vom Thermodetektor erzeugten Gleichstromstärke auf.

In dieser Weise geht also eine drahtlose Telephonie mittels funkenerzeugter Schwingungen vor sich. Ich habe diese Methode genau beschrieben, weil sich das Prinzip der drahtlosen Telephonie hier am leichtesten erklären läßt. Die von uns benutzte Methode, die ich nachher praktisch vorführen will, beruht auf der Schwingungserzeugung durch Lichtbogen. Wir können aus der beschriebenen Methode in die Lichtbogenmethode übergehen, indem wir einfach die bisherige Funkenstrecke statt mit hochgespanntem Wechselstrom mit Gleichstrom speisen. Aus der Funkenstrecke wird dann ein Lichtbogen.

Eine hübsche Analogie gibt uns wiederum die Stimmgabel. Statt sie durch einzelne Schläge oder Stöße in Schwingungen zu versetzen, wird eine solche durch einen Violinbogen gleichmäßig angestrichen. Der akkustisch hörbare Ton hehält dann während des Streichens fortdauernd gleiche Stärke. Elektrisch entspricht der Wechselstrom dem stoßweisen Antrieb, der Gleichstrom dem Anstreichen der Stimmgabel.

Die Lichtbogenmethode zur Schwingungserzeugung ist keineswegs neu. Sie ist vielmehr schon seit dem Jahre 1892 durch das amerikanische Patent von Elihu Thomson bekannt geworden. Indessen fand diese Methode jahrelang keine Beachtung. Später gelang es, und zwar im Jahre 1900, dem Engländer Duddell und noch später 1903 dem dänischen Ingenieur Poulson diese Methode wirksamer zu gestalten. Letzterer erreichte nach mehrjährigen Bemühungen eine solche Leistungsfähigkeit seiner Anordnungen, daß er an die Ausführungen praktischer Versuche hergehen konnte, und zwar zunächst an Versuche für drahtlose Telegraphie, gelegentlich wohl auch, wie nachträglich bekannt geworden ist, an eine telephonische Übertragung, allerdings nur auf ganz kurze Entfernungen. Die Hauptverbesserung, welche Poulson in Anwendung brachte, besteht darin, den Lichtbogen in einer Wasserstoffatmosphäre brennen zu lassen. Es dürfte von historischem Interesse sein, festzustellen, daß dieses Mittel vor Poulson bereits benutzt wurde. Wie so häufig, namentlich aber in der drahtlosen Technik, fand eine diesbezügliche Veröffentlichung seinerzeit keine Beachtung. Es ist Prof. Righi, welcher in

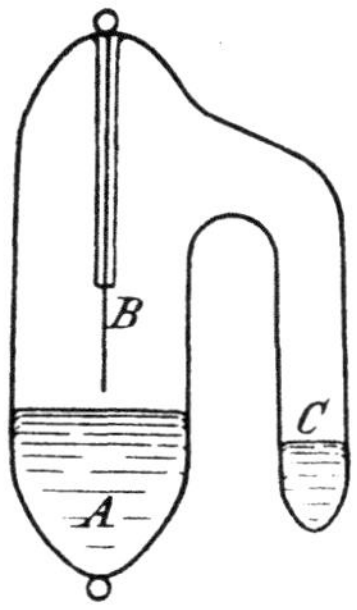

Fig. 3.

einer Mitteilung an die Akademie von Bologna (1902) Versuche beschreibt, die er über den Duddell-Bogen angestellt hatte. Hierbei ordnete er den Lichtbogen, welcher zur Schwingungserzeugung diente, in der Flamme eines Bunsenbrenners an. Zufälligerweise ist dies auch der erste Versuch gewesen, durch welchen Herr Poulson, wie er mir selber erzählt hat, die Wirksamkeit des Wasserstoffes feststellen konnte. Da die so erhaltenen Schwingungen noch an Regelmäßigkeit zu wünschen übrig ließen, benutzte Righi bei den weiteren Versuchen eine evakuierte Röhre mit Wasserstoffüllung, Fig. 3, welche so regelmäßig und gut arbeitete, daß er diese Röhre bei den ferneren Untersuchungen fast ausschließlich gebrauchte.

Unsere deutsche Telefunkengesellschaft ging anfänglich mit dem Gedanken um, die Poulsonschen Erfindungen zu erwerben. Die Verhandlungen scheiterten aber und wir mußten versuchen, ohne das Poulson-Patent dasselbe zu erreichen. Dies gelang uns über Erwarten schnell. Wir verdanken hierbei viel Herrn Professor Simon in Göttingen, der uns durch seinen Rat außerordentlich unterstützte und uns den richtigen Weg wies. Unser Verfahren, das wir zuerst auch nur für Telegraphieversuche anwendeten, besteht darin, daß wir statt eines einzigen Bogens eine große Anzahl von in Reihe geschalteter Bögen benutzten. Der Vorteil, den die Anwendung des Wasserstoffes bei einem Bogen bringt, scheint in einer besonderen Kühlwirkung zu bestehen. Bei unseren Serienbögen kommt auf jeden einzelnen nur ein kleiner Bruchteil der ganzen Wärmeentwicklung. Der kleine, aus jedem Teilbogen wegzuschaffende Wärmebetrag läßt sich auch ohne Wasserstoff

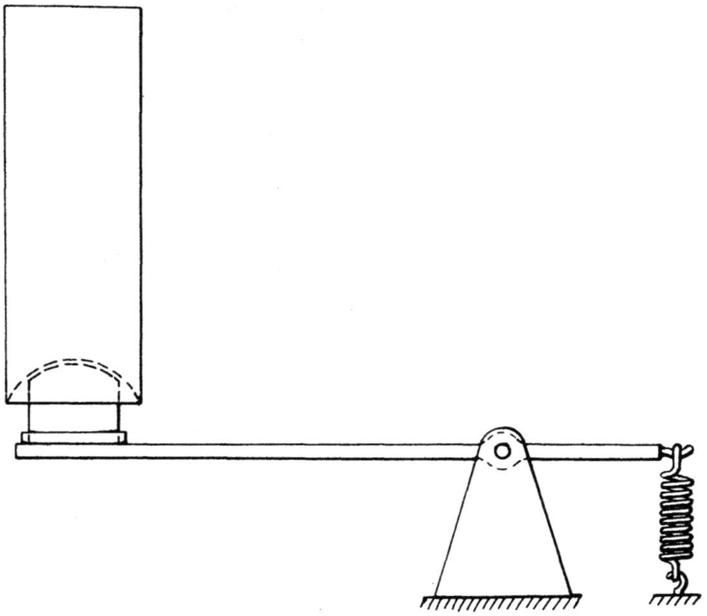

Fig. 4.

ableiten. Wir benutzen hierzu eine wohl von Professor Simon zuerst angegebene unsymmetrische Elektrodengestaltung, indem wir als eine Elektrode Kohle nehmen, während wir die andere als wassergekühlte Metallelektrode ausbilden. Einen Einzelbogen unserer Normallampe zeigt Fig. 4. Die obere Elektrode ist aus einem Metallrohr gebildet, das unten mit einem eingewölbten Boden verschlossen ist und Kühlwasser enthält. Die zweite Elektrode ist eine homogene Kohle von 4—5 cm Durchmesser. Letztere hat eine Oberflächenkrümmung, die genau in den gehölten Boden paßt. Die Kohle sitzt auf einer horizontalen Blattfeder, welche sie gegen den Boden der Kühlelektrode drückt. Die gewünschte Bogenlänge wird durch Niederpressen der Blattfeder bewirkt.

Die Serienbögen besitzen eine Reihe elektrischer Vorteile gegenüber dem Einzelbogen. Vor allem schwankt die mit ihnen erzeugte Wellenlänge fast gar nicht. Im Gegensatz zur Funkenmethode, bei welcher die Schwingungszahl nur von der Kapazität und Selbstinduktion des Kreises abhängt, ändert sich bei der Lichtbogenmethode die Welle auch mit der Gleichstromstärke. Diese hängt aber wieder von der Bogenlänge ab und die letztere von der Schnelligkeit und der Gleichmäßigkeit des Abbrandes. Hieraus ist sofort zu ersehen, daß die Serienbögen von Vorteil sind. Einmal machen kleine Unregelmäßigkeiten einer einzigen Kohle weniger aus, und andererseits ist der Abbrand der Kohlen langsamer, weil pro Bogen ein geringerer Wärmebetrag entfällt. Man kann daher $^3/_4$ Stunden die Lampen brennen lassen, ohne daß eine Schwankung der erzeugten Schwingungszahl zum Nachregulieren zwingt. Daß die Verhältnisse beim einfachen Bogen in Wasserstoff mit Magnetgebläse wesentlich ungünstiger liegen, daß hier eine sehr häufige Regulierung notwendig ist, darüber berichtet ausführlich Professor Fleming, in „Electrician" 1907 Nr. 1515 — 18 auf Grund mehrmonatlicher eigener Experimente.

Man könnte aber annehmen, daß die Anwendung einer großen Mehrheit von Lichtbögen praktische Schwierigkeiten und Umständlichkeiten zur Folge hätte. Dies war tatsächlich im Anfang auch der Fall. Heute können wir dagegen sagen, diese Schwierigkeiten sind gänzlich überwunden und das Einstellen von einer Lampe geht ebenso schnell vor sich, wie von 10, 20 oder mehr Lampen. Die Konstruktion, die diese einfache Regulierung ermöglicht, stammt von unseren Ingenieuren Schapira und Löwe. Sie ist derartig ausgebildet, daß man die einzelne Lampe überhaupt nicht mehr regulieren kann, geschweige denn regulieren muß. Für die Regulierung existiert vielmehr nur eine Gruppe von Lampen, aus 10, 20 oder mehr Elementen bestehend, die als Ganzes allein regulierbar ist. Die in Fig. 5 dargestellte Ausführung enthält 6 Lampen. Man kann aber ohne Schwierigkeit auch 20 oder mehr Elemente vereinigen.

Die Einstellung erfolgt mit zwei Handgriffen. Der erste bringt alle Bögen gleichmäßig auf Null und der zweite Handgriff öffnet alle Bögen gleichzeitig von der Nullstellung aus um einen gleichen Betrag.

Eine solche Einstellung dauert etwa 20—30 Sekunden und erfordert weder Geschicklichkeit noch die Beobachtung besonderer Rücksichten. Sind die Lampen durch Öffnen des Stromes ausgemacht, und sollen sie von neuem gezündet werden, so genügt hierzu ein einfacher Druck auf den Stellhebel. Sie werden hierdurch für einen Augenblick alle kurz geschlossen, der Strom erreicht für einen Moment etwa den doppelten Normalwert, dann läßt man den Hebel los und alle Lampen stellen sich auf die vorher einregulierte Bogenlänge von selber ein.

Je mehr Energie wir zum Aussenden bringen wollen, um so mehr Lampen schalten wir in Reihe. Bei 220 Volt Gleichstrom benutzen wir 6 Lampen, bei 440 Volt 12 und bei 880 Volt 24 Lampen. Die Stromstärke, die wir bei verschiedenen Spannungen verwenden, beträgt 4—7 Ampere. Bei 24 Lampen

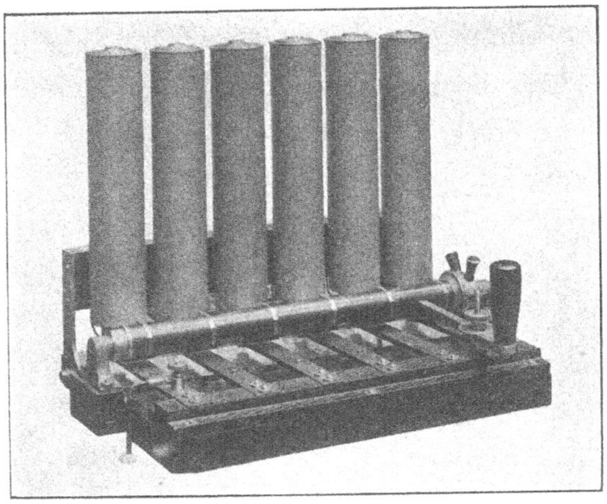

Fig. 5.

und 880 Volt können wir 6 KW Gleichstrom-Energie zur Schwingungserzeugung aufwenden. Hiervon können 10 % für Strahlungszwecke in Form ungedämpfter Schwingungen nutzbar gemacht werden. Das Verhältnis zwischen nutzbarer Schwingungs-Energie und aufgewendeter Energie, der Wirkungsgrad, ist etwa für alle Lampenzahlen von 6—24 derselbe. Er ist bei hoher Lampenzahl sogar etwas günstiger als bei kleiner.

Die Lichtbogen-Methode ist nach dem Bekanntwerden der ersten erfolgreichen Versuche Poulsons mit diesem an und für sich schon bekannten Namen so eng verbunden, daß unserer Erzeugungs-Methode, deren Resultate noch wenig bekannt sind, mit einem gewissen Mißtrauen begegnet wird. Dieses Mißtrauen scheint sich hauptsächlich auf 2 Punkte zu richten, nämlich einmal darauf, ob es uns möglich ist, dieselben Energiemengen in kontinuierliche Schwingungen umzusetzen, wie mit der Poulson-Methode und ferner, ob annähernd der gleiche Wirkungsgrad hierbei erreicht werden kann.

Ich möchte betonen, daß das, was ich hierüber sagen werde, nur für Schwingungen konstanter Amplitude und konstanter Periode gilt. Es hat sich in der kurzen Zeit des Bestehens der Lichtbogen-Methode die Meinung eingebürgert, daß Lichtbogenerzeugung identisch mit kontinuierlichen Schwingungen konstanter Periode wäre. Diese Meinung ist aber durchaus irrig. Man kann (und dies geschieht vielfach) mittels Lichtbogen alle möglichen Arten von Schwingungen erzeugen, bei welchen die beiden Prädikate: „kontinuierlich“ und „konstante Periode“ gleichzeitig nicht zutreffen. Setzt man z. B. eine Bogenlampe als Ersatz für eine Funkenstrecke in einen gewöhnlichen Funkenerregerkreis ein, so wird man in diesem Falle zwar kontinuierliche Schwingungen erzeugen, aber solche von variabler Periode. In solchem Kreise ist die Kapazität zu groß und die Selbstinduktion zu klein. Setzt man eine Lampe in einen Erregerkreis von genügend großer Selbstinduktion und genügend kleiner Kapazität und bläst den Bogen, so hat man die Periode konstant, aber die Schwingung ist nicht kontinuierlich, sondern sie klingt ab. Bei besonders eingestellten Lichtbögen kann man schließlich noch eine dritte Art von Schwingungen erzeugen, nämlich solche, welche durch sehr häufige Funken hervorgerufen werden. Die stetige Energienachlieferung, (das Anstreichen des Violinbogens) fällt weg und diese Schwingungen bestehen aus intermittierenden Wellenzügen von einer Dämpfung, welche im allgemeinen stärker ist, als diejenige einer Funkenentladung. Eine Dämpfungsmessung nach der Resonanzmethode kann in den einzelnen Fällen auch keine Klarheit geben, welche Art von Schwingungen vorliegt, sondern nur die Untersuchungen im rotierenden Spiegel. In der Tat hat auch Prof. Fleming in der vorhin erwähnten Arbeit gezeigt, daß mittelst einer Poulson-Lampe keine kontinuierlichen Wellenzüge erzeugt wurden, sondern intermittierende. Desgleichen kann man dies beim Telephonieren an der Empfangsstelle konstatieren. Man hört dann im Telephon ein unregelmäßiges starkes Rauschen, welches durch das zeitweise Aussetzen der Schwingungen hervorgerufen wird.

Welches ist die maximale Energie, die wir in kontinuierliche Schwingungen konstanter Periode umsetzen können? Ich kann heute eine bestimmte Zahl noch nicht angeben. Wir haben eine obere Grenze hierfür noch nicht gefunden. In dem Intervall, was wir durch unsere Versuche kennen, steigt die Energie proportional mit der angewendeten Lampenzahl. Wir erhalten aber in den nächsten Monaten eine Gelegenheit, etwa 30 KW Gleichstromenergie in ungedämpfte Schwingungen umzusetzen und wir haben nicht die leisesten Befürchtungen, daß uns dies nicht mit demselben Wirkungsgrad und derselben Leichtigkeit gelingen wird, wie bisher 6 KW.

Über den Wirkungsgrad liegen bisher wissenschaftliche Veröffentlichungen noch nicht vor. Man wird auch hier sehr genau berücksichtigen müssen, um welche Art von Schwingungen es sich handelt.

Selbst der Begriff des Wirkungsgrades hierbei ist noch nicht ganz festgelegt. Teilweise ist darunter verstanden worden: die scheinbare Leistung im Erregerkreise im Verhältnis zur aufgewendeten Gleichstromenergie. Richtig ist unserer Ansicht nach und daher auch bei unseren Messungen zu Grunde gelegt: das Verhältnis der durch einen nur Glühlampen enthaltenden Schwingungskreis entziehbaren Energie zur gesamten aufgewandten Gleichstromenergie. Dieser so definierte Wirkungsgrad beträgt bei uns rd. 10 %.

Wir haben bei der verschiedensten Anzahl von Serienlichtbögen Vergleichsversuche gemacht, bei denen wir dieselben abwechselnd in Luft oder Wasserstoff brennen ließen, und wir haben eine wesentliche Überlegenheit des Wasserstoffes nur bei weniger als 6 Lichtbögen gefunden. Bei 12 Lichtbögen dagegen und einer Spannung von 440 Volt konnte die Überlegenheit von rd. 10 % nur kurze Zeit nach dem Einsetzen der Schwingungen festgestellt werden. Nach wenigen Minuten mußte man dann aber die Energieentziehung vermindern, da die Lampen anfingen unregelmäßig zu brennen. Von diesem Moment ab war der Wirkungsgrad in Wasserstoff ungünstiger als der in Luft. Die Ursache hierfür fanden wir in Kraterbildungen der Kohle, eine Erscheinung, die beim Brennen in Luft niemals eintritt, selbst wenn die Lampen stundenlang arbeiten.

Fig. 6 zeigt die normale Ausführung unserer Telephon-Station für eine Betriebsspannung von 440 Volt. Die zwei Lampengruppen bilden mit den zugehörigen variablen Kondensatoren und Spulen den Erregerkreis, dessen Schwingungszahl in ziemlich weiten Grenzen verändert werden kann. Der praktische Betrieb des Telephontisches gestaltet sich so, daß der Lampenkreis während des Sprechens dauernd eine kontinuierliche Schwingung erzeugt. Die Kopplungswindungen des Luftdrahtes nehmen hiervon einen bestimmten Energiebetrag auf und dieser geht während des Sprechens abwechselnd in das Mikrophon und in die Antenne.

Durch einen einfachen Handgriff schaltet man vom Sprechen zum Hören um. Der Handgriff bewirkt zunächst das Ablösen der Antenne von den Sendeapparaten und ihre Verbindung mit den Empfangsapparaten. Außerdem werden durch ihn gleichzeitig die Schwingungen des Sendekreises zum Aufhören gebracht, ohne daß indessen die Lampen hierbei ausgehen, und schließlich werden an den Empfangsapparaten die notwendigen Verbindungen zur Aufnahme hergestellt.

Fig. 6.

Die Empfängerschaltung ist von derjenigen für drahtlose Telegraphie in einem wesentlichen Punkte verschieden, auf den ich bisher noch nicht eingegangen bin. Der Thermo-Detektor, oder der bekannte elektrolytische Detektor, ist nicht in einem besonderen Empfangskreis eingeschaltet, sondern steht unmittelbar mit der

Empfangsantenne in Verbindung. Bei unseren ersten Telephonier-Versuchen zeigte sich nämlich die überraschende Erscheinung, daß die Sprache zwar laut ankam, aber keineswegs deutlich und nicht genügend artikuliert. Wir fanden für die Verzerrung der Sprache den Grund in Deformationen der Schwingungsform, welche teilweise durch Resonanzerscheinungen und teilweise durch Periodenschwankungen verursacht sein können. Zur Beseitigung dieser schlug unser Ingenieur Pichon vor, den Empfangskreis ganz wegzulassen und den Detektor unmittelbar mit der Antenne zu verbinden. Die Antenne, schon an und für sich stark gedämpft, verliert durch die feste Verbindung mit dem ebenfalls dämpfenden Detektor fast vollständig ihre Eigenschwingung und ihre Resonanzfähigkeit. Daher zeigt eine Empfangseinrichtung für Telephonie, trotzdem sie von der Sendestelle aus kontinuierliche Schwingungen konstanter Periode erhält, eine geringere Abstimmfähigkeit als ein gewöhnlicher Funkenempfänger.

Wir telephonieren über Land bei einer Primärenergie von 220 Volt und 4 Amp. bis auf 35 km und benutzen dazu je einen Mast von nur 26 m Höhe. Der Versuch, den wir am 15. November 1907 machten, mit derselben Masthöhe bis auf 75 km zu sprechen, nämlich von Berlin nach Rheinsberg, um unseren Weltrekord zu verdoppeln, ist in überraschender Weise geglückt. Trotz der geringen Masthöhe von nur 26 m ist die aufgenommene Lautstärke durchaus befriedigend und die meisten gesprochenen Sätze konnten beim ersten Male sofort verstanden werden. Dabei war die aufgewendete Primärenergie nur 440 Volt und 5 Ampère. Wir können daher bestimmt annehmen, daß bei einer etwas vergrößerten Masthöhe, nämlich bei einer solchen von ungefähr 35 m eine dauernd gute Verständigung auf über 100 km erreichbar ist.

Die häufig ausgesprochene Hoffnung, bei kontinuierlichen Schwingungen die bisherigen leider recht erheblichen Masthöhen entbehren zu können, war etwas voreilig. Man hatte dabei ganz vergessen, daß zu jeder Übertragung nicht nur der Sender gehört, dessen Antenne allerdings sowohl bei der Methode der schnellen Funken, wie bei den anderen Abarten der sogenannten kontinuierlichen Schwingungen, wesentlich kleiner werden kann, als bei Funkenerregung mittels seltener Funken, sondern daß schließlich auch ein — Empfänger notwendig ist. Letzterer braucht aber nach wie vor eine Antenne beträchtlicher Höhe, um die an der Empfangsstelle vorhandene Raumenergie einigermaßen auszunutzen. Welche Entfernungen sich über See unter Benutzung der normalen Schiffsmaste mit unseren Apparaten erzielen lassen würden, können wir heute noch nicht bestimmt angeben. Indessen werden wir in nächster Zeit hierüber genauere Zahlen erhalten, da die amerikanische Marine mit drahtloser Telephonie Versuche macht und zu diesem Zwecke auch bei uns zwei Stationen angekauft hat. Ob die Entfernungen ähnliche Größen erreichen werden als bei Funkentelegraphie bei gleichem Mast und gleicher Energie? Ich glaube es schwerlich, denn hier wird heute wirklich hervorragendes geleistet. Unsere tragbare Militärstation überbrückt z. B. mit nur 12 m Mast eine Entfernung von 75 km über Land mit einem Energieaufwand von nur 200 Watt! Schiffsstationen von 1 KW-Leistung reichen häufig bis 500 km, unter besonders günstigen Verhältnissen sogar bis 1000 km und mehr!

Eine Schwäche der drahtlosen Telephonie ist der hier noch fehlende Anruf. Einen solchen herzustellen mittels eines als Relais ausgebildeten empfindlichen Gleichstrom-Galvanometers ist zwar leicht, aber ein solches Instrument muß eine derartig hohe Empfindlichkeit besitzen, daß man auf eine genügende Betriebssicherheit nicht rechnen kann.

Schließlich ist auch der Vermehrung der Energie an der Sendestelle hier eine sehr enge Grenze gezogen. Es ist eine in der allgemeinen Telephontechnik viel bearbeitete, aber noch ungelöste Aufgabe, Mikrophone zu bauen, die beträchtliche Energiemengen aufnehmen können. Durch das Mikrophon und nicht durch die verfügbare Schwingungsenergie ist heute also die Sender-Reichweite begrenzt und die eben genannte Aufgabe muß erst gelöst sein, ehe eine erhebliche Erweiterung der Reichweite zu erwarten ist.

Die Telephonie ist die zweite Anwendung der schnellen elektrischen Schwingungen. Die Telegraphie aber wird meiner Ansicht nach wohl stets das Hauptanwendungsgebiet bleiben.

In der ganzen Technik der schnellen Schwingungen herrscht augenblicklich Unruhe und Unsicherheit. Sie wird hereingebracht durch die Frage, welche Erzeugungsmethode der schnellen Schwingungen in der nächsten Zukunft die vorherrschende sein wird: die alte Funkenmethode, eine Lichtbogenmethode oder irgend eine andere noch neuere Methode? Prof. Fleming sagt in seiner schon einmal zitierten Arbeit im Electrician: Es sei gefährlich, den Tod einer gut erprobten Methode vorauszusagen, solange die neue noch nicht genügend durchprobiert ist. Die Funkenmethode ist erprobt. Alle neueren Methoden müssen die Probe aber erst bestehen. Daß ihnen gewisse Mängel anhaften, steht außer allem Zweifel. Ich persönlich glaube daher an das Fortbestehen der Funkenmethode für die nächste Zeit. Dies ist meine Meinung nicht nur als Telefunken-Direktor, sondern als Ingenieur von einiger

Erfahrung auf diesem Spezialgebiet, und ich hoffe, daß meine Aufrichtigkeit keinem Zweifel begegnet! Die Funkenmethode hat sich bewährt, ich kann dies nicht genug betonen. Aber sie ist noch verbesserungsfähig und ich darf heute schon verraten, daß unsere Gesellschaft in diesem Sinne weiterarbeitet. Sie besitzt heute eine neue Erzeugungs-Methode, und zwar durch eine Erfindung unseres bewährten Laboratorium-Chefs Herrn Rendahl, eine Methode, über welche wir sehr bald in der Öffentlichkeit berichten werden und die in elektrischer Beziehung heute bereits geradezu wundervolle Versuchsresultate ergeben hat. Aber wie gesagt, ich gedenke des Flemingschen Ausspruches und werde an den Tod der bisherigen Methode erst glauben, wenn auch hierüber die Praxis ihr letztes allein entscheidendes Urteil gesprochen haben wird.

Der Ehrenvorsitzende Seine Königliche Hoheit Großherzog von Oldenburg:

Meine Herren, Herr Graf Arco hat uns allgemein verständlich und höchst fesselnd die Prinzipien der drahtlosen Telephonie vorgeführt und auseinandergesetzt. Ich glaube, wir haben sämtlich bei seinen Ausführungen das Gefühl gehabt, daß die schwierigen und mühevollen Versuche gewissermaßen eine Spielerei gewesen wären; so überzeugend und klar hat uns Graf Arco das alles geschildert. Wir danken ihm deshalb nicht bloß für seine gelungenen Vorführungen, sondern auch für seinen sehr interessanten Vortrag.

XX. Beitrag zur Entwicklung der Wirkungsweise der Schiffsschrauben.

Vorgetragen von Oswald Flamm.

Die unwandelbare Gesetzmäßigkeit aller Vorgänge in der Natur und die Erkenntnis dieser Gesetze sind die beiden Faktoren, deren der Mensch bedarf, um die Natur selbst und ihre Kräfte sich und seinen Zwecken dienstbar zu machen. Hieraus ist es verständlich, wenn gerade der schaffende Ingenieur zur Erreichung seiner dauernd höher gestellten technischen Ziele mit allen Mitteln versucht, in das Wesen der Naturgesetze einzudringen, um durch jene Erkenntnis zum Fortschritt zu gelangen.

Betrachtet man unter diesem Gesichtswinkel das große Gebiet der Hydrodynamik, insbesondere den Schiffswiderstand und die Mittel zu seiner Überwindung, die Propeller, so muß rückhaltlos ausgesprochen werden, daß wir zwar in der Lage sind, einigermaßen die Größe dieses Widerstandes bei verschiedenen Geschwindigkeiten zu ermitteln, daß wir wissen, welche Faktoren vermehrend, welche vermindernd auf ihn wirken, daß wir ferner imstande sind, Propeller zu konstruieren, welche mit mehr oder weniger Erfolg den Widerstand überwinden, daß wir aber über das eigentliche physikalische Wesen sowohl des Schiffswiderstandes, wie über die Wirkungsweise der Schiffsschraube und die hierbei auftretenden gesetzlichen Wasserbewegungen noch sehr im Unklaren sind.

Daß man diesen Vorgängen nicht mit dem sogenannten „praktischen Gefühl" oder irgend welchen „Hypothesen" beizukommen vermag, ist ohne weiteres klar; auch die rein deduktiven Methoden versagen, und dies alles dürfte verständlich sein, wenn man überlegt, daß man über die einzelnen Vorgänge der Wasserbewegung sowohl beim fahrenden Schiff wie beim arbeitenden Propeller noch keinerlei umfassende und exakte Vorstellung und Kenntnis besitzt.

Für die meisten technischen Gebiete gelten ähnliche Zustände und daher ist die Neuzeit in erhöhtem Maße zum Experiment übergegangen. Überall erblickt man heutigen Tages eine außerordentlich ausgedehnte Versuchstätigkeit. Trieb zum Fortschritt, Streben nach Steigerung der Wirtschaftlichkeit der Konstruktion haben die zahlreichen großen Laboratorien hervorgebracht, deren sich sowohl die industriellen Unternehmungen, wie besonders auch die Pflanzstätten der wissenschaftlichen Forschung, die technischen Hochschulen mit Erfolg bedienen; eine wenig erfreuliche Ausnahme machen bis jetzt allein die Schiffbauabteilungen, denen solche aus Staatsmitteln unterhaltene Laboratorien gänzlich fehlen.

Vielfach erstreckt sich indes die Versuchstätigkeit nur darauf, die zur Erreichung eines bestimmten technischen Zweckes benötigten Energiemengen festzulegen. Dies ist in den Schleppversuchsanstalten für Schiffsmodelle der Fall, wenn es sich darum handelt, für ein zu bauendes Fahrzeug die Widerstandskurve, sowie für die Propeller die zur Erzeugung des das Gleichgewicht haltenden Schubes erforderliche Umdrehungszahl festzulegen. Daß daneben auch die Einflüsse verschiedener Variabeln, der Modellform, der Wassertiefe, bei Propellern des Durchmessers, der Steigung, der Flügelfläche usw. untersucht werden, ist bekannt. Es sind dies aber lediglich Registrierungen von äußeren Folgeerscheinungen, keine Untersuchungen über das Wesen der inneren Bewegungsvorgänge, welche jene Folgeerscheinungen hervorrufen.

Auch die photographischen Aufnahmen der am Modell sich bildenden Wellen sind lediglich Registrierungen äußerlich sichtbarer Wirkungen innerer Kräfte.

Diese inneren Kräfte selbst, ihre Entstehung und ihre Bewegung sind bei jenen Bassinversuchen nicht ergründet.

Es ist klar, daß die wissenschaftliche Forschung mit jener immerhin ziemlich einseitigen experimentellen Behandlung wichtigster Fragen sich nicht zufrieden geben kann, und so haben verschiedene Forscher, besonders in der Neuzeit sich bemüht, mehr als bisher in das physikalische Wesen hydrodynamischer Vorgänge einzudringen. Freilich wurden ihre Untersuchungen zum Teil auf die Klarlegung der Vorgänge bei ganz bestimmten und engbegrenzten Verhältnissen beschränkt. Parsons und Barnaby hatten ein spezielles Interesse, die Wirkungsweise der Schiffsschraube bei hohen Umdrehungen und die Bildung von Hohlräumen vor den Flügeln festzustellen und zu untersuchen.

Etwas allgemeiner waren die in dieser Gesellschaft vor 3 Jahren mitgeteilten Untersuchungen von Ahlborn, wenngleich sie über erste Anfänge nicht hinausgingen. Schon umfassender sind die Arbeiten von Wagner, wenngleich dieselben an dem Umstande kranken, daß es als falsch angesehen werden muß, wenn man annimmt, es sei dasselbe, einen feststehenden Propeller in einem durch andere Kräfte bewegten Wasserstrom rotieren zu lassen oder einen rotierenden Propeller durch stillstehendes Wasser selbst fortschreiten zu sehen. Die unausbleibliche Randwirkung des strömenden Wassers im ersten Falle erzeugt unter allen Umständen Nebenbewegungen, deren exakte Einführung in das zu lösende Problem kaum möglich, deren Vernachlässigung mit Sicherheit Fehlschlüsse zu züchten geeignet erscheint.

In den Diskussionen und Kritiken, welche den meisten Experimentatoren zuteil geworden sind, ist auf die Mängel der Untersuchungsmethoden und die aus ihnen gezogenen Schlußfolgerungen scharf hingewiesen worden.

Wenn ich es heute unternehme, die Anfänge von Untersuchungen, die unter ähnlich unvollkommenen Versuchsbedingungen entstanden sind, Ihnen zu unterbreiten, so geschieht es aus zwei Gründen: einmal möchte ich zeigen, daß es möglich erscheint, auf dem von mir beschrittenen Wege dem physikalischen Wesen der inneren Bewegungsvorgänge bei im Wasser bewegten Körpern, hier im speziellen der Schiffsschraube, näher zu kommen, und daß es wohl gerechtfertigt sein dürfte, derartigen Untersuchungen staatliche Subsidien in genügendem Maße zuzuwenden, dann aber auch bin ich der Ansicht, daß die schon jetzt erzielten Darstellungen innerer Bewegungsvorgänge beim Arbeiten der Schiffsschraube den Mitgliedern unserer Gesellschaft ein gewisses Interesse abgewinnen dürften.

Im Hinblick auf die außerordentlich wichtigen Aufgaben, welche auf schiffbautechnischen Gebieten noch ihrer Lösung harren, deren Förderung fraglos unserer heimischen Schiffbauindustrie von Nutzen sein dürfte, wünsche ich, daß es gelingen möge, auch an dieser technischen Hochschule der Schiffbauabteilung diejenigen Laboratorien zu schaffen, welche völlig einwandfreie Versuche und Untersuchungen anzustellen erlauben und eine Skepsis an den Resultaten ausschließen.

Als ich mich entschloß, eine Versuchseinrichtung für Schiffspropeller zu schaffen, mußte ich vor allem auf die im Vergleich zu dem angestrebten Ziel geringen mir zur Verfügung stehenden Mittel Rücksicht nehmen. In dankenswerter Weise erhielt ich aus der Berliner Jagor-Stiftung sowie aus der Jubiläumsstiftung der deutschen Industrie, später auch von dem mir vorgesetzten Ministerium Geldbeträge überwiesen. Wenn ich mit diesen die jetzt vorliegende Einrichtung und die durch sie möglichen Untersuchungen schaffen konnte, so lag das nicht zum geringsten Teil an dem außerordentlich weitgehenden Entgegenkommen der Siemens-Schuckert-Werke und ihres Direktors Herrn Krell, sowie an der tatkräftigen Unterstützung, die ich durch meine Assistenten, die Herrn Dipl.-Ing. Alexander Dietzius und Otto Alt, seitens des letzteren besonders hinsichtlich der photographischen Aufnahmen, gefunden habe. Den Genannten sei hier der schuldige Dank ausgesprochen.

Mein Streben ging dahin, eine solche Anordnung der Versuchseinrichtung zu treffen, durch welche es möglich wurde, über die bisher bekannt gegebenen Resultate hinauszukommen. Freilich haften der jetzigen Einrichtung noch zahlreiche Mängel an, Mängel, deren Beseitigung ich von der Zukunft erhoffe, die Grundlage aber erscheint mir richtig: es ist die Möglichkeit geboten, in ausgiebiger Weise Energiemessungen vorzunehmen und gleichzeitig die im Wasser auftretenden Bewegungsvorgänge in weitgehendem Maße einer Betätigung der photographischen Analyse zu unterwerfen; so ist es gelungen, das Problem der arbeitleistenden Schiffsschraube sowohl vom mechanischen wie vom optischen Standpunkt schärfer anzufassen und zu bestimmen.

Da durch Taylor 1906 festgestellt wurde, daß das dynamische Ähnlichkeitsgesetz für Schiffsschrauben seine Gültigkeit besitzt, so ist damit insofern den von mir angestellten Versuchen mit Modellschrauben eine gesunde und berechtigte Basis gegeben, als der Schluß auf die Verhältnisse in natürlicher Größe statthaft erscheint.

Das von mir benutzte Bassin ist 9,0 m lang, 0,8 m breit und 0,6 m hoch; es ist aus Blechen und Winkeln gebaut, besitzt aber im mittleren Teile sowohl an den Seiten, wie im Boden große, freie Glaswände. Auf den Langseiten liegen genau gerichtete Schienen, auf denen der Versuchswagen läuft. Dieser Wagen trug bis jetzt einen Drehstrommotor, welcher indes aus Gründen der Regulierung durch einen Gleichstrommotor ersetzt ist. Von diesem Motor wird die Schraube durch doppelte Kegelradübersetzung angetrieben. Entgegen den bis jetzt bestehenden Versuchseinrichtungen wird aber der Wagen nicht durch eine besondere, außerhalb der Schraube liegende Kraftquelle vorwärts bewegt, sondern die Schraube selbst treibt ihn auf Grund ihres durch die Rotation hervorgerufenen Achsialschubes vorwärts; damit sind Verhältnisse gegeben, welche der Wirklichkeit möglichst nahekommen: der Wagen ist das Schiff, welches durch das Arbeiten des Propellers vorwärts getrieben wird. Neben dem Eigenwiderstande, den der Wagen seiner Bewegung entgegensetzt, ist es möglich, mittels eines variabeln Gewichtes, welches der Wagen bei seiner Fahrt hebt, den Widerstand beliebig zu vergrößern und somit die Widerstände beliebig geformter Schiffe einzustellen.

Damit die Massen beim Anfahren nach Bedarf beschleunigt, beim Abstoppen gebremst werden, sind entsprechende Konstruktionen vorgesehen.

Selbstredend müssen die Wagengeschwindigkeiten korrespondierende sein und daraus folgt, daß die kleine Anlage, welche jetzt zur Verfügung steht, nur in beschränktem Maße ausreicht.

Selbsttätig werden während des Betriebes gemessen bezw. registriert: der Weg, den der Wagen zurücklegt, die Zeit, während welcher er fährt und die Umdrehungszahl der Schraube. Die dem Schraubenmotor zugeführte Energiemenge wird durch die üblichen Instrumente festgestellt, während die Verluste an Energie auf dem Wege vom Motor bis zur Schraube und zur Erzeugung der konstanten Eigengeschwindigkeit des Wagens durch besondere Messungen, Brems- und Leerlaufversuche festgestellt werden.

Die Nutzleistung der Schraube und damit ihr Nutzeffekt ist jetzt sofort aus der geleisteten Gewichtsarbeit und dem Verhältnis dieser effektiven Arbeit: Achsialschub mal Weg, zu der an die Schraube abgegebenen Arbeit zu bestimmen.

Gleichzeitig mit diesen rein mechanischen Untersuchungen wird mit Hilfe der photographischen Platte der innere Bewegungsvorgang festgelegt.

Um bei den außerordentlich schnellen Bewegungen und der dadurch bedingten kurzen Belichtungsdauer dennoch ein scharfes Bild zu erhalten, wurde eine sehr starke Lichtquelle in Form von einem 12000 kerzigen Scheinwerfer von 60 cm Durchmesser benutzt. Der Apparat wurde durch Herrn Direktor Krell freundlichst zur Verfügung gestellt.

Die Aufnahmen selbst sind mit einer Goerzschen Stereokamera von 18 cm Brennweite gemacht; ein kleiner Teil von Probeaufnahmen ist in den beigefügten Bildern wiedergegeben. In der Tabelle sind die Daten dieser Modellpropeller enthalten.

Tabelle.

Bild Nr.	Art des Propellers	Durchmesser mm	Steigung mm
1	Radial veränderliche Steigung (Nr. 1)	124	130—220
2	Lorenz-Propeller (Nr. 6)	94	77,5—164
3	„	94	„
4	„	94	„
5	Konstante Steigung (Nr. 5)	100	102,5
6	„ „	100	102,5
7	„ „	100	„
8	Radial veränderliche Steigung (Nr. 1)	124	130—220
9	Peripherial veränderliche Steigung (Nr. 3)	126	195—185
10	Konstante Steigung (Nr. 5)	100	102,5
11	„ „	100	102,5
12	„ „	100	102,5

Bei den Aufnahmen standen Scheinwerfer und Kamera auf verschiedenen Seiten des Bassins. Auf den Bildern 1—7 ist die Bewegung mittels der durch den Propeller von oben her in das Wasser hinuntergerissenen Luft gekennzeichnet, bei den Figuren 8—12 wurde Luft in die Schraube hineingeblasen.

Ich gebe ohne weiteres zu, daß diese Methode, die Bewegung sichtbar zu machen, ihre Schwächen hat, ich habe sie auch nur der Einfachheit wegen angewendet. Ein Hauptmangel liegt in dem Auftrieb der Luftblasen und in der, wenn auch geringen Bewegung, welche die Luft beim Einblasen mitbekommt. Allein dasjenige, was ich zeigen wollte, ist dennoch einigermaßen erkennbar geworden, das ist die Bewegung des Abstromes und der sonderbare Umstand, daß stets in der Richtung der Nabe ein zylinderartiger Strom fast geradlinig nach hinten hin sich bewegt; interessant sind auch die scharf ausgeprägten Spiralen hinter der Schraube.

Die weiteren Versuche sollen darauf hinausgehen, durch Einführung eines sichtbaren Mediums in das Wasser die oben genannten Einflüsse tunlichst zu eliminieren. Dieses Medium muß sowohl das spezifische Gewicht des Wassers besitzen, als auch überall genau den Wasserbewegungen folgen, d. h. einen Teil derselben ausmachen. Luft erfüllt diese Bedingungen nicht; bis jetzt habe ich aber ein durchaus genügendes Medium noch nicht gefunden.

Über die diesem Schriftstück beigegebenen Bilder, Stereo-Aufnahmen, ist das Folgende kurz zu bemerken.

Bei Fig. 1 sei auf die von den einzelnen Flügeln ausgehende, stark ausgeprägte Flächenbildung hingewiesen; die starke Wirbelung im Abstrom

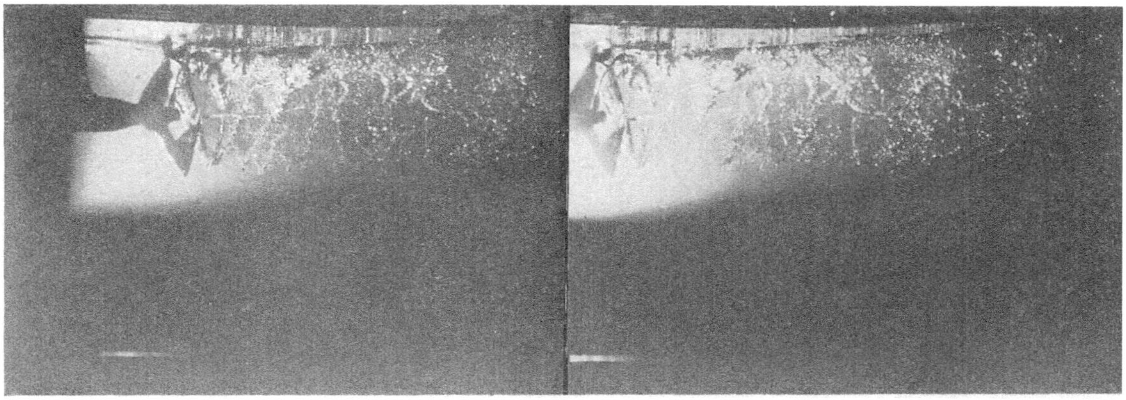

Fig. 1.
$v = 1{,}1$ m/sek, $n = 1140$, mittlerer Slip $\sim 61\,\%$ (Prop. Nr. 1).

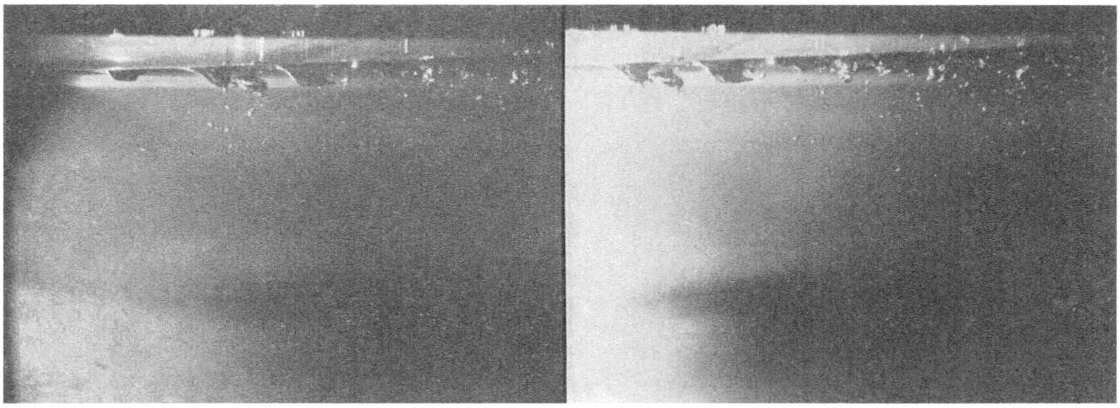

Fig. 2.
$v = 1{,}9$ m/sek, $n = 1740$, mittlerer Slip $\sim 28\,\%$ (Prop. Nr. 6).

Fig. 3.
$v = 1{,}4$ m/sek, $n = 1740$, mittlerer Slip $\sim 47\,\%$ (Prop. Nr. 6).

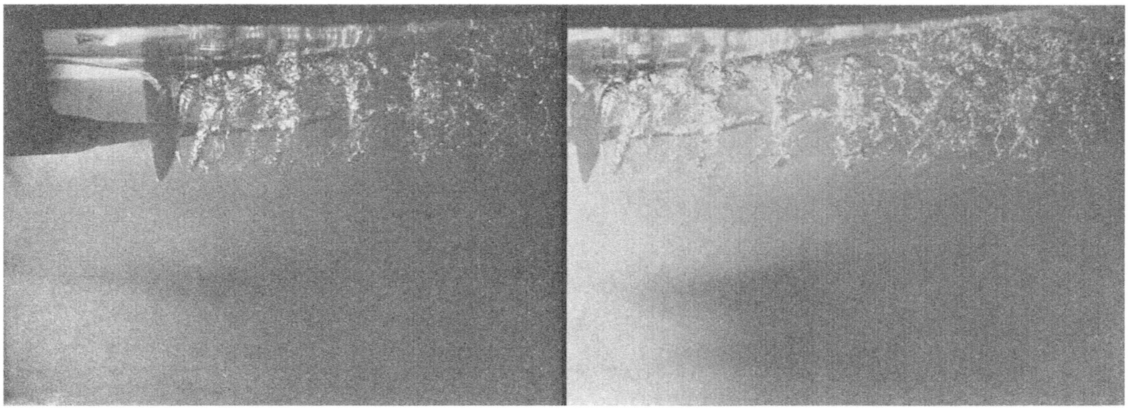

Fig. 4.
v = 1,0 m/sek, n = 1700, mittlerer Slip $\sim$ 61 % (Prop. Nr. 6).

Fig. 5.
= 2,15 m/sek, n = 1500, Slip $\sim$ 16 % (Prop. Nr. 5).

Fig. 6.
v = 1,6 m/sek, n = 1500, Slip $\sim$ 37,5 % (Prop. Nr. 5).

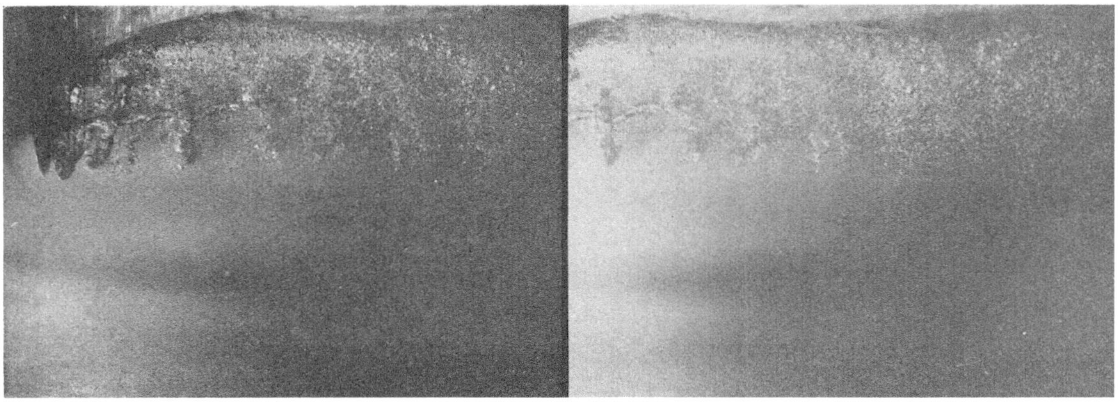

Fig. 7.
$v = 0{,}95$ m/sek, $n = 1380$, Slip $\sim 60\,\%$ (Prop. Nr. 5).

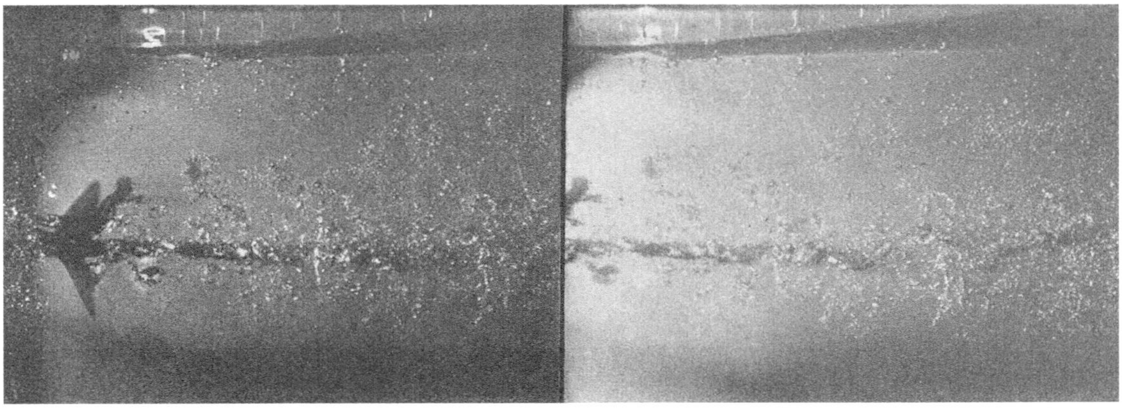

Fig. 8.
$v = 1{,}25$ m/sek, $n = 960$, mittlerer Slip $\sim 48\,\%$ (Prop. Nr. 1).

Fig. 9.
$= 1{,}15$ m/sek, $n = 900$, mittlerer Slip $\sim 60\,\%$ (Prop. Nr. 3).

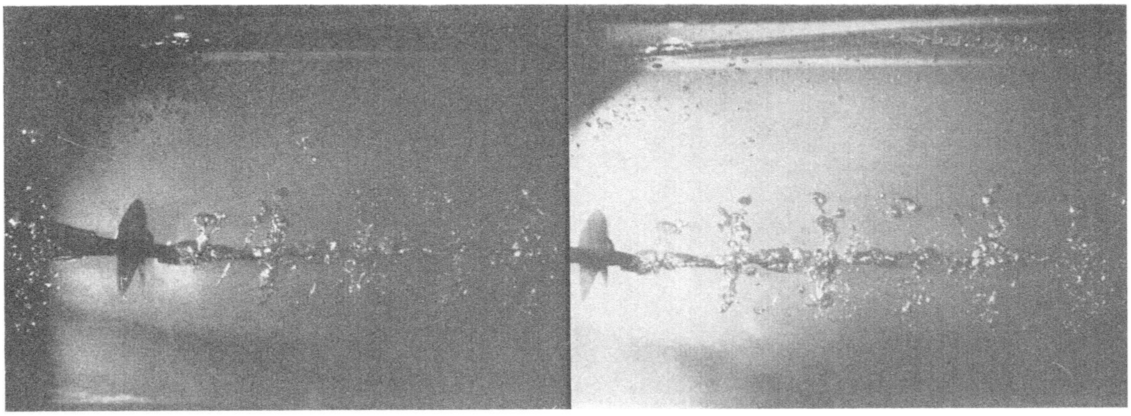

Fig. 10.
v = 0,9 m/sek, n = 800, Slip ∼ 34 % (Prop. Nr. 5).

Fig. 11.
v = 2,0 m/sek, n = 1500, Slip ∼ 22 % (Prop. Nr. 5).

Fig. 12.
v = 1,6 m/sek, n = 1500, Slip ∼ 37,5 % (Prop. Nr. 5).

läßt auf ziemlich hohen Slip schließen, wie dies in späteren Bildern sich ebenfalls zeigt. Interessant ist auch die bei allen Bildern deutlich erkennbare starke Niveausenkung vor und hinter dem Propeller; die obere scharf ausgeprägte Linie zeigt den Wasserstand an den Bassinwänden, die tiefer darunter liegende das Niveau über dem Propeller. An der Oberfläche der so gebildeten Mulde spiegeln sich die Reflexe der Unterwasserbewegung.

Fig. 2—7 repräsentieren eine Serie von Vergleichsfahrten zwischen einem Propeller nach der Theorie des Herrn Prof. Dr. Lorenz-Danzig, und einem Propeller mit konstanter Steigung. Beide Propeller sind für einen Axialschub von 8000 kg der großen Schraube konstruiert.

In allen Fällen wurde dem Propeller die genau gleiche Energiemenge zugeführt.

Die Umdrehungszahl, welche den hier besprochenen Propellern gegeben wurde, stimmt freilich nicht mit derjenigen Zahl überein, für welche die Propeller konstruiert sind; das ist fraglos ein Mangel, allein die zur Verfügung stehende Motorstärke gestattete es nicht, höhere Umdrehungen zu erzielen. Immerhin sind die sich ergebenden Resultate interessant. Zunächst fällt die schlechte Wirkung des Lorenz-Propellers gegenüber dem Propeller mit konstanter Steigung auf, später ändert sich das Verhältnis.

Die Bilder 2 und 5, 3 und 6, 4 und 7 stehen miteinander in Parallele. Wie aus Fig. 2 zu ersehen, ist in den Lorenz-Propeller absolut keine Luft eingetreten, wenngleich das Bestreben, Luft anzusaugen an den scharfen Zacken der Oberfläche erkennbar ist. Trotzdem also der Propeller auf solides Wasser wirkte, ist dennoch die Wagengeschwindigkeit mit 1,9 m/Sek. erheblich geringer, als bei Fig. 5, wo der Propeller mit konstanter Steigung, Luft ansaugte, also in einem Gemisch von Wasser und Luft arbeitete, und trotzdem eine Wagengeschwindigkeit von 2,15 m/Sek. erreichte.

Die nächste Bildgruppe, Fig. 3 und 6, sind in bezug auf die von beiden Propellern angesaugte Luft nahezu gleich; allein auch hier ist der Propeller mit konstanter Steigung gegenüber dem Lorenz-Propeller im Vorteil: ersterer erzielte eine Wagengeschwindigkeit von 1,6 m/Sek., letzterer eine solche von nur 1,4 m/Sek.

Das Verhältnis kehrt sich um im letzten Falle, in Fig. 4 und 7; hier erreichte der Propeller mit konstanter Steigung eine Wagengeschwindigkeit von nur 0,95 m/Sek., dagegen der Lorenz-Propeller eine solche von 1,0 m/Sek. Infolge der gesteigerten Belastung des Wagens durch angehängte Gewichte, also Erhöhung des Schiffswiderstandes, ist der Slip beim Propeller mit konstanter Steigung in den den Bildern entsprechenden Stufen von 16 % über 37,5 % auf 60 % gestiegen, beim Lorenz-Propeller dagegen von 28 % über 47 % auf 61 %.

Die angesaugte Luftmenge ist beim Propeller mit konstanter Steigung erheblich größer als beim Lorenz-Propeller, was vielleicht dem Umstande zuzuschreiben ist, daß der erstere 100 cm Durchmesser, der letztere gleichwertige dagegen nur 94 cm besaß, der erstere also bei gleicher Tauchung der Wellenmitte der Oberfläche näher stand.

Es ist selbstredend noch nicht möglich, aus diesen wenigen Resultaten einen allgemein gültigen Schluß auf die Wertigkeit oder Unwertigkeit des einen oder anderen Propellers zu ziehen, dazu müssen weitere Untersuchungen angestellt werden; die Versuche geben aber für die hier vorliegenden speziellen Verhältnisse: Tauchung der Wellenmitten, zugeführte Energie, Wagenwiderstand ein anschauliches Vergleichsbild und zeigen, wie es möglich ist, zwei Propeller, welche miteinander in Wettbewerb treten sollen, gegen einander abzuwägen.

An den besprochenen Bildern ist übrigens noch der Umstand interessant, wenn auch leicht verständlich, daß mit zunehmendem Wagenwiderstand, also zunehmendem Slip die angesaugte Luftmenge außerordentlich zunimmt; besonders sei auch auf die bei fast allen Versuchen auftretende Erscheinung hingewiesen, daß zentral in der Achsrichtung der Schraube an der Nabe ein langer und stark zunehmender, wurmartiger Luftschlauch sich bildete, welcher direkt nach hinten hinausströmt.

Um diese Erscheinung etwas näher zu untersuchen, wurde die Schraube so tief gesenkt, daß von oben keine Luft in dieselbe eintreten konnte. Es wurde dann von außen her Luft in die Schraube eingeblasen; die Resultate derartiger Versuche sind in Fig. 8—12 wiedergegeben. So wenig abgeschlossen diese Versuche sind, so lassen sie doch erkennen, daß auch bei tiefer Lage der Schraube unter Wasser ähnliche Bewegungserscheinungen auftreten, wie in den Fällen, in denen die Schraube nahe an der Oberfläche arbeitete, und dann, daß ebenso wie vorher eine ungewöhnlich starke Luftraumbildung an der Nabe in Form eines Luftschlauches vorhanden ist.

An einer Reihe von Aufnahmen will ich versuchen, aus dem bis jetzt vorliegenden Versuchsmaterial sowohl einige stereoskopische wie kinematographische Aufnahmen vorzuführen (Vorführung).

Es ist klar, daß aus demjenigen, was ich hier gebe, der eigentliche Zweck meiner Untersuchungen nur geahnt werden kann. Dieser Zweck ist darin zu erblicken, daß ein Mittel gegeben wird, mit Hilfe der Photographie die genauen Wege und Geschwindigkeiten der einzelnen Wasserteile innerhalb wie außerhalb der Schraube genau festzulegen. Die Strömungsbestimmungen, welche Herr Dr. Wagner mittels eines Woltmannschen Flügels vornahm, sind nicht als einwandfrei anzusehen.

Bei der vorliegenden Methode beabsichtige ich, die Feststellung dieser Bewegungen mittels der Stereo-Kinematographie vorzunehmen.

Angenommen, man hat einzelne Teilchen, welche sich in den kinematographischen Aufnahmen genau wieder erkennen lassen, im Wasser schwimmen, und macht von zwei genau fixierten Punkten aus gleichzeitig kinematographische Aufnahmen, schafft also gewissermaßen stereo-kinematographische Bilder, so ist es ohne weiteres möglich, aus der Kenntnis der Bildzahl pro Sekunde und den aus den einzelnen Aufnahmen aufzumessenden Strecken, welche die genannten Teilchen zurückgelegt haben, die Geschwindigkeit zu ermitteln und mit Hilfe des Pulfrich-Zeißschen Stereo-Komparators die räumlichen Wege und die räumliche Geschwindigkeit festzustellen.

Ein für derartige Zwecke verwendbarer Stereo-Kinematograph, welcher 80 Stereoaufnahmen pro Sekunde liefern soll, ist mit der Firma Messters Projektion G. m. b. H. in seinen Einzelheiten festgelegt. Gelingt es, mit derartigen Hilfsmitteln die verschiedenen Schraubensysteme in ihrer Wirkung auf das Wasser zu analysieren, so erscheint es nicht ausgeschlossen, für die Konstruktion der Schrauben brauchbare Gesichtspunkte aufzufinden, und vielleicht die Schwierigkeiten herabzumindern, welche heute noch besonders bei Turbinenanlagen die Anwendung einer hohen Schrauben-Umdrehungszahl ausschließen.

Diskussion.

Herr Professor Schütte-Danzig:

Euere Königliche Hoheit! Sehr geehrte Herren! Ich möchte nicht verfehlen, Herrn Geheimrat Flamm zu den lehrreichen Versuchen, die er uns soeben in Lichtbildern vorgeführt hat, zu beglückwünschen. Mich haben diese Versuche besonders deshalb interessiert, weil ich vor einigen Jahren versucht habe, auf gleichem Wege die Energieverteilung in der Schraube zu klären. Ich habe mir erlaubt, hier auf den Tisch des Hauses 3 Photographien niederzulegen, die ebenfalls Schraubenversuche darstellen, bei denen Luft axial in den Wirkungsbereich des Propellers eingeführt wurde, um dadurch die inneren Vorgänge sichtbar zu machen. Leider haben damals diese Versuche nicht zu Ende geführt werden können, weil ich nach Danzig abberufen wurde. — Ganz unabhängig von mir — das möchte ich hier ausdrücklich betonen — hat Herr Geheimrat Flamm den gleichen Weg eingeschlagen und hat dabei, das muß doch wohl rückhaltslos anerkannt werden, sehr gute Resultate gezeitigt.

Die Theorien, die sich mit der Schraube befassen, sind bekanntlich sehr zahlreich; viele lassen uns bei ihrer Nutzanwendung im Stich, da sie nicht einwandfreie Resultate geben. Ich führe dies auf die Unkenntnis der inneren Vorgänge im Wirkungsbereich der Schraube zurück. Hierüber sind wir bisher zu wenig unterrichtet. Ich möchte nur folgendes kurz erwähnen: Die Schraube ist ein Propeller, der das Schiff als Reaktion seiner Aktion vorwärts treibt; er beschleunigt das Wasser nach achtern. Die Schubkraft aber ist die Beschleunigung, multipliziert mit der Masse des beschleunigten Wassers. Für eine bestimmte Schiffsgeschwindigkeit ist der Schiffswiderstand konstant, also auch die Kraft oder der Schub zur Überwindung dieses Widerstandes. Diese Kraft kann sich nun entweder aus einer geringen Wassermenge mit großer Beschleunigung oder aus einer großen Wassermenge mit geringer Beschleunigung zusammensetzen. Es ist leicht einzusehen,*) daß es am zweckdienlichsten ist, die beschleunigte Wassermasse möglichst groß zu machen und ihre Beschleunigung möglichst klein, weil dann der Nutzeffekt des Propellers steigt. Hierdurch

*) Es sei:

P das innerhalb der Schraube nach achtern beschleunigte Wasser,
s die Endbeschleunigung, mit der es als Geschwindigkeit austritt,
R der Widerstand des Schiffes,
g die Beschleunigung durch die Schwere,
V die Schiffsgeschwindigkeit.

Dann ist

$$R \cdot V = \frac{P}{g} \cdot s \cdot V$$

Ist die Widerstands- und Reibungsarbeit der Schraube selbst A, so ist außer ihr noch ein weiterer Energieaufwand nötig, nämlich die lebendige Kraft des aus der Schraube austretenden Wassers $= \frac{P}{2g} \cdot s^2$

Demnach ist der Nutzeffekt

$$\eta = \frac{\frac{P}{g} \cdot s \cdot V}{A + \frac{P}{g} \cdot s \cdot V + \frac{P}{2g} \cdot s^2}$$

A sei ein Teil der Arbeit

$$\frac{P}{g} \cdot s \cdot V = C \cdot \frac{P}{g} \cdot s \cdot V,$$

dann wird

$$\eta = \frac{V}{C \cdot V + V + \frac{s}{2}}$$

Je kleiner also s wird, desto größer ist η, da aber für die Geschwindigkeit $V - R \cdot V = \frac{P}{g} \cdot s \cdot V$ konstant ist, so muß bei Abnahme von s die Masse $\frac{P}{g}$ des beschleunigten Wassers zunehmen. — Auch erhellt aus dieser Ableitung, daß der Effekt des Propellers mit dem sogenannten Vorstrom wächst, womit aber nicht gesagt sein soll, daß bei gleichbleibender Maschinenleistung auch die Geschwindigkeit des Schiffes größer wird, da im allgemeinen mit der Zunahme des Vorstroms eine Vergrößerung des Schiffswiderstandes verbunden ist. Was also an Effekt gewonnen wird, geht durch den vermehrten Widerstand oft verloren.

werden große Durchmesser bedingt. Der Idealpropeller wäre nun diejenige Schraube, die von ihren Flügelspitzen angefangen bis zu den Flügelfüßen auf allen Punkten ihrer austretenden Kanten das in ihren Wirkungsbereich hineingezogene Wasser möglichst gleichmäßig beschleunigt, und zwar derart, daß die Beschleunigung des austretenden Wassers an den verschiedenen Punkten des Radius gleich ist. — Nach dieser Anschauung wäre also ein Propeller mit konstanter Steigung ein Unding. Die Praxis aber hat gezeigt, daß ein Propeller mit konstanter Steigung manchmal schon erheblich bessere Resultate gehabt hat, als ein solcher mit variabler Steigung. Auch sind wir der Ansicht gewesen, daß in der Schraub ein großer Energieverlust durch zentrifugale Wasserbeschleunigung stattfindet. Die von Herrn Geheimrat Flamm uns vorgeführten Bilder dürften doch wohl unzweideutig bewiesen haben, daß dies eine falsche Annahme war, denn hinter der Schraube zeigt sich der Wirkungsbereich durch einen, entsprechend dem Propellerdurchmesser scharf abgegrenzten Zylinder. Schon diese Ermittlung halte ich für außerordentlich wertvoll, und ich kann zum Schluß Herrn Geheimrat Flamm nur bitten, uns durch derartige Versuche weiter zu unterstützen. (Beifall.)

Herr Schiffsmaschinenbau-Ingenieur Dr. Wagner-Stettin:

Euere Königliche Hoheit! Meine geehrten Herren! Die Methode zur Untersuchung von Propellerfragen, die uns soeben Herr Geheimrat Flamm in so interessanter Weise vorgeführt hat, ist, wie ohne weiteres zugegeben werden muß, im Prinzip als durchaus einwandfrei zu betrachten, da sie den wirklichen Vorgang bei dem am Schiff arbeitenden Propeller möglichst genau zu reproduzieren erlaubt, selbstverständlich unter Ausschaltung des Einflusses des Hinterschiffes. Indessen kommt diese letztere Frage auch erst in zweiter Linie, sobald erst einmal die Strömungsvorgänge und die Wirkungsweise der Schraube an sich genau bekannt sind. Die Untersuchungsweise des Herrn Geheimrat Flamm ist der mir vor zwei Jahren an dieser Stelle vorgetragenen Ringtankmethode in der Hinsicht überlegen zu bezeichnen, als sich die Achsialgeschwindigkeit des Propellers bezw. des Wagens natürlich wesentlich bequemer und genauer bestimmen läßt, als die entsprechende Größe bei der Ringtankmethode: die mittlere Stromgeschwindigkeit. Außerdem sind bei ersterer Untersuchungsweise störende Nebenvorgänge, wie z. B. die Reibung des Wassers an den Wänden, in geringerem Maße vorhanden als bei der Ringtankmethode, sofern der Kanalquerschnitt gegenüber den Dimensionen des Versuchs-Propellers verhältnismäßig groß ist, und wenn ferner, wie es ja auch selbstverständlich ist, dem Wasser zwischen zwei Versuchen genügend Zeit zur Beruhigung gelassen wird, um alle Nebenströmungen zu beseitigen. Ein weiterer prinzipieller Einwand kann aber gegen die von mir benutzte, aus der Umkehrung der Bewegungsverhältnisse entspringende Methode nicht erhoben werden. Bezüglich der Ausbildung der von den Flügelspitzen und der Nabe ausgehenden Luftschleifen bilden übrigens die so vollendeten Aufnahmen der betreffenden Erscheinungen durch Herrn Geheimrat Flamm bereits eine Bestätigung dessen, was von mir seinerzeit darüber veröffentlicht wurde.

Im Interesse des schon so häufig wiederholten Rufes nach Klärung des Propellerproblems wäre es außerordentlich erfreulich, wenn die von Herrn Geheimrat Flamm beabsichtigten, stereo-kinematographischen Aufnahmen des Strömungsbildes eine absolut zuverlässige Feststellung des ganzen Geschwindigkeitsverlaufs vor und hinter dem Propeller ermöglichen ließen, und dadurch die in dieser Richtung bereits vorliegenden Messungen bestätigt bezw. vervollständigt würden. Bei dem kleinen Maßstabe der bis jetzt von dem Herrn Vortragenden benutzten Schrauben und deren hohen Umdrehungszahl erscheint es allerdings zweifelhaft, ob die erzielte Genauigkeit eine derartige wird, um dem letzten Endziele aller solcher Versuche, der Praxis eine brauchbare Formel zur genauen Bestimmung aller Propellergrößen zu liefern, näher zu kommen. Selbstverständlich werden die Ergebnisse mit größerem Maßstabe genauer werden und eher eine Uebertragung auf die wirklichen Verhältnisse zulassen, aber dann dürften der stereo-kinematographischen Bestimmung der Geschwindigkeiten wieder Schwierigkeiten in der Durchleuchtung der dicken Wasserschichten entstehen, so daß man doch wieder auf eine Messung mit anderen Hilfsmitteln angewiesen wird. Abgesehen davon werden mit größerem Maßstabe auch die Kosten der ganzen Einrichtung infolge der längeren Wagenbahn usw. ganz erheblich wachsen. Indessen ist der Nutzen, der durch eine derartige Versuchseinrichtung der Schiffbauindustrie erwachsen würde, ohne Zweifel so erheblich, daß der Wunsch des Herrn Geheimrat Flamm um Zuwendung staatlicher Mittel zur Schaffung einer solchen Einrichtung größeren Maßstabs nur unterstützt werden kann. Die bereits erwähnte Ringtankmethode dürfte aber für eine derartige Versuchsstation eine wichtige Ergänzung bilden, da sie in bequemer Weise die Anwendung verhältnismäßig großer Propeller und großer Leistungen ohne allzu großen Kostenaufwand gestattet; außerdem kann dabei beliebig lange ein stationärer Strömungszustand zwecks Untersuchung des Geschwindigkeitsverlaufs mit den verschiedensten Maßinstrumenten unterhalten werden. Der der Ringtankmethode von verschiedenen Seiten als prinzipieller Mangel angerechnete Nachteil der ungleichmäßigen Wasserströmungen infolge des Einflusses der Wände dürfte übrigens meines Erachtens bedeutend überschätzt sein, sofern der Querschnitt des Ringkanals nicht zu klein gewählt wird und im Rücklauf des Versuchsbehälters ein geeigneter gleichmäßiger Wasserantrieb erfolgt.

Hoffen wir, daß eine mit derartigen Einrichtungen versehene Versuchsstation zur Förderung der heimischen Schiffbauinteressen recht bald Verwirklichung finden möge.

Herr Geheimrat Prof. Flamm-Charlottenburg (Schlußwort):

Ich spreche den beiden Herren Vorrednern, meinem Kollegen Schütte und Herrn Dr. Wagner, meinen herzlichsten Dank für die freundliche Anerkennung aus, die sie meiner Arbeit gezollt haben. Es liegen ja selbstverständlich eine Reihe von aktuellen, zu lösenden Fragen vor, deren Aufzählung an dieser Stelle indes zu weit führen würde. Es sind aber auch Möglichkeiten zur Lösung dieser Fragen gegeben, vor allem zur Messung der Stromgeschwindigkeiten mittels der Pitotschen Düsen. Ich habe bei meinem Bassin Einrichtungen für Anbringung derartiger Röhren schon vorgesehen, und ich hoffe, daß die Zeit es ermöglichen wird, später über Resultate nach dieser Richtung hin Ihnen ebenfalls Rechenschaft abzulegen. (Beifall.)

Ehrenvorsitzender: Seine Königliche Hoheit Großherzog von Oldenburg

Meine Herren Herr Geheimrat Flamm hat in verhältnismäßig kurzer Zeit seine Versuche soweit gefördert, um in der Lage zu sein, uns schon jetzt seine ersten Beobachtungen vorzuführen. Indem wir ihm für seine vorzüglichen Vorführungen unsern wärmsten Dank aussprechen, hoffen wir zugleich, daß die Fortführung dieser Versuche auch weiter greifbare, der deutschen Forschung zur Ehre gereichende Erfolge zeitigen möge.

XXI. Das Kentern der Schiffe beim Zuwasserlassen.*)

*Vorgetragen von **Ludwig Benjamin.***

Von Zeit zu Zeit ereignen sich Fälle, in denen Schiffe beim Zuwasserlassen kentern; hauptsächlich kommt dies vor bei kleineren Schiffen und zwar meistens in Fällen, in denen dieselben vom Slip oder Helgen „gefiert" werden; aber auch bei größeren Schiffen tritt das Kentern während des Stapellaufs ein, besonders wenn derselbe durch künstliche Mittel oder durch ungewollte Umstände verlangsamt wird. Stellt man in solchen Fällen Untersuchungen über die Stabilität des betr. Schiffes in demjenigen schwimmenden Zustande an, welcher seiner Verfassung beim Zuwasserlassen entspricht, indem man nachträglich durch Krängungsversuche die Höhenlage des Schwerpunktes ermittelt und daraufhin die übliche Stabilitätskurve verzeichnet, so wird sich in den meisten Fällen ergeben, daß das Schiff in diesem Zustande eine für die betr. Schwimmlage als hinreichend zu erachtende Stabilität besaß. In weiten Kreisen ist man nun zu der Schlußfolgerung geneigt, daß, wenn dies der Fall ist, das Schiff auch die für das Zuwasserlassen erforderliche Stabilität besitze, und daß das Kentern durch irgendwelche unerklärliche Ursachen herbeigeführt sein müsse.

---

*) Einleitend gestatte ich mir, zu bemerken, daß die Abhandlung, welche ich hiermit der Oeffentlichkeit übergebe, nicht etwa dem Kentern der „Prinzipessa Jolanda" ihre Entstehung verdankt; vielmehr ist das Manuskript schon einige Tage vor dem genannten Ereignis in den Händen der Schiffbautechnischen Gesellschaft gewesen. Wenn ich Ihnen trotzdem im Anschluß an den Vortrag einige Bilder über den Stapellauf und das Kentern der „Jolanda" vorführe (s. Fig. 11 bis 18), so geschieht dies einesteils, weil der Wunsch hierfür ausgesprochen worden ist, andernteils, weil diese Bilder doch unter allen Umständen großes Interesse beanspruchen müssen; ich hebe aber hervor, daß ich in meinen Ausführungen keinerlei Bezug auf dieses Ereignis nehmen konnte, da mir die Ursachen desselben, ohne daß mir alle einschlagenden Verhältnisse bekannt sind, unbekannt bleiben mußten. Würden mir die Ursachen bekannt geworden sein, so hätten meine Ausführungen vielleicht durch diesen neuesten Unfall eine sehr wertvolle Illustration erhalten; auf die abstrakten Tatsachen, die der Abhandlung zugrunde liegen, würde aber auch die nähere Kenntnis der Umstände dieses Unfalles schwerlich irgend welchen Einfluß haben ausüben können.

Im nachfolgenden wird der Nachweis geführt, daß die transversale Stabilität, die ein Schiff im schwimmenden Zustande nach dem Zuwasserlassen besitzt, nicht für seine transversale Stabilität während des Zuwasserlassens maßgebend ist, daß vielmehr für letztere außer der Höhenlage des Schwerpunktes, welche ja bei gegebener Schiffsform das einzig Maßgebende für die Stabilität der Schwimmlage ist, noch andere Faktoren von gleicher Wichtigkeit zu berücksichtigen sind; es wird sich ferner zeigen, daß sich die Stabilität eines Schiffes während seines Zuwasserlassens mit genau derselben Bestimmtheit, wie für seine Schwimmlage berechnen läßt, wenn man diese Faktoren genügend berücksichtigt. Sobald dies feststeht, muß es natürlich als unrichtig bezeichnet werden, wenn man aus der Stabilität, die ein Schiff im schwimmenden Zustande besitzt, Schlußfolgerungen auf seine Stabilität während des Zuwasserlassens machen wollte; wenn sich ferner aus der Rechnung für ein bestimmtes Schiff ergibt, daß es während des Zuwasserlassens eine Periode negativer Stabilität durchzumachen hat, so muß es als unrichtig bezeichnet werden, das eventuelle Kentern desselben auf andere Ursachen, als auf eben diesen Mangel an Stabilität zurückzuführen.

Man muß zwei Arten des Zuwasserlassens voneinander unterscheiden: erstens den Stapellauf, bei welchem das Schiff der Einwirkung seines Eigengewichts frei überlassen wird und bei welchem die Geschwindigkeit, die es dadurch erhält, eine wesentliche Rolle spielt; zweitens aber dasjenige Zuwasserlassen, bei welchem die Geschwindigkeit durch künstliche Mittel gehemmt wird, wie es einesteils beim Fieren vom Slip, andernteils aber auch dann eintritt, wenn man das Schiff beim Stapellauf durch Ketten oder dergl. in dem Augenblick, da es die Schwimmlage erreicht, oder gleich nachher, zum Stoppen bringt.

Das Fieren soll zunächst ins Auge gefaßt werden; dabei soll, der Wirklichkeit entsprechend, angenommen werden, daß die Geschwindigkeit, mit der sich das Schiff auf das Wasser zu bewegt, so gering ist, daß die durch sie erzeugte lebendige Kraft vernachlässigt werden muß. Die Notwendigkeit für diese Annahme liegt um so mehr vor, als beim Fieren häufig Perioden vorzukommen pflegen, in denen das Schiff tatsächlich zum Stillstand gebracht werden muß.

Vorläufig soll ferner vorausgesetzt werden, daß das zu untersuchende Schiff in seiner Mittelebene durch den Helgen, der in der Längsrichtung als in einer Ebene liegend angenommen werden soll (s. Anmerk. 1), unterstützt wird. In welcher Weise diese Unterstützung ausgeführt wird, ob mittels Schlitten oder Slipwagen oder sonstwie, ist für die Untersuchungen gleichgültig. Die seitlichen Unterstützungen, welche beim Slip meist die Form von „Kimmpallen" haben, sollen nur dazu dienen, das Schiff gegen seitliche Neigungen zu sichern; sie sollen das Gewicht des Schiffes nicht aufnehmen, welches vollständig auf dem Mittelhelgen ruht. Diese Voraussetzungen können als den allgemein üblichen Verhältnissen der Praxis entsprechend angesehen werden

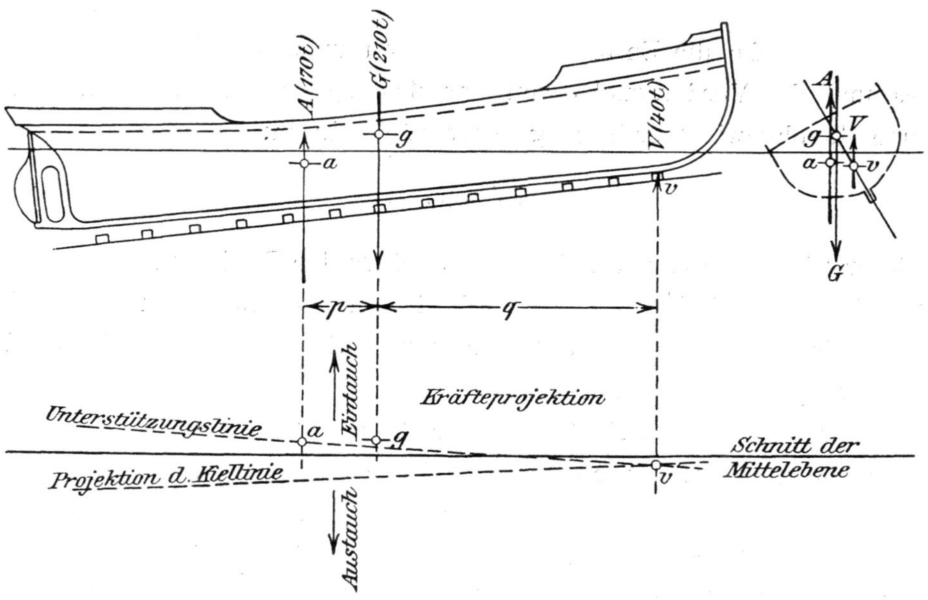

Fig. 1.

Wird nun ein solches Schiff langsam zu Wasser gelassen, so treten die allgemein bekannten Erscheinungen auf. Nachdem es eine gewisse Eintauchtiefe erreicht hat, fängt es an, sich mit dem Hinterende vom Helgen abzuheben, während der Vorderteil noch auf dem Helgen ruht; und während dann das Schiff seinen Weg in der Helgenrichtung fortsetzt, geht es allmählich in die Schwimmlage über, die es mit dem Augenblick erreicht, in dem auch der Druck auf den vordern Helgen zu Null geworden ist.

Wenden wir uns zunächst derjenigen Periode des Zuwasserlassens zu, bei der sich das Schiff bereits mit dem Hinterende vom Helgen abgehoben hat, vorne aber noch auf demselben aufliegt, bei der es sich also in einer teilweise schwimmenden Lage befindet. Die bei einer solchen Lage auf das

Schiff wirkenden Kräfte sind im Längsschnitt der Fig. 1 dargestellt; es sind dies:

1. das Eigengewicht G, durch den Schiffsschwerpunkt g abwärts wirkend,
2. der zeitweilige Auftrieb A, durch den entsprechenden Deplacementsschwerpunkt a aufwärts wirkend,
3. der Helgendruck $V = G - A$, welcher durch den festliegenden vordersten Unterstützungspunkt des Schiffes, v, aufwärts wirkt; derselbe soll aus später sich ergebenden Gründen mit dem Ausdruck „Vorderdruck" bezeichnet werden (s. Anmerk. 2).

Bezeichnen p und q die Entfernungen der Richtungslinien des gegebenen Auftriebes und des Vorderdrucks von der des Eigengewichts, so wird die allgemeine Gleichgewichtsbedingung ausgedrückt durch:

$$q \cdot V = p \cdot A;$$

aus dieser Gleichung ergibt sich für das zeitweilige Deplacement A die Größe von p und dadurch die Längenlage des Deplacementsschwerpunkts, aus welcher sich die Trimlage für das betr. Deplacement und die Höhenlage des Deplacementsschwerpunktes berechnen lassen.

Es werde nun das Schiff in dieser Phase seines Zuwasserlassens festgehalten und um irgend einen Winkel seitlich geneigt, wie dies in der Querschiffsprojektion der Fig. 1 für 30° angedeutet ist. Dabei soll vorausgesetzt werden, daß die Neigung derartig geschieht, daß sich das Deplacement dabei nicht ändert, eine Voraussetzung, die ja auch bei den allgemein üblichen Stabilitätsberechnungen für schwimmende Schiffe gemacht wird, (s. Anmerk. 3.). Diese Voraussetzung bedingt, daß auch der Vorderdruck bei der seitlichen Neigung ungeändert bestehen bleibt. Dagegen entfernt sich bei der seitlichen Neigung die Kraftrichtung des Eigengewichts G in der Querschiffsprojektion von der Kraftrichtung des Vorderdrucks nach der eintauchenden Seite zu. Gleichzeitig nimmt die Kraftrichtung des Auftriebes A eine von den beiden andern Kraftrichtungen unabhängige Lage an, welche von der eingetauchten Schiffsform abhängt, und welche in der Regel infolge der bekannten Eigentümlichkeiten der Schiffsformen noch weiter nach der eintauchenden Seite in der Querschiffsprojektion abgerückt erscheint, als die Richtungslinie des Eigengewichtes. Aus der relativen Lage der drei Kräfte in der Querschiffsprojektion darf man aber ohne weiteres noch keine Schlüsse ziehen, wie man dies vielleicht nach der Analogie mit der Stabilität eines schwimmenden Schiffes zu tun geneigt wäre. Dagegen gewinnt man einen klaren Überblick über die relative Lage der Kräfte aus der mit Hilfe der Querschiffsprojektion hergestellten Projektion senkrecht zur Wasseroberfläche, wie sie in Fig. 1 unterhalb des Längsschnittes gezeigt ist.

In derselben erscheint die Schnittlinie der Schiffsmittelebene mit der Wasseroberfläche als eine Gerade, welche als Basis für die Auftragung benutzt werden soll. Als weitere Gerade, aber in einem gewissen Neigungswinkel zu dieser Basis, erscheint die Projektion der Kiellinie, soweit dieselbe im Schiff selbst eine Gerade darstellt. Die drei Kräfte, welche senkrecht zur Wasseroberfläche wirken, erscheinen in dieser Projektion als Punkte: g, a und v.

Verbindet man die beiden Punkte a und v durch eine dritte Gerade, welche ich die „Unterstützungslinie" nennen will, so muß die Resultante der aufwärts wirkenden Kräfte durch einen Punkt dieser Linie gehen, und je nachdem der Punkt g auf der eintauchenden oder austauchenden Seite dieser Linie liegt, ist in seitlicher Richtung ein kenterndes oder ein aufrichtendes Kräftepaar wirksam; der Hebelarm dieses Kräftepaares wird durch die Enfernung des Punktes g von der Unterstützungslinie gemessen.

Dieses Diagramm, welches mit dem Ausdruck „Kräfteprojektion" bezeichnet werden soll, ist also für die vorliegenden Untersuchungen als das eigentliche Stabilitätsdiagramm anzusehen, (s. Anmerk. 4).

Berechnet man nun für die verschiedenen Auftriebsgrößen, welche das Schiff zwischen dem Beginn des Abhebens und dem Erreichen der Schwimmlage einnimmt, die Größen des Vorderdrucks und die zugehörigen Trimmlagen, faßt man dann für jede der berechneten Lagen verschiedene seitliche Neigungswinkel ins Auge und berechnet für dieselben die Lagen der Deplacementsschwerpunkte, verzeichnet man endlich für jede der berechneten Trimmlagen und für jeden berechneten Neigungswinkel die Kräfteprojektion, so erhält man ein vollständiges Bild über die Stabilität des zu Wasser gelassenen Schiffes in allen Phasen dieser Periode, aus welchem man sich nach Bedarf Stabilitätskurven zusammenstellen kann (s. Anmerk. 5).

Einer solchen Berechnung, die ich durchzuführen Gelegenheit hatte, sind die dieser Abhandlung beigefügten Figuren entnommen, die sich sämtlich auf ein und dasselbe Schiff beziehen, (s. Anmerk. 6). Das betr. Schiff, welches tatsächlich beim Zuwasserlassen vom Slip kenterte, ist nicht nur als vorzügliches Seeschiff, sowohl im beladenen wie im leeren Zustand bekannt sondern es hat auch in der Verfassung des Zuwasserlassens, bei welchem die Maschine aus ihm entfernt war, eine nicht unbeträchtliche Stabilität im schwimmenden Zustande gezeigt; denn es konnte, nachdem es wieder gehoben war, ohne jeden Ballast verholt werden, ohne sich seitlich zu neigen.

Die in der Schwimmlage nach dem Zuwasserlassen bei verschiedenen seitlichen Neigungen für das Schiff in der Stapellaufverfassung sich ergebenden aufrichtenden Stabilitätsmomente sind in Fig. 2 gezeigt, welche in der voll ausgezogenen Kurve die übliche Stabilitätskurve für diese Schwimmlage gibt. Durch die punktierten Linien u u und $u_1 u_1$ ist angedeutet, wie die Stabilitätskurve sich ändern würde, wenn der Schwerpunkt des Schiffes um den für

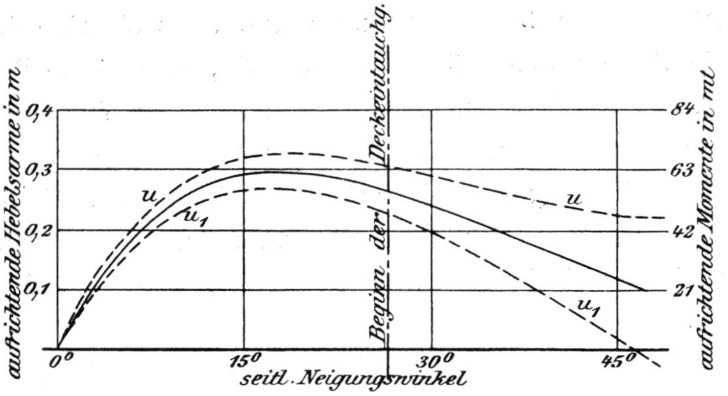

Fig. 2.

seine Größenverhältnisse nicht unbedeutenden Betrag von 0,1 m nach oben oder unten verschoben wird.

Der sich aus dieser Figur ergebenden, beträchlichen positiven Stabilität in der Schwimmlage steht nun während eines Teiles der Periode des Zuwasserlassens, welche zwischen dem Beginn des Abhebens und dem Erreichen der Schwimmlage liegt, ein recht bedeutendes Maß von negativer Stabilität gegenüber. In Fig. 3 ist die mit Hilfe der beschriebenen Methode berechnete Stabilitätskurve gezeigt, welche kurz nach dem Beginn des Abhebens gültig ist, (s. Anmerk. 7), und aus welcher man ersieht, daß hier durch alle in Betracht kommenden seitlichen Neigungen hindurch kenternde Momente tätig sind, so daß also das Schiff, wenn es in dieser Ablaufsphase festgehalten und sich selbst überlassen wird, unfehlbar kentern muß. Die in dieser Figur verzeichneten punktierten Linien s s und $s_1 s_1$ deuten, ähnlich wie in Fig. 2, an, wie die Stabilität sich ändern würde, wenn der Schwerpunkt um 0,1 m tiefer oder höher gelegt wird.

Während nun eine Verschiebung des Schwerpunktes in der Längenrichtung bei dem schwimmenden Schiff ohne nennenswerten Einfluß auf die Stabilitätskurve sein würde, ist der Einfluß einer solchen Verschiebung in der unter Betrachtung stehenden Lage ein wesentlicher, (s. Anmerk. 8). Es geht dies aus einer Betrachtung der Fig. 1 hervor. Wird in derselben der Schwerpunkt unter Beibehaltung seiner Höhenlage nach vorne verschoben, so ändert sich seine Lage in der Querschiffsprojektion nicht; in der Kräfteprojektion rückt er also auf einer Parallelen zur Schnittlinie der Mittelebene nach vorne. Da nun die Unterstützungslinie stets eine Richtung annehmen muß, welche derjenigen der Fig. 1 ähnelt, d. h. da sie immer, wenn man sie von vorne nach hinten verfolgt, sich der eintauchenden Seite zuwenden muß, so bedeutet die genannte Verschiebung der Schwerpunktspro-

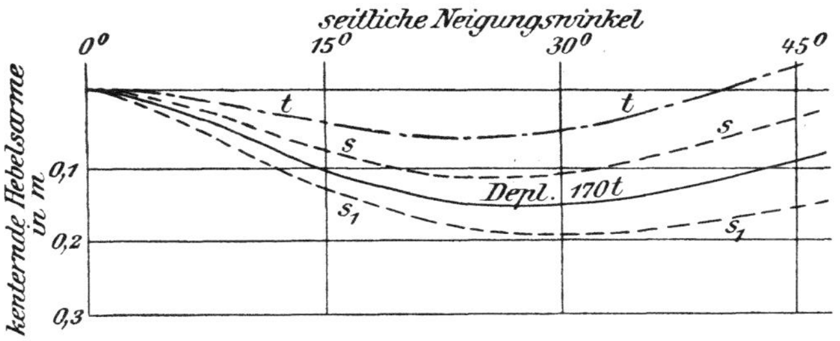

Fig. 3.

jektion gleichzeitig eine Verschiebung derselben mit Bezug auf die Unterstützungslinie nach der eintauchenden Seite, also eine Verminderung der Stabilität. Umgekehrt wird durch eine Verschiebung des Schwerpunktes nach hinten die Stabilität vergrößert.

Daraus folgt, daß die Verschiebung des Schwerpunkts in der Längenrichtung für die unter Betrachtung stehende, teilweise schwimmende Lage des Schiffes einen ähnlichen Einfluß hat, wie seine Verschiebung in der Höhenrichtung; denn auch die letztere gibt sich in der Kräfteprojektion nur durch eine Verschiebung der Schwerpunktsprojektion nach der ein- oder austauchenden Seite zu erkennen. Die in Fig. 3 gegebenen punktierten Kurven s s und $s_1 s_1$ entsprechen deshalb nicht nur einer der Höhe nach, sondern ebenso einer der Länge nach um ein entsprechendes Maß verschobenen Schwerpunktslage.

Infolge des geringen Neigungswinkels, den die Unterstützungslinie gegen die Schnittlinie der Mittelebene in der Kräfteprojektion besitzt, erfordert es allerdings weit größere Verschiebungen des Schwerpunktes in der Längenrichtung, als in der Höhenrichtung, um den gleichen Effekt zu erzielen; dagegen ist aber auch in Betracht zu ziehen, daß wenn irgend welche Gewichtselemente, die sich nicht gerade in der Mitte der Schiffslänge befinden, etwa beim Zuwasserlassen noch am Schiffe fehlen oder aus demselben entfernt worden sind, der Einfluß ihrer Beiseitelassung auf die Längenlage des Schwerpunkts ein bedeutend größerer ist, als auf die Höhenlage, weil die in Frage kommenden Hebelsarme weit größere sind. In dem durch die Figuren erläuterten Beispiel wirkt die aus Anmerkung 6 ersichtliche, verhältnismäßig ungünstige Verfassung des Schiffes, welche durch das Herausnehmen der Maschine herbeigeführt wurde, in größerem Maße durch die dabei erfolgte Längenverschiebung, als durch die Höhenverschiebung des Schwerpunkts auf die Stabilität während des Zuwasserlassens ein, (s. Anmerk. 9).

Würde in unserem Beispiel die Maschine nicht aus dem Schiff entfernt worden sein, so würden sich wegen der niedrigeren Schwerpunktslage die kenternden Hebelsarme der Fig. 3 nach Maßgabe der punktierten Linie s s verringern; wegen der gleichzeitig herbeigeführten Verschiebung des Schwerpunktes nach hinten würden dieselben aber wesentlich weiter, und zwar bis zu der strichpunktiert gezeichneten Linie t t verringert werden. In der Schwimmlage würde der Einfluß des Vorhandenseins der Maschine dagegen nur durch die Höhenlage des Schwerpunkts (unter Berücksichtigung des in Anmerkung 8 Gesagten) wirksam sein und die Stabilitätskurve auf die Linie u u der Fig. 2 verschieben.

Einen ähnlichen Einfluß hat auch die Verschiebung des vordersten Unterstützungspunktes. Indem derselbe nach hinten rückt, wird seine Projektion infolge der geneigten Lage der Kiellinienprojektion gleichzeitig nach der austauchenden Seite verschoben, was eine Verschiebung des Vorderendes der Unterstützungslinie zur Folge hat; dadurch wird die Entfernung der Schwerpunktsprojektion von der Unterstützungslinie in einem die Stabilität verringernden Sinne beeinflußt; das Umgekehrte tritt bei einer Verschiebung des Punktes nach vorne ein. Die punktierten Kurven der Fig. 3 dienen also auch als Maßgabe der Stabilität bei einer entsprechenden Verschiebung des vorderen Unterstützungspunktes (s. Anmerk. 10).

Bei gegebener Helgenneigung wird also die Stabilität eines gegebenen Schiffes in den teilweise schwimmenden Stellungen, welche zwischen dem Beginn des Abhebens vom Helgen und dem Erreichen der Schwimmlage liegen, ungünstig beeinflußt durch:

1. eine Erhöhung des Gewichtsschwerpunktes,
2. eine Verschiebung desselben nach vorne,
3. eine Verschiebung des vordersten Unterstützungspunktes nach hinten.

Die umgekehrten Verschiebungen bedingen eine Erhöhung der Stabilitätsmomente.

Aus Fig. 1 geht auch noch hervor, daß eine Verringerung der Helgenneigung einen günstigen Einfluß auf die unter Betrachtung stehende Stabilität ausübt; denn dadurch wird infolge der größeren Eintauchung des Vorderendes bei gleicher Deplacementsgröße der Deplacementsschwerpunkt nach vorne gerückt; demnach wird auch in der Kräfteprojektion das Hinterende der Unterstützungslinie nach der eintauchenden Seite verschoben, also die Stabilität vergrößert, (s. Anmerk. 11). Einer Verringerung der Helgenneigung muß es vom theoretischen Standpunkte aus gleichgesetzt werden, wenn durch Erhöhung der Aufklotzungen am Hinterende des Schiffes der Neigungswinkel der Kiellinie verringert wird, da die Helgenneigung ja überhaupt nur insofern in Frage kommt, als sie die Kielneigung repräsentiert.

Während sich nun das Schiff allmählich der Schwimmlage nähert, und während es dabei einen immer größeren Auftrieb erhält, ändern sich die

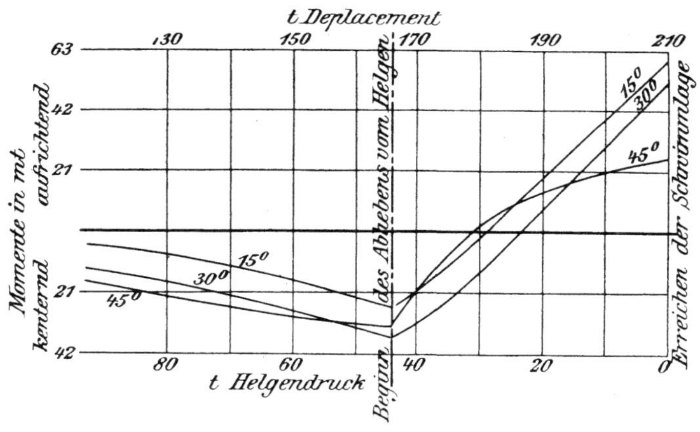

Fig. 4.

Stabilitätsverhältnisse fortwährend. Für einige Neigungswinkel sind die dabei zutage tretenden Stabilitätskurven des unseren Figuren zugrunde liegenden Beispiels in Fig. 4 verzeichnet. Die Kurven beziehen sich auf konstante

Neigungswinkel und zeigen den Verlauf der Momente des bisher betrachteten Kräftepaares bei allmählich wachsender Eintauchung. Die Zunahme der Stabilität bei der Annäherung an die Schwimmlage ist dabei eine sehr ausgeprägte. Man wird beachten, daß die Kurven dieser Figur nicht nur für die bisher betrachtete Periode des Zuwasserlassens verzeichnet sind, sondern daß sie auch noch weiter als bis zum Beginn des Abhebens zurückreichen; es wird sich jedoch sofort zeigen, daß sie nur im Bereiche der bisher betrachteten Periode in dieser Form maßgebend sind, da vor dem Beginn des Abhebens außer den bisher betrachteten Kräften noch andere in Frage kommen, die wir nun untersuchen müssen.

Bevor die Eintauchung beginnt, muß die Resultante des Helgendrucks in der Richtungslinie des Eigengewichts liegen und diesem an Größe gleich sein. Nach Beginn der Eintauchung bewirkt das Auftreten des Auftriebes A, daß die Resultante des Helgendrucks kleinere Werte annimmt, und daß sie die Richtungslinie des Eigengewichts verläßt, indem sie allmählich nach vorne rückt, bis sie schließlich den vordersten Unterstützungspunkt erreicht. Um diese Resultante rechnerisch fassen zu können, muß man sie sich in 2 Komponenten zerlegt denken, von denen die eine durch den vordersten Unterstützungspunkt, die andere aber durch die Richtungslinie des Eigengewichts geht, siehe Fig. 6. Mit anderen Worten: man muß sich vorstellen, daß der allmählich wachsende Auftrieb einen durch den vordersten Unterstützungspunkt gehenden Druck V hervorruft, dessen Größe durch die Gleichung:

$$V = \frac{A \cdot p}{q}$$

geregelt wird, der also mit zunehmendem Auftrieb wächst; solange nun die Summe der beiden aufwärts wirkenden Kräfte, $A + V$, nicht die Größe G erreicht hat, verbleibt noch ein restierender Helgendruck:

$$M = G - (A + V),$$

dessen Moment gleich Null sein muß, der also durch die Richtungslinie des Eigengewichtes gehen muß. Dieser Druckanteil, welcher als „Mitteldruck" bezeichnet werden soll, ist es, der das Abheben des Hinterendes des Schiffes verhindert. Erst in dem Augenblick, in welchem

$$A + V = G$$

geworden ist, wird der Mitteldruck gleich Null und das Abheben beginnt.

Verfolgt man hiernach die Verteilung der Kräfte vom Beginn der Eintauchung bis zum Erreichen der Schwimmlage, so erhält man ein Diagramm, wie es Fig. 5 für unser Beispiel zeigt. Man sieht aus dieser Figur, wie der Mitteldruck von seinem Anfangswert G bis zum Beginn des Abhebens kontinuierlich bis zu Null abnimmt, während der Vorderdruck zunimmt; vom Beginn des Abhebens an nimmt letzterer wieder ab, bis auch er beim Erreichen der Schwimmlage zu Null wird; der Auftrieb nimmt während der ganzen Zeit, wenn auch mit einer charakteristischen Unregelmäßigkeit beim Beginn des Abhebens, zu (s. Anmerk. 12).

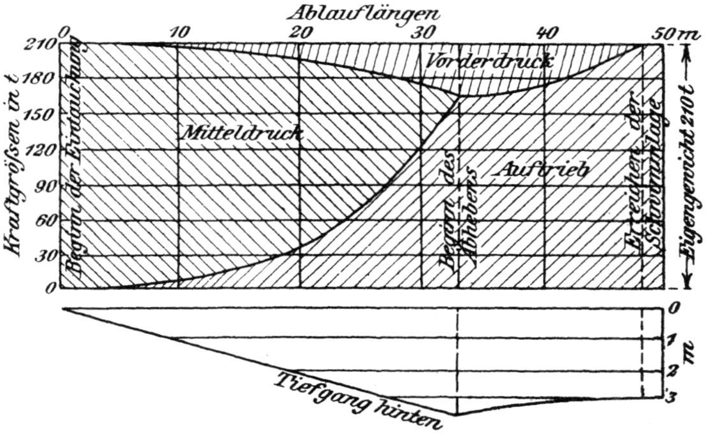

Fig. 5.

In der Periode, die dem Abheben vom Helgen vorangeht, haben wir also außer mit dem Auftrieb und dem Vorderdruck auch noch mit dem Mitteldruck zu rechnen, wie es im Längsschnitt der Fig. 6 gezeigt ist.

Würde das Schiff nun im Verlaufe dieser Periode festgehalten und in seitlicher Richtung geneigt, wie es in der Querschiffsprojektion der Fig. 6 angedeutet ist, so würde die Kräfteprojektion sich so gestalten, wie es gleichfalls in Fig. 6 gezeigt ist. Es treten jetzt 2 Kräftepaare auf: Das eine hat die Kraftgröße A + V und seine aufrichtende oder kenternde Tendenz, sowie sein Hebelsarm gehen aus der Lage des Punktes g mit Bezug auf die Unterstützungslinie hervor; das andere Kräftepaar hat die restierende Kraftgröße M mit dem Hebelsarm gm, wobei m die Projektion des Unterstützungspunktes in der Kraftrichtung des Mitteldrucks, also in der des Eigengewichts bedeutet. Da nun g bei einer seitlichen Neigung unter allen Umständen mit Bezug auf m nach der eintauchenden Seite verschoben wird, muß das zweite Kräftepaar stets von kenternder Wirkung sein (s. Anmerk. 13).

Zu den Stabilitätsmomenten, die in Fig. 4 gezeigt sind, kommen also in der Periode, die dem Abheben vorangeht, noch die Momente des Mitteldrucks hinzu, welche stets eine Verringerung der Stabilität bedeuten; die Gesamtmomente sind für unser Beispiel in Fig. 7 zusammengestellt (s. Anmerk. 14).

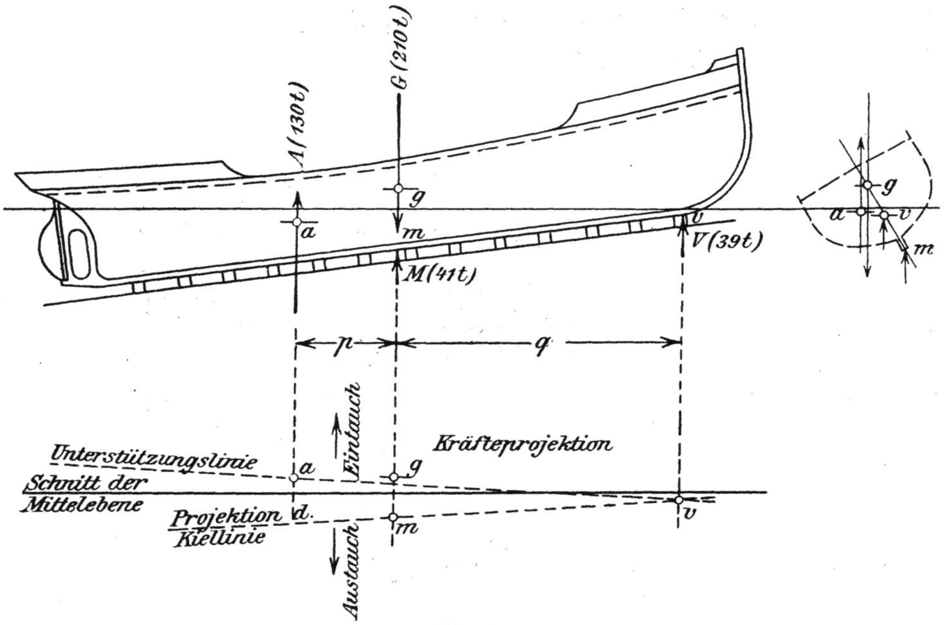

Fig. 6.

Es darf jedoch nicht außer Acht gelassen werden, daß die Stabilität des Schiffes vor dem Beginn des Abhebens nur dann in Frage kommen kann, wenn die seitlichen Unterstützungen nicht in Funktion treten. Für die Periode nach dem Beginn des Abhebens ist eine Vernachlässigung derselben völlig berechtigt; denn indem das Schiff sich vom Helgen abhebt, verläßt es auch die Berührung mit den Kimmpallen oder sonstigen seitlichen Unterstützungen; es kann sich dann also ungehindert seitlich neigen. Vor dem Abheben aber, solange also noch ein Mitteldruck vorhanden ist, ist das Schiff nicht nur in stetiger Berührung mit dem Helgen, sondern auch mit den seitlichen Unterstützungen, die jede seitliche Neigung, wenn die Tendenz dazu vorliegen sollte, verhindern.

Nun sind aber die Berechnungen unter der Annahme einer absolut ruhigen Wasseroberfläche gemacht, während in Wirklichkeit ein mehr oder minder starker Wellengang unvermeidlich ist. Wird das im Herunterlassen befindliche Schiff kurz vor dem Zeitpunkt des theoretisch bestimmten Abhebens von einem Wellenberg getroffen, so erhöht sich dabei sein Deplacement und es tritt ein verfrühtes Abheben ein; ist die Bewegung der Wellen quer zum Helgen gerichtet, wie es in der Regel der Fall sein wird, so hat das verfrühte Abheben auch noch eine seitliche Verschiebung des abgehobenen Hinterendes und, da das Vorderende des Schiffes festliegt, eine Drehung des Schiffes in horizontaler Richtung zur Folge. Trifft nun das Wellental das Schiff, so sinkt dies zwar zurück, nimmt aber seine alte Lage nicht

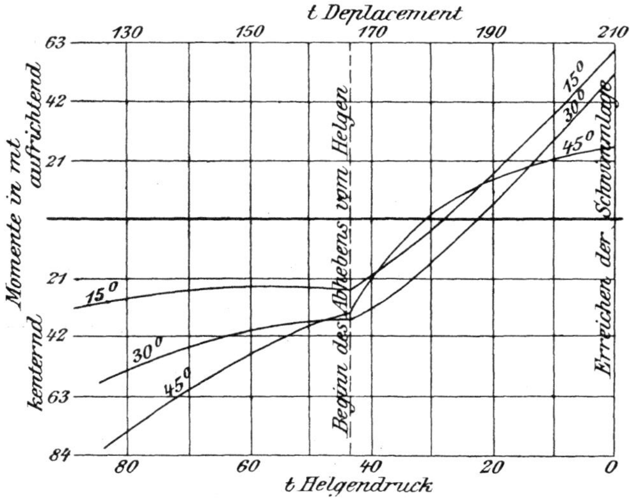

Fig. 7.

genau wieder ein. Wiederholt sich dieser Vorgang der Wellenbewegung, während das Schiff in dieser Ablaufphase festgehalten wird oder sich langsam durch dieselbe bewegt, so wird die seitliche Unterstützung, die das Schiff finden sollte, in kurzer Zeit soweit gelockert, daß sie nicht mehr genügt, um die Einleitung einer seitlichen Neigung zu verhindern. Ist die seitliche Neigung aber erst eingeleitet, so wachsen die auf die weitere Neigung des Schiffes wirkenden Kräftepaare, besonders das Kräftepaar M . gm, so schnell an, daß die seitlichen Unterstützungen des Schiffes leicht weiter nachgeben können, da ihre Konstruktion in der Regel nur geringe Widerstandsfähigkeit gegen solche Kräftepaare zu bieten geeignet sein kann (s. Anmerk. 15). Deshalb kommt für die Beurteilung der Verhältnisse nicht nur der Verlauf der Kurven nach dem Beginn des Abhebens, sondern auch derjenige, der dem

Abheben auf einige Entfernung vorangeht, in Betracht, wobei die Kurven nach Art der Fig. 7 maßgebend sind.

Aus den vorangegangenen Betrachtungen ergibt sich, zunächst für das den Figuren zugrunde liegende Schiff, eine Periode negativer Stabilität, welche es beim Zuwasserlassen durchzumachen hat, und welche ich als die „gefährliche Zone“ bezeichnen möchte. Am deutlichsten erkennbar ist diese gefährliche Zone in der Darstellungsart der Fig. 8, in welcher als Abszissen

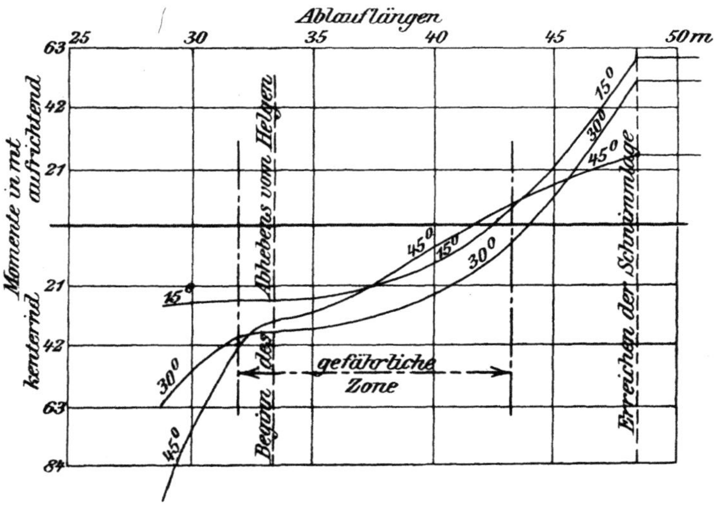

Fig. 8.

nicht die Auftriebgrößen, sondern die zugehörenden Ablauflängen, gerechnet vom Beginn der Eintauchung an, aufgetragen sind, so daß die Größe der Stabilitätsmomente bei den verschiedenen seitlichen Neigungswinkeln in direkte Abhängigkeit von diesen Ablauflängen gebracht ist.

Der Beginn der gefährlichen Zone liegt in unserm Beispiel eben vor dem Beginn des Abhebens, läßt sich aber nicht genau festlegen, weil er von der unbestimmbaren Größe der Wellenbewegung abhängt. Die gefährliche Zone setzt mit großen Werten negativer Stabilität ein, welche allmählich abfallen, während sich das Schiff der Schwimmlage nähert. Als Ende der gefährlichen Zone ist diejenige Ablauflage zu betrachten, bei der die positiven Stabiltätsmomente genügende Größe haben, um auch dann noch ein Aufrichten zu gewährleisten, wenn das Schiff mit einem mäßigen seitlichen Neigungswinkel in sie hineingelangt.

Wie weit nach der Schwimmlage hin sich die gefährliche Zone erstreckt, hängt zum Teil von der Stabilität des schwimmenden Schiffes ab; dagegen ist der Beginn der gefährlichen Zone und die Größe der Momente daselbst von der Stabilität des schwimmenden Schiffes unabhängig.

Das Vorkommen einer gefährlichen Zone ist nun durchaus nicht etwa nur auf Schiffe des Typs oder der Größe des zufällig gewählten Beispiels beschränkt; es ist vielmehr als wahrscheinlich anzusehen, daß eine große Zahl von Schiffen in der Verfassung, in der sie sich beim Zuwasserlassen befinden, eine gefährliche Zone zu passieren hat; ausgenommen sind wohl nur die Schiffe, die einen sehr tief liegenden Schwerpunkt oder sehr große Breite besitzen, oder welche stark achterlastig getrimmt sind.

Ist eine gefährliche Zone vorhanden, so ist der Verlauf der Momentkurven prinzipiell von ähnlicher Art, wie in dem durch die Figuren erläuterten Beispiel; die Größe der Momente und die Ausdehnung der gefährlichen Zone bei gegebener Schiffsform wird, wie wir gesehen haben, durch die Höhen- und Längenlage des Schwerpunktes, durch die Lage des vordersten Unterstützungspunktes und durch die Helgenneigung bezw. die Kielneigung beeinflußt.

Wird ein Schiff im Bereiche der etwaigen gefährlichen Zone festgehalten, so hat man stets mit der Gefahr des Kenterns zu rechnen; es bedarf alsdann nur der Einleitung einer seitlichen Neigung, und diese wird durch die erwähnte Wellenbewegung immer leicht hervorgerufen. Ist aber die seitliche Neigung erst eingeleitet, so kann sich das Schiff vermöge der vorhandenen negativen Stabilitätsmomente nicht wieder aufrichten, sondern es muß sich, zunächst langsam, dann schneller weiter neigen. Nicht viel günstiger werden die Verhältnisse, wenn das Schiff mit einer geringen Geschwindigkeit zwangläufig durch die gefährliche Zone hindurchgeführt wird, da ihm alsdann eventuell Zeit genug gelassen wird, größere Neigungswinkel zu erreichen, ehe es das Ende der gefährlichen Zone erreicht hat.

Wird dagegen ein Schiff sich selbst überlassen, findet also ein freier Stapellauf statt, so wird die gefährliche Zone in der Regel so schnell passiert, daß eine im Verlaufe derselben etwa eingeleitete seitliche Neigung keine gefährlichen Dimensionen annehmen kann, ehe die positiven Aufrichtungsmomente, die sich bei der Annäherung an die Schwimmlage einstellen, wirksam werden.

Es ist bis dahin angenommen worden, daß das Zuwasserlassen auf einen Mittelhelgen vor sich geht, während die seitlichen Unterstützungen in der Periode, die dem Abheben vorangeht, durch Kimmpallen oder dergl. hergestellt werden. Wenn diese seitlichen Unterstützungen auch auf Schlitten laufen, wenn also drei Helgen vorhanden sind, so ändert dies an den Betrachtungen nichts, da dann nur der Mittelhelgen das Gewicht des Schiffes aufzunehmen bestimmt ist.

Anders liegen die Verhältnisse, wenn das Schiffsgewicht auf zwei Seitenhelgen verteilt wird. Der nach dem Beginn des Abhebens auftretende Vorderdruck kann dann nicht mehr, wie in Fig. 1 und 6, durch einen

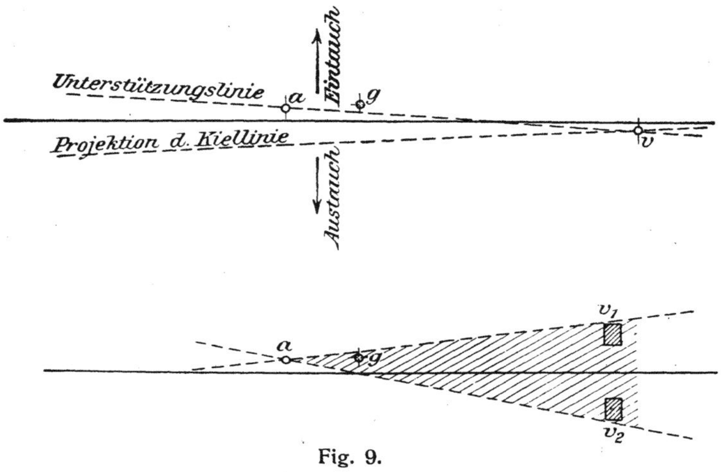

Fig. 9.

Punkt v der Kräfteprojektion gehen; vielmehr wird die vorderste Unterstützung in der Kräfteprojektion durch die Projektion der beiden vordersten Unterstützungspallen dargestellt werden müssen, wie es in Fig. 9 im unteren Teil gezeigt ist, während der obere Teil dieser Figur eine Wiederholung der Kräfteprojektion aus Fig. 1 ist, welche des Vergleichs halber beigefügt worden ist.

Auf den ersten Blick möchte man geneigt sein, anzunehmen, daß bei einer seitlichen Verschiebung des Auftriebs a die „Unterstützungslinie" in diesem Falle durch die „Unterstützungsfläche" a v_1 v_2 ersetzt wird, so daß ein kenterndes Moment erst eintreteten könnte, wennn g außerhalb dieser Unterstützungsfläche fällt. Würde dies der Fall sein, so würde natürlich in dem Zuwasserlassen auf zwei Helgen eine erhöhte Sicherheit zu suchen sein.

Dies ist jedoch in der Praxis in der Regel nicht der Fall. Nehmen wir an, daß ein Schiff beim Zuwasserlassen auf zwei Helgen soeben den Beginn des Abhebens überschritten habe und nun zum Stillstand kommt, Fig. 10, während zugleich eine seitlich gerichtete Wellenbewegung stattfindet. Dabei wird, wie in der Querschiffsprojektion durch w_1 und w_2 angedeutet, der Wellenberg bald die eine, bald die andere Seite des Schiffes passieren, wobei der jeweilige Deplacementschwerpunkt bald nach a_1, bald nach a_2 verlegt wird, so daß er zwischen diesen beiden Punkten periodisch hin- und herwandert. Soll das Schiff sich dabei nicht seitlich neigen, so muß gleichzeitig der Vorderdruck derartig hin- und herwandern, daß in der Kräfteprojektion

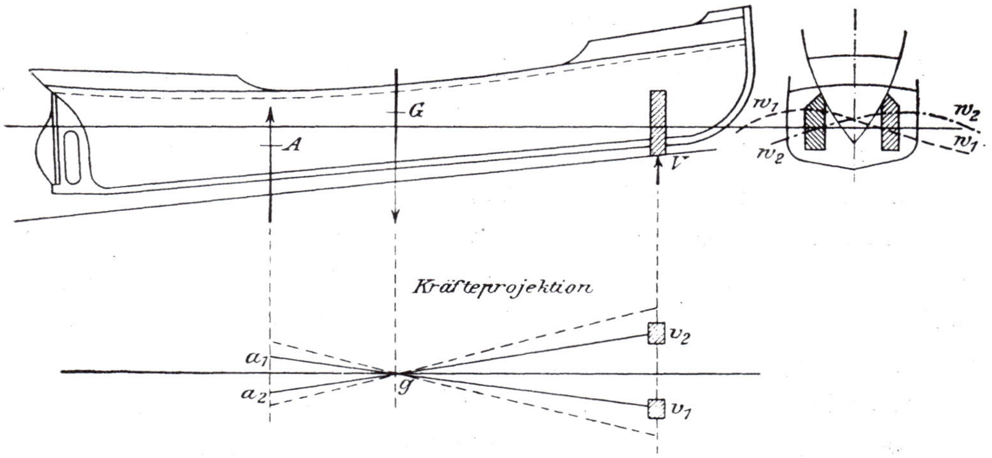

Fig. 10.

a, g und v immer in einer Geraden liegen. Dabei muß zeitweise der ganze Vorderdruck auf jede einzelne der vordersten Unterstützungspallen entfallen, während das andere Ende dabei völlig entlastet wird. Des weiteren wird der hin- und herwandernde Druck das betr. Pall nur ganz vorübergehend normal belasten; sonst aber wird der Druck einseitig, bald rechts, bald links, auf jedes einzelne Pall wirken müssen. Der Effekt auf die Pallen ist also ein solcher, als ob die Last auf ihnen hin- und hergeschaukelt würde, eine Beanspruchung, der die Pallen um so weniger Widerstand zu leisten imstande sein können, als sie sich unter den vordersten scharfen Teilen des Schiffes befinden, wodurch ihre oberen Unterstützungsflächen starke Neigungswinkel gegen die Horizontale aufweisen, so daß bei dem hin- und herwandernden Druck Verschiebungen unvermeidlich sind. Die unausbleibliche Folge dieser Vorgänge ist, daß das Schiff in den beiden vordersten Pallen nicht mehr eine genügende Unterstützung findet, daß es sie deshalb verläßt und sich irgend eine Unterstützung sucht, welche als durch einen bestimmten Punkt gehend angesehen werden kann. Dabei treten ähnliche Verhältnisse ein, wie die weiter oben beschriebenen, und das Schiff befindet sich im Prinzip unter denselben Kräfteeinwirkungen, als ob es auf einen Mittelhelgen zu Wasser gelassen würde.

Selbst wenn man die beiden vordersten Unterstützungspallen auf einen verbindenden Querbalken setzt, den man unter dem Kiel des Schiffes durchführt, erreicht man in der betrachteten Phase des Zuwasserlassens keine bessere Unterstützung, denn das auf den beiden Pallen durch den wandernden Auftrieb hin- und hergewiegte Vorderende wird unter allen Umständen eine seitliche Lockerung der ihm durch die Pallen gebotenen Unterstützung herbeiführen, weil keine starre Verbindung zwischen dem Schiffskörper und den Pallen stattfinden kann. Sobald aber die seitliche Lockerung eingetreten ist, können die Pallen das Schiff nicht mehr von der seitlichen Neigung zurückhalten, die durch die Verschiebung des Auftriebs angestrebt wird.

Ist man sich hierüber klar, so folgt weiter, daß das auf zwei Helgen unterstützte Schiff unter Umständen noch ungünstigere Stabilitätsverhältnisse aufweisen wird, als das auf einen Helgen sich stützende. Denn einesteils ist die Lage des Unterstützungspunktes, den das Schiff sich nach Lockerung der Vorderpallen sucht, dem Zufall überlassen, wobei es durchaus nicht ausgeschlossen ist, daß derselbe auf diejenige Seite fällt, welche bei einer eventuellen Neigung des Schiffes zur austauchenden wird; in solchem Falle wird die „Unterstützungslinie" vorne noch mehr nach der austauchenden Seite hinübergezogen, als es bei einer mittleren Unterstützung der Fall ist, und die Gefahr, ein kenterndes Moment herbeizuführen, wird dadurch vergrößert.

Ferner aber kann der Fall eintreten, daß bei einer Wellenbewegung der Ausschlag des Punktes a in Fig. 9 so groß wird, daß die zur Beibehaltung der aufrechten Lage des Schiffes erforderliche seitliche Verschiebung von v über die Breite der Pallen hinausreicht, wie dies durch die punktierten Linien angedeutet ist. Das Schiff findet dann also keine Unterstützung mehr durch diese Pallen und muß sich seitlich neigen, wobei dann die soeben geschilderten, ungünstigen Umstände ohne Frage in Funktion treten müssen.

Endlich kommt noch hinzu, daß in der Regel die vorderste Unterstützung bei Anwendung von zwei Helgen mit Rücksicht auf die Schiffsform weiter nach hinten geschoben werden muß, als bei einem Mittelhelgen, und wir haben bereits gesehen, daß dies auf die Stabilität beim Zuwasserlassen den gleichen Effekt hat, wie eine Erhöhung des Schwerpunkts.

Aus diesen Gründen wird man wohl in der Regel das Zuwasserlassen auf dem Mittelkiel als die sicherste Methode ansehen müssen, wenn auch wohl Fälle denkbar sind, in denen die Anwendung von zwei Helgen auch vom Standpunkte der Stabilität aus gerechtfertigt erscheint. Im einzelnen läßt sich die Frage nur durch eine rechnerische Bestimmung entscheiden.

Faßt man das Gesagte zusammen, so ergibt sich zunächst, daß man von denjenigen Mitteln, welche die Stabilität während des Zuwasserlassens erhöhen, einen ausgiebigen Gebrauch machen müßte, d. h., daß man den Schwerpunkt dabei nicht nur möglichst tief, sondern auch möglichst weit nach hinten legen sollte, daß man die Unterstützungen des Kiels möglichst weit nach vorne durchführen und die Helgen-, bezw. die Kielneigung möglichst gering halten sollte. Da aber die Anwendung dieser Mittel häufig einen großen Aufwand an Zeit und Geld bedeuten, und da es andererseits, besonders beim Slipbetrieb, absolut ausgeschlossen ist, daß man sich für jedes zu Wasser zu lassende Schiff durch Ausführung der beschriebenen Berechnungen über seine Stabilität während der Stapellaufsperioden Klarheit verschafft, so muß man mit dem Vorhandensein der gefährlichen Zone innerhalb gewisser Grenzen als mit etwas Unvermeidlichem rechnen.

Unter Berücksichtigung dieser Erkenntnis muß man aus dem Gesagten den weiteren Schluß ziehen, daß das Fieren der Schiffe vom Slip bis in die Schwimmlage, wie es häufig geschieht, als eine überaus gefährliche Operation anzusehen ist, von deren Anwendung man unter allen Umständen absehen sollte; ein Schiff dürfte vorsichtiger Weise niemals weiter, als bis in einige Entfernung vor dem Orte, wo das Abheben beginnen muß, gefiert werden; alsdann muß man es frei ablaufen lassen, um die Gefahr des Kenterns zu vermeiden, wenn man nicht zu andern, umständlichen Vorsichtsmaßregeln greifen will (s. Anmerk. 16), oder wenn man sich nicht durch Berechnung überzeugt hat, daß keine gefährliche Zone vorhanden ist.

Genau ebenso gefährlich, wie das Fieren vom Slip, ist aber auch der Stapellauf, wenn die Geschwindigkeit durch künstliche Mittel gehemmt wird, wie dies vorkommt, wenn verhältnismäßig große Schiffe in schmalen Fahrwassern abgelassen werden. Es geschieht dies bekanntlich beispielsweise durch mit dem Lande verbundene Ketten, deren Länge und Befestigungsart derartig berechnet ist, daß ihre Wirkung in schwachem Maße in einiger Entfernung vor dem Beginn des Abhebens beginnt, während sie in schnell wachsendem Maße beim weiteren Ablauf zunimmt, bis daß Schiff kurz nach dem Erreichen der Schwimmlage zum Stillstand kommt. Indem man dies ausführt, legt man die Hemmung direkt in das Gebiet der eventuellen gefährlichen Zone, also dorthin, wo man die Geschwindigkeit am meisten benötigt; man schafft also gerade die Umstände herbei, die für ein eventuelles Kentern den Weg ebenen. Man macht gelegentlich bei freien Stapelläufen die Beobachtung, daß das Schiff vor dem Erreichen der Schwimmlage größere seitliche Neigungen annimmt, aus denen es sich aber wieder aufrichtet. Diese seitlichen Neigungen sind darauf zurückzuführen, daß das betr. Schiff in der gefährlichen Zone eine Tendenz zum Kentern erhielt; da es aber Geschwindigkeit genug besaß, um aus der gefährlichen Zone herauszukommen, ehe die Neigung zu große Dimensionen angenommen hatte, so kamen die aufrichtenden Momente, die in der Nähe der Schwimmlage auftreten, rechtzeitig zur Geltung. Würde ein solches Vorkommnis stattfinden, wenn das Schiff mit gehemmter Geschwindigkeit durch die gefährliche Zone geht, so ist anzunehmen, daß es völlig zum Kentern kommt, ehe es die gefährliche Zone verlassen hat, wie es z. B. 1883 bei der „Daphne“ der Fall gewesen sein wird (s. Anmerk. 17).

Ist man durch die Verhältnisse gezwungen, das Schiff gleich nach dem Erreichen der Schwimmlage durch künstliche Mittel zum Stillstand zu bringen, so muß man ihm diejenigen Eigenschaften geben, die ihm nicht nur eine hinreichende Stabilität in der Schwimmlage, sondern auch eine solche in den verschiedenen Phasen des Ablaufs gewähren.

Für solche Fälle ist natürlich die Durchführung einer eingehenden Berechnung der Stabilität während des Ablaufens ein unbedingtes Erfordernis, da man sonst im Dunkeln tappt; allerdings nehmen solche Berechnungen einen Umfang an, wie wohl kaum irgend eine andere Berechnung im Schiffbau; während man nämlich bei der Stabilitätsberechnung für die Schwimmlage die Momente für jeden Tiefgang und jeden seitlichen Neigungswinkel innerhalb gewisser Grenzen zu ermitteln hat, muß man für die Stabilität beim Zuwasserlassen diese an sich schon umfangreiche Arbeit auch noch für eine Anzahl der in Betracht kommenden Trimmlagen wiederholen. Dadurch erhält man eine Serie von Kurvennetzen, welche die Momente für alle in Betracht kommenden Lagen umfaßt, und aus welcher man die nötigen Daten herausgreifen kann (s. Anmerk. 18).

Da schließlich jedes Schiff auch beim freien Stapellauf durch unvorhergesehene Vorkommnisse zum Stillstand gebracht oder wesentlich verlangsamt werden kann, so scheint es mir nicht nur für die angeführten Fälle von Wichtigkeit zu sein, Berechnungen der beschriebenen Art anzustellen, sondern es möchte sehr empfehlenswert erscheinen, bei Schiffen, die einen größeren Wert repräsentieren, die Untersuchung durchzuführen, ob sie beim Stapellauf eine gefährliche Zone zu passieren haben und durch welche Mittel sich diese beseitigen läßt.

Anmerkungen.

1. Die geringe Krümmung, welche man dem Helgen gerne in seiner Längsrichtung gibt, würde zu einer kleinen Modifikation führen, die die prinzipiellen Fragen nicht berührt.

2. Es entspricht durchaus den Verhältnissen, von einem vordersten Unterstützungspunkt zu sprechen. Wenn auch die Unterstützung durch Holzklötze, also durch Flächen geboten wird, so ist eine Drehung des Schiffes, wie sie bei der Änderung der Trimmlage erfolgen muß, doch nur möglich, wenn es sich um einen Punkt oder, ganz strenge genommen, um eine Linie von der Länge der Kielbreite handelt. Da man den Kiel bei der theoretischen Betrachtung als eine Linie zu behandeln berechtigt ist, schrumpft die Unterstützungslinie in einen Punkt zusammen. Erst durch die beim Auftreten der großen Kräfte unvermeidlichen, aber als vorübergehend anzusehenden Formveränderungen der Klötze treten Flächen zu Tage, auf die sich der Druck verteilen kann.

3. Bei der Schwimmlage des Schiffes stimmt diese Voraussetzung mit der Wirklichkeit überein, weil das Deplacement gleich dem Eigengewicht ist und sich deshalb bei der seitlichen Neigung nicht ändern kann; im vorliegenden Falle bedeutet diese Voraussetzung jedoch eine unbegründete Willkürlichkeit, von der man nicht annehmen kann, daß sie zutrifft. Vielmehr ist anzunehmen, daß das Schiff bei der seitlichen Neigung größere Deplacementswerte annimmt. Wenn dies geschieht, so werden die sich unter der gemachten Annahme ergebenden Werte der Stabilitätsmomente für die geneigten Lagen insofern unrichtig sein, als sie nicht denjenigen aufrechten Ursprungslagen entsprechen, für die sie berechnet sind, sondern solchen, die etwas weiter zurückliegen. Die Folge würde sein, daß die sich etwa ergebende negative Stabilität etwas weiter zurückreicht, als die Rechnung ergibt, so daß in dieser Hinsicht Korrektionen erforderlich sind. Für die allgemeinen Betrachtungen kommen dieselben jedoch nicht in Frage.

4. Die Lage der Resultante von A und V auf der Unterstützungslinie ist für die Beurteilung der seitlichen Stabilität des Schiffes von keiner wesentlichen Bedeutung und ist deshalb nicht in die Kräfteprojektion eingezeichnet worden. Diese Lage ist von Wert, wenn man neben dem Kräftepaar der transversalen Stabilität auch noch dasjenige der ursächlich damit verbundenen Trimmänderung berechnen will. Ebensogut aber, wie man bei der Be-

rechnung der transversalen Stabilität des schwimmenden Schiffes von der Berechnung des gleichzeitig auftretenden trimmändernden Momentes abzusehen pflegt, würde man auch berechtigt sein, dieses bei den vorliegenden Untersuchungen außer Betracht zu lassen. Denn für die Frage, ob das Schiff, wenn es bei der betr. Auftriebgröße eine seitliche Neigung erhält, positive oder negative transversale Stabilität besitzt, ist es an und für sich gleichgültig, ob auch noch die Tendenz einer Trimmänderung vorliegt.

Will man jedoch genau vorgehen, so kann man die Kräfteprojektion auch dazu benutzen, die Trimmänderung aus ihr zu bestimmen und dadurch die Lage nach allen Richtungen festzulegen, die das Schiff nach der erfolgten seitlichen Neigung einzunehmen bestrebt ist.

Es darf dabei nicht unerwähnt bleiben, daß eine weitere kleine Ungenauigkeit zugunsten der Übersichtlichkeit in Fig. 1 und 6 enthalten ist: Bei der seitlichen Neigung werden auch in der Längsschiffsprojektion die Schwerpunktsprojektionen etwas aus der Lage, die sie ursprünglich einnehmen, in der Längsrichtung verschoben, wodurch auch in der Kräfteprojektion eine kleine Verschiebung der Schwerpunktsprojektion eintritt.

5. Man ersieht, daß bei dem vorliegenden Problem die Begriffe „Metazentrum" oder „metazentrische Höhe" nicht in Frage kommen, daß es sich also tatsächlich um ein ganz anderes Problem, als bei der Berechnung der Stabilität des schwimmenden Schiffes handelt, bei der diese Begriffe eine wichtige Rolle spielen. Das im Eingange der Abhandlung Gesagte, daß man die Stabilität des schwimmenden Schiffes nicht zur Beurteilung der Stabilitätsverhältnisse beim Zuwasserlassen benutzen dürfe, findet schon hierdurch seine volle Berechtigung.

6. Die Dimensionen des betr. Dampfers sind:

Länge zwischen den Loten	32,90	m
Breite auf den Spanten	6,25	„
Seitenhöhe mittschiffs	3,50	„
Mittlerer Tiefgang, beladen	3,17	„
Deplacement hierbei	312	t
Völligkeitsgrad bei diesem Deplacement	0,48	

Für das ausgerüstete Schiff ohne Ladung und ohne Kohlen gelten folgende Zahlen:

Tiefgang vorne	2,14	m
„ hinten	3,39	„
„ mittschiffs	2,77	„
Deplacement	244	t
Gewichtsschwerpunkt über Oberkante Kiel	2,78	m
hinter der Mitte der Länge	1,63	„

In der Verfassung, in der das Schiff vom Slip gelassen wurde und zum Kentern kam, waren:

Tiefgang vorne	2,06	m
„ hinten	3,09	„
„ mittschiffs	2,58	„
Deplacement	210	t
Gewichtsschwerpunkt über Oberkante Kiel	2,88	m
„ hinter Mitte der Länge	0,53	m
Slipneigung	6^0	

In dieser Verfassung waren also folgende Veränderungen gegenüber dem Leertiefgang vorhanden:

Abnahme des Eigengewichts	34	t
„ des Tiefgangs vorne	0,08	m
„ „ „ hinten	0,30	„
„ „ „ mittschiffs	0,19	„
Höherlegung des Schwerpunkts	0,10	„
Verschiebung desselben nach vorne	1,11	„

7. Die Berechnung ergibt für das vorliegende Beispiel, daß das Abheben bei einem Deplacement von 166,5 t beginnt, wobei der Vorderdruck 43,5 t beträgt; die Kurven der Fig. 3 beziehen sich auf 170 t Deplacement. Die Ablauflänge, welche das Schiff durchzumachen hat, um diese 3,5 t zu gewinnen, ist allerdings eine verhältnismäßig große, da wie sich aus Fig. 5 ergibt, der Zuwachs an Deplacement in den Phasen, die unmittelbar auf den Beginn des Abhebens folgen, ein sehr geringer ist.

8. Wird der Schwerpunkt beim schwimmenden Schiff nach hinten verschoben, so ändert sich dadurch die Trimmlage, indem das Schiff steuerlastiger wird. Dadurch werden, besonders bei größeren Neigungswinkeln die eintauchenden Teile im Hinterschiff völliger und der Deplacementsschwerpunkt wird um ein Geringes nach der eintauchenden Seite gerückt. Die Stabilität wird deshalb um ein Geringes vergrößert; jedoch ist der Betrag so unbedeutend, daß man in der Regel berechtigt ist, ihn zu vernachlässigen.

Findet dagegen eine gleiche Verschiebung des Schwerpunktes bei der in Fig. 1 gegebenen Lage statt, so kommt außer der in der Abhandlung erörterten Beeinflussung des seitlichen Stabilitätsmomentes auch noch in Betracht, daß die Entfernung q sich vergrößert; infolgedessen wird auch die Entfernung

$$p = \frac{q \cdot V}{A}$$

vergrößert, also der Deplacementsschwerpunkt nach hinten gerückt. Damit verschiebt sich in der Kräfteprojektion die Unterstützungslinie um ein Geringes nach der austauchenden Seite, und die Stabilität wird um ein Geringes verringert.

Zu gleicher Zeit aber treten auch ähnliche Einflüsse, wie die soeben für das schwimmende Schiff erörterten, auf, welche die Stabilität zu vergrößern und dadurch die letztgenannten Einflüsse aufzuheben trachten; die Korrektionen, welche insgesamt infolge dieser sekundären Einflüsse entstehen, haben nur sehr geringen Einfluß auf die Stabilitätsmomente, so daß man sie für die prinzipielle Erörterung ohne Bedenken vernachlässigen kann.

9. Im vorliegenden Beispiel ergibt die Rechnung, daß eine Verschiebung des Schwerpunktes nach oben die gleiche Wirkung ausübt, wie seine Verschiebung um etwa den zehnfachen Betrag nach vorne.

Die Entfernung der Hauptmaschine aus dem Schiff hatte gemäß den Angaben der Anmerkung 4 den Erfolg, den Schwerpunkt um 0,10 m zu heben, während er um 1,11 m nach vorne gerückt wurde. Die Verschiebung des Schwerpunktes um 1 m nach vorne hätte den gleichen Einfluß auf die Kräfteprojektion ausgeübt, wie die Erhöhung um 0,1 m. Der tatsächliche Einfluß der Verschiebung nach vorne war also um rd. 10% größer als der Einfluß der Erhöhung des Schwerpunktes.

10. Es darf allerdings nicht außer acht gelassen werden, daß der Einfluß durch die sekundären Umstände etwas abgeschwächt wird. Verschiebt man den vordersten Unterstützungspunkt nach hinten, so verkleinert man den Hebelsarm q, folglich wird

$$p = \frac{q \cdot V}{A}$$

verringert, d. h. der Deplacementsschwerpunkt rückt näher an den Gewichtsschwerpunkt heran; dadurch wird die Lage der Unterstützungslinie wieder etwas im entgegengesetzten Sinne modifiziert; da p aber in der Regel kleiner als q ist, nimmt die Modifikation keine großen Dimensionen an, obgleich sie nicht vernachlässigt werden darf.

Im vorliegenden Beispiel entspricht unter Berücksichtigung dieser Modifikation eine Verschiebung des vordersten Unterstützungspunktes um rd. 0,9 m einer Höhenverschiebung um 0,1 m, so daß die punktierten Kurven der Fig. 3 für diese Längenverschiebung Gültigkeit haben würden.

Würde man also durch geeignete Mittel den vordersten Unterstützungspunkt um etwa 1 m nach vorne geschoben und gleichzeitig die Maschine wieder eingesetzt haben, so würden die negativen Werte der Fig. 3 fast ganz beseitigt worden sein.

11. Allerdings wird dabei auch der Abstand q verkleinert, so daß das Umgekehrte von dem in Anmerkung 8 Gesagten eintritt; aber genau wie in jenem Fall sind auch hier die dadurch entstehenden sekundären Einflüsse nur unbedeutend gegen den primären Einfluß der Vergrößerung der Stabilität.

12. Der in Fig. 5 sich zeigende Verlauf der Auftriebkurve scheint dem normalen Verlauf solcher Kurven zu entsprechen, soweit die Unterbrechung der Kontinuierlichkeit in Frage kommt. Würde man das Schiff zwangläufig mit der Helgenneigung weiter zu Wasser ieren, so würde die Auftriebkurve kontinuierlich weiter verlaufen; da dies nicht geschieht, so muß in dem Augenblick, da das Abheben beginnt, dieses eine Verringerung des Deplacements bewirken, welche sich durch das plötzliche Verlassen des bisherigen Verlaufs der Kurve zu erkennen gibt; während der ersten Phasen nach dem Beginn des Abhebens wird der Zuwachs an Deplacement ungefähr durch den Verlust an Deplacement infolge der nun eintretenden einseitigen Trimmänderung ausgeglichen; daher verläuft die Auftriebkurve hier ungefähr parallel zur Abszissenaxe.

Die gleichzeitig eintretenden Größen des Tiefganges hinten sind unterhalb der Fig. 5 verzeichnet und geben Aufschluß über die damit zusammenhängenden Trimmänderungen. Betrachtet man den fast parallelen Verlauf der Tiefgangkurve, so erscheint es plausibel, daß das Schiff in diesem Stadium auf den Beschauer den Eindruck eines schwimmenden Schiffes macht, während es in der Tat sich noch in Berührung mit dem Helgen und im gefährlichsten Teil seines Ablaufes befindet.

13. Die dieser Betrachtung zugrunde liegende Annahme, daß der Kiel des Schiffes in seiner ganzen Längenausdehnung bei der seitlichen Neigung in Berührung mit dem Helgen bleibt, verträgt sich nicht mit der bisher gemachten Annahme, daß bei der seitlichen Neigung das Deplacement sich nicht ändern soll. Da die Annahme, daß der Kiel mit dem Helgen in Berührung bleibt, aber durch die Verhältnisse bedingt ist, weil das Eigengewicht größer als der Auftrieb ist, so muß man für diesen Fall die andere Annahme, daß sich das Deplacement bei der seitlichen Neigung nicht ändere, fallen lassen; während das Schiff sich seitlich neigt, muß man also das Deplacement als sich gleichzeitig ändernd in Betracht ziehen. Berechnet man also die Stabilität bei seitlichen Neigungen in einer solchen Phase, so erhält man für die verschiedenen Neigungswinkel Werte, die verschiedenen Deplacements und deshalb auch wieder verschiedenen Verteilungen der aufwärts wirkenden Kräfte entsprechen. Die betreffenden Korrekturen beeinflussen die Größe der Momente bis zu einem gewissen Grade, haben aber auf den allgemeinen Verlauf der Kurven keinen prinzipiellen Einfluß.

14. Würde man die Kurven rückwärts bis zum Beginn der Eintauchung verfolgen, so würde man finden, daß der Mangel an Stabilität bis dahin stetig wachsen muß. Wenn man die seitlichen Unterstützungen außer acht läßt, so erscheint das Schiff vor Beginn der Ein-

tauchung unter allen Umständen als im labilen Gleichgewicht befindlich, und es muß bei allen Neigungswinkeln große kenternde Momente aufweisen; sobald die Eintauchung beginnt, werden diese Momente verringert und die Verringerung nimmt stetig bis zum Beginn des Abhebens zu.

15. Mit Rücksicht hierauf erscheint von den weiter oben betrachteten Mitteln zur Erhöhung der Stabilität die künstliche Verminderung der Kielneigung durch Anwendung hoher Aufklotzungen am Hinterende als ein recht bedenkliches. Denn da man dadurch zugleich die Kimmpallen oder sonstigen seitlichen Unterstützungen zu erhöhen gezwungen wird, macht man diese noch weniger geeignet, etwa auf sie fallende Kräftepaare aufzunehmen, als sie es sonst sein würden. Während man also die Gefahr nach einer Richtung dadurch mindert, erhöht man sie nach der andern Richtung.

16. In Fällen, in denen der freie Ablauf nicht durchzuführen ist, müßte man für vollkommenere Erhaltung der seitlichen Abstützung des Schiffes sorgen, als es m. W. jetzt üblich ist. Mit derselben gefährlichen Zone, welche das Schiff beim Zuwasserlassen passiert, hat man auch beim Aufholen des Schiffes zu rechnen; hierbei ist es allgemein üblich, entweder die Kimmpallen immer von neuem gegen den Schiffskörper zu verschieben oder durch straffgehaltene Taljenläufer das Schiff in seiner senkrechten Lage zu erhalten. Wenn auch die Anwendung ähnlicher Vorsichtsmaßregeln beim Fieren vielleicht auf einige Schwierigkeiten stoßen könnte, erscheint sie doch durchführbar.

17. Die Untersuchung des Kenterns der „Daphne“, mit welcher die neue Ära der Stabilitätsberechnungen einsetzte, hat sich nur auf die Stabilität in der Schwimmlage beschränkt. Hätte man sie auf die Stabilität in der gefährlichen Zone ausgedehnt, so hätte man sich wahrscheinlich davon überzeugen können, wo die damals nicht ganz aufgeklärte Ursache des Kenterns lag. Das Schiff besaß in der Schwimmlage positive Stabilitätsmomente von geringer Größe; wahrscheinlich würde die Rechnung eine gefährliche Zone von großer Ausdehnung mit großen negativen Stabilitätsmomenten ergeben haben; ferner lief das Schiff mit starker Hemmung vom Stapel und es ist anzunehmen, daß es in der gefährlichen Zone nur eine sehr geringe Geschwindigkeit besaß. Wenn diese Annahmen richtig sind, so mußte das Schiff bei der geringsten Wellenbewegung kentern.

18. An Stelle dieses Vorgehens könnte man auch durch Keilberechnungen, ähnlich wie man es früher für alle Stabilitätsberechnungen machte, zum Ziele kommen; allein man würde hierbei größere Korrektionen bis in die 4. und 5. Ordnung vornehmen müssen, wodurch einesteils die Genauigkeit leiden würde, andernteils aber der Umfang der Arbeit durchaus nicht vermindert würde, während die Übersichtlichkeit der Resultate und deren Anwendbarkeit auf analoge Fälle bedeutend leiden würde.

Diskussion.

Herr Oberingenieur Techel-Kiel:

Euere Königliche Hoheit! Meine Herren! Gestatten Sie mir, daß ich zu den sehr interessanten Ausführungen des Herrn Benjamin eine kleine Ergänzung bringe, die vielleicht geeignet ist, die Prüfung eines ablaufenden Schiffes auf Stabilität ganz wesentlich zu erleichtern. Diese Ergänzung besteht in einem sehr einfachen und anschaulichen Satz über die Anfangsstabilität eines mit einem Punkte seiner Symmetrieebene unterstützten Schiffes, der wie folgt, lautet: (S. Fig. 11 des Anhanges.)

Berechnet man die Lage des Quermetazentrums m des eingetauchten Volumens A und verbindet diesen Punkt mit dem Unterstützungspunkt v, so ist die Strecke u genau ebenso ein Maß für die Anfangsstabilität des an einem Punkte unterstützten Schiffes wie Mg es für die Anfangsstabilität eines freischwimmenden Schiffes ist.

Der einfache Beweis hierfür findet sich im Anhang. Hier möchte ich nur erwähnen, daß der Satz über die Anfangsstabilität eines frei schwimmenden Schiffes ein Spezialfall des eben gegebenen Satzes ist. Denken Sie sich den Vorderdruck, um mich der Bezeichnung des Herrn Benjamin zu bedienen, allmählich auf Null reduziert, so wird G immer mehr nach links an A heranrücken, und wenn schließlich der Vorderdruck ganz Null ist, so daß G und A zusammenfallen, dann ist das Schiff frei schwimmend geworden und die Anfangsstabilität durch die metazentrische Höhe, nach den hier gewählten Bezeichnungen durch Mg, charakterisiert. Die Bedeutung des oben gegebenen Satzes liegt darin, daß es mit sehr wenig Rechenaufwand möglich ist, zu ermitteln, ob ein Schiff in jedem Augenblicke des Ablaufes stabil ist.

Man darf wohl mit demselben Rechte wie für ein freischwimmendes Schiff annehmen, daß auch bei in einem Punkte unterstützten Schiffe aus der Stabilität bei unendlich kleiner Neigung auf die Stabilität bei Neigungen bis zu vielleicht 5 oder 10^0 mit hinreichender Genauigkeit geschlossen werden darf. Bei größeren Neigungen müßte natürlich die Methode des Herrn Vortragenden angewendet werden.

Wie es oft der Fall ist, ist dieser Satz nicht rein spekulativ gefunden, sondern gelegentlich einer praktisch vorliegenden Aufgabe. Ich hatte vor Jahren den Stapellauf eines Schiffes durchzurechnen, bei dem ich zu der Ansicht kam, daß das Schiff eine „gefährliche Zone" passieren müßte. Hierbei fand ich diesen Satz. Soweit ich mich noch entsinnen kann, war die gefährliche Zone bei diesem Schiffe ungefähr 12 m lang, so daß man erwarten konnte, daß sie in vielleicht 2 bis 3 Sekunden passiert werden würde. Es war nun sehr interessant, zu beobachten, daß das Schiff beim Ablaufen tatsächlich eine kleine Neigung annahm. Eingeleitet wurde diese dadurch, daß das Schiff ungefähr im Augenblick des Abhebens aus der Ablaufbahn sprang. Trotzdem neigte es sich nur um rd. 5^0.

Der von mir gefundene Satz ist schon vor einigen Jahren dem früheren Direktor der höheren Schiff- und Maschinenbauschule in Kiel, Herrn Sellentin, von mir mitgeteilt, und in das Pensum dieser Anstalt aufgenommen worden. Nachdem mir die Veröffentlichung des Herrn Benjamin zu Gesicht gekommen ist, habe ich auch die Anfangsstabilität eines in einer Linie unterstützten Schiffes, wo also Mitteldruck und Vorderdruck gemeinschaftlich auftreten, berechnet. Dies geschieht, indem man einfach statt des Punktes v den Punkt nimmt, in dem die Resultante aus dem Mitteldruck und Vorderdruck den Kiel schneidet und sonst wie oben verfährt.

Die Einfachheit der Rechenarbeiten, von der ich gesprochen habe, ergibt sich daraus, daß, wenn überhaupt ein Stapellauf berechnet wird, zuerst die verschiedenen Lagen des Schiffes bezüglich seiner Querachse festgestellt werden. Man kennt also die Trimmung in jedem Augenblicke des Stapellaufes. Die Arbeit, die dann noch für die Ermittlung der Querstabilität aufzuwenden ist, besteht in der Berechnung der Lage des Deplacementschwerpunktes und des Metazentrums für vielleicht 6 verschiedene Lagen des Schiffes während des Ablaufes und in dem mehrmaligen Ziehen der Verbindungslinie von dem Punkt v nach den jeweiligen Metazentren. Wenn g immer unter dieser Verbindungslinie liegt, ist das Schiff unter allen Umständen, natürlich bezüglich der Anfangsstabilität, stabil. Liegt g über dieser Verbindungslinie, so ist das Schiff im labilen Gleichgewicht. Das Maß der Stabilität oder Labilität ergibt sich aus der jeweiligen Länge der Strecke und wenn die etwa vorkommende gefährliche Zone nicht allzulang ist, und der Stapellauf ungehemmt vor sich geht, liegt, wie die Praxis es ja tausendmal bewiesen hat, keine wesentliche Gefahr vor, da die Neigung keine Zeit hat, sich auszubilden.

Es sollte mich freuen, wenn meine kurzen Ausführungen die Anregung gäben, öfter, als es vielleicht nach der Methode des Herrn Benjamin möglich sein wird, die Untersuchung der Stabilität eines ablaufenden Schiffes vorzunehmen.

Anhang.

Beweis des Satzes für Unterstützung des Schiffes in einem Punkte seiner Symmetrieebene:

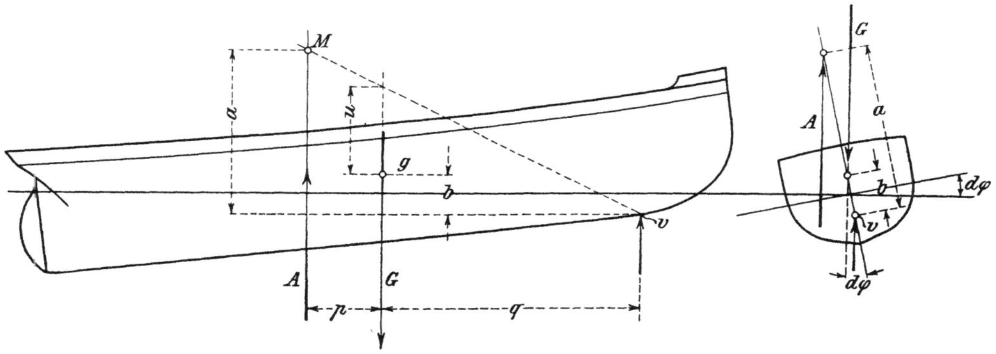

Fig. 11.

Wird ein in einem Punkte seiner Symmetrieebene unterstütztes Schiff durch ein Kräftepaar d m, dessen Ebene zur Mittelebene des Schiffes und zur Wasseroberfläche senkrecht steht, um den Winkel d φ gekränzt, so ist, schon aus Gründen der Symmetrie, die Mittellinie der ursprünglichen Schwimmwasserlinie die Schnittlinie der neuen mit der alten Schwimmlinie. Projiziert man nun die Punkte m, g, v auf eine zu der obigen Schnittlinie senkrechte Ebene, Fig. 11, so kann man mit den leicht verständlichen, mit den Benjaminschen übereinstimmenden Bezeichnungen der Figur die folgende Momentengleichung aufstellen:

$$\mathrm{d\,m} = (\mathrm{A\,a} - \mathrm{G\,b})\,\mathrm{d}\varphi, \text{ nun ist}$$

$$\mathrm{A\,(p + q)} = \mathrm{G\,q} \text{ oder } \mathrm{A} = \mathrm{G}\frac{\mathrm{q}}{\mathrm{p + q}}, \text{ demnach}$$

$$\mathrm{dm} = (\mathrm{G}\frac{\mathrm{q\,a}}{\mathrm{p + q}} - \mathrm{G\,b})\,\mathrm{d}\varphi$$

$$\mathrm{dm} = (\mathrm{G\,[u + b]} - \mathrm{G\,b})\,\mathrm{d}\varphi, \text{ oder endlich}$$

$$\mathrm{dm} = \mathrm{G\,u\,d}\varphi, \text{ was zu beweisen war.}$$

Herr Geheimer Baurat Tj. Schwarz:

Königliche Hoheit! Meine Herren! Ich habe die Druckschrift und den Vortrag des Herrn Oberingenieur Benjamin besonders freudig begrüßt, weil wir demnächst ja vor einem Stapellauf stehen. Wenn es auch ein wesentlich größeres Schiff ist, und die Gefahr nicht so groß ist, so kommt doch auch bei den großen Kreuzern ein außerordentlich großer

Vorderdruck in Frage. Ich habe daher sofort den Gedanken gefaßt, unsere Stapellaufberechnungen in dieser Weise eingehend nach Herrn Benjamin zu vervollständigen. Ich würde auch Herrn Oberingenieur Techel dankbar sein, wenn er der Kaiserlichen Werft oder dem Schiffbauressort seine Methode zur Verfügung stellt, damit die Untersuchungen eingehend durchgeführt werden können.

Ich möchte nun kurz auf die Ausführungen des Herrn Benjamin zurückkommen, welche darauf fußten, Sicherheitsmaßregeln zu treffen, um ein Kentern oder überhaupt eine Neigung des Schiffes zu vermeiden. Er hat in der Hauptsache nur die äußere Wellenbewegung hervorgehoben, wodurch Schwankungen und Verschiebungen des Deplacementsschwerpunktes entstehen. Ich glaube aber, es sind auch andere Ursachen, die z. B. auch bei dem Fall der „Daphne“ mitgewirkt haben, d. h. es sind lose Gewichte an Bord gewesen, teilweise Wasser, welches übergehen konnte. Vor allen Dingen waren aber bei der „Daphne“ noch eine ganze Menge Handwerker am Bord, mit Nietessen u. dergl., die bei der geringsten Neigung ihre Lage verändern konnten und dadurch die Gefahr des Kenterns vergrößerten. Ich vermute, daß auch bei der „Jolanda“ überschießende Gewichte mitgewirkt haben. Die „Jolanda“ war vollkommen fertig, und sollte, wie das z. B. in Frankreich beim Ablauf eines großen Kreuzers der Fall war, gleich Dampf machen. Die Kessel waren wahrscheinlich voll Wasser, und es ist vielleicht auch sonst etwas überschießendes Wasser vorhanden gewesen. Außerdem sind die Ausrüstungsgegenstände vielfach auch nicht fest gezurrt, so daß die Neigung vergrößert werden konnte. Ich möchte zum Schluß nur noch hervorheben, daß wir einen ähnlichen Fall eines Stapellaufes mit großer Neigung auch schon in Deutschland zu verzeichnen haben. Es ist insofern interessant, als es die Jacht Ew. Königlichen Hoheit „Lensahn“ war, die beim Ablauf, wie mir von einem Herrn der Firma Howaldt bestätigt wurde, um 30 bis 35° sich neigte. Ich bin selbst nicht Augenzeuge gewesen. Es ist mir aber auch mitgeteilt worden, daß bei diesem Stapellauf der Ablauf selbst verhältnismäßig langsam vor sich ging, daß also alle die Voraussetzungen vorhanden waren, die Herr Benjamin uns so klar und deutlich vor Augen geführt hat.

Ehrenvorsitzender, Seine Königliche Hoheit, Großherzog von Oldenburg: Es war aber nicht im Trim. Es waren schwere Sachen an einer Seite aufgestellt. Infolgedessen hat es sich übergelegt, und das übrige Handwerkszeug ist alles übergeschossen.

Herr Geheimer Baurat Schwarz: Aber erst nach der Neigung, Königliche Hoheit!

Ehrenvorsitzender, Seine Königliche Hoheit, Großherzog von Oldenburg: Gewiß, es ist mit der Neigung gekommen.

Herr Wirklicher Geheimer Oberbaurat Rudloff-Berlin:

Meine Herren! Ich möchte dem zustimmen, was Herr Geheimrat Schwarz über den Vorfall der „Jolanda“ gesagt hat.

Interessant wäre uns allen wohl gewesen, von Herrn Benjamin eine Äußerung über die Ursachen desselben zu hören.

Es ist wohl anzunehmen, daß das Schiff wegen ungenügender Anfangsstabilität unter Mitwirkung offenstehender Pforten, die schon wiederholt zu Unglücksfällen geführt haben, verloren ging. Ich habe manche Erfahrung bei Abläufen gemacht und der besprochene Unfall erinnert mich an den Ablauf unseres Avisos „Meteor“. Dieses Schiff schwamm im Ablaufszustand wegen seiner ungewöhnlichen Formen auf einer sehr schmalen Wasserlinie und wurde meiner Erinnerung nach belastet, um eine hinreichende Stabilität nach dem Ablauf zu erzielen. Es lief auf zwei Gleitbahnen, schwamm aber noch nicht vollständig, als die Schlitten die Bahnen bereits verlassen hatten und glitt so mit dem vordersten Teil des

Kiels eine Strecke auf der Mitte der Helling, also ohne seitliche Unterstützung, wodurch eine Verminderung der Stabilität entstand. Es neigte sich hierbei beträchtlich nach der Seite, so daß man befürchten konnte, es würde kentern. Dieser Zustand dauerte aber nur ganz kurze Zeit. Sobald der Druck gegen den Kiel aufhörte, das Schiff also frei schwamm, richtete es sich sofort wieder auf, da nun die Stabilität ausreichend war und Komplikationen, wie sie bei Neigungen vorkommen können, vermieden waren.

Ein anderer Vorfall von Interesse hat mich gelehrt, daß man auch Sorge dafür tragen muß, daß Schiffe nicht schon auf Stapel umfallen.

An einem Handelsschiff, das auf dem Kiel und seitlich durch Schlagbettungen gestützt lief, vollzog eine schöne, junge Dame den Taufakt. Die Flasche war aber noch nicht am Bug des Schiffes zerschellt, als dieses bereits zu laufen begann. Die Dame hielt dieselbe instinktiv fest und dabei löste sich das am Schiff befestigte Band, an dem die Flasche hing, die Flasche fiel zu Boden, dem Schiffbaudirektor gelang es zwar noch, dieselbe zu ergreifen und am Schiff zu zerschlagen, dieses lief aber nur noch eine Strecke, blieb dann stehen und fiel auf der Helling um. Natürlich weil die Taufe nicht geglückt war.

(Heiterkeit und Beifall).

Herr Kontreadmiral z. D. Thiele-Bremen:

Ich wollte nur zu dem „Jolanda"-Fall bemerken, daß mir ein Lloydkapitän, der sehr bald nach der Katastrophe in Genua gewesen ist, erzählt hat, dort ginge das Gerücht um, — (nebenbei bemerkt) der ganze Verlauf des Unfalls vom Beginn des Stapellaufs bis zum völligen Kentern, wie es im Bilde dargestellt war, hat nur 20 Minuten gedauert —, daß Konstruktions- bezw. Belastungsfehler mit vorgelegen haben, daß also die Stabilitätsfrage eine große Rolle gespielt habe, weil das Schiff schon vollständig ausgerüstet war. Es ist aber noch ein anderes Moment hinzugekommen. Es sollten Teile des Schlittens festgeblieben und infolgedessen eine Verzögerung der Ablaufsgeschwindigkeit und eventl. — das müßte die spätere Untersuchung herausstellen — eine Beschädigung des Schiffsbodens eingetreten sein, als er über die sitzengebliebenen Teile weggeglitten ist. Der Rauch und die Dampfentwicklung, die auf dem Bilde neben dem Wasser vorhanden gewesen ist, würden eventl. auf diese Lösung schließen lassen. Es würden somit auch alle die Momente in Frage kommen, die heute bei dem Vortrage berührt worden sind.

Herr Clausen-Kiel:

Ich könnte zum Stapellauf der „Jolanda" noch hinzufügen, daß mir durch die Versicherungsgesellschaft, welche die Versicherung der „Jolanda" zu decken hatte, zu Ohren gekommen ist, daß die Wassertiefe beim Ablauf vorn nicht ausgereicht hat. Die Vorhelling ist nicht lang genug gewesen. Infolgedessen ist der Schlitten abgeglitten, und das Schiff hat mit dem Vorschiff vorn auf dem Grunde geschleift. Das würde gerade ein solcher Fall der Verzögerung sein. Durch die Unebenheiten des Grundes und einseitige Beschädigung des Schlittens infolge des Stoßes hat das Schiff die erste Neigung angenommen, die sich infolge der Verzögerung vergrößerte. Alle Bulleyes sind offen gewesen, um ein Zerspringen der Gläser zu verhindern, und außerdem befand sich frei bewegliches Wasser im Doppelboden infolge unvollständigen Füllens der Ballasttanks. Die Versicherung hat sich bereit erklärt, die Hälfte zu decken. Soviel ich gehört habe, steht noch ein zweites derartiges Schiff auf Stapel, und die Werft muß die Verpflichtung übernehmen, das zweite Schiff in ähnlicher Weise ablaufen zu lassen, also auch voll ausgerüstet. Sonst klagt die Versicherung die Hälfte wieder aus.

Herr Zivilingenieur Benjamin-Hamburg (Schlußwort):

Euere Königliche Hoheit! Meine Herren! Ich möchte zunächst einige Worte zu dem sagen, was Herr Techel vorgebracht hat: ich begrüße seine Ergänzungen zu meiner Methode mit Freuden; selbstverständlich habe ich bisher keine Kenntnis von seiner metazentrischen Methode gehabt. Erst gestern, als er sie mir zeigte, habe ich zum erstenmal davon gehört; andernfalls würde ich die Anmerkung 5 zu meinem Vortrage nicht geschrieben haben.

Im Anschluß daran möchte ich jedoch davor warnen, die Methode des Herrn Techel anders, als im Zusammenhange mit meiner Methode anzuwenden; in diesem Zusammenhange ist sie außerordentlich wertvoll, da man mit Hilfe des Metazentrums die Anfangswinkel der Kurven, die ich in Fig. 3 gegeben habe, genau bestimmen kann. Daß aber die Bestimmung des Metazentrums allein, d. h. ohne genannten Zusammenhang, für die Beurteilung der Sachlage nicht genügt, daß man dadurch vielmehr leicht zu Trugschlüssen gelangen würde, läßt sich gleichfalls an Fig. 3 erkennen.

Wie in meinem Vortrag erklärt ist, gilt die voll ausgezogene Kurve dieser Figur für das als Beispiel gewählte Schiff in der betr. Stapellaufphase und in der Verfassung, in der es sich tatsächlich befand. Würde der Schwerpunkt des Schiffes um 10 cm niedriger gelegen haben, so würde die Kurve **s s** gelten; wenn zugleich der Schwerpunkt um 1 m nach hinten verschoben worden wäre, würde die Kurve **t t** zur Gültigkeit kommen. Würden noch günstigere Verhältnisse vorliegen, so würde man sehr bald zu positiven Werten kommen. Diese positiven Werte würden aber wahrscheinlich zunächst nur für die kleineren Neigungswinkel in Frage kommen, und es ist beispielsweise denkbar, daß die Kurve bei irgend einer solchen Belastungsart schon bei 15° wieder auf die negative Seite übergeht; es ist aber ebenso gut denkbar, daß dies schon bei noch geringeren Winkeln, sagen wir: bei 4°, stattfindet, wie es andererseits ebenso gut möglich ist, daß die Kurve sich bis zu größeren Neigungswinkeln auf der positiven Seite hält. Dabei kann der Winkel, unter dem die Kurve bei 0° die Abcissenachse verläßt, immer derselbe sein, sodaß man aus diesem Winkel keinerlei Schlüsse darüber ziehen kann, ob sich die positiven Werte der Kurve bis auf 4° oder 15° oder noch weiter erstrecken. Für die Beurteilung der Stapellaufstabilität ist aber, wie aus meinem Vortrage hervorgeht, lediglich die letztgenannte Frage von Wert; denn es kommt darauf an, zu wissen, bis zu welchem Grade das Schiff während des Stapellaufs seitlich geneigt werden darf, ohne die Gefahr des völligen Kenterns herbeizuführen. Da aber die Kenntnis der metazentrischen Höhe nichts weiter bedeutet, als die Bestimmung des Anfangswinkels dieser Kurve, so kann mit ihr diese wichtige Frage nicht gelöst werden.

Es kommen viele Fälle vor, in denen der Winkel, mit dem die Stabilitätskurve die Nullinie verläßt, groß ist, trotzdem kann aber die Kurve schon bei sehr kleinen Neigungswinkeln von der positiven zur negativen Seite übergehen. Solche Vorkommnisse sind mit der metazentrischen Methode nicht zu entdecken und darin liegt die große Gefahr der Anwendung einer rein metazentrischen Methode.

Im Anschluß daran möchte ich erwähnen, daß man nicht vergessen darf, daß, bevor die „Daphne" im Jahre 1883 kenterte, überhaupt fast niemand daran dachte, die Stabilität schwimmender Schiffe anders auszurechnen, als nach der metazentrischen Methode. Erst damals wurde man darauf aufmerksam, daß eingehendere Methoden der Stabilitätsberechnungen erforderlich seien. Und was beim schwimmenden Schiff der Fall ist, ist erst recht beim Stapellauf der Fall: Es kommt nicht darauf an, zu wissen, was bei geringen Neigungen geschieht, sondern was bei großen Neigungen geschieht.

Im übrigen ist nicht zu verkennen, daß meine Methode für kleinere Neigungswinkel, als etwa 15°, sehr unbequem anzuwenden ist, so daß der Verlauf der Kurven zwischen 0°

und 15° mit ihr nicht genau zu bestimmen ist. In der Möglichkeit, diesem Übelstande abzuhelfen, liegt der große Vorzug der Techelschen Methode, die ich deshalb, wie gesagt, mit großer Freude begrüße.

Herrn Geheimrat Rudloff möchte ich bemerken, daß, wenn ich nicht näher auf die Ursachen des Kenterns der „Jolanda" eingegangen bin, ich einen andern Standpunkt unmöglich einnehmen konnte. Mir ist außer den Photographien nichts über die „Jolanda" bekannt. Ähnliche Bemerkungen, wie sie Herr Clausen hier machte, habe ich allerdings in Hamburg auch schon gehört. Aber daraus kann ich keine mathematischen Schlußfolgerungen ziehen, während man doch von mir an dieser Stelle, wo ich den mathematischen Untersuchungen das Wort rede, zu verlangen berechtigt sein würde, daß sich das auf mathematische Gewißheit stützt, was ich sage. Andererseits habe ich es nicht gewagt und will es auch heute nicht wagen, Vermutungen über diesen Unglücksfall auszusprechen, die sich nur im allerweitesten Rahmen bewegen und jeder Begründung entbehren müßten.

Herrn Geheimrat Schwarz möchte ich noch bemerken, daß allerdings in meinem Vortrage, wie er Ihnen gedruckt vorliegt, von keinen andern Störungen, als den durch die Wellenbewegungen verursachten, die Rede ist. Es ist natürlich nicht meine Absicht gewesen, damit zu sagen, daß keine anderen Störungen, als die der Wellenbewegung, dazu führen können, den Anfang der gefährlichen Zone weiter zurück zu verlegen, als die rein theoretische Berechnung ergibt; im Gegenteil bin ich der Ansicht, daß alle möglichen Störungen, deren Natur ich als bekannt voraussetzen darf, den gleichen Effekt haben können und gleiche Vorsicht erheischen. Aber einesteils wollte ich zeigen, daß das Vorhandensein der Wellenbewegung allein schon genügt, andererseits wollte ich darauf aufmerksam machen, daß diesem Umstande bisher eine viel zu geringe Bedeutung beigelegt worden ist. Ich kann hinzufügen, daß ich selbst nicht ahnte, welchen Einfluß die Wellenbewegung beim Stapellauf haben könne, bis ich diesen Einfluß einmal rechnerisch ins Auge gefaßt hatte. Ich danke Ihnen allen nochmals für die freundliche Aufmerksamkeit, die Sie meinem Vortrage geschenkt haben. (Beifall.)

Ehrenvorsitzender, Seine Königliche Hoheit, Großherzog von Oldenburg:

Herr Benjamin hat alle Umstände, die einen mißglückten Stapellauf herbeiführen können, auf das Beste erklärt. Wir sind ihm dafür um so dankbarer, als dieser Gegenstand bisher in der deutschen Literatur so eingehend und mit solcher Gründlichkeit wohl noch niemals erörtert worden ist. Im besonderen danke ich dem Herrn Vortragenden noch für seine instruktiven Vorführungen.

XXII. Die Universal-Bohr- und Nietendicht-Maschine mit elektromotorischem Antrieb und elektromagnetischer Anhaftung.

Vorgeführt von ***Ernst Burckhardt****-Mannheim.*

Die Anregung zum Bau der Maschine gab die bislang sehr umständliche und zeitraubende Verwendung von Bohrwinkeln, Andrückhebeln und dergl., welche die Handratsche, aber auch motorisch oder mit Druckluft angetriebene Bohrvorrichtungen benötigen.

Der Apparat ist tragbar, mit elektromotorischem Antrieb und elektromagnetischer Anhaftung ausgerüstet, und dient zum Bohren, Fräßen und Nietdichten.

Diese Hilfsmittel kommen bei der Elektrobohrmaschine ganz in Fortfall. Durch einfache Handgriffe werden Antriebmotor und Elektromagnete in und außer Tätigkeit gesetzt und letztere haften mit der Maschine so fest am Werkstück, daß die oben erwähnten Arbeiten anstandslos ausgeführt werden können. Eine besondere Einrichtung, die achsiale freie Beweglichkeit der Arbeitsspindel ermöglicht müheloses und rasches Einzentrieren des Werkzeugs. Die Maschine arbeitet ruhig und zuverlässig; ein Verbohren der Löcher ist ausgeschlossen. Durch Verwendung von Kugellagern wird der Reibungsverlust auf ein Mindestmaß beschränkt. Aus Fig. 1 sind Einzelheiten sowie das Zusammenwirken der Maschinenteile leicht zu erkennen. Die Maschine dürfte, da sie überall, namentlich wenn sie mit Aufhängevorrichtung ausgestattet ist, auch an senkrechten Flächen mit großem Vorteil verwendet werden kann, beim Schiffbau als ein unentbehrliches Werkzeug sich erweisen.

Dieselbe Maschine, statt mit einem Bohr- oder Fräßwerkzeug mit einem Rollenkopf ausgestattet, dient zum Dichten der Nietköpfe bei Dampfkesseln und Behältern. Entgegen der seitherigen Handarbeit, wobei der Nietkopfrand durch Hammerschläge auf ein geeignetes Werkzeug auf die Unterlage angetrieben wird, ein Arbeitsvorgang, welcher viel Geräusch verursacht und

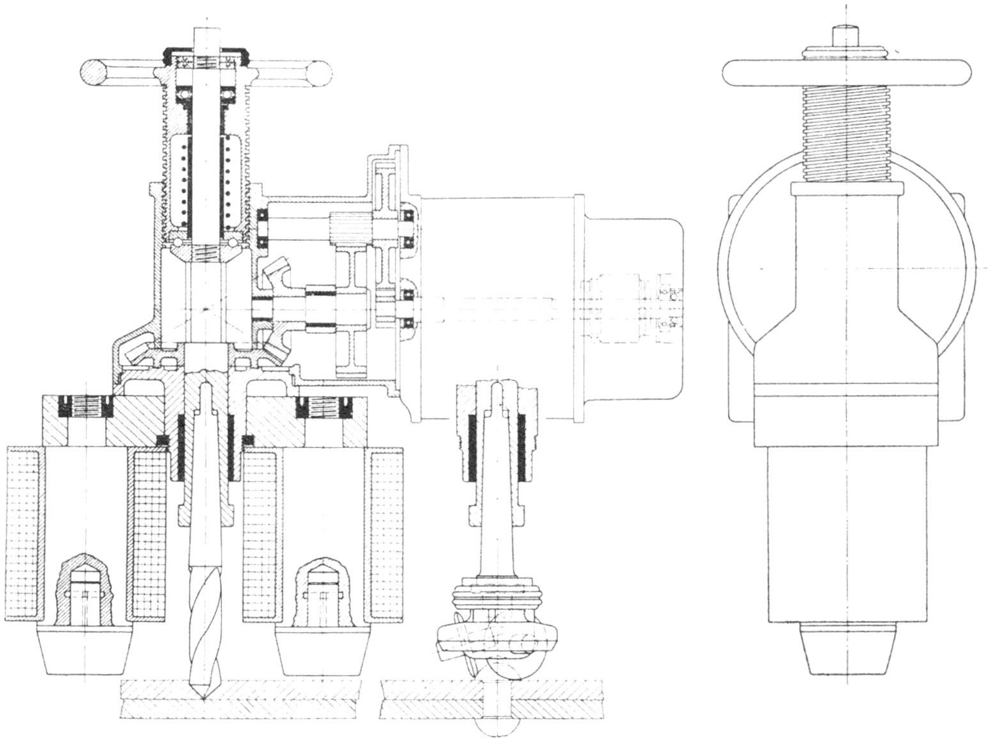

Fig. 1.

von dem Arbeiter einen erheblichen Aufwand an Geschicklichkeit und Ausdauer verlangt, erreicht die Maschine diesen Zweck in vollkommener Weise durch Niederwalzen des Nietkopfrandes. Bei von Hand geschlagenen Nieten wird die Dichtung durch zwei Walzungen ausgeführt, die erste mit runden Rollen zum Niederwalzen des Randes, die zweite mit scharfen Rollen zum Abschneiden des Grates. Nieten, welche mit der Maschine hergestellt sind, bedürfen nur einer Walzung. Die Konstruktion des Rollenkopfes ermöglicht ein rasches Auswechseln der Rollen für verschiedenen Nietkopfdurchmesser. Diese neue Art, Nieten zu dichten, bietet folgende bemerkenswerte Vorzüge:

1. Tadellos schöne, gleichmäßige Köpfe,
2. Erhebliche Mehrleistung gegenüber Handarbeit,
3. Unmöglichkeit der seither oft vorgekommenen Augenverletzungen,
4. Ausführung durch ungelernte Arbeiter,
5. Wegfall des ohrenbetäubenden Lärms.

Auf größeren Schiffswerften und in Kesselschmieden wird die Nietdichtmaschine bald willkommene Aufnahme finden.

Beiträge.

XXIII. Papin und die Erfindung des Dampfschiffes.

Von Dr. E. Gerland-Clausthal.

Am 26. Juni 1907 hat in Bordeaux ein internationaler Kongreß der Schiffbauer stattgefunden in Verbindung mit einer Schiffbauausstellung, welche unter anderm die vor 200 Jahren erfolgte Erfindung des Dampfschiffes durch Denis Papin feiern sollte. Wenn es nun auch eine weitverbreitete Ansicht ist, daß Papin 1707 auf einem von ihm erfundenen und gebauten Dampfschiff auf der Fulda von Cassel bis Hannoverisch-Münden gefahren sei, so fehlt es doch auch nicht an Stimmen, welche leugnen, daß das betreffende Schiff ein Dampfschiff gewesen sei, ja sogar Papin jeglichen Anteil an der so wichtigen Erfindung absprechen. Der Kongreß hatte also ein Interesse daran, über den wirklichen Sachverhalt aufgeklärt zu werden. Das dazu nötige und ausreichende Material, welches in Papins Schriften, namentlich in seinen an Leibniz gerichteten Briefen vorliegt, habe ich im Jahre 1881 bereits so vollständig veröffentlicht[1]), daß seitdem neues von Belang nicht hinzugekommen ist. Unter diesen Umständen leistete ich der Aufforderung der Schiffbautechnischen Gesellschaft in Berlin, Papins Bemühungen, deren Zweck die Erbauung eines Dampfschiffes war, auf Grund der aktenmäßigen Belege ausführlich darzustellen, gerne Folge.

Papin war 1647 in Blois geboren, hatte in Angers Medizin studiert und in dieser Fakultät den Grad eines Doktors erworben. Er war dann Ammanuensis bei Christian Huygens, der 1666 als eines der ersten Mitglieder der Akademie der Wissenschaften in Paris seinen Wohnsitz genommen hatte, geworden und hatte später in London bei Robert Boyle in der nämlichen

[1]) Gerland, „Leibnizens und Huygens Briefwechsel mit Papin, nebst der Biographie Papins und einigen zugehörigen Briefen und Aktenstücken". Berlin 1881. Verlag der Königlichen Akademie der Wissenschaften. Vergl. auch Gerland, „Zur Erfindungsgeschichte des Dampfschiffes". Zeitschrift des Vereins deutscher Ingenieure 1876. Bd. 20, S. 461.

Weise gearbeitet. Nach vorübergehendem Aufenthalt in Venedig war er 1688 einem Rufe des Landgrafen Carl von Hessen-Cassel gefolgt, der ihm eine Professur der Mathematik und Mechanik an seiner Universität Marburg übertrug; 1695 war er ganz nach Cassel übergesiedelt, um dort für und mit dem für seine Arbeiten sich sehr interessierenden Landgrafen Versuche anzustellen. Seine letzten dort ausgeführten Arbeiten bezweckten den Bau eines Dampfschiffes. 1707 ging er nach London zurück, wo er wahrscheinlich 1712 in wenig günstigen Verhältnissen gestorben ist.

Die Arbeiten, die er in Paris in Huygens Auftrage ausführte, wurden Vorarbeiten zur Erfindung der Dampfmaschine. Sie lösten Aufgaben, welche von Huygens der von Ludwig XIV. ins Leben gerufenen Akademie zur Ausführung vorgelegt werden sollten, vom Minister Colbert geprüft und für gut befunden waren. An Versuche, die mit der Luftpumpe angestellt werden sollten, schlossen sich weitere, die folgendermaßen formuliert waren[1]: „Examiner la force de la poudre à canon en l'enfermant en petite quantité dans une boite de fer ou de cuivre fort espoisse" und „Examiner de même facon la force de l'eau rarefiè par le feu." Die erste von diesen führte zu den bekannten Versuchen mit der Pulvermaschine,[2] welche an einen von Otto von Guereine zuerst angewendeten Apparat[3] anknüpften. Sie hat Papin vor dem Minister Colbert angestellt. Die zweite nahm er erst in Angriff, nachdem er seine Professur in Marburg angetreten hatte. Indem er, wie Huygens der Untersuchung wert erachtet hatte, das Pulver durch Wasser ersetzte[4] und zu diesem Zweck die Pulvermaschine entsprechend ab-

---

[1] Huygens, „Oeuvres complètes". Tome VI. La Haye 1895. S. 95.

[2] Abgebildet und beschrieben von Huygens in „Nouvelles de la République des Lettres" 1688. S. 1000. Auch in „Hugenii Opera varia" vol. I. Lugduni Batavorum 1724, S. 280, und daraus in Gerland und Traumüller, „Geschichte der physikalischen Experimentierkunst". Leipzig 1899. S. 226. Die von Papin verbesserte Form ist abgebildet und beschrieben in „Acta Eruditorum" 1688, S. 497 und Nouv. d. l. Rép. d. Lettres 1688, S. 982 unter dem Titel „de novo Pulveris pyrii usu" (Nouvel usage de la poudre à canon). Daraus in Gerland und Traumüller a. a. O. S. 227.

[3] Ottonis de Guereine, „Experimenta nova (est vocantur) Magdeburgica de Vocuo Spatio", Amstelodami 1672. S. 109. Iconismus XIV. S. Gerland und Traumüller a. a. O. S. 141.

[4] Die Herausgabe der „Oeuvres complètes" von Huygens hat bewiesen, daß der Vorschlag, bei der Pulvermaschine das Pulver durch Wasser zu ersetzen, von Huygens und nicht, wie man früher annehmen mußte, von Papin herrührt, der einzige Punkt, in dem die von mir in Leibnizens und Huygens Briefwechsel mit Papin 1881 ausgesprochenen Ansichten über die Erfindungsgeschichte der Dampfmaschine als verbesserungsbedürftig erwiesen haben.

änderte, stellte er die erste atmosphärische Maschine her, deren Abbildung Fig. 1 nach Papins Originalmitteilung in den Actis Eruditorum[1]) darstellt, denen auch die folgende Beschreibung entnommen ist. A A ist ein eiserner, unten geschlossener Zylinder, B B ein mit Liderung ver-

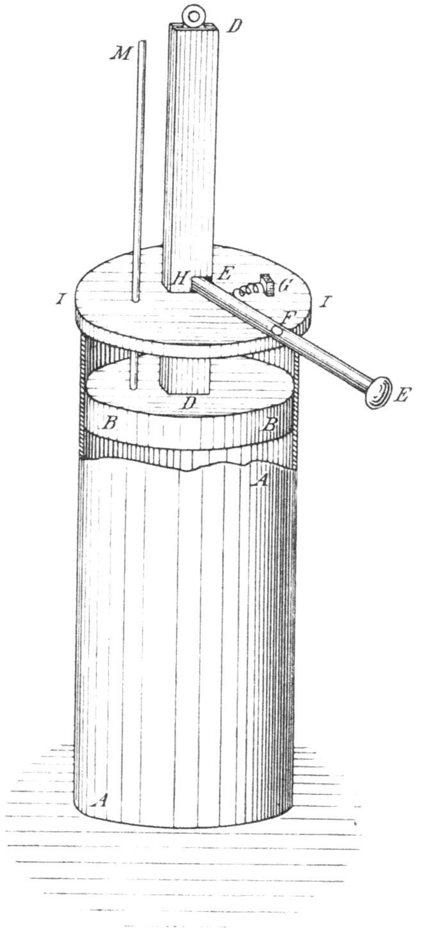

Fig. 1.

sehener, ihn luftdicht abschließender Kolben, D D die Kolbenstange von rechteckigem Querschnitt, die oben einen Ring zur Befestigung eines Taues trägt, aber auch mit Zähnen zum Eingriff in ein auf einer Welle sitzendes Getriebe versehen sein kann. Sie geht durch den Deckel J J des Zylinders mit einigem Spielraum hindurch. Bei M ist der Kolben durchbohrt, um die

1) Papin, „Nova methodus ad vires motrices validissimas levi pretis comparandas Acta Eruditorum". 1690. S. 410.

eiserne Stange MM aufzunehmen, die in einer Durchbohrung des Deckels ihre Führung findet. Sie ist nötig, um die Luft, welche unter dem Kolben bleibt, wenn Wasser auf den Boden des Zylinders gegossen und der Kolben eingesetzt worden war, entweichen zu lassen. Der Deckel trägt sodann noch die um den Stift F drehbare, mit einem Handgriff versehene Stange EE, die durch die ihren Stützpunkt an dem Widerlager G findende Schraubenfeder in die Auskerbung H der Kolbenstange gepreßt wird. Diese schnappt ein, sobald der vom Wasserdampf emporgetriebene Kolben seinen höchsten zulässigen Stand erreicht hat, kann aber durch einen mit der Hand auf den Griff an EE ausgeübten Schlag leicht außer Eingriff gebracht werden. Es genügt also, um eine dauernde Bewegung der Welle zu erhalten, daß man mehrere Zylinder in Betrieb hat, die abwechselnd an das Getriebe und auf die Feuerung gestellt werden. Um diese genügend anzufachen, hat Papin Ofenkonstruktionen angegeben, die den gegenwärtig angewendeten noch zugrunde liegen und hat ihnen den nötigen Wind mit Hilfe des von ihm erfundenen Zentrifugalgebläses zugeführt. 1704 hat er dann auch die erste leistungsfähige Hochdruckdampfmaschine gebaut, die er selbständig und vor Savery erfunden hatte[1]), die er aber nicht zum Betrieb eines Dampfschiffes zu verwenden gedachte.

Wohl aber beabsichtigte er das mit der abgebildeten Maschine. „Wie nun jene Kraft“, sagt er gelegentlich deren Beschreibung[2]), „zum Schleudern eiserner Kugeln auf sehr große Entfernungen, zur Fortbewegung von Schiffen gegen den Wind und zu sehr vielen anderen Zwecken dieser Art verwendet werden kann, würde zu weitläufig sein, hier zu untersuchen“ und auf die

[1]) Brief Papins an Leibniz vom 15. Januar 1705. S. Gerland, „Leibnizens und Huygens Briefwechsel mit Papin“ usw. S. 339.

[2]) „Acta Eruditorum“ 1688: „Quomodo jam vis illa ad extrahendam ex fodinis aquam aut mineram, ferreos globos ad maximam distantiam projiciendos, navei adverso vento provehendas, atque ad alios ejusmodi usus quam plurimos applicari queat, longum nimis foret hic recensere .... Quoniam autem remi vulgares minus commode ab ejusmodi tubes moveri possent, ad hibendi forent remi rotatiles, quales memini me vidisse in machina, Serenissimi Principis Ruperti Palatini jussu, Londini constructa, quae ab equis remorum ejusmodi ope in motum agebatur, quaeque cymbam regiam sedecim remigibus instructam longo post se intervallo relinquebat: sic procul dubio, remi axi alicui infixi commodissime circumagi possent a tubis nostris, si nimirum manubria pistillorum dentibus instruerentur, qui rotulas itidem dentatas axi remorum affixas necessario circumverterent: necesse foret dumtaxat, ut tres vel quatuor tubi eidem axi applicarentur, quo posset ipsius motus sine interruptione continuari: dum cuim pistillum aliquod ad fundum tubi sui pertingeret, adeo ut non posset amplius axem circumagere, antequam ad tubi summitatem vi vaporum iterum propelle retur“.

Dampfschiffahrt näher eingehend, fährt er fort: „Weil aber die gewöhnlichen Ruder nicht sehr bequem mit Hilfe solcher Zylinder bewegt werden können, würden Ruderräder anzuwenden sein, wie ich mich erinnere, solche bei der auf Befehl des erlauchten Prinzen Rupprecht von der Pfalz in London ausgeführten Maschine gesehen zu haben, welche mit Hilfe solcher Ruder durch Pferde in Bewegung gesetzt wurde und welche die königliche Gondel, die durch 16 Ruderer getrieben wurde, weit hinter sich zurückließ: ebenso könnten ohne Zweifel die auf einer Achse befestigten Ruder in bequemster Weise durch unsere Zylinder bewegt werden, wenigstens wenn die Kolbenstangen mit Zähnen versehen würden, welche die auf der Achse der Räder befestigten Getriebe zwangsweise in Drehung versetzten: freilich wäre es dann nötig, drei oder vier Zylinder an derselben Achse anzubringen, damit deren Bewegung ununterbrochen fortgehen könne: denn während ein Kolben am Boden seines Zylinders ankäme, würde er die Welle nicht weiter herumbringen können, bevor er durch die Kraft des Dampfes wiederum zum obersten Teil des Zylinders gehoben worden wäre. Allerdings würde die Herstellung solcher Zylinder bedeutende Schwierigkeiten haben".

Es ist dieses das erste Mal, daß Papin von seiner Absicht, die Dampfmaschine zum Treiben von Schiffen zu verwenden, redet. Vorerst gelangte der sorgfältig ausgearbeitete Plan noch nicht zur Ausführung. Andere Arbeiten kamen dazwischen, namentlich die, welche zur Herstellung der Hochdruckmaschine führten. Erst in einem Briefe an Leibniz vom 13. März 1704 erwähnt Papin wieder das Dampfschiff. „J'ay pourtant entrepris de faire", schrieb er[1]), „un batteau qui peut porter environ quatre mille livres: et Je pretens que deux hommes pourroient le faire monter facilement et vîte contre le courant de la riviére, par le moien d'une roue que J'y ay ajustée pour servir des rames." Und weiter „Je n'ay point preparé celui ci pour y emploier la force de feu parceque ce n'est pas à moy d'entreprendre trop de choses à la fois". Und noch am 7. Juli 1707 äußert er sich Leibniz gegenüber[2]): „Et on verra d'abord que sur ce modéle (damit ist sein Schiff gemeint) il sera facile d'en faire autres ou la machine à feu s'appliquera fort commodement" und ebenso am 15. September, neun Tage vor seiner endgültigen Abreise nach London[3]): „A présent, Monsieur, Je vous diray que l'experience de mon batteau a êté faitte et quelle a réussi de la maniére que Je l'esperois:

1) Gerland, „Leibnizens und Huygens Briefwechsel mit Papin" usw. S. 286.

2) Ebenda S. 379.

3) Ebenda S. 383.

la force du courant de la riviere êtoit si peu de chose en comparaison de la force de mes rames qu'on avoit de la peine à reconnoître qu'il allât plus vite en dêcendant qu'eu montant. Monseigneur (der Landgraf) eut la bonté de me temoigner de la satisfaction d'avoir vû un si bon effect et Je suis persuadé que si Dieu me fait la grace d'arriver heuresement a Londres et d'y faire des vaissaux de cette nouvelle construction qui ayent assez de profondeur pour appliquer la machine à peu à donner le mouvement aux rames: Je suis persuadé, dîje, que nous pourrons produire des effets qui paroitront incroiables à ceux qui ne les auront pas vûs." Leibniz, der sich für Papins Arbeiten im höchsten Grade interessierte, führte nach Empfang dieses Briefes den längst gefaßten Vorsatz aus, sich die Versuche selbst anzusehen. Er reiste nach Cassel und richtete von dort aus unter dem Datum des 23. September ein Schreiben an den Sekretär der königlichen Gesellschaft in London, Dr. Sloane, das Papin als Empfehlung dienen sollte und die folgende Stelle enthält, die ich in Übersetzung aus dem lateinischen Urtext mitteile[1]: „Er (Papin) führt euch ein neues Schiff zu, oder wird vielmehr von ihm zugeführt. Ich bin Argonaute darauf, um es mittelst des neuen Ruder sich drehender Flügel, den Fluß hinabfahren zu sehen." Ein weiterer Beleg dafür, daß Leibniz nur ein Schiff mit Ruderrädern, aber kein Dampfschiff damals gesehen hat, ist uns in dem Rubrum erhalten, welches er einem vom geheimen Rate des Kurfürsten von Hannover als Antwort auf das von ihm eingereichte Gesuch, Papins Schiff den Stapelplatz in Hannoverisch-Münden passieren zu lassen, abschlägigen Bescheid vorgesetzt hat. Es heißt[2]: „Papin, Schiff mit Rädern" und ist also auch hier von einer Dampfmaschine, welche auf dem Schiff angebracht gewesen wäre, nicht die Rede.

Ebensowenig weiß von einer solchen der Frankfurter Ratsherr Zacharias von Uffenbach zu berichten, der am 9. November 1709 Cassel besuchte und von dem Professor der Physik am dortigen Kollegium Carolinum Peter Wolfart und dem Obersten von Haxhausen sich von Papin und dessen Abschied von Cassel erzählen ließ. Seine Gewährsmänner, denen Papins Versuche mit der Dampfmaschine bekannt waren, wissen gleichwohl nichts

---

[1]) Gerland, „Nachtrag zu Leibnizens und Huygens Briefwechsel mit Papin". Sitzungsbericht der königl. preuß. Akad. der Wissenschaften zu Berlin. Phys.-mathem. Klasse XLIV 1882. S. 891: Ad vos navem novam fert, vel ea potius fertur. Argonauta et in ea sum, ut videam novo remigio alarum rotatilium per amnem hunc descendentem.

[2]) Rühlmann, „Notizblatt des Arch.- und Ing.-Vereins für das Königreich Hannover". Bd. I. Hannover 1851—52. S. 7.

anderes darüber zu berichten[1]), als „daß er (Papin) sich unterstanden mit einem Schiffe ohne Ruder, sondern nur mit Rädern, auch ohne Segel zu schiffen, welches ihm auf der Fulda, zu geschweigen auf dem großen Meere, darauf er in Engelland schiffen wollen, bald sein Leben gekostet hätte." Diese Worte übersetzen die verdienstvollen Biographen Papin's, de la Saussaye und Péan[2]): „Il a pretendu naviguer . . . non seulement sur la Fulda, mais encore sur la haute mer; car il voulait se rendre ainsi en Angleterre." Wir wollen mit den Verfassern, von denen der eine keine Mühe und Kosten gescheut hat, um an den Stätten, die Papins Wirken sahen, genaue Kunde darüber einzuziehen, nicht rechten, daß sie den Sinn jenes altertümlichen Deutsch nicht zutreffend wiedergegeben haben, aber es ist doch von Wert, daß wir ein unzweideutiges Zeugnis dafür haben, daß jenes „in England" nicht als gleichbedeutend mit „nach England" aufgefaßt werden kann. Der Zeuge, den wir dafür aufrufen können, ist der hannöversche Landdrost in dem damaligen Münden von Zeuner; um seine Aussagen verständlich zu machen, haben wir indessen zunächst über die weitern Schicksale, die Papins Schiff betrafen, zu berichten.

Über diese sind mir teils durch die von Papin mit Leibniz gewechselten Briefe, teils durch die „Akten des Magistrats zu Münden und des kurfürstlichen Amtes Münden", die Einfeld[3]) herausgegeben hat, bis ins kleinste unterrichtet. In der Tat war es Papins Absicht, sich nach England mit seinem Schiffe zu begeben, um dort Versuche im Großen damit anzustellen, deren Endziel die Anbringung der Dampfmaschine war. Zu Wasser war dies nur möglich, wenn er sein Schiff an Münden vorbeibrachte. Die Mündener Schiffergilde besaß aber ein altes Privilegium, kraft dessen kein Schiff bei Münden ohne ihre Genehmigung vorüberfahren durfte. Dies Privilegium hatte ihr die kurfürstlich hannoversche Regierung kurz vor 1707 bestätigt. Da aber die Gilde dafür 100 Reichstaler hatte zahlen müssen, so war sie nicht geneigt, eine Ausnahme zu gestatten. Papin wußte dies und hatte, wie wir sahen, Leibniz gebeten, ihm die Erlaubnis zur Durchfahrt zu erwirken; Leib-

---

1) von Uffenbach, „Merkwürdige Reisen durch Niedersachsen, Holland und Engelland". Frankfurt und Leipzig 1753. Bd. I, S. 12.

2) L. de la Saussaye et A. Péan, „La vie et les ouvrages de Denis Papin". Paris et Blois 1869. S. 240.

3) Einfeld, „Zeitschrift des historischen Vereins für Niedersachsen vom Jahre 1850", S. 295.

nizens Gesuch war freilich abschlägig beschieden. Dagegen hatte auf eine Eingabe gleichen Inhalts hin Landdrost von Zeuner in Münden die Durchfahrt gestattet. Indem erbot sich ein Mündener Schiffer, namens Lodwig, Papins Schiff ins Schlepptau zu nehmen und es sicher in die Weser zu führen, wozu ihm der Landdrost bereits früher die Erlaubnis erteilt hatte. In des letzteren Bericht, der in den Mündener Akten enthalten ist, heißt es hierüber[1]): „Nachdem ein hiesiger Schiffer, nahmens Lodwig vor etwa 3 Jahren bei mir angemeldet, daß ein gewisser Frantzoß zu Cassel eine kleine Maschine gemachet und inventirt, wornach große Schiffe ohne Mast und Segel könnten gebauet und mit bloßen Räder regiert werden, dannenher sich bey mir erkundige, ob er es mit seinem Schiffe herunterbringen dürffte, hinzusetzend, daß es ein Werk von keiner Importanz und ein rein Kinderwerk wäre, habe ich es erlaubet." Er habe es dann bei seiner Ankunft in Münden in Augenschein genommen und gefunden, „daß es ein bloßes Model zu obgedachtem Schiffbau und gar kein Schiff sey, mit welchen man ohne Gefahr nur bis Gimbte[2]) fahren könne, auch daß sein Vorhaben es danägst auf ein großes Schiff laden zu lassen und seine Kunst und Invention der Königin von Engelland dadurch sehen zu lassen und sich zu recommendiren." Unter den durch diesen Bericht gekennzeichneten Verhältnissen unternahm Papin seine Reise, aber der Erfolg rechtfertigte seine Hoffnungen nicht. Das Schiff wurde angehalten, Abgesandte der Schiffergilde traten mit dem Magistrat zu einer Beratung zusammen und man kam zu folgendem Entschluß:[1]) „Daß im Fall hiesiges Ambt gedachtes Fahrzeug wider der Schiffer Gilde Privilegia durch passiren lassen wolte, selbiges aufs Land (wie mehrmals geschehen) gezogen werden künte, alsdann man sich bei Churfürstl. Regierung über hiesige Beambten beschweren, als welche bey diesen ohn dehm sehr schlechten und nahrlosen Zeiten hiesige Schiffer Gilde bey Ihro Uhralten Privilegien nicht zu schützen, sondern vielmehr dieselbe aufzuheben trachteten. Die Schiffer sagen, Sie wollten es nicht leiden, daß das Fahrzeuch durchs Loch[3]) gelassen würde, sondern, woferne solches nicht von hiesigem Ambt verbohten würde, es aufs Land zu ziehen." Da sich der Drost nicht sehen ließ, so geschah dies in der Tat und das Schiff hätte nun von Rechtswegen verkauft werden müssen, wobei „Ihro Churfürstl. Durchl. quartam davon" bekommen hätte.

1) Einfeld, „Zeitschrift des historischen Vereins für Niedersachsen vom Jahre 1850", S. 298.

2) Dorf an der Weser, eine halbe Stunde unterhalb Münden.

3) Mündung der Fulda in die Weser.

Ob sich dem nun Papin, der sich im Rechte glauben mochte, widersetzte, ob sich in anderer Weise ein Streit entspann, darüber schweigen die Berichte, gewiß ist, daß das Schiff „vorheert" und damit eine große Hoffnung Papins zerstört wurde. Er begab sich nun zu Land nach London, während der Landdrost von Zeuner es für geraten hielt, an den noch in Cassel weilenden Leibniz ein Schreiben zu richten,[1]) dessen Zweck war, sein Verhalten zu rechtfertigen. „Je me donne l'honneur", heißt es darin, „de vous advertir Monsieur, que ce pauvre homme de Medecin, qui m'a montré votre lettre de recommendation pour Londres, a eû le malheur de perdre ici sa petite machine d'un vaisseau a roues, que vous aurez veû. Les Batelliers de cette Ville ci ayant eû l'insolence de l'arreter, et de le priver du fruit de ses peines, par les quels il a pense s'introduire au prez de la Reine d'Angleterre."

Aus allen diesen authentischen Mitteilungen geht hervor, daß das Schiff Papins von außergewöhnlicher Form und nur klein war. Sonst hätte es wohl nicht schlechtweg als „Machine" bezeichnet werden können. Da es nun außer ihm auch seine Frau und Kinder — in den Mündener Akten heißt es, daß seine „Frau und Kinder auch . . . sehr darüber lamentiret haben solten" — sowie einige Kisten Hausrat, vielleicht auch noch Bedienungsmannschaft trug, so würde eine Dampfmaschine darauf gewiß keinen Platz gehabt haben, namentlich, wenn man im Auge hält, wie Papin eine solche anzubringen gedachte. „Pourvù", sagt er darüber,[2]) „qu'il y eut trois ou quatre tuyaux appliquéz à un même aissieu ils pourroient luy donner un mouvement continuel et sans interruption".

Reicht demnach das vorhandene Aktenmaterial aus, um uns über die Erfindungsgeschichte der Dampfmaschine genau zu unterrichten, so gilt das nämliche von der des Dampfschiffes. Die Niederdruck- und die Hochdruckdampfmaschine hat Papin nicht nur erfunden, er hat beide auch zuerst in leistungsfähiger Form ausgeführt. Der Bau eines Dampfschiffes aber ist ihm nicht gelungen. Ein solches herzustellen hat er indessen geplant und die dazu nötigen Vorversuche mit Ruderrädern auch bereits ausgeführt. Dazu

---

1) Gerland, „Leibnizens und Huygens Briefwechsel mit Papin" usw. S. 385.

2) Papin, „Recueil de diverses Pieces touchant quelques nouvelles Machines". Cassel 1695, S. 58. Dasselbe Werk ist in lateinischer Sprache 1695 in Marburg erschienen, 1698 in Paris noch einmal herausgegeben.

diente das kleine Schiff von 1707, das ihm in Münden zerstört wurde; der Plan aber, in England ein größeres herstellen zu lassen und die zum Dampfbetrieb nötigen Einrichtungen darauf anzubringen, kam nicht zur Vollendung. Zwar hat er der königlichen Gesellschaft nach seiner Rückkehr nach London den Vorschlag dazu gemacht, indem er sich folgendermaßen an sie wandte[1]): „I do therefore offer, with all dutyfull respect, to make here an Engine, after the same manner that has been practised at Cassel, and to fit it so that it may be applied for the moving of ships." Die Gesellschaft ging aber nicht auf den Plan ein und ist dieses die letzte Nachricht, die wir aus der Zeit Papins über das von ihm geplante Dampfschiff besitzen.

In keinem der vielen vorgelegten Aktenstücke ist davon die Rede, daß Papins Schiff ein Dampfschiff gewesen sei. Alle gleichzeitigen Berichte wissen nur von Ruderrädern zu erzählen, die durch Menschenkraft in Bewegung gesetzt werden sollten. Erst nachdem das Dampfschiff hundert Jahre nach Papin zur Wirklichkeit geworden war, bildete sich die Überlieferung aus, daß er auf einem Dampfschiffe die Fulda befahren habe. Zunächst freilich wagt sie sich nur schüchtern hervor, sie tritt meines Wissens zum ersten Male 1844 in Piderits Geschichte von Cassel auf, wo es über Papins Befahrung der Fulda mit einem Dampfschiff heißt: [2]) „Der Versuch muß wirklich gemacht, aber mißglückt sein, denn es wird erzählt, daß dieser Schwätzer bei der angestellten Fahrt selbst in Lebensgefahr geraten sei, und wenn dieses, wie wahrscheinlich ist, durch das Springen des Dampfkessels geschah, so hat Cassel die Ehre, die erste Stadt der Welt zu sein, welche einen Versuch der Art gesehen und die Fulda ist demnach der erste Fluß, der auf seinem Rücken ein, wiewohl verunglücktes Dampfschiff getragen hat." Eine eingehende Kritik verdient diese dem Scharfsinn ihres Urhebers wenig Ehre machende Bemerkung nicht, die einem „Schwätzer" zutraut, eine der großartigsten Erfindungen der Neuzeit gemacht zu haben und zwei ganz verschiedene Vorgänge, die zum ersten Male verunglückten Versuche Papins mit einem Taucherschiff und die gelungenen Versuche mit dem Ruderradschiff durcheinander wirft, aber nicht daran denkt, irgend einen Beweis für die hypothetisch ausgesprochene Behauptung beizubringen. Zuversichtlicher

[1]) Gerland, „Leibnizens und Huygens Briefwechsel mit Papin" usw. S. 386. Nach de la Saussaye, „Mémoire sur les Expériences de Navigation par la Vapeur en 1707".

[2]) Piderit, „Geschichte der Haupt- und Residenzstadt Cassel, Cassel 1844". S. 271.

schon spricht 1851 Rühlmann aus, daß Papin 1707 den Wasserdampf als bewegende Kraft eines Ruderradschiffes bei der Fahrt von Cassel nach München benützt habe,[1]) allerdings ohne irgend einen Beweis dafür anzugeben. Ebenso vertritt de la Saussaye in seiner ersten Arbeit über Papin, seinem „Mémoire sur des Experiences par la Vapeur en 1707" die Ansicht, dieser habe damals bereits ein Dampfschiff gehabt, überzeugt sich aber später aus seinem Briefwechsel mit Leibniz, daß dies nicht der Fall gewesen ist. Statt aber nun seine fehlerhafte Annahme ausdrücklich zu berichtigen, läßt er in seinem mehrfach zitierten, größeren Werke, „La vie et les ouvrages de Denis Papin" die von einem Dampfschiff berichtenden Stellen weg, so daß niemand, der nicht den Briefwechsel Papins mit Leibniz eingesehen hat, auf den Gedanken kommen kann, daß de la Saussaye seine Ansicht in betreff des Dampfschiffes geändert habe. In ähnlicher Weise verfährt der Casseler Verschönerungsverein, der ein Papindenkmal an der Stelle, wo die Versuche mit der Hochdruckmaschine angestellt worden sind, errichtet hat, eine allegorische, die Fulda darstellende Figur eines nackten Jünglings, der ein kleines, mit Ruderrädern versehenes Boot empor hält, während dem als Denkmal dienenden Brunnen das Medaillonbild Papins eingefügt ist. Was den genannten Verein bewog, auf ein zum Ruhme des Schöpfers der Dampfmaschine errichtetes Denkmal eine Erfindung zu setzen, die er gar nicht gemacht hat, bleibt freilich dunkel und so wird man sich Matschoß nur anschließen können, wenn er sagt:[2]) „Immerhin aber ist es zu bedauern, daß man zu einer allegorischen Darstellung gegriffen hat, die der sehr volkstümlichen Legende von Papins Dampferfahrt, die auch heute noch in manchen Schulen als geschichtliche Tatsache erzählt wird, neue Nahrung geben mußte. In Papins grundlegenden Arbeiten würde sich leicht eine andere würdige Beziehung zu seinen Arbeiten auffinden lassen." Der genannte Verein hat es denn auch zu seinem Schmerze erleben müssen, daß sämtliche Tagesblätter und illustrierten Wochenschriften, die über die Enthüllung des Papindenkmals berichteten, seine löbliche Absicht mißverstanden und das Schiffchen des Denkmals ohne weiteres für ein Dampfboot erklärten. Eine Zeitung sah in ihr sogar ein Boot mit „geflügelter Dampfschraube".

---

[1]) Rühlmann, „Notizblatt" usw. S. 7.

[2]) Matschoß, „Der Papinbrunnen in Cassel und die Legende von Papins Dampfschiff". Zeitschrift des Vereines Deutscher Ingenieure 1906, Bd. 50, S. 1472.

So wird der internationale Kongreß der Schiffbauer wohl berechtigt gewesen sein, die Zweihundertjahr-Feier des Dampfschiffes zu begehen, aber er wird sich nicht auf die Jahreszahl 1707 berufen dürfen. Denn die Idee, ein Schiff durch Dampfkraft zu treiben, hat der Erfinder der Dampfmaschine bereits 1688 ausgesprochen, die Bedeutung des Jahres 1707 liegt aber nur in dem unglücklichen vorzeitigen Abschluß der zur Herstellung eines Dampfschiffes notwendigen Vorversuche, deren Gegenstand ein durch Menschenkraft, aber nicht durch Dampfkraft bewegtes Ruderradschiff war.

XXIV. Weitere Schleppversuche mit Kahnmodellen in Kanalprofilen, ausgeführt in der Übigauer Versuchsanstalt.

Von H. Engels und Fr. Gebers.

In dem letzten Jahrbuch haben wir ausführlich über die Schleppversuche berichtet, die wir in den Jahren 1905 und 1906 behufs Erforschung des Einflusses der Form des Kanalprofils und des Schiffes auf dem Schiffswiderstand angestellt hatten. Die für die Praxis bedeutungsvollsten Ergebnisse dieser Versuche hatten wir dahin zusammengefaßt, daß

1. für dic Kanalschiffahrt die scharfe Schiffsform der Löffelform überlegen sei und
2. daß die Wasserspiegelbreite eines Kanals insofern von wesentlichem Einflusse auf den Schiffswiderstand sei, als eine übermäßige Verbreiterung derselben den Schiffswiderstand vermehrt.

Nun hatte die Königliche Versuchsanstalt für Wasserbau und Schiffbau in Berlin unsere Übigauer Versuche in Kanälen von größerer Länge, die im Gegensatz zu Übigau, wo gesägte Bretter verwendet waren, aus gehobelten Brettern bestanden, wiederholt und war zum zu Teil abweichenden Ergebnissen gelangt. Eine teilweise Wiederholung dieser Versuche in längeren Modellstrecken war daher unerläßlich, um so mehr, als im gegenwärtigen Zeitpunkte, wo Kanalbauten im größten Umfang begonnen werden — auch die Erweiterung des Kaiser Wilhelm-Kanals gehört dazu — die Beantwortung der von uns behandelten Fragen von besonderer Wichtigkeit ist.

Nachdem das Kuratorium der Jubiläums-Stiftung der Deutschen Industrie am 31. Mai 1906 uns die erforderlichen Mittel bereitgestellt hatte, konnten wir die weiteren Schleppversuche im Juni 1906 beginnen und im Februar 1907 zum Abschluß bringen.

Zur Durchführung dieser Versuche wurde

1. ein bereits untersuchtes Profil in größerer Länge als früher und
2. ein diesem im Querschnitt gleiches Profil mit übermäßig geringer Wasserspiegelbreite eingebaut.

Für den nochmaligen Einbau wurde das bereits untersuchte Trapezprofil[1]), Fig. 1, gewählt, das nunmehr eine Länge von 72 m, anstatt wie früher

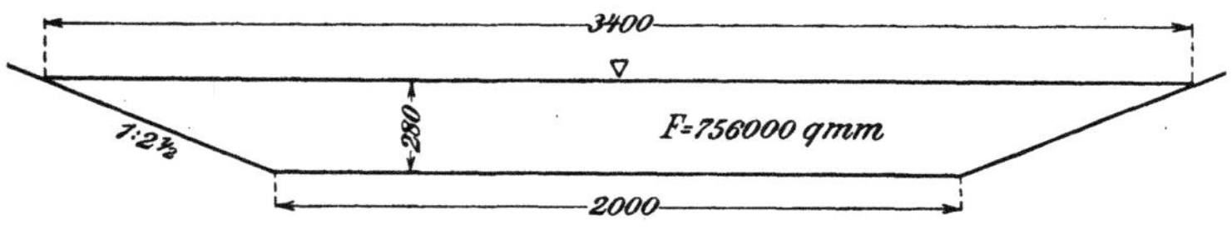

Fig. 1.

42 m erhielt. Außerdem wurden die Bretter, die früher stumpf zusammenstießen, gefalzt, um ein besseres Dichthalten zu erzielen. Geschleppt wurden die früher schon benutzten Kahnmodelle „scharfe Form" und „Löffelform" [2]).

Zur weiteren Klärung des Einflusses der Wasserspiegelbreite wurden auch in dem „umgekehrten Trapezprofil", Fig. 2, das ebenfalls in der Länge von 72 m eingebaut wurde, die beiden Kähne geschleppt.

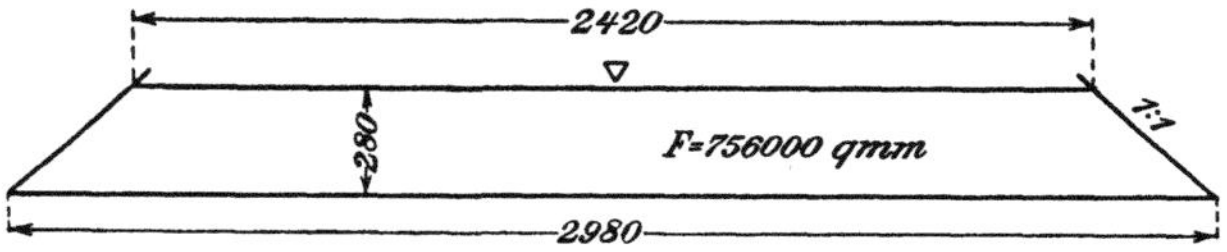

Fig. 2.

Auch bei diesen Versuchen wurde, wie früher, unter möglichst gleichmäßiger Berücksichtigung der verschiedenen Schleppgeschwindigkeiten in jeder Versuchsreihe eine Anzahl von Versuchen unter gleichzeitiger Messung der Trimmlage und der Wasserspiegelveränderung während der Fahrt ausgeführt.

Die Ergebnisse der Widerstandsmessung sind in den Figuren 3 und 4 in der üblichen Weise, Fahrgeschwindigkeiten als Abszissen, Widerstände als Ordinaten, zeichnerisch aufgetragen und mit Hilfe der Diagramme in Tabelle I zusammengestellt.

---

[1]) Vergl. Jahrbuch der Schiffbautechn. Ges. 1907, S. 394, Fig. 3.

[2]) Vergl. ebenda, S. 394, Fig. 1 und 2.

Trapezprofil.

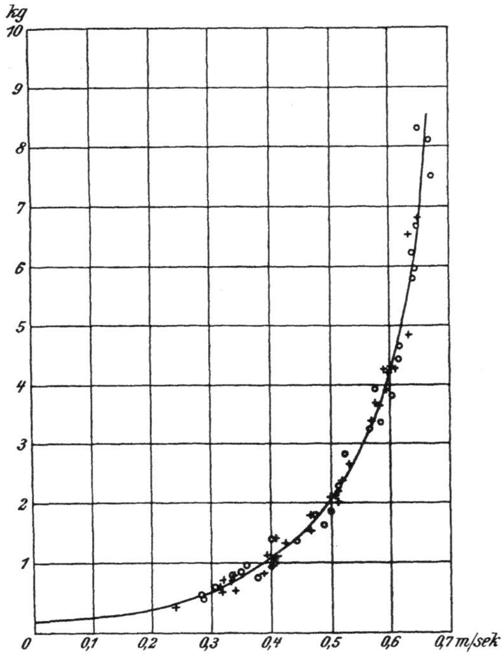

——— o Löffel-Form

——— + Scharfe Form

Fig. 3.

Umgekehrtes Trapezprofil.

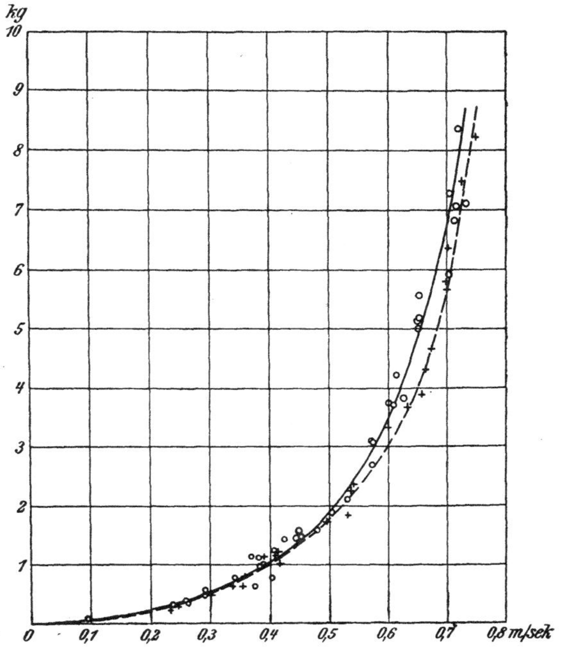

——— o Löffel-Form

- - - - - + Scharfe Form

Fig. 4.

Tabelle I. Modellwiderstände in kg.

Fahrgeschwindigkeit	Unbegrenztes Wasser		Trapezprofil. Wasserspiegelbreite b = 3,40 m, benetzter Umfang p = 3,51 m				Umgekehrtes Trapezprofil b = 2,42 m p = 3,77 m	
			42,0 m lang		72,0 m lang		72,0 m lang	
	L. F.[1]	S. F.[2]	L. F.	S. F.	L. F.	S. F.	L. F.	S. F.
m	kg	kg	kg	kg	kg	kg	kg	kg
0,2	0,09	0,10	0,25	0,16	0,21	0,21	0,26	0,24
0,3	0,18	0,20	0,49	0,32	0,50	0,50	0,56	0,53
0,4	0,29	0,32	0,89	0,64	1,60	1,60	1,56	1,19
0,5	0,43	0,47	1,68	1,30	2,60	2,60	1,88	1,78
0,6	0,61	0,67	3,47	2,87	4,22	4,22	3,51	3,20
0,7	0,83[3]	0,92	—	—	—	—	6,73	5,64

Bemerkung: Die Widerstände für unbegrenztes Wasser und im 42,0 m langen Trapezprofil sind, zum Vergleiche der Tabelle I, S. 396 des Jahrbuches 1907, entnommen worden. Wegen der Erläuterung des angewendeten Verfahrens siehe ebendaselbst.

[1] Löffel-Form. [2] Scharfe Form. [3] Von 1,1 m Geschwindigkeit ab wird die Löffel-Form ungünstiger in bezug auf den Widerstand.

Die Ergebnisse der Messungen der Trimmlage während der Fahrt und der während dieser entstehenden Einsenkungen des Wasserspiegels sind nach dem in unserer vorigen Mitteilung ausführlich dargelegten und daher hier nicht wiedergegebenen Verfahren zur Berechnung der Geschwindigkeit

Rücklaufgeschwindigkeit des Wassers.

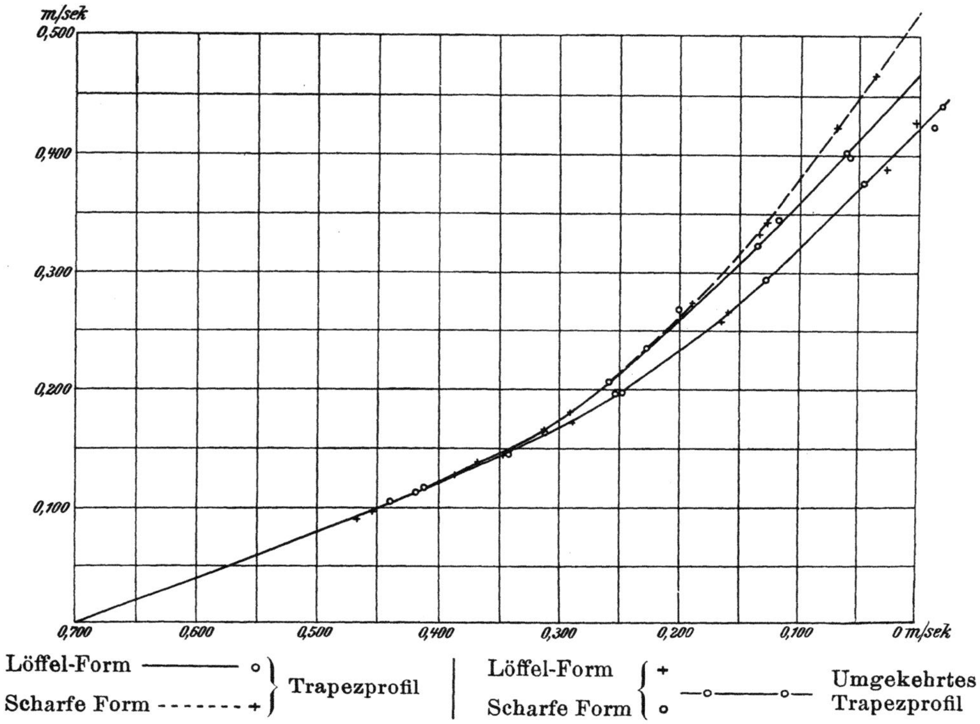

Fig. 5.

Tabelle II. Rücklaufgeschwindigkeiten.

Fahrgeschwindigkeit V m/sek.	Trapezprofil 42,0 m lang L. F. u. S. F. Vr m	Trapezprofil 72,0 m lang L. F. Vr m	Trapezprofil 72,0 m lang S. F. Vr m	Umgekehrtes Trapezprofil 7,20 m lang L. F. u. S. F. Vr m
0,30	0,120	0,119	0,119	0,119
0,40	0,175	0,173	0,173	0,167
0,50	0,274	0,257	0,259	0,231
0,60	0,403	0,358	0,378	0,319
0,70	0,533	0,467	0,519	0,422

der Rückströmung benutzt worden. Die berechneten Rücklaufgeschwindigkeiten des Wassers sind in Fig. 5 aufgetragen und durch Kurven ausgeglichen worden, die ihrerseits zur Aufstellung der Tabelle II gedient haben.

Die Figuren 6 und 7 endlich veranschaulichen den Verlauf der Wellen, die das in Fahrt befindliche Modell begleiten. Sie bilden eine Bestätigung unserer an Fig. 24, Jahrbuch 1907 S. 406, geknüpften Bemerkung, daß

Wellenaufnahme während der Vorüberfahrt des Modells (Löffel-Form) im Trapezprofil (72 m lang) bei 0,474 m Geschwindigkeit.

Längen 1 : 100. Höhen 1 : 1.

Fig. 6.

Wellenaufnahme während der Vorüberfahrt des Modells (Scharfe Form) im umgekehrten Trapezprofil (72 m lang) bei 0,674 m Geschwindigkeit.

Längen 1 : 100. Höhen 1 : 1.

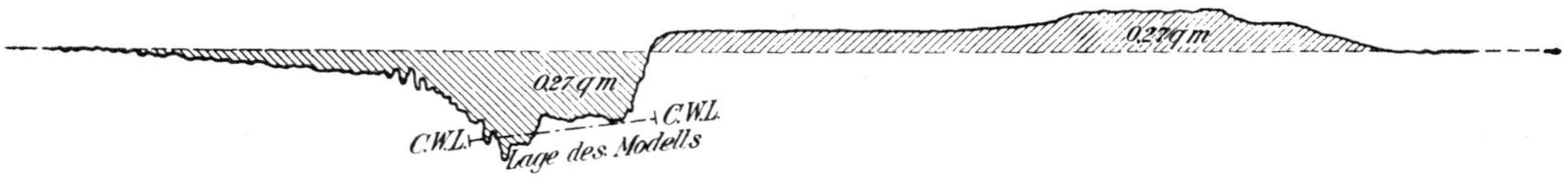

Fig. 7.

das Volumen des vorauf laufenden Wellenberges gleich dem Volumen der Einsenkung neben und hinter dem Schiff ist. Wir hatten zu der damaligen Fig. 24 bemerkt, daß der Wellenberg in Wirklichkeit verhältnismäßig viel niedriger und von bei weitem größerer Länge sein werde, da seine Geschwindigkeit bei den Versuchen erheblich größer gewesen wäre, als die des Modelles: daß nur die Kürze der eingebauten Strecke dazu gezwungen habe, ihn in der dargestellten Form, wo er noch lange nicht den Beharrungszustand erreicht habe, zu messen. Es empfehle sich deshalb, in Zukunft derartige Versuche in möglichst langen Profilen anzustellen; die Raumgleichheit zwischen dem vorauf laufenden Wellenberge und der Einsenkung wäre selbstverständlich auch im Beharrungszustande vorhanden. Ein Vergleich von Fig. 6 und 7 mit Fig. 24 (Jahrbuch 1907) beweist sehr schlagend die Richtigkeit unserer Darlegungen; denn es ist bei diesen neuen Versuchen, wo der Beharrungszustand zwar auch nicht erbracht wurde, die Wassererhebung schon in einem weiter fortgeschrittenen Zustande ihrer Ausbildung gemessen worden. Wir verweisen insbesonders noch auf Fig. 6, welche die auf der Weser bemerkte Erscheinung bestätigt, daß der Wellenberg zuweilen von dem Schiffe ganz losgelöst vorauf eilt, so daß am Bug schon eine Einsenkung des Wassers besteht. Die Erklärung dafür ist wohl darin zu suchen, daß das betreffende Fahrzeug vorher mit größerer Geschwindigkeit gefahren ist, als in dem Augenblick, wo die Beobachtung gemacht wurde, und daß der Wellenberg mit der früheren Geschwindigkeit weitereilte. Diese Fahrtverminderung kann, wie bekannt ist, ja leicht auf seichtem oder engem Fahrwasser vorkommen. Bei unseren Versuchen aber haben wir als die Regel festgestellt, daß das Schiff mit seinem Bug noch in der Wassererhebung steckt.

Versuchsergebnisse.

I. Einfluß der Länge der Modellstrecke.

Der Vergleich der Widerstände in den beiden verschieden langen, trapezförmigen Strecken zeigt den Einfluß der Streckenverlängerung einmal darin, daß der Schiffswiderstand in der längeren Strecke größer ist als in der kürzeren und zweitens darin, daß in der längeren Strecke die Überlegenheit der scharfen Schiffsform gegenüber der Löffelform verschwindet, die jedoch in dem umgekehrten Trapezprofil wieder zum Ausdruck kommt.

Daraus folgern wir, daß es bei derartigen Schleppversuchen darauf ankommt, die Länge der eingebauten Strecke in ein richtiges Verhältnis zu ihrem Querschnitt zu bringen: ein Verhältnis, das nur experimentell ermittelt werden kann, und zwar so, daß bei ein und demselben Querprofil die Streckenlänge so lange vergrößert wird, bis das Anwachsen des Schiffswiderstandes aufhört. Leider fehlten uns die zur Durchführung einer solchen Versuchsreihe erforderlichen Mittel.

II. Einfluß der Kanalprofilform auf den Schiffswiderstand.

Von allen Profilen gleichen Flächeninhalts und gleicher Wassertiefe verursacht das mit der kleinsten Wasserspiegelbreite den kleinsten Widerstand[1]).

---

1) Max Müller hat bereits 1898 auf die theoretisch günstigste Form des umgekehrten Trapezprofils hingewiesen. Zeitschrift für Gewässerkunde 1898, S. 235.

Mittlere Trimmlage und Einsenkung bei verschiedenen Geschwindigkeiten.

Längen 1 : 2. Höhen 1 : 1.

Löffel-Form.

m/sek.

Fahrt Nr. 1 — v = 0,283
„ „ 2 — „ = 0,360
„ „ 3 — „ = 0,443
„ „ 4 — „ = 0,474
„ „ 5 — „ = 0,501
„ „ 6 — „ = 0,566
„ „ 7 — „ = 0,584
„ „ 8 — „ = 0,640
„ „ 9 — „ = 0,643

Scharfe Form.

m/sek.

Fahrt Nr. 1 — v = 0,315
„ „ 2 — „ = 0,334
„ „ 3 — „ = 0,389
„ „ 4 — „ = 0,411
„ „ 5 — „ = 0,512
„ „ 6 — „ = 0,568
„ „ 7 — „ = 0,574
„ „ 8 — „ = 0,632
„ „ 9 — „ = 0,664

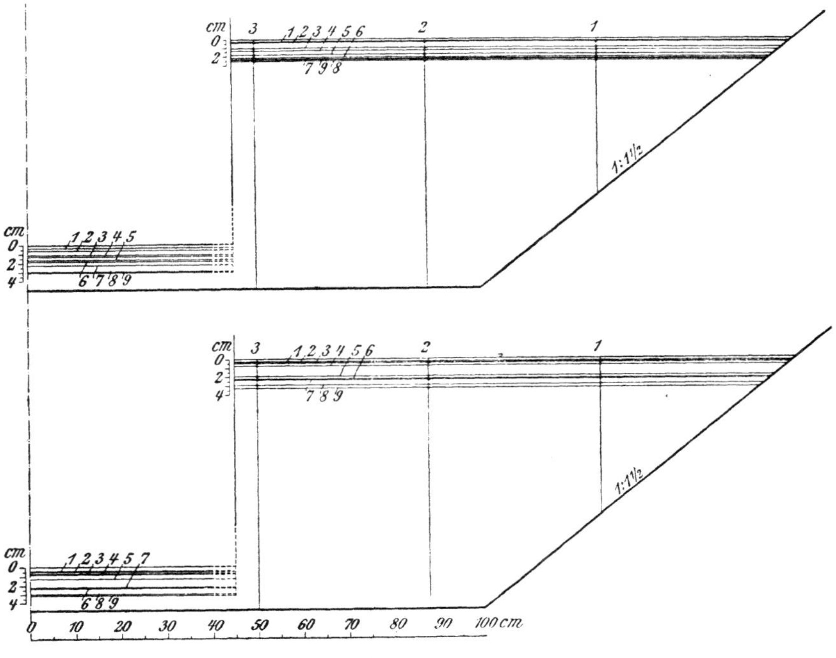

Fig. 8 und 9.

Mittlere Trimmlage und Einsenkung bei verschiedenen Geschwindigkeiten.

Längen 1 : 2. Höhen 1 : 1.

Löffel-Form.

m/sek.

Fahrt Nr. 1 — v = 0,262
„ „ 2 — „ = 0,290
„ „ 3 — „ = 0,390
„ „ 4 — „ = 0,449
„ „ 5 — „ = 0,454
„ „ 6 — „ = 0,574
„ „ 7 — „ = 0,655
„ „ 8 — „ = 0,713
„ „ 9 — „ = 0,720

Scharfe Form.

m/sek.

Fahrt Nr. 1 — v = 0,234
„ „ 2 — „ = 0,247
„ „ 3 — „ = 0,355
„ „ 4 — „ = 0,358
„ „ 5 — „ = 0,413
„ „ 6 — „ = 0,537
„ „ 7 — „ = 0,542
„ „ 8 — „ = 0,674
„ „ 9 — „ = 0,699

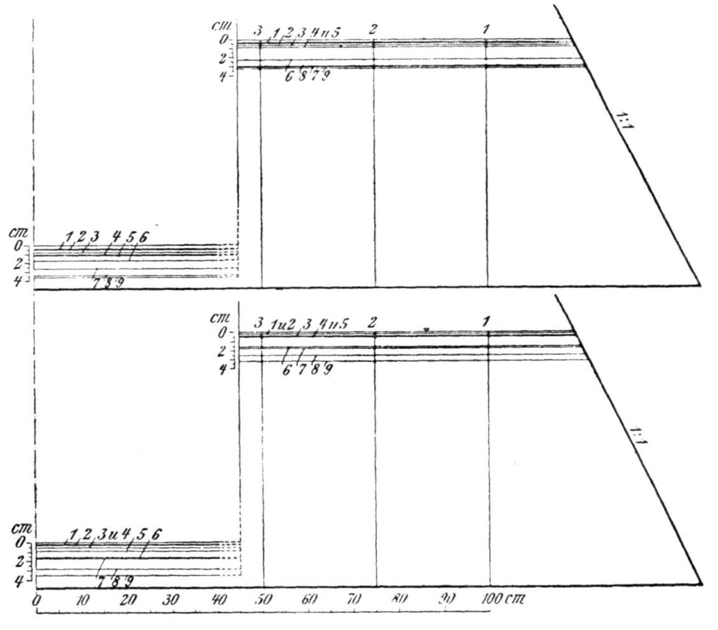

Fig. 10 und 11.

Die Erklärung dafür ist nicht schwer: Es muß für die einzuleitende Seitenströmung — das vorn vom Schiff verdrängte Wasser muß ja stets nach hinten befördert werden — ein Spiegelgefälle von bestimmter Größe für eine bestimmte Geschwindigkeit sich bilden. Es muß also Wasser auf eine bestimmte Höhe gehoben werden, und zwar eine um so größere Menge, je größer seine Breite ist, denn die Höhe ist stets, wenigstens annähernd, dieselbe. (Fig. 8—10.)

Unsere Versuche haben also unsere Vorhersage glänzend bestätigt.

Da selbstverständlich von den praktischen Ausführungen des umgekehrten Trapezprofiles nicht die Rede sein kann, so wird man bei künftigen Kanalbauten das praktisch günstigste Muldenprofil zugrunde legen, um so mehr als die Erfahrung allenthalben bestätigt hat, daß insbesondere in Kanälen mit Schnellbetrieb die früher üblichen Unterwasserbermen auslaufen und so das Muldenprofil sich selbsttätig ausbildet.

Sowohl der erweiterte Kaiser Wilhelm-Kanal als auch der Rhein-Weser-Kanal werden das Muldenprofil erhalten.

Besichtigungen.

XXV. Die Telefunken-Station bei Nauen.

Gelegentlich der IX. Hauptversammlung der Schiffbautechnischen Gesellschaft wurde am 27. November 1907 eine Exkursion nach der unweit Nauen gelegenen Telefunken-Groß-Station der Gesellschaft für drahtlose Telegraphie unternommen. Etwa 200 Personen waren auf dem Bahnhof Nauen eingetroffen, und von dort ging es bei herrlichem, sonnenklarem Herbstwetter teils in bereitgestellten Kremsern, teils zu Fuß nach der 4 km entfernten Station. Schon lange vor dem Ziel hebt sich der etwa 100 m hohe Gitterturm wie eine dünne Nadel vom Horizonte ab. Der Direktor der Gesellschaft für drahtlose Telegraphie, Herr Graf Arco, hatte es sich nicht nehmen lassen, seine Gäste selbst zu empfangen und ihnen die Station in Betrieb vorzuführen. Kommen wir nun zur Station selbst und wiederholen im Geiste jenen Rundgang.

Der Gitterturm aus Eisenkonstruktion, Fig. 1, erhebt sich als ein dreiseitiges Prisma von 4 m Seitenlänge zu einer Höhe von 100 m. Bequeme Treppen führen bis auf die Plattform, von wo aus eine herrliche Aussicht den anstrengenden Aufstieg belohnt. Der Turm, dessen Fuß, Fig. 2, eine Stahlgußkugel von 20 cm Durchmesser bildet, die beweglich auf einer Druckplatte ruht, überträgt seinen gewaltigen Druck über einen isolierenden Marmorblock auf das Betonfundament. Der ganze Turm wird durch drei in einer Höhe von 75 m angreifende Spannstangen in der Vertikalen gehalten. Diese Spannstangen bestehen aus Rundeisenstäben von je 10 m Länge, welche durch kräftige Gelenke miteinander verschraubt sind. Sie sind durch massive Backsteinblöcke, die durch ihr großes Gewicht den bedeutenden Zug des Turmes aufnehmen, über eine hohe Isolation gegen Erde verankert. Der Turm trägt die Antenne, ein vieldrähtiges, schirmartiges Gebilde, welches zum Ausstrahlen und Auffangen elektrischer Wellen dient. Diese Antenne besteht aus 6 Segmenten von je neun 134 m langen Bronzelitzen, deren Zahl

Gitterturm.

Fig. 1.

Fuß des Gitterturms.

Fig. 2.

sich im weiteren Verlaufe nach unten um je 18 Litzen vergrößert. Diese sechs Segmente sind diametral über Rollen an der Spitze des Turmes ausbalanziert, wodurch einseitige Beanspruchungen des Turmes auf ein Minimum reduziert werden. Jedes Segment der Antenne ist durch Hanfseile über mehrere, in Reihe geschaltete Porzellannuß-Isolatoren mit der Erde an eingerammten **U**-Eisen verankert. Die Erdungsanlage besteht aus strahlenförmig in das Erdreich verlegten Eisendrähten, deren Verlauf man vom Turm aus noch deutlich verfolgen kann. Von der Antenne sowohl wie von der Erdungsanlage führen viele Drähte in das Stationshaus zu den Apparaten.

Wir betreten nun das Maschinenhaus. Eine 75 pferdige Lokomobile, Fig. 3, die bei 10 Atm. Druck 130 Umdrehungen pro Minute macht, treibt einen Wechselstromgenerator von 52 Kilowatt bei 500 Volt und 75 Perioden sowie eine Gleichstromdynamo von $2^1/_2$ KW Leistung. Das sehr kalkhaltige Grundwasser muß erst einen chemischen Wasserreiniger passieren, um als Kesselspeisewasser verwendbar zu werden. Das Grundwasser wird daher mit einer Hand- oder Dampfpumpe in den Wasserreiniger gepumpt, gereinigt und läuft von dort direkt in die unterhalb des Kessels gelegenen Speisewassertanks.

Im Empfangsraume sehen wir zunächst die Schalttafel mit ihren Meßinstrumenten, Sicherungen und Spannungsregulatoren. Besonders interessant sind hier zwei Relais. Das erste, welches den Wechselstrom blockiert, solange das Luftnetz auf Empfang steht und die Empfangsapparate noch eingeschaltet sind, und das zweite, das sogenannte Tasterrelais, auf dessen Zweck und Einrichtung wir später noch zurückkommen.

Der von der Maschine erzeugte Wechselstrom von 500 Volt Spannung wird im Hochspannungsraum, Fig. 4, durch einige Drosselspulen und sechs Hochspannungstransformatoren — Induktoren genannt — geleitet und auf eine Spannung von etwa 150 000 Volt herauftransformiert. Mit diesem hochgespannten Wechselstrom werden 360 Leydener Flaschen, die in drei Gruppen hintereinandergeschaltet eine Kapazität von 400 000 cm darstellen, geladen. Die Spannung dieser Flaschenbatterie gleicht sich über eine Selbstinduktion, bestehend aus versilbertem Kupferrohr, und eine ringförmige Funkenstrecke mit einem von einem ohrenbetäubenden Knattern begleiteten Funken aus. Dieser Funke ist gewissermaßen die Geburtsstätte der elektrischen Wellen, welche von hier aus in die Antenne geleitet und dort in den Raum ausgestrahlt werden. Die Funkenstrecke sowie die Induktoren werden durch einen Kompressor mit Preßluft von 10 Atm. Druck ventiliert.

Maschinenhaus.

Fig. 3.

Hochspannungsraum.

Fig. 4.

Das obenerwähnte Tasterrelais besteht im wesentlichen aus zwei übereinander angeordneten Spulen und einem Eisenkern mit einer Kupferschiene, die auf vier federnden Kohlenkontakten ruht. Solange die Kupferschiene die Kohlenkontakte berührt, ist die primäre Wicklung der Induktoren kurzgeschlossen. Bei einem Druck auf den Taster fließt ein Strom durch die Relaisspulen, der Eisenkern mit der Kupferschiene wird angezogen und dadurch der Kurzschluß aufgehoben. Der ganze Strom fließt jetzt durch die Induktoren und der Funke setzt ein. Diese sinnreiche Einrichtung ermöglicht eine große Telegraphiergeschwindigkeit und äußerste Betriebssicherheit durch eine stets gleichmäßige Strombelastung der Maschine. Kommen wir nun zum Empfangsraum zurück. Die Empfangsapparate, deren bemerkenswerteste Elemente die Wellendetektoren, d. h. der Fritter für Schreibempfang und die elektrolytische Zelle für Hörempfang sind, finden wir sämtlich, wie Fig. 5 zeigt, in bequemer Weise auf einem Pulttisch vereinigt. Mehrere variable Kondensatoren und Selbstinduktionsspulen sind in handlicher Form auf dem Tisch montiert und ermöglichen eine leichte und schnelle Abstimmung der Empfangskreise auf jede beliebige ankommende Welle.

Um die ganze Station in Betrieb vorführen zu können, hatte die Kaiserliche Reichspost ihre in Norddeich von der Telefunkengesellschaft erbaute Funkenstation auf kurze Zeit für einen Telegrammwechsel in liebenswürdiger Weise zur Verfügung gestellt.

Die Maschinen werden in Gang gesetzt, und sofort hört man in rhythmischer Folge der bekannten Morsezeichen das ohrenbetäubende Knattern des Funkens.

- knd - knd - v - na - na -, das heißt: „Küstenstation Norddeich von Nauen". so lautet der offizielle Anruf: „Was habt Ihr für Wetter?" heißt es dann weiter, „Schlußzeichen". Jetzt wird die Antenne von „Geben" aut „Empfang" geschaltet. Mit wenigen Handgriffen wird abgestimmt, und schon sieht man den Klopfapparat und den Morse arbeiten, auf dessen abrollendem Papierstreifen wiederum die Anrufzeichen erscheinen „- na - na - v - knd - knd". „Hier ist es heiter bei starkem Südwestwind". Dieselben Zeichen konnte man auch als ein zischendes Geräusch im Telephon hören und von Hand niederschreiben. So entspinnt sich ein lebhaftes Herüber und Hinüber in Frage und Antwort bei einer Entfernung von etwa 450 km. Die bisher erreichte maximale Reichweite der Station Nauen ist etwa 3000 km. Gegenwärtig werden nun neue Fernversuche mit einem auf dem Wege nach Südamerika fahrenden Dampfer „Cap Blanco" der Hamburg-Südamerika-Linie gemacht, deren

Empfangsapparate.

Fig. 5.

Tragbare Feldstation.

Fig. 6.

Resultate noch nicht bekannt sind. Hervorzuheben wäre vielleicht noch, daß vor kurzem eine österreichische Militär-Feldstation mit einem nur 45 m hohen Mast in gebirgigem Gelände in der Nähe von Wien tadellosen Schreibempfang von Nauen gehabt hat.

Nach Besichtigung der „Groß-Station" wurde noch eine tragbare Feldstation, wie sie für militärische Zwecke Verwendung findet, vorgeführt. Eine solche Station zeichnet sich bei dem äußerst handlichen Zusammenbau der Apparate durch geringes Gewicht aus und ist leicht zu befördern. Infolge ihrer praktischen Zusammensetzung kann sie mit ihren leicht aufrichtbaren Masten, der Antenne und sämtlichen Maschinen und Apparaten in etwa 15 Minuten betriebsfertig aufgestellt werden. Fig. 6 zeigt diese Apparate in Betrieb. Während der eine Telegraphist mittels eines Tretgestelles eine kleine Dynamo in Bewegung setzt, um den für das Senden erforderlichen Strom zu erzeugen, vermittelt der andere das Senden und Empfangen von Telegrammen, letztere mittels Telephon.

Bemerkenswert wäre noch, daß es sich bei dieser Station durch Aufstellung von zwei Masten und einseitige Anordnung der Antenne und eines Gegengewichtes um „gerichtete" Telegraphie handelte. Während im allgemeinen die von einer Funkenstation ausgehenden Wellen von jeder gleichgestimmten Station in beliebiger Richtung empfangen werden können, ist bei dieser Anordnung die Empfangsmöglichkeit auf einen verhältnismäßig kleinen Richtungswinkel beschränkt. Dadurch ist man der Forderung der Geheimhaltung der Telegramme gewissermaßen einen Schritt näher gekommen, hauptsächlich aber beabsichtigt man mit relativ geringer Energie größere Reichweiten zu erzielen. Auch mit dieser Station wurde ein gegenseitiger Verkehr mit einer ähnlichen Station in Nonnendamm, etwa 36 km entfernt, vorgeführt.

Aus dem Inhaltsverzeichnis der früher erschienenen Bände des „Jahrbuches der Schiffbautechnischen Gesellschaft“:

I. Band 1900.

Die modernen Unterseeboote. Von C. Busley. — Die Anwendung der Funkentelegraphie in der Marine. Von A. Slaby. — Die Steuervorrichtungen der Seeschiffe, insbesondere der neueren großen Dampfer. Von F. L. Middendorf. — Die Entwickelung des gepanzerten Linienschiffes. Von Johs. Rudloff. — Untersuchungen über die periodischen Schwankungen in der Umdrehungsgeschwindigkeit der Wellen von Schiffsmaschinen. Von G. Bauer. — Widerstand der Schiffe und Ermittelung der Arbeitsleistung für Schiffsmaschinen. Von F. L. Middendorf. — Festigkeitsberechnungen der Schiffe. Von C. Radermacher.

II. Band 1901.

Moderne Werftanlagen und ihre voraussichtliche Entwickelung. Von Tjard Schwarz. — Elektrische Befehlsübermittelung an Bord. Von A. Raps. — Kautschuk (Gummi elasticum) im Schiffbau. Von Ed. Debes. — Graphische Methoden zur Bestimmung von statischen Gleichgewichtslagen des Schiffes im glatten Wasser. Von M. H. Bauer. — Ebene Transversalschwingungen freier stabförmiger Körper mit variablem Querschnitt und beliebiger symmetrischer Massenverteilung unter der Einwirkung periodischer Kräfte mit spezieller Berücksichtigung des Schwingungsproblemes des Schiffbaues. Von L. Gümbel. — Die Entwickelung der Tieflade-Linien an Handelsdampfern. Von Rud. Rosenstiel. — Untersuchungen über Hinterschiffsformen, speziell über Wellenaustritte, ausgeführt in der Schleppversuchsstation des Norddeutschen Lloyd an Modellen des Doppelschrauben-Schnelldampfers „Kaiser Wilhelm der Große“. Von Joh. Schütte. — Vergleichsmessungen der Schiffsschwingungen auf den Kreuzern „Hansa“ und „Vineta“ der deutschen Marine. Von G. Berling. — Neuere Forschungen über Schiffswiderstand und Schiffsbetrieb. Von R. Haack. — Die Schiffs-Vermessungs-Gesetze in verschiedenen Staaten. Von A. Isakson. — Die Werftanlagen der Newport News Shipbuilding and Drydock Co. in Newport News Virginien. Von T. Chace.

III. Band 1902.

Die Entwickelung der Geschützaufstellung an Bord der Linienschiffe und die dadurch bedingte Einwirkung auf deren Form und Bauart. Von G. Brinkmann. — Elektrische Kraftübertragung an Bord. Von W. Geyer. — Über Segeljachten und ihre moderne Ausführung. Von Max Oertz. — Die Anwendung der pneumatischen Werkzeuge im Schiffbau. Von F. Kitzerow. — Die volkswirtschaftliche Entwickelung des Schiffbaues in Deutschland und den Hauptländern. Von Dr. E. v. Halle. — Der amerikanische Schiffbau im letzten Jahrzehnt. Von Tjard Schwarz. — Kohlenübernahme auf See. Von William H. Beehler. — Der Angriffspunkt des Auftriebes. Von Hermann Haedicke.

IV. Band 1903.

Eisenindustrie und Schiffbau in Deutschland. Von E. Schrödter. — Das Material und die Werkzeuge für den Schiffbau auf der Düsseldorfer Ausstellung. Von Gotthard Sachsenberg. — Der Rheinstrom und die Entwickelung seiner Schiffahrt. Von W. Freiherr v. Rolf. — Das Drahtseil im Dienste der Schiffahrt. Von Fr. Schleifenbaum. — Einfluß der Schlingerkiele auf den Widerstand und die Rollbewegung der Schiffe in ruhigem Wasser. Von Joh. Schütte. — Die Versuchsanstalt für Wasserbau und Schiffahrt zu Berlin. Von H. Schümann. — Der Einfluß der Stegdicke auf die Tragfähigkeit eines [-Balkens. Von K. G. Meldahl. — Effektive Maschinenleistung und effektives Drehmoment und deren experimentelle Bestimmung. Von H. Föttinger. — Das Bergungswesen und die Hebung gesunkener Schiffe. Von H. Dahlström. — Der Einfluß der Elektrizität auf die Sicherheit der Schiffahrt. Von C. Schulthes. — Die deutsche Seemannssprache. Von A. Stenzel. — Moderne Werftanlagen. Von C. Stockhusen. — Das Patentwesen im Schiffbau. Von M. Mintz.

V. Band 1904.

Die Feststellung einer Tiefladelinie. Von A. Schmidt — Die gegenwärtige unbefriedigende Vergleichs-Statistik der Handelsflotten. Von A. Isakson. — Die Quadrantdavits. Von A. Welin. — Die Gesetzgebung über die Abgaben in den Staats- und Kommunalhäfen der nordeuropäischen Länder. Von A. Sieveking. — Über Trunkdeckdampfer. Von W. Hök. — Der automatische Loggregistrier-Apparat von Hjalmar von Köhler. Von J. Drakenberg. — Über Dampfturbinen. Von A. Riedler. — Das Telephon im Seewesen. Von H. Zopke. — Neue Versuche über Oberflächenkondensation mit getrennter Kaltluft- und Warmwasserförderung. Von G. Berling. — Der Anstrich von Schiffsböden. Von A. C. Holzapfel. — Hydrodynamische Experimentaluntersuchungen. Von F. Ahlborn. — Betrachtungen über den Wert und die Bedeutung der Lohnformen. Von W. Wiesinger. — Materialspannungen in ausgeschnittenen und verdoppelten Platten. Von K. G. Meldahl. — Das Entladen von Schiffen mit Berücksichtigung ihrer zweckmäßigsten Bauart. Von J. Pohlig. — Die Liliput-Bogenlampe. Von E. Koebke. — Die elektrische Zwergwinde. Von H. Wilhelmi.

VI. Band 1905.

Die Widerstandserscheinungen an schiffsförmigen Modellen. Von Fr. Ahlborn. — Die Wirkung der Schiffsschraube auf das Wasser. Von Fr. Ahlborn. — Neuere Methoden und Ziele der drahtlosen Telegraphie. Von Fr. Braun. — Die neuesten Konstruktionen und Versuchsergebnisse von Torsionsindikatoren. Von Herm. Föttinger. — Arbeitsausführung im steigenden Stundenlohn. Von A. Strache. — Ventilsteuerungen und ihre Anwendung für Schiffsmaschinen. Von W. Hartmann. — Die Anwendung der Gasmaschine im Schiffsbetriebe. Von E. Capitaine. — Der gegenwärtige Stand der Scheinwerfertechnik. Von O. Krell. — Über die Herstellung von Stahlblöcken für Schiffswellen in Hinsicht auf die Vermeidung von Brüchen. Von A. Wiecke. — Studien über submarine und Rostschutz-Farben. Von M. Ragg. — Gleiche Stromart und Spannung der elektrischen Anlagen an Bord von Schiffen. Von C. Schulthes. — Der Bau von Schwimmdocks. Von A. F. Wiking. — Schiffbautechnische Begriffe und Bezeichnungen.

VII. Band 1906.

Die Entwickelung der Schichauschen Werke zu Elbing, Danzig und Pillau. Von A. C. Th. Müller. — Die neuere Entwickelung der Mechanik und ihre Bedeutung für den Schiffbau. Von H. Lorenz. — Der Langston-Anker. Von R. Frick. — Große Schweißungen mittels Thermit im Schiffbau. Von Hans Goldschmidt. — Die vermeintlichen Gefahren elektrischer Anlagen. Von Wilh. Kübler. — Versuche mit Schiffsschrauben und deren praktische Ergebnisse. Von Rudolf Wagner. — Theorie und Berechnung der Schiffspropeller. Von H. Lorenz. — Messung der Meereswellen und ihre Bedeutung für den Schiffsbau. Von Walter Laas. — Die Erprobung von Ventilatoren und Versuche über den Luftwiderstand von Panzergrätings. Von O. Krell. — Die Bekohlung der Kriegsschiffe. Von Tjard Schwarz. — Der Leue-Apparat zum Bekohlen von Kriegsschiffen in Fahrt. Von Georg Leue. — Binnenschiffahrt und Seeschiffahrt. Von Egon Rágóczy. — Die allmähliche Entwickelung des Segelschiffes von der Römerzeit bis zur Zeit der Dampfer. Von L. Arenhold.

VIII. Band 1907.

Die Verwendung der Parsons-Turbine als Schiffsmaschine. Von Walter Boveri. — Magnetische Erscheinungen an Bord. Von Dr. Ing. G. Arldt. — Die Ausrüstung und Verwendung von Kabeldampfern. Von Otto Weiß. — Die Dampfüberhitzung und ihre Verwendung im Schiffsbetriebe. Von Dr. Ing. G. Mehlis. — Entwickelung und Zukunft der großen Segelschiffe. Von W. Laas. — Ein neuer Lot-Apparat. Von Eilt Jacobs. — Über Schleppversuche mit Kanalkahnmodellen in unbegrenztem Wasser und in drei verschiedenen Kanalprofilen, ausgeführt in der Übigauer Versuchsanstalt. Von H. Engels und Fr. Gebers. — „Die Weser", das erste deutsche Dampfschiff und seine Erbauer. Von Hermann Raschen. — Die Stettiner Maschinenbau-Aktien-Gesellschaft Vulcan, Stettin-Bredow. Von Johs. Lange.

Verlag von Julius Springer, Berlin. Hel. u. impr. Meisenbach Riffarth & Co., Berlin.

Phot. E. Bieber, Berlin.

GPSR Compliance

The European Union's (EU) General Product Safety Regulation (GPSR) is a set of rules that requires consumer products to be safe and our obligations to ensure this.

If you have any concerns about our products, you can contact us on ProductSafety@springernature.com

In case Publisher is established outside the EU, the EU authorized representative is:

Springer Nature Customer Service Center GmbH
Europaplatz 3
69115 Heidelberg, Germany

Batch number: 10684808

Printed by Printforce, the Netherlands